KB159176

HTRI®

예제로 배우는 열교환기 설계 실무

김주영 지음

21세기사

석유화학 관련 업종에 종사하는 엔지니어는 열교환기 설계와 모사를 수행해야 할 경우가 있다. 생산량 증가를 위해 단위 공장에 기존 열교환기를 성능 평가하거나 신규 공장 열교환기를 설계한다. 열교환기를 설계하는 엔지니어의 전공 배경은 화학공학 또는 기계공학일 것이다. 열교환기를 설계하려면 이 두 가지 분야와 부식, 재질, 전기에 대한 일부 지식도 필요하다. 여기에 열교환기 설계 경험이 더해지면 공정에 적합한 설계를 할 수 있고 자신감도 생긴다.

열교환기 설계 프로그램으로 HTRI xchanger suite를 가장 많이 사용한다. 그러나 HTRI xchanger suite와 같은 상용 열교환기 프로그램으로 설계할 기회가 적고 주위에 경험이 많은 선배 엔지니어도 흔하지 않다. 아무런 경험 없이 접하면 막막함을 느끼고, HTRI xchanger suite가 제공하는 도움말도 충분히 이해되지 않는다. 그럭저럭 설계를 완성해도 무언가 잘못된 것이 없는지 불안할 수 있다. 필자도 유사한 경험이 있다. 모든 자료가 영문으로 되어있어 용어조차도 충분히 이해하지 못했다. 그 당시 HTRI xchanger suite 관련 서적이 있었으면 하는 아쉬움이 있었다.

필자는 업무를 수행하면서 필요한 내용을 노트에 메모하곤 했다. 시간이 지나다 보니 내용이 많아져 뒤죽박죽 섞여 알아보기도 쉽지 않았다. 노트한 내용을 컴퓨터 파일에 정리할 목적으로 조금씩 작성해 나갔고, 어느 날 이를 예제로 설명하면 좋겠다는 생각이 들어 이 책을 준비하게 되었다. 필자가 이 책을 준비하는 동안 HTRI xchanger suite 버전이 7에서 8로 개정되었다. 이로 인하여 책에 버전 7과 8의 HTRI xchanger suite 화면 그림이 혼용되어 있다.

이 책은 HTRI의 Design manual, Report, Tech tip, Webinar, TEMA(Tubular Exchanger Manufactures Association), API(American Petroleum Institute), 열교환기 관련 유명 회사들의 Specification을 포함하고 "Wikidipia"와 같은 인터넷 자료를 통해 필자의 설계 경험을 바탕으로 작성되었다. 책 내용의 일부에 대하여, 경험 있는 엔지니어 중 어떤 분들은 다른 Practice를 갖고 있을지도 모른다. 설계 Practice는 개인의 경험에 따라 조금씩 차이가 날 수 있으나, 기본적인 접근 개념은 같을 것이다.

이 책의 특징은 첫 번째, 내용을 잘 이해할 수 있도록 프로그램 사용설명, 열전달 현상, 열교환기 구조를 글로 표현하기보다 그림을 많이 이용했다. 두 번째, 실제 운전되는 열교환기 설계를 예제로 선정해 설계 과정을 소개했다. 세 번째, 실무에 필요한 계산식을 포함해 열전달 개념과 원리를 설명했다. 네 번째, 열교환기 설계 실무에서 사용되는 용어는 대부분 영어식 표현이므로 한글과 영어 표현을 혼용해 사용했다.

책을 준비하면서 얕은 지식을 드러내는 것 같아 부끄러운 생각도 들었지만, 아무쪼록 열교환기 설계의 실질적인 업무에 도움이 되길 바란다. 책 내용에 의문 사항이나 이견이 있으면 이메일로 보내주면 함께 고민해 보겠다.

책을 준비하는 동안 응원을 보내주신 SK건설 전성은 기술위원님, 이택렬 팀장님, UIT 김성태 기술고문님과 마지막 편집을 도와주신 박소은 님, 책사랑 님께 감사드린다.

목차

1. HTRI 시작하기 9

2. 열교환기 설계 실무 예제 99

4. 열교환기 설계와 열전달 문제해결을 위한 유용한 지식 477

5. 부록 535

1

HTRI 시작하기

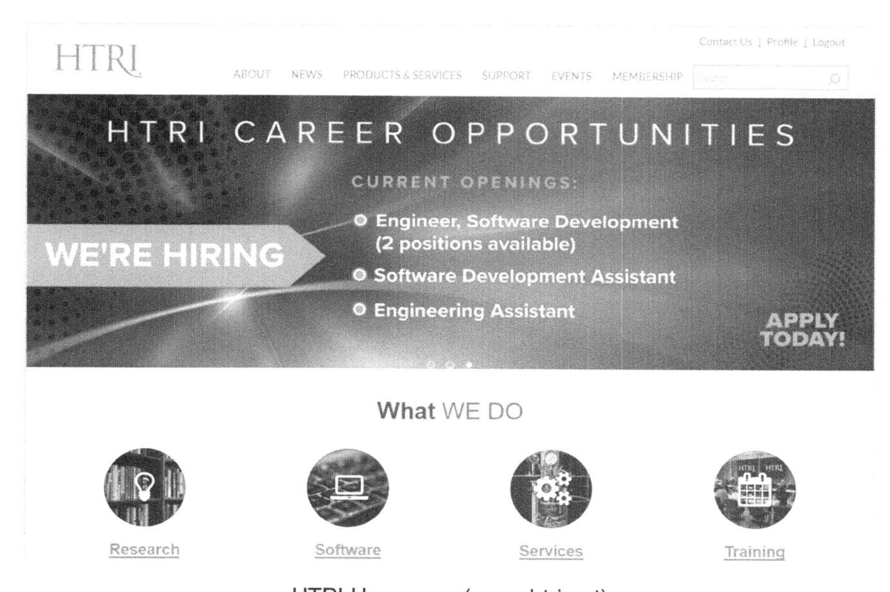

HTRI Homepage(www.htri.net)

열교환기 설계 실무예제에 들어가기 전 HTRI xchanger suite 구성을 간략하게 소개하는 내용을 1장에 포함했다. 이것이 초보 열교환기 엔지니어에게 더 효과적일 것으로 생각되었기 때문이다. 만약 HTRI xchanger suite에 익숙하다면 1장을 생략하고 2장 실무예제부터 시작해도 된다.

HTRI xchanger suite 입력 창과 결과 창에 각 데이터는 도움말과 연결되어 있다. 입력과 결과 데이터에 의문이 생기거나 이해가 부족할 때 해당 데이터에 마우스 포인트를 옮기고 "F1" Key를 누르면 해당하는 도움말 창이 뜬다. 이 도움말 창은 열교환기 설계에 매우 유용한 정보를 제공하므로 "F1" Key를 친한 친구처럼 자주 사용하길 추천한다.

내용 중 Geometry 데이터는 Tube 수량, Tube 길이, Shell ID, Baffle type, Cross pass 등 열교환기 형상과 구조 데이터를 의미하며, 탐색기 창에 "Geometry" 그룹 내 입력 또는 결과값을 의미한다.

1.1. HTRI 소개

HTRI는 Heat transfer research Inc.의 약자로 미국 텍사스에 위치한 열전달과 유동을 연구하는 기관이다. HTRI는 열교환기 설계 프로그램 개발뿐 아니라 열전달과 유동을 연구하여 논문을 다수 발표한다. HTRI는 HTRI xchangersuite, Xfh-Ultra (Fired heater design 프로그램), SmartPM(Fouling 분석 프로그램), Exchanger Optimizer(열교환기 경제성 분석 프로그램)을 제품으로 제공하고 있다. 이외에 연구용역, 교육에 대한 서비스도 제공한다. 이 책은 HTRI가 제공하는 메인 프로그램인 HTRI xchanger suite를 이용한 열교환기 설계에 관한 내용을 다루고 있다. 앞으로 HTRI xchanger suite를 HTRI로 간단히 쓰겠다.
HTRI를 시작하면 그림 1-1과 같이 빈 화면이 나타난다.

그림 1-1 HTRI 초기 화면

HTRI에 열교환기 종류에 따라 10가지 모듈이 있다. 풀다운 메뉴 중 "File" → "New Case"를 클릭하거나, "New file 아이콘"을 클릭하여 원하는 모듈을 선택할 수 있다. 이 책은 이들 중 Xist(Shell & tube heat exchanger)와 Xace(Air cooler)에 대하여 다루고 있다. 10가지 모듈들을 열거하면 아래와 같다.

- ✔ *Shell & tube heat exchanger [Xist]: 일반적인 Shell & tube 열교환기*
- ✔ *Air Cooler [Xace]: Fan을 이용한 공랭식 열교환기*
- ✔ *Economizer [Xace]: Air cooler 모듈과 같지만, Tube 안쪽에 Cold side 유체가 흐름.*
- ✔ *Plate and Frame Exchanger [Xphe]: 판형 열교환기*
- ✔ *Plate-Fin Exchanger [Xpfe]: 저온 공정에 사용되는 Brazed aluminum 열교환기*
- ✔ *Spiral Plate Exchanger [Xspe]: Slurry 서비스에 사용되는 Spiral plate 열교환기*
- ✔ *Hairpine Exchanger [Xhpe]: Multi-tube 열교환기*
- ✔ *Jacketed Pipe Exchanger [Xjpe]: 이중관 열교환기*
- ✔ *Vibration Case [Xvib]: 정밀한 Tube vibration을 평가할 때 사용함.*
- ✔ *Fired Heater [Xfh]: 가열로*

데이터 입력은 그림 1-2와 같이 Xist 탐색기 창 위에서 아래로 진행한다. 입력 후 화면 상단 "Run case" 버튼을 클릭하면 실행된다. 데이터를 입력하기 전 원하는 단위계로 수정하는 것이 좋다. HTRI default 단위계에서 입구압력은 절대 압력이다. 실무에서 입구압력을 게이지 압력으로 사용하므로 단위계를 사용자에 맞추어 설정하면 편리하다. 그림 1-3과 같이 단위 선택 버튼을 클릭하여 원하는 단위를 선택할 수 있는데 마지막 "〈Edit..〉"를 선택하면 사용자 단위계로 설정할 수 있는 편집 창이 나타난다. 편집 창 그림 1-4에 "Addset" 버튼을 클릭하고 원하는 단위를 선택하여 사용자 단위계를 설정한다.

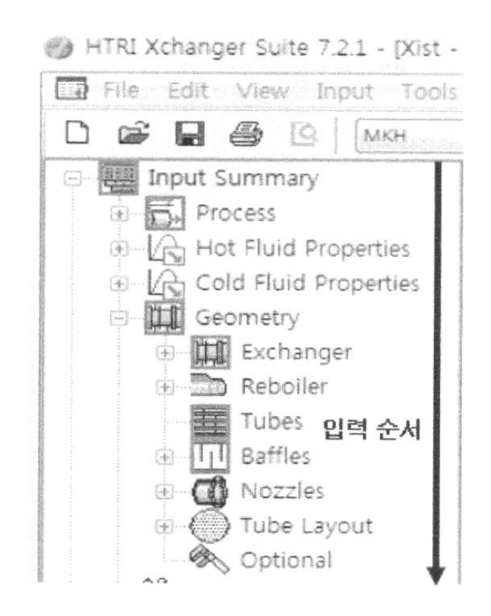

그림 1-2 HTRI 입력 창 탐색기

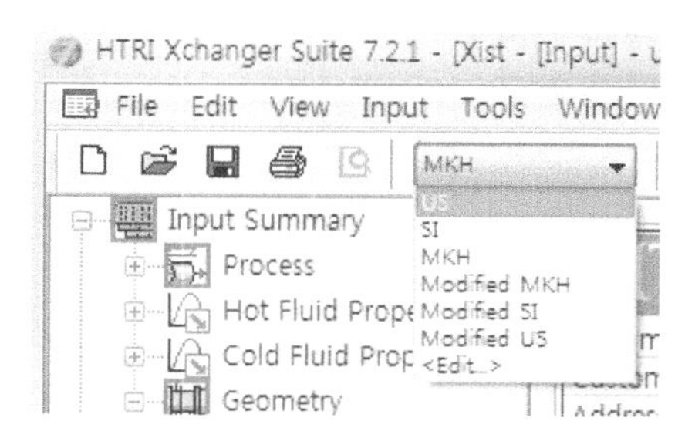

그림 1-3 단위계 선택 버튼

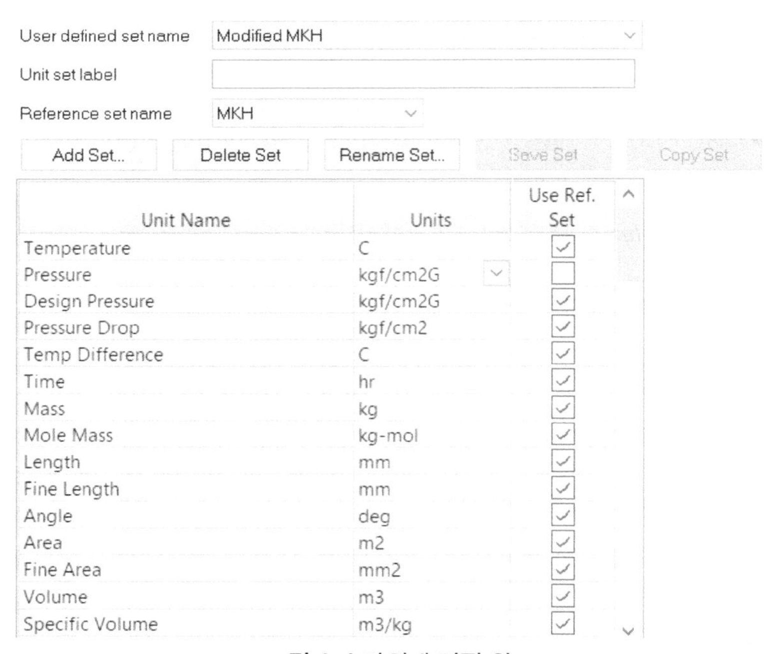
User defined set name
Modified MKH
Unit set label
Reference set name
MKH
Add Set...
Delete Set
Rename Set...
Save Set
Copy Set
Unit Name
Units
Use Ref. Set
Temperature
C
Pressure
kgf/cm2G
Design Pressure
kgf/cm2G
Pressure Drop
kgf/cm2
Temp Difference
C
Time
hr
Mass
kg
Mole Mass
kg-mol
Length
mm
Fine Length
mm
Angle
deg
Area
m2
Fine Area
mm2
Volume
m3
Specific Volume
m3/kg

그림 1-4 단위계 편집 창

1.2. Xist input summary 입력 (Shell & tube heat exchanger)

HTRI 모듈 중 Xist를 선택하면 그림 1-5와 같은 빈 "Input summary" 창이 나타난다. 각 입력 창에서 빨간색 박스는 필수적으로 입력해야 하는 데이터를 의미한다. "Input summary" 창은 설계하고자 하는 열교환기의 일반정보, 운전조건, 설계조건, 재질, Geometry 데이터를 포함하고 있다. Geometry 데이터는 하위 입력 창 데이터와 중복된다. 지금부터 각 입력 데이터에 대하여 간단히 알아보자.

HTRI

Case mode Rating | Service type Generic shell and tube
Customer | Job No.
Address | Reference No.
Location | Proposal No.
Service of unit | Date Rev
Type A E S | Orientation Horizontal | Item No.
Hot fluid Shellside | Unit angle | Connected in 1 parallel 1 series

PERFORMANCE OF ONE UNIT

		Shell Side	Tube Side
Fluid allocation			
Fluid name			
Fluid quantity, Total	1000-lb/hr		
Temperature (In/Out)	F		
Vapor weight fraction (In/Out)			
Inlet pressure	psia		
Pressure drop, allow.	psi		
Fouling resistance (min)	ft2-hr-F/Btu		
Exchanger duty	MM Btu/hr		

CONSTRUCTION OF ONE SHELL | Sketch (Bundle/Nozzle Orientation)

			Shell Side	Tube Side
Design/Test pressure		psig	/	/
Design temperature		F		
Number passes per shell				1
Corrosion allowance		inch		
Connection Size & Rating	In	inch	1 @	1 @
	Out	inch	1 @	1 @
	Intermediate		@	@

Tube No. OD 1 inch Thk(avg) inch Length 20 ft Pitch inch
Tube type Plain Material Carbon steel Tube pattern 30
Shell Carbon steel ID OD inch Shell cover
Channel or bonnet Channel cover
Tubesheet-stationary Tubesheet-floating
Floating head cover Imp. Prot. If required by TEMA Rods
Baffles-cross Type Single segmental %Cut Spacing(c/c) Inlet inch
Orientation Program sets Crosspasses Outlet inch
Baffles-long Seal type
Supports-tube U-bend Type
Bypass seal Program Set pairs strips Tube-tubesheet joint Expanded (2 grooves)
Expansion joint No Type
Gaskets-Shell side Tube side
-Floating head
Code requirements TEMA class R

그림 1-5 Xist Input summary 입력 창

1) Case mode (계산방식선정)

"Case mode" 역삼각형 단추를 클릭하면 그림 1-6과 같이 옵션을 선택할 수 있다.

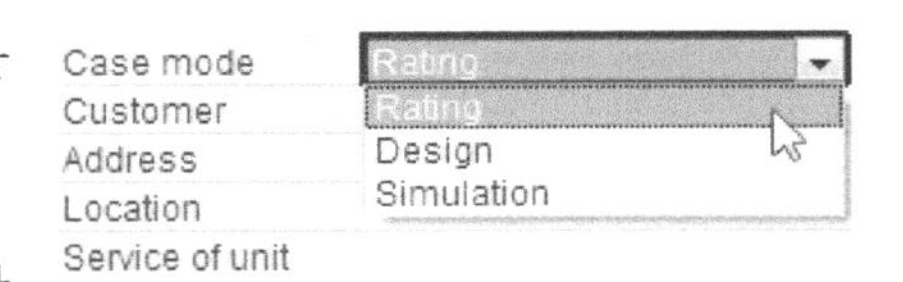

그림 1-6 Case mode 선택메뉴

Rating(Case mode): 운전조건과 Geometry 데이터를 입력해야 한다. 결과로 전열 면적이 충분한지, Pressure drop이 허용값을 초과하는지를 보여준다.

Design(Case mode): 운전조건, 일부 열교환기 Geometry 데이터, 제한조건을 입력하고 Xist 스스로 나머지 Geometry 데이터를 결정하고 그 결과를 보여준다. "Design mode"에는 일부 Geometry 데이터를 입력하는 방법과 일부 Geometry 데이터 범위를 입력하는 방법 2가지가 있다.

Simulation (Case mode): 모든 열교환기 Geometry 데이터와 입구 운전조건을 입력하면 출구 운전조건이 계산된다. 이미 설치되거나 설계된 열교환기 성능 평가에 사용된다.

2) Service type

"Service type" 선택에 따라 열전달 관계식이 변경되므로 설계하고자 하는 열교환기 Type과 Xist에서 "Service type"을 정확히 이해해야 한다.

Generic shell and tube: 가장 많이 사용되는 "Service type"으로 대부분 서비스에 적용된다. 이를 선택하면 일반적인 열전달 관계식이 적용된다.

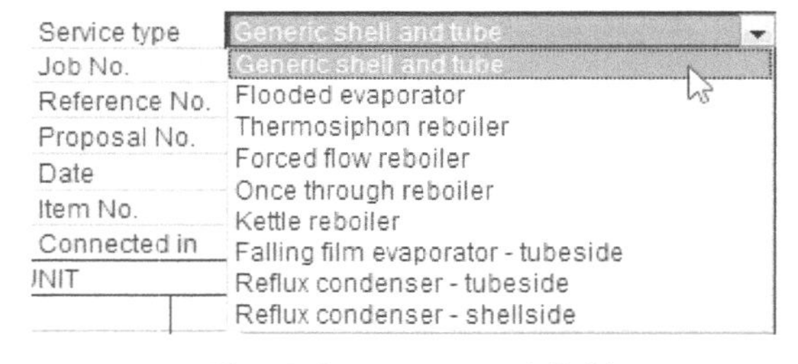

그림 1-7 Service type 선택메뉴

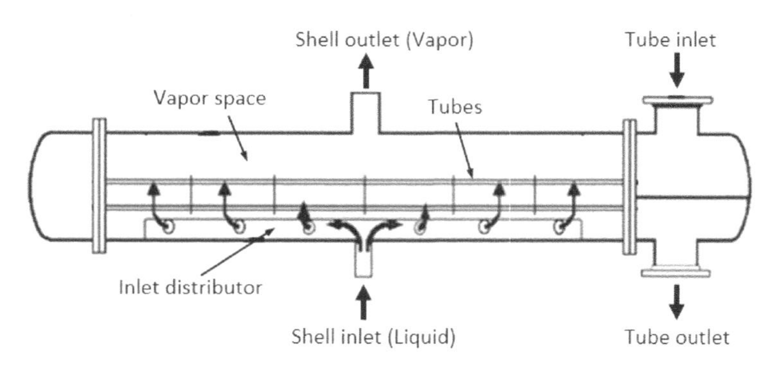

그림 1-8 Flooded evaporator

Flooded evaporator: 저압 냉동설비의 Evaporator에 사용되는 열교환기로 Cross flow vaporization 열전달 관계식을 이용할 경우 사용된다. 이 열교환기 Type은 Shell side bottom inlet, Shell side inlet distribution baffle, Flat-top bundle, Liquid/vapor separation space의 구조적인 특징을 갖고 있다. 그림 1-8은 Flooded evaporator 내부 구조를 보여주고 있다. Tube bundle은 전체 Shell 하부 절반 정도에만 설치되어 있으며 상부 대부분은 Liquid/vapor separation space이다.

Thermosiphon reboiler: Reboiler hydraulic을 열교환기 성능과 함께 계산한다. Static head(수두 압)를 입력하면, Hydraulic 계산에 따라 결과 창에 Cold side 유량과 입구압력이 입력한 값과 달라진다. 그림 1-9는 전형적인 Horizontal thermosiphon reboiler circuit 구성을 보여주고 있다.

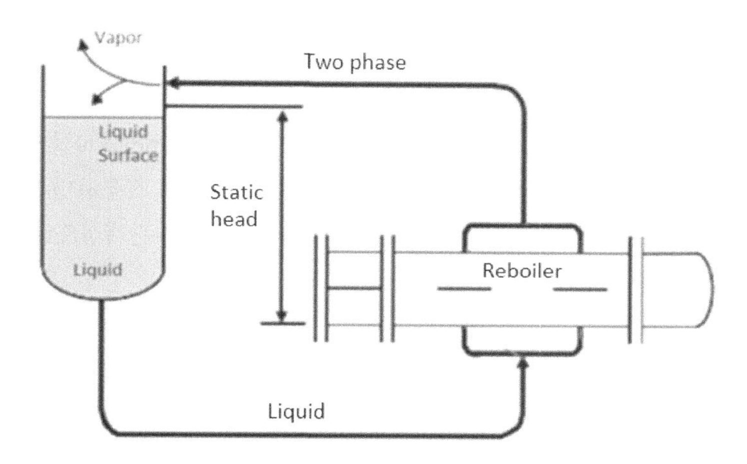

그림 1-9 Horizontal thermosiphon reboiler와 배관 구성

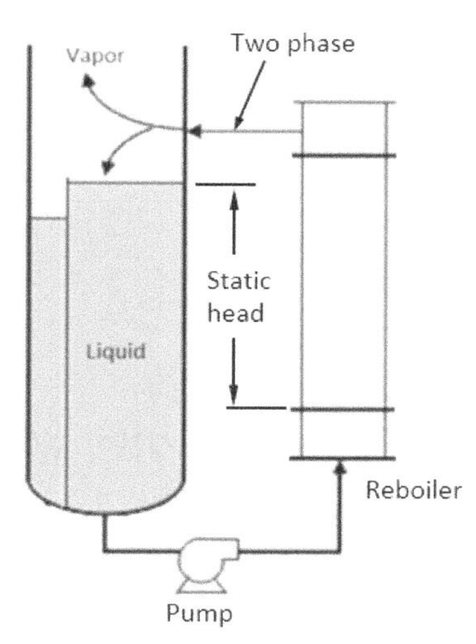

그림 1-10 Forced flow reboiler circuit (Pump-through reboiler)

Forced flow reboiler: "Generic shell and tube"의 입력과 결과가 같다. 단 "Reboiler piping" 입력 옵션을 "Yes"로 선택하면 Reboiler circuit hydraulic을 동시에 계산하여 결과를 보여준다. 그림 1-10은 Vertical forced flow reboiler 전형적인 구성을 보여준다.

Once-through reboiler: 입력과 결과 창이 Thermosiphon reboiler와 같다. Static head를 입력하면, 결과 창에 Cold side 유량은 입력한 값과 동일하지만 입구압력이 Static head로 인하여 입력한 값보다 높아진다. Cold side 유체는 Distillation column의 Sump tray로부터 나와(Draw-off) Reboiler를 거쳐 Sump tray 아래 Tray나 Column bottom으로 들어간다. 보통 Liquid level은 Draw-off 배관에 형성된다. 그림1-11은 전형적인 Once through reboiler circuit의 구성을 보여준다.

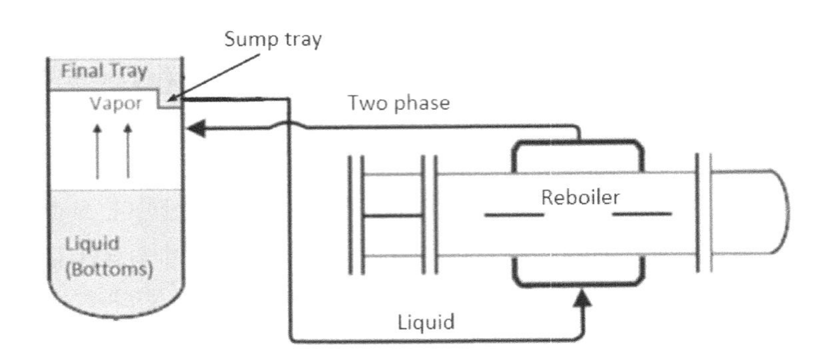

그림 1-11 Once-through reboiler circuit

Kettle reboiler: "Generic shell and tube"를 선택하고 TEMA type을 Kettle 열교환기로 선택할 때와 동일하다. 다만 Reboiler hydraulic을 계산하여 그 결과를 열교환기 계산에 적용하면 입구압력이 높아진다. Kettle type 열교환기는 Shell side 열전달을 Natural convective boiling 관계식으로 계산한다. 그림 1-12는 Kettle reboiler circuit 구성을 보여주고 있다.

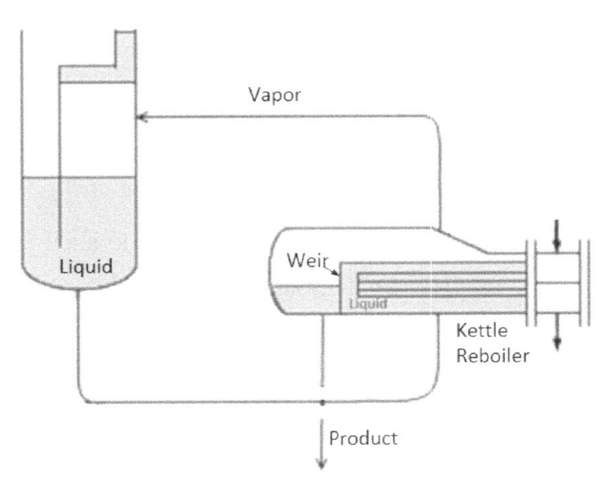

그림 1-12 Kettle reboiler circuit

Falling film evaporator: 이 열교환기 Type은 높은 Viscosity(점도)를 갖는 유체에 가벼운 성분이 포함되어 있을 때 가벼운 성분을 분리하기 위하여 사용되는 열교환기다. 이 "Service type"을 선택하면, Falling film evaporator 열전달 모델 식을 적용하고 Forced flow reboiler와 같이 Piping hydraulic을 동시에 계산한다. 그림 1-13과 같이 Falling film evaporator를 Reboiler로 사용할 경우 출구 노즐을 Column에 직결하여 설치한다. Boiling 유체가 Tube 벽을 타고 내려오기 때문에 Upper channel에 Distributor를 설치해야 한다.

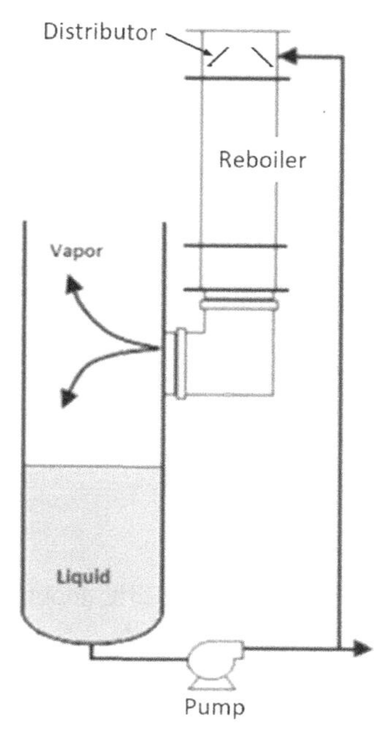

그림 1-13 Falling film evaporator circuit

Reflux condenser: 그림 1-14는 Reflux condenser 내부에 유체 흐름을 보여주고 있다. 소형 Distillation unit에 Overhead condensing system 대용으로 적용되기도 하고 Vent condenser로 사용된다.

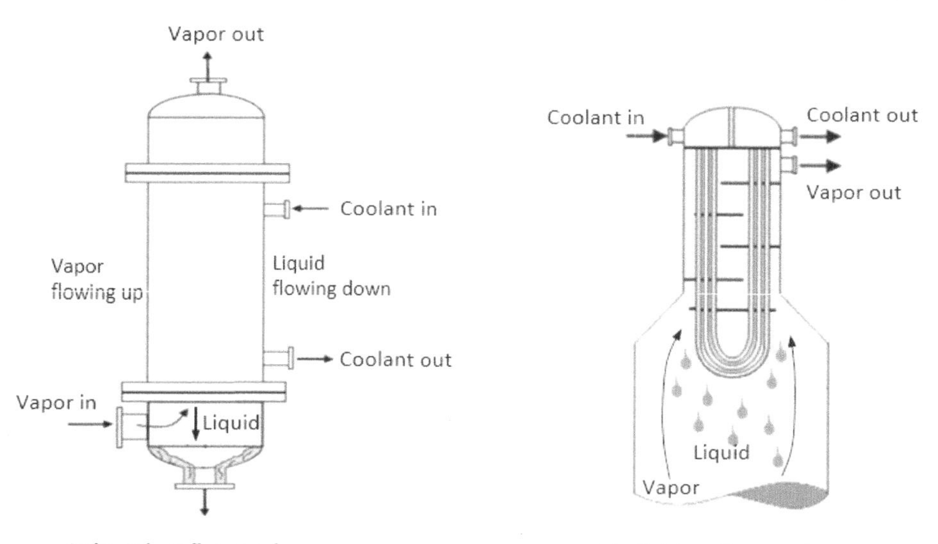

그림 1-14 Reflux condenser

Vapor 흐름은 위로 진행되면서 응축된 Liquid 흐름은 아래로 향한다. 이처럼 Vapor와 Liquid가 Count current flow를 형성할 경우, Reflux condensing 열전달 관계식을 적용한다. Reflux condenser는 Shell side 또는 Tube side reflux condenser로 설계할 수 있다.

3) 열교환기 데이터

공장설비에 설치되는 열교환기는 어떤 역할을 하는지 한눈에 알 수 있는 이름과 번호를 가지고 있다. 열교환기 구매처, 설치지역, 용도 등 일반적인 관리 정보도 사업 관리에 중요하다. 이와 같은 데이터를 그림 1-15 입력란에 입력할 수 있는데, 이런 데이터는 계산에 영향을 미치지 않는다.

Customer	Job No.	
Address	Reference No.	
Location	Proposal No.	
Service of unit	Date	Rev

그림 1-15 HTRI에 열교환기의 일반정보 (Input summary 입력 창)

4) 열교환기 설계 데이터

열교환기 상세한 Geometry 데이터를 입력하지 않아도 Xist는 자체적으로 정해진 Default 값을 이용하여 열교환기를 설계해준다. “Input summary” 창에 붉은 선 Box로 표시된 데이터들은 반드시 입력해야 할 데이터를 의미한다. “Case mode”에 따라 꼭 입력해야 할 데이터(붉은색 입력란)는 달라진다.

Type A E S Orientation Horizontal Item No.
Hot fluid Shellside Unit angle Connected in 1 parallel 1 series

PERFORMANCE OF ONE UNIT		Shell Side	Tube Side
Fluid allocation			
Fluid name			
Fluid quantity, Total	1000-lb/hr		
Temperature (In/Out)	F		
Vapor weight fraction (In/Out)			
Inlet pressure	psia		
Pressure drop, allow.	psi		
Fouling resistance (min)	ft2-hr-F/Btu		
Exchanger duty	MM Btu/hr		

그림 1-16 열교환기 기본 데이터와 운전조건 (Input summary 입력 창)

Type: TEMA type을 입력한다. TEMA type은 부록 5.1장을 참조한다. Front channel, Shell, Rear channel 형식을 각각 입력한다.

Orientation: Horizontal, Vertical, Incline 3가지 옵션이 있다. Incline을 선택할 경우, Tube side는 Condensing 서비스에만, Shell side는 상변화가 없는 서비스에만 허용된다.

Hot fluid: Hot fluid를 Shell side 또는 Tube side로 흐르게 할 것인지를 입력한다.

Unit angle: Orientation을 Inline으로 선택한 경우 최대 20°까지 입력할 수 있다.

Connected in: 한 개 Unit에 열교환기를 몇 개 Shell의 직렬과 병렬로 구성할지 입력한다.
Performance of one unit: Shell/Tube side 유체의 유량, 온도, Mass vapor fraction, 압력, Duty에 대한 정보를 입력한다. 2장 실무예제를 설명하면서 자세한 내용을 다룰 것이다.

CONSTRUCTION OF ONE SHELL				
			Shell Side	Tube Side
Design/Test pressure		kgf/cm2G	/	/
Design temperature		C		
Number passes per shell				1
Corrosion allowance		mm		
Connection Size & Rating	In	mm	1 @	1 @
	Out	mm	1 @	1 @
	Intermediate		@	@

그림 1-17 설계조건과 노즐 데이터 (Input summary 입력 창)

설계압력과 설계온도는 열정산에 영향이 크지 않지만, 유효 열전달 면적에 영향을 미친다. 압력이 높아지면 Tubesheet 두께가 두꺼워져 유효 열전달 면적이 줄어든다.
"Tube side number of pass"를 Tube side 유속과 Pressure drop 결과를 확인하며 조절한다. Pressure drop 여유가 있으면 최대한 유속을 높여 열전달계수를 증가시킨다. 서비스에 따라 Erosion, Tube skin temperature 제한 때문에 Pressure drop을 최대한 사용하지 못하는 경우도 있다.
노즐 데이터를 "Input summary" 입력 창보다 "Nozzle" 입력 창에 입력하는 것이 편리하다. 노즐 치수를 입력하지 않으면 Xist는 표 1-1 기준에 따라 노즐 치수를 정한다. 최종 노즐 치수를 정하는데, 연결되는 배관 치수 또한 고려하여야 한다.

표 1-1 Xist **노즐 치수 기준**

Service	*Vapor & Two Phase*	*Liquid*
Allowable Pressure Drop 입력	*12.5% of allowable pressure drop per nozzle*	*5% of allowable pressure drop per nozzle*
Allowable Pressure Drop 미입력	*25% of allowable maximum velocity (20% of acoustic velocity)*	*0.5 psi pressure drop per nozzle*

Construction 데이터는 열교환기가 실제 제작되는 치수, 수량 등이다.
Tube No.(Tube 수량): 이를 입력하면 Xist는 Tube 수량과 Tube OD에 맞추어 Shell ID를 계산한다. 신규 열교환기 설계할 때 Tube 수량보다 Shell ID를 입력한다. Tube는 규격에 따라 생산되기 때문에 규격에 맞는 Tube OD와 두께를 입력해주어야 실제 제작이 가능하다. 규격으로는 KS, ANSI/ASME, JIS 등이 있으므로 발주처 요구사항에 따라 해당 규격 Tube를 사용한다. 일반적으로 ANSI/ASME 규격을 많이 사용한다.

Tube No.	OD 25.4 mm	Thk(avg) mm	Length 6096 mm	Pitch mm
Tube type Plain		Material Carbon steel		Tube pattern 30
Shell Carbon steel	ID OD mm	Shell cover		
Channel or bonnet		Channel cover		
Tubesheet-stationary		Tubesheet-floating		
Floating head cover		Imp. Prot. If required by TEMA	Rods	
Baffles-cross	Type Single segmental	%Cut Spacing(c/c)	Inlet mm	
	Orientation Program sets	Crosspasses	Outlet mm	
Baffles-long		Seal type		
Supports-tube		U-bend	Type	
Bypass seal Program Set	pairs strips	Tube-tubesheet joint	Expanded (No groove)	
Expansion joint No		Type		

그림 1-18 Xist construction 데이터

Tube 중심 간 거리를 Pitch라고 한다. 일반적으로 Tube의 1.25배 또는 1.333배 Pitch를 사용한다. TEMA class "R"을 적용하고 Shell side에 Mechanical cleaning을 요구되는 경우 Tube 간격이 6.35mm 이상 되어야 한다. Pressure drop 혹은 Vibration이 문제가 될 경우 Tube 간격이 넓은 Pitch를 사용하기도 한다. 또한, Tube-to-tubesheet joint에 Strength welding을 적용할 경우 Tube 간격을 6.35mm 이상 유지한다. 열교환기 Tube pattern은 그림 1-19와 같이 4가지 종류가 사용된다.

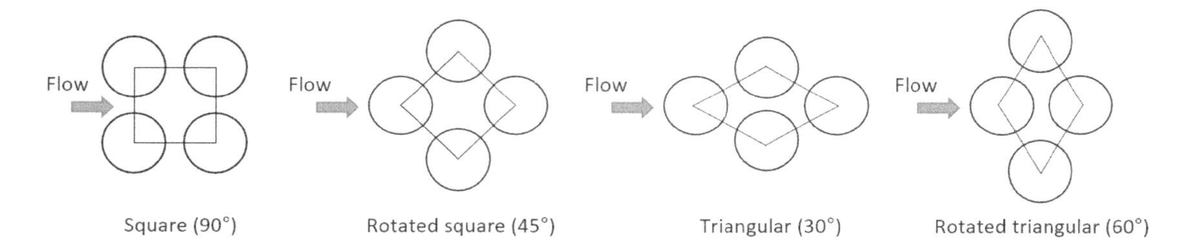

그림 1-19 Tube pattern

30°: 열전달 효율이 가장 높아 일반적으로 가장 많이 사용된다. Shell side에 Mechanical cleaning이 필요한 경우 적용할 수 없다.

60°: Pressure drop 대비 열전달 효과가 낮아 잘 사용하지 않는다. 노즐 입구/출구에서 Vibration 가능성을 피하고자 간혹 사용한다.

90°: Shell side에 Mechanical cleaning이 필요할 경우 사용한다. Kettle type 열교환기에 주로 90° Pitch를 적용한다. Pressure drop 대비 열전달이 효과적이므로 많이 사용한다.

45°: Viscosity가 높은 유체는 Laminar flow가 형성될 수밖에 없다. 이 경우 90° Pattern에서 45° Pattern으로 바꿔주면 열전달계수가 높아진다. 또 Vibration 가능성을 피하고자 45° Pattern을 사용하기도 한다.

재질에 따른 Thermal conductivity(열전도도)에 따라 총괄 열전달계수가 달라지므로 Tube 재질을 입력한다. 대부분 경우 Tube 재질의 Thermal conductivity는 전체 열교환기 성능에 차지하는 비중은 작다. 또 Vibration 관련된 기계적 성질과 관련되어 있다.

1.3. Xace input summary 입력 (Air cooler)

HTRI "New case"에서 "Xace"(Air cooler)를 선택하면 그림 1-20과 같은 비어 있는 "Input Summary" 창이 나타난다. "Case mode"와 "Process condition"은 앞서 설명한 Xist 모듈과 같다. 그 외에 입력 데이터에 대한 설명을 간략하게 다룰 것이다.

Case Mode
Rating　Simulation　Classic design　Grid design

Process Conditions

Flow rate	Hot Inside		1000-kg/hr	Cold Outside			m/s
Inlet/outlet Y	0	/ 0	wt. frac. vapor	Altitude		0	mm
Inlet/outlet T		/	C			/	C
Inlet P/Allow dP		/	kgf/cm2G / kgf/cm2			/	kgf/cm2G / mmH2O

Unit Geometry

Unit type	Air-cooled heat exchanger	Number of bays in parallel per unit	1
Orientation	Horizontal	Number of bundles in parallel per bay	1
Hot fluid	Inside tubes	Number of tubepasses per bundle	
Apex angle	deg		

Tube and Bundle Geometry

Type	Plain	Wall thickness	mm
Length	mm	No. of tuberows	
OD	mm	No. of tubes in odd/even rows	/
Transverse pitch	mm	Tube form	Straight
Longitudinal pitch	mm	Tube layout	Staggered　Inline

그림 1-20 Xace input summary 입력 창

"Cold outside" Air flow rate(풍량)를 입력하는 방법은 "Face velocity", "Mass flow rate", "Actual flow rate"와 "Standard flow rate" 4가지 방법이 있다. 새로운 Air cooler를 설계할 때 보통 "Face velocity"를 기존 Air cooler 성능 평가할 때 "Actual flow rate"를 사용한다. "Face velocity"는 Air cooler tube bundle 첫 번째 Tube row 바로 아래에서 Air velocity를 의미하며 Standard condition(대기조건 21.1℃와 101.3kPa에서 공기밀도 1.2kg/m^3) 기준이다. 일반적으로 Air cooler는 "Face velocity" 2.5~4.0m/sec로 설계한다. "Actual flow rate"는 설계 대기온도와 대기압에서 Air volume flow rate를 의미한다. "Standard flow rate"는 Standard condition에서 Air volume flow rate이다. "Actual flow rate"는 Air cooler로 들어오는 Volume flow rate이므로 Forced air cooler의 경우 Fan 당 Air flow rate에 Fan 수량을 곱한 값과 같은 값을 갖는다. Induced air cooler의 경우, Fan으로 유입되는 공기 온도는 대기온도보다 높으므로 Tube bundle로 유입되는 Air flow rate는 Fan에 의해 당겨지는 Air flow rate보다 작다.

고도가 올라감에 따라 공기밀도가 낮아진다. 대부분 공장은 해안가에 위치하여 고도가 낮아 “Altitude”를 입력하지 않아도 설계에 영향이 거의 없다. 그러나 Air cooler가 설치되는 지역의 고도가 아주 높다면 “Altitude”는 설계에 영향을 준다.

“Unit type”에는 “Air-cooled heat exchanger” 외에 3가지가 더 있다. Fan이 가동하지 않을 때 Chimney 효과에 의해 자연적으로 Air flow가 형성된다. “Natural Draft Air-Cooler”는 Air cooler fan이 가동하지 않은 때 자연 발생하는 Air flow에 의한 Air cooler 성능을 예측해준다. 이 Type은 Power failure 시나리오에서 Flare load 계산을 위하여 간혹 사용된다. “Economizer”는 보일러나 Fired heater의 Convection section 등 High fine tube bundle 계산에 사용된다. Air cooler에 Tube side 유체는 항상 Hot side지만 “Economizer”에서 Tube side 유체가 Cold side가 될 수 있다. 마지막 “A-Frame air cooler”는 그림 1-21과 같은 구조의 Air cooler를 설계할 때 사용한다. 발전소에서 적용되는 Surface condenser 대신 A-frame air cooled condenser가 적용되기도 한다. 이 Air cooler type의 특징은 타원형 Tube와 한 개의 Tube row를 적용한 것이다. HTRI Xace는 아직 타원형 Tube를 지원하지 않고 있다. HTRI는 타원형 Tube에 대한 실험을 진행하고 있어, 향후 타원형 Tube가 설치된 Air cooler도 HTRI로 설계 가능할 것으로 예상한다.

그림 1-21 A-Frame air cooled condenser

한 개 이상 Bay가 모여 한 개의 Air cooler service unit가 된다. Bay는 한 개 또는 여러 개 Bundle로 구성된다. Bundle 수는 Header box 기준으로, Bay 수는 Fan 기준으로 수량을 산정하면 된다. 그림 1-22에

왼쪽 Air cooler(그림 a)는 1개 Bay와 3개 Bundle로 구성되어 있고 오른쪽 Air cooler(그림 b)는 2개 Bay와 Bay 당 2개 Bundle로 구성되어 있다. 1개 Bay에 여러 개 Bundle을 설치하는 이유는 운송 가능한 Bundle 폭 때문이다. Air cooler는 운반 가능한 크기로 설계되어 분리 납품되고 현장에서 조립된다. 일반적으로 운송 가능한 Bundle 최대 폭은 4m이다. 설치 현장에 따라 운송 가능 최대 폭이 달라질 수 있으므로 이를 확인 후 설계해야 한다.

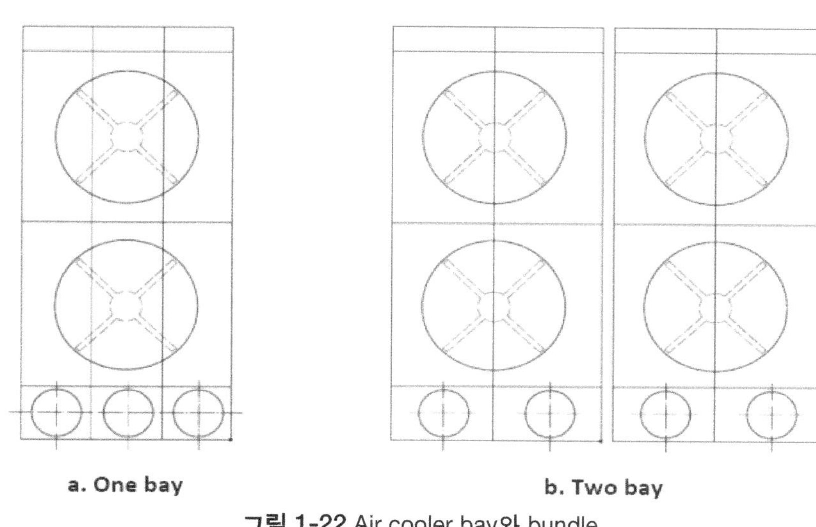

a. One bay

b. Two bay

그림 1-22 Air cooler bay와 bundle

일반적으로 Air cooler는 High fin tube를 사용한다. Winterization 설계를 위하여 간혹 Bare tube를 사용하기도 한다. High fin tube 치수는 부록 5.3 Fin tube geometry를 참조한다. 그림 1-23은 Continuous fin tube와 Studded fin tube를 보여주고 있다. Continuous High fin은 공조 장치에 많이 사용되며 Studded fin은 Economizer에 사용된다. 두 Type 모두 API 661을 적용하는 Air cooler에 사용되지 않는다.

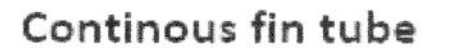

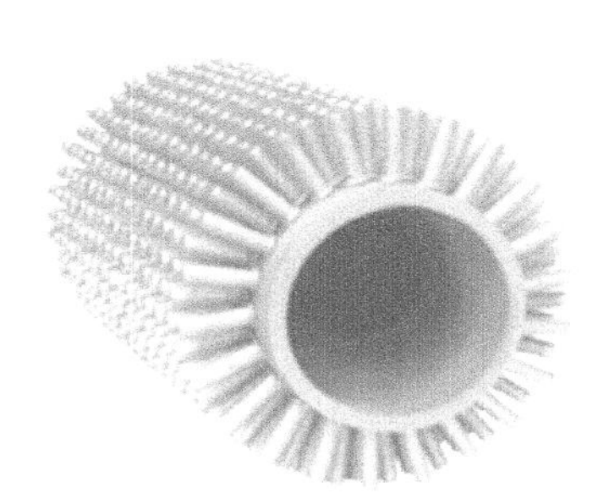

Studded fin tube

그림 1-23 다양한 Fin tube type

Air coder를 지상에 설치할 경우, Tube 길이에 특별한 제한은 없지만, Pipe rack에 설치할 경우 Tube 길이를 Pipe rack 폭보다 500mm 더 길게 정한다. 예를 들어 9m 폭 Pipe rack 위에 9.5m 길이 Tube를 적용한 Air cooler를 설치해야 Pipe rack 기둥 중심과 Air cooler 다리 중심을 맞출 수 있다. 만약 Air cooler duty가 작아, 짧은 Tube 길이로 Air cooler를 설계할 수밖에 없다면 Air cooler 설치를 위한 Pipe rack에 Secondary beam을 추가해야 한다.

API 661을 적용하는 Tube 치수는 최소 OD25.4mm이다. 필자는 최대 OD50.5mm까지 사용한 경험이 있다. 더 큰 Tube OD를 적용하려면 Air cooler 전문 업체에 Fin tube 제작성과 설계 경험을 문의한 후 적용할 것을 추천한다. Air cooler가 Lube oil cooler와 같이 크기가 매우 작은 서비스에 적용된다면 Non-API Air cooler로 설계하여 OD25.4mm보다 작은 Tube를 사용하기도 한다.

일반적으로 Air cooler tube 배열은 정삼각형으로 그림 1-24 왼쪽 Pitch로 사용된다. Economizer에 사용되는 Tube bundle에 외부에 쌓인 오염물질을 청소할 수 있도록 사각형 배열 Pitch를 사용된다. 수평 방향과 수직 방향 Pitch를 각각 "Transverse pitch"와 "Longitudinal pitch"라고 한다.

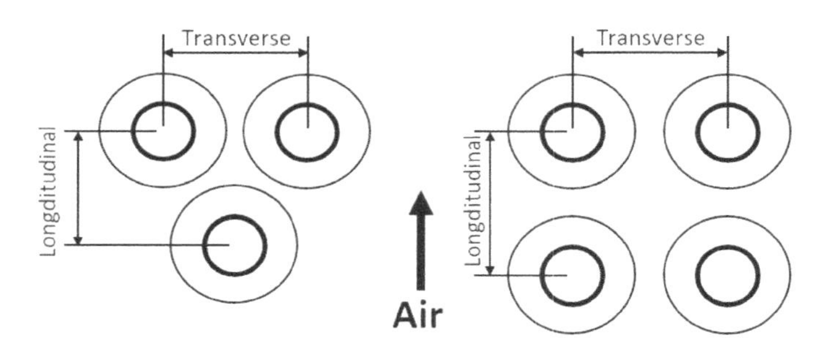

그림 1-24 Air cooler의 Tube pattern

일반적으로 Tube 두께는 재질에 따라 다르며, Carbon steel은 2.77mm를 Stainless steel은 1.65mm를 많이 사용한다. API 661 최소 Tube 두께는 표 1-2와 같다.

표 1-2 API 661 최소 Tube 두께

Material	*Carbon & Low alloy*	*High alloy*	*Titanium*
Min. thickness	*2.11mm*	*1.65mm*	*1.24mm*

Air cooler에 사용되는 High fin tube는 Circular fin tube다. Circular fin tube는 Fin 제작방법에 따라 Extruded fin, Embedded fin(G-type fin), L-footed fin, Overlapped footed fin, Knurled fin 등이 있다. 이들은 각각 API 661 Annex A에 따라 운전온도 제한이 있다. 이들 중 Embedded fin과 Extruded fin이 주로 사용된다. 현장에서 Tube Fin 색으로 Embedded fin과 Extruded fin을 구별할 수 있다. Embedded fin은 그을린 검은색을 띠고 있고 Extruded fin은 알루미늄 색을 띠고 있다.

Embedded fin type은 Tube 표면에 Fin을 심을 수 있는 미세한 홈을 가공해야 하므로 다른 Fin type보다 한 단계 더 두꺼운 Tube를 사용한다.

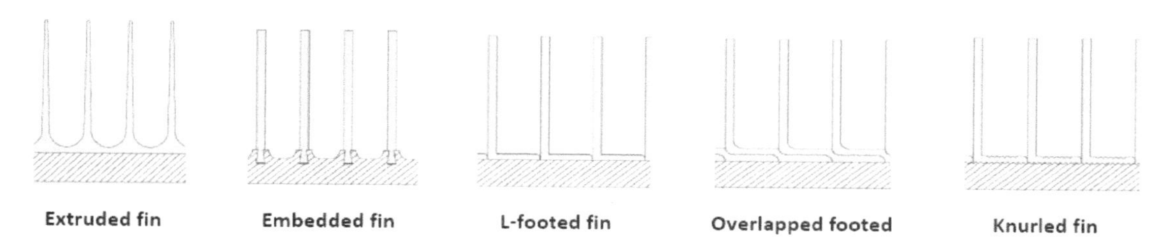

그림 1-25 제작방법에 따른 Fin type

Air cooler는 최소 3 tube row로 Tube bundle을 설계할 것을 추천한다. 이보다 적은 Tube row를 갖는 Air cooler에서 Air는 충분한 Distribution 없이 Tube를 통과할 수 있기 때문이다. 가장 일반적인 Tube row는 4~8 Row다. Viscosity가 높은 유체를 다루는 경우 Tube row 수가 커질 것이다. Tube OD가 크면 Air의 Static pressure(Air side pressure drop)가 커지므로 상대적으로 Tube row 수가 적어진다.

"No of tubes in odd/even rows"는 홀수와 짝수 Tube row 한 줄에 설치되는 Tube 수량이다. 이 입력 데이터는 Bundle 폭과 관련한다. 한 줄에 들어가는 Tube 수량을 결정할 때 운송 가능한 최대 Bundle 폭과 Bay 폭 대비 Tube 길이 비율을 고려한다. 한 개 Bay에 Fan 2개가 설치된다면, Bay 폭 대비 Tube 길이 비율이 1:2인 것이 이상적이다. 항상 이상적인 비율의 Air cooler 설계를 하라는 의미는 아니다. API 661에서 요구되는 "Fan area percentage" 40%를 만족할지라도 과도하게 통통하거나 날씬한 Air cooler 설계를 피하라는 것이다. Xace 결과 중 "API spec. sheet" 창에 Bay 치수가 표기된다. 또 "3D Air cooler drawing" 창(그림 1-26)에서 "Top view"를 선택하면 시각적으로 Air cooler가 통통한지 날씬한지 인지할 수 있다.

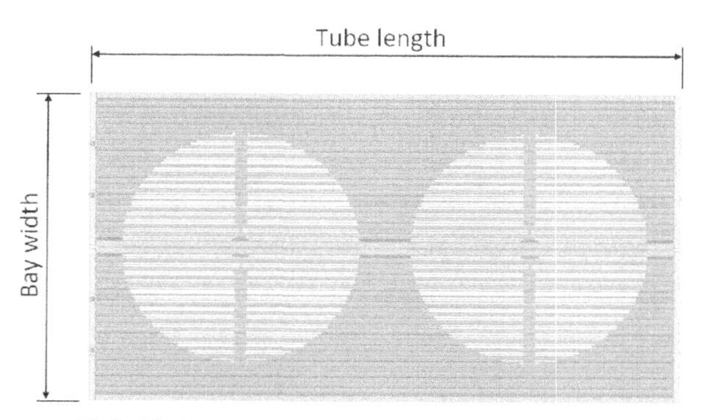

그림 1-26 Air cooler top View (Xace 3D drawing 창)

Air cooler에 사용되는 "Tube form"에는 그림 1-27과 같이 3가지 종류가 있다. 석유화학 공장에는 Tube side 청소가 쉬운 Straight tube를 주로 사용한다.

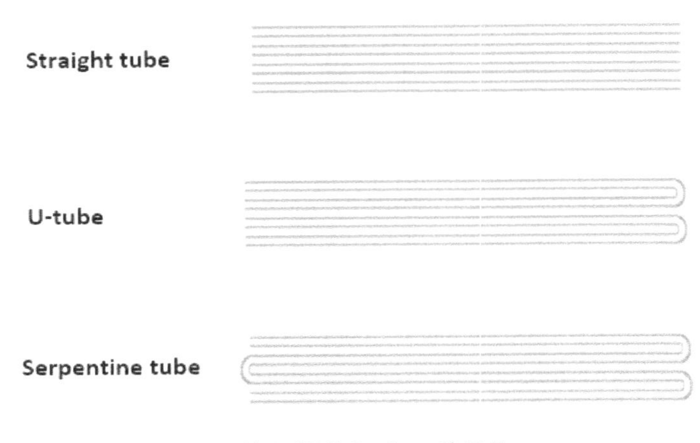

그림 1-27 Tube form의 종류

Tube layout에 "Staggered" 옵션은 삼각 피치 배열을 의미하며 Air cooler에 적용되는 배열이다. 이 배열은 Air side 열전달계수가 높고 Static pressure 또한 크다. 첫 번째와 마지막 Tube row를 제외한 나머지 Tube row는 외부로부터 접근되지 않아 Fin에 발생한 외부 Fouling을 완전히 제거하기 어렵다. "Inline" 옵션은 사각 Pitch 배열이며 Fired heater나 보일러의 Convection section 설계에 적용된다. 이 배열을 갖는 Tube bundle의 전체 Tube row 외부 청소가 가능하다.

1.4. Process 입력 이해

"Process conditions" 입력 창은 기본적인 데이터를 요구하는 창으로 "Input summary"를 입력하면 대부분 데이터가 입력되어 있다.

Process Conditions

	Hot Fluid		Cold Fluid		
Exchanger service	Generic shell and tube				
Hot fluid location	Shellside				
Fluid name					
Phase	Condensing		Boiling		
Flow rate					1000-kg/hr
	Inlet	Outlet	Inlet	Outlet	
Weight fraction vapor					
Temperature					C
Operating pressure					kgf/cm2G
Allowable pressure drop					kgf/cm2
Fouling resistance					m2-hr-C/kcal
Fouling layer thickness					mm
Exchanger duty					MM kcal/hr
Duty/flow multiplier	1				

그림 1-28 Process 입력 창

1) Process condition data

"Process conditions" 입력 창 데이터 중 기본적인 Process condition 데이터 개수는 다음과 같이 여섯 가지다.

① Hot flow rate ② Hot inlet temperature ③ Hot outlet temperature
④ Cold flow rate ⑤ Cold inlet temperature ⑥ Cold inlet temperature

위 여섯 가지 Process 데이터 중 최소로 요구되는 데이터는 "Case mode"에 따라 다음과 같다.

- ✔ *Rating or Design (Duty를 입력하지 않을 경우): 최소 5개 데이터를 입력해야 함.*
- ✔ *Rating or Design (Duty를 입력한 경우): Hot side/Cold side 데이터 중에서 각각 2개 입력해야 함.*
- ✔ *Simulation mode(이 Mode에서 Duty를 입력하지 않음.): Hot side/Cold side 데이터 중에서 각각 2개 입력해야 함.*

물론 Condensing과 Boiling 서비스와 같이 Liquid/Vapor가 같이 존재하는 Two phase 서비스이면 Mass vapor fraction과 입구압력은 꼭 필요하다. HTRI 결과에 Over-design은 입력된 Duty 기준으로 계산된다. Duty를 입력하지 않으면 Hot/Cold Side 평균 Duty 기준으로 Over-design을 계산한다.
상변화를 다루는 열교환기에 온도와 Mass vapor fraction을 모두 입력한 경우 입력된 Heat curve 데이터와 입력된 온도 기준으로 결과에 Mass vapor fraction이 입력값과 달라질 수 있다. 입력한 Mass vapor fraction을 결과에 유지하기 원하면 온도를 입력하지 말아야 한다. 상변화에 대한 대부분 에너지는 잠열로부터 나오기 때문에, 입력한 Duty와 Mass vapor fraction에 의한 Duty는 서로 유사하다. 저압 또는 진공 서비스에서 상변화가 있을 경우 입력한 Mass vapor fraction과 계산된 Mass vapor fraction 차이가 상당히 발생하곤 한다. 이는 Process simulation에서 열교환기에 할당한 Pressure drop(Allowable pressure drop)과 HTRI가 계산한 Pressure drop(Calculated pressure drop)이 차이나기 때문이다. 어떤 경우, Datasheet에 process condition과 Heat curve가 서로 상이할 때도 있으니 HTRI에 입력하기 전 이들을 서로 비교하고 차이를 발견하면 공정 엔지니어에 협의하여 이 차이를 이해시키고 수정된 Heat curve 또는 추가적인 Heat curve를 받아야 한다.

2) Fouling data

석유화학 분야에 Shell & tube heat exchanger와 Air cooler를 설계하는데 Fouling factor를 적용한다. Fouling factor는 Fouling resistance라고 불리기도 한다. Fouling factor는 Datasheet상 명기된 값을 사용하지만, 열교환기가 어떤 서비스인지 또 어떤 유체인지에 따라 적정한 값인지 확인해야 한다. 만약 Fouling factor가 표기되어 있지 않으면, 발주처 또는 공정 엔지니어와 협의하여 경험치를 사용하든지, TEMA RCP-T-2.14에 여러 가지 유체 Fouling factor를 참조할 수 있다. “Fouling margins in tubular heat exchanger design” (Shell DEP 20.21.00.31-Gen)에도 다양한 석유화학 공정별 유체 Fouling factor가 정리되어 있으니 참조할 수 있다.

일반적으로 Fouling factor는 유체 종류에 따라 고정된 값을 적용하고 있지만, 실제 Fouling 현상은 유속, 유체온도, Tube 표면 온도, Tube 재질, Tube 표면 거칠기 등에 영향을 받는다. 이런 영향을 주는 인자들을 무시한 채 유체에 대한 고정된 값을 사용하면, EOR(End of Run)에 성능이 부족할 수 있고 Fouling 경향이 더 커질 수 있다. 이런 우려로 최근 Fouling factor 대신 Fouling margin을 적용하는 설계 방식이 채택되기도 한다. Fouling margin 방식은 Fouling factor를 0을 적용하여 설계하고 Fouling margin만큼 전열 면적을 추가하는 방식이다. Fouling margin은 20%, 30% 등 퍼센트로 표현된다. 이 방법은 판형 열교환기에 적용되는 방식이기도 하다. 4.7장에 Fouling 관련 기술적인 내용이 포함되어 있으니 참고하기 바란다.

열전달 표면에 부착된 Fouling은 두께가 있을 수 있다. 이는 열교환기 Pressure drop을 증가시킬 것이다. 그러나 보통 이를 고려하지 않지만, 만약 고려해야 한다면 Calculated pressure drop에 Fouling factor 크기에 따라 10%, 20%와 같이 Calculated pressure drop에 일정 비율을 곱하는 방식을 적용한다.

3) Duty/flow multiplier

열교환기에 Design margin을 포함하는 방법에는 주로 2가지 방법이 사용되고 있다. 가장 많이 사용하는 방법은 Duty와 Flow rate를 모두 10% 혹은 20% 등 증가시켜 열교환기를 설계하는 방식이다. 이때 HTRI "Duty/flow multiplier"를 사용한다. Default 값은 1이며, 만약 입력한 Flow rate와 Duty를 10%를 증가시켜 설계하려면 "Duty/flow multiplier"에 1.1을 입력한다.

두 번째 방법으로 필요한 전열 면적보다 10% 혹은 20% 증가된 전열 면적으로 설계하는 방식이다. 이때 "Duty/flow multiplier"를 Default 값인 1로 유지하고 HTRI 결과에 Over-design이 10% 혹은 20%가 나오도록 설계하는 것이다.

언급한 2가지 Margin 방법의 차이점을 생각해보자. 첫 번째 방법에서 Flow rate를 증가시켰으므로 Pressure drop 측면에서 Margin을 포함하게 된다. 또 유속이 빨라져 열전달계수가 증가하므로 전열 면적 측면에서 Margin은 10%보다 작게 된다. 반면 두 번째 방법으로 설계된 열교환기는 10% 이상 전열 면적 Margin을 갖지만, Pressure drop margin 없이 설계된다. 정확한 이해를 위하여 2.7.3장 예제를 참조하기 바란다.

1.5. Properties 입력 이해

그림 1-29는 Property 메인 입력 창이며, 여기서 Property 입력방법을 선택할 수 있다.

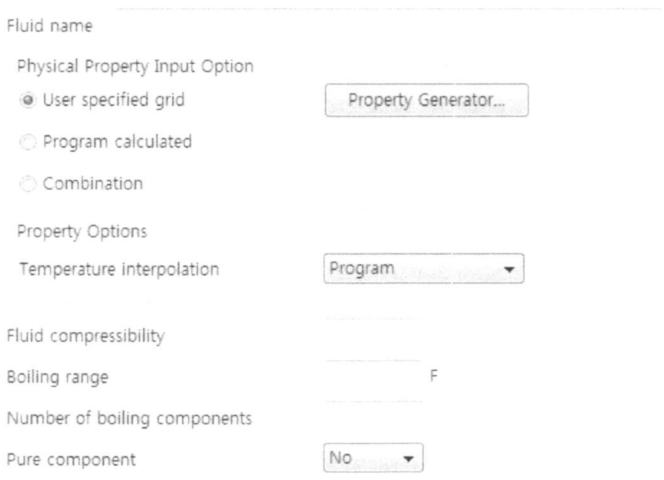

Fluid name
Physical Property Input Option
User specified grid | Property Generator...
Program calculated
Combination
Property Options
Temperature interpolation | Program
Fluid compressibility
Boiling range | F
Number of boiling components
Pure component | No

그림 1-29 Property 메인 입력 창

HTRI에서 Property를 입력하는 방법으로 3가지가 있다.

- ✔ *User specified grid: Heat curve 데이터가 포함된 경우 또는 Heat curve 데이터를 생성할 수 있는 경우. Viscosity가 높은 유체에도 적용하기도 한다.*
- ✔ *Program calculated: Liquid 또는 Vapor와 같이 Single phase 유체로 Datasheet에 Property가 제공된 경우, 성분이 제공되고 이를 이용하여 Property를 자체적으로 생성할 수 있는 경우.*
- ✔ *Combination: User specified grid와 Program calculated 입력 방식을 혼용하여 적용하는 경우*

"Property options"에서 "Interpolation method"를 Linear와 Quadratic으로 선택할 수 있는데, Program default는 Quadratic이다. 대부분 Default를 사용한다.

"Fluid compressibility"는 압축계수로 일반적으로 사용하지 않는다. 서비스가 기체인 경우, 압축계수를 입력하면 이상 기체방정식을 적용하여 압축계수로 밀도를 계산한다.

"Number of condensing components"는 Condensing과 Boiling heat transfer 계산에 영향을 미친다. Vapor phase heat transfer resistance 계산에 적용되는 Mass diffusion correction factor에 영향을 준다. Condensing component 숫자가 커지면 Vapor phase heat transfer resistance가 증가한다.

"Pure component"에 Yes를 선택하면, Vapor phase heat transfer resistance가 없는 것으로 간주하여 Condensing 또는 Boiling heat transfer coefficient를 계산하기 때문에 열전달계수가 커진다.

위 두 데이터 관련하여 1.9장 Xist control 창 이해를 참조하기 바란다.

1) Heating curve의 이해

Heating curve는 상변화를 동반하는 열교환기를 설계할 때 사용된다. 상평형을 다루는 프로그램으로 Hysys와 ProII 같은 Process simulation 프로그램이 있다. 상평형 계산 대신 Heating curve를 사용하여 특정 온도와 압력에서 Enthalpy, Mass vapor fraction과 Property를 도출할 수 있다. HTRI와 같은 열교환기 설계 프로그램은 자체적으로 상평형 계산과 Property 생성하지 않기 때문에 Heat curve를 사용하는 것이다. Heat curve는 기액 평형 데이터를 온도, Enthalpy, Mass vapor fraction으로 표현한 표 또는 그래프이다.

표 1-3에서 1-5까지 상변화를 수반하는 열교환기 Datasheet에 포함된 전형적인 Heating curve다. 3개 Iso-pressure(-0.662kg/cm^{2}g, -0.6936kg/cm^{2}g, -0.7239kg/cm^{2}g)에서 생성된 Heating curve다. Iso-pressure heating curves는 고정 압력에서 온도 변화에 따른 Mass vapor fraction, Enthalpy 변화를 의미한다. HTRI는 이런 Heating curve를 이용하여 열교환기 내 중간 온도와 압력에 해당하는 값들을 내삽(Interpolation)하여 계산한다. 정확히 표현하면 고정 압력에서 온도에 따른 Mass Vapor Fraction, Enthalpy만 Heating curve다. 나머지 데이터는 다양한 온도와 압력에서 Grid property라고 한다.

표 1-3 -0.662 kg/cm^{2}g에서 Heating curve

Properties at -.6620 kg/cm²[g			VAPOR				TOTAL LIQUID						
Temp. °C	Mass Vapor Frac.	Enthalpy Normalized kcal/kg	Density kg/m³	Visc. cP	Thermal Cond. kcal/(h.m.°C)	Specific Heat kcal/(kg.°C)	Density kg/m³	Visc. cP	Thermal Cond. kcal/(h.m.°C)	Specific Heat kcal/(kg.°C)	Surface Tension dyn/cm	Critical Press. kg/cm² [a]	Critical Temp °C
53.3	0.0996	22.84	.7753	0.008	.0121	0.31	837.6	0.443	.157	0.45	26.8	81.4	324
53.2	0.0833	20.30	.7753	0.008	.0121	0.31	837.0	0.443	.158	0.45	26.9	82.3	324
53.1	0.0669	17.76	.7769	0.008	.0121	0.31	838.1	0.444	.159	0.45	26.9	83.1	324
53.0	0.0506	15.23	.7769	0.008	.0122	0.31	838.4	0.444	.160	0.45	27.0	83.9	324
52.8	0.0343	12.69	.7753	0.008	.0122	0.31	838.7	0.445	.161	0.45	27.1	84.6	324
52.5	0.0185	10.15	.7737	0.008	.0123	0.31	839.2	0.446	.162	0.45	27.1	85.3	324
51.2	0.0055	7.61	.7593	0.009	.0128	0.31	840.5	0.452	.163	0.45	27.3	85.8	324
46.9	0.0015	5.08	.7112	0.010	.0144	0.29	844.6	0.472	.164	0.45	27.8	85.9	324
41.4	0.0007	2.54	.6584	0.012	.0160	0.28	849.8	0.501	.164	0.44	28.5	86.0	324
35.7	0.0005	0.00	.6135	0.013	.0173	0.27	855.1	0.535	.164	0.44	29.2	86.0	324

표 1-4 -0.6936 kg/cm^{2}g에서 Heating curve

Properties at -.6936 kg/cm²[g]			VAPOR				TOTAL LIQUID						
Temp. °C	Mass Vapor Frac.	Enthalpy Normalized kcal/kg	Density kg/m³	Visc. cP	Thermal Cond. kcal/(h.m.°C)	Specific Heat kcal/(kg.°C)	Density kg/m³	Visc. cP	Thermal Cond. kcal/(h.m.°C)	Specific Heat kcal/(kg.°C)	Surface Tension dyn/cm	Critical Press. kg/cm² [a]	Critical Temp °C
51.2	0.1060	22.84	.7160	0.008	.0120	0.31	839.4	0.452	.157	0.44	27.0	81.2	324
51.2	0.0896	20.30	.7160	0.008	.0120	0.31	838.7	0.452	.158	0.45	27.1	82.1	324
51.1	0.0732	17.76	.7176	0.008	.0120	0.31	840.0	0.453	.159	0.45	27.2	82.9	324
51.0	0.0568	15.23	.7176	0.008	.0120	0.31	840.3	0.453	.160	0.45	27.2	83.7	324
50.8	0.0404	12.69	.7176	0.008	.0120	0.31	840.5	0.454	.161	0.45	27.3	84.4	324
50.6	0.0243	10.15	.7160	0.008	.0120	0.31	840.9	0.455	.162	0.45	27.4	85.1	324
49.9	0.0094	7.61	.7096	0.008	.0123	0.30	841.7	0.458	.163	0.45	27.5	85.7	324
46.7	0.0022	5.08	.6744	0.009	.0136	0.30	844.8	0.474	.164	0.44	27.9	85.9	324
41.4	0.0009	2.54	.6231	0.011	.0154	0.29	849.8	0.502	.164	0.44	28.5	86.0	324
35.7	0.0005	0.00	.5783	0.013	.0168	0.27	855.1	0.535	.164	0.44	29.2	86.0	324

표 1-5 -0.7239 kg/cm^{2}g에서 Heating curve

Properties at -.7239 kg/cm²[g]			VAPOR				TOTAL LIQUID						
Temp. °C	Mass Vapor Frac.	Enthalpy Normalized kcal/kg	Density kg/m³	Visc. cP	Thermal Cond. kcal/(h.m.°C)	Specific Heat kcal/(kg.°C)	Density kg/m³	Visc. cP	Thermal Cond. kcal/(h.m.°C)	Specific Heat kcal/(kg.°C)	Surface Tension dyn/cm	Critical Press. kg/cm² [a]	Critical Temp °C
49.1	0.1125	22.84	.6584	0.008	.0118	0.31	841.4	0.462	.157	0.44	27.3	81.1	324
49.1	0.0961	20.30	.6600	0.008	.0118	0.31	841.7	0.462	.158	0.44	27.3	81.9	324
49.0	0.0796	17.76	.6600	0.008	.0118	0.31	841.8	0.463	.159	0.44	27.4	82.7	324
48.9	0.0632	15.23	.6600	0.008	.0118	0.31	842.2	0.463	.160	0.44	27.5	83.5	324
48.7	0.0467	12.69	.6600	0.008	.0118	0.30	842.5	0.464	.161	0.45	27.5	84.2	324
48.6	0.0304	10.15	.6600	0.008	.0118	0.30	842.8	0.464	.162	0.45	27.6	84.9	324
48.2	0.0147	7.61	.6568	0.008	.0120	0.30	843.3	0.466	.163	0.45	27.7	85.5	324
46.2	0.0036	5.08	.6359	0.009	.0128	0.30	845.3	0.476	.164	0.44	27.9	85.9	324
41.3	0.0012	2.54	.5895	0.010	.0146	0.29	849.9	0.502	.164	0.44	28.5	86.0	324
35.6	0.0006	0.00	.5446	0.012	.0162	0.28	855.2	0.535	.164	0.44	29.2	86.0	324

Condensing 서비스 열교환기는 입구/출구압력 각각 Heating curve 2개를 사용하여 설계하면 무리 없다. Reboiler의 경우 Column bottom 압력을 포함한 3개 이상 압력에 대한 Heat curve를 사용하여 설계할 것을 추천한다. Vacuum 운전압력이면서 상변화가 있는 경우 더 많은 Iso-pressure에서 Heat curve가 필요하다.

그래프 1-1은 압력 -0.662kg/cm^{2}g에서 Heating curve를 가로축에 온도, 세로축에 Enthalpy와 Mass vapor fraction으로 작도한 그래프이다. Liquid 또는 Vapor로 Single phase(단일 상)일 경우 그래프는 직선에 가깝게 작도될 것이다. 그래프에서 보듯이 52.5℃에서 약 2% Vapor만 남고 나머지는 응축된다. 52.5℃보다 높은 온도, 즉 Vapor가 많이 응축되는 구간에서 Enthalpy 변화는 크다. Enthalpy 변화가 큰 이유는 상변화에 따른 Latent heat(잠열)이 수반되기 때문이다. 온도에 따른 Enthalpy 변화가 크면 열전달 Driving force인 LMTD에 많은 영향을 준다. 따라서 Heating curve를 사용하는 가장 큰 목적은 정확한 LMTD를 구하기 위함이다. 이를 통하여 정확한 Pressure drop 또한 계산할 수 있다.

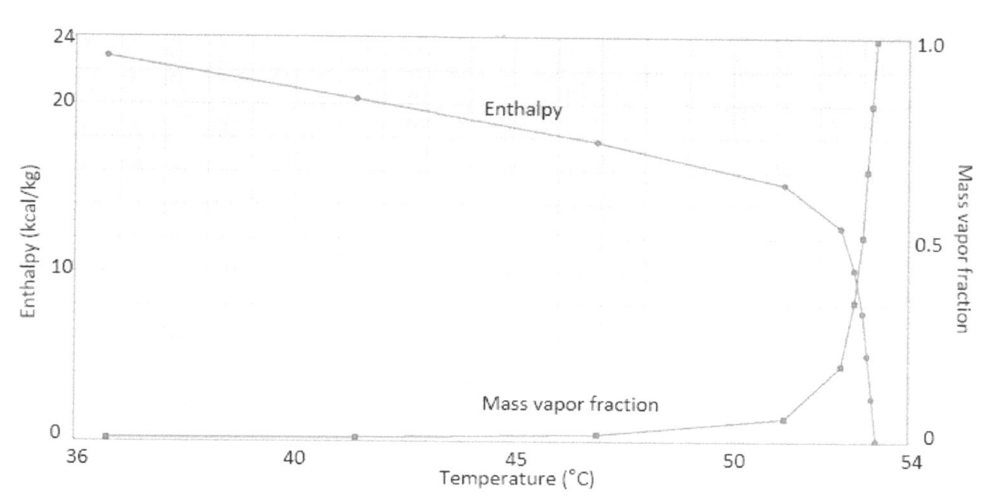

그래프 1-1 Temperature vs. Enthalpy, Mass vapor fraction (Single pressure)

이번에 모든 Heating curve(-0.662kg/cm^{2}g, -0.6936kg/cm^{2}g, -0.7239kg/cm^{2}g)를 Enthalpy와 Mass vapor fraction으로 그래프 1-2와 같이 작도해 보았다. 압력이 낮아짐에 따라 급격한 상변화 구간의 온도가 낮아짐을 알 수 있다. 대기압 1atm에서 물이 100℃에서 끓고, 그보다 낮은 압력에서 100℃보다 낮은 온도에서 물이 끓는 것과 같은 이유이다. 유체가 열교환기 내부에 흐르면서 압력은 점점 낮아진다. 이것이 여러 개 압력에서 Heating curve가 필요한 이유다.

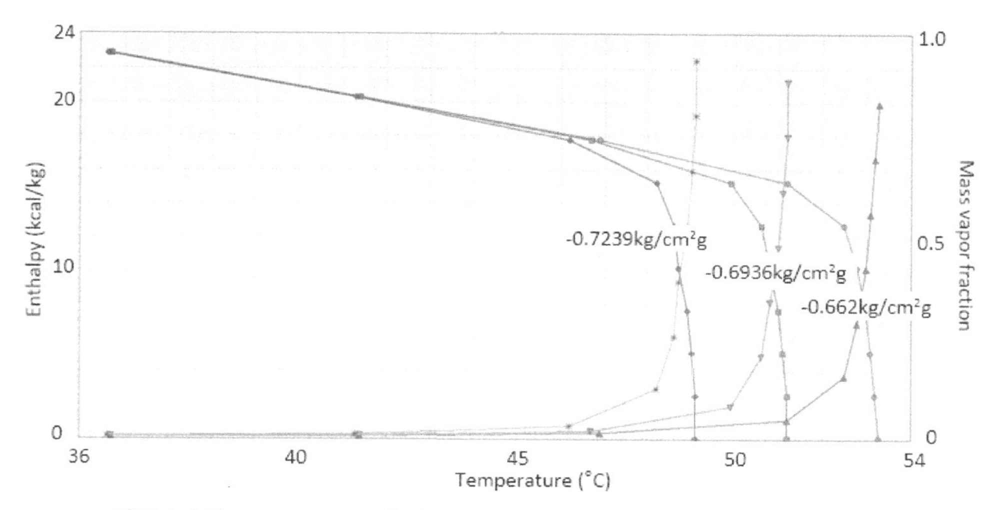

그래프 1-2 Temperature vs. Enthalpy, Mass vapor fraction (Multiple pressures)

2) User specified grid

Heating curve는 Process simulation으로부터 나온 데이터로 해당 공정 Simulation을 수행한 공정 엔지니어로부터 받는 것이 기본이다. 그림 1-30은 HTRI heating curve 입력 창이다. 항상 단위에 주의하여 입력해야 한다. 유체가 Boiling 서비스라면 Critical pressure(임계압력)가 추가로 필요하다. Critical pressure는 Maximum heat flux(최대 열 유속)와 Film boiling(막 비등)을 예측하는 데 사용된다. Specific enthalpy와 Total enthalpy 두 가지 옵션으로 Enthalpy를 입력할 수 있는데, Total enthalpy를 입력할 경우 Total enthalpy에 해당하는 유량도 같이 입력해주어야 한다. Specific enthalpy와 Total enthalpy 관계는 식 1-1과 같다.

$$\boldsymbol{Total\ enthalpy\ (kcal/hr)\ =\ Specific\ enthalpy(kcal/kg)\ \times\ flow\ rate(kg/hr)\ ----\ (1-1)}$$

Physical Properties | Compositions

Heat release entered as: Specific enthalpy | Property Generator... | Multiple Liquids Worksheet...

	Set 1								
	Pressure	-0.662	kgf/cm2G	Vapor Properties					
	Temperature (C)	Enthalpy (kcal/kg)	Weight Fraction Vapor	Density (kg/m3)	Viscosity (cP)	Heat Capacity (kcal/kg-C)	Conductivity (kcal/hr-m-C)	Enthalpy (kcal/kg)	Density (kg/m3)
	Required: Yes	Yes	Yes	Yes	Yes	Yes	Yes	No	Yes
1	53.3	22.84	0.0996	0.7753	0.008	0.31	0.0121		837.
2	53.2	20.3	0.0833	0.7753	0.008	0.31	0.0121		83
3	53.1	17.76	0.0669	0.7769	0.008	0.31	0.0121		838.
4	53	15.23	0.0506	0.7769	0.008	0.31	0.0122		838.
5	52.8	12.69	0.0343	0.7753	0.008	0.31	0.0122		838.
6	52.5	10.15	0.0185	0.7737	0.008	0.31	0.0123		839.
7	51.2	7.61	0.0055	0.7593	0.009	0.31	0.0128		840.
8	46.9	5.08	0.0015	0.7112	0.01	0.29	0.0144		844.
9	41.4	2.54	7e-4	0.6584	0.012	0.28	0.016		849.
10	35.7	0	5e-4	0.6135	0.013	0.27	0.0173		855.
11									

그림 1-30 Grid property **입력 창**

3) Property generator

Heating curve 대신 유체 내 Composition(성분)을 알고 있다면 "Property generator" 옵션을 선택하여 온도와 압력에 따른 Mass vapor fraction, Enthalpy, Vapor와 Liquid property(물성치)를 생성할 수 있다. Property 메인 입력 창에서 "Property generator" 버튼을 클릭하면 그림 1-31과 같이 "Property package" 창이 뜬다.

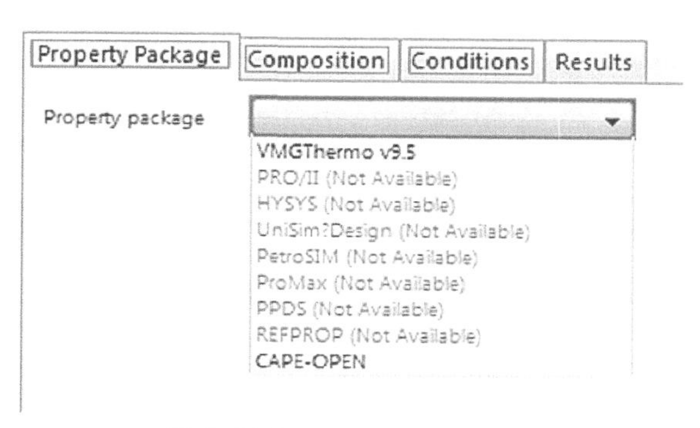

그림 1-31 Property generation 창

Heating curve를 생성하기 위해서 Property package가 있어야 한다. HTRI는 VMGThermo라는 Property package를 포함하고 있다. ProII, Hysys 등 Process simulation 프로그램을 이용하여 Heating curve를 생성할 수 있는데, 이를 이용하려면 컴퓨터에 이 프로그램들이 설치되어 있어야 한다. 대부분 Hydrocarbon(탄화수소)에 대하여 VMGThermo에서 생성된 Heat curve와 ProII, Hysys에서 생성된 Heat curve는 유사하다. 그러나 진공 서비스와 Hot/Cold side 온도 차이가 작고 상변화가 있는 서비스에서 작은 온도 차이는 열교환기 설계에 큰 영향을 줄 수 있으니 주의해야 한다.

Property package를 선택하면 어떤 VLE model(기액 평형 모델)을 사용할 것인지를 선택해야 한다. VMGThermo에서 Advanced peng robinson이 Default로 대부분 Hydrocarbon 물질에 적용된다. VMGThermo를 적용할 경우, 공정별 VLE Model은 4.2장을 참조하여 선택한다.

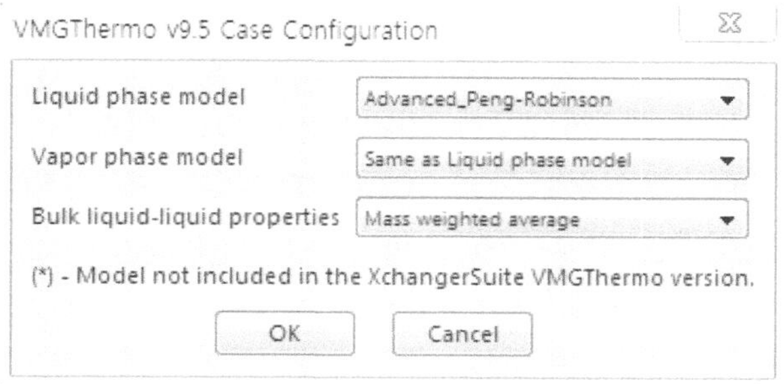

VMGThermo v9.5 Case Configuration

Liquid phase model — Advanced_Peng-Robinson
Vapor phase model — Same as Liquid phase model
Bulk liquid-liquid properties — Mass weighted average
(*) - Model not included in the XchangerSuite VMGThermo version.
OK Cancel

그림 1-32 VMGThermo VLE model 선택 창

다음, 그림 1-33과 같이 "Composition" 입력 창에서 성분을 입력한다. Process 유체에 포함된 성분을 목록에서 찾아 선택하고 성분의 양이 질량 또는 몰 기준인지 확인하여 각 성분 분율을 입력한다.

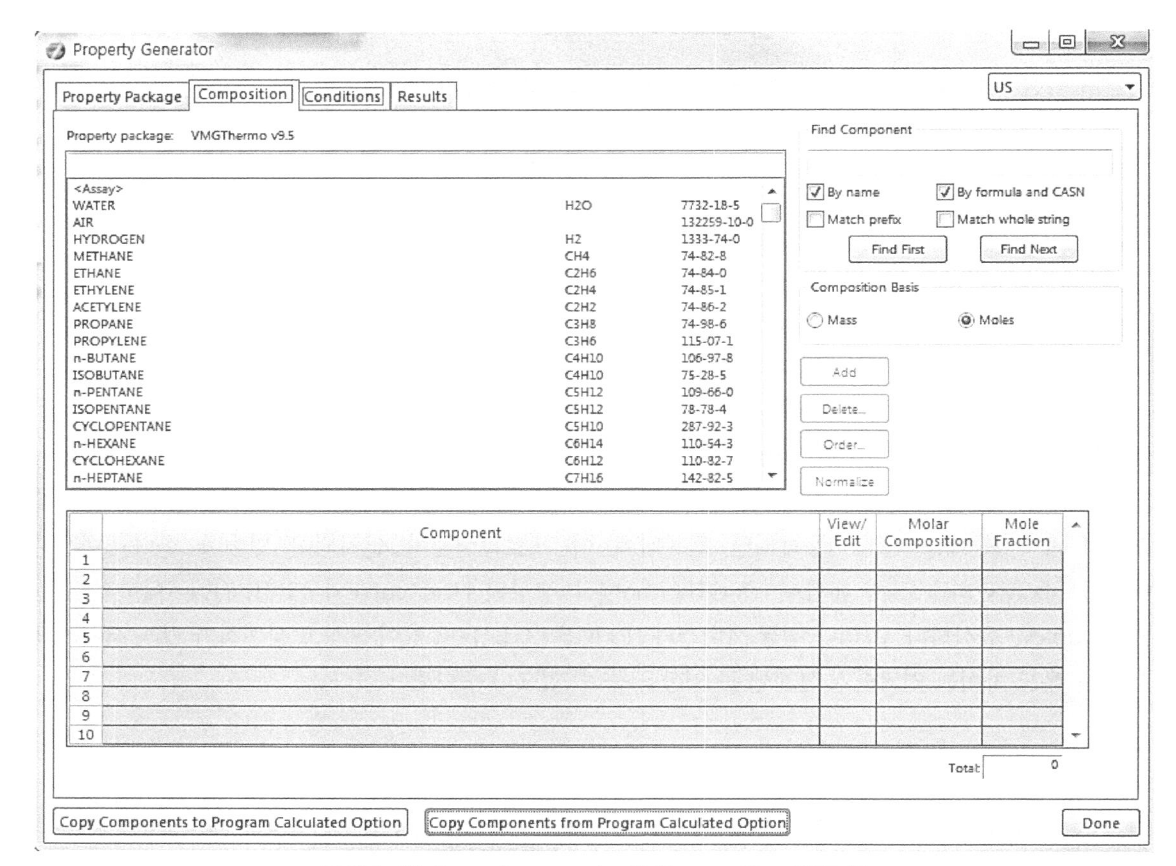

그림 1-33 Property generator의 Composition 입력 창

성분입력이 완료되면, 압력 범위와 온도 범위를 입력한다. 입력하는 방법에는 그림 1-34 “Condition” 입력 창 “Temperature point method”에서 보듯이 3가지 방법이 있다. 입력하는 방법은 모두 유사하다. 그림은 3kg/cm^{2}g과 2.5kg/cm^{2}g 2개 압력 Point와 0℃에서 32℃까지 온도 범위 내에서 10개 온도 Point로 Heating curve를 생성하는 입력한 예이다. “Property grid conditions”의 Temperature 대신 Mass vapor fraction, Superheated DT, Sub-cooled DT, Enthalpy를 입력하여 Heating curve를 생성할 수도 있다. “Generate Properties” 버튼을 클릭하면 “Results” 창이 활성화되는데 그림 1-35와 같이 생성된 Heat curve를 확인할 수 있다. “Transfer” 버튼을 클릭하여 생성된 Heat curve가 “Grid property table”로 복사된다.

HTRI에서 Heat curve를 생성할 때 Flash 옵션으로 “Integral”과 “Differential”이 있다. 첫 번째 “Integral”은 Two phase 상태(Vapor와 liquid가 공존)에서 Vapor와 Liquid가 잘 섞여 있으며 열적/화학적 평형상태를 유지하고 있다고 간주한 방법이다. 두 번째 “Differential”은 Two phase 상태에서 Vapor와 Liquid가 서로 분리되어 있다고 간주하는 방법이다. HTRI default는 “Integral”로 대부분 이 옵션을 사용한다.

그러나 Tube side condensing 서비스 열교환기로 Tube side pass가 2개 이상을 경우와 Shell side Condensing 서비스 열교환기에서 Gravity flow가 예상될 때 "Differential" flash 옵션을 선택하여 Heat curve 생성해야 한다.

Critical pressure 계산에 두 가지 옵션이 있다. 첫 번째는 계산에 사용되는 성분 옵션으로 Liquid phase(액상)에 포함된 Composition 기준과 Overall composition(전체 성분) 기준이다. 두 번째는 Pseudo critical과 True critical 선택에 대한 옵션이다. HTRI는 Liquid phase와 True critical을 추천하고 있다.

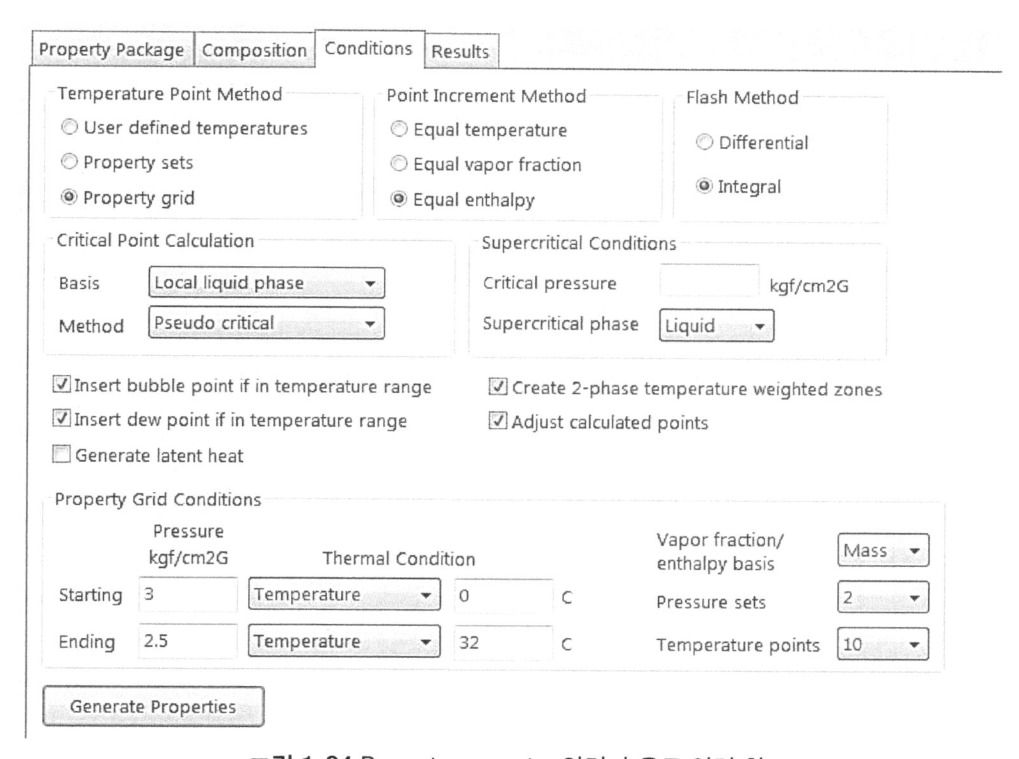

그림 1-34 Property generator 압력과 온도 입력 창

만약 Crude assay 데이터가 있으면 그림 1-36과 같이 "Assay data" 입력 창에 이를 입력하여 Property를 생성할 수 있다. Crude assay란 실험실에서 수행한 원유 테스트 데이터를 말하며, 원유의 특성인 Boiling range에 해당하는 가상의 성분 분율이 포함된다. 이 Crude assay를 이용하여, 특정 원유를 설비에 적용했을 때 Process simulation을 통해 수율, 품질, 생산량 등을 예측할 수 있다.

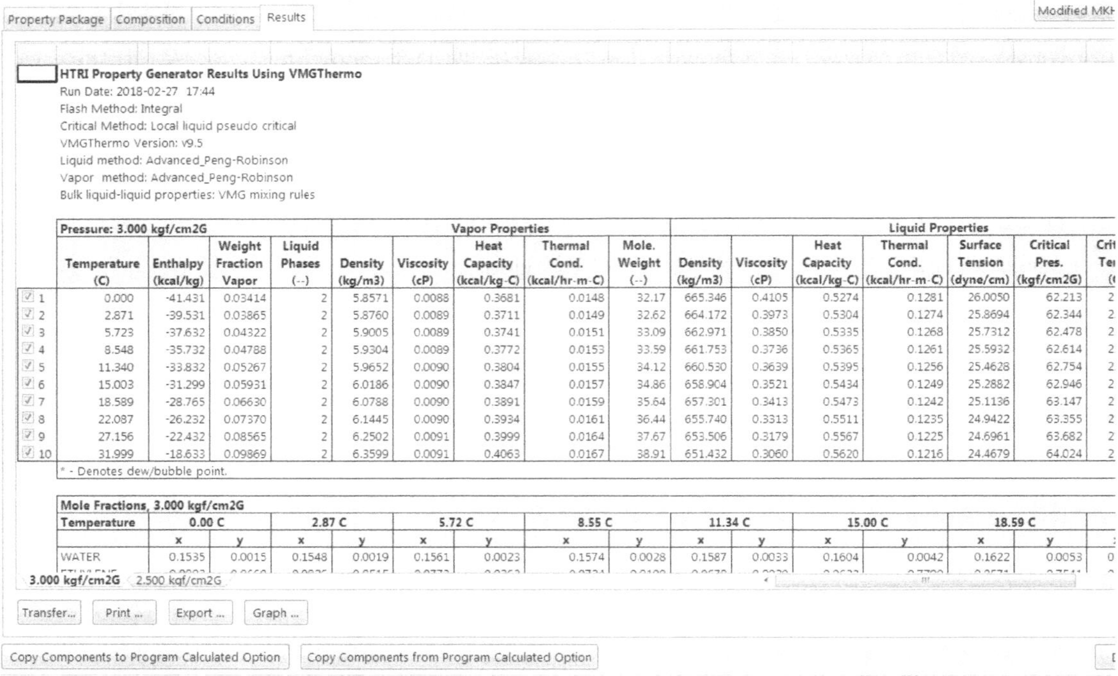

Property Package | Composition | Conditions | Results

Modified MKH

HTRI Property Generator Results Using VMGThermo

Run Date: 2018-02-27 17:44
Flash Method: Integral
Critical Method: Local liquid pseudo critical
VMGThermo Version: v9.5
Liquid method: Advanced_Peng-Robinson
Vapor method: Advanced_Peng-Robinson
Bulk liquid-liquid properties: VMG mixing rules

	Pressure: 3.000 kgf/cm2G				Vapor Properties					Liquid Properties						
	Temperature (C)	Enthalpy (kcal/kg)	Weight Fraction Vapor	Liquid Phases (--)	Density (kg/m3)	Viscosity (cP)	Heat Capacity (kcal/kg-C)	Thermal Cond. (kcal/hr-m-C)	Mole. Weight (--)	Density (kg/m3)	Viscosity (cP)	Heat Capacity (kcal/kg-C)	Thermal Cond. (kcal/hr-m-C)	Surface Tension (dyne/cm)	Critical Pres. (kgf/cm2G)	Crit Te ((
1	0.000	-41.431	0.03414	2	5.8571	0.0088	0.3681	0.0148	32.17	665.346	0.4105	0.5274	0.1281	26.0050	62.213	2
2	2.871	-39.531	0.03865	2	5.8760	0.0089	0.3711	0.0149	32.62	664.172	0.3973	0.5304	0.1274	25.8694	62.344	2
3	5.723	-37.632	0.04322	2	5.9005	0.0089	0.3741	0.0151	33.09	662.971	0.3850	0.5335	0.1268	25.7312	62.478	2
4	8.548	-35.732	0.04788	2	5.9304	0.0089	0.3772	0.0153	33.59	661.753	0.3736	0.5365	0.1261	25.5932	62.614	2
5	11.340	-33.832	0.05267	2	5.9652	0.0090	0.3804	0.0155	34.12	660.530	0.3639	0.5395	0.1256	25.4628	62.754	2
6	15.003	-31.299	0.05931	2	6.0186	0.0090	0.3847	0.0157	34.86	658.904	0.3521	0.5434	0.1249	25.2882	62.946	2
7	18.589	-28.765	0.06630	2	6.0788	0.0090	0.3891	0.0159	35.64	657.301	0.3413	0.5473	0.1242	25.1136	63.147	2
8	22.087	-26.232	0.07370	2	6.1445	0.0090	0.3934	0.0161	36.44	655.740	0.3313	0.5511	0.1235	24.9422	63.355	2
9	27.156	-22.432	0.08565	2	6.2502	0.0091	0.3999	0.0164	37.67	653.506	0.3179	0.5567	0.1225	24.6961	63.682	2
10	31.999	-18.633	0.09869	2	6.3599	0.0091	0.4063	0.0167	38.91	651.432	0.3060	0.5620	0.1216	24.4679	64.024	2

* - Denotes dew/bubble point.

Mole Fractions, 3.000 kgf/cm2G														
Temperature	0.00 C		2.87 C		5.72 C		8.55 C		11.34 C		15.00 C		18.59 C	
	x	y	x	y	x	y	x	y	x	y	x	y	x	y
WATER	0.1535	0.0015	0.1548	0.0019	0.1561	0.0023	0.1574	0.0028	0.1587	0.0033	0.1604	0.0042	0.1622	0.0053

3.000 kgf/cm2G | 2.500 kgf/cm2G

Transfer... | Print ... | Export ... | Graph ...

Copy Components to Program Calculated Option | Copy Components from Program Calculated Option

그림 1-35 Property generator 결과 창

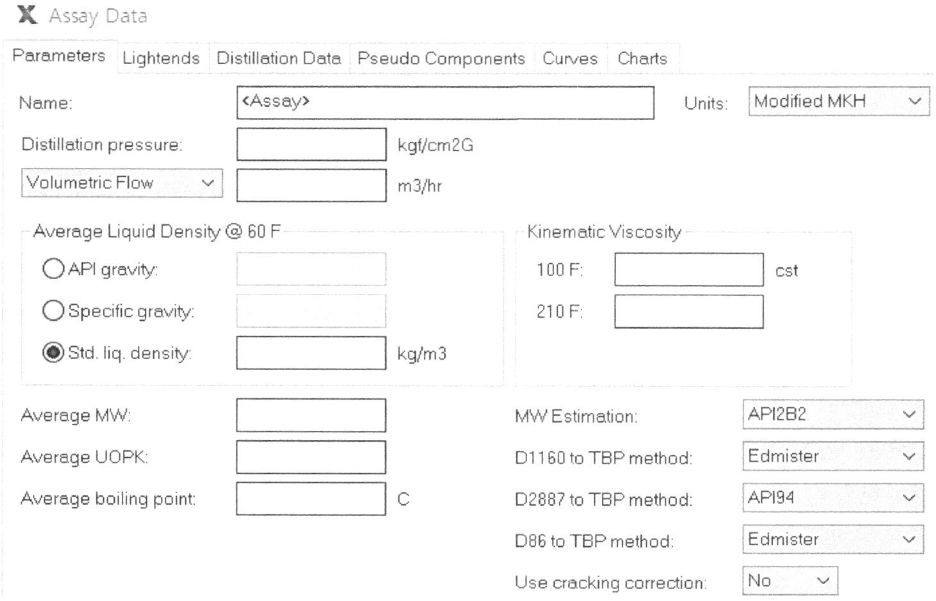

Assay Data

Parameters | Lightends | Distillation Data | Pseudo Components | Curves | Charts

Name: <Assay> Units: Modified MKH

Distillation pressure: kgf/cm2G

Volumetric Flow m3/hr

Average Liquid Density @ 60 F
- API gravity:
- Specific gravity:
- Std. liq. density: kg/m3

Kinematic Viscosity
- 100 F: cst
- 210 F:

Average MW:

Average UOPK:

Average boiling point: C

MW Estimation: API2B2

D1160 to TBP method: Edmister

D2887 to TBP method: API94

D86 to TBP method: Edmister

Use cracking correction: No

그림 1-36 Crude assay data를 이용한 Heat curve 생성 창

4) Program calculated

Fluid에 Liquid 또는 Vapor만 있는 Single phase인 경우, "Program calculated" 옵션을 사용한다. Tube에서 단일 상 유체가 Turbulent로 흐를 때 HTRI가 적용하는 열전달 관계식을 4.10장 식 4-23을 참고하기 바란다. 열전달계수 관계식에 사용되는 유체 Property는 k(열전도도), ρ(밀도), μ(점도), C_p(열용량) 4가지가 사용된다. "Program calculated" 옵션을 이용할 때 이 4가지 Property를 입력한다. 이 Property는 온도에 따라 그 값이 바뀐다. 일반적으로 온도에 따라 열전도도, 밀도, 열용량은 선형으로, Viscosity는 로그 선형으로 변한다. 실제로 입력되는 Property는 온도와 압력에 대한 값이다. 압력에 따라 Liquid property는 미미한 영향을 받고 Vapor property는 영향을 많이 받는다.

"Program calculated" 옵션을 선택하면 입력 탐색기 창에 "Components" 입력 창이 빨간색으로 바뀌면서 활성화된다. "Components" 입력 창 상단 Property package를 선택할 수 있는데, VMGThermo가 Default로 되어있다. VMGThermo에 여러 가지 성분이 포함되어 있으며 이들 중 원하는 성분을 선택하면 된다. 만약 유체가 Pure component(순수성분)가 아니고 Multi-component(혼합물)이면, Property를 생성하기 전, "Edit Case …"버튼을 클릭하여 VLE model과 Mixing rule을 선택하는 것을 잊지 말아야 한다. 4.2장을 참조하여 VLE model을 선택한다. Datasheet에 Property가 제공된 경우, Property package를 "HTRI"로 선택하고 성분 중 "New user-defined"을 선택하면 Property를 직접 입력할 수 있는 창이 활성화된다. Water와 Steam은 HTRI package의 성분목록에서 "Water (IAPWS 1997)"선택한다. HTRI package에서 성분을 선택할 때 "Phase" 옵션 중 "Mixed", "Liquid", "Vapor" 중 서비스에 맞게 선택해야 Runtime 에러가 발생하지 않는다.

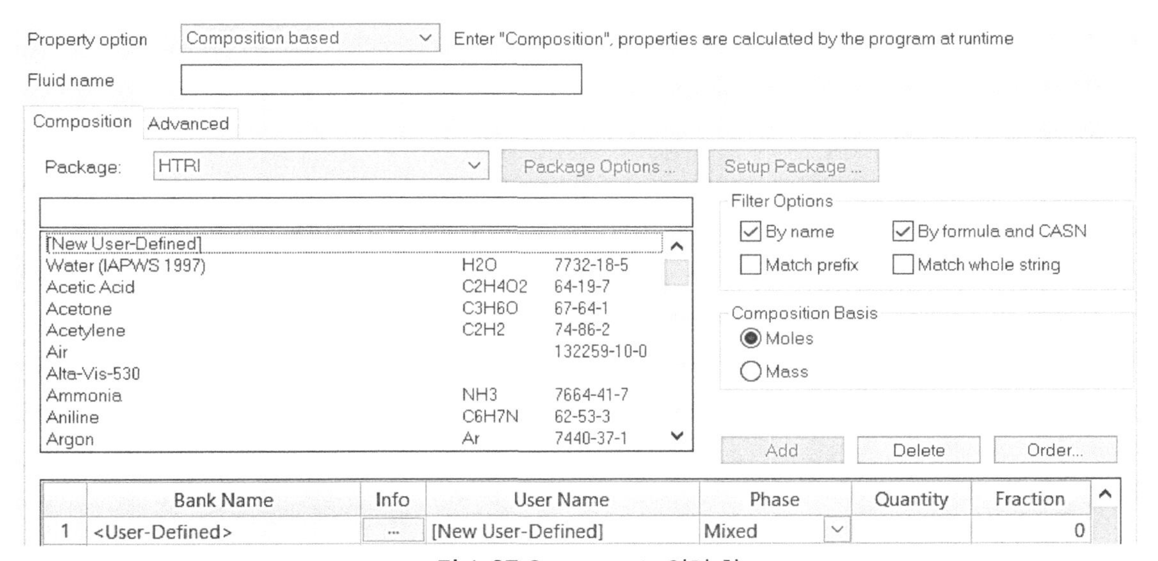

그림 1-37 Components 입력 창

활성화된 Liquid property 또는 Vapor property 입력 창에 온도와 앞서 언급한 4가지 Property를 입력하면 된다. 한 개 온도 Point에서 Property들을 입력해도 HTRI를 실행할 수 있지만, Property는 온도에 따라 변하기 때문에 그림 1-38과 같이 2개 온도 Point에서 Property를 입력할 것을 추천한다.

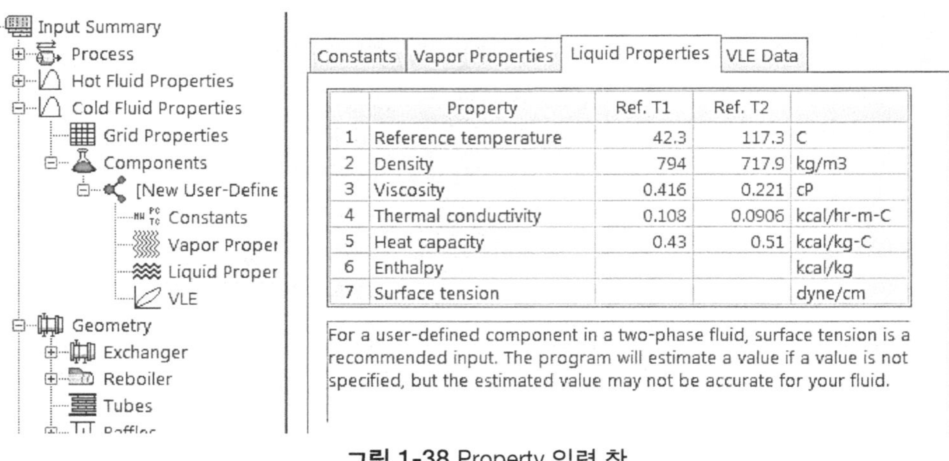

그림 1-38 Property 입력 창

1.6. Xist geometry input 이해 (Shell & tube heat exchanger)

Shell & tube heat exchanger의 주요한 Geometry 데이터는 "Input summary" 창에서 이미 입력된 상태다. 여기까지 입력을 완료하여도 Xist를 실행할 수 있다. "Input Summary" 입력 창에 데이터만 입력하고 실행 결과를 검토한 후 Geometry 데이터를 조정하고 추가 입력하며 검토를 반복하여 설계를 완성한다.

1) Construction data

"Construction data" 입력 창은 그림 1-39와 같이 "Exchanger" 입력 창 하부에 있다. "Construction data" 창에 Tubesheet 두께를 입력할 수 있다. Front와 Rear channel에 각각 Tubesheet가 있다면 이 둘을 합한 두께를 입력해야 한다. Xist는 강도계산 프로그램이 아니므로 Tubesheet 두께 계산이 정확하지 않다. Tubesheet 두께에 포함된 Tube 길이는 열전달에 기여하는 Effective tube 길이 계산에서 제외된다. 만약 이미 설치된 열교환기 성능 평가할 경우, 제작 도면상 Tubesheet 두께를 입력하면 더 정확한 성능 평가를 수행할 수 있다. 제작도면에 Tube-to-tubesheet joint 상세도를 보면 대부분 Tube가 Tubesheet보다 약 3mm 튀어나와 있다. HTRI에 이 치수를 입력할 수 없으므로 Tubesheet 두께에 더하여 입력한다.

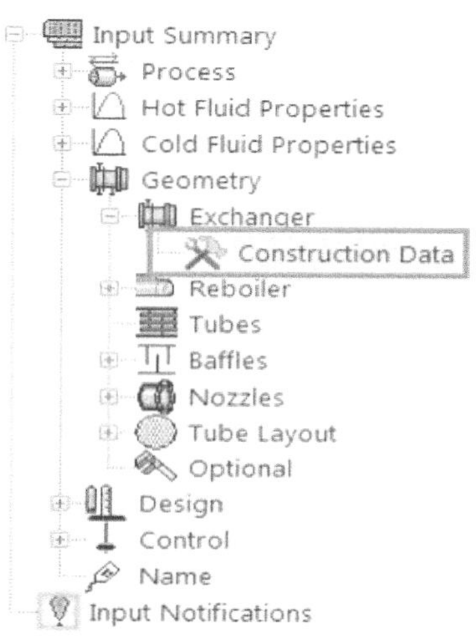

그림 1-39 탐색기에서
Construction 데이터 입력

2) Reboiler data

그림 1-40 "Reboiler" 입력 창은 "Piping", "Inlet piping"과 "Outlet piping" 하부 창으로 구성되어 있다. Thermosiphon reboiler 데이터 입력을 "Simple piping"과 "Detail piping" 2가지 방법으로 할 수 있다. 설계 초기에 Piping isometric drawing이 없으므로 "Default piping model"을 이용하여 Reboiler 설계와 Hydraulic을 수행하고, Hydraulic 결과의 Reboiler elevation을 P&ID에 반영한다. 추후 Piping isometric drawing을 접수하면 "Detail piping"을 사용하여 "Simple piping" 결과를 검증한다.

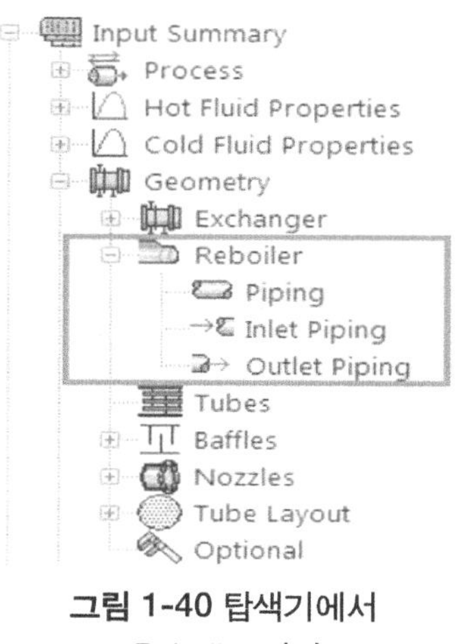

그림 1-40 탐색기에서
Reboiler 입력

Thermosiphon reboiler를 설계하기 위하여 열교환기 Datasheet 외 해당 Column datasheet, P&ID, Piping isometric drawing("Detail piping" 적용 시)을 준비한다. 그림 1-41과 같이 Column과 Reboiler의 상대적인 설치 높이를 확인할 수 있도록 먼저 스케치를 작성하여 데이터를 입력하는 것이 좋다. 우선 "Simple piping" 옵션으로 데이터를 입력하는 방법을 소개하고 2.5.1장 예제에서 "Detail piping" 방법을 소개하기로 한다.

Column
Liquid level
650mm
6150mm
5600mm
1200mm
Reboiler

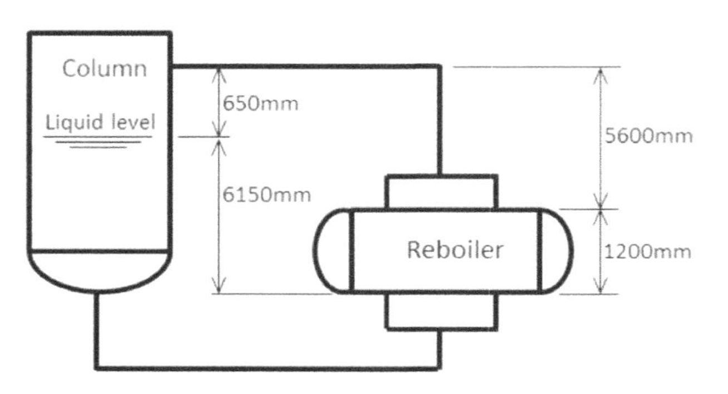

그림 1-41 Column vs. Reboiler 스케치

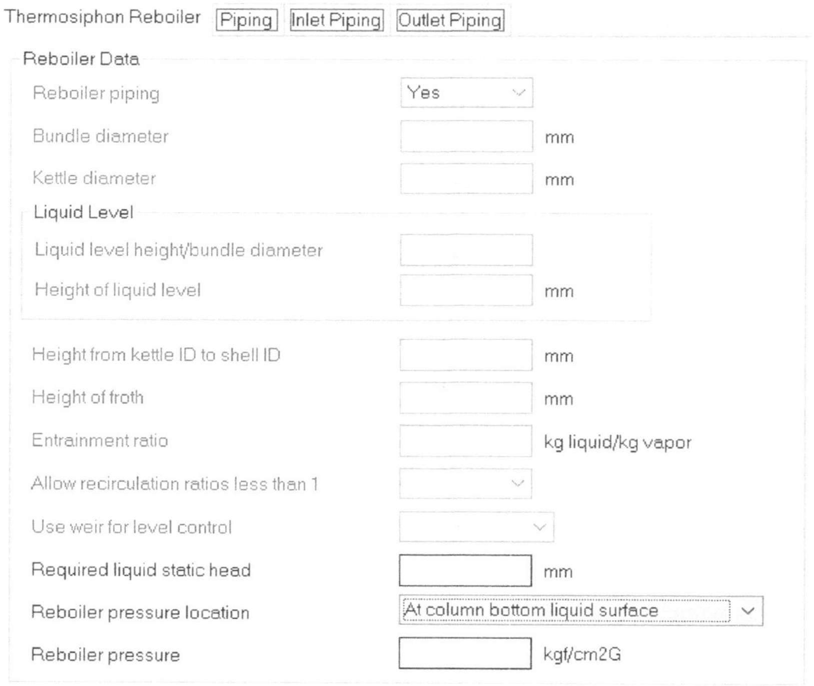

Thermosiphon Reboiler
Piping
Inlet Piping
Outlet Piping
Reboiler Data
Reboiler piping
Yes
Bundle diameter
mm
Kettle diameter
mm
Liquid Level
Liquid level height/bundle diameter
Height of liquid level
mm
Height from kettle ID to shell ID
mm
Height of froth
mm
Entrainment ratio
kg liquid/kg vapor
Allow recirculation ratios less than 1
Use weir for level control
Required liquid static head
mm
Reboiler pressure location
At column bottom liquid surface
Reboiler pressure
kgf/cm2G

그림 1-42 Thermosiphon 메인 입력 창

"Reboiler" 입력 창에서 특별한 경우를 제외하고 Reboiler pressure location은 "At column bottom liquid surface"를 선택해야 한다. Required liquid level을 입력하면 Reboiler circulation flow rate와 Mass vapor fraction이 계산되며, 입력하지 않으면 입력한 유량에 맞추어 필요한 Static head가 계산된다.

Column liquid level에는 High, Normal, Low liquid level 3가지 종류가 있으며 각각 Static head를 계산하여, 3가지 Liquid level을 모두 검토해야 한다. 종종 Column bottom에 Reboiler 용 Weir가 설치된 경우가 있는데, 이 경우 Liquid level은 Weir top 높이가 되고, Weir top 기준 Static head에서만 검토하면 된다.

Entrainment는 기체에 포함된 미세한 액체 방울이다. Boiling 과정 중 Vapor 발생하면서 Vapor는 미세한 액체 방울을 포함한 채 액체로부터 나온다. 서비스에 따라 Entrainment가 성능과 운전에 미치는 영향이 다르다. Distillation column에 Kettle reboiler가 설치된 경우 Distillation column bottom에 설치된 Tray 효율이 떨어질 수 있다. Steam generator의 경우 Entrainment만큼 유입되는 Boiler feed water 유량이 증가해야 하고, 결국 Boiler feed water 펌프 운전비가 증가할 수 있다. 열교환기 후단에 Compressor가 있는 경우, Entrainment는 Compressor 파손의 원인이 되기도 한다. Kettle type 열교환기의 경우 큰 Kettle ID를 적용하여 생성된 Vapor 속도를 낮춰 Entrainment를 줄인다.

일반적으로 Entrainment를 Kettle reboiler 0.005~0.05, Compressor 전단에 설치된 열교환기 0.001 정도 추천한다. 만약 Kettle ID가 지나치게 큰 경우 Kettle ID를 줄이고 대신 Demister 또는 Knock out drum을 설치하기도 한다. Demister는 Pressure drop을 증가시키기 때문에 Demister 설치 여부는 전체적인 System hydraulic을 고려하여 결정해야 한다.

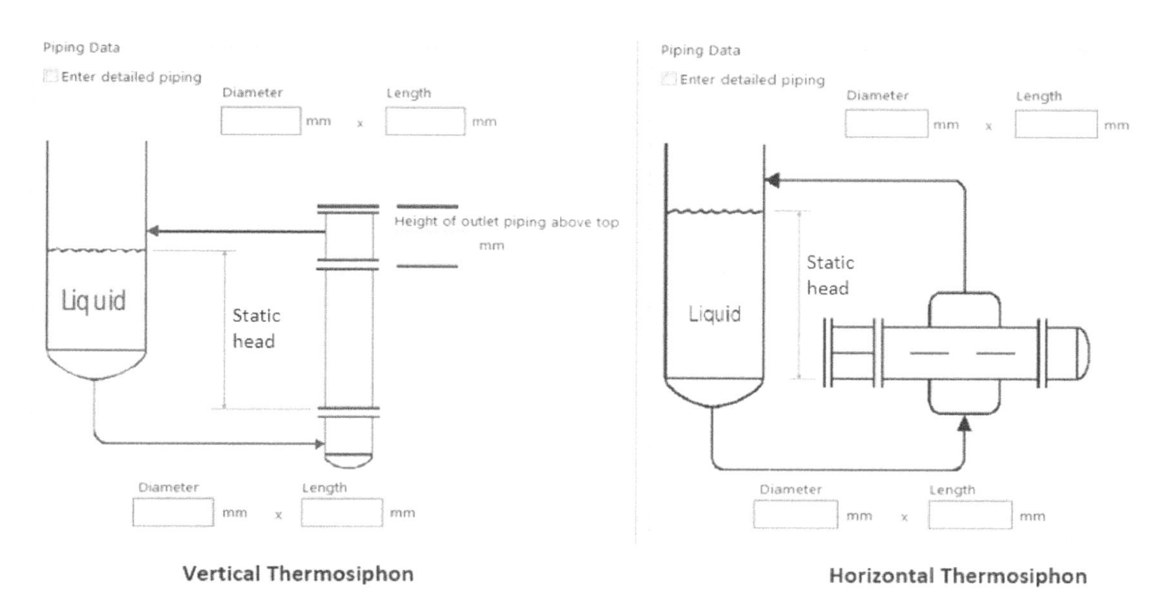

그림 1-43 Reboiler piping 입력 창

Vertical reboiler의 Static head는 Column liquid level에서 Reboiler bottom tubesheet까지 높이다. Horizontal reboiler의 Static head는 Column liquid level에서 Reboiler shell bottom까지 높이다. 그림 1-43은 두 Reboiler type의 Static head를 보여주고 있다.

일반적으로 Vertical reboiler에 연결된 배관 길이는 Horizontal reboiler 배관 길이보다 짧다. 입구와 출구 배관 길이를 표 1-6에 따라 입력한다. 표의 배관 길이는 일반적인 Reboiler에 대한 예시로 배관에 Valve가 설치된 경우, Reboiler가 Parallel로 설치된 경우, 배관 치수 등을 고려하여 표의 배관 길이를 적절히 조정하여 입력한다. Column 노즐과 열교환기 노즐 치수가 서로 다른 경우, Column 노즐 바로 다음에 Reducer를 설치하고 배관 치수를 열교환기 노즐 치수와 같게 정한다.

표 1-6 Thermosiphon reboiler 배관 길이

	Vertical reboiler	*Horizontal reboiler*
입구 배관 길이	*30m*	*40m*
출구 배관 길이	*10m*	*40m*

"Inlet piping"과 "Outlet piping" 창은 그림 1-44, 1-45와 같다. "Header pipe"는 입구 또는 출구 노즐이 2개인 경우 입력한다. Elbow, Tee, Reducer와 같은 Pipe fitting을 고려하기 위하여 "Bend allowance" 옵션이 있다. "Bend allowance"를 "Yes"로 선택하면 Fitting에 상응하는 Equivalent piping 길이가 더해진다. "Inlet piping" 입력 창에서 "Fractional pressure drop across inlet valve" 입력 항목이 있다. Reboiler circuit 전체 Pressure drop(입구 배관 + 열교환기 + 출구 배관)에서 Valve가 차지하는 Pressure drop 비율을 입력한다. Startup 운전과 같은 비정상적인 운전 시 Reboiler가 불안정하게 운전될 수 있다. 이런 경우를 대처하기 위하여 입구 배관에 Throttle valve를 설치하여 Reboiler 운전이 안정될 때까지 Valve를 조절하기도 한다. Reboiler 불안정 운전에 관하여 4.4장을 참조하기 바란다.

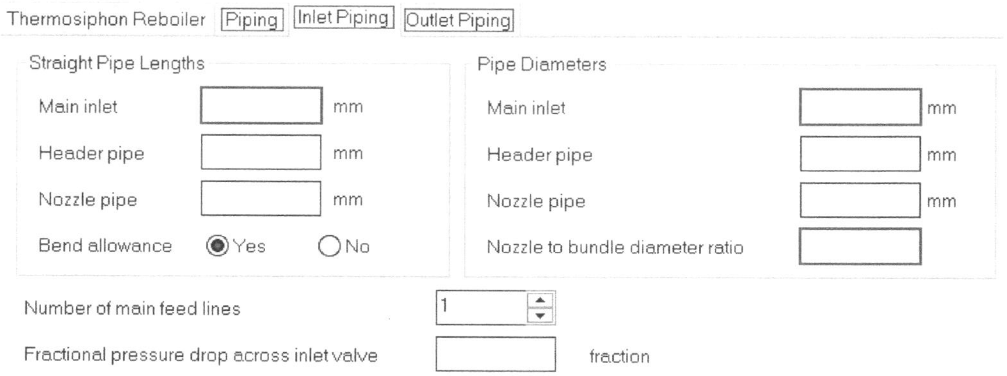

Thermosiphon Reboiler | Piping | Inlet Piping | Outlet Piping

Straight Pipe Lengths
Main inlet mm
Header pipe mm
Nozzle pipe mm
Bend allowance Yes No

Pipe Diameters
Main inlet mm
Header pipe mm
Nozzle pipe mm
Nozzle to bundle diameter ratio

Number of main feed lines 1
Fractional pressure drop across inlet valve fraction

그림 1-44 Inlet piping 입력 창

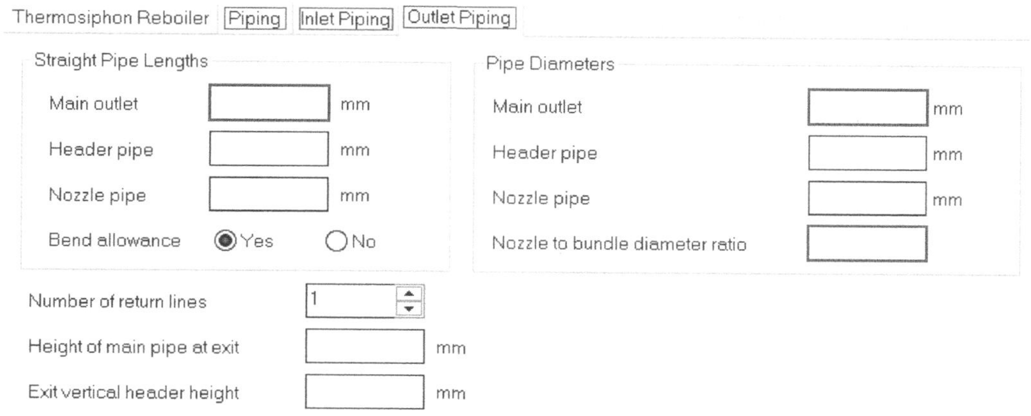

Thermosiphon Reboiler
Piping
Inlet Piping
Outlet Piping
Straight Pipe Lengths
Main outlet
mm
Header pipe
mm
Nozzle pipe
mm
Bend allowance
Yes
No
Pipe Diameters
Main outlet
mm
Header pipe
mm
Nozzle pipe
mm
Nozzle to bundle diameter ratio
Number of return lines
1
Height of main pipe at exit
mm
Exit vertical header height
mm

그림 1-45 Outlet piping 입력 창

"Outlet piping" 입력 창에 "Height of main pipe at exit"(그림 1-46의 ①)와 "Exit vertical header height"(그림 1-46의 ②)는 중요한 입력 데이터이다. 이 두 입력 데이터는 Reboiler 출구 배관에서 Two phase static head 계산을 위한 것으로 Reboiler hydraulic에 영향을 미친다. 이중 "Exit vertical header height"는 Vertical reboiler에만 입력한다. Vertical reboiler 출구 노즐이 Column return 노즐에 직접 연결된 경우 "Height of main pipe at exit"는 0이다.

Column
Main outlet
①
Header pipe
Nozzle pipe
Reboiler
Nozzle pipe
Main inlet
Header pipe
Horizontal reboiler
Column
Main outlet
①
②
Reboiler
Main inlet
Vertical reboiler

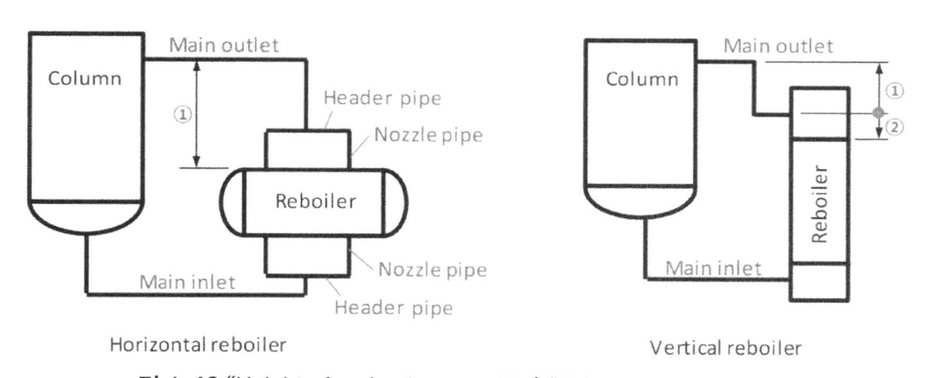

그림 1-46 "Height of main pipe at exit"와 "Exit vertical head height"

3) Tubes

"Tubes" 입력 창에서 Tube 종류, 재질, 치수 및 Tube internal, Pitch 정보를 입력할 수 있다. 국제적인 Standard tube 두께 규격 BWG는 HTRI에 내장되어 Tube 두께를 선택하면 된다. KS규격 Tube는 직접 치수를 입력해야 한다. "Tube insert"에는 Twisted tape뿐 아니라 GEWA KS tube, UOP High flux tube 등과 같은 열전달 효율이 높은 Tube 옵션도 포함되어 있다.

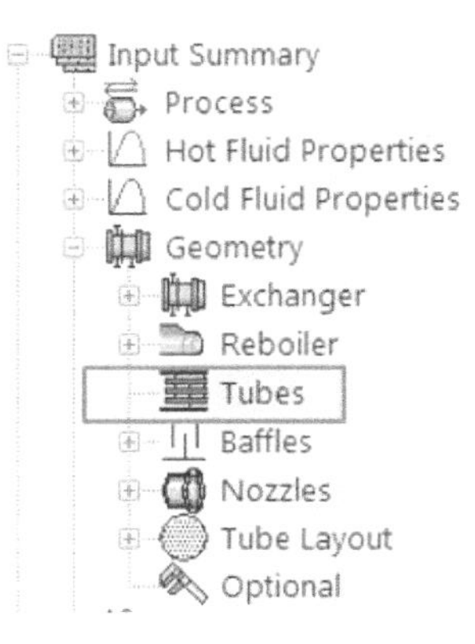

그림 1-47 탐색기에서 Tubes 입력

"Rigorous tubecount"는 프로그램 내부에서 입력한 Shell ID에 Tube layout을 수행해 보는 옵션이다. 이 옵션을 항상 선택하여 실행할 것을 추천한다.

"Tapered tubes for reflux condensation"의 "Taper angle"은 Tube side reflux condenser의 Flooding velocity 계산에 영향을 준다. Taper 각도를 크게 할수록 Flooding 발생 가능성이 작아진다.

"Tube-tubesheet joint"는 설계에 영향을 주지 않는다. 다만 기계적으로 Stress와 Leak 측면을 고려하여 Tube-tubesheet joint type을 선정한다. "Tube-tubesheet joint" 중 Strength welding만 Tube 축 방향 힘을 받아 줄 수 있는 구조로 고려된다. Tube와 Tubesheet를 연결하는 방법에는 3가지 종류가 있다.

✔ *확관에 의한 방법(Heavy Expanding with two grooves)*

가장 일반적인 방법이며, Tubesheet tube hole에 Two groove를 만들어 Heavy expanding 한다. TEMA에 따르면 Two grooves는 항상 적용하는 것은 아니지만, 실제 대부분 적용하고 있다. HEI Standard에 재질에 따라 Expanding에 대한 최대 사용 가능 온도가 나와 있다.

✔ *확관 후 Welding에 의한 방법(Light Expanding and strength welding)*

Groove 없이 Expanding 적용 후 Tube와 Tubesheet 연결부를 용접한다. Steam 서비스, 고온, 고압, 누설하기 쉬운 유체, 누설되면 반대 측 유체와 반응되는 유체, Toxic 유체 등에 적용된다. 이 경우 Tube와 Tube 사이 간격은 최소 6.35mm 이상 되어야 한다.

✔ *확관 후 Seal welding에 의한 방법(Expanding with two grooves and seal welding)*

일부 열교환기는 Heavy expanding 후 Seal welding만 적용하는 경우도 있고, UOP의 경우 Heavy Expanding 후 Strength welding을 적용하기도 한다.

			Tube Pitch		
Type	Plain		Pitch	24	mm
Tube internals	None		Ratio	1.25984	
Tube OD	19.05	mm			
Average wall thickness	1.65	mm			

Bundle Geometry

Tube layout angle	30	degrees	Tubecount	270
Tubepasses	2		☑ Rigorous tubecount	
Length	2000	mm		

Tube Material

Material	304 Stainless steel (18 Cr, 8 Ni)				
Thermal conductivity		kcal/hr-m-C	Density		kg/m3
Elastic modulus		kg/mm2			

Tapered Tubes for Reflux Condensation

Taper angle		deg

Tube/Tubesheet joint	Expanded (No groove)

그림 1-48 Tubes 입력 창

4) Baffles

"Baffles" 입력 창은 자신을 포함하여 "Supports", "Variable spacing", "Longitudinal baffle" 하부 입력 창으로 구성되어 있다. Single segmental baffle과 Double segmental baffle은 가장 많이 사용되는 Baffle type이다. 그 외에 NTIW baffle, Rod-type baffle, Helical baffle, EM baffle, Square one baffle type 등을 지원하고 있다.

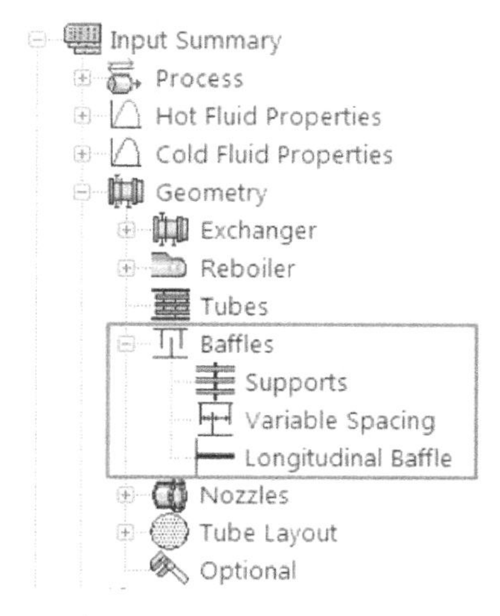

그림 1-49 탐색기에서 Baffle 입력

NTIW baffle에서 NTIW는 "No Tube In Window"의 약자다. 이 의미는 Baffle window에 Tube가 없는 Baffle을 의미한다. 그림 1-50 첫 번째 Baffle과 같이 Baffle cut을 벗어난 공간에 Tube가 없다. Pressure drop이 작고 Tube vibration 가능성이 있는 서비스에 사용된다.

Rod-type baffle 또한, Pressure drop 낮고 Tube vibration 가능성이 큰 서비스에 사용된다. 열교환기 내부에 유체 흐름은 Tube와 평행한 방향만 형성한다.

Helical baffle은 높은 Viscosity의 유체를 다루는 서비스에 적합하다. 유체가 소용돌이 흐름으로 Pressure drop 대비 열전달 효율이 높다. Conventional Shell & tube heat exchanger 대비 Fouling 경향성 또한 낮다.

Baffle cut 입력방법은 Shell ID에 대한 퍼센트 또는 Shell 내부면적 기준 퍼센트로 입력할 수 있다. 일반적으로 Shell ID에 대한 퍼센트를 사용한다. "Adjust baffle cut" 옵션 중 "On tube c/l"을 주로 사용하며, 90° Pitch 경우 "Between rows"를 사용할 수 있다.

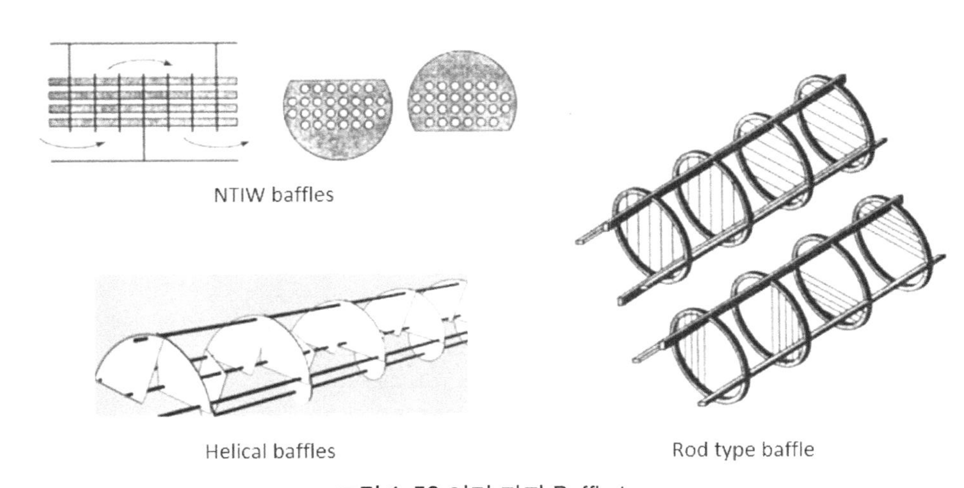

그림 1-50 여러 가지 Baffle type

Shell flange와 Shell 노즐 설치공간으로 인하여 일반적으로 Inlet/Outlet baffle spacing은 Central baffle spacing보다 넓다. 필요한 Inlet/Outlet baffle spacing은 강도계산에 의해 정확히 계산되지만, 이를 예측하여 설계 수행해야 한다. Central baffle spacing 입력 없이 Cross pass만 입력하였을 때 Xist는 Central baffle spacing을 계산하여 준다. 그러나 이 값을 따라가면 제작 설계 시 Inlet/Outlet baffle spacing이 부족한 경우가 빈번히 발생한다. 특히 Floating head type 열교환기의 경우 더욱 그렇다. Inlet/Outlet baffle spacing이 노즐 ID 2배 또는 300mm 중 큰 값이 되도록 Central baffle spacing을 조절하여 입력한다.

Baffles | Supports | Variable Spacing | Longitudinal Baffle

Baffle Geometry

Type	Single segmental	Cut		% of shell ID
Cut orientation	Program sets	Window area		percent
Crosspasses		Adjust baffle cut	Program set	

Baffle Spacing

Central	mm	Inlet spacing		mm
Variable		Outlet spacing		mm

Miscellaneous

Double-seg. overlap		Tuberows
Thickness		mm
Thickness at tube hole		mm
Windows cut from baffles	No	
Distance from tangent to last baffle		mm
Rho-V2 for NTIW cut design		kg/m-s2
Central pipe OD		mm
Helical baffle crossing fraction		
Use deresonating baffles	No	

그림 1-51 Baffle 메인 입력 창

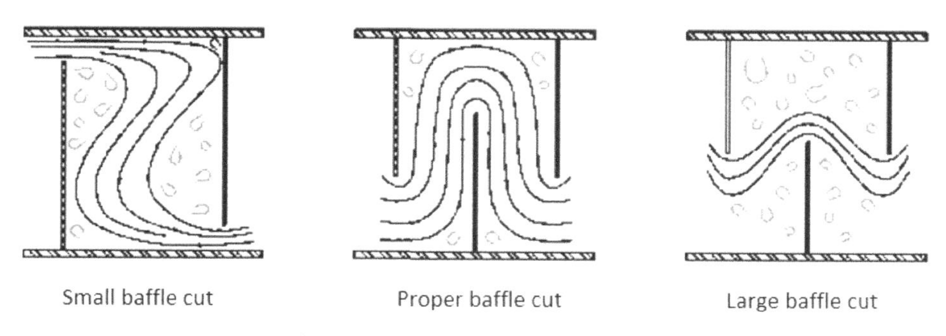

그림 1-52 유체 흐름에 Baffle cut의 영향

Baffle cut과 Baffle spacing은 서로 적절한 비율로 입력되어야 한다. 그렇지 않으면 그림 1-52의 첫 번째와 세 번째 Baffle 그림과 같은 흐름이 형성된다. HTRI shell side 열전달계수는 식 1-2와 같이 여러 가지 Factor들로 보정된다. 이들 중 β는 Baffle spacing보다 Baffle cut이 너무 크거나 작을 때 Cross flow 열전달계수에 대한 보정계수이다.

$$\boldsymbol{Corrected\ HTC = Calculated\ HTC \times \beta \times \gamma \times Fin} \quad ---- \quad (1-2)$$

Where,

HTC = Heat transfer coefficient

β = Correction factor for baffle cut factor

γ = Correction factor for tube row effect

Fin = Boundary layer overlap correction in single phase laminar flow for finned tubes

"Double-seg. Overlap"은 Baffle cut 사이 Tube row 수를 의미한다. 이 값을 Cross flow velocity와 Window flow velocity가 유사한 값이 되고 Wing baffle과 Center baffle의 Window area가 유사한 값이 되며 Bypass stream fraction들이 적절한 값 이하가 되도록 정한다. "Double-seg. Overlap"은 보통 2~6 row로 설계하는데 Shell ID가 큰 경우 그 이상 Overlap row로 설계할 수 있다. 너무 많은 Tube overlap을 입력하면 계산된 열전달계수가 실제보다 클 수 있다. 많은 Tube overlap을 적용하고자 할 경우, Shell side 유량의 50%를 입력하고 Baffle type을 Single segmental로 변경한 상태에서 Shell side 유속이 유사한 값이 나오도록 Shell ID를 조정하여 열교환기를 설계한 후 그 결과의 Shell side 열전달계수와 비교하여 판단하기 바란다.

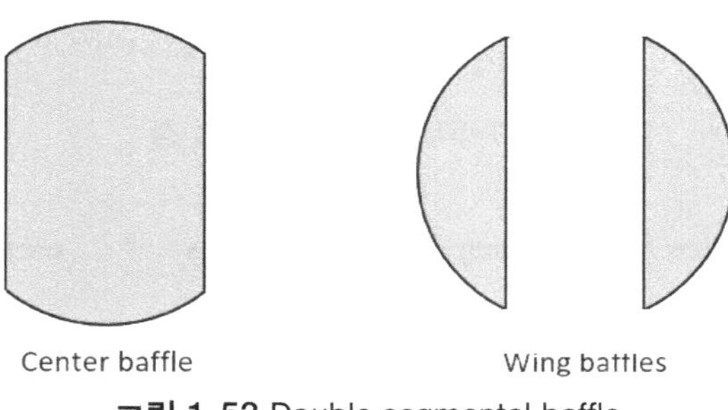

그림 1-53 Double segmental baffle

보통 Baffle 두께를 입력하여 설계하지 않지만, Baffle 두께를 증가시키면 A-Stream과 E-stream이 감소한다. 높은 Viscosity 유체가 Shell side에 있는 경우 Baffle 두께는 열정산에 어느 정도 영향을 준다.

"Windows cut from baffles"는 그림 1-54와 같이 유체가 Tube bundle로만 흐를 수 있도록 Baffle window 부분을 제외하고 Baffle 가장자리 부분 막는 형상으로 되어있다. 이 옵션을 선택하면 E-stream이 줄어들기 때문에 Tube bundle과 Shell ID 간격이 큰 TEMA T-type에 사용되기도 한다.

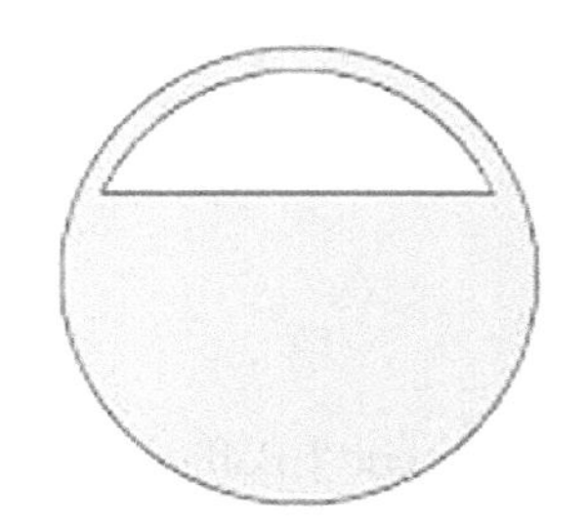

그림 1-54 Windows cut from baffle

"Distance from tangent to last baffle"은 U-tube type일 경우 적용되는 입력 데이터이다. U-tube tangent line과 마지막 Baffle 또는 Support plate 사이 거리를 입력한다. 보통 50mm를 적용한다.

NTIW baffle cut을 입력하지 않고 "RhoV^2 for NTIW cut design"을 입력하면, NTIW window에서 RhoV^{2}가 입력값보다 낮게 유지되도록 Baffle cut을 설계한다. Xist default 값은 7440kg/m-s^{2}이다.

"Variable baffle spacing"은 자주 사용하지 않지만, Shell side vacuum condensing 서비스 열교환기에서 Pressure drop으로 인하여 설계가 어려우면 이를 적용하면 Pressure drop을 줄일 수 있다. "Variable"을 체크하면 "Variable Spacing" 입력 창이 활성화된다. Variable spacing 표에서 Inlet/Outlet baffle spacing을 제외하고 각 Central baffle spacing을 직접 입력할 수 있다. 그림 1-55는 Variable Spacing 입력 예이다. 그 내용은 Inlet baffle spacing 이후 Baffle spacing 간격은 300mm, 다음 2개 Baffle spacing을 250mm로, 그다음 3개 Baffle spacing 200mm를 입력한 예이다.

Baffles | Supports | Variable Spacing | Longitudinal Baffle

Region	Crosspasses	Spacing (mm)	Length (mm)
Inlet			
1	1	300	300
2	2	250	500
3	3	200	600
4			
5			
Outlet			
Totals:	**6**		**1400**

그림 1-55 Variable spacing 입력 창

"Use deresonating baffles"를 Yes로 선택하면 단순히 소음 진동 Warning message가 없어진다. Deresonating baffle을 적용하려면, Tube layout에서 일부 Tube를 제거하여 Deresonating baffle 설치공간을 확보해야 한다. 자세한 내용은 2.6.3장 예제를 참조하기 바란다.

TEMA rear channel "S"와 "T" type에 Floating head를 지지하는 Support plate를 구현하려면 "Supports" 입력 창에 "Floating head support plate"와 "Support to head distance"를 입력한다. "S" type의 경우 Floating head support plate를 항상 설치한다. "T" type 열교환기 Shell cover가 "S" type과 같이 Removable head일 때 Floating head support plate를 설치하고 U-tube 열교환기와 같이 Shell과 Head가 일체인 경우 설치하지 않는다. "S" type은 "T" type보다 더 넓은 간격의 "Support to head distance"가 필요하다. 두 Type 모두 HTRI default는 102mm(4inch)지만, "S"-Type의 경우 Shell ID와 설계압력에 따라 실제 치수는 130mm~ 250mm 정도 된다.

"Full support at U-bend"는 U-tube 열교환기에 적용되는 Support로 그림 1-57과 같이 U-bend tangent line 근처 Straight tube 구간에 설치되는 Support이다. 이 Support plate를 설치하면 U-bend 부분 면적이 전열 면적에서 제외된다. "Vibration support" 그룹에 "U-bend support"는 U-bend에 설치되는 Support이다. "U-bend support" 설치기준은 4.6장 U-bend vibration 검토방법을 참조하기 바란다.

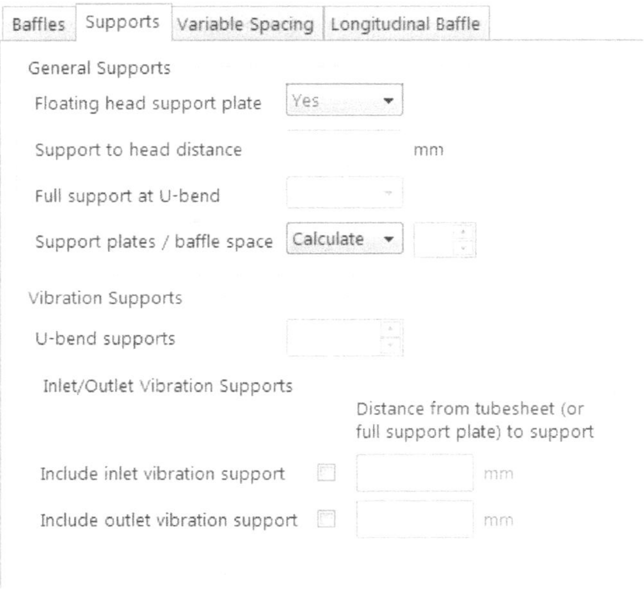

Baffles | Supports | Variable Spacing | Longitudinal Baffle

General Supports

Floating head support plate: Yes

Support to head distance: mm

Full support at U-bend

Support plates / baffle space: Calculate

Vibration Supports

U-bend supports

Inlet/Outlet Vibration Supports

Distance from tubesheet (or full support plate) to support

Include inlet vibration support: mm

Include outlet vibration support: mm

그림 1-56 Supports 입력 창

열교환기에서 Tube vibration에 가장 취약한 부분은 노즐 바로 아래에 있는 Tube들이다. Tube vibration 문제를 해결하기 위하여 Partial support plate라고 불리는 "Inlet/Outlet vibration support"를 적용한다. Partial support plate는 노즐 근처 Unsupported tube span을 짧게하여 Tube natural frequency를 높게 만들어준다. Inlet/Outlet baffle spacing에 Partial support plate 설치 옵션을 체크하고 Tubesheet 또는 Full support plate(Floating type 또는 U-tube type)에서 Partial support plate까지 거리를 입력함으로 이를 구현할 수 있다. 부록 4.9장 Sealing device와 Support plate에 각종 Support plate 형상에 대한 설명을 참조 바란다.

그림 1-57 Full support at U-bend와 U-bend support

5) Nozzles

"Nozzles" 입력 창에서 노즐 치수, 노즐 위치, Impingement device, Annular distributor에 대한 정보를 입력할 수 있다. 가능한 노즐 치수를 배관 치수와 같게 정하여 배관에서 Reducer 사용을 최소화한다. 때에 따라 배관 치수보다 노즐 치수를 크게 또는 작게 설계할 할 수도 있다.

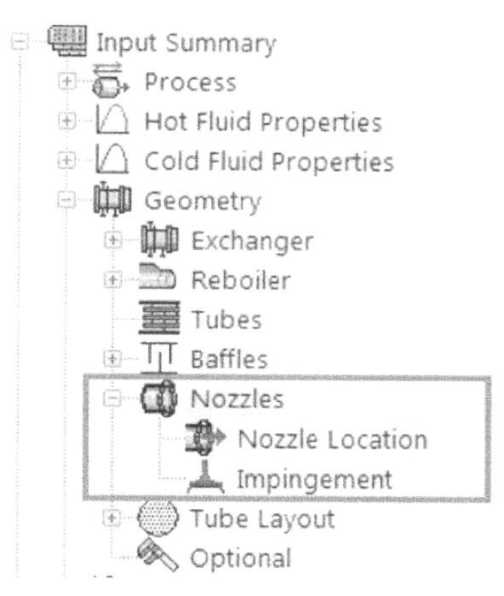

그림 1-58 탐색 창에서 Nozzle 입력

TEMA RCB-4.6항에는 노즐에서 $RhoV^2$ 제한치가 없다. 새로운 열교환기를 설계할 때, 노즐에서 $RhoV^2$는 Shell side의 경우 7,000kg/m-s^2, Tube side의 경우 10,000kg/m-s^2보다 크지 않는 범위에서 노즐 치수 적정성을 판단한다. One tube pass 열교환기 Tube side 입구 노즐은 Total pressure drop의 25%를 초과하지 않도록 노즐 치수를 정한다. 이는 Tube side 노즐을 통과한 유체가 Tube로 고르게 분산시키기 위해서이다.

Nozzles | Nozzle Location | Impingement

Shellside Nozzles

Nozzle standard	01-ANSI_B36_10.TABLE		
Shell entrance construction	Add impingement if TEMA requires		
Shell exit construction	Remove tubes if TEMA requires		

	Inlet	Outlet	Liquid Outlet	
Nozzle schedule				
Nozzle OD	73.025	73.025		mm
Nozzle ID	62.713	62.713		
Number at each position	1	1		
Annular distrib. belt length				mm
Annular distrib. belt clearance				mm
Annular distrib. belt slot area				mm2

Tubeside Nozzles

Nozzle standard	01-ANSI_B36_10.TABLE			
Nozzle schedule				
Nozzle OD	60.325	60.325		mm
Nozzle ID	52.502	52.502		
Number at each position	1	1		

그림 1-59 Nozzles 입력 창

Xist에 각종 배관규격 Database가 포함되어 있어, 치수와 Schedule을 선택함으로써 노즐 치수를 입력할 수 있다. 그림 1-59 "Nozzles" 입력 창에 "Nozzle standard"란 Pipe standard를 의미한다. 노즐은 배관과 연결되기 때문에 배관규격과 일치해야 한다. 일반적으로 미국규격인 ANSI 배관규격을 사용한다.

"Shell entrance construction"에서 Impingement device와 Annular distributor 적용 여부를 설정한다. Shell side 유량이 많아 Shell ID 대비 노즐 치수가 매우 크게 설계될 때가 있다. 이런 경우 Pressure drop과 Vibration 문제도 같이 발생하는 경우가 많다. 또한, 큰 노즐 치수로 인하여, Tube layout에서 많은 Tube를 제거해야 하므로 Shell ID가 더욱 커지게 된다. 이때 Annular distributor를 적용하면 효과적이다. Annular distributor는 Shell side 입구/출구 노즐 모두 적용하기도 하고 한쪽만 적용하기도 한다. 2.6.3장 Anti-surge cooler 예제에서 Annular distributor 설계방법을 참고하기 바란다.

석유화학 산업에서 배관은 ANSI standard를 적용한다. 열교환기 노즐 또한 ANSI Standard 규격으로 치수와 Schedule을 적용한다. Schedule이 높을수록 노즐 두께는 두꺼워지고 노즐 ID는 작아진다. HTRI default schedule은 Standard schedule이다. Carbon steel 또는 Low alloy 재질의 노즐은 실제 Standard schedule보다 더 두꺼운 Schedule을 사용하는 경우가 많다. 만약 HTRI default schedule을 적용하면 RhoV^2 평가와 Tube vibration 가능성이 실제보다 안전하게 계산될 수 있다. 표 1-7은 Carbon steel 노즐에 대한 치수별 입력 Schedule이며, 두꺼운 노즐 두께를 입력하여 RhoV^2 평가를 보수적으로 설계하는 것이 좋다. 특히 고압 열교환기 노즐 두께는 이보다 더 두꺼워질 수 있으니 유의한다. 일반적으로 High alloy 노즐은 HTRI default를 사용한다.

표 1-7 Carbon steel 노즐 치수별 Schedule

Nozzle size	*Schedule*
≤3"	*Sch.160*
4"	*Sch. 120*
≥6"	*Sch. XS*

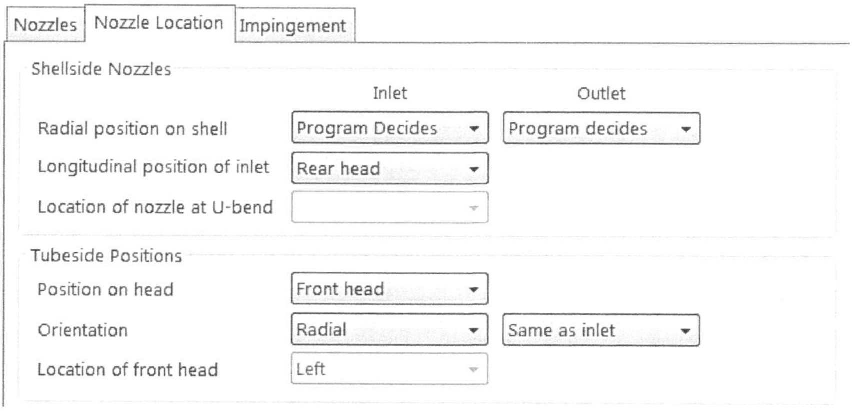

그림 1-60 Nozzle location 입력 창

"Nozzle location" 창에서 열교환기에 노즐을 원하는 위치에 위치시킬 수 있다. "Radial position on shell" 입력 옵션 선택에 따라 Shell side 노즐 위치를 그림 1-61의 3가지로 선택할 수 있다. "Longitudinal position of inlet" 입력 옵션 선택으로 입구 노즐 위치를 Front head 또는 Rear head 측으로 정할 수 있다.

Tube side 노즐 위치 또한 지정할 수 있는데, "Radial"을 선택하면 노즐 방향은 Tube 길이 방향에 직각으로 "Axial"을 선택하면 Tube 길이 방향으로 위치된다.

"Location of nozzle at U-bend"에 4가지 옵션이 있다. 옵션 중 "Before U-bend"를 선정하면 U-bend area는 전열 면적에 포함되지 않는다.

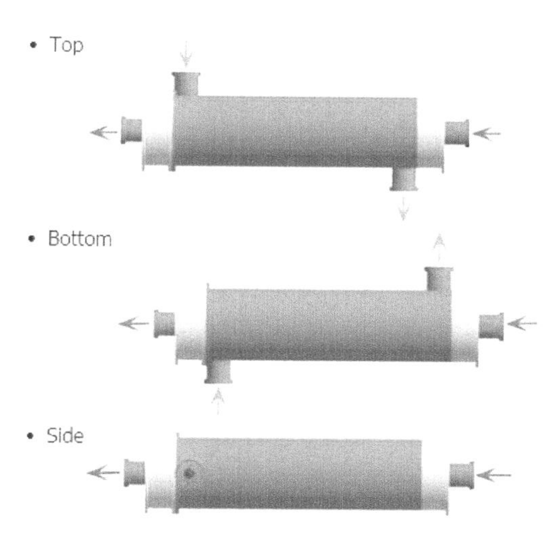

그림 1-61 Shell nozzle location에 대한 옵션

Nozzles | Nozzle Location | Impingement

Impingement Device

Impingement type	Rods	
Rho-V2 for impingement		kg/m-s2
Plate/nozzle diameter		plate diameter/nozzle diameter ratio
Plate thickness		mm
Device height above tubes		mm
Plate length		mm
Plate width		mm
Use tube positions to place rods	No	
Rows of rods		
Rod diameter		mm
Rod layout angle		degrees
Rod pitch		mm
Rods on centerline	Program set	
Cover all tubes with rods	No	
Rod row width/nozzle dia.		min. row width/nozzle diameter ratio

그림 1-62 Impingement device 입력 창

Impingement device의 옵션에는 "Rods", "Circular", "Rectangular" 3가지가 있다. Erosion과 Tube vibration을 방지하기에 효과적인 Type은 "Rods", "Circular", "Rectangular" 순서이다. Rod type은 Shell 내부 공간을 많이 차지하므로 동일 Tube 개수에서 Plate type보다 Shell ID가 클 수밖에 없다. 따라서 Vibration과 Erosion 문제가 없으면 Circular plate type을 선정하고 문제해결이 안 되면 Rod type을 선정한다. 그림 1-62 입력 창은 "Impingement" 입력 창이다. 여기서 Impingement device 상세 데이터를 입력할 수 있다. Plate type이 너무 크게 제작되면 실제 Bundle entrance에서 유속이 빨라지고 $RhoV^2$도 설계한 값보다 커져 Erosion이 우려될 수 있다. 열교환기 설계 시 Impingement device 치수를 충분히 크게 입력하여 보수적으로 $RhoV^2$와 Tube vibration 검토해야 하며, 열교환기 제작사로부터 제작도면이 입수되면 제작도면에 따라 Xist에 제작도면상 치수를 입력하여 검토해야 한다.

"Plate/nozzle diameter"는 Impingement plate에 대한 노즐 ID 비율이다. 발주처 요구사항에 따라 다르지만, 일반적으로 Impingement plate는 노즐 ID보다 50mm 또는 25% 더 크게 치수를 정한다. "Device height above tubes"는 Tube top에서 Impingement device 아래 면 사이 간격이며 Tube gab과 같은 치수(6.35mm or 4.76mm)가 되도록 값을 정한다. "Use tube positions to place rods"는 Tube 배열 위치에 Impingement rod를 위치시킬 때 적용하는 옵션이다. Rod type을 적용할 경우, 일반적으로 2 Row의 Rod를 설치한다. 발주처 선호도에 따라 Impingement rod의 Layout angle을 Tube layout angle과 동일하게 할 수 있고 Tube layout angle과 관계없이 30° Pitch로 설계하기도 한다.

6) Tube layout

"Tube Layout" 입력 창에서 Tube layout 옵션을 설정할 수도 있고 직접 Tube layout을 작성하여 이를 입력으로 사용할 수 있다. 또 "Bundle clearances" 입력 창에서 열전달 계산에서 중요한 Shell side stream analysis와 관련된 Sealing device 데이터를 입력할 수 있다.

열교환기를 제작하기 위한 Datasheet에는 Tube layout이 포함되므로 Tube layout까지 완료된 상태로 Xist 파일을 완성할 것을 추천한다. 기존 열교환기 성능 검토할 경우 Tube layout을 수행하지 않고 Xist 파일을 완성하여도 된다. 그러나 Tube layout 창과 Bundle clearance 창에 다양한 옵션을 이해하고 이를 적용한 Xist 결과를 검토하여 열교환기 성능을 평가해야 한다.

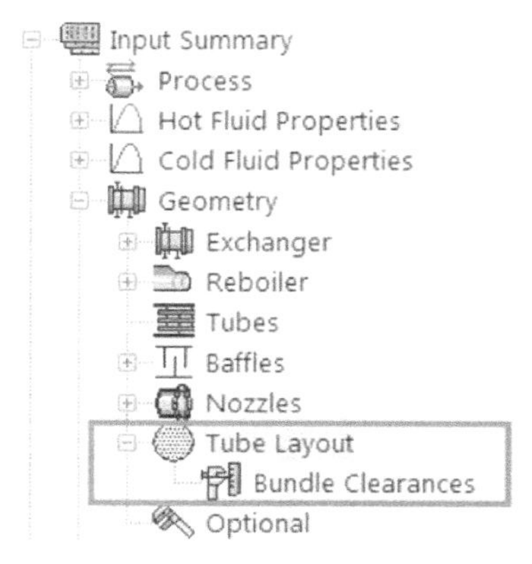

그림 1-63 탐색기 창에서 Tube layout 입력

그림 1-64는 "Tube layout" 창이다. "Use tube layout drawing as input"을 "No" 선택하였기 때문에 Tube layout의 옵션을 적절히 선택하고 입력해야 한다.

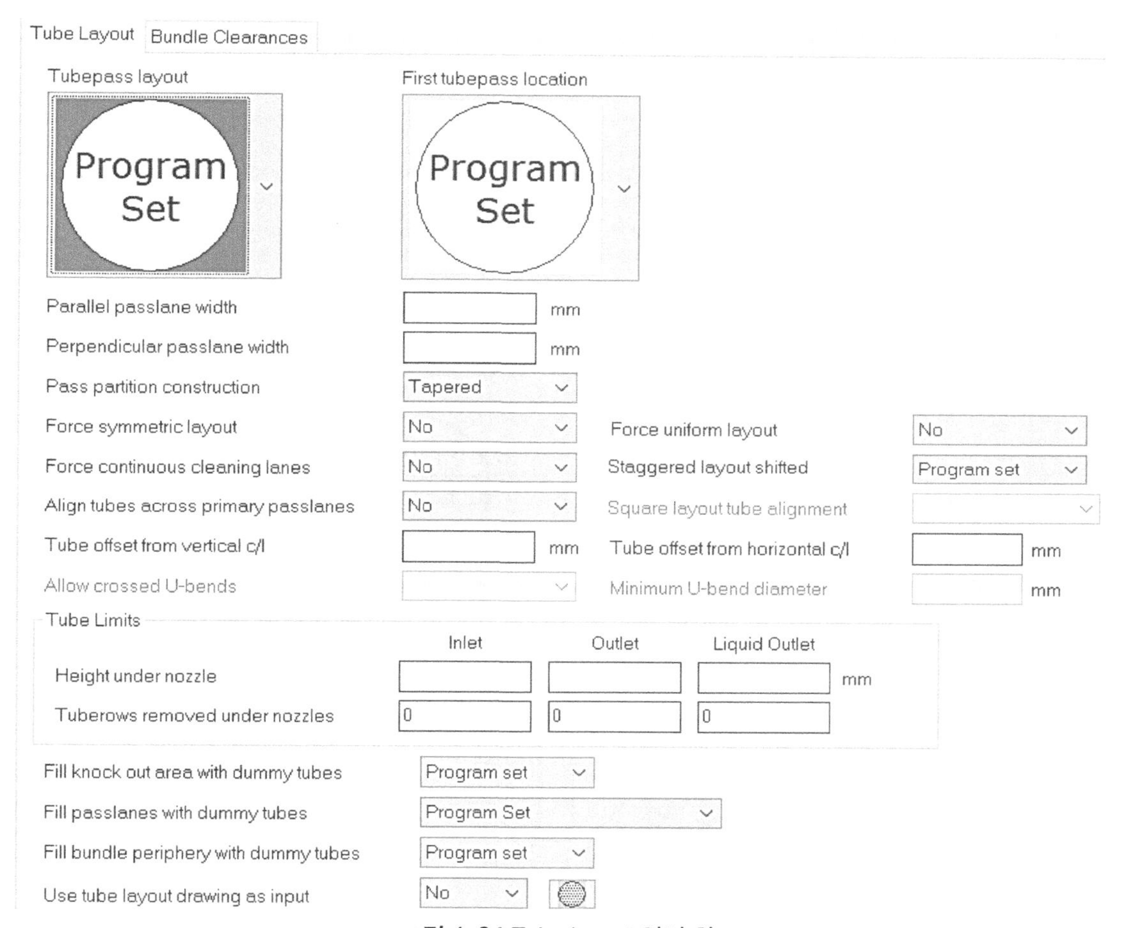

그림 1-64 Tube layout 입력 창

Tube layout 종류를 선택할 때, 아래와 같은 사항을 고려한다.

- ✔ *F-steam fraction이 최소화되는 Layout*
- ✔ *Boiling up-flow와 Condensing down-flow규칙*
- ✔ *가능한 빠른 유속*
- ✔ *Steam condensing 서비스의 경우 Tube side two pass*
- ✔ *개별 Pass 당 Tube 수량이 Pass 당 평균 Tube 수량대비 10% deviation을 초과하지 않도록 배열*

그림 1-65는 Tube side 10 pass 열교환기에서 선택할 수 있는 Tube layout들이다. Tube layout 종류 중 일부는 U-tube 또는 Longitudinal baffle 열교환기에 적용될 수 없다. Segment layout의 경우 Tube side 노즐이 열교환기 중심에서 어긋나게 되어 설치됨에 유의한다.

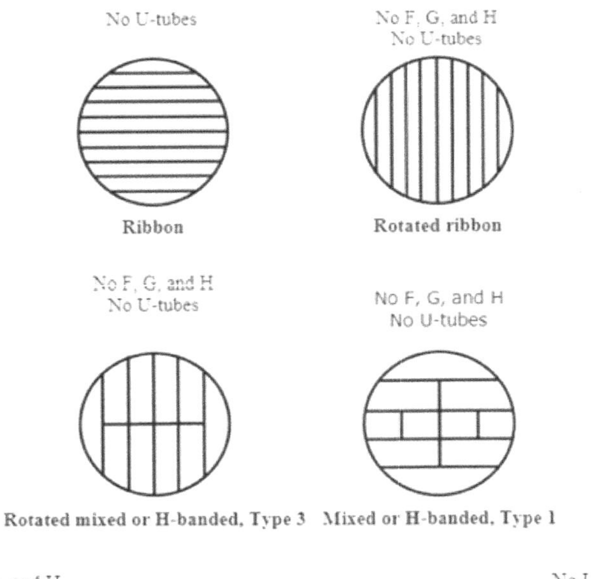

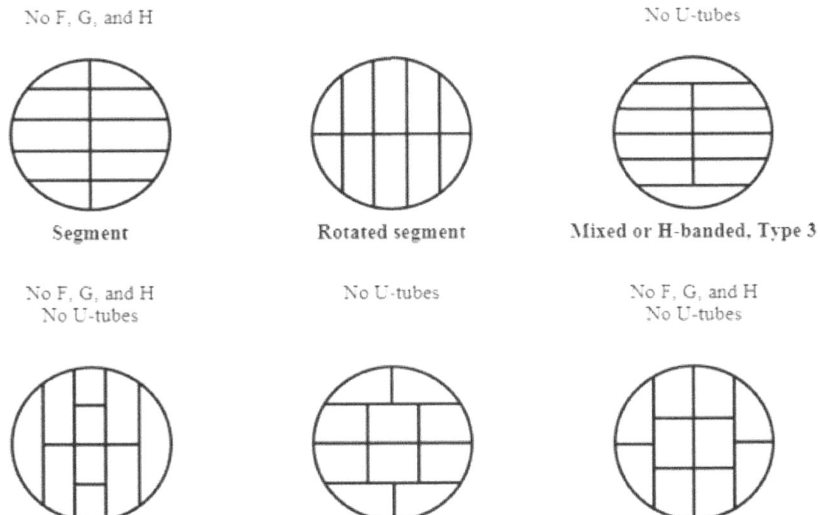

그림 1-65 Tube layout 옵션

Passlane 폭은 유체 흐름과 평행한지 수직인지에 따라 “Parallel passlane width” 또는 “Perpendicular passlane width”로 구분된다. Passlane 폭 치수는 Tube-to-tubesheet joint type, 열교환기 Gasket 폭, Shell ID를 고려하여 정해진다. HTRI default passlane 폭을 사용하면 빈번히 제작상 문제가 발생할 수 있으므로 4.9장 표 4-4의 Passlane 폭을 적용한다.

“Force symmetric layout”을 선택하면 Tube layout을 대칭으로 배열한다. “Partial”을 선택하면 대칭이지만 Impingement device가 없는 쪽에 Tube를 더 채울 수 있다.

“Force uniform layout”을 선택하면 모든 Tube 위치가 동일 격자에 위치되게 된다. 그 결과로 Passlane 폭이 넓어져 비효율적인 Layout이 되어 사용하지 않는다. 예를 들어 90° Pitch의 경우 Passlane 폭은 “2 × pitch − tube OD”의 결과값이 된다.

“Force continuous cleaning lanes”는 Tube 사이 간격이 일직선이 되도록 Passlane 폭 치수를 조절한다. Square pitch에 적용되는 옵션이다.

“Staggered layout shifted”는 Shell 수평/수직 중심축에 Tube를 어떻게 위치시킬지에 대한 옵션이다. “Program set”을 선택하면 Xist가 가장 많은 Tube를 배열할 수 있는 옵션으로 Tube를 배열한다. 30°, 60°, 45° Pitch를 선택할 경우 활성화된다.

“Align tubes across primary passlanes”를 선택하면, Passlane을 중심으로 마주 보는 Tube가 일직선 위에 배치된다.

“Square layout tube alignment”는 90° Pitch일 경우 활성화된다. 중심 Tube를 Shell 수평 또는 수직 중심축 상에 위치시킬 것인지 또는 벗어나 위치시킬 것인지에 대한 옵션이다. “Program set”을 선택하면 가장 많은 Tube를 배열할 수 있는 옵션으로 Tube를 배열한다.

“Tube offset from vertical c/l”과 “Horizontal c/l”은 기존 열교환기를 성능 평가할 경우 사용된다. Tube layout 중심이 열교환기 중심에서 벗어날 때 그 치수를 입력한다.

“Allow crossed U-bend”는 U-tube가 적용될 경우 사용된다. 최소 U-bend 지름은 Tube 재질에 따라 결정된다. API 660 7.5.1.4항에 따르면 Carbon steel, Low alloy, Stainless steel 재질의 U-bend 지름은 Tube OD 3배 이상 적용한다. Martensitic stainless steel, Super austenitic stainless steel, Duplex stainless steel, Titanium, High nickel alloy 재질의 U-bend 지름은 Tube OD 4배 이상 적용한다. 열교환기 설계압력이 아주 높다면 Shell 두께가 많이 증가하고, 이는 Cost 증가 원인이 된다. 이를 최소화하기 위하여 가능한 Shell ID를 줄여야 한다. U-tube 중앙 첫 번째 또는 두 번째 Row까지 Criss-cross tube layout을 적용할 수가 있다. 이 옵션을 선택하게 되면 Passlane 폭이 일반적인 U-tube의 Passlane 폭보다 좁게 Layout 된다. 그러나 이 옵션에 의해 생성된 Layout은 CAD 프로그램을 사용하여 실제 Tube 배열

과 수량을 검토해야 한다. 그림 1-66은 U-tube의 일반 Tube layout과 Criss-cross tube layout을 보여주고 있다.

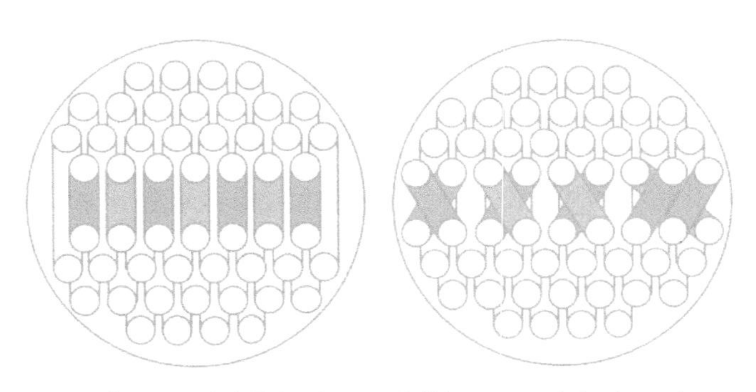

그림 1-66 일반 Tube layout과 Criss-cross tube layout

"Tube limits"를 이용하여 노즐 근처 Tube들을 제거할 수 있다. 노즐 근처 Tube들은 Vibration과 Erosion에 취약한 경우가 많다. Tube를 제거하는 방법으로 "Height under nozzle" 치수를 입력하는 방법과 "Tube rows removed under nozzle" 수량을 입력하는 방법이 있다. HTRI default는 Bundle에서 Rho-V^2 값이 5208kg/m-sec^2보다 작게, Impingement device가 설치될 경우 노즐 ID의 25%보다 크게 "Height under nozzle" 치수를 정한다.

추가 기능으로 Tube layout 빈 공간에 Dummy tube를 채우는 기능이 있다. 이것을 구현하기 위하여 "Fill knock out area with dummy tubes", "Fill passlanes with dummy tubes", "Fill bundle periphery with dummy tubes"를 적용하면 된다. 이 기능을 설계 실무에 거의 사용하지 않는다.

열교환기 Shell side로 유체가 흐를 때, 유체는 Baffle에 의해 흐름이 형성되고 Tube 사이로 지나가며 열전달이 발생한다. 그러나 모든 유체가 Tube 사이로 흐르는 것이 아니다. 왜냐하면, Baffle과 Tube, Baffle과 Shell 사이 틈이 있고, 이 틈 사이로 일부 유체가 흐르기 때문이다. 유체 흐름 중 Tube 사이로 흐르는 Main stream과 Bypass stream이 얼마를 차지하는지 분석하는 것을 Stream analysis라고 한다. Shell side 유체 Flow fraction을 분류하면 그림 1-67과 같다.

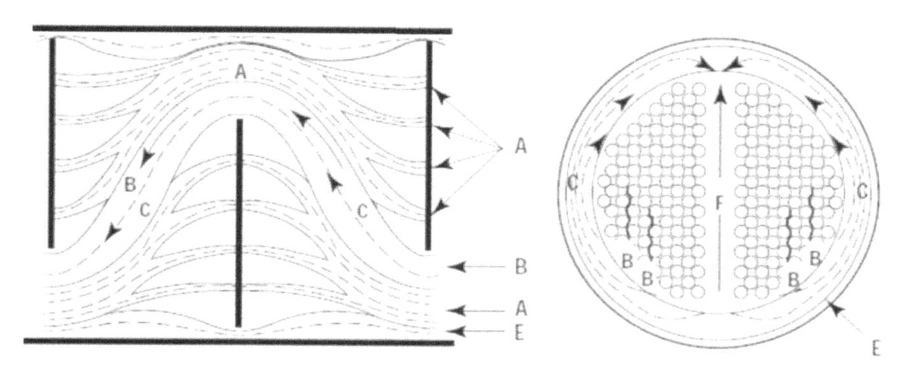

그림 1-67 Main stream과 bypass streams

- ✔ *B-steam: Tube 사이를 흐르는 Main steam으로 열전달에 이상적인 Stream이다.*
- ✔ *A-stream: Tube와 Baffle hole 틈으로 흐르는 Stream이다. 부분적으로 열전달에 관여한다. 열전달 효율을 높이거나 Vibration 방지를 위하여, Tube와 Baffle hole clearance를 TEMA 기준보다 좁게 조정하기도 한다.*
- ✔ *C-stream: Shell과 Tube bundle 틈으로 흐르는 Stream이다. 부분적으로 열전달에 관여하고 Seal strip을 설치하여 C-stream을 줄일 수 있다.*
- ✔ *F-stream: Tube pass passlane을 통과하는 Stream이다. 부분적으로 열전달에 관여하고 F-steam seal rod 또는 bar를 설치하여 F-stream을 줄일 수 있다.*
- ✔ *E-stream: Shell과 Baffle 틈으로 흐르는 Stream이다. 열전달에 전혀 관여하지 않는 흐름이다. 드물게 Shell과 Baffle clearance를 TEMA 기준보다 좁게 조정하여 E-stream을 줄이기도 하지만, 제작상 문제로 거의 적용하지 않는다.*

HTRI가 추천하는 Flow fraction은 Turbulent flow와 Laminar flow에 대하여 각각 표 1-8과 같다. B-stream을 크게 설계하기 위하여 Baffle 간격을 넓히면 유속과 열전달계수가 줄어들 수 있음을 유의해야 한다.

표 1-8 Shell에서 Flow fraction

Shell type		*Flow fraction*			
		A-stream	*B-stream*	*C-stream*	*F-stream*
Turbulent flow	*Fixed or U-tube type*	*<0.2*	*>0.55*	*<0.05*	*<0.2*
	Floating type	*<0.15*	*>0.45*	*<0.2*	*<0.2*
Laminar flow	*Fixed or U-tube type*	*<0.05*	*>0.5*	*<0.05*	*<0.4*
	Floating type	*<0.05*	*>0.3*	*<0.25*	*<0.4*

Stream analysis 결과는 열전달계수와 MTD에 영향을 미친다. 그러므로 그림 1-68 "Bundle clearances" 창에서 Sealing device 데이터를 이용하여 최적화해야 한다.

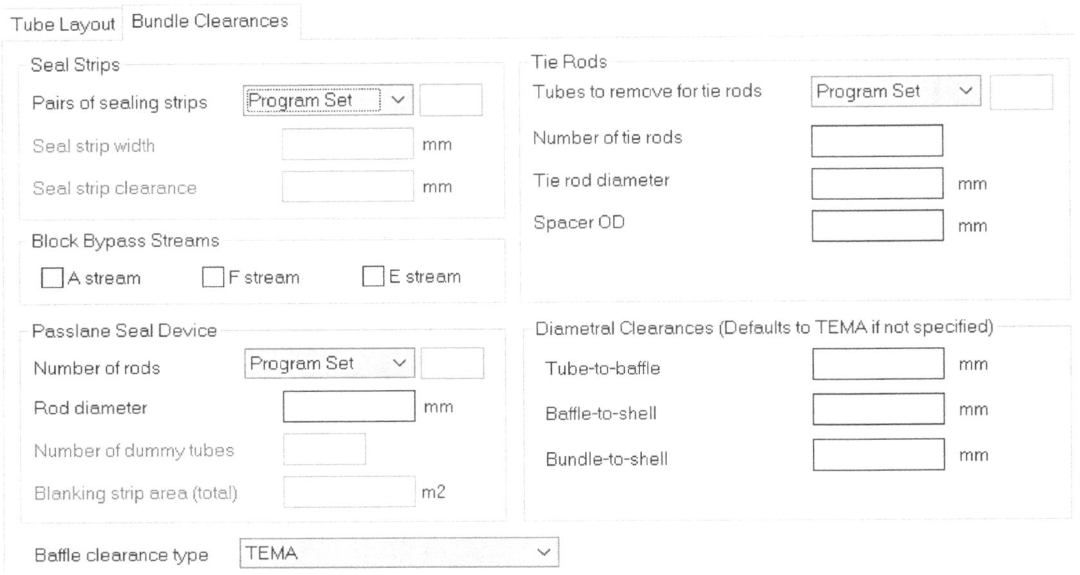

그림 1-68 Bundle clearances **입력 창**

"Block bypass stream"은 운전 중인 열교환기를 성능 평가를 수행하는데 사용된다. Fouling 경향이 높은 유체는 상당 시간 운전 후 Fouling 때문에 특정 Bypass stream이 막힐 수 있고, 이는 열교환기 Pressure drop을 증가시킨다. 이 기능을 검토용으로만 활용하며 설계할 때 적용하지 않는다.

"Diametric clearances"는 TEMA 기준과 다르게 적용할 경우 입력한다. Bypass stream을 줄이거나 Vibration 가능성을 줄이기 위해 적용한다.

"Baffle clearance type"에는 "TEMA", "Large, 50% more than TEMA", "Extra-large, Twice TEMA", "Tight, Half of TEMA" 4가지 옵션이 있으며 신규 열교환기 설계보다는 기존 열교환기 성능 평가에 사용된다.

지금까지 Tube layout을 직접 배열하지 않고, 옵션 또는 입력 데이터만을 이용하는 방법을 설명하였다. Xist는 사용자가 직접 Tube layout을 배열하는 "Use tube layout drawing as input" 기능을 제공한다. 이 기능을 사용하기 전, 앞서 설명한 Tube layout 옵션이나 입력 데이터를 미리 입력하는 것이 좋다. 즉 "Use tube layout drawing as input" 기능을 설계 마지막에 적용한다. "Use tube layout drawing as input" 창은 그림 1-69에 보이는 것과 같이 기본적으로 마우스 오른쪽 버튼으로 Tube를 선택하고 마우스 왼쪽 버튼으로 메뉴를 선택하여 Tube를 제거한다든지, Tie-rod로 바꾸면서 배열해 나간다. 이 창에서

Tube passlane 위치를 조절하여 Pass 당 Tube 수량을 조절할 수도 있고, 노즐 치수, Baffle cut도 변경할 수 있다. 열교환기를 설계 실무를 하면서 Xist에 직접 Tube layout을 완성하여 이러한 기능을 익히길 바란다.

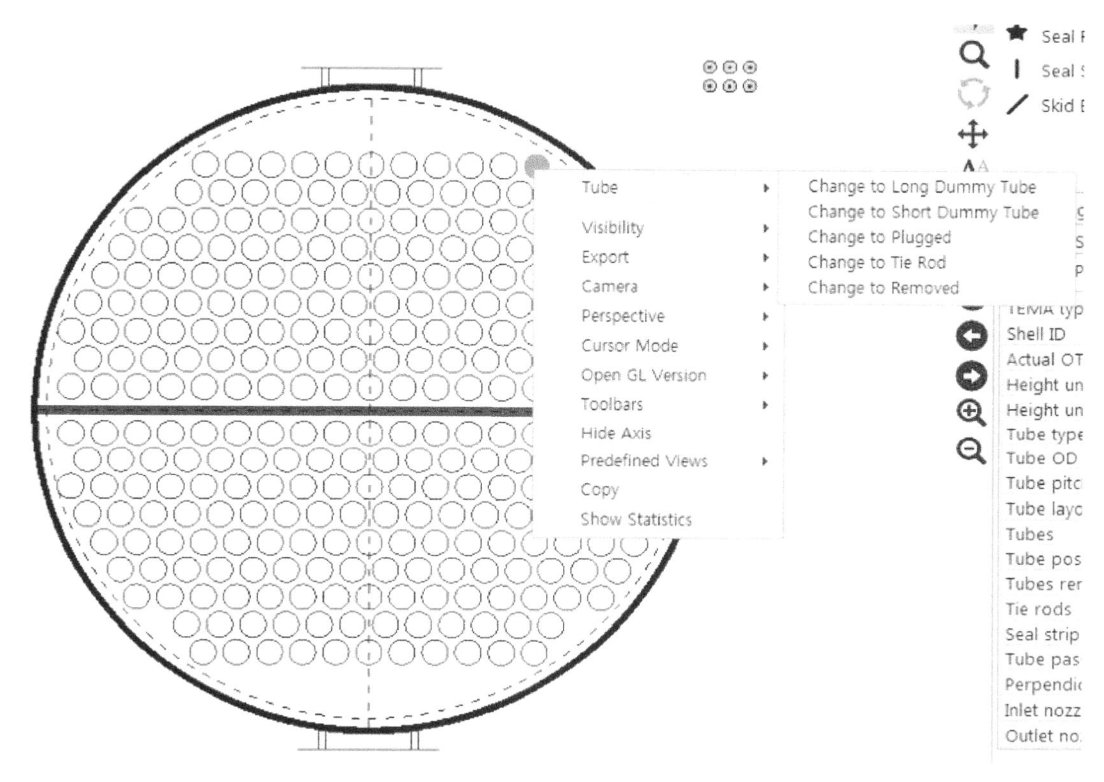

그림 1-69 Use tube layout drawing as input 입력 창

1.7. Xace geometry input 이해 (Air cooler)

Xist와 동일하게 주요한 Geometry 데이터는 "Input Summary" 입력 창에서 입력한다. 모든 장치 설계가 그렇듯 설계하고자 하는 기계장치 구조를 충분히 이해해야 한다. 인터넷에서 Air cooled heat exchanger로 검색하여 다양한 그림과 사진을 찾아 참조할 것을 추천한다.

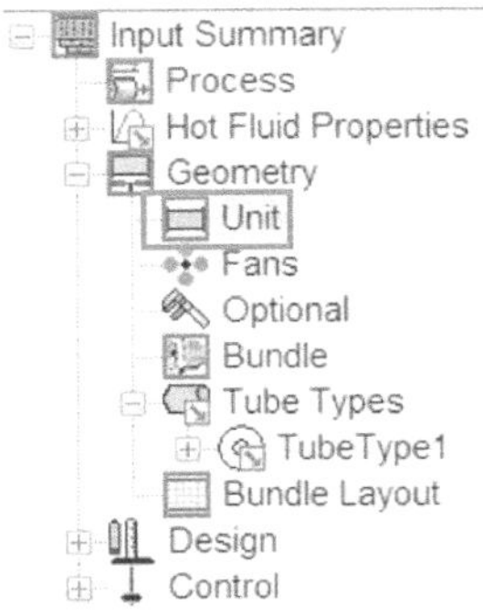

Input Summary
Process
Hot Fluid Properties
Geometry
Unit
Fans
Optional
Bundle
Tube Types
TubeType1
Bundle Layout
Design
Control

그림 1-70 탐색기에서 Unit 입력

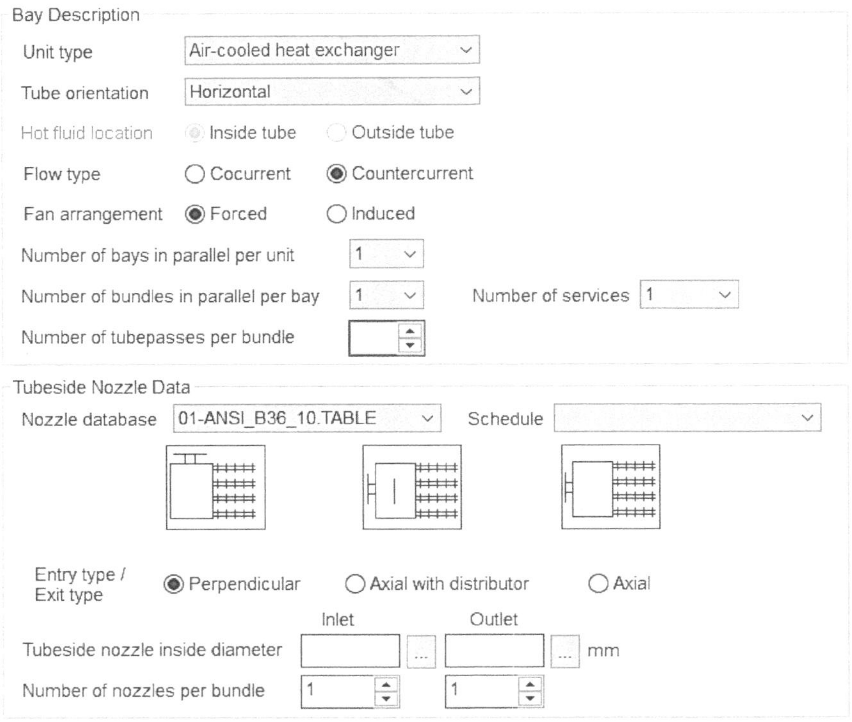

1) Unit

그림 1-71은 "Unit" 입력 창으로 Bay 형상과 구조에 대한 데이터가 입력된다. Tube orientation에 "Horizontal", "Vertical (Top inlet)", "Vertical (Bottom inlet)", "Inclined" 4가지 옵션이 있다. 대부분 Air cooler는 "Horizontal"이다. 설치공간 제약이 있는 경우, 작은 Air cooler의 경우 "Vertical"과 "Inclined"를 적용하기도 한다. "Inclined"를 선택하면, 최대 "Inclined angle" 20°까지 입력할 수 있다. "Inclined" 옵션은 One tube pass condensing 설계에만 적용된다. 이 장에서 가장 많이 사용되는 "Horizontal"에 대해서만 다룰 것이다.

Bay Description
Unit type: Air-cooled heat exchanger
Tube orientation: Horizontal
Hot fluid location: Inside tube / Outside tube
Flow type: Cocurrent / Countercurrent
Fan arrangement: Forced / Induced
Number of bays in parallel per unit: 1
Number of bundles in parallel per bay: 1
Number of services: 1
Number of tubepasses per bundle

Tubeside Nozzle Data
Nozzle database: 01-ANSI_B36_10.TABLE
Schedule
Entry type / Exit type: Perpendicular / Axial with distributor / Axial
Inlet / Outlet
Tubeside nozzle inside diameter ... mm
Number of nozzles per bundle: 1 / 1

그림 1-71 Xace Unit 입력 창

"Flow type"의 두 번째 옵션인 "Countercurrent"는 일반으로 적용되는 Tube 배열이다. 이 Tube 배열에서 가장 MTD가 크기다. 첫 번째 옵션인 "Cocurrent"는 운전, Startup, Shutdown 운전 시 유체가 접촉하는 Tube wall 온도가 Critical process temperature (Freezing point, Pour point, Hydrate formation point 등) 에 Safety margin을 더한 온도보다 높게 유지되도록 설계(Air cooler winterization)하기 위하여 적용하기도 한다. API 661, Annex C에 Safety margin 온도를 서비스별 Category를 나누어 표 1-9와 같이 제시하고 있다. Air cooler winterization에 대한 자세한 내용은 API 661, Annex C를 참조하기 바란다.

표 1-9 Winterization을 위한 Safety margin

	Fluid property and service	*Safety margin*
Category 1	*Water and dilute aqueous solutions*	*8.5 ℃*
Category 2	*Total steam condensers*	*8.5 ℃*
Category 3	*Partial steam condensers*	*8.5 ℃*
Category 4	*Condensing process fluids containing steam with or with non-condensable*	*8.5 ℃*
Category 5	*Viscous fluids and fluids with high pour points*	*14 ℃*
Category 6	*Freezing point, hydrate formation point and dew point*	*11 ℃*

Air cooler는 그림 1-72와 같이 Fan 위치에 따라 Forced draft type과 Induced draft type으로 나눠진다. 그러나 두 Type 모두 모터는 Tube bundle 아래 설치된다. 표 1-10에 Forced draft type과 Induced draft type에 대한 장점을 구분하여 정리하였다. 일반적으로 유지보수가 용이한 Forced draft를 많이 사용한다. 두 Type의 전열 면적은 유사하며 Induced draft type 구매 Cost는 Forced draft type보다 약간 더 비싼 정도이다.

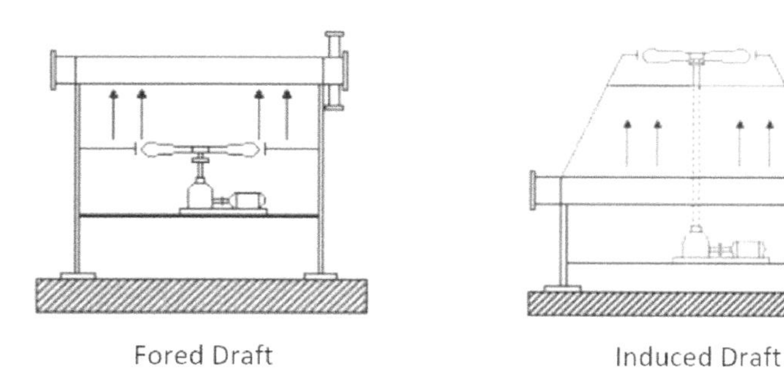

그림 1-72 Air cooler draft type

표 1-10 Air cooler draft type에 따른 장점

Forced draft type	*Induced draft type*
✔ *Fan power가 상대적으로 낮다.* ✔ *Mechanical part 유지보수가 용이하다.* ✔ *높은 온도의 Process 온도에 적용할 수 있다.*	✔ *Air가 Tube bundle에 걸쳐 잘 Distribution 된다.* ✔ *Hot air recirculation 영향이 적다.* ✔ *햇빛, 비, 눈과 같은 외부 기후에 안정적인 제어가 가능하다.* ✔ *Natural draft 효과로 Fan-off condition에서 약간 성능을 발휘한다.*

한 개 Bay에 여러 개 다른 서비스 Tube bundle이 설치되는 경우가 있다. 여러 개의 Tube bundle이 Fan을 공유하는 것이다. 이러한 Air cooler를 Combined air cooler라고 하며, 이를 설계하려면 "No. of service"의 값을 입력하면 Process condition을 추가 입력하여 설계한다. 필자는 최대 4개 서비스 Tube bundle이 한 개 Bay에 설치된 Air cooler를 경험해 보았다. Combined air cooler에 개별 Tube bundle을 위한 개별 Louver를 설치해야 한다.

Tube bundle 당 노즐 수량은 Tube bundle이 2m 초과할 경우 2개 설치한다. 노즐 치수는 Air cooler 메인 Pipe 단면적, 노즐에서 $RhoV^2$, Inlet tube end에서 속도를 고려하여 결정한다. 노즐 치수는 12"를 초과하지 않도록 하고 그보다 큰 노즐이 필요하다면 노즐 수량을 증가시킨다.

2) Fans

Air cooler 전문 제작사는 Xace와 Fan 제작사에서 제공한 Fan 프로그램을 이용하여 Fan과 모터를 선정한다. Air cooler 용 Fan 전문 제작사로 Cofimco, Moore, Hudson, Axial fan이 있다. 기존 Air cooler 성능을 평가하는데 이들 회사에서 제공하는 Fan 프로그램을 사용하면 더 정확히 성능 평가할 수 있다.

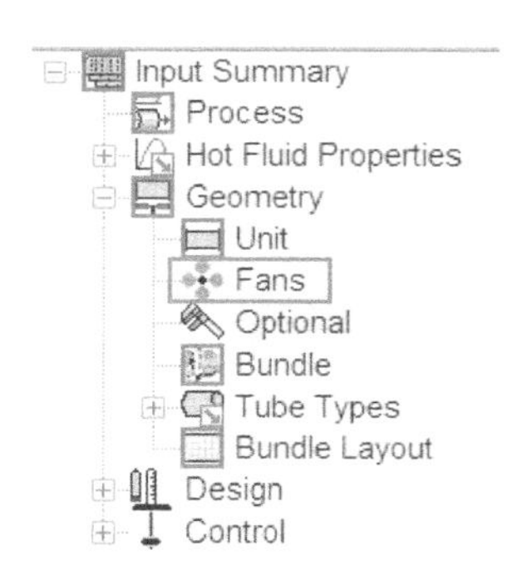

그림 1-73 탐색기 창에서 Fan 입력

대부분 Air cooler는 Pipe rack 위에 설치된다. Pipe rack 폭에 따라 Tube 길이가 결정되고 설치된 1개 Bay에 일반적으로 2개 Fan이 설치된다. LNG 공장에 사용되는 Air cooler는 지면 위에 설치되어 Tube 길이가 상당히 길고 1개 Bay에 3개 Fan이 설치되기도 한다. Air cooler가 작으면 1개 Fan으로 열교환기를 설계할 수 있지만, Fan에 연결된 모터와 전기 장비에 문제가 발생하면, Air cooler 운전이 불가능하므로 반드시 One fan 설계 가능 여부를 발주처에 확인해야 한다.

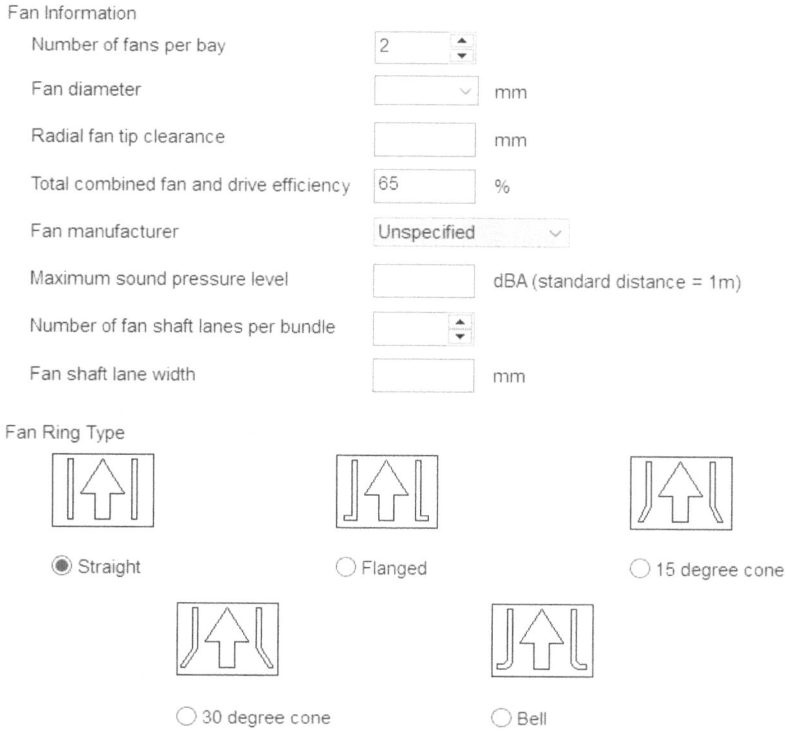

Fan Information

Number of fans per bay 2

Fan diameter mm

Radial fan tip clearance mm

Total combined fan and drive efficiency 65 %

Fan manufacturer Unspecified

Maximum sound pressure level dBA (standard distance = 1m)

Number of fan shaft lanes per bundle

Fan shaft lane width mm

Fan Ring Type

Straight　Flanged　15 degree cone

30 degree cone　Bell

그림 1-74 Xace fan 입력 창

"Fan diameter"를 비워 두면 Fan 면적이 Bay 면적 40%를 차지하도록 Xace가 Fan 지름을 결정한다. 실제 생산되는 Fan 지름은 0.5ft 단위로 생산되므로 설계 완료하기 전 직접 치수를 입력한다. 제작상 이유로 Air cooler 최소 Fan 지름은 3ft이며 14ft 지름을 초과하는 Fan을 적용하지 않는 것을 추천한다.

"Total combined fan and drive efficiency"는 Fan 효율과 동력전달장치 효율을 합친 효율이다. Fan 효율은 Fan 제작사와 모델에 따라 다르며 보통 75%~84% 범위에 있다. 동력전달장치 효율은 V-Belt의 경우 95%, High torque belt의 경우 98%이다. 입력값에 이 두 효율의 조합한 값을 입력한다. Xace default 값은 65%이지만 75%~82% 사이 값을 입력한다. Fan power가 클수록 효율은 높아지는 경향을 보인다. 식 1-3과 1-4는 Fan power와 Hydraulic power 관계를 보여주고 있다.

$$\boldsymbol{Hydraulic\ power = Air\ flow \times (Static\ pressure + Velocity\ pressure) ---- (1-3)}$$

$$\boldsymbol{Fan\ power = Hydraulic\ power \div Fan\ efficiency\ ---- (1-4)}$$

Rated motor power는 Fan power로부터 동력 전달장치 효율과 Power margin, 최저 대기온도를 고려하여 선정한다. API의 motor margin을 적용할 경우 식 1-5와 1-6에 따라 Rated motor power를 선정한다. 동일한 회전수와 Static pressure에서 공기밀도와 관계없이 Fan은 동일한 부피의 공기를 불어낸다. 따라서 겨울철 공기밀도가 높으므로 겨울철 Fan power가 여름철 Fan power보다 크다.

$$\boldsymbol{Rated\ motor\ power\ @\ winter \geq 1.05 \times (Fan\ power\ @\ winter \div Transmission\ eff.)\ ----\ (1-5)}$$

$$\boldsymbol{Rated\ motor\ power\ @\ summer \geq 1.1 \times (Fan\ power\ @\ summer)\ ----\ (1-6)}$$

API 661, 7.2.7.1.2에 따르면 겨울철 모터 Power를 5% margin, 여름철 power는 10% margin으로 요구한다. 반면 발주처에 따라 다양한 방식으로 Motor power margin을 요구하고 있다. 예를 들어 여름철 Required air flow rate 10%를 Margin을 요구할 경우 Hydraulic power는 33%(1.1의 3승)가 더 증가한다. 다른 예로 100% Air flow rate에 해당하는 Static pressure 120% 적용을 요구할 경우, Hydraulic power는 약 16~18% 정도 증가한다. 그러나 Rated motor power가 크다고 좋은 것은 아니다. 과도하게 큰 Rated motor power 모터를 적용한 경우 적절한 Rated motor power 모터보다 Power factor(역률)와 효율이 낮아져 소비전력이 높아지기 때문이다. 표 1-11은 IEC 규격의 Rated motor power이며 계산된 Motor power보다 큰 Rated motor power를 선정한다.

표 1-11 IEC 규격의 Rated motor power

kW	*1.1*	*1.5*	*2.2*	*3.7*	*5.5*	*7.5*	*11*	*15*	*18.5*	*22*	*30*	*37*	*45*
HP	*1.5*	*2*	*3*	*5*	*7.5*	*10*	*15*	*20*	*25*	*30*	*40*	*50*	*60*

“Fan ring type”은 Air side static pressure에 영향을 준다. “Straight” type에서 “Bell” type으로 갈수록 Static pressure가 작아진다. 실제 Air cooler에 “Bell” type fan ring을 많이 설치하지만 “15° Cone” 또는 “30° Cone”을 적용하여 Static pressure margin을 확보한다. 필자의 경험상 “15° Cone”을 선정하였을 때, Xace 결과에 Static pressure가 전문 제작사가 제시한 Static pressure와 비슷했다.

3) Optional

“Optional” 입력 창에서 부수적인 Geometry 데이터와 Air property를 입력할 수 있다. 입력하지 않아도 Xace는 실행되지만, 정확한 결과를 위하여 입력할 것을 추천한다.

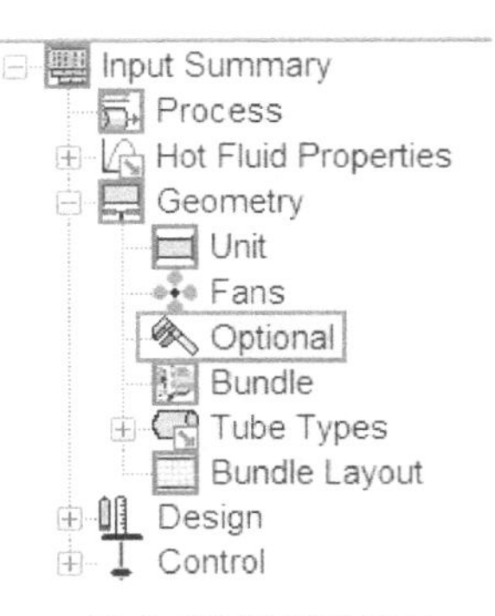

그림 1-75 탐색기에서 Optional 입력

“Optional geometry” group의 데이터는 Air side static pressure에 영향을 준다. Steam coil과 Louver가 설치되어 있으면 해당 옵션을 선택한다. Steam coil은 Winterization을 목적으로 적용되고 항상 Louver와 함께 설치된다. 그러나 Louver는 Steam coil이 없어도 Control을 목적으로 또는 외부 날씨 영향을 줄이기 위한 목적으로 설치되기도 한다. 일반적으로 Steam coil

은 High fin tube를 적용하며 Coil pitch를 Tube pitch 2배에 1개 Tube row로 설치된다. Fan area blockage는 5% 입력한다. 실제 Fan ring guard와 Motor mount structure는 유입되는 공기 흐름을 방해한다.

HTRI 8.0부터 "Header box" group에서 "Check header Dp"를 "Yes"로 선택하면 Header box의 Pressure drop과 Distribution을 계산해 준다. 이 기능은 Single phase 유체만 적용할 수 있다. 앞으로 Two phase 유체에서도 적용되기를 기대해본다. "Tubeside design" group의 데이터에 설계압력과 설계온도를 입력한다.

Air cooler 설계에 적용되는 Air 온도는 Dry bulb temperature 기준이다. 따라서 Dry air property를 적용하지만, "Air Properties" group의 데이터를 입력함으로써 Wet air property를 적용할 수 있다. 상대습도 증가할수록 Air mass flow rate, Static pressure, Required fan power는 감소하지만, MTD와 Over-design은 증가한다. 그러나 그 정도는 미미하다.

Tube support 수량과 폭을 "Tube supports" group에서 입력할 수 있다. Xace default tube support 폭은 25.4mm이다. Default 이외 값을 입력할 경우 Air side static pressure와 Effective area에 약간 영향을 미친다. Tubesheet와 Tube support가 차지하는 Tube 길이는 Effective area 계산에서 제외된다.

Optional Geometry

Steam coil present	○ Yes	◉ No
Fan area blockage		%
Free area in hail screen		%
Free area in fan guard		%
Louvers present	○ Yes	◉ No

Header Box

Header box depth	101.6	mm
Header box plate thickness		mm
Header box height		mm
Header box width		mm
Total tubesheet thickness		mm

Tubeside Design

Design pressure		kgf/cm2G
Design temperature		C

Air Properties

◉ Relative humidity		%
○ Wet bulb temperature		C
○ Dew point temperature		C
Maximum ambient temperature		C
Minimum ambient temperature		C

Tube Supports

Number of intermediate tube supports	Program Set	
Width of intermediate tube supports		mm

Plenum Information

Plenum chamber type	◉ Box	○ Tapered
Plenum height		mm
Ground clearance to fan blade		mm

그림 1-76 Xace optional **입력 창**

"Plenum information" group의 Plenum chamber type과 Plenum height 치수는 일반적으로 계산에 영향을 주지 않고 "Drawing" 창에 그림만 반영된다. 만약 Air cooler가 지면에 설치된다면 "Ground clearance to fan blade" 수치를 입력해야 한다. 이 수치에 따라 Air side static pressure가 변하기 때문이다. Induced draft type의 경우 이 수치는 Ground에서 Tube bundle bottom까지 높이며, Forced draft type의 경우 지면에서 Fan 중심까지 높이다.

4) Bundle

Tube bundle에 대한 추가 데이터를 입력하는 창이다. Tube bundle은 Tube 배열뿐 아니라 Tube pass, Seal strip 유무, Unfinned tube 길이 등을 입력할 수 있다. 이 창에서 Air side bypass를 고려한 Stream analysis를 적용할 수 있다. 이 기능은 Trouble shooting과 같이 이미 설치된 Air cooler 성능 평가하는 데 사용된다.

Input Summary
Process
Hot Fluid Properties
Geometry
Unit
Fans
Optional
Bundle
Tube Types
Bundle Layout
Design
Control

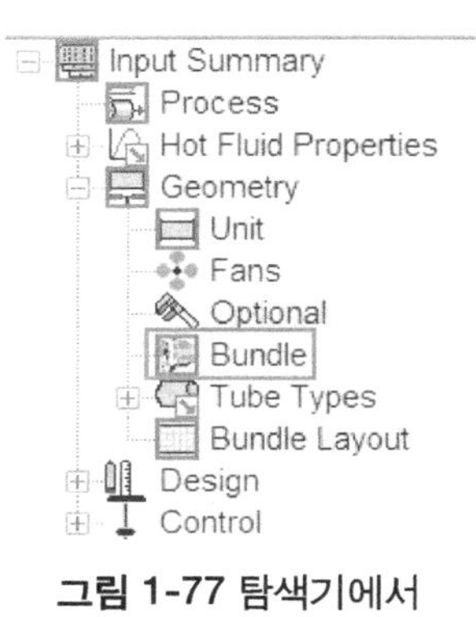

그림 1-77 탐색기에서 Bundle 입력

"Default bundle type"은 Tube 배열하는 옵션으로 "Row"와 "Rows with defined passes" 옵션을 주로 사용한다. 한 개 Tube row에 두 개 이상 복잡한 Pass를 설치하길 원한다면 "Bundle layout" 창에서 직접 Tube layout을 배열해야 한다. Viscosity가 높은 유체 혹은 유량이 매우 작은 서비스에 적용되지만, 제작상 어려움 때문에 하나의 Tube row에 두 개 이상 Pass를 배치하지 않는다. 특히 Condensing service air cooler는 한 개 Tube row에 두 개 이상 Pass를 배치하지 말아야 한다.

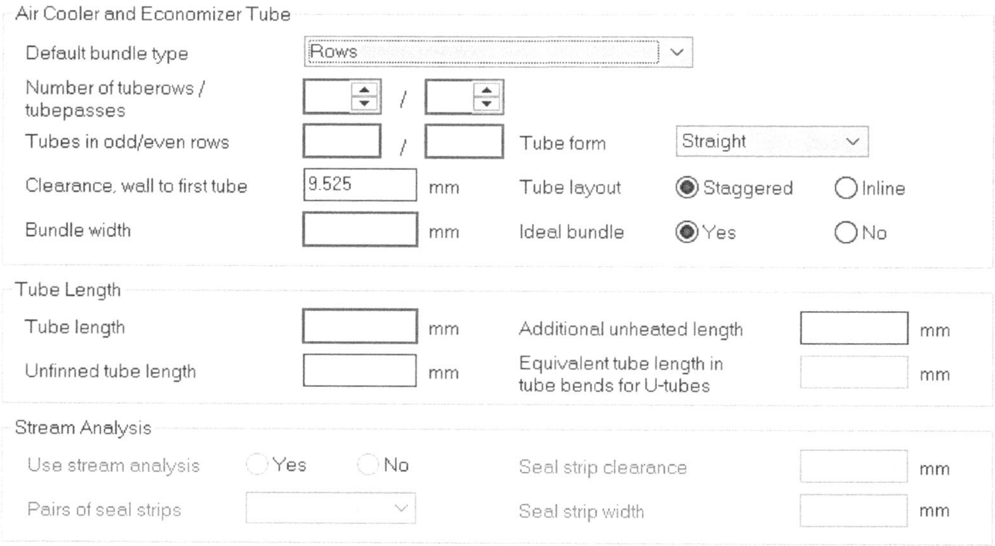

Air Cooler and Economizer Tube
Default bundle type
Rows
Number of tuberows / tubepasses
Tubes in odd/even rows
Tube form
Straight
Clearance, wall to first tube
9.525
mm
Tube layout
Staggered
Inline
Bundle width
mm
Ideal bundle
Yes
No
Tube Length
Tube length
mm
Additional unheated length
mm
Unfinned tube length
mm
Equivalent tube length in tube bends for U-tubes
mm
Stream Analysis
Use stream analysis
Yes
No
Seal strip clearance
mm
Pairs of seal strips
Seal strip width
mm

그림 1-78 Xace bundle 입력 창

Xace default "Clearance"는 API 661에서 제시된 9.525mm이다. 기존 Air cooler 성능 평가할 때 "Bundle width" 치수를 비워 두고 Clearance 치수를 입력하면 첫 번째 Tube와 Side frame 사이 간격과 마지막 Tube와 Side frame 사이 간격을 같게 설정하여 Bundle 폭을 계산한다. "Bundle width" 치수와 "Clearance" 치수를 둘 다 입력하면 첫 번째 Tube와 Side frame 사이와 마지막 Tube와 Side frame 사이 간격이 서로 다른 치수를 가질 수 있음에 주의하기 바란다.

그림 1-79는 "Default bundle type" 옵션으로 "Rows with defined passes"을 선택하였을 때 활성화되는 입력 표이다. 세로축 숫자는 Tube row를 의미하고 가로축 숫자는 하나의 Tube row에서 Pass가 차지하는 비중을 의미한다. 입력할 값은 Pass 번호다. 하나의 Tube row에 한 개 이상 Pass 번호를 입력할 수 있다. 첫 번째 예시(그림 1-79)와 두 번째 예시(그림 1-80)는 동일하게 6개 Tube row에 3개 Pass를 갖는 Tube bundle이다. 첫 번째 예시의 경우 한 개 Tube row에 Pass 번호가 한 개 입력되어 있으므로 해당 Tube row 전체 Tube가 입력한 Tube pass 번호로 배열된다.

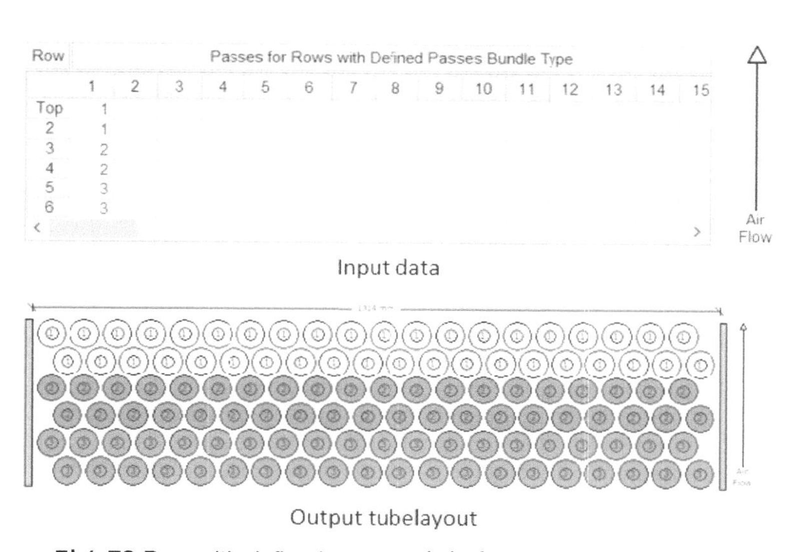

그림 1-79 Row with defined passes 입력 및 Tube layout (첫 번째 예시)

두 번째 예시는 한 개 Tube row에 여러 Pass를 입력한 것이다. 첫 번째 Top tube row에 Tube 수량 3분의 1이 첫 번째 Pass가 되며 3분의 2는 두 번째 Pass가 된다. 이처럼 동일한 Tube row에 동일한 Pass를 "Rows with defined passes" 옵션을 이용하여 다양한 Tube layout을 만들 수 있다.

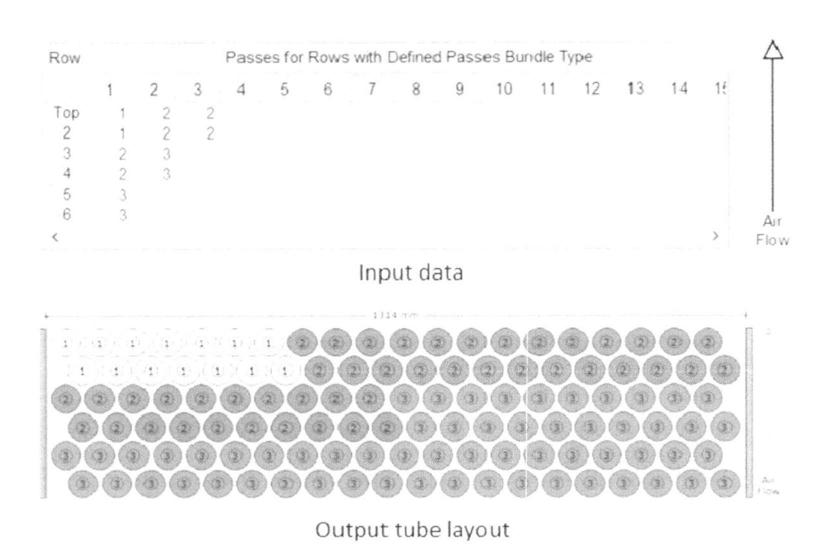

그림 1-80 Row with defined passes 입력 및 Tube layout (두 번째 예제)

Effective tube 길이는 Total tube 길이에서 Tubesheet와 Tube support가 차지하는 길이를 뺀 길이다. 추가로 Effective tube 길이를 더 줄이고자 할 때 "Additional unheated length"를 입력한다. Effective area는 Effective tube 길이에 Finned tube와 Bare tube로부터 계산된 면적이다. "Unfinned tube length"는 Effective tube 길이 중 Fin이 설치되지 않은 Bare tube에 해당하는 길이를 의미한다. Tube와 Tubesheet가 연결되는 일부분 Tube 길이를 Fin 없이 Bare tube로 설계하기도 한다.

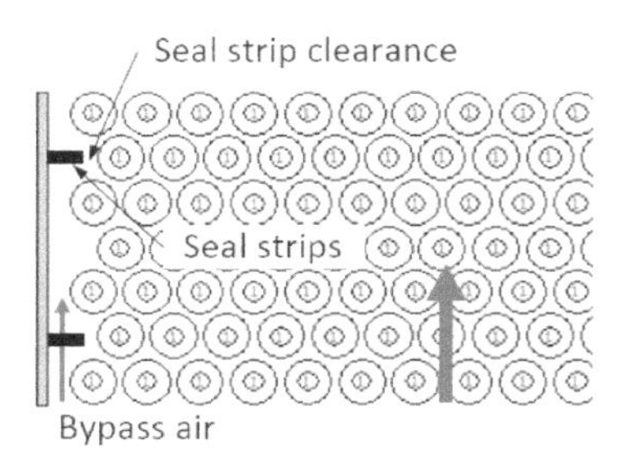

그림 1-81 Bypass air

Stream analysis를 선택하면 그림 1-81과 같이 첫 번째와 마지막 Tube와 Side frame 사이로 흐르는 Bypass air flow rate를 계산하여 설계 결과에 반영한다. Seal strip은 최소한 Tube bundle top과 Bottom에 각각 한 쌍을 설치하는 것이 좋다. API 661에 따르면 Tube bundle을 포함하여 Air side 구조물 사이 틈이 10mm보다 좁게 유지할 것을 요구하고 있다. 10mm보다 좁은 틈에 대하여 Bypass air에 의한 영향은 미미할 것으로 예상한다.

5) Tube types

대부분 Air cooler는 하나의 Tube 종류를 적용하지만, Winterization과 속도제한 사항들을 만족하기 위하여 두 개 이상 Tube 종류를 한 개 Bundle에 적용하여 설계하기도 한다. 두 개 이상 Tube 종류를 사용하려면 "Tube types" 입력 창에 "Add" 버튼을 클릭하여 Tube 종류를 추가할 수 있다. "Tube type"이 추가되면 "Tube geometry", "High fin", "FJ Curves"의 하부 입력 창들도 같이 생성된다. 하부 입력 창에서 Tube 치수, Tube 재질, High fin geometry 데이터를 추가로 입력하면 생성된 "Tube type"을 사용할 수 있다.

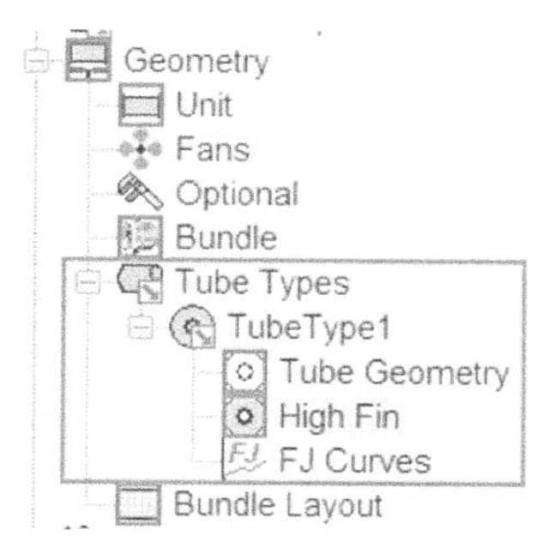

그림 1-82 탐색기에서 Tube type 입력 창

Tube Types

	Tube Name	Tube Type	Tube Internal
1	TubeType1	High Fin	None
2	TubeType2	Plain	None
3			
4			
5			
6			
7			
8			
9			

Add
Delete

그림 1-83 Xace tube type 입력 창

Tube insert는 Shell & tube heat exchanger에 적용하는 것과 동일하게 Tube에 삽입하여 열전달 성능을 증가시키는 부품이다. Viscosity가 높은 유체에 적용하면 전열효과가 크지만, Tube 내부를 세척할 때 Insert를 하나씩 모두 빼내야 하는 번거로움이 있다.

그림 1-84와 같이 Fin tube geometry 데이터를 입력할 수 있는 창이다. Xace 자체 Fin tube에 대한 Data bank를 가지고 있어 이로부터 Fin tube geometry 데이터를 가져와 입력할 수 있다. 한국 Air cooler 전문 제작사에서 적용하는 Fin tube는 Data bank에 포함되어 있지 않으므로 Fin tube geometry 데이터를 직접 입력한다. 부록 5.3장 High fin tube geometry 데이터를 입력하여 사용하면 한국 Air cooler 전문 제작사 설계 결과와 큰 차이가 없다.

Load from Databank | Unset Bank Fin | Bank fin code

Fin Type
Circular fin | Serrated fin | Rectangular fin

General Fin Data
Fin geometry type: Undefined
Fin density: fin/meter
Fin root diameter: mm
Fin height: mm
Fin base thickness: mm
Fin tip thickness: mm
Outside surface area per unit length: m2/m
Over fin diameter: mm

Material
Material: Aluminum 1100-annealed
Thermal: kcal/hr-m-C
Fin bond resistance: m2-hr-C/kcal
Fin efficiency: %

Serrated Fins
Split segment height: mm
Split segment width: mm

Rectangular Fins
Height: mm
Width: mm

그림 1-84 High fin geometry 입력 창

Xace에서 Circular, Serrated, Rectangular 3가지 Fin 종류를 입력할 수 있다. Air cooler에 가장 많이 적용하는 Fin tube는 Circular fin이다. Serrated fin과 Rectangular fin은 고온 가스로부터 열 회수 목적으로 제작되는 Economizer나 Waste heat boiler에 적용되기도 한다. Circular fin보다 Serrated fin과 Rectangular fin 열전달 효율이 더 높지만, Fouling이 잘 발생한다.

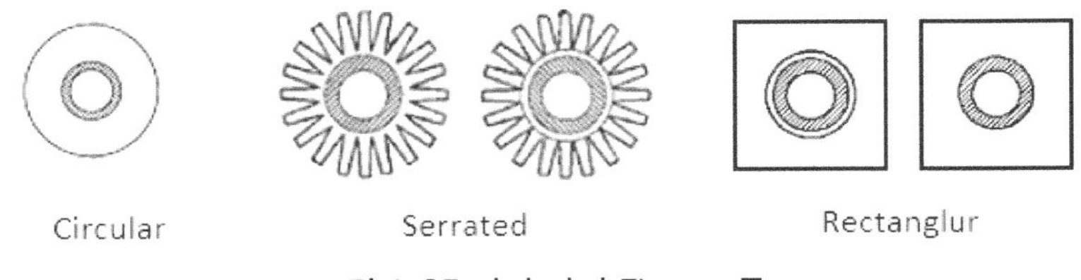

그림 1-85 여러 가지 Fin type들

표 1-12는 API 661 Annex A에 나와 있는 Aluminum 재질 Fin type(Fin bonding type)에 따른 최대 운전온도를 보여주고 있다. 일부 Project specification은 최대 운전온도 대신 설계온도 기준으로 Fin type 선정을 요구하고 있으니 주의해야 한다.

표 1-12 API 661 기준 Fin type에 따른 최대 운전온도

Fin bonding type	*Maximum process temperature (°C)*
Embedded fins	*400*
Externally bonded (hot-dip galvanized steel fins)	*360*
Extruded fins	*300*
Footed fins (single L) and overlap footed fins (double L)	*130*
Knurled footed fins, either single L or double L	*200*
Externally bonded (welded or brazed fins)	*>400*

그림 1-86은 Embedded fin과 Extruded fin 형상을 나타낸 그림이다. Embedded fin에서 Fin root 지름과 Tube OD는 같다. 반면 Extruded fin에서 Fin root 지름은 Tube OD보다 크다. Fin density란 Fin이 얼마나 조밀하게 채워져 있는지를 나타낸 수치로 1m 또는 1inch당 Fin 수량으로 표시한다. Tube finning 가공 동안 Fin tip 두께는 Fin base 두께(Stock 두께)의 절반 정도로 얇아진다.

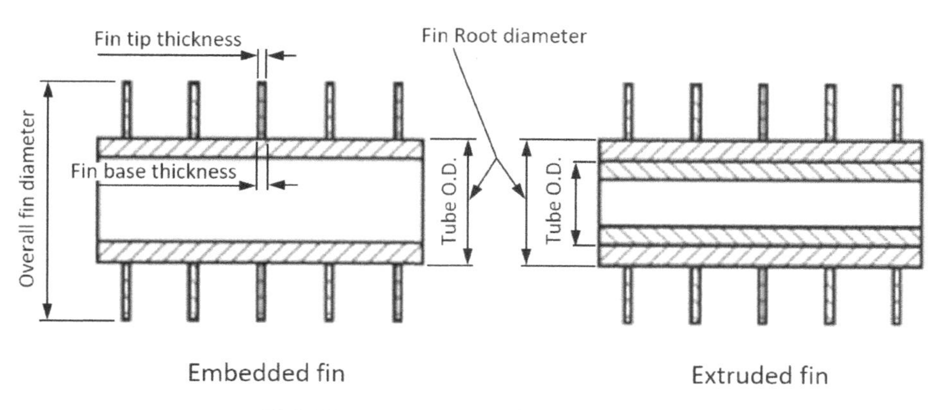

그림 1-86 Embedded fin과 Extruded fin 치수

"Material group" 입력 창에서 Fin 재질을 선택할 수 있다. Air cooler는 대기와 접촉하여 온도가 높지 않으므로 Aluminum 재질을 사용한다. 반면 고온 가스로부터 열 회수를 목적으로 Fin tube를 사용하는 Economizer에 Carbon steel, Stainless steel 등을 사용한다.

Fin과 Bare tube 사이의 열전달 저항을 Fin bonding resistance라고 한다. 새로 설계되는 Air cooler에는 적용하지 않지만, 오래된 Air cooler의 경우 Fin과 Bare tube 사이가 느슨해져서 열전달 저항이 생긴다. 적용해야 할 Fin bonding resistance를 알 수 없으므로 성능 평가에 적용하기 쉽지 않다. 기존 Air cooler를 성능 평가할 때 어느 정도 페널티를 부여해야 하는 이유 중 하나이다.

6) Bundle layout

때에 따라 복잡한 Tube layout으로 설계해야 하는 경우가 있다. 이런 경우, Tube pass, Tube type과 같은 "Tube property"를 직접 설정함으로써 Tube layout을 완성할 수 있다. 그림 1-88은 "Bundle layout" 입력 창이다. 먼저 "User defined tube pass layout"을 체크하고 Tube를 선택한 후 마우스 오른쪽 단추를 클릭하면 여러 메뉴가 나온다. 메뉴 중 "Tube properties"를 선택하고 선택한 Tube의 Tube type, Tube pass number를 직접 입력하여 복잡한 Layout을 완성할 수 있다.

그림 1-87 탐색기에서 Bundle layout 입력

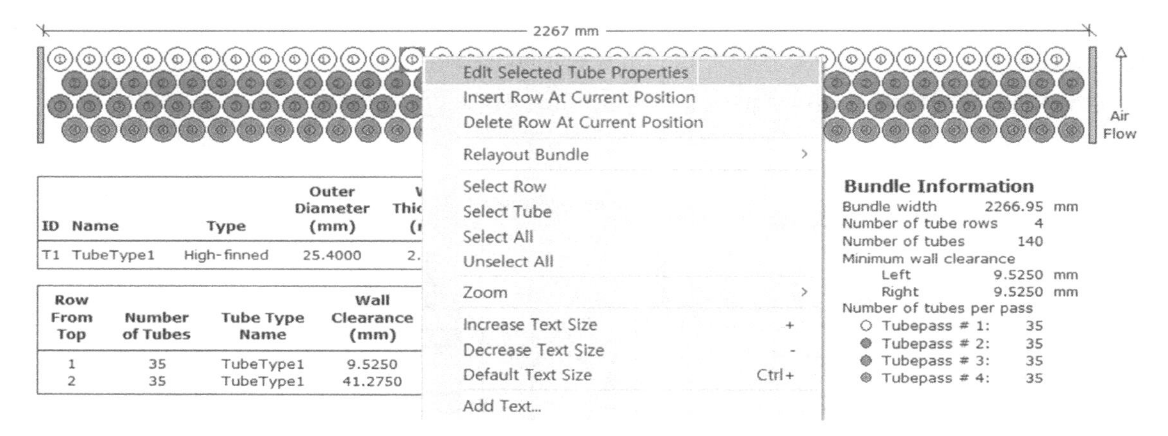

그림 1-88 Bundle layout 입력 창

"Tube properties" 메뉴를 선택하면 그림1-89과 같이 "Edit selected tube properties" 창이 뜬다. 이 창에서 Tube pass와 Tube type을 변경할 수 있다.

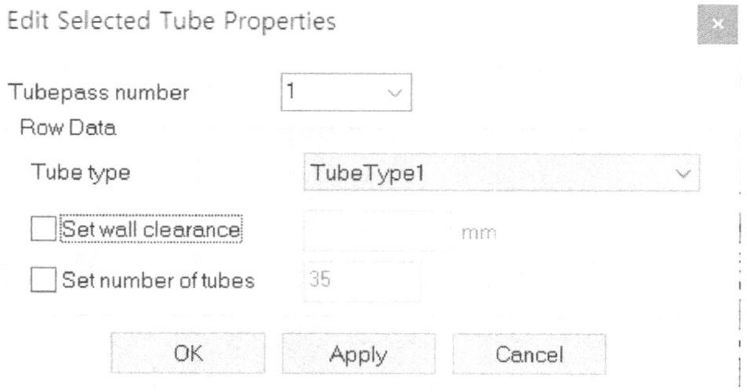

Edit Selected Tube Properties

Tubepass number 1

Row Data

Tube type TubeType1

Set wall clearance mm

Set number of tubes 35

OK Apply Cancel

그림 1-89 Tube property 입력 창

1.8. Design 창 이해

1.2장에서 설명하였듯이 프로그램 실행방법에 "Case mode"로 "Rating", "Design", "Simulation" 3가지 설계 방식이 있다. "Case mode"를 "Design"으로 선택한 경우 "Design" 입력 창이 활성화된다. HTRI를 이용하여 열교환기 설계에 익숙해지고 경험이 쌓이면, "Rating"을 선택하여 열교환기를 설계하는 것이 더 편하므로 "Design" mode로 열교환기 설계하지 않는다. "Design" 입력 창은 "Geometry", "Constraints", "Options"와 "Warnings" 창으로 구성되어 있다.

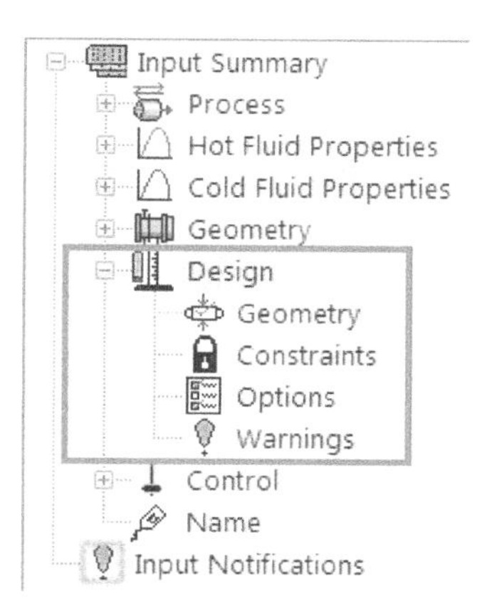

그림 1-90 탐색기에서 Design 입력

사용자가 그림 1-91의 "Geometry" 입력 창에서 열교환기 부품 중 일부의 치수, 수량, Type에 대한 범위를 지정한다. 그러면 Xist는 Short-cut calculation engine을 이용하여 지정한 범위 안에 해당하는 모든 열교환기를 설계하고 그 중 최적화된 열교환기를 사용자에게 알려준다. 부품 옵션을 많이 선택하고 입력 데이터 범위를 넓게 하면 열교환기 설계 수가 많아 프로그램을 실행하는 데 상당한 시간이 소요된다. 따라서 단계적으로 옵션과 입력범위를 줄여나가면서 설계할 것을 추천한다.

Design Grid Parameters

	Minimum	Maximum	Steps		Step Size	
Shell diameter				x		mm
Baffle spacing				x		mm
Tubepasses			Even 2,4,6			
Tube length				x		mm
Tube pitch ratio				x		
Tube diameter				x		mm

Shell type: E F G H J12 J21 X K

Baffle type: Single seg. Double seg. NTIW None Rods

Total number of combinations: 0

Design run type: Shortcut

그림 1-91 Geometry 입력 창

"Constraints" 입력 창에서 Velocity, Pressure drop과 같은 열교환기 성능 제한 값을 설정할 수 있다. Xist는 입력된 제한값에 만족하는 설계만 목록으로 보여준다. 그림 1-92는 "Constraints" 입력 창을 보여주고 있다. 속도제한이 있는 Slurry 서비스 열교환기, Ammonia bisulfate에 의한 부식이 우려되는 Hydrotreating unit내 열교환기 설계에 사용하면 유용하다.

	Minimum	Maximum	
Hot Fluid			
Velocity			m/s
Pressure drop allowed in inlet nozzles			% of total
Pressure drop allowed in outlet nozzles			% of total
Pressure drop allowed in liquid outlet nozzles			% of total
Cold Fluid			
Velocity			m/s
Pressure drop allowed in inlet nozzles			% of total
Pressure drop allowed in outlet nozzles			% of total
Pressure drop allowed in liquid outlet nozzles			% of total

그림 1-92 Constraints 입력 창

Xist 결과 Tube wall temperature가 임의값을 초과하거나 Tube vibration 가능성 판단 기준을 변경하고자 할 때 사용자는 "Options" 창에 원하는 기준값을 입력하여 Xist 결과로부터 그 기준에 해당하는 Warning message를 받을 수 있다.

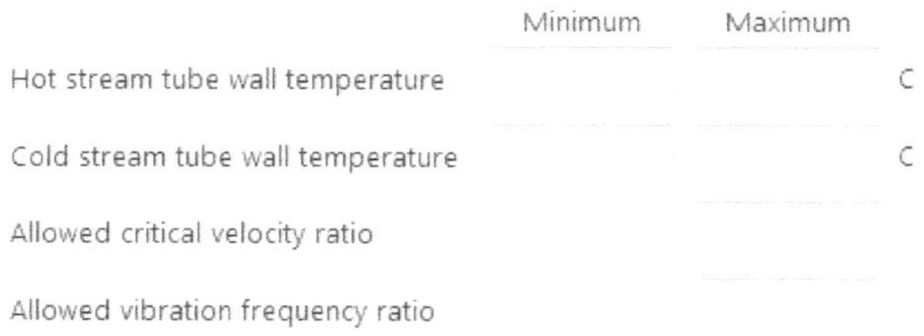

	Minimum	Maximum	
Hot stream tube wall temperature			C
Cold stream tube wall temperature			C
Allowed critical velocity ratio			
Allowed vibration frequency ratio			

그림 1-93 Options 입력 창

설계 입력 데이터를 입력 후, Xist를 실행시키면 우선 Shortcut 방식으로 계산한다. 그리고 Over- design이 가장 낮은 설계를 찾아 Rigorous 방식으로 계산하여 최종 결과를 보여준다. 그림 1-94는 결과 중 "Design" 결과 창을 보여주고 있다. Shortcut 방식 계산 결과, "Shortcut design 2"가 가장 낮은 Over-design을 보여주고 있다. Rigorous 방식 계산 결과 "Shortcut design 2"와 "Shortcut design 3" 결과는 각각 -4.88%, -1.89% Over-design으로 전열 면적이 약간 부족하여 최종 "Shortcut design 4"가 선택되어 최종 결과를 보여준다.

	Case	Over Design %	Total Area (m2)	Eff. Area (m2)	Number of Tubes	Duty (MM kcal/hr)	EMTD (C)
1	Shortcut Design 1	156.34	24.537	23.536	82.0000	0.2820	32.3
2	Shortcut Design 2	0.52	12.867	12.342	86.0000	0.2820	24.5
3	Shortcut Design 3	4.14	13.466	12.916	90.0000	0.2820	24.5
4	**Shortcut Design 4**	**14.31**	**15.261**	**14.638**	**102.000**	**0.2820**	**24.5**
5	Shortcut Design 5	81.1	40.397	38.749	270.000	0.2820	24.5
6	Shortcut Design 6	86.98	40.397	38.749	270.000	0.2820	24.5
7	Shortcut Design 7	89.35	40.397	38.749	270.000	0.2820	24.5
8	Shortcut Design 8	89.33	40.397	38.749	270.000	0.2820	24.5
9	Shortcut Design 9	97.83	40.397	38.749	270.000	0.2820	24.5
10	Xist Rating 1	-4.88	12.867	12.342	86.0000	0.2820	23.2
11	Xist Rating 2	-1.89	13.466	12.916	90.0000	0.2820	23.1
12	**Xist Rating 3**	**7.86**	**15.261**	**14.638**	**102.000**	**0.2820**	**23.0**

그림 1-94 Design mode에서 Design 결과 창

1.9. Xist control 창 이해 (Shell & tube heat exchanger)

"Control" 창에서 열전달 관계식을 선택하고 열전달과 Pressure drop 계산 값을 보정하여 설계와 성능 평가하는 데 이용할 수 있다. "Control" 창 입력 데이터들은 열전달 또는 Pressure drop 계산을 Customizing 하는데 적용되므로 입력 데이터에 특히 주의를 필요로 한다. 대부분 열교환기 설계 시, Xist default를 사용하길 추천한다. 어떤 경우, Xist 실행 후 계산이 수렴되지 않는다는 Fatal warning message를 보여줄 때도 있다. 이런 경우, "Control" 입력 창에 계산 수렴에 대한 옵션을 변경할 수 있다.

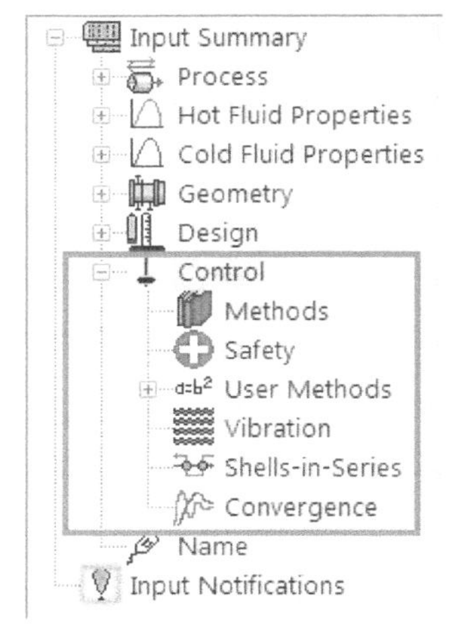

그림 1-95 탐색기 창에서 Control 입력

"Methods" 입력 창은 열전달과 Pressure drop 계산 관계식들에 관한 내용이다. "Methods" 입력 창에 Default를 변경하려면 열전달과 Pressure drop 관계식에 대한 지식을 갖고 있어야 한다. 이 책은 이런 관계식들에 관한 간략한 내용만 포함하고 있으므로 보다 상세한 설명이 필요하면 HTRI website로부터 HTRI design manual을 내려받아 참고하기 바란다.

그림 1-96은 "Methods" 입력 창이며 "Mixing factor for delta method"는 Stream analysis와 관련이 있다. Xist에서 사용하는 EMTD(Effective MTD)는 식 1-7에 따라 계산된다. 이 식에서 적용되는 Delta factor를 직접 입력할 수 있다. Delta factor는 항상 1과 같거나 작다.

$$\boldsymbol{EMTD = F\,factor \times DELTA\,factor \times F/G/H\,factor \times LMTD} \quad ----(\mathbf{1-7})$$

EMTD는 Effective mean temperature difference로 Xist에서 적용되는 Hot side와 Cold side 사이 온도 차이다. 반면 LMTD는 Log mean temperature difference로 관에서 열전달이 발생할 때 이론적인 온도 차이다. TEMA는 F-factor만 이용하여 MTD를 계산하지만, Xist는 Delta factor와 F/G/H factor도 같이 고려하여 계산된 EMTD를 적용한다. 참고로 F/G/H는 Shell side가 Two pass인 "F", "G", "H" Shell을 고려한 Factor이다. 자세한 내용은 4.11장을 참조하기 바란다.

Single Phase

Shellside friction factor method	Commercial	Mixing factor for delta method	
Tubeside friction factor method	Commercial	☐ Pure longitudinal flow for non-baffled	
Tube inside surface roughness	mm		

Condensation

Pure component	○ Yes ◉ No	Condensable components	
Method	HTRI Proration		
Mole fraction noncondensables	0		
Momentum recovery to exclude	0 Percent		
Condensate liquid height in shell	mm		

Boiling

Pure component	○ Yes ◉ No	Boiling components	
Check film boiling	◉ Yes ○ No		
Method	Physical property/theoretical boiling range		
Method components	Convective+Nucleate		
Surface correction factor			

Tubeside increments per baffle space	Program set
Inlet baffle spacing for DP	mm
Outlet baffle spacing for DP	mm

그림 1-96 Methods 입력 창

Condensing과 Boiling 열전달 관계식에 대한 옵션을 입력하거나 선택하여 설계할 수 있다. Condensing과 Boiling 열전달 관계식을 열전달 저항개념을 도식화하면 그림 1-97과 같다. 이 그림과 열전달계수 관계식 1-8, 1-11, 1-12, 1-13을 비교해 보기 바란다.

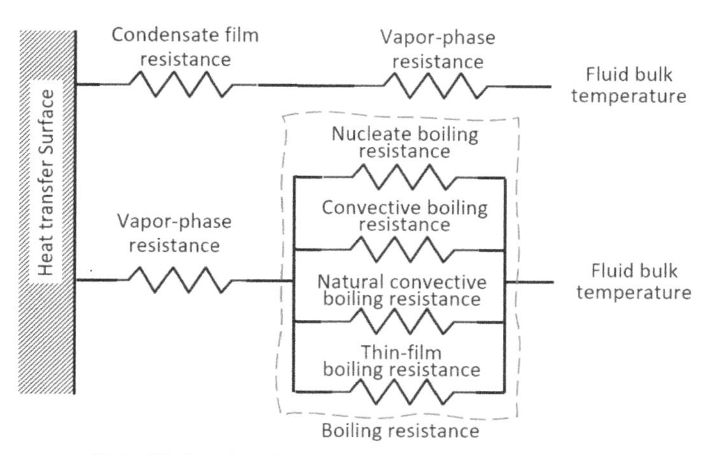

그림 1-97 Condensing/Boiling heat transfer resistances

Condensing heat transfer coefficient는 식 1-8로 계산된다. 이 식의 의미는 Condensing heat transfer resistance(응축 열전달 저항)는 Condensate film heat transfer resistance(응축액막 열전달 저항)와 Vapor-phase heat transfer resistance(기체상 열전달 저항)로 구성되어 있고 이 두 열전달 저항은 직렬로 연결되어 있다는 것이다. Heat transfer resistance는 Heat transfer coefficient의 역수이다.

$$\boldsymbol{h_c = \frac{1}{\left(\frac{1}{h_{cf}} + \frac{1}{h_v}\right)} \quad ---- (1-8)}$$

Where,
hc = Condensing heat transfer coefficient
hcf = Condensate film heat transfer coefficient
hv = Vapor-phase heat transfer coefficient

Vapor-phase heat transfer coefficient는 식 1-9에 따라 계산된다.

$$\boldsymbol{h_v = h_{sv}\theta_s\left(1 + C_{md}(\emptyset_d)\right) \quad ---- (1-9)}$$

Where,
h_{sv} *= Sensible vapor heat transfer coefficient*
θ_s *= Correction for distortion in vapor temperature profile because of condensate mass flux*
C_{md} *= Mass diffusion correction*

Condensate film heat transfer coefficient의 경우 Gravity 또는 Shear 흐름이 지배적인지에 따라 적용되는 관계식이 다르다. 식 1-10은 Shear 흐름이 지배적일 경우 적용되는 식이다. Gravity 흐름이 지배적일 때 적용하는 식은 HTRI design manual을 참고하기 바란다.

$$\boldsymbol{h_{cf} = h_l \times F_{tp} \quad ---- (1-10)}$$

Where,
h_l *= Liquid sensible vapor heat transfer coefficient*
F_{tp} *= Two phase convection factor (응축액에 Vapor core 존재에 의한 Shear stress 보정)*

Condensation 옵션 중 Pure component, Condensable components와 Mole fraction non-condensable 모두 Mass diffusion correction(C_{md})에 영향을 준다. Condensable component와 Mole fraction non-condensable이 적을수록 Mass diffusion correction과 열전달계수가 커진다. 유체 중 "Mole fraction non-condensable"이 있다면 이를 반듯이 입력해야 한다. Non-condensable로 CH_4, CO_2, O_2, H_2 H_2S 등이 있다. 나머지 입력 데이터는 참고용 Case study만 적용하고 설계 시 입력하지 않을 것을 추천한다.

위에서 설명한 열전달 관계식은 HTRI default인 HTRI proration 방식에 대한 설명이다. 이 창에서 다른 열전달 관계식을 사용할 수 있는데 이들은 아래와 같다.

- ✔ *Literature: 열전달 문헌에서 많이 인용되는 Ward-Silver-Bell이 제시한 관계식이다. HTRI default 관계식은 Literature 관계식으로부터 보완된 방식이다.*
- ✔ *Composition Profile Method: 비활성기체가 존재하는 Hydrocarbon의 Condensing 모델로 발전된 관계식으로 실제보다 열전달계수가 낮게 계산되는 경향이 있다. 물, 알코올과 같은 극성물질 열전달에는 적용하지 말아야 한다.*
- ✔ *Reflux: Reflux condenser 설계에 반드시 이 관계식을 선택해야 한다. Vapor가 Bottom으로부터 들어가고 Tube를 지나는 동안 응축된 응축액은 다시 Bottom으로 나가고, 비응축 기체만 Top으로 빠져나간다.*
- ✔ *Rose-Briggs: Horizontal, Gravity-controlled, Low fin tube 구조의 3가지 특징을 갖은 Condensing 서비스 열교환기에 적용할 경우 정확한 결과를 보여준다. HTRI Proration 관계식을 적용하였을 때 결과와 비교용으로 사용한다.*
- ✔ *Ammonia-water: 냉매 공정에 냉매로 Ammonia-water를 적용될 때 상당히 정확한 결과를 보여준다.*

Pressure drop은 Friction, Momentum, Static으로 구성된다. 일반적으로 배관 Hydraulic 계산에 Momentum은 고려하지 않지만, Condensing 서비스 열교환기의 경우 부피가 줄어들어 Momentum recovery가 발생한다. Pressure drop margin 확보 차원에서 Momentum recovery를 포함하지 않고 Pressure drop을 계산하기도 한다.

"Condensate liquid level height in shell"에 입력은 결과에 아무런 영향을 주지 않는다. 앞으로 Condensate에 의해 잠긴 Tube에 대한 Sub-cooling 정도를 계산하기 위한 옵션으로 사용될 것으로 예상된다.

Boiling heat transfer coefficient는 식 1-11에 따라 계산된다. 이 식의 의미는 전체 Total boiling heat transfer resistance(비등 열전달 저항)은 Boiling heat transfer resistance(비등 열전달 저항)과 Vapor-phase heat transfer resistance(기체 열전달 저항)으로 구성되어 있고 이 두 열전달 저항은 직렬로 구성되어 있다는 것이다.

$$h_{bt} = \frac{1}{\left(\frac{1}{h_b} + \frac{1}{h_v}\right)} \quad ----(1-11)$$

Where,

h_{bt} = *Total boiling heat transfer coefficient*

h_b = *Boiling heat transfer coefficient*

h_v = *Vapor-phase heat transfer coefficient*

Boiling heat transfer coefficient는 Tube side와 Shell side boiling에 따라 다르게 적용한다. 그림 1-97과 식 1-12와 1-13을 보면 Boiling heat transfer coefficient들이 병렬로 열전달이 발생하고 있음을 알 수 있고 Thin-film boiling heat transfer coefficient는 Shell side boiling에서만 발생한다.

Tube side boiling $h_b = h_{nb} + h_{cb} + h_{nc} \quad ----(1-12)$

Shell side boiling $h_b = h_{nb} + h_{cb} + h_{nc} + h_{tf} \quad ----(1-13)$

Where,

h_{nb} = *Nucleate boiling heat transfer coefficient*

h_{cb} = *Convective boiling heat transfer coefficient*

h_{nc} = *Natural convective boiling heat transfer coefficient*

h_{tf} = *Thin-film boiling heat transfer coefficient*

그림 1-98은 흐름이 없는 냄비에서 온도 차에 따라 Boiling 형태의 변화를 보여주고 있다. 이러한 여러 Boiling 형태는 동시에 열전달에 기여하고 있다. 그러나 그림과 다르게 열교환기는 흐름이 있는 열전달이다. Convective boiling heat transfer coefficient는 흐름이 있는 Tube에서 대류비등 열전달계수다.

Nucleate boiling heat transfer coefficient의 관계식은 식 1-14와 같다.

$$h_{nb} = h_{nb1} F_c F_s \alpha \quad ----(1-14)$$

Where,

h_{nb1} = *Pool nucleate boiling heat transfer coefficient (유동이 없는 핵비등)*

F_c = *Mixture correction (순수성분의 유체 외에 적용되는 Correction으로 Boiling range가 클수록 값이 작아진다.)*

F_s = *Surface correction (핵비등은 거친 표면에서 더 잘 발달한다.)*

α = *Suppression due to cooling effects by other boiling mechanisms*

Convective boiling heat transfer coefficient의 관계식은 식 1-15와 같다.

$$h_{cb} = h_l F_{tp} F_{cc} \quad ---- (1-15)$$

Where,

h_l = Sensible liquid heat transfer coefficient

F_{tp} = Two phase convection correction (Vapor shear 효과를 고려한 보정)

F_{cc} = Mixture correction (온도 차에 대한 liquid film 에서 Component 변화를 고려한 보정)

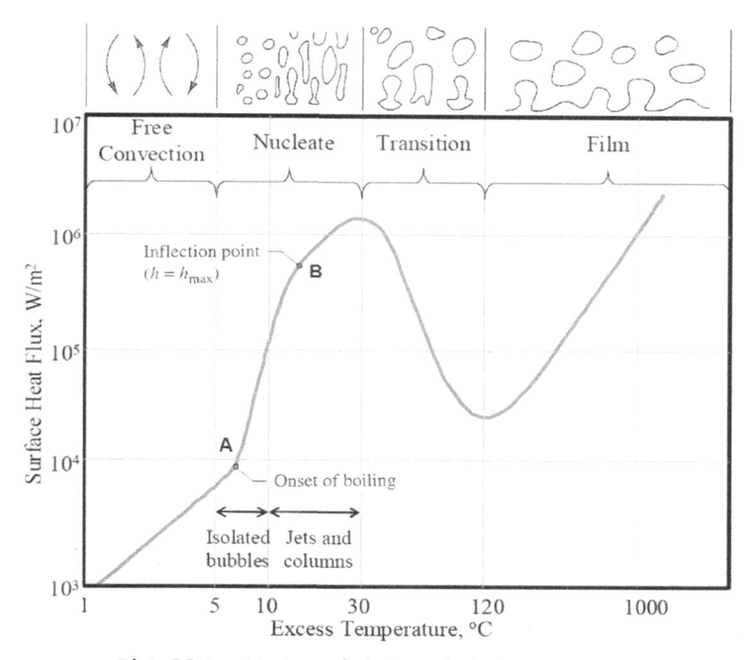

그림 1-98 Pool boiling에서 온도 차에 따른 Boiling 형태

Tube 외부표면에서 Boiling이 발생하고 Convective boiling의 영향이 미미할 때 Thin-film conduction에 의한 열전달이 발달한다. Tube bundle 표면에 매우 얇은 기포가 형성되고 기포 두께가 매우 얇으므로 전도와 같은 열전달이 일어난다. 여기서 발생하는 열전달계수를 Thin-film boiling heat transfer coefficient라고 한다.

"HTRI Methods" 입력 창 Boiling 옵션에는 Pure component 여부와 Boiling component를 입력할 수 있다. Pure component를 선택하면 Vapor-phase heat transfer resistance가 없는 것으로 고려되기 때문에 Boiling heat transfer coefficient가 증가한다. Fluid 성분을 명확히 알 수 있는 경우에만 이 옵션을 적용하고 그 외에는 HTRI default 적용할 것을 추천한다.

HTRI boiling default 관계식은 "Physical property/theoretical boiling range" 방식이다. Falling film evaporator 외에 이 Default 관계식을 적용하는 것을 추천한다. Default 관계식 이외 아래와 같은 Boiling 관계식이 있다.

- ✔ *Physical property/boiling range: Reduced pressure 0.6 이하에만 적용하고 HTRI default 관계식 결과와 비교용으로만 사용할 것을 추천한다.*
- ✔ *Physical property / Schluender: 상평형 데이터가 충분히 있는 2개 성분의 Mixture에 적용할 수 있다.*
- ✔ *Falling film / HTRI: HTRI가 개발한 열전달 관계식으로 Vertical tube side falling film evaporator에 적용한다.*
- ✔ *Falling film / Chun-Seban: Falling film evaporator에 적용하며, 결과 비교 용도로만 사용한다.*
- ✔ *Reduced property/boiling range: Reduced pressure 0.6 이하에만 적용하고 HTRI default 관계식 결과와 비교용으로만 사용할 것을 추천한다.*

"Method components"는 Convective boiling과 Nucleate boiling을 모두 고려할 것인지 둘 중 하나만 고려할지에 대한 옵션이다. Xist default는 둘 다 고려하는 것이지만, 경우에 따라 하나만 고려하여 설계하는 때도 있다. UOP high flux heat exchanger와 같이 Nucleate boiling 열전달 계수를 증가시키는 Surface correction factor를 알고 있으면 이를 직접 입력할 수 있다.

그림 1-99는 Shell side의 Increment를 보여주고 있다. 그림과 같이 3개 방향으로 잘게 구간을 나눠 어 각 구간 열전달과 Pressure drop을 계산한다. 그 계산 결과는 이웃한 구간들에 입력으로 사용된다. Tube 또한 길이 방향으로 구간을 나누어 계산하는데 Baffle 길이에 맞추어 구간을 나눈다. Baffle 수량이 적어 구간 수량이 적고 한 개 구간 길이가 너무 길면 계산 정확도가 떨어지는 경우가 발생하니 주의하기 바란다. 이 경우 Baffle 당 2개 이상 구간으로 설정할 수 있는데 이 옵션을 적용해야 한다.

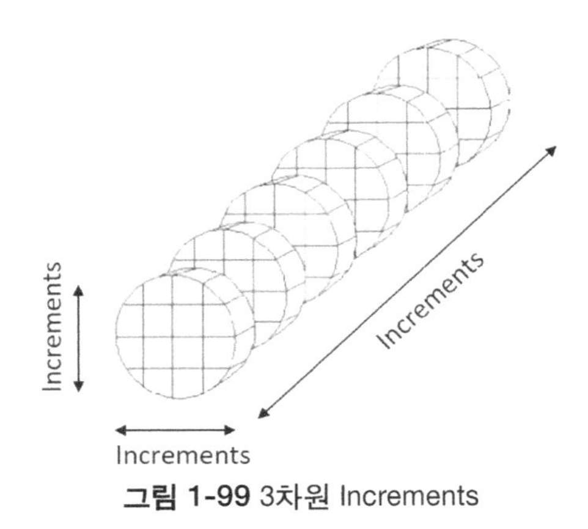

그림 1-99 3차원 Increments

"Safety" 입력 창에서 열전달계수를 직접 입력할 수 있고 Xist에서 계산된 열전달계수나 Pressure drop을 보정할 수 있다. 운전 경험에 의해 이미 열전달계수를 알고 있거나 Licensor가 열전달계수를 지정할 경우 이 창을 이용하면 된다. 또 운전 중인 열교환기 성능을 평가할 경우 Xist 결과가 실제 성능보다 크거나 작을 경우가 있는데 이 경우에 열전달계수와 Pressure drop을 보정하기 위하여 이 창을 사용한다.

Hot Fluid

Sensible liquid coefficient		kcal/m2-hr-C
Sensible vapor coefficient		kcal/m2-hr-C
Condensing coefficient		kcal/m2-hr-C

Cold Fluid

Sensible liquid coefficient		kcal/m2-hr-C
Sensible vapor coefficient		kcal/m2-hr-C
Boiling coefficient		kcal/m2-hr-C
Critical heat flux		kcal/hr m2
Fraction of critical flux for film boiling	1	

Heat Transfer Coefficient Multipliers

Hot fluid	1	Shellside U-bend	1
Cold fluid	1	Tubeside U-bend	1
Shellside inlet	1	Tubeside laminar	1
Shellside outlet	1		

Shellside friction factor multiplier	1
Tubeside friction factor multiplier	1

그림 1-100 Safety 입력 창

1.10. Xace control 창 이해 (Air cooler)

대부분 Xace Control 창 기능은 Xist의 "Control" 입력 창과 같다. 이 장에 Xist에 없는 기능인 "Flow maldistribution"과 "Temperature maldistribution" 입력 창, "Methods" 입력 창 일부에 관한 내용을 설명할 것이다.

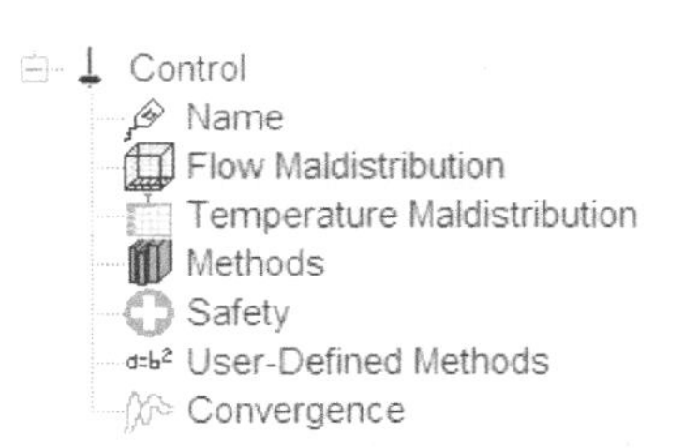

그림 1-101 탐색기 창에서 Control 입력

Xace는 Tube bundle로 Air flow가 균등하게 유입되는 것으로 계산한다. "Flow maldistribution" 입력 창 기능을 이용하여 Tube bundle로 유입되는 Air flow가 균등하지 않게 유입되는 것을 모사할 수 있다. 이 창은 그림 1-102와 같이 2가지 Maldistribution 입력 방식을 제공한다. Maldistribution은 이미 설치된 Air cooler 성능 평가를 수행할 때 혹은 Fan 일부가 정지될 때 성능 평가에 사용된다.

Maldistribution control

- No maldistribution
- Estimate maldistribution
- Specify maldistribution field

Check any blocked sides

Side 1 / Side 2 / Side 3 / Side 4

Maldistribution profile values

Section	1	2	3	4	5	6	7	8	9	10
1										
2										
3										
4										
5										
6										

The exchanger is divided into ten sections down the length of the tube and six sections across the width of the bundle. Think of the sections as boxes or columns that run from the bottom to the top of the exchanger. Enter the relative flow velocity in each box.

The data can be either absolute velocities or relative velocities. For example, if the air flow in one box in the exchanger is 305 m/min and the flow velocity in another box is 610 m/min, enter either 305 and 610 or 1 and 2. However, you must be consistent.

When specifying a flow maldistribution profile, a positive value must be specified for each cell in the table. Do not leave any blanks and do not enter zero in any position of the bundle.

The total outside flow rate can be specified in mass, volume or velocity units. We recommend using mass or volume since the velocity specification would be based on the total face area of the bundle.

그림 1-102 Flow maldistribution 입력 창

첫 번째는 "Estimate maldistribution" 입력 방식이다. Air는 Air cooler bay 네 측면으로 유입된다. 이 옵션을 이용하여 네 측면 중 한 측면 이상이 막혔을 때 Air cooler 성능을 평가할 수 있다. 이 옵션을 사용하려면, "옵션" 입력 창에 "Plenum height"와 "Ground clearance to fan blade" 수치를 입력해야 한다. 그러나 이 옵션을 이용했을 때, "No maldistribution"을 선택하였을 때 결과와 차이가 미미하므로 이 옵션을 사용하지 않는다.

두 번째 입력 옵션은 "Specify maldistribution field" 입력 방식이다. 이 옵션을 선택하면 "Maldistribution profile values" 표가 활성화된다. 이 표는 가로 10행, 세로 6열로 되어있으며 가로는 Bay 길이를, 세로는 Bay 폭을 의미한다. 각각 Cell에 절대속도 또는 상대속도를 입력할 수 있다. 이 입력 옵션을 사용하려면, Air flow를 Volume flow rate로 입력해야 한다. Air maldistribution 검토에 주로 이 옵션을 사용한다.

운전 중인 Air cooler 주변 온도를 측정해보면 주변 장치와 배관 때문에 측정한 Air cooler 주위 온도들은 서로 차이가 난다. Forced draft type은 Air가 Fan을 통하여 Bundle로 유입되는 과정에서 Mixing 되기 때문에 Temperature maldistribution은 일어나지 않는다. 다만 Hot air recirculation과 주변 고온설비로 인하여 Air 온도만 올라갈 뿐이다. Induced draft type은 Forced draft type과 다르게 Fan이 Tube bundle 상부에 있으므로 Temperature maldistribution 가능성이 있다. "Temperature maldistribution" 입력 창은 그림 1-103과 같고 입력 방식은 "Flow maldistribution" 입력 창의 "Specify maldistribution field" 입력 방식과 동일하다. 각 Cell에 온도를 입력해야 한다.

Airside inlet temperature profile value

Section	1	2	3	4	5	6	7	8	9	10
1										
2										
3										
4										
5										
6										

* Units = deg. C

The exchanger is divided into ten sections down the length of the unit and six sections across the width of the unit. Think of the sections as boxes or columns that run from the bottom to the top of the exchanger. Enter the airside inlet temperature in each box.

When specifying a temperature maldistribution profile, a value must be specified for each cell in the table. Do not leave any blanks.

그림 1-103 Temperature maldistribution 입력 창

Xist의 "Methods" 입력 창과 다르게 Xace의 "Methods" 창은 그림 1-104와 같이 몇 가지 기능이 더 있다.

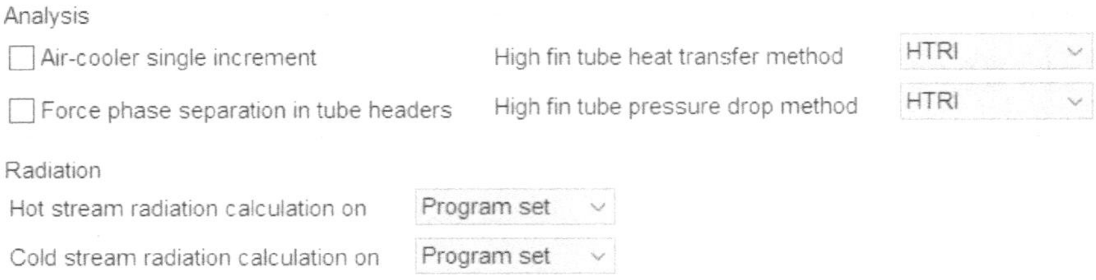

Analysis
☐ Air-cooler single increment   High fin tube heat transfer method   HTRI
☐ Force phase separation in tube headers   High fin tube pressure drop method   HTRI

Radiation
Hot stream radiation calculation on   Program set
Cold stream radiation calculation on   Program set

그림 1-104 Xace methods 입력 창

"Air-cooler single increment"는 Air cooler 설계 결과의 정확성을 포기하고 빠른 결과를 원할 때 사용하는 기능으로 거의 사용하지 않는다.

"Force phase separation in tube headers"는 Two phase 서비스에 적용할 수 있다. Two phase fluid는 Air cooler header box에서 Vapor와 Liquid가 상 분리된 채로 다음 Tube pass로 들어갈 수 있다. 이 옵션은 Liquid와 Vapor를 강제적으로 완전히 분리한 상태로 가정하여 아래쪽 Tube row들에는 Liquid가 위쪽 Tube row들에는 Vapor가 유입된다고 가정하여 그 결과를 보여준다. 이는 Worst-case scenario로 운전 중인 Air cooler 성능 평가를 수행할 때만 사용할 수 있다.

1.11. HTRI outputs 이해

Xist에 데이터 입력 완료 후 실행하면 그림 1-105와 같이 6개 결과 시트가 생성된다. 각 시트에 어떤 결과가 포함되어 있는지 간단히 소개하고 자세한 내용은 제2장 열교환기 설계 실무에서 각 열교환기 설계 예제에서 다루기로 한다. Xace output 구성 또한 Xist output 구성과 대부분 동일하므로 별도 설명하지 않을 것이다.

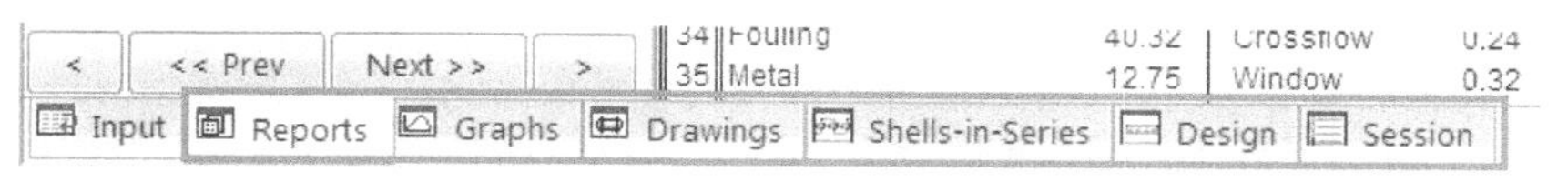

그림 1-105 HTRI output 시트

1) Reports

열교환기를 설계할 때 가장 많이 보는 HTRI 결과는 "Reports" 시트이다. "Reports"에는 그림 1-106과 같이 "Output summary" 창에서 "Drawings" 창까지 대부분 설계 결과를 포함하고 있다. "Output summary" 창은 기본적인 열교환기 성능과 열교환기 Geometry 결과를 보여준다. 또 성능에 중요한 매개변수인 Thermal resistance percentage, Velocity, Shell side stream fraction 등이 나와 있어 "Output summary"를 검토하는 것만으로 어느 정도 설계를 보완하고 확정 지울 수 있다.

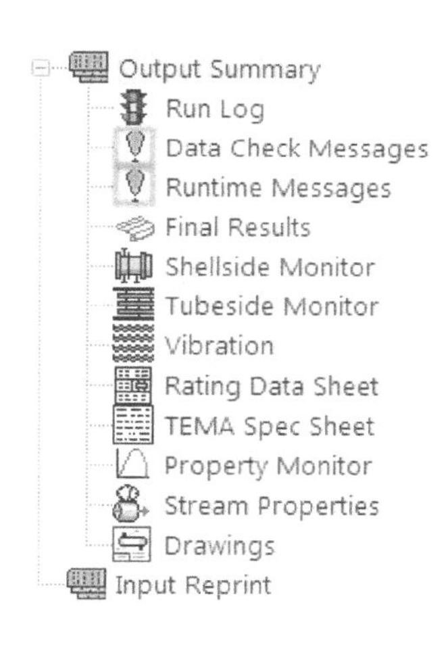

그림 1-106 Xist 결과 Report

"Run Log" 창은 프로그램 계산 진행 과정을 보여준다. Kettle type 열교환기와 Thermosiphon Reboiler의 경우 Circulation flow rate를 계산하기 위한 계산 수렴과정을 보여주기도 한다.

"Data check message"와 "Runtime message" 창에서 Fatal, Warning, Informative message 3가지 message를 보여준다. 프로그램이 계산하는 동안 데이터 처리방법, 결과산출에 대한 문제점, 결과에 대한 주의할 점 등을 보여준다. 이들 Message를 주의 깊게 읽고, 필요에 따라 입력 데이터를 수정 및 보완하고 다시 실행하며 Message 검토를 반복해야 한다. 이런 Message들이 전혀 없는 설계는 거의 없다. 그러나 나타난 Message들이 설계된 열교환기에 영향이 있는지, 있다면 어떤 영향을 주는지를 판단하여 설계를 완성할 수 있어야 한다. 자세한 내용은 1.13장 HTRI message 종류를 참고하기 바란다.

“Final report” 창은 “Output summary”를 더 상세하게 보여주는 결과다. 실무에서 이 창을 가장 많이 검토한다.

앞서 1.9장 그림 1-99와 같이 Xist는 열교환기를 잘게 구간을 나누어 각각 구간을 계산한다고 설명했다. “Shell side monitor”와 “Tubeside monitor” 창은 열교환기 구간별 열교환기 성능을 보여준다. 구간별 열전달과 Pressure drop에 사용되는 Parameter들까지 상세하게 보여준다. 이 창을 이용하여 설계된 열교환기 성능을 상세히 분석할 수 있다.

“Vibration” 창은 구간별 Tube vibration 가능성에 대한 평가를 보여준다. 열교환기 Type에 따라 Tube vibration 평가를 위한 구간을 나누는 기준이 다르다. 이 창 결과를 검토함으로써 Tube vibration 가능성을 제거하기 위하여 어떻게 설계를 변경하고 보완해야 하는지 알 수 있다.

“Rating datasheet”과 “TEMA Spec. sheet” 창에 포함된 내용은 거의 유사하다. 대부분 내용은 Final report 창 내용에 있는 내용이다. “TEMA Spec sheet”는 TEMA Standard 양식으로 작성된 결과이다.

“Property monitor” 창은 HTRI가 온도 압력에 따라 Property(물성치)를 내삽(Interpolation)과 외삽(Extrapolation)하여 계산에 적용한 Property를 보여준다.

“Stream properties” 창은 입구와 출구온도 압력 조건에서 Property를 보여준다.

“Drawings” 창은 설계된 열교환기 형상과 Tube layout을 그림으로 보여준다.

지금까지 설명한 “Report” 시트에 포함된 결과 창 이외에 Kettle type 열교환기를 설계할 경우 “Kettle entrainment” 창이 추가되고 Thermosiphon reboiler를 설계할 경우 “Reboiler piping”과 “Detailed piping information report”가 추가된다.

2) Graphs

이 결과 시트에서 온도에 따른 Property, Tube 길이에 따른 유체온도 등 사용자가 원하는 그래프를 작도하여 볼 수 있다. “Report” 시트에 포함된 “Monitoring” 창이 숫자로 표현되어 있다면 “Graphs” 시트를 이용하여 여러 매개변수의 변화를 직관적으로 검토할 수 있다. Xist, Xace 등 모듈에 따라 생성할 수 있는 그래프 종류가 달라진다.

3) Drawings

열교환기 "Sketch", "Tube layout", "Setting plan", "3D Drawing"을 볼 수 있다. "3D drawing"은 열교환기 내부 부품들까지 보여주기 때문에 Baffle 배열을 한눈에 볼 수 있고 Baffle 배열에 대한 실수를 줄일 수 있다. 열교환기 설계를 완성하고 마지막으로 "Tube layout"과 "3D drawing"을 검토하길 추천한다.

4) Shells-in-Series

열교환기가 Series 구성일 경우, 프로그램 계산과정 동안 각각 Series에 대한 Over-design, Duty, 온도, 압력, Mass vapor fraction의 수렴과정을 보여준다.

5) Design

Case mode가 "Design"일 경우, 여러 Design case에 대한 Summary를 목록으로 보여준다.

6) Session

"Edit" menu에서 "Program settings"를 선택하고 "Session" 창에 "Log session runs" 기능을 선택하면 프로그램이 실행할 때마다 실행한 결과가 하나씩 History로 저장된다. 이 기능을 이용하면 이전에 실행하였던 결과를 다시 보기 위해 입력 데이터를 재입력하여 프로그램을 실행하지 않고 저장된 결과를 선택하여 다시 볼 수 있다. 이 기능을 선택하면 History가 저장되기 때문에 파일 용량이 커진다.

1.12. 메뉴 이해

HTRI version 7 메뉴에 File, Edit, View, Reports, Tools, Window, Help가 있다. Print, New file, 확장, 축소 등과 같이 일반적인 기능을 제외하고 사용하기 편리한 기능을 설명하고자 한다. HTRI version 8로 개정되면서 사용자 Interface가 상당히 변경되었다. 이런 메뉴들이 아이콘으로 표시되었기 때문에 원하는 기능을 쉽게 찾을 것이다. 그뿐만 아니라 그래프와 Drawing 편집기능이 일부 추가되었다.

1) File → Import Case

이 기능을 선택하면 File 선택 창이 뜨는데 여기서 HTRI 파일을 포함하여 Aspen EDR과 같은 열교환기 설계 프로그램 파일을 HTRI 파일 포맷으로 열 수 있다. 또한, Aspen hysys, ProII와 같은 Process simulation 프로그램 파일에 포함된 열교환기 Unit의 운전조건과 Property를 가져올 수 있다. 이 기능을 사용하면 사용자가 직접 입력 데이터를 입력하지 않고 자동으로 가져오므로 매우 편리하고 입력 에러를 방지할 수 있다.

2) File → Export Report As

HTRI Report 창을 Excel 파일로 저장할 수 있다. Excel로 저장된 파일을 편집하여 Datasheet도 작성할 수 있으므로 편리하다.

3) Edit → Custom Unit Sets

Project마다 사용되는 Unit이 조금씩 다르다. 원하는 Unit들을 조합하여 Custom unit으로 설정할 수 있다.

4) Edit → Program Settings

입력과 결과의 폰트, 폰트 색, 양식, Message 표시기능 등 프로그램에 대한 옵션을 설정할 수 있다. "Program settings" 창에 들어가 자신만의 스타일에 맞게 프로그램을 설정하여 사용하면 편리하다.

5) Report → Wide Reports

"Wide reports"를 선택하면 "Final results" 첫 번째와 두 번째 페이지가 한 페이지에 합쳐져 나타난다. 결과를 한눈에 볼 수 있는 장점이 있으므로 이를 선택하는 것이 편리하다.

6) Report → Data Check Message & Runtime Message

Message에 Fatal, Warning, Informative 3가지 종류가 있는데 어떤 종류의 Message를 보여줄지에 대한 선택사항이다. 설계 고려사항들을 놓치지 않기 위해 3가지 모두 보여주는 옵션을 선택하는 것을 추천한다.

7) Tools → Quick Calc Tools

HTRI가 자체적으로 제공하는 단위변환 Tool이다. 열전달과 관련된 단위변환은 모두 포함되어 있어 한 번씩 사용된다.

8) Tools → Htriview

HTRI와 다른 프로그램을 연동하여 자동화하고자 할 때 이 Tool을 참조하면 각 입력과 출력 데이터변수 이름을 확인할 수 있다. HTRI 입력변수와 출력변수는 "Attribute"와 "Navigation string"으로 구성되어 있다. 이와 관련하여 3.3장 Predefined data를 참조하기 바란다.

1.13. HTRI message 종류

HTRI는 실행 전후 여러 가지 Message를 보여준다. HTRI 결과를 이해하고 설계개선을 위해서 Message 의미를 정확히 이해하는 것은 중요하다.

1) Input notifications

"Input notifications" 창에 Warning messages와 Informative messages가 있다. 이를 HTRI 실행 전에 보여주며 모두 기계적인 내용이다. 검토해야 할 내용으로 Tube 계산 두께다. HTRI에서 보여주는 Tube 계산 두께는 정확하지 않지만, Message에 계산된 두께 여유가 없으면 직접 두께 계산하여 문제없는지 확인해야 한다. 특히 고압 고온 서비스나 부식 환경에 노출된 열교환기의 경우 Tube 두께 확인이 필요하다. 그림 1-107과 같이 Input 탐색 창 가장 아래에서 확인할 수 있다.

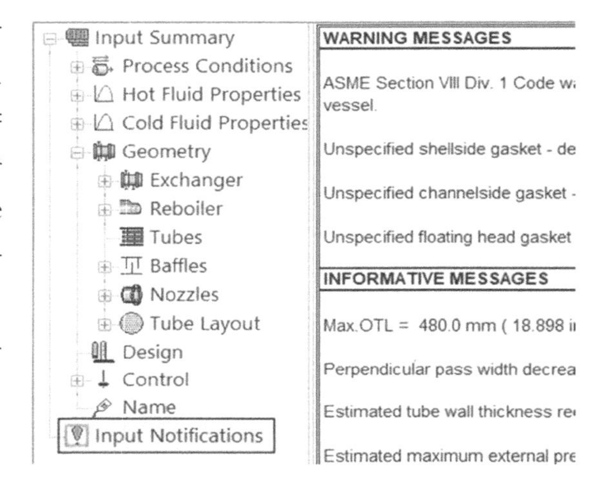

그림 1-107 Input 탐색 창에 Input notifications

2) Data check messages

HTRI 실행하면 계산하기 전 먼저 입력 데이터를 검토한다. Warning, Informative, Fatal message로 구분하여 결과 탐색 창에서 보여준다. 만약 이 창이 결과 탐색 창에 나타난다면 반드시 검토하기 바란다. Data check message가 없으면 나타나지 않는다.

3) Runtime messages

HTRI 실행 중 나오는 Message로 Warning, Informative, Fatal message로 구분하여 결과 탐색 창에서 보여준다. Runtime message가 없으면 녹색 아이콘으로, 있으면 노란색 아이콘으로 보여준다. Runtime message를 가장 주의 깊게 검토하여 최대한 Message가 나오지 않게 설계해야 한다.

그림 1-108 Output 탐색 창에 Data check messages와 Runtime messages

4) Informative messages

실행 중 이 Message가 발생하여도 계산이 계속 진행된다. 사용자에게 정보나 경고 Message를 보여준다. 대부분 Message는 열전달 계산에 영향을 주지 않는다.

5) Warning messages

실행 중 이 Message가 발생하여도 계산이 계속 진행된다. 사용자에게 경고와 조치사항을 알려준다. 이 Message는 열전달 계산에 종종 영향을 주므로 가장 주의 깊게 검토하고 필요에 따라 설계 수정해야 한다.

6) Fatal messages

실행 중 이 Message를 만나면 계산이 중지된다. 입력한 데이터가 잘못된 경우도 있고 계산과정 중 문제가 발생한 경우도 있다. 이 Message가 나오면 HTRI 결과는 잘못된 결과로 간주해야 한다.

7) Message settings

"Program setting" 창에서 Message 설정 옵션을 선택할 수 있다. 그림 1-109와 같이 Data check message와 Runtime message에 포함된 Fatal, Warning, Informative message를 선택적으로 결과에 나오도록 선택할 수 있다. 모든 Message를 볼 수 있도록 설정하길 추천한다.

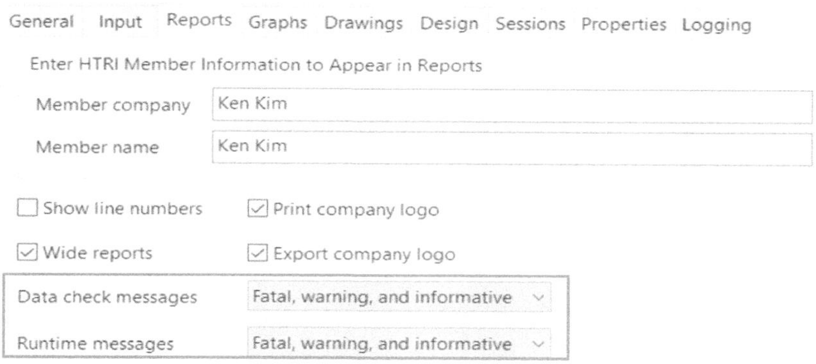

General Input Reports Graphs Drawings Design Sessions Properties Logging

Enter HTRI Member Information to Appear in Reports

Member company: Ken Kim

Member name: Ken Kim

☐ Show line numbers ☑ Print company logo

☑ Wide reports ☑ Export company logo

Data check messages: Fatal, warning, and informative

Runtime messages: Fatal, warning, and informative

그림 1-109 Message 설정 옵션 (Program setting 창)

2

열교환기 설계 실무예제

상용 열교환기 설계 프로그램으로 HTRI와 Aspen EDR이 있다. 두 프로그램 모두 여러 가지 종류의 열교환기를 설계할 수 있는 모듈을 포함하고 있다. 이 책은 HTRI에 포함된 Xist 모듈(Shell & tube heat exchanger)과 Xace 모듈(Air cooler)을 다루고 있다. 필자가 경험한 대부분 Project 계약서, Specification에 이 두 프로그램을 이용하여 Shell & tube heat exchanger와 Air cooler를 설계할 것을 명시하고 있었다. HTRI는 Aspen EDR보다 실무에서 더 많이 사용되고 있다. 과거 Air cooler 전문 제작 사는 자체 설계 프로그램을 이용하여 Air cooler를 설계하였지만, 언젠가부터 HTRI를 이용하여 Air cooler를 설계하고 있다.

HTRI는 사용자 Interface가 직관적이고 개발자와 소통이 잘되는 장점이 있다. HTRI 사용 중 의문이 생길 때 support@htri.net으로 질의를 보내면 빠르게 답변이 온다. HTRI 본사는 나라마다 사용자 Community를 후원하고 매년 Workshop을 개최하고 있다. HTRI website에서 Webinar, Technical tip, 각종 Report 등 또한 활용할 수 있다.

Aspen EDR도 나름 장점이 있다. Aspen EDR은 Aspen software group에 Hysys, Aspen Mechanical 등과 같은 프로그램과 서로 데이터 이동이 용이하다. 예를 들어 Aspen EDR로 열교환기를 설계하고 그 데이터를 Aspen Mechanical로 넘겨 강도계산을 수행할 수 있다. 또 Aspen EDR로 설계된 열교환기 파일을 Hysys로 Data importing 하여 함께 Process simulation을 수행할 수 있다.

각 실무 설계 예제는 열교환기가 포함된 공정 또는 System에 대한 간략한 설명, 용도별 특성에 따른 설계 고려사항을 포함하였다. 또한, 예제 설계를 수행하는데 고려해야 하는 Lessons learned가 정리되어 있다. 설계하고자 하는 열교환기가 어떤 곳에 어떻게 사용되는지 이해하는 것은 설계하는 입장에서 상당히 중요하다. 운전 중 문제가 발생했을 때 Trouble shooting을 수행하는데 또한 도움이 된다.

Shell & tube heat exchanger(2.1.1장)와 Air cooler(2.2.1장) 각 하나의 예제를 통해 입력, 검토방법을 단계별로 매우 구체적으로 서술하였다. 2장에 총 21개 예제를 담고 있는데, 석유화학 공장에 사용되는 열교환기 모든 서비스와 구조적인 측면을 다루진 못하였다. 그러나 열전달 이론, 열교환기 구조와 설계 프로그램을 이해하고 접근하면 모든 열교환기를 충분히 설계할 수 있을 것이다.

열교환기 설계와 성능 평가를 수행하기 전, Process datasheet가 먼저 작성된다. 여기에 운전조건, Property, 설계온도 및 압력, 재질, 부식 등이 포함된다. 그뿐만 아니라 해당 열교환기가 사용되는 공정, 기계장치, 부식 등 특성 때문에 요구되는 사항들이 Note에 포함되어야 한다. 필자는 이런 요구사항이 누락된 사례를 종종 경험하였다. Process datasheet를 작성하는 공정 엔지니어는 항상 Note 작성에 주의해야 한다.

2.1. Product cooling water cooler

석유화학 공정에서 증류탑, 반응기, 추출탑 등을 거쳐 원하는 생산품을 생산한다. 각 공정은 그 공정에 적합한 온도와 압력에서 운전되고, 여기서 생산된 제품을 저장 또는 출하하는데 적합한 온도까지 낮추어 주어야 한다. 이렇게 생산품 온도를 낮추는데 필요한 열교환기가 Product cooler이고 Cooling water를 냉매로 사용하면 Product cooling water cooler가 된다.

Cooling water는 Cooling tower를 사용하는 Open loop와 다른 냉매를 이용하여 Cooling water를 냉각시키는 Closed loop 두 가지로 나누어진다. Open loop의 Cooling water 사용은 Fouling 및 부식 등에 문제가 발생시킬 소지가 있다. 따라서 Open loop cooling water를 사용하는 열교환기 설계 시, Cooling water 유속과 Wall temperature에 주의하여 설계해야 한다. Open loop cooling water fouling 주요 성분인 $CaCO_3$는 다른 물질과 다르게 온도가 올라가면 용해도가 낮아진다는 특이점에 주목하자. Cooling water 유속을 일반적으로 1m/sec 이상, Wall temperature를 60℃ 이하로 유지시킨다. 이는 과도한 Fouling과 부식을 방지하기 위한 목적이다. 유속과 Wall temperature는 Project마다 요구사항이 조금씩 다를 수 있다. 또한, Tube 재질이 Stainless steel이고 표면 온도가 60℃를 초과하며 Cooling water에 Chloride 농도가 50ppm을 초과할 경우 Chloride stress corrosion cracking 발생할 수 있음에 유의해야 한다.

Open loop cooling water를 사용하는 열교환기에는 Tube 내부를 Mechanical cleaning과 Inspection이 가능한 Straight tube가 적용된다. Channel 또한 Flange cover가 설치된 TEMA type AES 또는 AET를 많이 사용한다. Bonnet type channel를 사용하면 Channel을 제거하기 위하여 연결된 배관을 먼저 제거해야 한다. 고압이면서 Fouling 경향성이 높은 서비스에 U-tube로 적용할 수 있는데, 이 경우 최소 U-bend 지름을 100mm 이상 적용하여 Mechanical cleaning이 가능하도록 설계한다. Cooling water는 일반적으로 Tube side로 흐르도록 한다. 간혹 Process side 유체가 Cooling water보다 Fouling 정도가 더 높거나, 높은 Grade 재질을 필요로 하는 경우 Cooling water를 Shell side에 위치시키기도 한다.

2.1.1. Benzene product trim cooler

Benzene & Toluene fractionation unit은 그림 2-1과 같이 주장치인 Benzene column과 Toluene column으로 구성된다. Sulfolane unit 공정을 거친 Aromatic 원료는 Benzene column 상부 Side draw-off로부터 Benzene이, Bottom으로 Toluene과 Heavy aromatic이 분리된다. Benzene column bottom stream은 다시 Toluene column으로 유입되고 Overhead로 Toluene이, Bottom으로 Heavy aromatic이 분리된다. Heavy aromatic은 Xylene splitter로 보내진다.

분리된 Benzene은 먼저 Air cooler에 의해 온도가 60℃로 냉각되고 다시 Cooling water cooler에 의해 40℃까지 낮아진다. Benzene을 Air cooler로 먼저 냉각시키는 이유는 경제적인 이유와 운전적인 이유가 있다. 경제적으로 전기와 Cooling water 운전비를 최적화해야 한다. 우리나라에서 Process 유체를 냉각시킬 때 Air cooler와 Cooling water cooler 사이의 Process 온도를 60℃로 적용하는 경우가 많다. 운전 측면으로 Benzene column에서 나온 Benzene을 바로 Cooling water로 냉각시키면 Wall temperature 온도가 높아지고 그만큼 Fouling 발생 가능성도 커진다.

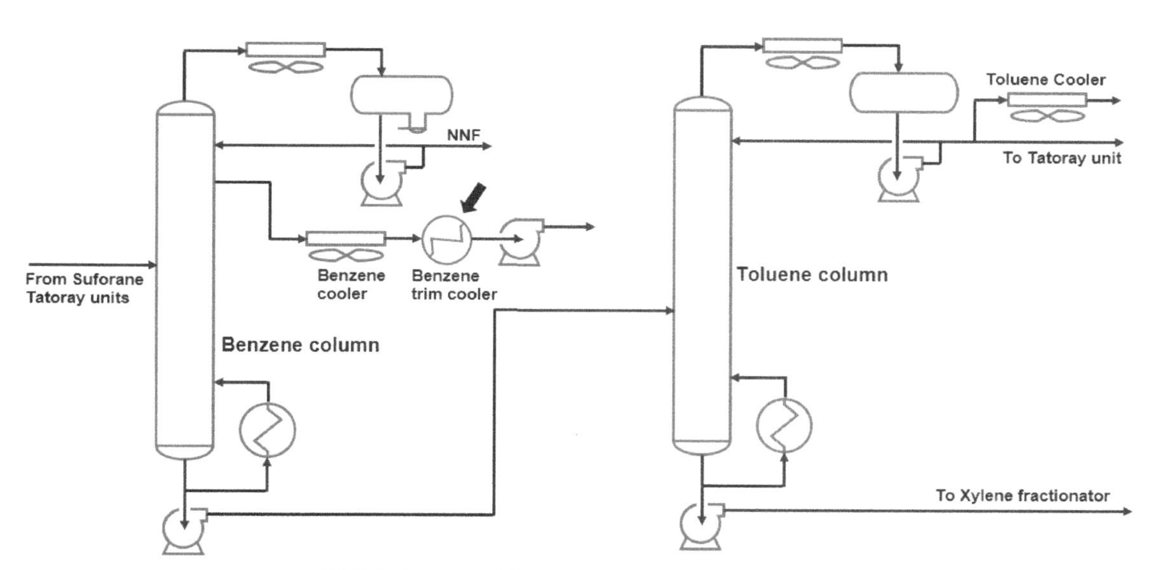

그림 2-1 Benzene & Toluene fractionation unit 공정도

Benzene product trim cooler 설계 운전조건은 표 2-1과 같다.

표 2-1 Benzene product trim cooler 설계 운전조건

	Unit	Hot side		Cold side	
Fluid name		Benzene		Cooling water	
Fluid quantity	kg/hr	1.1 × 51,455		1.1 × 61,675	
Temperature	℃	60	40	32	38.5
Mass vapor fraction		0	0	0	0
Density, L/V	kg/m³	828.1	850.6	Properties of water	
Viscosity, L/V	cP	0.339	0.411		
Specific heat, L/V	kcal/kg ℃	0.40	0.38		
Thermal cond., L/V	kcal/hr m ℃	0.105	0.110		
Inlet pressure	kg/cm²g	6.884		4.5	
Press. drop allow.	kg/cm²	0.703		0.703	
Fouling resistance	hr m² ℃/kcal	0.0003		0.0004	
Duty	MMkcal/hr	1.1 × 0.4003			
Material		KCS(Killed carbon steel)		KCS(Killed carbon steel)	
Design pressure	kg/cm²g	11		8.5	
Design temperature	℃	120		77	
1. Tube 치수는 1" OD, min. 2.77mm thickness tube 사용. 2. TEMA AES type 사용					

1) Input summary 입력 창에 데이터 입력하기

먼저 단위를 “MKH”로 맞추고 주어진 설계조건들을 그림 2-2와 같이 입력한다. Benzene을 Shell side로 Cooling water를 Tube side에 위치시키기 위하여 Hot fluid를 Shell side로 설정하였다.

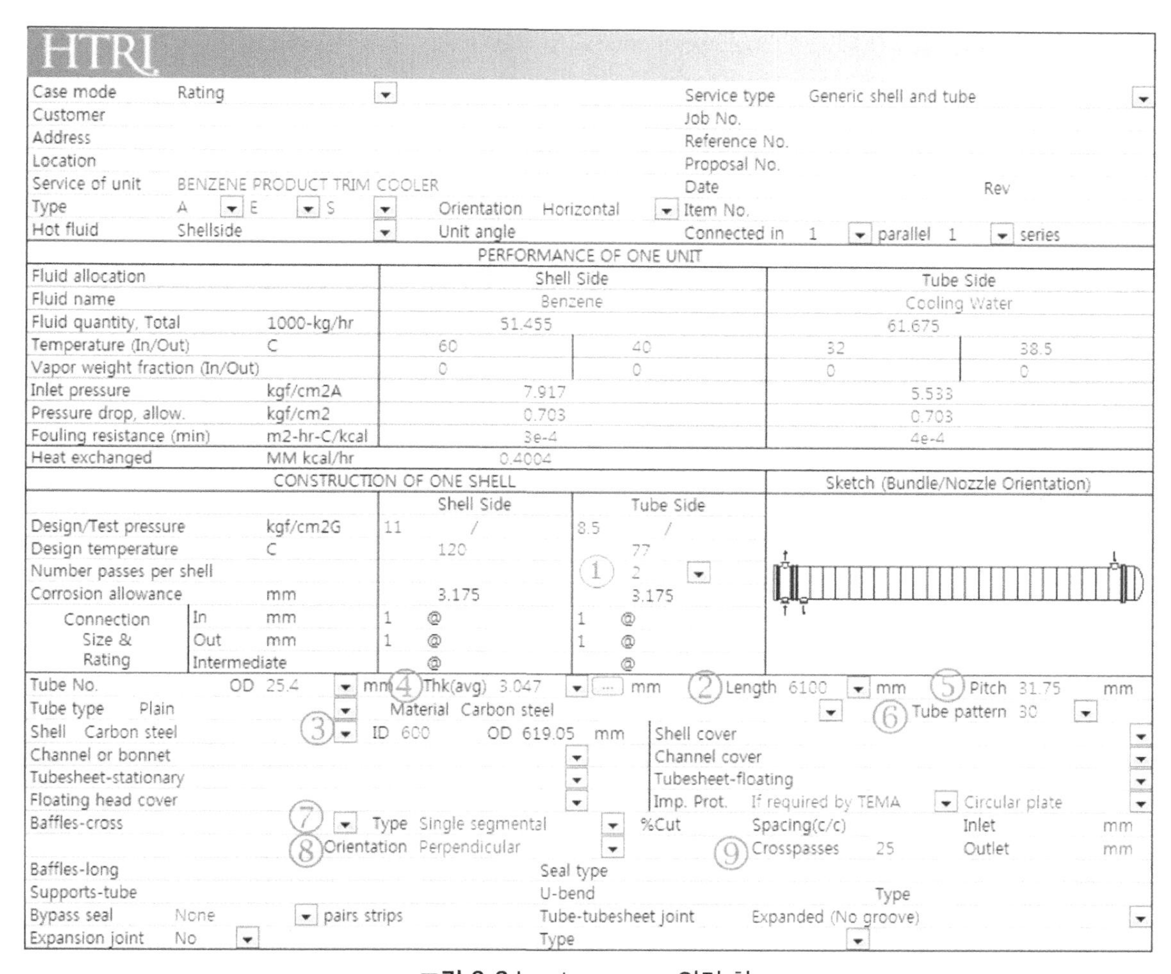

HTRI

Case mode: Rating | Service type: Generic shell and tube
Customer | Job No.
Address | Reference No.
Location | Proposal No.
Service of unit: BENZENE PRODUCT TRIM COOLER | Date | Rev
Type: A E S | Orientation: Horizontal | Item No.
Hot fluid: Shellside | Unit angle | Connected in 1 parallel 1 series

PERFORMANCE OF ONE UNIT

Fluid allocation		Shell Side		Tube Side	
Fluid name		Benzene		Cooling Water	
Fluid quantity, Total	1000-kg/hr	51.455		61.675	
Temperature (In/Out)	C	60	40	32	38.5
Vapor weight fraction (In/Out)		0	0	0	0
Inlet pressure	kgf/cm2A	7.917		5.533	
Pressure drop, allow.	kgf/cm2	0.703		0.703	
Fouling resistance (min)	m2-hr-C/kcal	3e-4		4e-4	
Heat exchanged	MM kcal/hr	0.4004			

CONSTRUCTION OF ONE SHELL | Sketch (Bundle/Nozzle Orientation)

		Shell Side	Tube Side
Design/Test pressure	kgf/cm2G	11 /	8.5 /
Design temperature	C	120	77
Number passes per shell			① 2
Corrosion allowance	mm	3.175	3.175
Connection Size & Rating In	mm	1 @	1 @
Out	mm	1 @	1 @
Intermediate		@	@

Tube No. OD 25.4 mm ④ Thk(avg) 3.047 mm ② Length 6100 mm ⑤ Pitch 31.75 mm
Tube type Plain Material Carbon steel ⑥ Tube pattern 30
Shell Carbon steel ③ ID 600 OD 619.05 mm | Shell cover
Channel or bonnet | Channel cover
Tubesheet-stationary | Tubesheet-floating
Floating head cover | Imp. Prot. If required by TEMA Circular plate
Baffles-cross ⑦ Type Single segmental %Cut Spacing(c/c) Inlet mm
⑧ Orientation Perpendicular ⑨ Crosspasses 25 Outlet mm
Baffles-long Seal type
Supports-tube U-bend Type
Bypass seal None pairs strips Tube-tubesheet joint Expanded (No groove)
Expansion joint No Type

그림 2-2 Input summary 입력 창

① Number passes per shell (Tube): 초깃값을 2pass로 입력한다. Xist 결과에 Tube side 속도와 Pressure drop을 확인하고 적절히 변경될 수 있다.

② Tube 길이: 초깃값 6100mm로 입력한다. Xist 결과에 Over-design을 확인하고 적절히 변경될 수 있다.

③ Shell ID: 열교환기 Duty가 크지 않으므로 초깃값 600mm로 입력한다. Xist 결과에 Over-design을 확인하고 적절히 변경될 수 있다.

④ Tube 두께: Under-tolerance가 없는 2.77mm 두께의 Tube를 사용하므로, Tube 제작 Over-tolerance를 감안하여 2.77mm × 1.1인 3.047mm를 입력한다.

⑤ Pitch: TEMA에 따라 최소 Pitch는 1.25 × Tube OD 값인 31.75mm를 입력한다.

⑥ Tube pattern: Shell side 유체인 Product benzene은 Fouling factor가 0.0003m^2-hr-°C/kcal이므로 Clean 유체로 간주하여 Triangular pattern인 30°로 입력한다.

⑦ Baffle type: Benzene은 Liquid이므로 Vibration 문제가 없을 것으로 예상되고, Allowable pressure drop 또한 충분히 크기 때문에 Single segmental로 입력한다.

⑧ Baffle orientation: Shell side가 Single phase(단일 상)인 경우 "Perpendicular"(Horizontal cut)을 입력한다. Shell side condensing 서비스는 "Parallel"(Vertical cut)을 입력한다. Boiling인 경우 주로 Vertical을 사용지만, "Perpendicular"을 사용하는 경우도 있다.

⑨ Crosspass(shell side): Benzene은 Liquid이므로 가능한 한 촘촘하게 입력하고, Xist 결과에 Pressure drop과 Bypass stream 등을 고려하여 적절히 변경될 수 있다.

2) Process conditions 입력 창에 데이터 입력하기

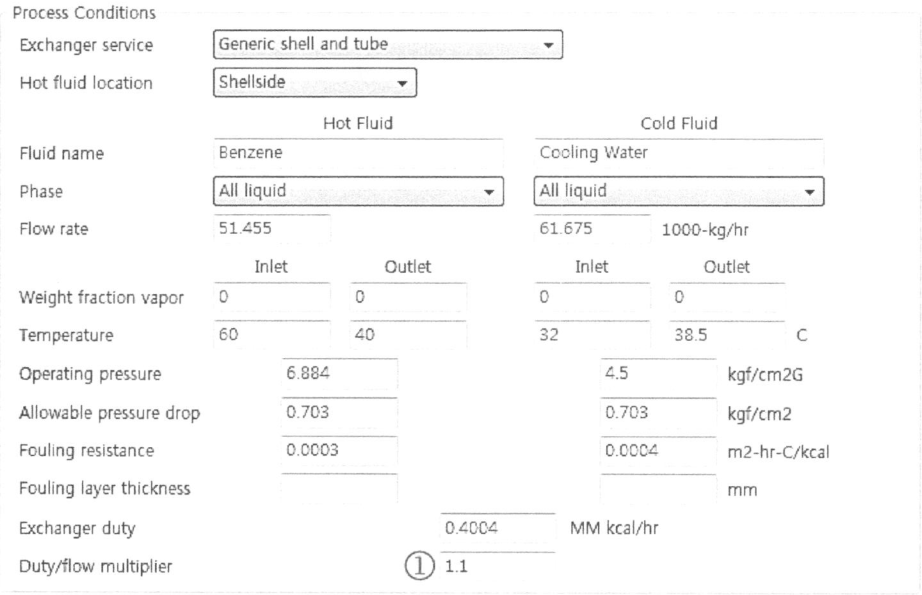

Process Conditions

Exchanger service: Generic shell and tube

Hot fluid location: Shellside

	Hot Fluid		Cold Fluid		
Fluid name	Benzene		Cooling Water		
Phase	All liquid		All liquid		
Flow rate	51.455		61.675		1000-kg/hr
	Inlet	Outlet	Inlet	Outlet	
Weight fraction vapor	0	0	0	0	
Temperature	60	40	32	38.5	C
Operating pressure	6.884		4.5		kgf/cm2G
Allowable pressure drop	0.703		0.703		kgf/cm2
Fouling resistance	0.0003		0.0004		m2-hr-C/kcal
Fouling layer thickness					mm

Exchanger duty: 0.4004 MM kcal/hr

Duty/flow multiplier: ① 1.1

그림 2-3 Process conditions 입력 창

"Process conditions" 입력 창에 입력할 대부분 데이터는 이미 "Input summary" 입력 창에 입력하였다.

① Duty/flow multiplier: 입력한 값만큼 입력한 Duty와 Flow rate에 곱하여 계산에 반영된다. 이는 Margin을 적용하는 방법이다. 즉 Surface margin과 hydraulic margin을 동시에 적용할 때 사용한다. 그러나 Surface margin만 적용할 경우 이 값을 1로 유지하고 Over-design을 10% 이상 설계한다. 이 예제는 Duty와 Flow rate에 각각 1.1배로 설계할 것으로 요구하고 있으므로 1.1을 입력한다.

3) Hot fluid properties 입력 창에 데이터 입력하기

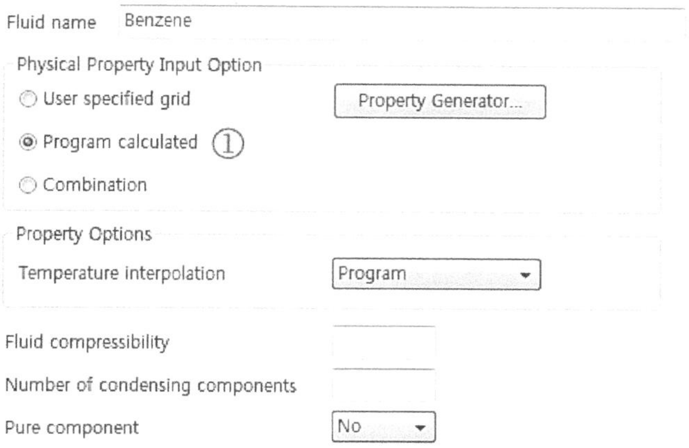

Fluid name Benzene
Physical Property Input Option
User specified grid
Program calculated ①
Combination
Property Generator...
Property Options
Temperature interpolation Program
Fluid compressibility
Number of condensing components
Pure component No

그림 2-4 Hot fluid properties 입력 창

① Physical property input option: Property 입력은 세 가지 옵션이 있다. "User specified grid"는 세 개 이상 온도에 따른 Property가 제공된 경우에 사용한다. "Program calculated"는 두 개 온도에 따른 Property가 주어진 경우와 내장된 Property package를 사용할 때 적용되는 옵션이다. "Combination"은 앞선 두 옵션 입력방법을 혼합하여 입력할 경우 사용된다. 이번 예제는 두 개 온도에 따른 Property가 제공되었으므로 "Program calculated"를 선택한다. 일반적으로 Heat curve가 제공된 경우 "User specified grid"를, 유체 상변화가 없는 Liquid나 Vapor이면 "Program calculated"를 선택한다.

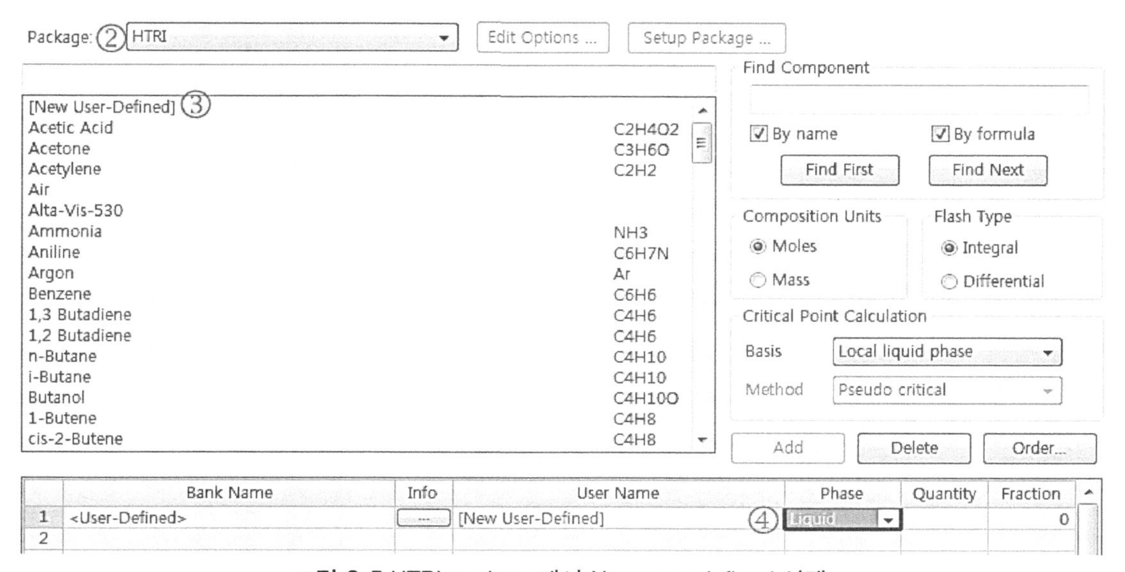

그림 2-5 HTRI package에서 New user-defined 선택

② Package: Property package를 의미하며, 클릭하여 "HTRI"(Property package)를 선택한다.

③ New user-defined: HTRI property package에서 "[New User-Defined]"를 선택한다. 이는 내부 Property를 사용하지 않고 직접 Property를 입력하겠다는 의미이다. Component list에 "[New User-Defined]" 그룹이 활성화된다.

④ Phase: Benzene product는 Liquid이므로 "Liquid"를 선택한다.

생성된 "[New User-Defined]" 그룹 안에 "Liquid Properties" 탭으로 이동하고 제공된 Benzene Property를 그림 2-6과 같이 입력한다.

Constants | Vapor Properties | Liquid Properties | VLE Data

	Property	Ref. T1	Ref. T2	
1	Reference temperature	60	38	C
2	Density	828.1	850.6	kg/m3
3	Viscosity	0.339	0.411	cP
4	Heat capacity	0.4	0.38	kcal/kg-C
5	Thermal conductivity	0.105	0.11	kcal/hr-m-C
6	Enthalpy			kcal/kg
7	Surface tension			dyne/cm

그림 2-6 Property properties 입력 창

4) Cold fluid properties 입력 창에 데이터 입력하기

Hot fluid property를 입력한 절차와 동일하게 "Program calculated" 선택 후 "HTRI"(Property package)를 선택한다. Cooling water에 대한 Property가 제공되지 않았으므로 "HTRI"(Property package)에서 제공하는 "Water(IAPWS 1997)"를 사용한다.

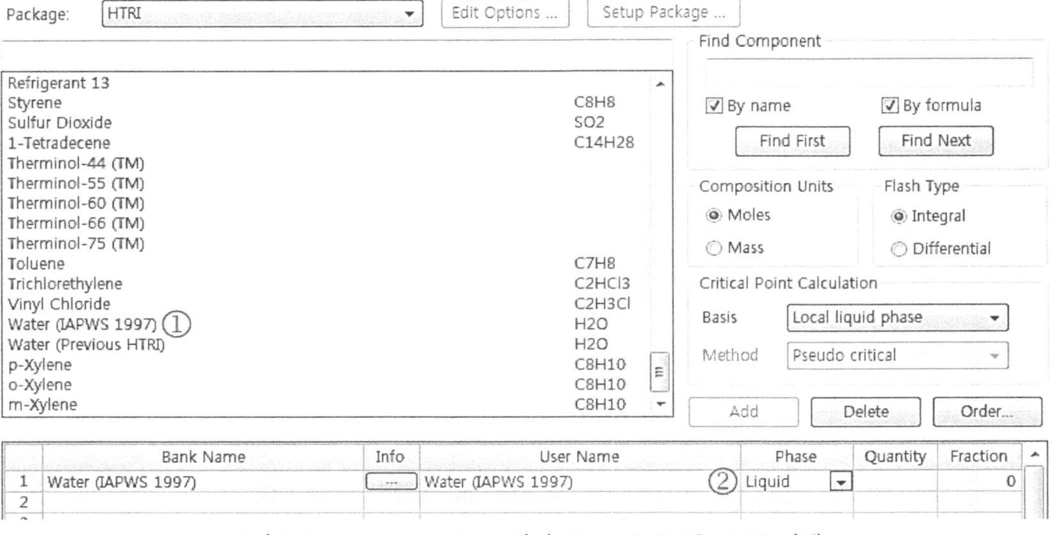

그림 2-7 Property package에서 Water (IAPWS 1997) 선택

① Water (IAPWS 1997): "HTRI"(Property package)에서 제공하는 성분 중 "Water (IAPWS 1997)"를 선택한다. 이것은 미국 IAPWS에서 제공하는 Water property로 상당히 정확도가 높다.
② Phase: Cooling water이므로 Liquid를 선택한다.

5) 1차 설계 결과 검토 (Warning message)

지금까지 필수 데이터가 모두 입력되었기 때문에 Xist를 실행하여 결과를 볼 수 있다. Warning message를 먼저 확인해 본다.

Unit ID 100 - WARNING MESSAGES (CALCULATIONS CONTINUE)

The B-stream flow fraction is very low. Check the design. ①

The physical properties of the hot fluid have been extrapolated beyond the valid temperature range. Check the calculated values. The thermal analysis req properties at bulk and skin/wall temperatures. ②

ASME Section VIII Div. 1 Code was used to ESTIMATE all pressure vessel dimensions and weights. The dimensions in this report cannot be used to fabric the vessel. ③

Unspecified shellside gasket - defaulting to gasket code 5054 - Kammprofile

Unspecified channelside gasket - defaulting to gasket code 5054 - Kammprofile

Unspecified floating head gasket - defaulting to gasket code 5054 - Kammprofile

그림 2-8 1차 설계 결과 Warning messages

① Shell side stream 중 열전달에 가장 많이 기여하는 B-stream이 작다는 Message이다. HTRI는 B-stream이 차지하는 비율이 40% 미만일 때 이 Message를 보여준다. 이 Message를 없애려면 Baffle cut과 baffle 간격을 조절해야 한다.
② 계산에 필요한 Property가 입력한 Property 온도 범위를 벗어나서 외삽으로 Property를 계산되었다는 의미다. Hot side에 대한 Message이므로 Benzene Property에 관한 내용이다. Benzene 입구/출구온도에 해당하는 Property를 이미 입력하였는데, 왜 이보다 높고 낮은 온도에서 Property가 필요한지 궁금할 것이다. 그 이유는 Benzene이 접촉하는 Tube wall에서 온도가 40℃보다 낮기 때문이다. 이 Message는 이번 예제의 실행 결과에 영향을 주지 않지만, Viscosity 높은 공정 유체의 Cooling 서비스 열교환기 결과에 영향을 준다.
③ 3번 이하 Message는 기계적인 사항으로 Xist 결과에 영향이 없다.

6) 1차 설계 결과 검토 - Output summary

그림 2-9는 1차 설계 결과 "Output summary" 창이다.

Process Conditions		Hot Shellside		Cold Tubeside	
Fluid name			Benzene		Cooling Water
Flow rate	(1000-kg/hr)		① 56.601 *		① 67.843 *
Inlet/Outlet Y	(Wt. frac vap.)	0.0000	0.0000	0.0000	0.0000
Inlet/Outlet T	(Deg C)	60.00	40.00	32.00	38.50
Inlet P/Avg	(kgf/cm2G)	6.884	6.810	4.500	4.460
dP/Allow.	(kgf/cm2)	④ 0.147	0.703	⑤ 0.080	0.703
Fouling	(m2-hr-C/kcal)		0.000300		0.000400

Exchanger Performance					
Shell h	(kcal/m2-hr-C)	1106.4	Actual U	(kcal/m2-hr-C)	435.67
Tube h	(kcal/m2-hr-C)	2465.0	Required U	(kcal/m2-hr-C)	331.21
Hot regime	(--)	Sens. Liquid	Duty	(MM kcal/hr)	② 0.4415
Cold regime	(--)	Sens. Liquid	Eff. area	(m2)	117.02
EMTD	(Deg C)	11.4	Overdesign	(%)	③ 31.54

Shell Geometry			Baffle Geometry		
TEMA type	(--)	AES	Baffle type		Single-Seg.
Shell ID	(mm)	600.00	Baffle cut	(Pct Dia.)	19.06
Series	(--)	1	Baffle orientation	(--)	Perpend.
Parallel	(--)	1	Central spacing	(mm)	227.47
Orientation	(deg)	0.00	Crosspasses	(--)	25

Tube Geometry			Nozzles		
Tube type	(--)	Plain	Shell inlet	(mm)	⑧ 128.19
Tube OD	(mm)	25.400	Shell outlet	(mm)	128.19
Length	(mm)	6100.	Inlet height	(mm)	46.691
Pitch ratio	(--)	1.2500	Outlet height	(mm)	46.691
Layout	(deg)	30	Tube inlet	(mm)	102.26
Tubecount	(--)	243	Tube outlet	(mm)	102.26
Tube Pass	(--)	2			

Thermal Resistance, %		Velocities, m/s	Min	Max	Flow Fractions	
Shell	39.38		Min	Max	A	0.260
Tube	22.60	Tubeside	0.50	0.51	B ⑦	0.399
Fouling	35.35	Crossflow ⑥	0.25	0.35	C	0.160
Metal	2.67	Window	0.37	0.41	E	0.182
					F	0.000

그림 2-9 1차 설계 결과 (Output summary)

① 실행 결과에 나온 유량은 입력한 유량 1.1배 값이 표시된다.

② Duty는 Hot side와 Cold side 평균값이 표시된다. 그러나 Over-design은 입력한 Duty 기준이다.

③ Over-design은 실행 결과에 표시된 운전조건에서 설계된 면적이 필요한 열전달 면적보다 몇 퍼센트 더 열전달 면적이 넓은지를 의미한다. 필요한 열전달 면적보다 설계된 면적이 31.54% 넓으므로 열교환기를 줄일 필요가 있다. Over-design 계산식은 식 2-1과 같다.

$$\% \, \boldsymbol{Overdesign} = \mathbf{100} \times (\boldsymbol{Actual\,U/Required\,U} - \mathbf{1}) ------ (\mathbf{2}-\mathbf{1})$$

④ 계산된 Shell side pressure drop이 Allowable pressure drop보다 작으므로 Shell cross pass를 더 많이 입력할 수 있다.

⑤ 계산된 Tube side pressure drop이 Allowable pressure drop보다 작으므로 Tube side pass를 2 pass에서 4 pass로 개선할 수 있다.

⑥ Crossflow velocity는 Baffle 사이를 통과하는 유속이다. Window flow velocity는 Baffle window를 통과하는 유속이다. 두 유속이 가능한 비슷한 유속이 되도록 설계한다.

⑦ Shell side B-Stream fraction이 0.45보다 작다. 1.6장 표 1-8에 따라 B-Stream fraction을 크게 되도록 설계 수정해야 한다.

⑧ Shell side 입구/출구 노즐이 5"로 설계되었다. 5" 치수 배관은 실무에 사용되지 않으므로 6"로 수정한다. 예제의 열교환기와 연결되는 배관 치수는 각각 Shell side 6", Tube side 4"이다.

7) 1차 입력 데이터 수정

1차 설계검토 결과 입력 데이터 수정사항은 아래와 같다.

- ✔ *열교환기 치수를 줄임. (ID600 × L6100 → ID530 × L6100)*
- ✔ *"Shell crosspasses"를 더 많이 입력함. (25→29)*
- ✔ *Tubeside의 "Number passes per shell"을 2 pass에서 4 pass로 조정.*
- ✔ *Baffle cut % 줄여서 Crossflow velocity와 Window flow velocity를 유사하게, B-stream fraction을 크게 조정한다. (23%)*
- ✔ *Shell side 노즐 치수를 6"로 입력한다.*

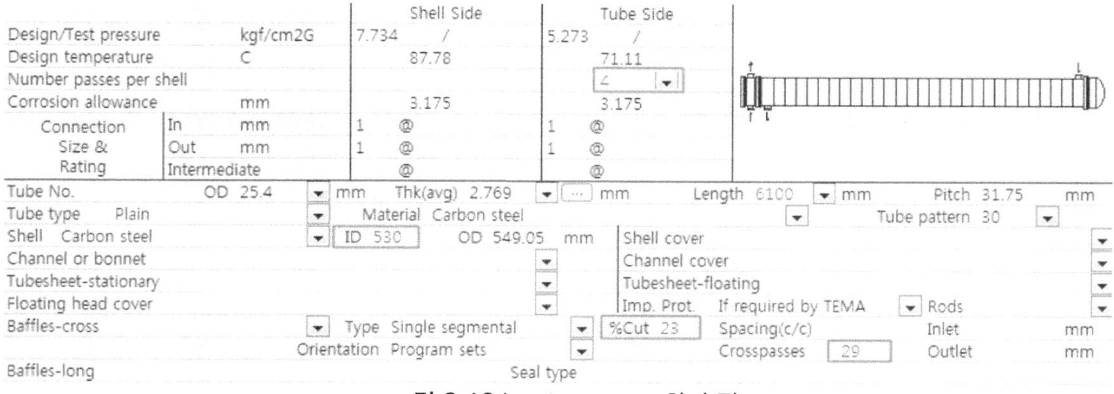

그림 2-10 Input summary 창 수정

"Nozzles" 입력 창에서 노즐 치수와 두께를 입력한다. 노즐 두께는 설계압력과 온도를 이용한 강도계산에 의해 결정된다. 동일한 노즐 치수에서 두께에 따라 노즐 ID가 달라지고 $RhoV^2$가 변하므로 HTRI default를 사용하지 않고 1.6장 표 1-7에 따라 Schedule를 입력한다.

그림 2-11과 같이 "Nozzles" 입력 창에 Nozzle OD, ID 입력란 옆 버튼을 클릭하여 치수와 Schedule를 선택한다.

	Inlet	Outlet	Liquid Outlet	
Nozzle schedule				
Nozzle OD	168.275	168.275		mm
Nozzle ID	146.329	146.329		
Number at each position	1	1		
Annular distrib. belt length				mm
Annular distrib. belt clearance				mm
Annular distrib. belt slot area				mm2
Tubeside Nozzles				
Nozzle standard	01-ANSI_B36_10			
Nozzle schedule				
Nozzle OD	114.3	114.3		mm
Nozzle ID	97.18	97.18		
Number at each position	1	1		

그림 2-11 Nozzles 입력 창

Nozzle location은 일반적으로 Cooling down/Heating up 규칙을 따른다. Single phase 서비스 열교환기는 이 규칙을 반드시 적용할 필요는 없다. 일반적으로 Shell side 입구는 열교환기 Rear side에 위치시킨다. 이 또한 반드시 적용할 필요는 없다. 노즐 위치는 "Nozzle location" 입력 창에서 수정할 수 있다. 앞서 언급한 일반적인 Nozzle location은 HTRI default다. 따라서 그림 2-12와 같이 별도 Nozzle location 입력을 수정하지 않았다.

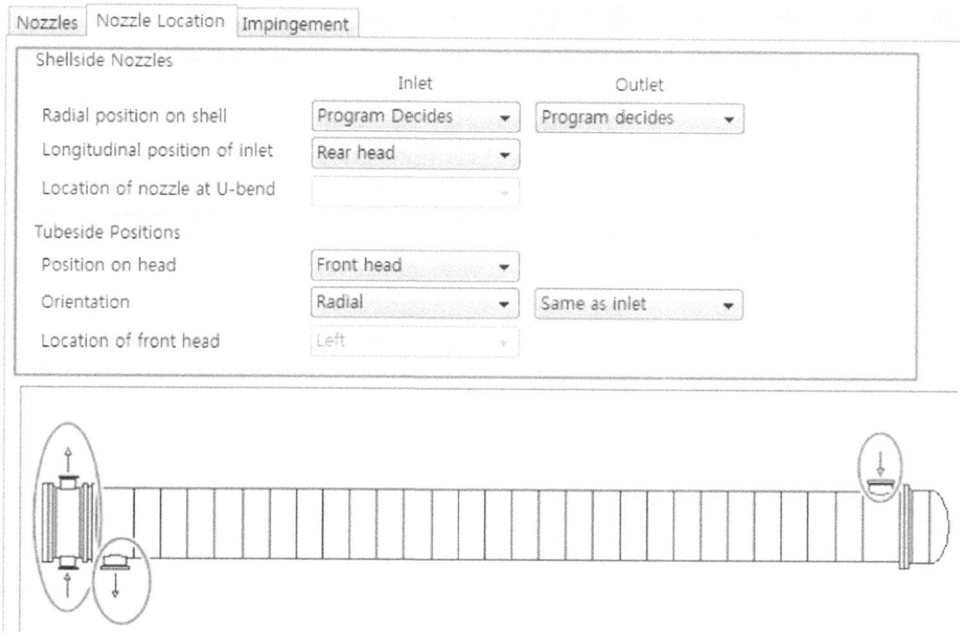

Nozzles | Nozzle Location | Impingement

Shellside Nozzles

	Inlet	Outlet
Radial position on shell	Program Decides	Program decides
Longitudinal position of inlet	Rear head	
Location of nozzle at U-bend		

Tubeside Positions

Position on head	Front head	
Orientation	Radial	Same as inlet
Location of front head	Left	

그림 2-12 Nozzle location 입력 창

"Tube layout" 하부 창인 "Bundle clearances" 입력 창으로 들어가 "Bundle-to-shell" clearance를 입력한다. Floating head type의 경우 "Bundle-to-shell" clearance를 Xist default를 따르면 간격이 부족하여 제작상 문제가 빈번히 발생한다. Carbon steel 열교환기 경우 Shell ID에 따라 Bundle-to-shell clearance는 50mm~70mm, Stainless steel은 47mm~67mm가 적당하다. Rear head T-type의 경우, HTRI default 치수보다 25~50mm 정도 크게 적용할 것을 추천한다. 그러나 설계압력, Gasket type에 따라 더 많은 Clearance가 필요할 수 있으므로 주의가 필요하다. 특히 T-type의 경우, 열교환기 Cost 산출 전에 강도 계산하여 Shell ID를 확인해야 한다.

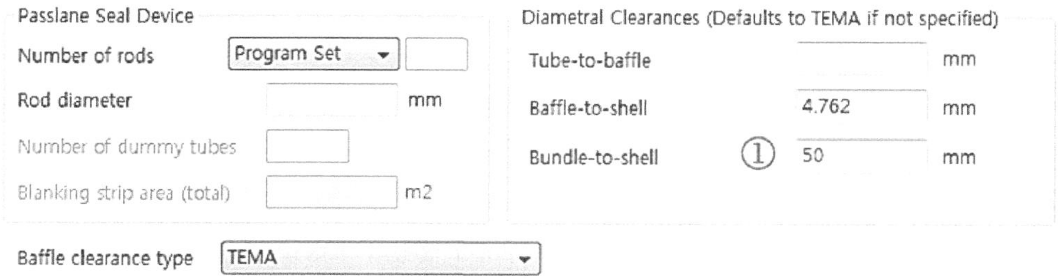

Passlane Seal Device

Number of rods	Program Set	
Rod diameter		mm
Number of dummy tubes		
Blanking strip area (total)		m2

Diametral Clearances (Defaults to TEMA if not specified)

Tube-to-baffle		mm
Baffle-to-shell	4.762	mm
Bundle-to-shell ①	50	mm

Baffle clearance type: TEMA

그림 2-13 Tube layout의 Bundle clearances 입력 창

① Bundle-to-shell clearance: Floating head의 재질이 Carbon steel 재질이고 Shell ID가 작으므로 50mm를 입력하였다.

그림 2-14와 같이 Tube layout 데이터를 추가 입력한다.

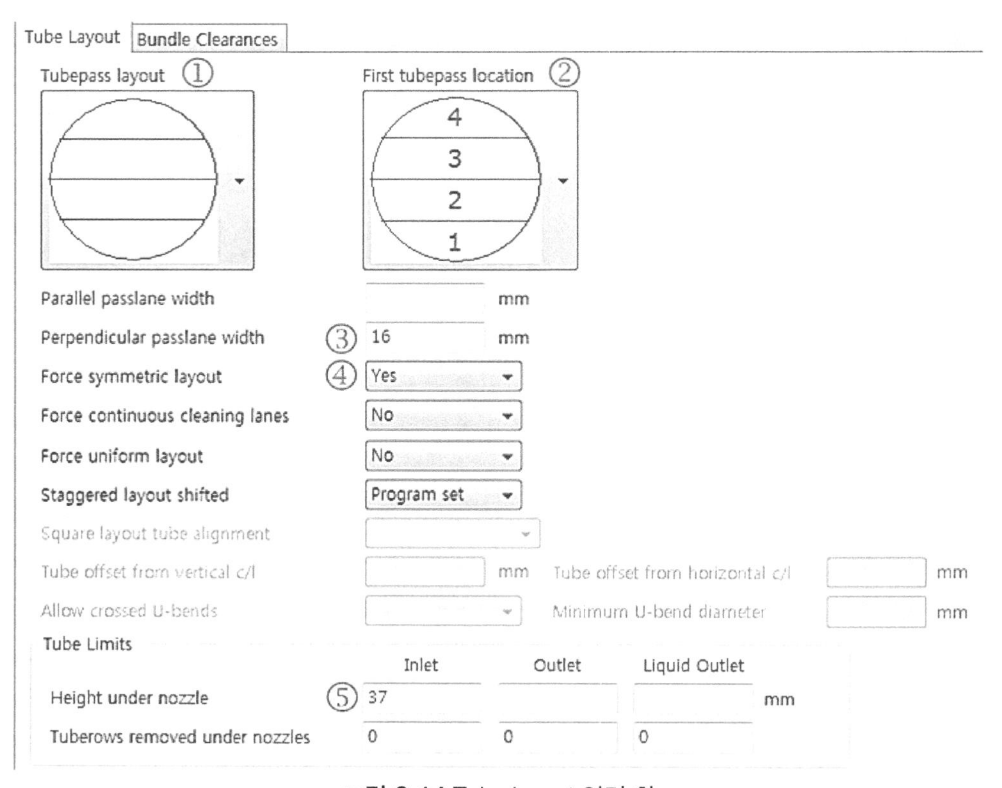

그림 2-14 Tube layout 입력 창

① Tube pass layout: Straight tube는 모든 Tube layout 옵션이 가능하다. 이 예제에 Ribbon type을 선정한 이유는 이 옵션이 Bypass stream을 가장 작게 만들기 때문이다. Layout을 선정할 때 Tube side 노즐이 열교환기 Center 또는 Off-center로 위치될 수 있으므로 상황에 맞추어 Tube layout 옵션을 선택한다.

② First tube location: Tube side는 Cold side(Cooling water)이다. Cold side의 Nozzle location은 Heating-up 규칙에 따라 First tube pass를 가장 아래쪽에 위치시켰다.

③ Perpendicular passlane width: Tube pass를 구분하는 Tube 사이 간격으로, Pass partition plate를 설치하기 위한 폭이다. 4.9장 표 4-4를 참조하여, Pass partition gasket 폭, Tube-to-tubesheet joint에 따라 해당 치수를 입력한다. Tube-to-tubesheet joint가 명확하지 않을 때 Strength welding에 해당하는 치수를 적용한다.

④ Force symmetric layout: Tube layout 상하 배열을 대칭으로 만드는 옵션이다. 보통 Single phase 서비스 열교환기는 "Yes"를, Phase change 서비스는 "No"를 선택한다.

⑤ Height under nozzle: Nozzle center line이 Shell ID에 접하는 점으로부터 첫 번째 Tube OD 또는 Impingement device top까지 간격이다. 만약 Impingement device가 설치된다면 이 치수는 Shell과 Bundle entrance에서 $RhoV^2$가 노즐에서 $RhoV^2$보다 낮게 되도록 입력한다.

8) 2차 설계 결과 검토- Warning messages

B-stream 관련 Warning message가 없어졌다. Property 외삽과 Mechanical 관련 Warning message는 결과에 영향이 미미하기 때문에 이를 무시할 수 있다.

Unit ID 100 - WARNING MESSAGES (CALCULATIONS CONTINUE)

The physical properties of the hot fluid have been extrapolated beyond the valid temperature range. Check the calculated values. The thermal analysis req properties at bulk and skin/wall temperatures.

ASME Section VIII Div. 1 Code was used to ESTIMATE all pressure vessel dimensions and weights. The dimensions in this report cannot be used to fabric the vessel.

Unspecified shellside gasket - defaulting to gasket code 5054 - Kammprofile

Unspecified channelside gasket - defaulting to gasket code 5054 - Kammprofile

Unspecified floating head gasket - defaulting to gasket code 5054 - Kammprofile

그림 2-15 2차 설계 Warning message

9) 2차 설계 결과 검토- Final Results

Rating - Horizontal Multipass Flow TEMA AES Shell With Single-Segmental Baffles

Process Data		Hot Shellside		Cold Tubeside	
Fluid name			Benzene		Cooling Water
Fluid condition			Sens. Liquid		Sens. Liquid
Total flow rate	(1000-kg/hr)		56.601 *		67.843 *
Weight fraction vapor, In/Out	(--)	0.0000	0.0000	0.0000	0.0000
Temperature, In/Out	(Deg C)	60.00	40.00	32.00	38.50
Skin temperature, Min/Max	(Deg C)	35.98	49.45	32.80	39.81
Wall temperature, Min/Max	(Deg C)	34.92	46.18	34.67	45.44
Pressure, In/Average	(kgf/cm2G)	6.884	6.784	4.500	4.210
Pressure drop, Total/Allowed	(kgf/cm2)	0.199 ①	0.703	0.581 ②	0.703
Velocity, Mid/Max allow	(m/s)	0.48		1.54	
Mole fraction inert	(--)				
Average film coef.	(kcal/m2-hr-C)		1245.4		6087.5
Heat transfer safety factor	(--)		1.0000		1.0000
Fouling resistance	(m2-hr-C/kcal)		0.000300		0.000400

Overall Performance Data

Overall coef., Reqd/Clean/Actual	(kcal/m2-hr-C)	488.65 /	919.63 /	522.56
Heat duty, Calculated/Specified	(MM kcal/hr)	0.4415 /	0.4004	
Effective overall temperature difference	(Deg C)	11.4		
EMTD = (MTD) * (DELTA) * (F/G/H)	(Deg C)	11.85 *	0.9625 *	1.0000

See Runtime Messages Report for warnings.

Exchanger Fluid Volumes

Approximate shellsid (L)	848.0
Approximate tubesid (L)	430.1

Shell Construction Information

TEMA shell type	AES	Shell ID	(mm)	530.00

Shellside Performance

Nom vel, X-flow/window ④ 0.70 / 0.67

Flow fractions for heat transfer 0.623

A=0.1879 B=0.4107 ⑤ C=0.2240 E=0.1773 F=0.0000

Shellside Heat Transfer Corrections

Total	Beta	Gamma	End	Fin
0.977	0.913	1.070	0.962	1.000

Pressure Drops (Percent of Total)

	Cross	Window	Ends	Nozzle	Shell	Tube
	58.71	30.04	3.53	Inlet	3.90	6.26
MOMENTUM			0.00	Outlet	3.82	4.00

Two-Phase Parameters

Method	Inlet	Center	Outlet	Mix F

H. T. Parameters		Shell	Tube
Overall wall correction		0.989	1.000
Midpoint	Prandtl no.	4.92	4.77
Midpoint	Reynolds no.	35785	41672
Bundle inlet	Reynolds no.	17975	40648
Bundle outlet	Reynolds no.	20494	46220
Fouling layer	(mm)		

Thermal Resistance

Shell	Tube	Fouling	Metal	Over Des
41.96	11.29	43.18	3.57	6.94 ③

Total fouling resistance	8.26e-4
Differential resistance	1.33e-4

그림 2-16 2차 설계 결과 (Final results 결과 창 #1)

① Shell side pressure drop/Velocity: 유속이 1차 설계보다 빨라졌다. 열전달 효율과 Fouling 경향을 고려하여 유속을 빠르게 유지하는 것이 좋다. Pressure drop 여유가 있지만, Baffle을 추가하면 B-stream fraction이 낮아지므로 Cross pass를 29로 유지한다.

② Tube side pressure drop/Velocity: 유속은 1.0m/sec보다 빠르고 Pressure drop도 여유가 있다. Tube side 6 pass로 설계하면 Pressure drop이 Allowable 값을 초과하므로 4 pass를 유지한다.

③ Over Des: Over-design이 6.94%로 적절하다. Shell ID와 Tube 길이를 유지한다.

④ X-flow/window: Cross flow velocity와 Window flow velocity가 비슷하므로 "Baffle cut %"를 유지한다.

⑤ B-stream: 0.4107로 HTRI 추천 값보다 약간 작지만, Sealing device를 추가하면 좀 더 커질 것이다.

Shell Construction Information						
TEMA shell type		AES		Shell ID	(mm)	530.00
Shells Series	1	Parallel	1	Total area	(m2)	79.828
Passes Shell	1	Tube	4	Eff. area	(m2/shell)	78.997
Shell orientation angle (deg)		0.00				
Impingement present	⑪	No				
Pairs seal strips		1		Passlane seal rods (mm)	0.000	No. 0
Shell expansion joint		No		Rear head support plate	No	
Weight estimation Wet/Dry/Bundle		4724.6 /		3447.1 /	2119.6	(kg/shell)

Baffle Information					
Type	Perpend.	Single-Seg.	Baffle cut (% dia) 22.72		
Crosspasses/shellpass		29	No.	(Pct Area)	(mm) to C.L
Central spacing	(mm)	192.15 ⑨	1	20.37	144.59
Inlet spacing	(mm)	487.71	2	0.00	0.000
Outlet spacing	(mm)	360.71			
Baffle thickness	(mm)	4.762			
Use deresonating baffles		No			

Tube Information					
Tube type		Plain	Tubecount per shell		164
Overall length	(mm)	6100.	Pct tubes removed (both)		4.88
Effective length	(mm)	6036.	Outside diameter	(mm)	25.400
Total tubesheet	(mm)	63.500 ⑩	Wall thickness	(mm)	3.047
Area ratio	(out/in)	1.3157	Pitch (mm) 31.750	Ratio	1.2500
Tube metal		Carbon steel	Tube pattern (deg)		30

Total fouling resistance			8.26e-4	
Differential resistance			1.33e-4	

Shell Nozzles				Liquid
Inlet at channel end-No		Inlet	Outlet	Outlet
Number at each position		1	1	0
Diameter	(mm)	146.33	146.33	
Velocity	(m/s)	1.13	1.10	
Pressure drop	(kgf/cm2)	7.76e-3	7.60e-3	
Height under nozzle	(mm)	52.718	52.718	
Nozzle R-V-SQ ⑥	(kg/m-s2)	1055.5	1030.0	
Shell ent.	(kg/m-s2)	469.33	458.01	

Tube Nozzle		Inlet RADIAL	Outlet RADIAL	Liquid Outlet
Diameter	(mm)	97.180	97.180	
Velocity	(m/s)	2.55	2.56	
Pressure drop ⑦	(kgf/cm2)	0.036	0.023	
Nozzle R-V-SQ	(kg/m-s2)	6486.2	6500.7	

Annular Distributor		Inlet	Outlet
Length	(mm)		
Height	(mm)		
Slot area	(mm2)		

Diametral Clearances (mm)		
Baffle-to-shell	Bundle-to-shell	Tube-to-baffle
4.7625	⑧ 51.168	0.7937

그림 2-17 2차 설계 (Final results 결과 창 #2)

⑥ Shell nozzles: Nozzle $RhoV^2$에 대한 제한은 없다. 최대한 연결되는 배관 치수에 맞추고, $RhoV^2$를 $7000kg/m\text{-}s^2$보다 낮게 유지할 것을 추천한다.

⑦ Tube nozzles: Nozzle $RhoV^2$에 대한 제한은 없다. 가능한 연결되는 배관 치수에 맞추고, 노즐에서 Cooling water 유속이 3m/sec 이하 되도록 노즐 치수를 선택하였다.

⑧ Bundle-to-shell clearance: 51.168mm로 제작상 문제없을 것으로 예상한다.

⑨ Central spacing: 열교환기 Inlet/Outlet baffle spacing은 Girth flange, Reinforcing pad, Bolting 등 구조적인 이유로 Central baffle spacing보다 넓다. HTRI default로 계산된 Inlet/Outlet baffle spacing은 실제 제작하기에 부족한 경우가 자주 있다. 따라서 Central baffle spacing을 185mm로 줄여 적절한 Inlet/Outlet baffle spacing을 확보한다.

⑩ Total tubesheet: HTRI default로 계산된 Total tubesheet 두께는 실제 Tubesheet 두께보다 얇을 때가 많다. 특히 Floating head type에서 차이가 더 크다. Floating type의 경우 HTRI가 계산한 Total tubesheet 두께 1.25배를 입력할 것을 추천한다.

⑪ Impingement: TEMA 기준에 따라 Impingement device 필요하지 않다.

Tube No. 164.00	OD 25.400 mm	Thk(Avg) 3.047 mm	Length 6100. mn	Pitch 31.750 mm	Tube pattern 30
Tube Type Plain		Material Carbon steel		Pairs seal strips ③	1
Shell ID 530.00 mm		Kettle ID mm		Passlane Seal Rod No.	0
Cross Baffle Type Perpend. Single-Seg.			%Cut (Diam) 22.72	Impingement Plate	None
Spacing(c/c) 192.15 mm		Inlet 487.71 mm		No. of Crosspasses	29
Rho-V2-Inlet Nozzle	1055.5 kg/m-s2	Shell Entrance	469.33 kg/m-s2	Shell Exit	458.01 kg/m-s2
		Bundle Entrance	① 137.74 kg/m-s2	Bundle Exit	② 245.74 kg/m-s2

그림 2-18 Rating datasheet 결과 창

① Bundle Entrance Rho-V^2: TEMA 기준을 초과하지 않으므로 설계 유지한다.

② Bundle Exit Rho-V^2: TEMA 기준을 초과하지 않으므로 설계 유지한다.

③ Pairs seal strips: HTRI default에 의해 Seal strip 1쌍이 설치되었다. API 660 (Shell & tube heat exchanger 기준)에 따르면 6 Row 또는 7 Row 당 Seal strip 1쌍을 요구하고 있다. 그림 2-19 Tube layout 결과를 확인하여 API 660에 따라 Seal strip 2쌍을 설치한다.

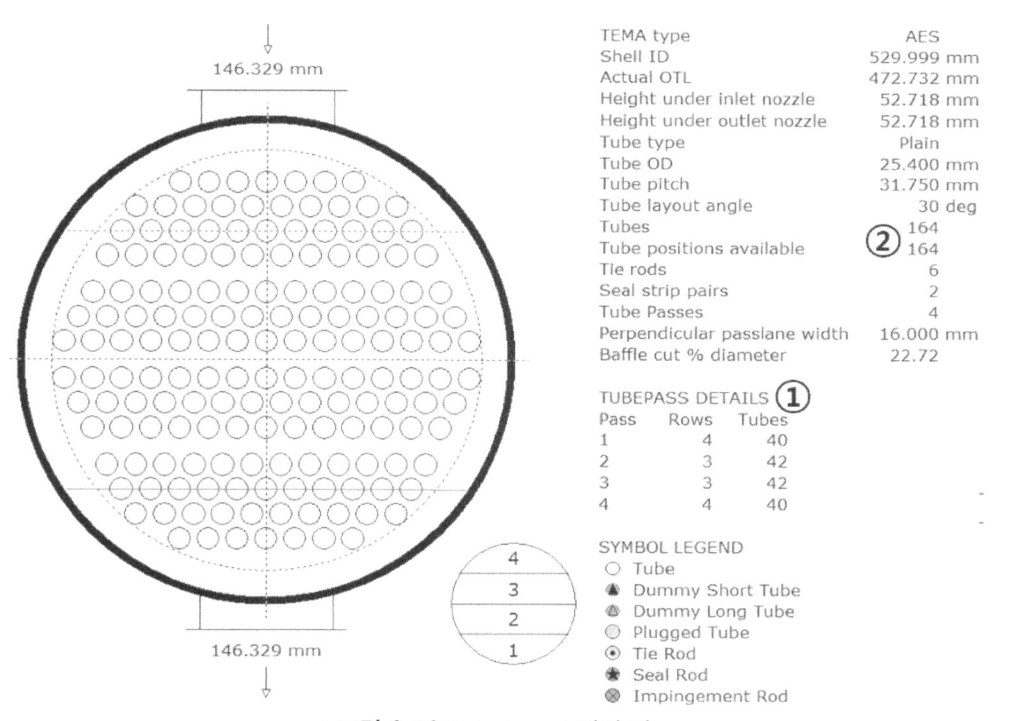

그림 2-19 Tube layout 결과 창

① Tube pass details: 각 Tube pass 당 Tube 수량을 확인할 수 있다. 각 Pass의 Tube 수량은 평균 Pass 당 Tube 수량 기준 10% 차이를 넘지 않도록 Tube를 배열해야 한다.

② Tube position available: Tube 수량이 164이고 Tube를 넣을 수 있는 Position 또한 164이다. Tie-rod를 설치할 자리로 TEMA 기준 Tie-rod 수량에 맞게 Tube 6개를 빼 주었다. 만약 Tube를 빼지 않고 Tie-rod를 설치할 수 있다면 이를 확인하고 Tube를 빼 준다.

10) 2차 입력 데이터 수정

2차 설계 결과 검토에 따라, 그림 2-20에서 2-23과 같이 입력 데이터를 수정한다.

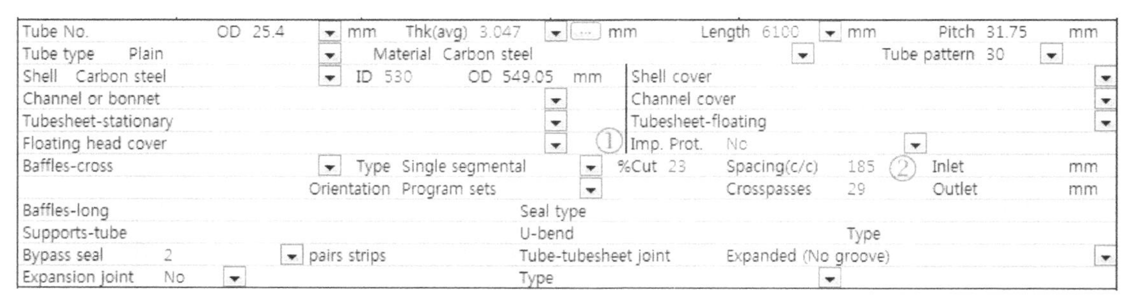

그림 2-20 2차 설계 수정 (Input summary 입력 창)

① Impingement plate를 설치하지 않는 옵션을 선택한다.

② Baffle spacing 185mm를 입력한다.

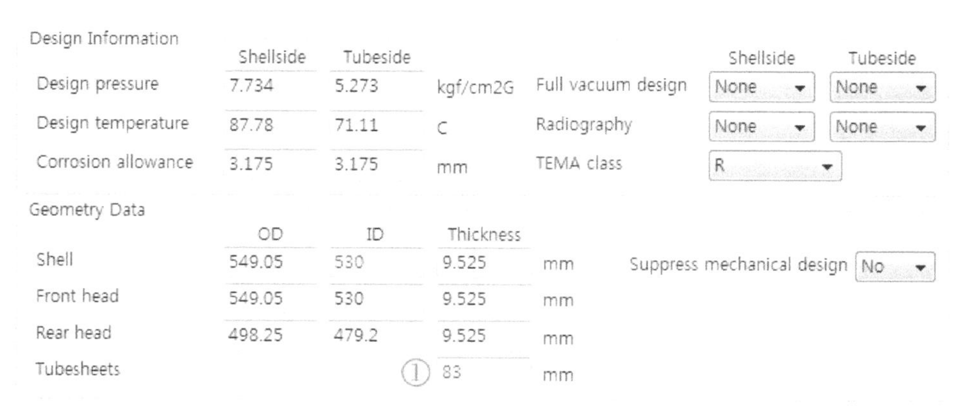

그림 2-21 Tube sheet 두께 입력 (Construction 데이터 입력 창)

① Tube sheet 두께 83mm를 입력한다.

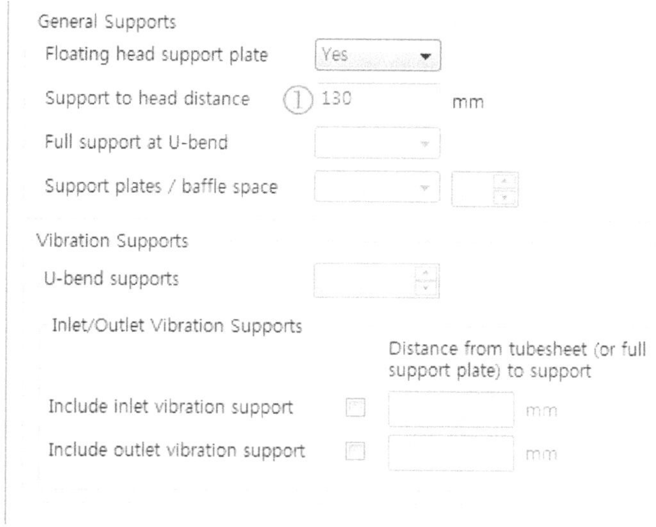

General Supports
Floating head support plate Yes
Support to head distance ① 130 mm
Full support at U-bend
Support plates / baffle space
Vibration Supports
U-bend supports
Inlet/Outlet Vibration Supports
Distance from tubesheet (or full support plate) to support
Include inlet vibration support mm
Include outlet vibration support mm

그림 2-22 Floating head support plate와 Tube sheet 간 거리 입력 (Supports 입력 창)

① Floating head support plate와 Tube sheet 간 거리인 Support to head distance를 130mm로 입력한다.

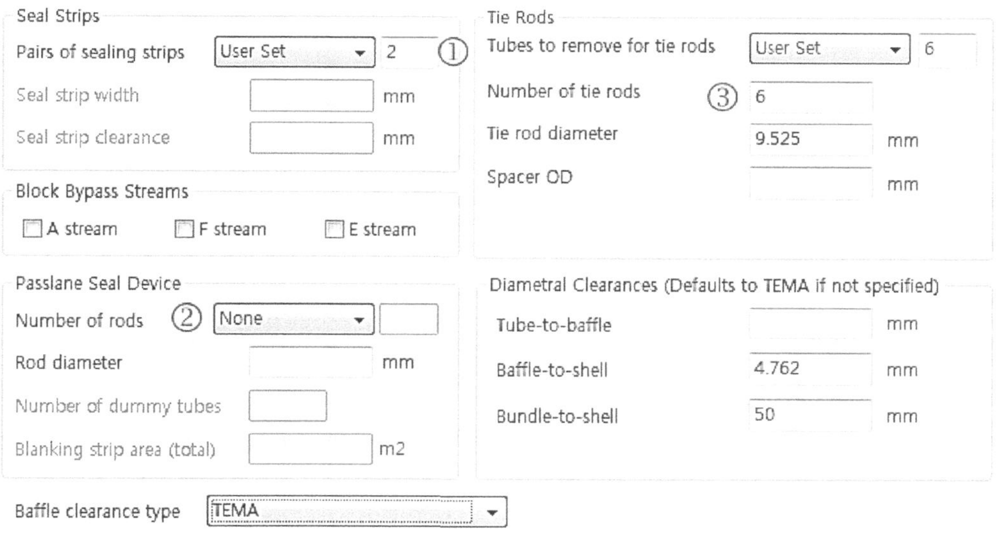

Seal Strips
Pairs of sealing strips User Set 2 ①
Seal strip width mm
Seal strip clearance mm
Block Bypass Streams
A stream F stream E stream
Passlane Seal Device
Number of rods ② None
Rod diameter mm
Number of dummy tubes
Blanking strip area (total) m2
Tie Rods
Tubes to remove for tie rods User Set 6
Number of tie rods ③ 6
Tie rod diameter 9.525 mm
Spacer OD mm
Diametral Clearances (Defaults to TEMA if not specified)
Tube-to-baffle mm
Baffle-to-shell 4.762 mm
Bundle-to-shell 50 mm
Baffle clearance type TEMA

그림 2-23 Sealing device 입력 (Bundle clearances 입력 창)

① "Pairs of seal strips"에 2쌍으로 입력한다.
② "Passlane seal device"를 설치하지 않는다.
③ Tie-rod 설치를 위하여 Tube 6본을 빼 준다.

11) 3차 설계 결과 검토

Warning message는 2차 결과와 동일하고, Final result를 검토한다. 2차 결과에서 검토한 Cooling water 유속, B-stream fraction, X-flow/window 비율은 더 이상 문제없다. Tie-rod 설치를 위해 Tube 6개를 제거하고 Tube sheet 두께를 입력하여 Over-design은 2.44%로 살짝 줄어들었다.

Rating - Horizontal Multipass Flow TEMA AES Shell With Single-Segmental Baffles

Process Data		Hot Shellside		Cold Tubeside	
Fluid name			Benzene		Cooling Water
Fluid condition			Sens. Liquid		Sens. Liquid
Total flow rate	(1000-kg/hr)		56.601 *		67.843 *
Weight fraction vapor, In/Out	(--)	0.0000	0.0000	0.0000	0.0000
Temperature, In/Out	(Deg C)	60.00	40.00	32.00	38.50
Skin temperature, Min/Max	(Deg C)	36.05	49.65	32.81	39.81
Wall temperature, Min/Max	(Deg C)	34.96	46.32	34.72	45.57
Pressure, In/Average	(kgf/cm2G)	6.884	6.775	4.500	4.197
Pressure drop, Total/Allowed	(kgf/cm2)	0.217	0.703	0.605	0.703
Velocity, Mid/Max allow	(m/s)	0.52		1.58	
Mole fraction inert	(--)				
Average film coef.	(kcal/m2-hr-C)		1305.6		6207.2
Heat transfer safety factor	(--)		1.0000		1.0000
Fouling resistance	(m2-hr-C/kcal)		0.000300		0.000400

Overall Performance Data				
Overall coef., Reqd/Clean/Actual	(kcal/m2-hr-C)	521.32 /	955.81 /	534.05
Heat duty, Calculated/Specified	(MM kcal/hr)	0.4415 /	0.4004	
Effective overall temperature difference	(Deg C)	11.4		
EMTD = (MTD) * (DELTA) * (F/G/H)	(Deg C)	11.86 *	0.9600 *	1.0000

See Runtime Messages Report for warnings.

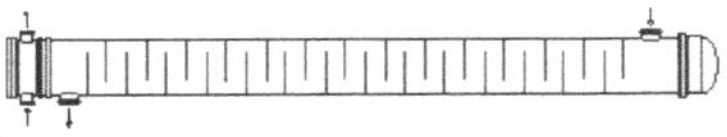

Exchanger Fluid Volumes	
Approximate shellsid (L)	843.8
Approximate tubesid (L)	430.1

Shell Construction Information				
TEMA shell type	AES	Shell ID	(mm)	530.00

Shellside Performance				
Nom vel, X-flow/window	0.73 / 0.66			
Flow fractions for heat transfer	0.670			
A=0.1900	B=0.4242	C=0.1996	E=0.1862	F=0.0000

Shellside Heat Transfer Corrections				
Total	Beta	Gamma	End	Fin
0.977	0.913	1.070	0.954	1.000

Pressure Drops (Percent of Total)					
Cross	Window	Ends	Nozzle	Shell	Tube
61.52	28.19	3.23	Inlet	3.57	6.01
MOMENTUM		0.00	Outlet	3.50	3.83

Two-Phase Parameters				
Method	Inlet	Center	Outlet	Mix F

H. T. Parameters		Shell	Tube
Overall wall correction		0.989	1.000
Midpoint	Prandtl no.	4.92	4.77
Midpoint	Reynolds no.	39741	42686
Bundle inlet	Reynolds no.	18382	41691
Bundle outlet	Reynolds no.	20955	47405
Fouling layer	(mm)		

Thermal Resistance				
Shell	Tube	Fouling	Metal	Over Des
40.91	11.32	44.13	3.65	2.44
Total fouling resistance				8.26e-4
Differential resistance				4.57e-5

그림 2-24 3차 설계 결과 (Final results 결과 창 #1)

Shells Series	1	Parallel	1	Total area	(m2)	76.908
Passes Shell	1	Tube	4	Eff. area	(m2/shell)	74.222
Shell orientation angle (deg)	0.00					
Impingement present	No					
Pairs seal strips	2			Passlane seal rods (mm)	0.000	No. 0
Shell expansion joint	No			Head to support distance (mm)		130.00
Weight estimation Wet/Dry/Bundle		4764.1 /	3490.7 /	2163.7 (kg/shell)		

Baffle Information					
Type	Perpend.	Single-Seg.	Baffle cut (% dia)	22.72	
Crosspasses/shellpass		29	No.	(Pct Area)	(mm) to C.L
Central spacing	(mm)	185.00	1	20.18	144.59
Inlet spacing	(mm)	512.76	2	0.00	0.00
Outlet spacing	(mm)	379.24			
Baffle thickness	(mm)	4.76			
Use deresonating baffles		No			

Tube Information					
Tube type		Plain	Tubecount per shell		158
Overall length	(mm)	6100.0	Pct tubes removed (both)		4.43
Effective length	(mm)	5887.	Outside diameter	(mm)	25.400
Total tubesheet	(mm)	83.00	Wall thickness	(mm)	3.047
Area ratio	(out/in)	1.3157	Pitch (mm) 31.750	Ratio	1.2500
Tube metal		Carbon steel	Tube pattern (deg)		30

Shell Nozzles		Inlet	Outlet	Liquid Outlet
Inlet at channel end-No				
Number at each position		1	1	0
Diameter	(mm)	146.33	146.33	
Velocity	(m/s)	1.13	1.10	
Pressure drop	(kgf/cm2)	7.76e-3	7.60e-3	
Height under nozzle	(mm)	52.72	52.72	
Nozzle R-V-SQ	(kg/m-s2)	1055.5	1030.0	
Shell ent.	(kg/m-s2)	469.33	458.01	

Tube Nozzle		Inlet RADIAL	Outlet RADIAL	Liquid Outlet
Diameter	(mm)	97.180	97.180	
Velocity	(m/s)	2.55	2.56	
Pressure drop	(kgf/cm2)	0.036	0.023	
Nozzle R-V-SQ	(kg/m-s2)	6486.2	6500.7	

Annular Distributor		Inlet	Outlet
Length	(mm)		
Height	(mm)		
Slot area	(mm2)		

Diametral Clearances (mm)		
Baffle-to-shell	Bundle-to-shell	Tube-to-baffle
4.7625	51.168	0.7937

그림 2-25 3차 설계 결과 (Final results 결과 창#2)

Tube No.	158.00 OD 25.400 mm	Thk(Avg)	3.047 mm Length 6100. mn	Pitch 31.750 mm	Tube pattern 30
Tube Type	Plain	Material	Carbon steel	Pairs seal strips	2
Shell ID	530.00 mm	Kettle ID	mm	Passlane Seal Rod No.	0
Cross Baffle Type	Perpend. Single-Seg.	%Cut (Diam)	22.72	Impingement Plate	None
Spacing(c/c)	185.00 mm	Inlet	512.76 mm	No. of Crosspasses	29
Rho-V2-Inlet Nozzle	1055.5 kg/m-s2	Shell Entrance	469.33 kg/m-s2	Shell Exit	458.01 kg/m-s2
		Bundle Entrance	124.61 kg/m-s2	Bundle Exit	222.32 kg/m-s2
Weight/Shell	3490.7 kg	Filled with Water	4764.1 kg	Bundle	2163.7 kg

Notes:	Thermal Resistance, %		Velocities, m/s		Flow Fractions	
	Shell	40.91	Shellside	0.52	A	0.190
	Tube	11.32	Tubeside	1.58	B	0.424
	Fouling	44.13	Crossflow	0.73	C	0.200
Reported duty and flow rates include a user-	Metal	3.65	Window	0.66	E	0.186
specified multiplier of 1.10.					F	0.000

그림 2-26 3차 설계 결과 (Rating datasheet 결과 창)

Shell entrance와 Shell exit $RhoV^2$는 Final result(그림 2-25)에 나오고, Bundle entrance와 Bundle exit $RhoV^2$는 Rating datasheet(그림 2-26)에서 확인된다. 이들 $RhoV^2$는 TEMA 기준을 초과하지 않고 있다.

12) Tube layout

3차 설계는 설계 기준을 만족하고 최적화되어 설계 완료되었다. 실무에서 Datasheet에 Tube layout 스케치를 포함해야 한다. Xist는 Tube layout 스케치를 작성할 수 있는 기능을 제공하는데 이를 Tube layout 편집 창에서 수행할 수 있다.

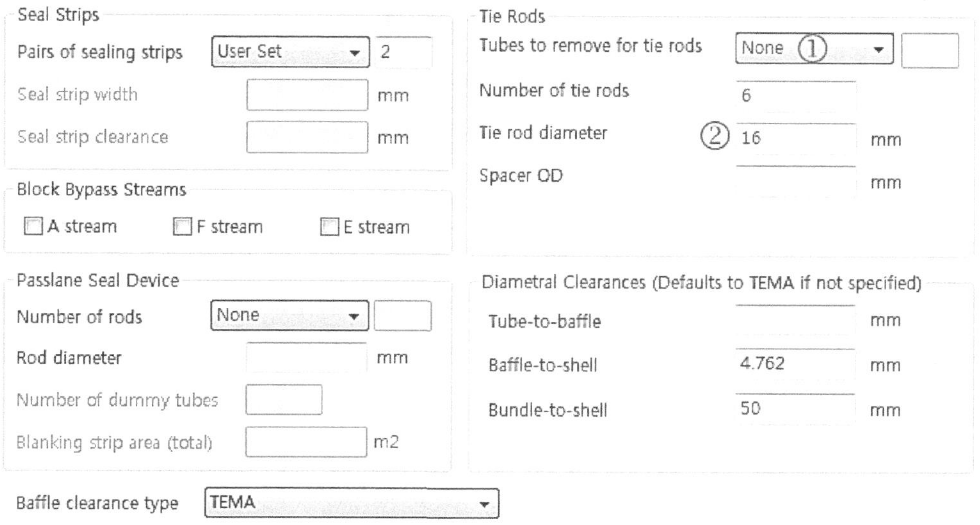

Seal Strips
Pairs of sealing strips: User Set, 2
Seal strip width: mm
Seal strip clearance: mm

Block Bypass Streams
A stream / F stream / E stream

Passlane Seal Device
Number of rods: None
Rod diameter: mm
Number of dummy tubes
Blanking strip area (total): m2

Tie Rods
Tubes to remove for tie rods: None ①
Number of tie rods: 6
Tie rod diameter: ② 16 mm
Spacer OD: mm

Diametral Clearances (Defaults to TEMA if not specified)
Tube-to-baffle: mm
Baffle-to-shell: 4.762 mm
Bundle-to-shell: 50 mm

Baffle clearance type: TEMA

그림 2-27 Bundle clearance 창 Tie-rod 수정

① "Tube layout" 편집 창으로 넘어가기 전 "Bundle clearance" 창에서 "Tube to remove for tie rods"를 None으로 수정한다.

② "Tie rod diameter"는 TEMA 기준에 따라 입력한다. 여기서 16mm를 입력한다.

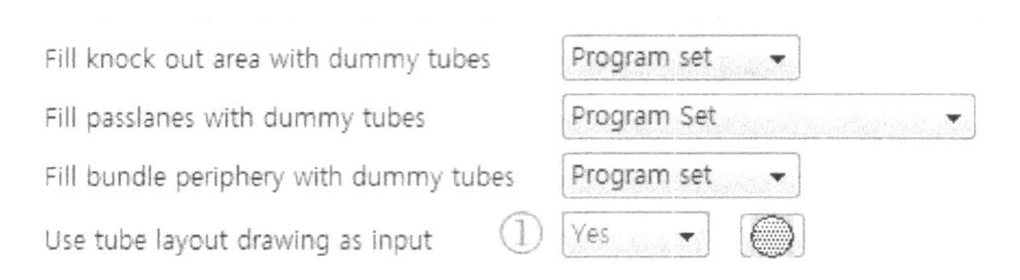

그림 2-28 Tube layout 편집 창으로 이동

① Tube layout 편집 창으로 들어가려면 "Tube layout" 입력 창 "Use tube layout drawing as input" 옵션을 "Yes"로 선택한다. 그리고 바로 옆 Tube layout 아이콘을 클릭하면 그림 2-29와 같이 Tube layout 창이 뜬다.

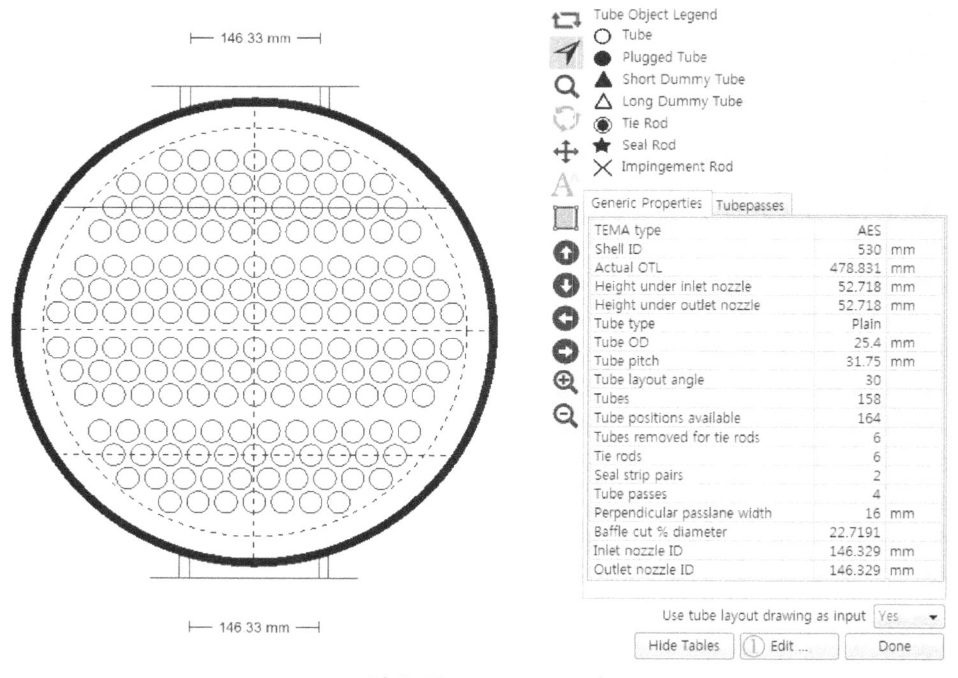

그림 2-29 Tube layout 창

① 다시 "Edit …" 버튼을 클릭하면 Tube layout 편집 창으로 바뀐다.

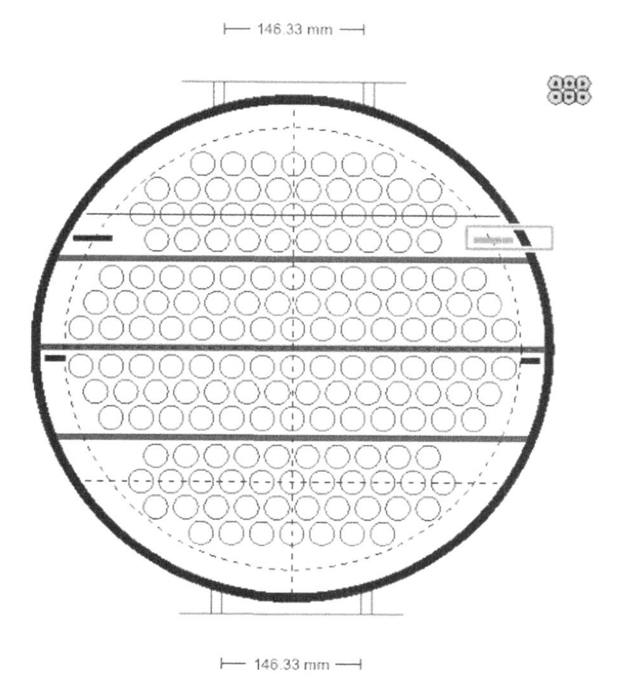

그림 2-30 Tube layout 편집 창에서 Seal strip 입력

Seal strip 위치를 Baffle cut 바로 아래 Tube row로 옮긴다. 마우스 오른쪽 버튼으로 Seal strip을 선택하고 누른 상태로 원하는 위치로 Seal strip을 옮겨주면 된다.

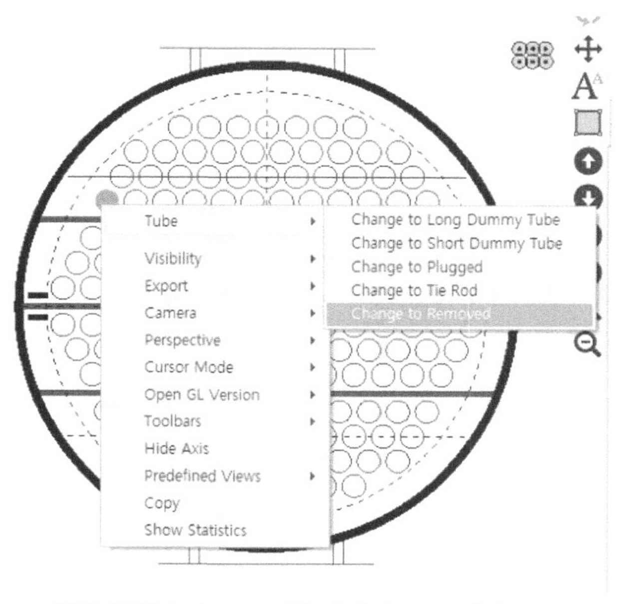

그림 2-31 Tube layout 편집 창에서 Tube 제거

Tie-rod가 설치될 위치에 있는 Tube를 선택하여 마우스 왼쪽 버튼을 클릭하면 그림 2-31과 같이 여러 메뉴가 나온다. 그중 "Change to Removed"를 선택하여 tube를 제거해 준다.

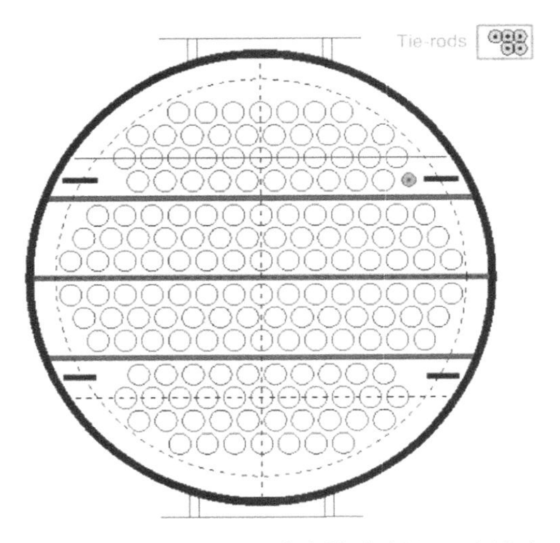

그림 2-32 Tube layout 편집 창에서 Tie-rod 입력

Tie-rod가 설치될 위치에 Tube를 모두 제거한 후, Tie-rod를 하나씩 Tube가 제거된 위치로 옮겨주어 그림 2-33과 같이 Tube layout을 완성한다. Tube layout을 완료한 후 프로그램을 실행하면 결과는 약간 달라지지만, 그 변화는 미미하다.

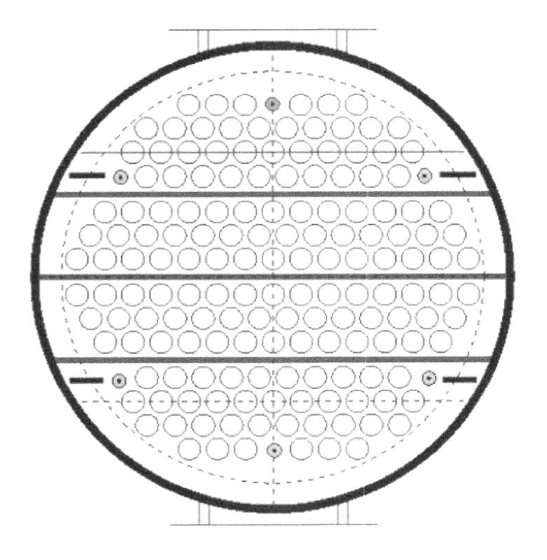

그림 2-33 완성된 Tube layout

13) 결과 및 Lessons learned

Tube layout을 반영한 최종설계 결과를 정리하면 표 2-2와 같다. Tube layout 적용 전후 성능은 미미하게 변했다.

표 2-2 Benzene product cooler 설계 결과 Summary

Duty [MMKcal/hr]	*MTD [℃]*	*Transfer rate (Required) [kcal/m²-hr-℃]*	*Over-design*	*Shell Dp [kg/cm²]*	*Tube Dp [kg/cm²]*	*Cooling water Velocity [m/sec]*
0.44	*11.4*	*521.2*	*2.7%*	*0.217*	*0.622*	*1.54*

이번 예제를 통하여 Cooling water cooler를 설계할 때 고려해야 할 사항을 요약하면 아래와 같다.

- ✔ *Cooling water cooler를 설계하기 전 Cooling water가 어떤 종류인지 확인한다.*
- ✔ *만약 Cooling water system이 Open loop system이면 Tube wall temperature와 Cooling water 유속은 Fouling 경향성에 영향을 준다.*
- ✔ *통상 적용하는 Open loop cooling water의 Tube wall temperature는 60℃보다 낮게, 유속은 1m/sec 이상 유지되도록 설계한다. 물 종류에 따른 최대와 최소 유속은 부록 5.4장을 참조한다.*
- ✔ *Open loop cooling water를 Shell side에 적용해야 한다면 Carbon steel tube를 사용하지 말고 Duplex stainless steel 적용을 고려한다.*

2.1.2. Bitumen product cooler

이번 예제는 Oil sand로부터 Bitumen을 생산하는 공장에 설치되는 열교환기다. Oil sand plant는 그림 2-34와 같이 FSU(Froth Settling Unit), TSRU(Tailings Solvent Recovery Unit), SRU(Solvent Recovery Unit), VRU(Vapor Recovery Unit)로 구성되어 있다. Froth bitumen이 FSU로 유입되어 중력에 의해 Bitumen으로부터 모래와 물을 분리한다. Bitumen으로부터 Asphaltene을 분리하기 위하여 Paraffin 계 Solvent가 주입된다. FSU로부터 분리된 Bitumen과 Solvent는 SUR 공정으로 유입되어 Fired heater에서 필요한 온도까지 올라가고 Distillation column에서 Bitumen으로부터 Solvent와 Light gas가 분리된다. Bitumen은 저장 또는 이송을 위하여 필요한 온도까지 낮춰진다. FSU에서 분리된 Tailings(모래, 물, Asphaltene, 미량의 Solvent 혼합물)는 TSRU에서 추가로 Solvent가 회수되며 나머지 Tailings는 Tailing pond로 보내진다. SRU에서 분리된 Light hydrocarbon gas는 VRU에서 압축되어 SRU에 Fired heater에 연료로 사용된다. 이번 예제는 SRU에서 생산된 Bitumen을 필요한 온도까지 Cooling 시키기 위한 열교환기다.(그림에서 SUR 내 열교환기 참조.)

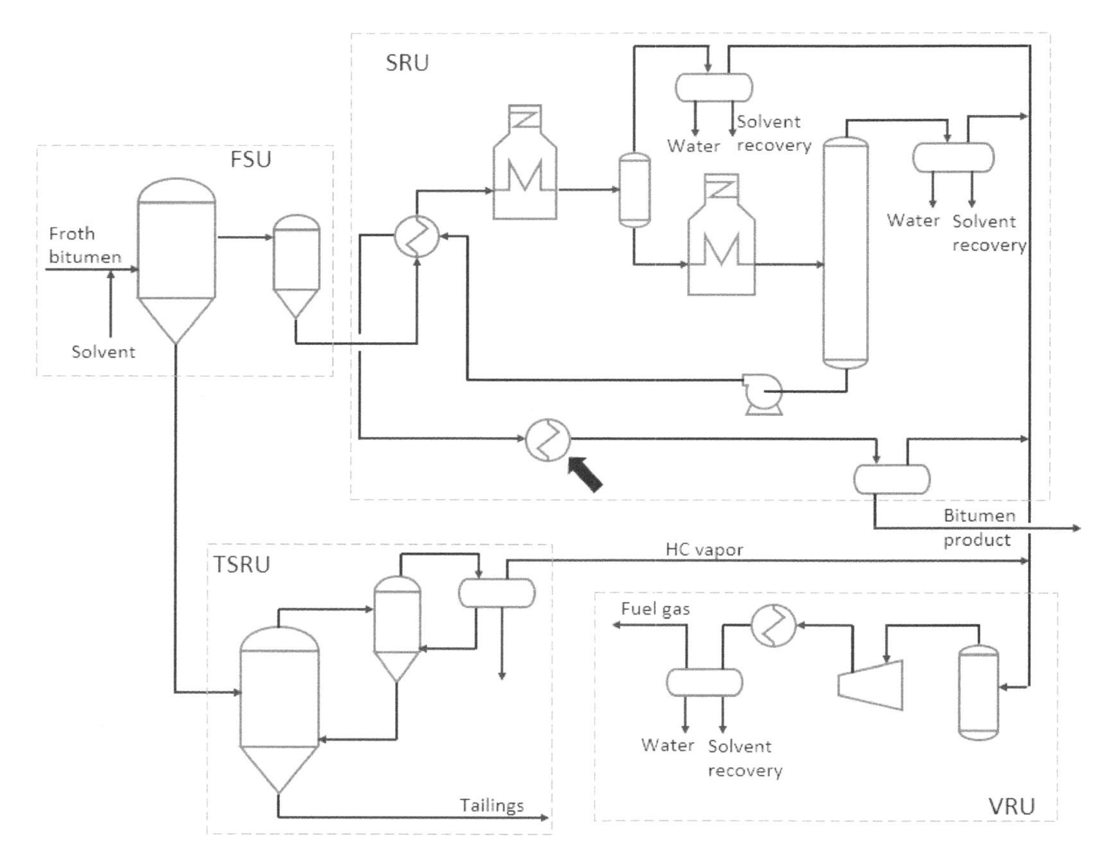

그림 2-34 Oil sand plant 공정도

이번 예제인 Bitumen product cooler의 설계 운전조건은 표 2-3과 같다. 상변화가 없는 유체를 다루는 열교환기로 입구/출구 조건에서 Property가 제공되었다.

표 2-3 Bitumen product cooler 설계 운전조건

	Unit	Hot side		Cold side	
Fluid name		*Hot bitumen*		*Cooling water*	
Fluid quantity	*kg/hr*	*670,528*		*194,269*	
Temperature	℃	*145*	*125*	*30*	*65*
Mass vapor fraction		*0*	*0*	*0*	*0*
Density, L/V	kg/m^3	*942.7*	*950.9*	*Properties of water*	
Viscosity, L/V	*cP*	*34.62*	*56.53*		
Specific heat, L/V	*kcal/kg ℃*	*0.514*	*0.495*		
Thermal cond., L/V	*kcal/hr m ℃*	*0.102*	*0.104*		
Inlet pressure	kg/cm^2g	*4.524*		*11.638*	
Press. drop allow.	kg/cm^2	*2.04*		*1.0*	
Fouling resistance	$hr\ m^2$ ℃/kcal	*0.00102*		*0.000209*	
Duty	*MMkcal/hr*	*6.786*			
Material		*KCS*		*KCS*	
Design pressure	kg/cm^2g	*38.75*		*38.75*	
Design temperature	℃	*240*		*100*	
Other requirements					
1. 10% surface margin is required. *2. TEMA AEU type 사용*					

1) 사전 검토

일반적으로 Single phase 유체는 열교환기 입구와 출구온도에서 Properties를 입력한다. Xist는 제공된 Property를 내삽과 외삽하여 필요한 온도에서 Property를 계산한다. Density, Heat capacity, Thermal conductivity는 온도에 직접 내삽 또는 외삽에 의해 필요한 값이 계산된다. 반면 온도와 Viscosity의 기본적인 상관 관계식은 식 2-2와 같다. Xist도 입력한 Viscosity를 Log 값으로 변환한 후 온도에 내삽 또는 외삽에 의해 필요한 Viscosity를 계산한다.

$$\mu = A \times exp\left(\frac{B}{T}\right) - - - - (2-2)$$

Where,

μ = *Viscosity*

T = *Temperature*

A, B = *Constant*

표 2-4는 발주처에 추가 요청하여 받은 온도에 따른 Bitumen density와 Viscosity이다. 그래프 2-1과 2-2는 각각 온도에 대한 Density와 Viscosity를 작도한 그래프이다. Density는 온도에 선형의 경향성을 보여주지만, Viscosity는 급격한 곡선을 보여주고 있다.

표 2-4 Bitumen 온도에 따른 Density와 Viscosity

Temp (℃)	*211.0*	*188.2*	*180.0*	*170.0*	*160.1*	*151.0*	*148.3*	*140.0*	*137.7*	*132.1*
Density (kg/m³)	*903.5*	*916.1*	*920.6*	*926.1*	*931.5*	*936.6*	*938.1*	*942.7*	*943.9*	*947.0*
Viscosity (cP)	*7.64*	*11.12*	*12.99*	*16.01*	*20.1*	*25.35*	*27.28*	*34.62*	*37.13*	*44.4*
Temp (℃)	*125.0*	*118.0*	*115.0*	*110.0*	*104.0*	*100.0*	*95.0*	*90.0*	*85.0*	*80.0*
Density (kg/m³)	*950.9*	*954.8*	*956.4*	*959.2*	*962.5*	*964.7*	*967.5*	*970.2*	*973.0*	*975.8*
Viscosity (cP)	*56.5*	*73.1*	*82.3*	*101.0*	*131.2*	*158.1*	*202.0*	*262.1*	*345.8*	*464.5*
Temp (℃)	*75.0*	*70.0*	*65.0*	*60.0*	*55.0*	*50.0*	*45.0*	*40.0*	*35.0*	*30.0*
Density (kg/m³)	*978.5*	*981.3*	*984.0*	*986.8*	*989.6*	*992.3*	*995.1*	*997.8*	*1000.6*	*1003.4*
Viscosity (cP)	*636.1*	*889.6*	*1273*	*1867*	*2812*	*4360*	*6979*	*11563*	*19892*	*35657*

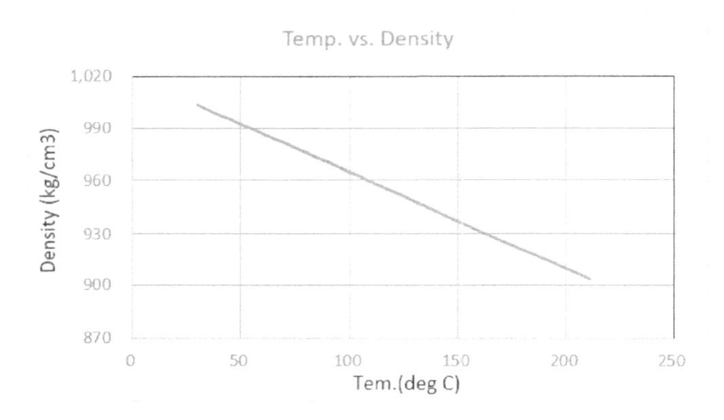

그래프 2-1 Temperature vs. Density

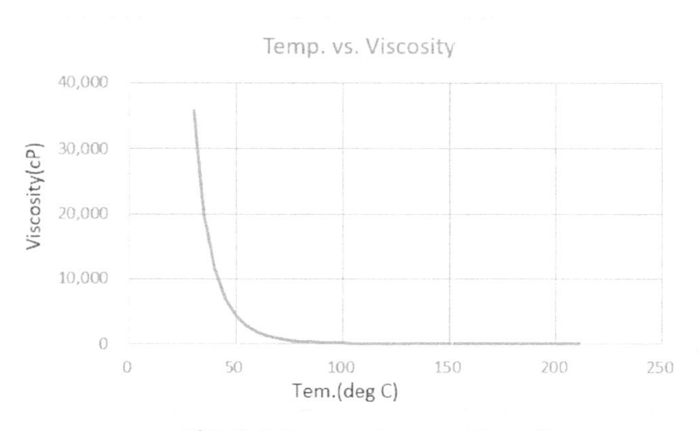

그래프 2-2 Temperature vs. Viscosity

이번에 온도와 Viscosity 그래프에서 Viscosity만 Log 값으로 변경하여 그래프를 그려보면, 그래프 2-3과 같이 작도될 것이다. 즉 식 2-2에 따라 온도에 따른 Viscosity log 값을 내삽 또는 외삽하여 필요한 온도에서 Viscosity를 계산한다면 잘못된 값이 도출될 것이다. 운전온도 범위에서 내삽은 실제보다 높은 Viscosity를 계산하고, 낮은 온도에서 외삽은 낮은 Viscosity를 계산한다.

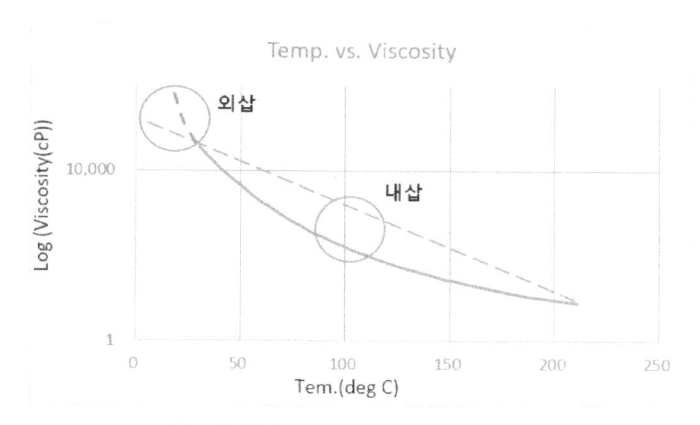

그래프 2-3 Temperature vs. Log(Viscosity)

마지막으로 그래프 2-3에서 온도를 Log 값으로 변경하면 그래프 2-4 그래프와 같이 작도된다. 그래프는 직선에 가깝게 작도됨을 알 수 있다. 이처럼 Viscosity가 높은 유체는 온도와 Viscosity 그래프에서 두 데이터를 Log 값을 취해야 직선을 얻을 수 있어, Log-Log 그래프에서 내삽 또는 외삽을 적용해야 실제와 비슷한 값을 얻을 수 있음을 알 수 있다.

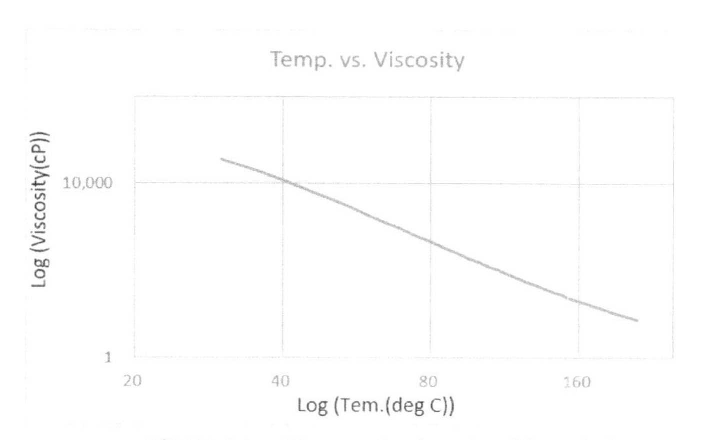

그래프 2-4 Log(Temperature) vs. Log(Viscosity)

특히 낮은 온도의 Cooling medium(냉매)과 열교환하는 Viscosity가 높은 유체는 유체 Bulk 온도에서 Viscosity보다 Tube wall 온도에서 Viscosity가 급격히 증가한다. 4.10장에 Heat transfer coefficient in conduit 열전달계수 관계식 4-23과 같이 Tube wall에서 Viscosity는 열전달계수에 영향을 준다. 따라서 Bitumen이 접촉할 수 있을 것으로 예상하는 온도까지 Viscosity 데이터를 "Grid property" 창에 입력해 주어야 한다.

Viscosity가 높은 유체를 Shell side에 흐르도록 위치하여 Baffle에 의해 유체가 잘 Mixing 되도록 유도한다. Shell side cleaning 가능하도록 Tube 배열을 Square pitch를 적용하며, Tube pitch 45° 배열이 Flow mixing에 더 효과적이다. Viscosity가 높은 유체는 열전달계수가 낮고 Asphaltene 성분이 많으므로 Fouling 경향이 높다. 설계 시 최대한 유속을 빠르게 유지하여 열전달계수를 높이고 Fouling 경향을 낮추려는 노력이 필요하다. 열교환기 내 유속을 증가하기 위하여 System hydraulic 허용 한도에서 열교환기 Allowable pressure drop을 최대한 확보해야 한다.

Viscosity가 높은 유체는 Flow fraction 중 E-stream 비율이 높다. E-stream은 열전달 측면에서 가장 효과적이지 않은 Bypass stream이며, MTD 계산 시 HTRI 보정인자로 적용되므로 설계 시 E-stream 비율을 줄이는 노력이 필요하다. 두꺼운 Baffle은 E-stream을 줄이는 데 도움이 된다.

Product bitumen에 미량의 Sand가 포함되어 있지만, 그 크기가 매우 작으므로 Slurry 서비스로 고려하여 설계하지 않는다. Closed loop cooling water는 Fouling 경향이 낮다. 고온 Wall temperature에서 $CaCO_3$와 같은 Fouling 물질이 결정화되지 않는다. 따라서 Mechanical cleaning이 필요하지 않아 U-tube를 적용하였다. 2.1.1장 예제인 Benzene product trim cooler와 같이 Wall temperature를 고려할 필요 없다. Open loop system의 Cooling water와 다르게 Closed loop system에 Cooling water는 출구온도로 65℃와 같이 높은 운전온도가 가능하다.

2) 1차 입력 데이터 및 설계 결과 검토

그림 2-35는 1차 설계 결과다. Bitumen density와 Viscosity에 대하여 표 2-3에 있는 데이터를 사용하였다. 설계에 Tube pitch 90°, F-stream seal rod(Dia. 25.4mm, 6개), "Tubes to remove for tie-rods"(6개)를 적용하였다. 보통 Inlet baffle spacing을 입력하지 않지만, Bundle entrance에서 $RhoV^2$가 노즐에서 $RhoV^2$를 초과하여 780mm를 입력하였다. Bitumen을 Shell side에 Cooling water를 Tube side에 위치시켰다.

Shell side와 Tube side 열전달계수를 비교하면 Shell side 열전달계수가 상대적으로 매우 작으므로 "Actual U"는 Shell side 열전달계수에 영향을 많이 받는다. 즉 Shell side 열전달계수가 커지면 "Actual U"도 크게 변할 것이다. 반면 Tube side 열전달계수가 커져도 "Actual U"는 미미하게 커질 뿐이다. 이렇게 "Actual U"에 영향이 큰 Side를 Controlling side라고 한다. 이 예제에서 Controlling side는 Shell side다.

Process Conditions		Hot Shellside		Cold Tubeside	
Fluid name			Hot Bitumen		Closed loop cooling water
Flow rate	(1000-kg/hr)		670.53		194.27
Inlet/Outlet Y	(Wt. frac vap.)	0.0000	0.0000	0.0000	0.0000
Inlet/Outlet T	(Deg C)	145.00	125.00	30.00	65.00
Inlet P/Avg	(kgf/cm2G)	4.524	3.698	11.683	11.387
dP/Allow.	(kgf/cm2)	1.652	2.039	0.591	1.020
Fouling	(m2-hr-C/kcal)		0.001022		0.000209

Exchanger Performance					
Shell h	(kcal/m2-hr-C)	367.45	Actual U	(kcal/m2-hr-C)	233.53
Tube h	(kcal/m2-hr-C)	6399.1	Required U	(kcal/m2-hr-C)	207.47
Hot regime	(--)	Sens. Liquid	Duty	(MM kcal/hr)	6.7982
Cold regime	(--)	Sens. Liquid	Eff. area	(m2)	381.65
EMTD	(Deg C)	85.7	Overdesign	(%)	12.56

Shell Geometry			Baffle Geometry		
TEMA type	(--)	AEU	Baffle type		Single-Seg.
Shell ID	(mm)	1010.0	Baffle cut	(Pct Dia.)	28
Series	(--)	1	Baffle orientation	(--)	Perpend.
Parallel	(--)	1	Central spacing	(mm)	445.00
Orientation	(deg)	0.00	Crosspasses	(--)	13

Tube Geometry			Nozzles		
Tube type	(--)	Plain	Shell inlet	(mm)	330.20
Tube OD	(mm)	19.050	Shell outlet	(mm)	330.20
Length	(mm)	6706.	Inlet height	(mm)	108.15
Pitch ratio	(--)	1.3333	Outlet height	(mm)	120.85
Layout	(deg)	90	Tube inlet	(mm)	193.68
Tubecount	(--)	978	Tube outlet	(mm)	193.68
Tube Pass	(--)	4			

Thermal Resistance, %		Velocities, m/s			Flow Fractions	
			Min	Max		
Shell	63.55				A	0.027
Tube	4.82	Tubeside	1.36	1.38	B	0.604
Fouling	30.33	Crossflow	0.80	1.24	C	0.019
Metal	1.29	Longitudinal	0.95	1.07	E	0.169
					F	0.182

그림 2-35 1차 설계 결과 (Output summary)

1차 설계 결과와 함께 고려해야 할 Warning message는 아래와 같다.

① *The physical properties of the hot fluid have been extrapolated beyond the valid temperature range. Check the calculated values. The thermal analysis requires properties at bulk and skin/wall temperatures.*

② *NOTE-Tube vibration from vortex shedding is possible at the bundle entrance.*

첫 번째는 필요한 온도에서 Property가 입력되지 않아 외삽에 의해 Property가 계산됐다는 의미다. Skin 또는 Wall temperature와 같이 입력한 온도보다 낮은 온도에서 Property가 필요하다. 이 Message는 Viscosity가 높지 않은 유체를 다루는 열교환기 성능에 거의 영향이 없다. 그러나 온도에 따른 Viscosity 변화가 큰 유체가 적용된 열교환기 성능에 상당한 영향을 줄 수 있다.

두 번째 Message는 Bundle entrance에서 Tube vibration 가능성을 경고하고 있다.

3) 2차 입력 데이터 및 2차 설계 결과 검토

1차 설계로부터 Tube pitch를 45°로 변경했다. Pitch 변경에 따라 F-stream seal rod (Dia. 40mm, 6개), Baffle cut, Inlet baffle spacing(700mm)으로 변경하였다. Shell ID도 990mm까지 줄였다.

Process Conditions		Hot Shellside		Cold Tubeside	
Fluid name			Hot Bitumen		Closed loop cooling water
Flow rate	(1000-kg/hr)		670.53		194.27
Inlet/Outlet Y	(Wt. frac vap.)	0.0000	0.0000	0.0000	0.0000
Inlet/Outlet T	(Deg C)	145.00	125.00	30.00	65.00
Inlet P/Avg	(kgf/cm2G)	4.524	3.721	11.683	11.292
dP/Allow.	(kgf/cm2)	1.607	2.039	0.782	1.020
Fouling	(m2-hr-C/kcal)		0.001022		0.000209

Exchanger Performance					
Shell h	(kcal/m2-hr-C)	476.44	Actual U	(kcal/m2-hr-C)	275.15
Tube h	(kcal/m2-hr-C)	7284.4	Required U	(kcal/m2-hr-C)	244.02
Hot regime	(--)	Sens. Liquid	Duty	(MM kcal/hr)	6.7982
Cold regime	(--)	Sens. Liquid	Eff. area	(m2)	323.90
EMTD	(Deg C)	85.9	Overdesign	(%)	12.76

Shell Geometry			Baffle Geometry		
TEMA type	(--)	AEU	Baffle type		Single-Seg.
Shell ID	(mm)	990.00	Baffle cut	(Pct Dia.)	30.04
Series	(--)	1	Baffle orientation	(--)	Perpend.
Parallel	(--)	1	Central spacing	(mm)	445.00
Orientation	(deg)	0.00	Crosspasses	(--)	13

Tube Geometry			Nozzles		
Tube type	(--)	Plain	Shell inlet	(mm)	330.20
Tube OD	(mm)	19.050	Shell outlet	(mm)	330.20
Length	(mm)	6706	Inlet height	(mm)	113.56
Pitch ratio	(--)	1.3333	Outlet height	(mm)	126.27
Layout	(deg)	45	Tube inlet	(mm)	193.68
Tubecount	(--)	830	Tube outlet	(mm)	193.68
Tube Pass	(--)	4			

Thermal Resistance, %		Velocities, m/s			Flow Fractions	
Shell	57.75		Min	Max	A	0.022
Tube	4.99	Tubeside	1.60	1.62	B	0.609
Fouling	35.74	Crossflow	0.54	0.91	C	0.015
Metal	1.52	Longitudinal	0.75	0.88	E	0.113
					F	0.242

그림 2-36 2차 설계 결과 (Output summary)

표 2-5는 1차와 2차 설계 결과의 열전달과 관련 Parameter를 보여주고 있다. 2차 설계 결과 Tube side 유속은 1차 설계 결과보다 빠르므로 2차 결과의 열전달계수가 높다. 반면 1차 설계 결과 Shell side 유속은 2차 설계 결과보다 빠르지만, 열전달계수는 오히려 낮다. Shell side flow는 Laminar flow이다. Laminar flow에서 열전달계수는 유속에 매우 큰 영향을 받지만, Tube pitch 45°가 90°에 비해 열전달계수에 매우 효과적임을 알 수 있다.

표 2-5 1차 (90 Pitch)와 2차 (45 Pitch) 결과 비교

설계	*Shell side*			*Tube side*		
	Velocity	*Reynolds No.*	*Transfer rate*	*Velocity*	*Reynolds No.*	*Transfer rate*
1차	*1.23m/sec*	*544*	*367.5kcal.m²-hr-C*	*1.37m/sec*	*34714*	*6399kcal.m²-hr-C*
2차	*0.91m/sec*	*459*	*476.4kcal.m²-hr-C*	*1.61m/sec*	*40912*	*7284kcal.m²-hr-C*

2차 결과 Tube vibration 관련 Warning message는 사라졌지만, Property 외삽 관련 Message는 여전히 남아있다. 45° Pitch가 Tube vibration 측면에도 더 좋은 성능을 보여주고 있다. 이와 관련하여 2.6.1장 그림 2-244와 2-245를 참조하기 바란다.

45° Pitch도 단점이 있다. 그림 2-37에서 보듯이 90° Pitch보다 Tube 배열이 비효율적이다. Bitumen은 Fouling 경향성이 높은 유체이기 때문에 1차와 2차 설계 결과 모두 Tube layout 창에서 "Force continuous cleaning lanes" 옵션을 선택하였음에 유의하자.

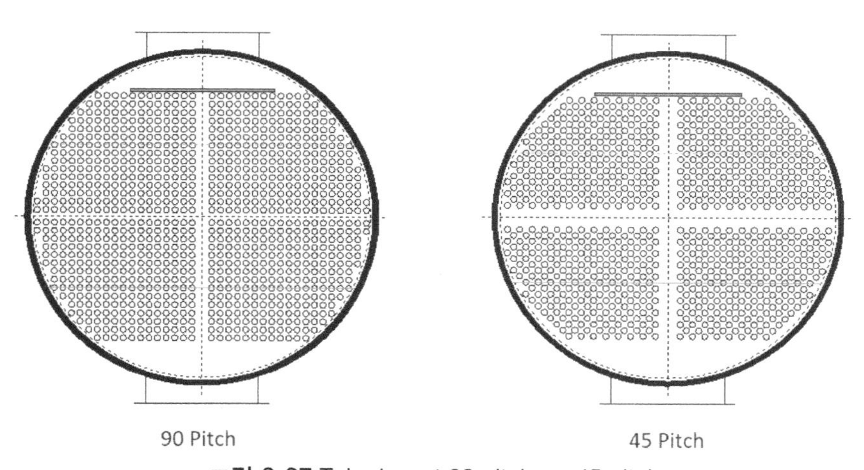

그림 2-37 Tube layout 90 pitch vs. 45 pitch

4) 3차 데이터 입력과 3차 설계 결과 검토

표 2-4 온도에 따른 Property를 2차 설계 결과에 입력하여보자. "Hot fluid properties" 입력 창에 Property 입력 옵션을 "Program calculated" 대신 "User specified grid"로 선택한 후 그림 2-38과 같이 Property를 입력한 후 실행한다.

	Set 1								
	Pressure	4.524	kgf/cm2G						
	Temperature (C)	Enthalpy (kcal/kg)	Weight Fraction Vapor	D (k	py g)	Density (kg/m3)	Viscosity (cP)	Heat Capacity (kcal/kg-C)	Conductivity (kcal/hr-m-C)
	Required: Yes	No	No			Yes	Yes	Yes	Yes
1	211		0			903.47	7.64		
2	188.17		0			916.07	11.12		
3	180		0			920.58	12.99		
4	170		0			926.09	16.01		
5	160.13		0			931.54	20.1		
6	151		0			936.58	25.35		
7	148.3		0			938.07	27.28		
8	140		0			942.65	34.62	0.5139	0.1016
9	137.7		0			943.92	37.13		
10	132.08		0			947.02	44.4		
11	125		0			950.93	56.53	0.4947	0.1039
12	118.05		0			954.76	73.07		

그림 2-38 Property table 입력 옵션 (Hot fluid properties 입력 창)

그림 2-39는 3차 설계 결과다. Property 외삽 관련 Warning message가 사라졌음을 발견할 수 있을 것이다. 그러나 Over-design 12.76%에서 8.42%로 줄어들었다. 3차 결과는 설계 요구사항인 전열 면적 Margin 10%를 만족하지 못하였다.

성능이 줄어든 이유를 좀 더 자세히 알아보자. 그림 2-40은 Final results 창에 나와 있는 Heat transfer parameter 결과이다. 가장 윗줄에 Overall wall correction이 있다. 2차 결과에서 0.735이지만 3차에서 0.691로 줄어들었다. Shell side 열전달계수도 2차 설계 476.44kcal/m^2-hr-C에서 3차 설계 445.77kcal/m^2-hr-C로 Wall correction과 같은 비율로 줄어들었다. Wall correction이란 Bulk와 Wall temperature에서 Viscosity 비율에 지수를 적용한 값으로 열전달계수 보정값이다. 이번 예제의 경우, 2차와 3차 결과 Over-design 차이가 그리 크지 않다. 그러나 필자는 Viscosity 변화가 심한 경우 30% 정도 Over-design이 줄어든 경우도 경험하였다. Laminar flow 경향이 높을수록 Over-design 차이는 더 벌어진다. 이와 관련하여 4.10장 열전달 관계식 4-23도 같이 참조하기 바란다.

추가로 Tube 두께 제작 공차를 고려하기 위하여 Normal tube 두께 2.11mm의 1.1배인 2.32mm를 입력하였다. 이번 예제와 같이 Viscosity가 큰 유체를 서비스하는 열교환기 설계할 때 최종 Tube 두께 정 치수를 입력하여 확인해 보기 바란다. Laminar flow 경향이 강한 경우 Tube 두께가 얇으면 오히려 총괄 열전달계수가 줄어드는 경우도 있다.

Process Conditions		Hot Shellside		Cold Tubeside	
Fluid name			Hot Bitumen		Closed loop cooling water
Flow rate	(1000-kg/hr)		670.53		194.27
Inlet/Outlet Y	(Wt. frac vap.)	0.0000	0.0000	0.0000	0.0000
Inlet/Outlet T	(Deg C)	145.00	125.00	30.00	65.00
Inlet P/Avg	(kgf/cm2G)	4.524	3.681	11.683	11.291
dP/Allow	(kgf/cm2)	1.685	2.039	0.782	1.020
Fouling	(m2-hr-C/kcal)		0.001022		0.000209

Exchanger Performance					
Shell h	(kcal/m2-hr-C)	445.77	Actual U	(kcal/m2-hr-C)	264.63
Tube h	(kcal/m2-hr-C)	7282.0	Required U	(kcal/m2-hr-C)	244.08
Hot regime	(--)	Sens. Liquid	Duty	(MM kcal/hr)	6.7934
Cold regime	(--)	Sens. Liquid	Eff. area	(m2)	323.90
EMTD	(Deg C)	85.8	Overdesign	(%)	8.42

Shell Geometry			Baffle Geometry		
TEMA type	(--)	AEU	Baffle type		Single-Seg.
Shell ID	(mm)	990.00	Baffle cut	(Pct Dia.)	30.04
Series	(--)	1	Baffle orientation	(--)	Perpend.
Parallel	(--)	1	Central spacing	(mm)	445.00
Orientation	(deg)	0.00	Crosspasses	(--)	13

Tube Geometry			Nozzles		
Tube type	(--)	Plain	Shell inlet	(mm)	330.20
Tube OD	(mm)	19.050	Shell outlet	(mm)	330.20
Length	(mm)	6706.	Inlet height	(mm)	113.56
Pitch ratio	(--)	1.3333	Outlet height	(mm)	126.27
Layout	(deg)	45	Tube inlet	(mm)	193.68
Tubecount	(--)	830	Tube outlet	(mm)	193.68
Tube Pass	(--)	4			

Thermal Resistance, %		Velocities, m/s			Flow Fractions	
			Min	Max		
Shell	59.36				A	0.021
Tube	4.80	Tubeside	1.60	1.62	B	0.605
Fouling	34.37	Crossflow	0.54	0.91	C	0.016
Metal	1.46	Longitudinal	0.75	0.87	E	0.117
					F	0.241

그림 2-39 3차 HTRI 결과 (Output summary)

H. T. Parameters		Shell	Tube
Overall wall correction		0.735	1.004
Midpoint	Prandtl no.	730.13	3.66
Midpoint	Reynolds no.	459	40912
Bundle inlet	Reynolds no.	397	29113
Bundle outlet	Reynolds no.	157	52536
Fouling layer	(mm)		

2차 Final results

H. T. Parameters		Shell	Tube
Overall wall correction		0.691	1.004
Midpoint	Prandtl no.	736.72	3.66
Midpoint	Reynolds no.	452	40911
Bundle inlet	Reynolds no.	382	29112
Bundle outlet	Reynolds no.	156	52536
Fouling layer	(mm)		

3차 Final results

그림 2-40 Heat transfer parameters (Final results)

Shell ID를 증가시켜 Over-design 10% 이상 설계해야 한다. 그림 2-41은 최종설계 결과이다.

Process Conditions		Hot Shellside		Cold Tubeside	
Fluid name			Hot Bitumen		Closed loop cooling water
Flow rate	(1000-kg/hr)		670.53		194.27
Inlet/Outlet Y	(Wt. frac vap.)	0.0000	0.0000	0.0000	0.0000
Inlet/Outlet T	(Deg C)	145.00	125.00	30.00	65.00
Inlet P/Avg	(kgf/cm2G)	4.524	3.795	11.683	11.337
dP/Allow	(kgf/cm2)	1.459	2.039	0.691	1.020
Fouling	(m2-hr-C/kcal)		0.001022		0.000209

Exchanger Performance					
Shell h	(kcal/m2-hr-C)	419.56	Actual U	(kcal/m2-hr-C)	254.48
Tube h	(kcal/m2-hr-C)	6880.4	Required U	(kcal/m2-hr-C)	226.94
Hot regime	(--)	Sens. Liquid	Duty	(MM kcal/hr)	6.7934
Cold regime	(--)	Sens. Liquid	Eff. area	(m2)	348.87
EMTD	(Deg C)	85.7	Overdesign	(%)	12.14

Shell Geometry			Baffle Geometry		
TEMA type	(--)	AEU	Baffle type		Single-Seg.
Shell ID	(mm)	1010.0	Baffle cut	(Pct Dia.)	30.44
Series	(--)	1	Baffle orientation	(--)	Perpend.
Parallel	(--)	1	Central spacing	(mm)	445.00
Orientation	(deg)	0.00	Crosspasses	(--)	13

Tube Geometry			Nozzles		
Tube type	(--)	Plain	Shell inlet	(mm)	330.20
Tube OD	(mm)	19.050	Shell outlet	(mm)	330.20
Length	(mm)	6706.	Inlet height	(mm)	105.60
Pitch ratio	(--)	1.3333	Outlet height	(mm)	118.30
Layout	(deg)	45	Tube inlet	(mm)	193.68
Tubecount	(--)	894	Tube outlet	(mm)	193.68
Tube Pass	(--)	4			

Thermal Resistance, %		Velocities, m/s			Flow Fractions	
Shell	60.65		Min	Max	A	0.019
Tube	4.89	Tubeside	1.48	1.51	B	0.552
Fouling	33.05	Crossflow	0.50	0.81	C	0.015
Metal	1.41	Longitudinal	0.69	0.78	E	0.154
					F	0.259

그림 2-41 최종 HTRI 결과 (Output summary)

5) 최종 설계 결과 및 Lessons learned

설계 결과를 정리하면 표 2-6과 같다.

표 2-6 Bitumen product cooler **설계 결과** Summary

Duty [MMKcal/hr]	*MTD [℃]*	*Transfer rate (Required) [kcal/m²-hr-℃]*	*Over-design*	*Shell Dp [kg/cm²]*	*Tube Dp [kg/cm²]*	*Cooling water Velocity [m/sec]*
6.786	*85.7*	*226.9*	*12.1%*	*1.46*	*0.69*	*1.49*

이번 예제를 통하여 Viscosity가 높은 유체를 서비스하는 열교환기 설계할 때 고려해야 할 사항을 요약하면 아래와 같다.

- ✔ *Viscosity가 높은 유체는 Shell side에 위치시켜야 총괄 열전달계수가 크다.*
- ✔ *Viscosity가 높은 유체를 냉각시킬 경우 Property 외삽 관련 Warning message를 무시하지 말고 Cooling fluid 입구온도까지 Hot fluid viscosity 데이터를 입력한다.*
- ✔ *Viscosity가 높은 유체는 Laminar flow를 형성하기 때문에 열전달계수를 높이기 위하여 45 Pitch를 적용한다.*
- ✔ *Viscosity가 높은 유체를 냉각시킬 경우, Tube 두께를 정 치수로 입력하여 설계검토 한다.*
- ✔ *Viscosity가 높은 유체는 많은 E-stream을 형성한다. 두꺼운 Baffle을 사용하면 E-stream을 줄이는 효과가 있다.*
- ✔ *Closed loop system의 Cooling water는 Open loop system의 Cooling water와 다르게 Fouling 경향이 낮다. 고온의 Wall temperature와 접촉하여 $CaCO_3$와 같은 침전물도 발생하지 않는다.*

2.1.3. Lube oil cooler

압축기, 펌프 등 회전기기에 윤활유가 사용된다. 윤활유 온도는 회전기기가 구동하면서 생기는 마찰열에 의해서 올라가기 때문에 지속해서 윤활유에서 열을 제거해야 윤활유 온도를 유지할 수 있다. 이 마찰로 발생한 열을 제거하는 열교환기가 Lube oil cooler이고, 회전기기 업체가 Package에 포함하여 열교환기를 공급한다. 그림 2-42는 간단하게 Lube oil system을 도식화한 그림이다. 회전기기로부터 나온 윤활유는 Reservoir로 들어가고 펌프에 의해서 열교환기, 필터를 통과면서 냉각되고 이물질이 걸러진 후 다시 회전기기로 들어간다.

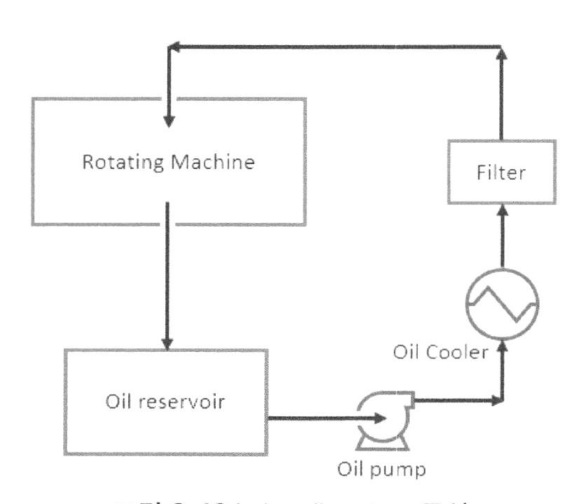

그림 2-42 Lube oil system 구성

윤활유 ISO등급은 윤활유를 40℃ 온도에서 Viscosity 기준에 따라 분류한 것이다. 윤활유의 Viscosity가 너무 낮으면 회전기기 Sealing 효과가 떨어질 수 있으므로 적절한 Viscosity를 갖는 윤활유를 선택하는 것은 중요하다. 일반적으로 회전기기 전문 업체는 열교환기를 직접 설계/제작하지 않고, Process condition만 보여주는 Datasheet를 작성하여 열교환기 전문 제작업체에 설계/제작을 의뢰한다. 윤활유는 Viscosity가 높으므로 열전달계수가 낮다. 따라서 Shell side에 윤활유를 위치시킨다. Lube oil cooler는 윤활유 온도를 낮추기 위하여 냉매로 Cooling water를 주로 사용한다. Cooling water를 사용할 수 없는 장소에서 공랭식 열교환기를 사용하기도 한다. Lube oil cooler로 Open loop system의 Cooling water를 사용하면 Straight tube가 적용되는 Floating head type을 사용하고, Closed loop cooling water를 사용하면 U-tube 열교환기가 적용된다. Floating head type에 TEMA type AES, AET와 같은 Internal floating head type이 있고, TEMA type AEW, AEP와 같은 External floating head type이 있다. Lube oil cooler 운전압력이 높지 않으면 External floating head type 중 하나인 AEW type도 많이 사용한다.

Lube oil cooler 설계 및 제작, 검사 등에 적용되는 Code와 Standard는 발주처가 요구하는 기준에 따른다. 일반적으로 TEMA Standard를 적용하고 압축기와 펌프 등에 해당하는 API에도 열교환기에 관한 내용이 있으므로 이를 적용한다.

One operation & One stand-by Lube oil cooler

그림 2-43 Lube oil coolers

API 614 (Lubrication, Shaft-sealing and Oil-control Systems and Auxiliaries)에 회전기기에 공통으로 적용되는 Lube oil cooler 설계, 제작 기준이 나와 있으므로 이를 많이 적용하고 있다. API 614에 포함된 열교환기 내용을 들여다보면 "대부분 별도 언급이 없으면 이렇게 저렇게 해라."라고 적혀 있다. 따라서 발주처 입장에서 냉매 System과 부합하게 Lube oil cooler의 요구사항을 회전기기 제작업체에 제공해야 한다. API 614에 Lube oil system을 "Special-purpose application"과 "General-purpose application"으로 구분하고 있다. 그림 2-43은 Special-purpose application으로 적용된 Lube oil cooler이다.

"Special-purpose application"을 적용하면 Spare 열교환기를 포함하여 2개의 열교환기가 공급되어야 한다. 표 2-7은 API 614에 나와 있는 Special과 General application의 큰 차이를 보여주고 있다. Package를 구매하는 엔지니어는 어떤 Application을 적용할지 미리 확인하고 이를 MR(Material requisition)에 반영해야 한다.

표 2-7 Special and General purpose application

Special-purpose application	*General-purpose application*
✔ *Dual coolers* ✔ *Min. tube OD = 5/8 inch (15.875mm)*	✔ *Single cooler* ✔ *Min. tube OD = 3/8 inch (9.525mm)*

일부 회전기기 제작업체는 윤활유 Fouling factor를 0으로 적용하여 열교환기를 설계하는 경우가 있다. 윤활유는 상업용으로 생산된 제품으로 처음 사용할 때 깨끗하지만, 장시간 사용하면 더러워져 Fouling이 발생할 수밖에 없으므로 Fouling factor를 적용해야 한다. 참고로 TEMA에서 Engine 윤활유 Fouling factor를 0.001 ft^2-hr-°F/Btu (0.0002 m^2-hr-℃/kcal)로 추천하고 있다.

회전기기 Lube oil cooler의 또 다른 특징은 소형 열교환기이다. 대부분 Shell ID가 400mm 이하이다. Duty가 작아서 Cooling water 소모량 또한 매우 작다. Cooling water 유속을 1m/sec이상 속도 유지하기 위하여 Tube pass가 여러 개가 될 수 있다. 이 경우 여러 개 Pass partition plate 설치에 문제없는지 제작성을 확인해야 한다.

이번 Lube oil cooler 예제는 어느 공정의 Feed 펌프에 적용된 Lube oil cooler이다. 열교환기의 운전과 설계 데이터를 펌프 제작사로부터 접수되어 설계를 검토하였다.

표 2-8 Lube oil cooler 운전 및 설계 데이터

	Unit	*Hot side*		*Cold side*	
Fluid name		*ISO VG32*		*Cooling water*	
Fluid quantity	*kg/hr*	*3,136*		*8,955*	
Mass vapor fraction		*0*	*0*	*0*	*0*
Temperature	℃	*58.3*	*50*	*32*	*33.42*
Density, L/V	*kg/m³*	*842.5*	*848.3*	*Properties of water*	
Viscosity, L/V	*cP*	*12.318*	*17.01*		
Specific heat, L/V	*kcal/kg ℃*	*0.4897*	*0.4807*		
Thermal cond., L/V	*kcal/hr m ℃*	*0.1166*	*0.1171*		
Inlet pressure	*kg/cm²g*	*2.472*		*3*	
Press. drop allow.	*kg/cm²*	*0.3*		*0.5*	
Fouling resistance	*hr m² ℃/kcal*	*0.0002*		*0.0004*	
Duty	*MMkcal/hr*	*0.0127*			
Material		*Carbon steel*		*Admiralty*	
Design pressure	*kg/cm²g*	*11*		*8.5*	
Design temperature	℃	*90*		*80*	

TEMA type	*AEW*	*Shell ID*	*154.5mm*
Tube length	*1000mm*	*No. of tubes*	*84*
Tube OD / Thickness	*9.52mm / 1.24mm*	*Pitch / Pattern*	*12mm / 30°*
Baffle cut	*29.4%*	*No of crosspasses*	*10*
Baffle center space	*78mm*	*Impingement device*	*Rectangular plate*
Shell nozzle (in/out)	*26.64mm/ 26.64mm*	*Tube nozzle (in/out)*	*52.5mm/ 52.5mm*
Tube sheet thickness	*96mm for both*	*No of shells*	*1 series, 1 parallel*
Baffle thickness	*4mm*	*Pairs of seal strips*	*1 Pairs*

1) 제작사 설계 데이터 1차 검토

Lube oil cooler 설계를 검증하기 위하여 제공된 데이터를 Xist에 입력하여 실행하면 그림 2-44와 같이 결과가 나온다. 1차 설계 결과 특이사항은 하기와 같다

- ✔ *Cooling water 입구와 출구온도 차 = 1.42℃*
- ✔ *Cooling water 속도 = 1.53m/sec*
- ✔ *Shell side thermal resistance = 73.7%*
- ✔ *B-steam fraction = 0.378*
- ✔ *E-stream fraction = 0.334*
- ✔ *C-stream fraction = 0.269*

Cooling water 입구와 출구온도 차가 1.42℃이다. 일반적으로 Cooling water 입구와 출구온도 차는 10℃ 정도 되므로 Cooling water를 최소화할 수 있는 양보다 약 7배 많이 사용한 것이다. Cooling water 유량을 많이 사용하는 데는 2가지 이유가 있다. 첫째는 열교환기 크기를 줄일 목적이고 두 번째는 Cooling water 유속을 유지하기 위해서이다. 사용자 입장은 Cooling water 소모량을 줄여, 운전비를 줄이려고 할 것이다. 제작자 입장은 Cooling water를 많이 사용하여 열교환기를 줄여 전체 Package 크기를 줄여야 사업 경쟁력을 가질 수 있다. 서로 입장이 상반되기 때문에 계약 전 Cooling water 소모량을 합의할 것을 추천한다. 그러나 일반적으로 Lube oil cooler의 Cooling water 소모량은 작으므로 큰 문제가 되지 않는다. 그리고 Cooling water 유속을 유지하기 위하여 소모량이 증가한 경우가 많다. 예제에서 Cooling water 유속은 1.53m/sec로 API 614의 최소 Cooling water 속도 1.5m/sec를 유지하기 위한 목적임을 알 수 있다.

Shell side thermal resistance는 전체 Thermal resistance의 약 74%를 차지하고 있다. 윤활유의 점성이 높아 열전달계수가 낮으므로 Lube oil cooler의 Shell side thermal resistance 비중은 높을 수밖에 없다. 즉 Shell side(윤활유) 열전달 성능이 전체 열교환기 성능의 대부분을 차지하기 때문에 Shell side 설계와 제작에 에러가 있으면 전체 열전달 성능이 큰 영향을 미친다.

Lube oil cooler 설계에 Seal strip 1쌍이 적용되었다. 그림 2-45와 같이 Shell side flow는 Laminar flow를 형성하고 있다. 윤활유는 Viscosity가 높으므로 Laminar flow를 피하기 어렵다. 1.6장 표 1-8에 Laminar flow와 Floating type에 해당하는 Stream fraction 값을 참조한다. Lube oil cooler가 External floating head type임을 고려하면 B-stream과 C-stream을 개선할 필요 있다.

Type	AEW		Orientation	Horizontal	Connected In	1 Parallel	1 Series
Surf/Unit (Gross/Eff)	2.512 / 2.271	m2	Shell/Unit	1	Surf/Shell (Gross/Eff)	2.512 / 2.271	m2

PERFORMANCE OF ONE UNIT					
Fluid Allocation		Shell Side		Tube Side	
Fluid Name		ISO VG32		CW	
Fluid Quantity, Total	1000-kg/hr	3.1360		8.9550	
Vapor (In/Out)	wt%	0.00	0.00	0.00	0.00
Liquid	wt%	100.00	100.00	100.00	100.00
Temperature (In/Out)	C	58.30	50.00	32.00	33.42
Density	kg/m3	842.50	848.30	995.16	994.70
Viscosity	cP	12.318	17.010	0.7645	0.7426
Specific Heat	kcal/kg-C	0.4897	0.4807	0.9987	0.9987
Thermal Conductivity	kcal/hr-m-C	0.1166	0.1171	0.5315	0.5332
Critical Pressure	kgf/cm2G				
Inlet Pressure	kgf/cm2G	2.472		3.000	
Velocity	m/s		0.21		1.53
Pressure Drop, Allow/Calc	kgf/cm2	0.300	0.077	0.500	0.168
Average Film Coefficient	kcal/m2-hr-C	375.80		7170.5	
Fouling Resistance (min)	m2-hr-C/kcal	0.000205		0.000400	

Heat Exchanged	0.0127 MM kcal/hr	MTD (Corrected)	20.9 C	Overdesign	3.88 %
Transfer Rate, Service	266.67 kcal/m2-hr-C	Calculated	277.02 kcal/m2-hr-C	Clean	349.15 kcal/m2-hr-C

CONSTRUCTION OF ONE SHELL				Sketch (Bundle/Nozzle Orientation)
		Shell Side	Tube Side	
Design Pressure	kgf/cm2G	11.000	8.500	
Design Temperature	C	90.00	80.00	
No Passes per Shell		1	2	
Flow Direction			Downward	
Connections Size & Rating	In mm	1 @ 26.640	1 @ 52.502	
	Out mm	1 @ 26.640	1 @ 52.502	
	Liq. Out mm	@	1 @	

Tube No. 84.000	OD 9.520 mm	Thk(Avg) 1.240 mm	Length 1000. mm	Pitch 12.000 mm	Tube pattern 30
Tube Type Plain		Material	Admiralty (71 Cu, 28 Zn, 1 Sn)	Pairs seal strips	1
Shell ID 154.50 mm		Kettle ID	mm	Passlane Seal Rod No.	0
Cross Baffle Type	Perpend. Single-Seg.	%Cut (Diam)	29.43	Impingement Plate	Rectangular plate
Spacing(c/c) 78.000 mm		Inlet	138.00 mm	No. of Crosspasses	10
Rho-V2-Inlet Nozzle	2899.0 kg/m-s2	Shell Entrance	1194.8 kg/m-s2	Shell Exit	297.50 kg/m-s2
		Bundle Entrance	43.33 kg/m-s2	Bundle Exit	37.65 kg/m-s2
Weight/Shell	199.20 kg	Filled with Water	218.15 kg	Bundle	58.40 kg

Notes:	Thermal Resistance, %		Velocities, m/s		Flow Fractions	
	Shell	73.71	Shellside	0.21	A	0.018
	Tube	5.22	Tubeside	1.53	B	0.378
	Fouling	20.66	Crossflow	0.31	C	0.269
	Metal	0.40	Window	0.29	E	0.334

그림 2-44 제작사 Lube oil cooler 설계 결과 (Rating datasheet)

H. T. Parameters		Shell	Tube
Overall wall correction		0.897	1.001
Midpoint	Prandtl no.	215.63	5.10
Midpoint	Reynolds no.	130	14203
Bundle inlet	Reynolds no.	115	14013
Bundle outlet	Reynolds no.	81	14405
Fouling layer	(mm)		

그림 2-45 Final results 창에 Heat transfer parameter

2) 설계개선 여부 검토

Bypass stream을 개선하기 위하여 Seal strip과 Baffle 두께를 각각 2쌍과 6mm를 적용해 보았다. Over-design도 약간 높아졌고, Stream이 개선되어 설계 신뢰도 또한 좋아졌다.

Type	AEW		Orientation	Horizontal	Connected In	1 Parallel	1 Series
Surf/Unit (Gross/Eff)	2.512 / 2.271	m2		Shell/Unit 1	Surf/Shell (Gross/Eff)	2.512 / 2.271	m2

PERFORMANCE OF ONE UNIT					
Fluid Allocation		Shell Side		Tube Side	
Fluid Name		ISO VG32		CW	
Fluid Quantity, Total	1000-kg/hr	3.1360		8.9550	
Vapor (In/Out)	wt%	0.00	0.00	0.00	0.00
Liquid	wt%	100.00	100.00	100.00	100.00
Temperature (In/Out)	C	58.30	50.00	32.00	33.42
Density	kg/m3	842.50	848.30	995.16	994.70
Viscosity	cP	12.318	17.010	0.7645	0.7426
Specific Heat	kcal/kg-C	0.4897	0.4807	0.9987	0.9987
Thermal Conductivity	kcal/hr-m-C	0.1166	0.1171	0.5315	0.5332
Critical Pressure	kgf/cm2G				
Inlet Pressure	kgf/cm2G	2.472		3.000	
Velocity	m/s		0.24		1.53
Pressure Drop, Allow/Calc	kgf/cm2	0.300	0.082	0.500	0.168
Average Film Coefficient	kcal/m2-hr-C	390.33		7170.9	
Fouling Resistance (min)	m2-hr-C/kcal	0.000205		0.000400	

Heat Exchanged	0.0127 MM kcal/hr	MTD (Corrected)	20.9 C	Overdesign	6.83 %
Transfer Rate, Service	266.63 kcal/m2-hr-C	Calculated	284.84 kcal/m2-hr-C	Clean	361.65 kcal/m2-hr-C

CONSTRUCTION OF ONE SHELL				Sketch (Bundle/Nozzle Orientation)
		Shell Side	Tube Side	
Design Pressure	kgf/cm2G	11.000	8.500	
Design Temperature	C	90.00	80.00	
No Passes per Shell		1	2	
Flow Direction			Downward	
Connections Size & Rating — In	mm	1 @ 26.640	1 @ 52.502	
Out	mm	1 @ 26.640	1 @ 52.502	
Liq. Out	mm	@	1 @	

Tube No. 84.000	OD 9.520 mm	Thk(Avg) 1.240 mm	Length 1000. mm	Pitch 12.000 mm	Tube pattern 30
Tube Type Plain		Material	Admiralty (71 Cu, 28 Zn, 1 Sn)	Pairs seal strips	2
Shell ID 154.50 mm		Kettle ID	mm	Passlane Seal Rod No.	0
Cross Baffle Type	Perpend. Single-Seg.		%Cut (Diam) 29.43	Impingement Plate	Rectangular plate
Spacing(c/c) 78.000 mm		Inlet	138.00 mm	No. of Crosspasses	10
Rho-V2-Inlet Nozzle	2899.0 kg/m-s2	Shell Entrance	1194.8 kg/m-s2	Shell Exit	297.50 kg/m-s2
		Bundle Entrance	43.33 kg/m-s2	Bundle Exit	37.65 kg/m-s2
Weight/Shell 201.06 kg		Filled with Water	219.80 kg	Bundle	60.26 kg

Notes:	Thermal Resistance, %		Velocities, m/s		Flow Fractions	
	Shell	72.97	Shellside	0.24	A	0.015
	Tube	5.37	Tubeside	1.53	B	0.422
	Fouling	21.24	Crossflow	0.31	C	0.235
	Metal	0.41	Window	0.29	E	0.328

그림 2-46 Lube oil cooler 설계 개선결과 (Rating datasheet)

3) Viscosity에 대한 Case study

앞서 2.1.2장 Bitumen product cooler 예제에서 보듯이 Viscosity가 높은 유체에 대하여 추가 Viscosity data(온도 58.3℃에서 32℃까지 Viscosity data table)를 입력하여 설계를 검증해 볼 필요가 있다. ISO VG32 윤활유 Viscosity는 관련 자료, 인터넷을 이용하여 찾을 수 있다. 그림 2-47은 Viscosity를 추가 입력한 Xist 결과이다. 그림 2-46 결과와 차이가 미미함을 확인할 수 있다. 만약 Over-design 차이가 크게 나면 펌프 제작사에 이에 대한 Comment를 하여 설계 수정하도록 유도해야 한다.

Type	AEW	Orientation	Horizontal	Connected In	1 Parallel	1 Series
Surf/Unit (Gross/Eff)	2.512 / 2.271 m2		Shell/Unit 1	Surf/Shell (Gross/Eff)	2.512 / 2.271 m2	

PERFORMANCE OF ONE UNIT					
Fluid Allocation		Shell Side		Tube Side	
Fluid Name		ISO VG32		CW	
Fluid Quantity, Total	1000-kg/hr	3.1360		8.9550	
Vapor (In/Out)	wt%	0.00	0.00	0.00	0.00
Liquid	wt%	100.00	100.00	100.00	100.00
Temperature (In/Out)	C	58.30	50.00	32.00	33.42
Density	kg/m3	842.50	848.30	995.16	994.70
Viscosity	cP	12.318	17.010	0.7645	0.7426
Specific Heat	kcal/kg-C	0.4897	0.4807	0.9987	0.9987
Thermal Conductivity	kcal/hr-m-C	0.1166	0.1171	0.5315	0.5332
Critical Pressure	kgf/cm2G				
Inlet Pressure	kgf/cm2G	2.472		3.000	
Velocity	m/s		0.24		1.53
Pressure Drop, Allow/Calc	kgf/cm2	0.300	0.082	0.500	0.168
Average Film Coefficient	kcal/m2-hr-C	384.34		7170.7	
Fouling Resistance (min)	m2-hr-C/kcal	0.000205		0.000400	

Heat Exchanged	0.0127 MM kcal/hr	MTD (Corrected)	20.9 C	Overdesign	5.60 %
Transfer Rate, Service	266.70 kcal/m2-hr-C	Calculated	281.63 kcal/m2-hr-C	Clean	356.50 kcal/m2-hr-C

CONSTRUCTION OF ONE SHELL				Sketch (Bundle/Nozzle Orientation)
		Shell Side	Tube Side	
Design Pressure	kgf/cm2G	11.000	8.500	
Design Temperature	C	90.00	80.00	
No Passes per Shell		1	2	
Flow Direction			Downward	
Connections Size & Rating	In mm	1 @ 26.640	1 @ 52.502	
	Out mm	1 @ 26.640	1 @ 52.502	
	Liq. Out mm	@	1 @	

Tube No. 84.000	OD 9.520 mm	Thk(Avg) 1.240 mm	Length 1000. mm	Pitch 12.000 mm	Tube pattern 30
Tube Type Plain		Material Admiralty (71 Cu, 28 Zn, 1 Sn)		Pairs seal strips	2
Shell ID 154.50 mm		Kettle ID mm		Passlane Seal Rod No.	0
Cross Baffle Type Perpend.	Single-Seg.	%Cut (Diam)	29.43	Impingement Plate	Rectangular plate
Spacing(c/c) 78.000 mm		Inlet 138.00 mm		No. of Crosspasses	10
Rho-V2-Inlet Nozzle 2899.0	kg/m-s2	Shell Entrance	1194.8 kg/m-s2	Shell Exit	297.50 kg/m-s2
		Bundle Entrance	43.33 kg/m-s2	Bundle Exit	37.65 kg/m-s2
Weight/Shell 201.06	kg	Filled with Water	219.80 kg	Bundle	60.26 kg

Notes:	Thermal Resistance, %		Velocities, m/s		Flow Fractions	
	Shell	73.28	Shellside	0.24	A	0.015
	Tube	5.31	Tubeside	1.53	B	0.418
	Fouling	21.00	Crossflow	0.31	C	0.238
	Metal	0.41	Window	0.29	E	0.330

그림 2-47 Lube oil cooler 설계 개선결과 (추가 Viscosity data 입력)

4) 실제 성능 평가

열교환기 성능이 부족하면 Lube oil cooler의 출구온도가 높아진다. 온도가 높아진 윤활유는 회전기기로 들어가고 더 높은 온도의 윤활유가 다시 열교환기로 들어오게 된다. 다시 열교환기 출구온도가 더 올라간다. 부족한 열교환기 성능은 LMTD가 증가하여 서로 상쇄될 때까지 열교환기 입구와 출구온도는 증가한다. 윤활유 온도가 얼마나 올라가는지 모사하려면 "Process conditions" 입력 창에서 Duty를 고정하고 윤활유 출구온도를 빈칸으로 둔다. Xist를 실행시켜 Over-design이 0% 가까이 나올 때까지 입구온도를 증가시킨다.

성능이 부족한 열교환기를 모사하는 방법을 설명하기 위하여 Lube oil cooler의 Tube 17본이 Plugging 되었다고 가정해보자. 이때 열교환기 성능은 그림 2-49와 같이 -16% Under-design이다.

그림 2-48과 같이 "Process conditions" 창에서 Hot side 출구온도를 비워 둔다.

Process Conditions

Exchanger service	Generic shell and tube	
Hot fluid location	Shellside	

	Hot Fluid		Cold Fluid		
Fluid name	ISO VG32		CW		
Phase	All liquid		All liquid		
Flow rate	3.136		8.955		1000-kg/hr
	Inlet	Outlet	Inlet	Outlet	
Vapor weight fraction	0	0	0	0	
Temperature	62.5		32	33.42	C
Operating pressure	2.472		3		kgf/cm2G
Allowable pressure drop	0.3		0.5		kgf/cm2
Fouling resistance	0.000205		0.0004		m2-hr-C/kcal
Fouling layer thickness					mm
Exchanger duty	0.0127				MM kcal/hr
Duty/flow multiplier	1				

그림 2-48 Process conditions 입력 창

Process Conditions		Hot Shellside		Cold Tubeside	
Fluid name			ISO VG32		CW
Flow rate	(1000-kg/hr)		3.1360		8.9550
Inlet/Outlet Y	(Wt. frac vap.)	0.0000	0.0000	0.0000	0.0000
Inlet/Outlet T	(Deg C)	58.30	50.00	32.00	33.42
Inlet P/Avg	(kgf/cm2G)	2.472	2.434	3.000	2.876
dP/Allow.	(kgf/cm2)	0.077	0.300	0.249	0.500
Fouling	(m2-hr-C/kcal)		0.000205		0.000400
		Exchanger Performance			
Shell h	(kcal/m2-hr-C)	376.05	Actual U	(kcal/m2-hr-C)	279.54
Tube h	(kcal/m2-hr-C)	8569.4	Required U	(kcal/m2-hr-C)	334.40
Hot regime	(--)	Sens. Liquid	Duty	(MM kcal/hr)	0.0127
Cold regime	(--)	Sens. Liquid	Eff. area	(m2)	1.811
EMTD	(Deg C)	20.9	Overdesign	(%)	-16.40

그림 2-49 Lube oil cooler Xist 결과 (Tube plugging)

그림 2-50은 Lube oil cooler의 Tube가 17본 Plugging 되었을 때, 즉 성능이 부족한 열교환기의 예상 성능을 모사한 결과이다. 윤활유 입구온도는 62.5℃이고 출구는 54.3℃이다. 즉 윤활유는 Feed 펌프에 54.3℃로 들어가서 62.5℃로 나온다. 이렇게 운전되면 Lube oil high temperature alarm 설정 온도를 넘을 수 있어 설정값을 조정해야 할지 모른다. 그러나 먼저 펌프 제작사에 예상 윤활유 운전온도를 확인해야 한다. 윤활유 온도가 높아지면 회전기기 온도도 올라갈 뿐 아니라 Viscosity가 낮아져 윤활유로서 역할을 하지 못하기 때문이다.

Process Conditions		Hot Shellside		Cold Tubeside	
Fluid name			ISO VG32		CW
Flow rate	(1000-kg/hr)		3.1360		8.9550
Inlet/Outlet Y	(Wt. frac vap.)	0.0000	0.0000	0.0000	0.0000
Inlet/Outlet T	(Deg C)	62.50	54.26	32.00	33.42
Inlet P/Avg	(kgf/cm2G)	2.472	2.435	3.000	2.876
dP/Allow.	(kgf/cm2)	0.074	0.300	0.249	0.500
Fouling	(m2-hr-C/kcal)		0.000205		0.000400
		Exchanger Performance			
Shell h	(kcal/m2-hr-C)	375.75	Actual U	(kcal/m2-hr-C)	279.39
Tube h	(kcal/m2-hr-C)	8573.4	Required U	(kcal/m2-hr-C)	277.34
Hot regime	(--)	Sens. Liquid	Duty	(MM kcal/hr)	0.0127
Cold regime	(--)	Sens. Liquid	Eff. area	(m2)	1.811
EMTD	(Deg C)	25.2	Overdesign	(%)	0.74

그림 2-50 Lube oil cooler 모사 결과 (Tube plugging)

5) 결론 및 Lessons learned

Lube oil cooler에 대하여 앞서 검토한 결과를 Case 별로 정리하면 표 2-9와 같다. 펌프 제작사가 설계한 Lube oil cooler를 더 개선할 수 있으므로 개선안을 Comment 할 수 있다. 그러나 제작사가 Comment를 받아들이지 않아도 성능에 문제가 되지 않을 것이다.

표 2-9 Lube oil cooler의 Case 별 성능 결과 Summary

Cases	*제작사Design*	*개선안*	*Viscosity check*	*Tube plugging*	*Simulation*
Over-design [%]	*3.88*	*6.83*	*5.6*	*-16.4*	*0.7*
Lube oil HTC [kcal/m²-hr-℃]	*375.8*	*390.3*	*384.3*	*376.1*	*375.8*
MTD [℃]	*20.9*	*20.9*	*20.9*	*20.9*	*25.2*
B-stream	*0.378*	*0.422*	*0.418*	*0.378*	*0.375*
Remarks	*1 Pairs of seal Baffle 4mm*	*2 Pairs of seal Baffle 6mm*	*2 Pairs of seal Baffle 6mm*	*Tube 17본 Plugging*	*Tube 17본 Plugging*

Lube oil cooler는 Package 제작사가 설계하고 공급한다. 열교환기 Shell side에 윤활유가 흐르고 Laminar flow가 형성한다. Lube oil cooler 설계할 때 고려하여야 할 사항을 요약하면 아래와 같다.

- ✔ *Cold side 입구온도까지 Viscosity 데이터를 입력하여 성능을 검증한다.*
- ✔ *너무 과도한 Over-design으로 설계하지 말아야 한다.*
- ✔ *Sealing device를 최대한 사용하여 B-stream을 가능한 한 크게 해야 한다.*
- ✔ *가능하면 TEMA W와 S-type head를 사용하고 TEMA T-type head는 피하는 것이 좋다.*
- ✔ *NTIW Baffle design을 피하고 Horizontal baffle cut을 사용해야 한다.*
- ✔ *가능한 Shell 내부에 Tube를 꽉 채워 설계한다.*
- ✔ *Baffle spacing을 너무 좁게 설계하지 말아야 한다.(0.5 × Shell ID <baffle spacing < Shell ID)*
- ✔ *Baffle cut을 너무 작게 설계하지 말아야 한다. (20~30%)*
- ✔ *Low-finned tube도 사용 가능하므로 필요할 경우 사용할 수 있다.*

2.2. Product air cooler

Cooling utility를 높은 온도 순서로 나열하면 Air, Cooling water, Chilled water, Refrigerant이다. 온도가 높은 Cooling utility일수록 운전 단가도 낮다. 그러나 높은 온도의 Cooling utility는 열교환기 크기를 증가시킨다. 따라서 Cooling utility를 선정할 때 낮추려는 공정 유체온도, 운전비와 투자비를 고려한 경제성을 따져봐야 한다. Air는 가장 높은 온도의 Cold utility이며, 운전비가 가장 저렴하다. Product 온도가 고온일 경우 Air cooler 단독으로 또는 Cooling water cooler와 직렬로 사용한다. 후자의 경우 Air cooler와 Cooling water cooler 사이 공정 유체온도를 Break temperature라고 하는데 일반적으로 60℃이다. UOP는 Break temperature를 Air 온도보다 11℃ 높게 정하기도 한다. 여기서 설계에 적용되는 Air 온도는 Dry bulb temperature 기준이다. Dry bulb temperature는 연중 가장 높은 기온을 Air cooler의 Air inlet 온도로 정하지 않는다. 연중 최고 온도 2%~5%에 해당하는 평균온도를 Air cooler 입구온도로 정한다. Air 온도를 연중 최고 기온으로 정하면 연중 몇 시간을 위하여 과도한 설비 투자해야 하므로 비경제적이기 때문이다. 간혹 Project에 따라 설계 Dry bulb temperature를 너무 낮게 선정하여 여름철 운전 중 Air Cooler 성능이 부족한 경우도 있다. 그러므로 Dry bulb temperature는 초기 Project 시작할 때 투자비 및 안정적인 운전을 고려하여 신중하게 결정되어야 한다.

2.2.1 Lean amine air cooler

Lean amine cooler는 Amine treating unit을 구성하는 열교환기 중 하나이다. Amine treating unit는 Hydrocarbon에 함유된 H_2S와 CO_2를 제거하기 위한 목적이다. 이 성분들은 부식을 유발하는 물질이며, H_2S는 사람에 치명적인 물질이기도 하다. H_2S와 CO_2를 포함한 Gas를 Sour gas라고 하며 이들이 제거된 Gas를 Sweet gas라고 한다. 그림 2-51은 Amine treating unit의 구성을 보여주고 있다.

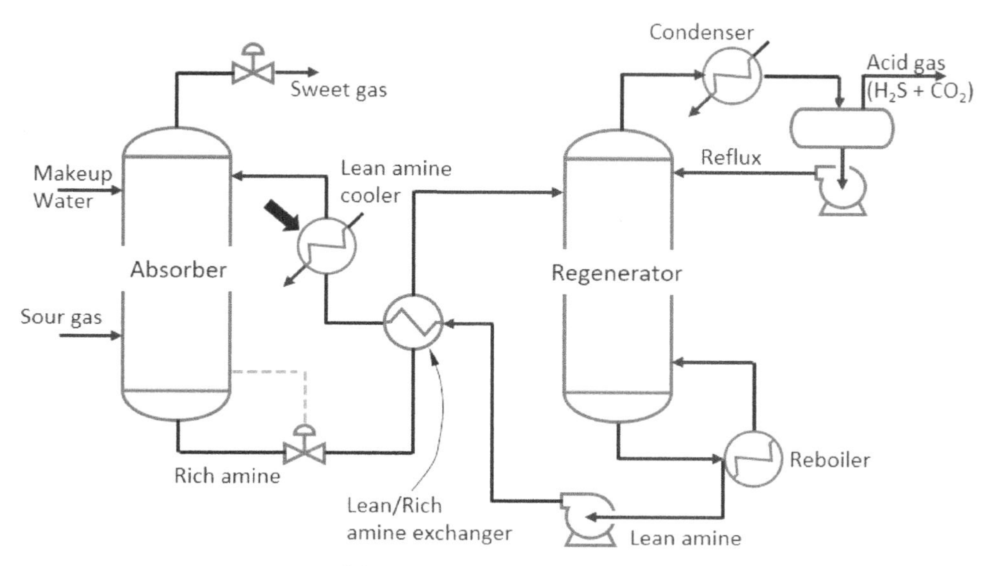

그림 2-51 Amine treating unit 공정도

Lean amine은 Absorber에서 Sour gas에 포함된 H_2S와 CO_2를 흡수하며 자신은 Rich amine이 된다. Rich amine은 자신에 포함된 H_2S와 CO_2를 Regenerator에서 제거한 후 다시 Absorber로 간다. Regenerator 운전온도는 높은 반면 Absorber 운전온도는 낮다. Lean amine은 Absorber로 들어가기 전 에너지 회수를 위하여 Lean/Rich amine exchanger에 Rich amine과 열교환하여 온도를 낮추고, Lean amine cooler에서 Absorber 운전온도까지 온도가 낮아진다. Lean amine cooler는 보통 Cooling water cooler를 사용하지만, Absorber 운전온도가 높거나 Cooling water가 없으면 Air cooler를 사용하기도 한다. Amine treating unit에 열교환기 설계할 때 주의해야 할 점은 부식 경향성을 줄이기 위하여 Amine 유속을 제한한다는 것이다. 빠른 유속이 Tube 표면에 형성된 FeS 막을 벗길 수 있기 때문이다. 발주처에 따라 조금씩 차이는 있긴 하지만, Amine 서비스에 적용되는 Liquid 유속 제한은 아래와 같다.

- ✔ *Maximum 1.5 m/sec for carbon steel tube under rich amine service*
- ✔ *Maximum 3.0 m/sec for carbon steel tube under lean amine service*
- ✔ *Maximum 5.0 m/sec for stainless steel tube under rich amine service*

Amine treating unit에 사용되는 Amine은 Amine 수용액이다. Amine 종류는 MEA, DEA, MDEA 등이 있고, 종류에 따라 농도를 달리 사용된다. 이들은 각각 장단점이 있어 처리하려는 공정 유체, 사용자의 선호도에 따라 결정된다. Amine 자체의 어는점은 상온에 가깝지만, 수용액은 매우 낮아 Winterization을 고려할 필요 없다. 표 2-10은 예제 Lean amine air cooler 설계 운전조건이다.

표 2-10 Lean amine air cooler 설계 운전조건

	Unit	Process Side		Air Side	
Fluid name		Lean amine		-	
Fluid quantity	kg/hr	83,622 × 1.2		-	
Temperature	℃	63	55	40	
Mass vapor fraction		0	0	1	1
Density, L/V	kg/m^3	1007	1011	Properties of air	
Viscosity, L/V	cP	1.3	1.6		
Specific heat, L/V	kcal/kg ℃	0.928	0.922		
Thermal cond., L/V	kcal/hr m ℃	0.249	0.251		
Inlet pressure	kg/cm^{2}g	32.3		Ground altitude 5m	
Press. drop allow.	kg/cm^2	1			
Fouling resistance	hr m^2 ℃/kcal	0.0004			
Duty	MMkcal/hr	0.62 × 1.2			
Material		KCS + HIC Resistance			
Design pressure	kg/cm^{2}g	36.3			
Design temperature	℃	85		Min. air temp. 23 ℃	
line size in/out		8"	8"		
1. Pipe rack width = 9m 2. Forced draft type 3. Fan & Driver power margin: 10% of required air flow rate at max. air temperature 4. Fin tube type = Extruded fin tube 5. Louver to be provided.					

1) Input Summary 창에서 데이터 입력하기

먼저 Metric unit으로 단위를 맞춘 후, 주어진 설계조건을 그림 2-52와 같이 입력한다. Process condition 입력은 Xist 모듈과 동일하기 때문에 이에 대한 설명은 생략한다.

① Case mode: "Rating mode"와 "Simulation mode"를 주로 사용한다. New air cooler를 설계할 때 "Rating mode"를 사용하고, 기사용 중인 Air cooler를 성능 평가할 경우 "Simulation mode"를 사용한다. Xist에서 "Case mode"와 동일한 개념이다.

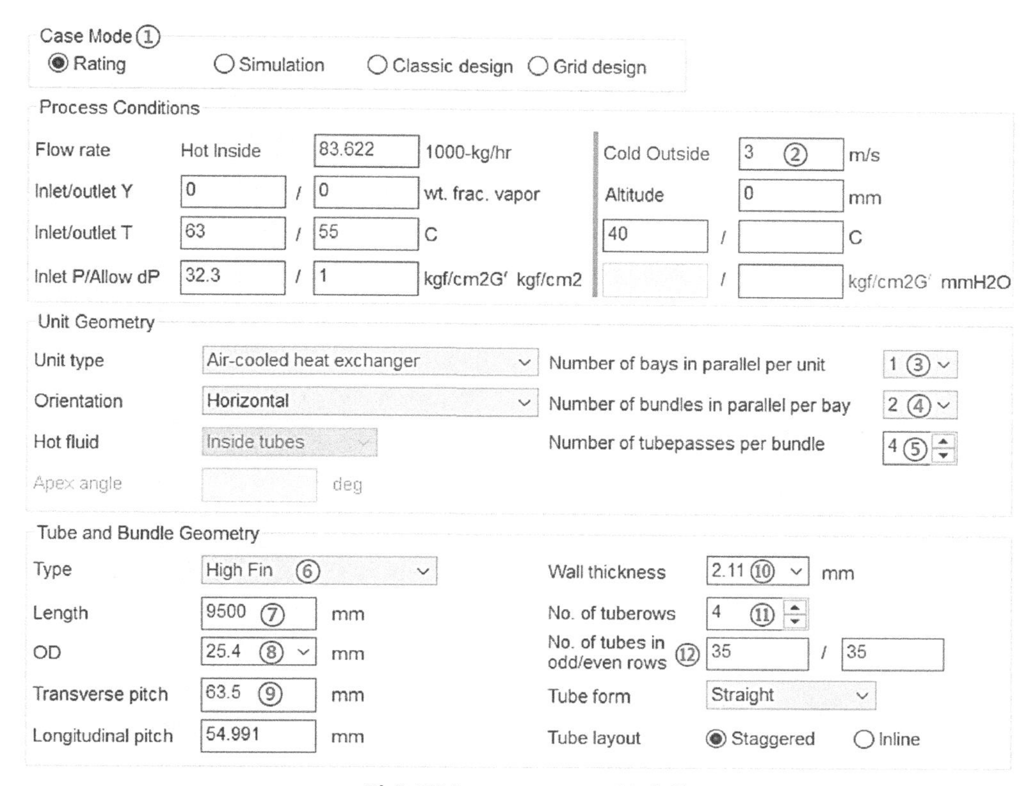

그림 2-52 Input summary 입력 창

② "Face velocity"를 초깃값 3.0m/sec로 입력한다. Tube 치수가 크고 Tube row 수가 많으면 이보다 낮은 값을 반대의 경우 높은 값을 입력한다. 실행 결과를 보고 이 값을 조절해 나간다. "Simulation mode"를 사용할 경우 "Process conditions" 입력 창에서 "Face velocity"를 "Actual flow rate" 옵션으로 바꾸어 입력한다.

③ Air cooler duty 크기에 따라 초기 Bay 수를 입력한다. 그리고 실행 결과 Over-design을 보고 Bay 수량을 조절한다. 이 예제의 Duty가 작으므로 한 개 Bay를 입력한다.

④ Tube bundle 수 2개를 입력한다. Bay 수량과 같이 실행 결과를 보고 조절한다.

⑤ Duty가 작고 상변화가 없는 Liquid 서비스다. Liquid는 온도에 따라 Density 변화가 적으므로 4 tube row에 4 Pass를 입력한다. Pass 수가 짝수일 때 입구/출구 노즐은 Front header box에 설치되지만, 홀수일 때 입구 노즐은 Front header box에 출구 노즐은 Rear header box에 설치된다. Air cooler에 연결된 배관 치수가 작을 때 노즐 위치는 문제 되지 않지만, 배관 치수가 크면 Manifold 설계, 이를 지지하는 Structure 추가, 배관 연결 등 Air cooler 주위가 복잡해질 수 있으므로 배관 엔지니어와 미리 협의하는 것이 좋다. 설계 결과에 Pressure drop을 보고 Pass 수를 조절한다.

⑥ Tube type은 High fin을 선택한다.

⑦ Pipe rack 폭보다 500mm 긴 9500mm를 입력한다.

⑧ API air cooler이므로 최소 Tube 치수인 OD 25.4mm를 입력한다.

⑨ Transverse pitch는 부록 5.3장 Fin tube geometry에 따라 Tube OD 25.4mm에 해당하는 치수를 입력한다. Pitch 63.5mm는 Fin OD 57.15mm에 Fin과 Fin 간격 6.35mm를 더하여 계산된 치수이다. 간혹 Fin과 Fin 간격 3.18mm를 적용하기도 하지만, 최소 Fin과 Fin 간격 6.35mm를 추천한다. 실제 운전 중인 Air cooler 내부를 보면 Fin 사이에 이물질이 꽉 차 있는 때도 있다. 이렇게 Fin과 Fin 사이에 이물질이 꽉 차 있으면 Air side fouling 측면보다 전열 면적감소로 인한 성능이 매우 낮아진다. 이는 그림 2-53에 보이는 것처럼 이물질로 인하여 Fin과 Fin 사이가 막혀 공기가 그사이를 통과하지 못하기 때문이다.

그림 2-53 Air cooler outside fouling

⑩ Embedded fin을 사용하면 One gauge 더 두꺼운 두께를 사용해야 하지만, Extruded fin을 사용하므로 Tube 두께는 2.11mm를 입력한다.

⑪ 4 tube row를 입력한다. 설계 결과에 Over-design을 보고 조절해 나간다.

⑫ 한 개 Tube row에서 Tube 수량을 입력한다. 홀수와 짝수 Row에 각각 Tube 수량을 입력한다. 이 입력값에 따라 Tube bundle 폭이 이 결정된다. 35개 Tube를 입력하였다. 설계 결과의 Over-design을 보고 조절해 나간다.

2) Process conditions 입력 창에서 데이터 입력하기

"Process conditions" 입력 창 대부분 데이터는 이미 "Input Summary" 입력 창에서 입력하였다. 여기에 입력할 데이터는 3가지뿐이다.

Process Conditions

	Tubeside Fluid (Hot)			Airside Fluid		
Fluid name	Lean Amine			Air		
Phase / Airside flow rate units	All liquid			Face velocity		
Flow rate	83.622	1000-kg/hr		3	m/s	
Altitude (above sea level)				0	mm	
	Inlet	Outlet		Inlet	Outlet	
Temperature	63	55		40		C
Weight fraction vapor	0	0				
Pressure reference	Inlet pressure					
Pressure	32.3		kgf/cm2G			
Allowable pressure drop	1	kgf/cm2				mmH2O
Fouling resistance	① 0.0004					m2-hr-C/kcal
Fouling layer thickness						mm
Exchanger duty		② 0.62	MM kcal/hr			
Duty/flow multiplier		③ 1.2				

그림 2-54 Process conditions 입력 창

① Datasheet에 제공된 Fouling factor 0.0004 m^2-hr-℃/kcal을 입력한다. Air side fouling이 제공되었다면 Air fouling resistance에 그 값을 입력한다. Fouling resistance가 전체 Thermal resistance에서 차지하는 비중은 Shell & tube heat exchanger의 Fouling resistance와 다르게 크지 않다.

② Exchanger duty를 0.62 MMkcal/hr로 입력한다.

③ "Duty/flow multiplier"를 1.2를 입력한다. Xist과 다르게 Xace에서 Duty와 Tube side flow rate만 증가한다. Air flow rate는 증가하지 않는다.

3) Hot fluid properties 입력 창에서 데이터 입력하기

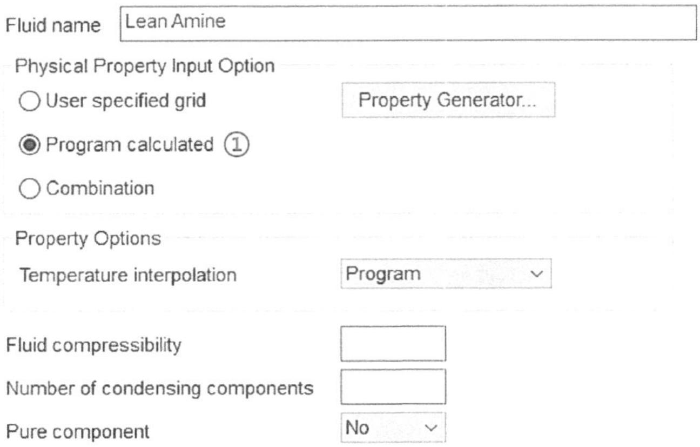

Fluid name: Lean Amine

Physical Property Input Option

- User specified grid — Property Generator...
- Program calculated ①
- Combination

Property Options

Temperature interpolation: Program

Fluid compressibility

Number of condensing components

Pure component: No

그림 2-55 Hot fluid properties 입력 창

① Fluid property 입력 옵션 선택은 Xist과 동일하다. 유체가 Liquid이고 Property가 제공되었으므로 "Program calculated" 옵션을 선택한다.

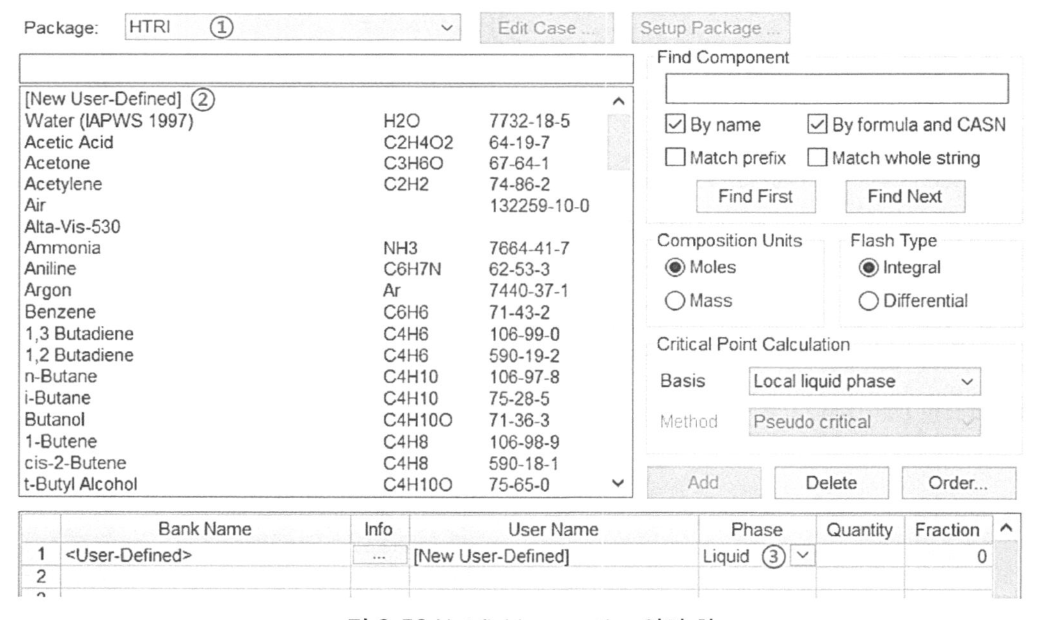

그림 2-56 Hot fluid properties 입력 창

① "Package" 옵션을 "HTRI"로 선택한다.

② Fluid list에서 "New user-defined"를 선택한다.

③ 유체가 Liquid이므로 "Phase"를 "Liquid"로 선택한다.

그림 2-57과 같이 “Component” 입력 창에 “New user-defined” 창이 생길 것이다. 제공된 Amine property를 “Liquid properties” 입력 창에 입력한다.

Constants | Vapor Properties | Liquid Properties | VLE Data

	Property	Ref. T1	Ref. T2	
1	Reference temperature	63	55	C
2	Density	1007	1011	kg/m3
3	Viscosity	1.3	1.6	cP
4	Thermal conductivity	0.249	0.251	kcal/hr-m-C
5	Heat capacity	0.928	0.922	kcal/kg-C
6	Enthalpy			kcal/kg
7	Surface tension			dyne/cm

For a user-defined component in a two-phase fluid, surface tension is a recommended input. The program will estimate a value if a value is not specified, but the estimated value may not be accurate for your fluid.

그림 2-57 Liquid properties 입력 창

4) Geometry 창 입력

① Bay 당 Fan 수량은 2개를 입력한다. 만약 Tube 길이가 12m보다 길다면 3개의 Fan을 고려한다.

② “Fan arrangement”를 “Forced draft”로 입력한다.

③ “Fan ring type”을 “15 deg cone”으로 선택한다. 실제 Air cooler는 Bell type fan ring이 사용되지만, “15 deg cone”을 선택하였을 때 Air cooler 전문 제작사가 제공하는 Static pressure와 유사한 결과를 보여주었다.

Unit Geometry

Unit type	Air-cooled heat exchanger	Number of bays in parallel per unit	1
Orientation	Horizontal	Number of bundles in parallel per bay	2
Hot fluid	Inside tubes	Number of tubepasses per bundle	4
Apex angle	deg		

Tube and Bundle Geometry

Type	High Fin	Wall thickness	2.11 mm
Length	9500 mm	No. of tuberows	4
OD	25.4 mm	No. of tubes in odd/even rows	35 / 35
Transverse pitch	63.5 mm	Tube form	Straight
Longitudinal pitch	54.991 mm	Tube layout	◉ Staggered ○ Inline

Fan Geometry

Number of fans/bay	2 ①
Fan arrangement ②	◉ Forced draft ○ Induced draft
Fan diameter	mm
Fan ring ③	15 deg cone

그림 2-58 Geometry 입력 창

5) Unit 창 입력

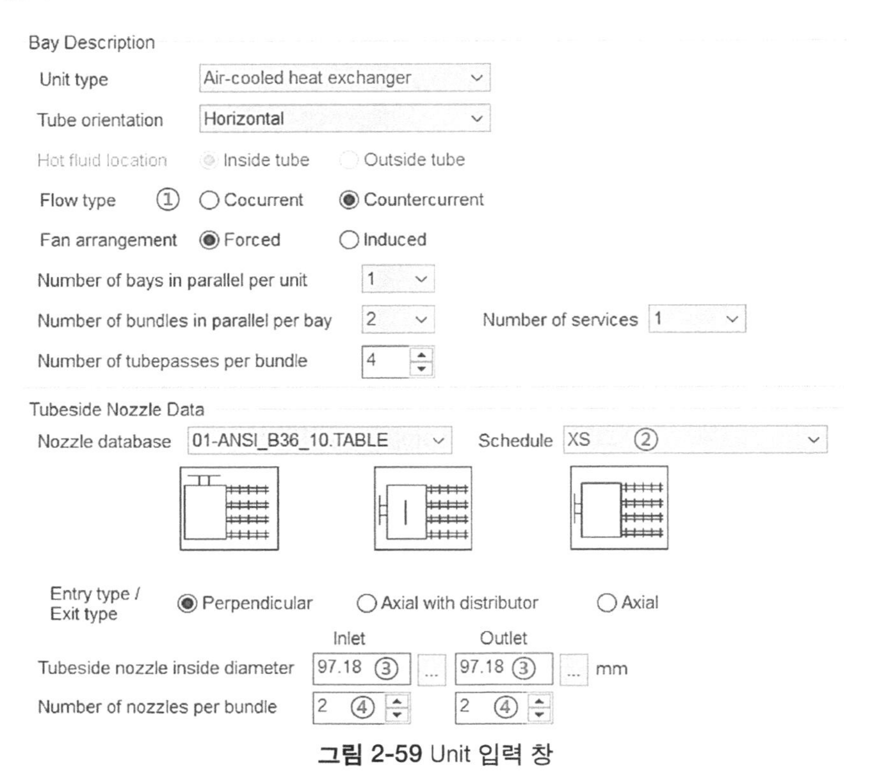

그림 2-59 Unit 입력 창

① Winterization을 위하여 간혹 "Cocurrent"를 선택할 경우를 제외하고 "Flow type"을 "Countercurrent"로 입력한다.

② 노즐에 사용되는 Pipe schedule을 X-strong으로 적용한다.

③ 입구/출구 노즐에 연결되는 배관 치수는 8"이다. 앞서 1 Bay 2 bundle을 입력하였다. Bundle 당 2개 노즐이 설치되므로 전체 입구/출구에 각각 4개 노즐이 설치된다. 8" 배관 단면적과 가장 가까운 4개 배관 단면적을 갖는 4" 노즐을 입력한다. 초기 입력하지 않아도 Xace가 노즐 치수를 계산하지만, 문제가 없다면 연결 배관 치수에 맞추어 노즐 치수를 결정한다.

④ Xace는 한 개의 Pass에 포함된 개별 Tube에 동일한 유량이 흐르는 것으로 가정하여 열전달과 Pressure drop을 계산한다. Tube bundle 폭이 2m를 넘으면 Fluid distribution을 위하여 입구/출구에 각각 2개 노즐을 설치할 것을 추천한다.

6) 옵션 창 입력

① "Fan area blockage"는 5%로 입력한다. Fan 망, Motor mount structure가 설치되어 Fan area 약 5% 막힌다고 고려한다. 이는 Static pressure에 영향을 준다.

② Louver 설치를 요구하고 있으므로 "Louvers present"를 "Yes"로 선택한다. 이 또한 Static pressure에 영향을 준다.

③ Datasheet에 명기된 설계압력과 온도를 입력한다.

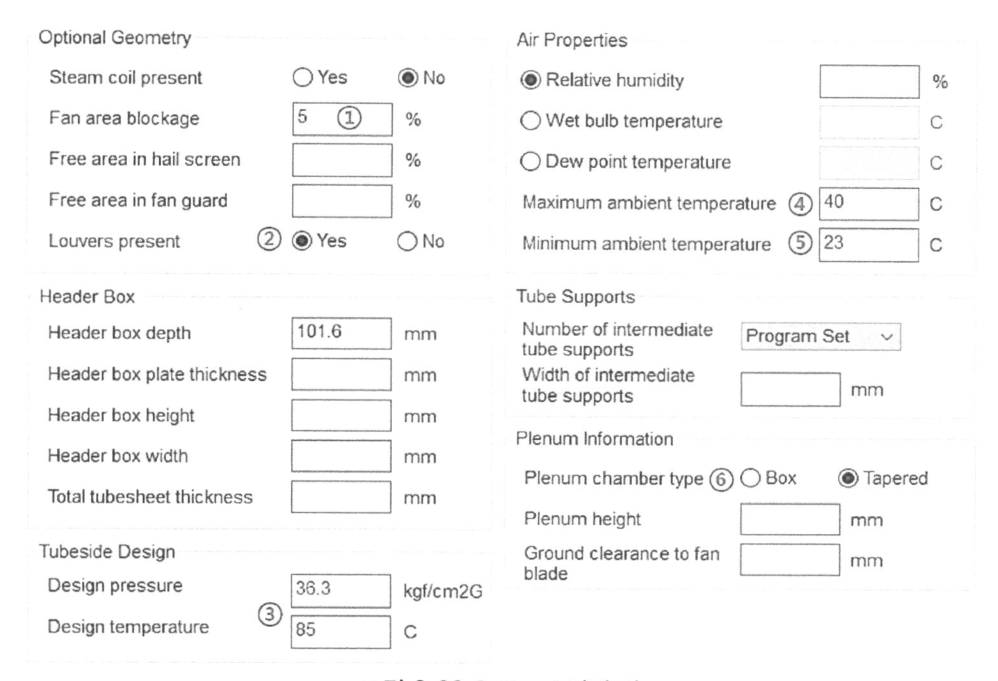

그림 2-60 Optional **입력 창**

④ Air 입구 온도와 동일한 값을 입력한다. 이 입력값은 계산에 사용되지 않는다.

⑤ 23℃를 입력한다. 이 값은 Motor Power를 계산하는 데 사용된다. 동일한 Air flow rate에서 온도가 낮을수록 Motor power가 더 커진다.

⑥ "Plenum chamber type"은 "Tapered" 옵션을 선택한다. 이 옵션에 따라 계산 결과 차이는 없지만 "2D exchanger side view"와 "3D exchanger drawing" 결과 창에 Plenum 모양이 달라진다. 이 입력값은 "Natural draft air-cooler" 옵션에서는 계산에 사용된다. 과거에 Box type이 사용되었지만 거의 사용되지 않는다. 그림 2-61은 Box type과 Tapered type을 보여주고 있다.

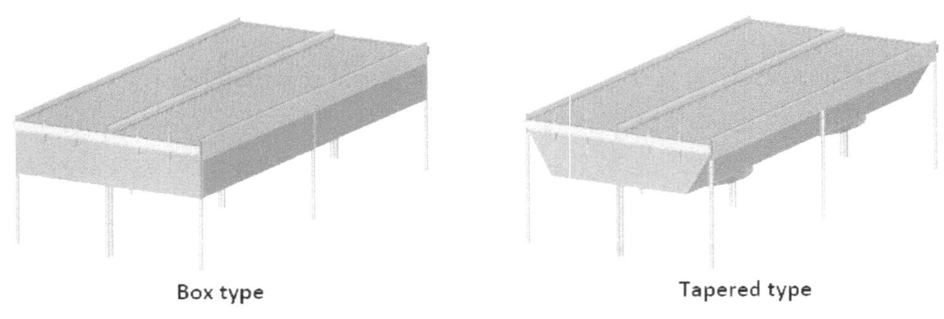

그림 2-61 Box vs. Tapered plenum

7) Bundle 창 입력

① "Ideal bundle"을 "No"로 선택한다. 이 옵션을 선택하지 않으면 Static pressure와 Air side 열전달계수는 약간 감소한다.

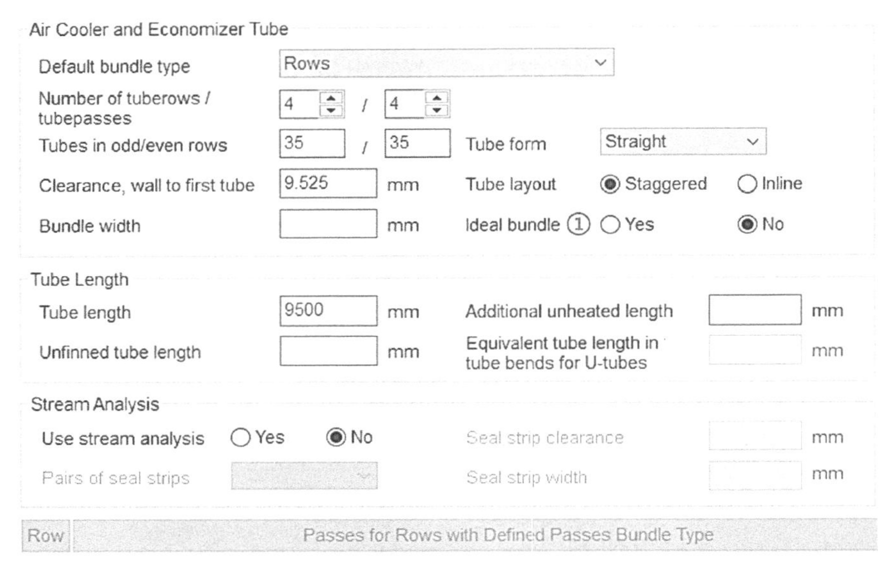

그림 2-62 Bundle 입력 창

8) Tube type과 High fin 창 입력

Tube Geometry | High Fin | FJ Curves

Load from Databank | Unset Bank Fin | Bank fin code

Fin Type

◉ Circular fin ○ Serrated fin ○ Rectangular fin

General Fin Data		
Fin geometry type	Undefined	
Fin density	394	fin/meter
Fin root diameter	27	mm
Fin height		mm
Fin base thickness	0.55	mm
Fin tip thickness	0.25	mm
Outside surface area per unit length		m2/m
Over fin diameter	57.15	mm

Material		
Material	Aluminum 1100-annealed	
Thermal		kcal/hr-m-C
Fin bond resistance		m2-hr-C/kcal
Fin efficiency		%

Serrated Fins		
Split segment height		mm
Split segment width		mm

Rectangular Fins		
Height		mm
Width		mm

그림 2-63 High fin 입력 창

“General fin data”에 부록 5.3장 Extruded fine data를 입력한다. Fin density는 433fins/meter와 394fins/meter 두 종류를 많이 사용한다. Fin density는 433fins/meter보다 394fins/meter 사용을 추천한다. Transverse pitch와 마찬가지 Fin과 Fin 사이에 이물질이 쌓이는 가능성을 낮추기 위해서다. Fin density 433fins/meter는 Extended area가 넓지만, Air 열전달계수가 낮아진다. Fin density 394fins/meter는 반대 경향을 보이므로 433fins/meter 적용한 Air cooler와 384fins/meter을 적용한 Air cooler의 총 Tube 수량과 구매 Cost는 유사하다. Tube 치수가 큰 경우 이보다 낮은 Fin density인 315fins/meter, 275.6fins/meter를 사용하는 경우도 있다.

9) 1차 설계 결과 검토

Xace 실행 결과에 별도 Warning message는 없다. 그림 2-64는 “Output summary” 창이다. 결과를 검토하면 아래와 같다.

① Air side static pressure를 충분히 사용하지 않았다.

② Tube side allowable pressure drop을 충분히 사용하지 않았다.

③ Over-design 106%로 전열 면적을 줄일 수 있다.

Process Conditions		Outside		Tubeside	
Fluid name		Air		Lean Amine	
Fluid condition			Sens. Gas		Sens. Liquid
Total flow rate	(1000-kg/hr)		558.858		100.346 *
Weight fraction vapor, In/Out		1.0000	1.0000	0.0000	0.0000
Temperature, In/Out	(Deg C)	40.00	45.54	63.00	55.00
Skin temperature, Min/Max	(Deg C)	47.90	54.03	51.35	58.43
Pressure, Inlet/Outlet	(kgf/cm2G)	1.52e-5	-1.1e-3	32.300	31.863
Pressure drop, Total/Allow	(mmH2O)|(kgf/cm2)	① 10.794	0.000	② 0.437	1.000
Midpoint velocity	(m/s)		6.45		1.12
- In/Out	(m/s)			1.12	1.12
Heat transfer safety factor	(--)		1.0000		1.0000
Fouling	(m2-hr-C/kcal)		0.000000		0.000400

Exchanger Performance					
Outside film coef	(kcal/m2-hr-C)	④ 42.89	Actual U	(kcal/m2-hr-C)	21.744
Tubeside film coef	(kcal/m2-hr-C)	2163.0	Required U	(kcal/m2-hr-C)	10.576
Clean coef	(kcal/m2-hr-C)	27.816	Area	(m2)	4344.1
Hot regime		Sens. Liquid	Overdesign	(%)	③ 105.59
Cold regime		Sens. Gas			
EMTD	(Deg C)	16.2			
Duty	(MM kcal/hr)	0.743			

Unit Geometry			
Bays in parallel per unit			1
Bundles parallel per bay			2
Extended area	(m2)		4344.1
Bare area	(m2)		207.58
Bundle width	(mm)		2267.
Nozzle		**Inlet**	**Outlet**
Number	(--)	2	2
Diameter	(mm)	97.180	97.180
Velocity	(m/s)	0.93	0.93
R-V-SQ	(kg/m-s2)	876.51	873.04
Pressure drop	(kgf/cm2)	4.92e-3	3.12e-3

Tube Geometry		
Tube type		High-finned
Tube OD	(mm)	25.400
Tube ID	(mm)	21.180
Length	(mm)	9500.006
Area ratio(out/in)	(--)	25.098
Layout		Staggered
Trans pitch	(mm)	63.500
Long pitch	(mm)	54.991
Number of passes	(--)	4
Number of rows	(--)	4
Tubecount	(--)	140
Tubecount Odd/Even	(--)	35 / 35
Material		Carbon steel

Fan Geometry		
No/bay	(--)	2
Fan ring type		15 deg
Diameter	(mm)	3326.
Ratio, Fan/bundle face area	(--)	0.4034
Driver power	(kW)	14.74
Tip clearance	(mm)	15.875
Efficiency	(%)	65.000

Fin Geometry		
Type		Circular
Fins/length	(fin/meter)	394.0
Fin root	(mm)	27.000
Height	(mm)	15.075
Base thickness	(mm)	0.550
Over fin	(mm)	57.150
Efficiency	(%)	83.7
Area ratio (fin/bare)	(--)	20.9
Material		Aluminum 1100-annealed

Airside Velocities		Actual	Standard
Face	(m/s)	3.20	3.00
Maximum	(m/s)	6.41	6.02
Flow	(100 m3/min)	82.621	77.529
Velocity pressure	(mmH2O)	3.618	
Bundle pressure drop	(mmH2O)	9.148	
Bundle flow fraction	(--)	1.000	

Thermal Resistance, %	
Air	50.70
Tube	25.23
Fouling	21.83
Metal	2.25
Bond	0.00

Airside Pressure Drop, %					
Bundle	⑤ 84.74			Louvers	4.73
Ground clearance	0.00	Fan guard	0.00	Hail screen	0.00
Fan ring	4.35	Fan area blockage	6.17	Steam coil	0.00

그림 2-64 1차 설계 Output summary 창

④ 일반적으로 Air side heat transfer coefficient는 35~45kcal/m^2-hr-℃ 정도 된다. 이보다 높거나 낮으면 Air side flow rate를 변경할 필요 있다.

⑤ Air side static pressure 중 Tube bundle이 차지하는 비중은 85%에서 95% 정도로 전체 Static pressure에서 가장 많은 부분을 차지한다. 다음으로 Steam coil이 큰 Static pressure를 차지한다.

그림 2-65와 같이 “3D exchanger drawing” 창에서 Air cooler bay 가로/세로 비율을 확인한다. 이를 확인하기 위해서 “Drawing” 시트에서 “3D Exchanger drawing”을 선택하고 “Top view” 버튼을 클릭한다. Air cooler bay의 가로/세로 비율이 적정한 것을 확인할 수 있다.

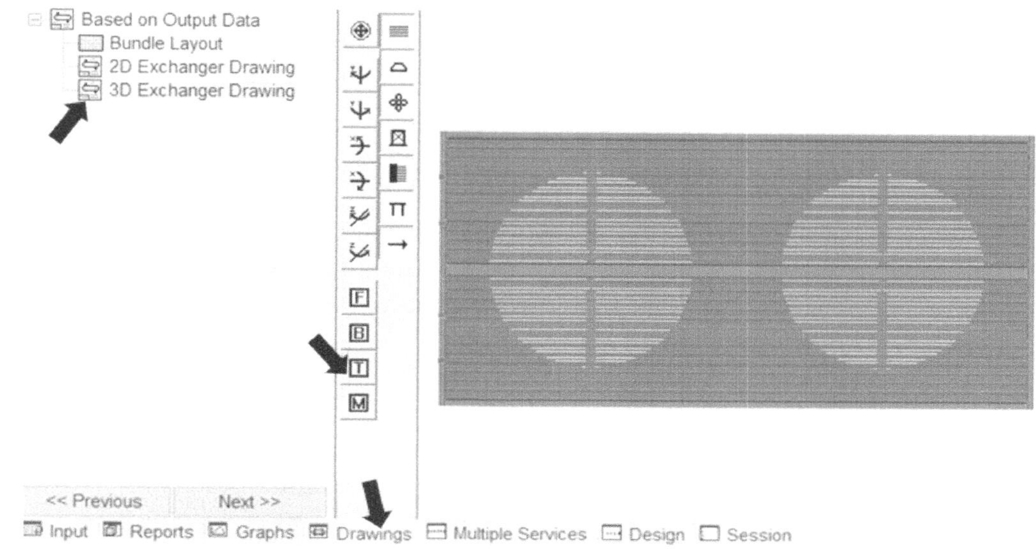

그림 2-65 3D exchanger drawing 결과 창

10) 1차 입력 데이터 수정

1차 설계 결과 검토하여 입력 데이터 수정사항을 정리하면, 아래와 같다.

- ✔ *Tube bundle을 한 개로 줄여 전열 면적을 줄인다.*
- ✔ *Tube pass와 Tube row를 각각 6 pass와 6 row로 변경하여 Static pressure를 더 활용한다.*
- ✔ *Tube 길이를 6m로 변경하여 전열 면적을 줄인다.*
- ✔ *Tube 길이를 6m로 줄였지만, Tube bundle이 1개로 줄였고 Tube pass가 6 pass로 늘어났으므로 Tube side pressure drop이 높아질 것으로 예상된다. 이를 고려하여 Tube row 당 Tube 수량을 46으로 변경한다.*

"Input summary" 입력 창에서 그림 2-66과 같이 데이터를 수정한다.

Case Mode
◉ Rating ○ Simulation ○ Classic design ○ Grid design

Process Conditions

	Hot Inside				Cold Outside			
Flow rate		83.622	1000-kg/hr			3.05	m/s
Inlet/outlet Y	0	/ 0	wt. frac. vapor	Altitude		0	mm
Inlet/outlet T	63	/ 55	C		40	/	C
Inlet P/Allow dP	32.3	/ 1	kgf/cm2G' kgf/cm2			/	kgf/cm2G' mmH2O

Unit Geometry

Unit type	Air-cooled heat exchanger	Number of bays in parallel per unit	1
Orientation	Horizontal	Number of bundles in parallel per bay	1
Hot fluid	Inside tubes	Number of tubepasses per bundle	6
Apex angle	deg		

Tube and Bundle Geometry

Type	High Fin		Wall thickness	2.11 mm
Length	6000	mm	No. of tuberows	6
OD	25.4	mm	No. of tubes in odd/even rows	46 / 46
Transverse pitch	63.5	mm	Tube form	Straight
Longitudinal pitch	54.991	mm	Tube layout	◉ Staggered ○ Inline

그림 2-66 1차 설계 입력 데이터 수정 (Input summary 입력 창)

11) 2차 설계 결과 검토

그림 2-68과 같이 2차 설계 결과 Static pressure와 Tube side pressure drop이 높아졌다. Over-design 또한 1.85%로 줄어들었다. Air cooler 전문 제작사는 Over-design을 0%에 가까이 설계할 것이다. 그러나 제작사 엔지니어가 아니라면 약 3% Over-design으로 설계할 것을 추천한다.

입구 노즐에서 유속과 Tube inlet end에서 유속이 유사하므로 노즐 치수를 그대로 유지한다. 노즐에서 $RhoV^2$는 1000~5000kg/m-sec^2 사이 값으로 노즐 치수를 정한다. Tube에서 유속은 1.7~ 1.71m/sec로 Lean amine 서비스에 제한치보다 낮게 설계되었다.

"Drawing" 시트의 "3D exchanger drawing"에서 Air cooler bay의 가로/세로 비율을 확인한다. "Report" 시트의 "API Spec Sheet"에 Bay 치수가 3035mm × 6000mm임을 확인할 수 있다. 그림 2-67과 같이 Bay 비율은 적절해 보인다.

그림 2-67 3D exchanger drawing 창에서 Top view

Process Conditions		Outside		Tubeside	
Fluid name		Air		Lean Amine	
Fluid condition			Sens. Gas		Sens. Liquid
Total flow rate	(1000-kg/hr)		230.859		100.346 *
Weight fraction vapor, In/Out		1.0000	1.0000	0.0000	0.0000
Temperature, In/Out	(Deg C)	40.00	53.40	63.00	55.00
Skin temperature, Min/Max	(Deg C)	48.78	58.20	52.32	60.96
Pressure, Inlet/Outlet	(kgf/cm2G)	1.52e-5	-1.6e-3	32.300	31.332
Pressure drop, Total/Allow	(mmH2O) | (kgf/cm2)	15.985	0.000	0.968	1.000
Midpoint velocity	(m/s)		6.64		1.70
- In/Out	(m/s)			1.71	1.70
Heat transfer safety factor	(--)		1.0000		1.0000
Fouling	(m2-hr-C/kcal)		0.000000		0.000400

Exchanger Performance					
Outside film coef	(kcal/m2-hr-C)	42.94	Actual U	(kcal/m2-hr-C)	23.475
Tubeside film coef	(kcal/m2-hr-C)	3046.8	Required U	(kcal/m2-hr-C)	23.049
Clean coef	(kcal/m2-hr-C)	30.713	Area	(m2)	2674.7
Hot regime		Sens. Liquid	Overdesign	(%)	1.85
Cold regime		Sens. Gas			
EMTD	(Deg C)	12.1			
Duty	(MM kcal/hr)	0.743			

Unit Geometry			
Bays in parallel per unit			1
Bundles parallel per bay			1
Extended area	(m2)		2674.7
Bare area	(m2)		127.81
Bundle width	(mm)		2965.
Nozzle		**Inlet**	**Outlet**
Number	(--)	2	2
Diameter	(mm)	97.180	97.180
Velocity	(m/s)	1.87	1.86
R-V-SQ	(kg/m-s2)	3506.0	3492.2
Pressure drop	(kgf/cm2)	0.020	0.012

Fan Geometry		
No/bay	(--)	2
Fan ring type		15 deg
Diameter	(mm)	2133.
Ratio, Fan/bundle face area	(--)	0.4017
Driver power	(kW)	8.29
Tip clearance	(mm)	10.666
Efficiency	(%)	65.000

Airside Velocities		Actual	Standard
Face	(m/s)	3.20	3.00
Maximum	(m/s)	6.51	6.11
Flow	(100 m3/min)	34.130	32.027
Velocity pressure	(mmH2O)	3.648	
Bundle pressure drop	(mmH2O)	14.345	
Bundle flow fraction	(--)	1.000	

Tube Geometry		
Tube type		High-finned
Tube OD	(mm)	25.400
Tube ID	(mm)	21.180
Length	(mm)	5999.988
Area ratio(out/in)	(--)	25.098
Layout		Staggered
Trans pitch	(mm)	63.500
Long pitch	(mm)	54.991
Number of passes	(--)	6
Number of rows	(--)	6
Tubecount	(--)	276
Tubecount Odd/Even	(--)	46 / 46
Material		Carbon steel

Fin Geometry		
Type		Circular
Fins/length	(fin/meter)	394.0
Fin root	(mm)	27.000
Height	(mm)	15.075
Base thickness	(mm)	0.550
Over fin	(mm)	57.150
Efficiency	(%)	83.7
Area ratio (fin/bare)	(--)	20.9
Material		Aluminum 1100-annealed

Thermal Resistance, %	
Air	54.67
Tube	19.34
Fouling	23.57
Metal	2.42
Bond	0.00

Airside Pressure Drop, %					
Bundle	89.74			Louvers	3.19
Ground clearance	0.00	Fan guard	0.00	Hail screen	0.00
Fan ring	2.96	Fan area blockage	4.10	Steam coil	0.00

그림 2-68 2차 설계 결과 (Output summary)

12) 2차 입력 데이터 수정

2차 설계 입력 데이터 중 일부 데이터만 조절하면 Air cooler 설계는 완성된다. 수정할 사항을 정리하면, 아래와 같다.

- ✔ *Over-design을 3% 정도 설계하기 위하여 Face velocity를 조절한다.*
- ✔ *Fan diameter를 입력한다.*
- ✔ *Total combined fan and drive efficiency를 수정한다.*

Xace는 Fan area가 Bay area의 40%가 되도록 Fan 지름을 결정한다. 실제 생산되는 Fan 지름은 0.5ft 단위로 증가한다. "Fan diameter"를 7.5ft인 2286mm를 입력한다. Fan 지름이 커질수록 Velocity pressure가 낮아져 전체 Pressure drop이 낮아지고 Power가 줄어드는 효과가 있다. 참고로 Velocity pressure는 식 2-3에 따라 계산된다. 이 식으로부터 동일한 Air flow rate에서 Fan 지름이 클수록 Velocity pressure는 작아진다는 것을 알 수 있다.

$$\boldsymbol{Velocity\ pressure} = \frac{\mathbf{1}}{\mathbf{2}} \times \boldsymbol{Density} \times \left(\frac{\boldsymbol{Air\ flow}}{\boldsymbol{Fan\ area}}\right)^2 ----(\mathbf{2-3})$$

"Total combined fan and drive efficiency"를 75%로 입력한다. HTRI default는 과거 Fan 효율이 낮게 설계된 Fan을 기준 65% Default로 정한 것으로 생각된다. 요즘 대부분 Fan은 High efficiency fan을 적용하기 때문에 Default 65%는 적당하지 않다.

Fan Information

Number of fans per bay	2	
Fan diameter	2286	mm
Radial fan tip clearance		mm
Total combined fan and drive efficiency	75	%
Fan manufacturer	Unspecified	
Maximum sound pressure level		dBA (standard distance = 1m)
Number of fan shaft lanes per bundle		
Fan shaft lane width		mm

그림 2-69 Fan 지름과 Efficiency 입력 (Fans 입력 창)

13) 3차 설계 결과 검토

3차 설계 결과 Over-design은 3.37%이다. Fouling thermal resistance는 전체 Thermal resistance의 약 24%를 차지한다. Fan area는 Tube bundle area 대비 46%이다. Fan 당 Air flow rate는 1734.9m^3/min이다. 이를 초당 Flow rate로 환산하면 28.92m^3/sec이다. Air cooler 용 Fan으로 작은 편에 속한다. 풍량 100m^3/sec 넘는 Fan도 사용된다. Bundle static pressure와 Velocity pressure의 비율이 3보다 큰 값인지 확인해야 한다. 이 값이 너무 낮으면 Air side distribution에 잘 안 될 수 있기 때문이다. 비율은 5.15 (14.73 mmH_2O/2.859 mmH_2O)이므로 Air side distribution 측면에서 적절하다.

마지막 Rated motor power를 선정해야 한다. 그림 2-71 Final results에 Design air temperature(40℃)에서 7.52kW이고 Minimum air temperature(23℃)에서 7.93kW다. Xace 결과에 Motor power는 단순히 Hydraulic power에서 입력한 Total efficiency를 나눈 값으로 별도 Margin이 포함되어 있지 않다. API 661에서 Motor margin은 Fan efficiency만을 고려한 Fan power로부터 Motor margin을 고려한다. Motor margin을 API 661에 따른다면, 7.52kW와 7.93kW에 각각 1.1과 1.05를 곱한 값 8.28kW와 8.33kW 중 큰 값인 8,33kW 기준으로 IEC규격 모터를 선정한다.

Process Data		Airside		Tubeside	
Fluid name		Air		Lean Amine	
Fluid condition			Sens. Gas		Sens. Liquid
Total flow rate	(1000-kg/hr)		234.707		100.346 *
Weight fraction vapor, In/Out	(--)	1.0000	1.0000	0.0000	0.0000
Temperature, In/Out	(Deg C)	40.00	53.18	63.00	55.00
Skin temperature, Min/Max	(Deg C)	48.74	58.09	52.31	60.91
Wall temperature, Min/Max	(Deg C)	48.74	58.09	49.07	58.35
Pressure, In/Out	(kgf/cm2G)	1.52e-5	-1.6e-3	32.300	31.332
Pressure drop, Total/Allowed	(mmH2O) | (kgf/cm2)	16.425	0.000	0.968	1.000
Pressure Drop, A-frame reflux section	(kgf/cm2)				
Velocity - Midpoint	(m/s)	6.75		1.70	
- In/Out	(m/s)			1.71	1.70
Film coefficient, Bare/Extended	(kcal/m2-hr-C)	905.61	43.27	3045.9	
Mole fraction inert	(--)				
Heat transfer safety factor	(--)		1.0000		1.0000
Fouling resistance	(m2-hr-C/kcal)		0.000000		0.000400
Overall Performance Data					
Overall coef, Design/Clean/Actual	(kcal/m2-hr-C)	22.806 /	30.882 /	23.574	
Heat duty, Calculated/Specified	(MM kcal/hr)	0.7433 /	0.6200		
Effective mean temperature difference	(Deg C)	12.20			

Unit and Bundle Construction Information						
Bays in parallel/unit	(--)		1	Bundles in parallel/bay		1
Extended area/unit (effective)	(m2)		2674.7	Bare area/unit (effective)	(m2)	127.81
Extended area/bundle	(m2)		2674.7	Bare area/bundle	(m2)	127.81
Tubepasses/Tuberows	(--)	6 /	6	Number of tubes/bundle	(--)	276
Tubecount, Odd rows/Even rows	(--)	46 /	46	Edge seals	(--)	No
Bundle width	(mm)		2965.	Fan guard	(--)	No
Clearance	(mm)		9.525	Louvers	(--)	Yes
Header depth	(mm)		101.60	Steam coil	(--)	No
Header Box				Hail screen	(--)	No
- Plate thickness	(mm)		34.925	*Tube support information*		
- Tubesheet thickness	(mm)		60.325	- Number	(--)	3
Plenum type			Tapered	- Width	(mm)	25.400
Bundle(s) weight	(kg)		8292	Orientation (from horiz.)	(deg)	0.00
Structure weight	(kg)		3237	Tubeside volume	(L)	744.5
Total weight, Dry / Wet	(kg)		13838 /	14582		
Ladder/walkway weight	(kg)		2310	Cost Factor	(--)	56.669

Tube Information					
Straight length	(mm)	6000.	Tube type		High-finned
Unfinned length	(mm)	0.000	Unheated length	(mm)	196.85
Layout	(--)	Staggered	Area ratio (fin/bare)	(--)	20.928
Transverse pitch	(mm)	63.500	Fins per unit length	(fin/meter)	394.0
Longitudinal pitch	(mm)	54.991	Fin root diameter	(mm)	27.000
Tube form	(--)	Straight	Fin height	(mm)	15.075
Outside diameter	(mm)	25.400	Fin thickness at base	(mm)	0.550
Inside diameter	(mm)	21.180	Fin thickness at tip	(mm)	0.250
Area ratio (out/in)	(--)	25.098	Fin type	(--)	Circular
Over fin diameter	(mm)	57.150	Fin efficiency	(%)	83.5
Tube material		Carbon steel	Internal tube type		None
Fin material		Aluminum 1100-annealed			

그림 2-70 3차 설계 결과 (Final reports 1st Page)

Inlet Airside Velocities		Actual	Standard
Face velocity	(m/s)	3.25	3.05
Maximum velocity	(m/s)	6.62	6.21
Volumetric flow	(100 m3/min)	34.699	32.560
Maximum mass velocity	(kg/s-m2)	7.466	
Air humidity	(%)		
Volumetric flow per fan at fan inlet	(100 m3/min)	17.349	
Velocity at fan inlet	(m/s)	8.09	

Fan Description and Fan Power				
Number of fans per bay		(--)		2
Diameter		(mm)		2133.
Tip clearance		(mm)		10.666
Ratio, fan area to bay face area		(--)		0.4017
Fan ring type		(--)		15 deg
Percent open area	- in fan guard	(%)		0.0000
	- in hail screen	(%)		0.0000
Ratio, ground clearance to fan diameter		(--)		
Percent blockage, other obstruction		(%)		5.0000
Bundle pressure drop/ Velocity pressure		(mmH2O)	14.730 /	3.770
Fan and drive efficiency		(%)		75.000
Motor power per fan-design air temperature		(kW)		7.52
Motor power per fan-minimum air temperature		(kW)		7.93
Ambient temperature, maximum / minimum		(Deg C)	40.00 /	23.00

Two-Phase Parameters				
Method	Inlet	Center	Outlet	Mix F
Bundle flow fraction	(--)	1.000		

Heat Transfer and Pressure Drop Parameters			Tubeside	Outside
Midpoint j-factor		(--)		0.0063
Heat transfer	Wall Correction	(--)	0.9899	0.9915
	Row Correction	(--)		1.0000
Midpoint f-factor		(--)	0.0073	0.2338
Pressure drop	Wall Correction	(--)	1.0087	1.0059
	Row Correction	(--)		1.0024
Reynolds number	Inlet	(--)	27980	10537
	Midpoint	(--)	25552	10417
	Outlet	(--)	22813	10269
Fouling layer thickness		(mm)	0.000	0.000
Input minimum velocity		(m/s)		
Input maximum velocity		(m/s)		
Input minimum wall temperature		(Deg C)		
Input maximum wall temperature		(Deg C)		

Thermal Resistance (Percent)					Over Design
Air	Tube	Fouling	Metal	Bond	
54.48	19.42	23.67	2.43	0.00	3.37

Airside Pressure Drop (Percent)			
Across bundle	89.68	Other obstruction	4.13
Fan ring	2.98	Steam coil	0.00
Fan guard	0.00	Louvers	3.21
Ground clearance	0.00		

Tube Nozzle (Perpendicular)		Inlet	Outlet
Number of nozzles	(--)	2	2
Diameter	(mm)	97.180	97.180
Velocity	(m/s)	1.87	1.86
Nozzle R-V-SQ	(kg/m-s2)	3506.0	3492.2
Pressure drop	(kgf/cm2)	0.020	0.012

그림 2-71 3차 설계 결과 (Final reports 2nd Page)

예제는 Motor margin으로 Required air flow rate (Maximum air temperature 40℃)의 10%를 요구하고 있다. Require air flow rate는 Fan 당 Air flow rate 28.92m³/sec이고 Fan 2개가 설치되므로 57.84m³/sec 이다. 여기에 10%를 더하면 63.62m³/sec이다. 그림 2-72과 같이 Face velocity 대신 이 값을 입력하면 Xace final report에 Maximum air temperature의 Motor power는 9.15kW가 된다(그림 2-73). 여기서 Motor margin은 Maximum air temperature 기준임에 유의하자. 따라서 Minimum air temperature로 계산된 9.66kW는 고려할 필요 없다. Rated motor power는 9.15kW보다 바로 높은 IEC 규격(1.7장 표 1-11참조) 11kW를 선정한다.

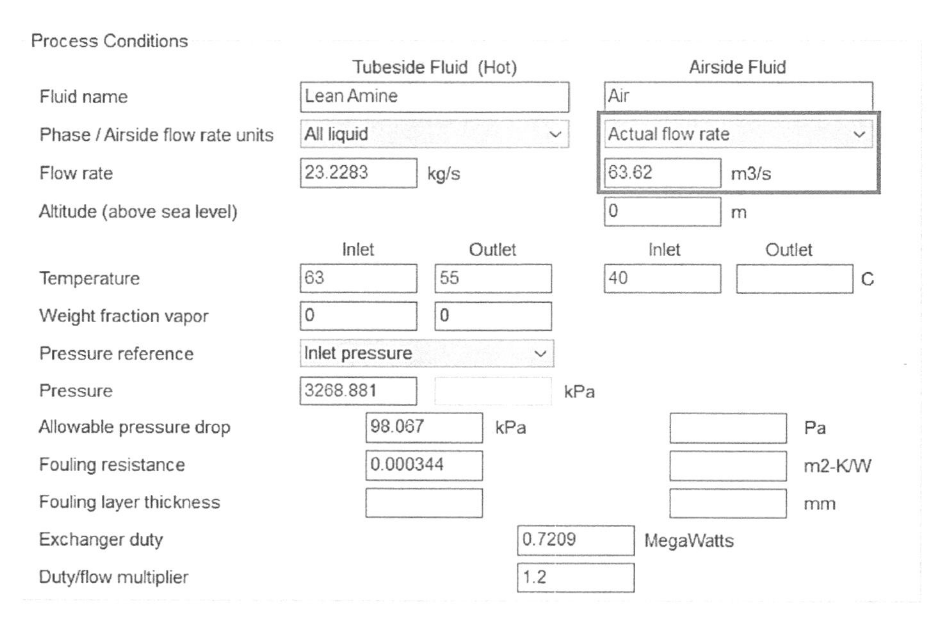

그림 2-72 Rated motor power 계산을 위해 110% air flow 입력 (Process conditions 입력 창)

Fan Description and Fan Power			
Number of fans per bay	(--)		2
Diameter	(m)		2.286
Tip clearance	(mm)		11.430
Ratio, fan area to bay face area	(--)		0.4613
Fan ring type	(--)		15 deg
Percent open area - in fan guard	(%)		0.0000
- in hail screen	(%)		0.0000
Ratio, ground clearance to fan diameter	(--)		
Percent blockage, other obstruction	(%)		5.0000
Bundle pressure drop/ Velocity pressure	(Pa)	168.52 /	33.93
Fan and drive efficiency	(%)		75.000
Motor power/fan-design air temperature	(kW)		9.15
Motor power/fan-min air temperature	(kW)		9.66
Ambient temperature, Max / Min	(Deg C)	40.00 /	23.00

그림 2-73 Motor power (Final results 창)

Air cooler 전문 제작사는 Air flow rate 31.81(63.62/2)m^3/sec와 이에 해당하는 Static pressure를 Fan 선정 프로그램에 입력하여 Rated motor power를 선정한다. Fan 전문회사가 제공하는 프로그램은 Velocity pressure와 Fan efficiency, Fan power 등 Fan과 관련된 다양한 정보를 결과로 제공해 준다.

14) 결과 및 Lessons learned

이번 예제 설계 결과를 요약하면 표 2-11과 같다.

표 2-11 Lean amine air cooler **설계 결과** Summary

Bays / Bundles	*Transfer rate (Required) [kcal/m^2-hr-℃]*	*Over-design*	*Static Pressure [mmH$_2$O]*	*Tube Dp [kg/cm^2]*	*Bay size [m]*	*Motor power [KW]*	*Air flow rate per fan [m^3/sec]*
1 / 1	*22.806*	*3.37%*	*16.43*	*0.968*	*3.05 × 6*	*11*	*28.92*

이번 예제를 통하여 Lean amine air cooler를 설계할 때 고려하여야 할 사항을 요약하면 아래와 같다.

- ✔ *Air cooler 설계 결과에 Fouling thermal resistance가 차지하는 비중은 Shell & tube heat exchanger에 비해 작다.*
- ✔ *이상적인 Air cooler bay의 가로/세로 비율은 1:2이다. 이 비율을 꼭 지키지 않더라도 너무 뚱뚱하거나 날씬한 Bay를 피한다.*
- ✔ *Static pressure는 Velocity pressure보다 3배 이상 되도록 설계한다.*
- ✔ *Bundle 폭이 2m를 넘으면 Bundle 당 노즐 2개를 설치한다.*
- ✔ *Motor margin 적용방식을 다양하게 요구하고 있으므로 요구사항을 충분히 이해하고 Rated motor power를 선정한다.*
- ✔ *큰 Motor margin을 적용하면 Motor 용량 대비 실제 사용 전력이 작고 역률이 낮아져 전기운전비가 증가된다.*
- ✔ *Air cooler가 Pipe rack에 설치된다면 Pipe rack 폭보다 500mm 긴 Tube를 사용한다.*
- ✔ *Tube pass는 짝수 또는 홀수에 따라 노즐 위치가 달라지므로 배관 엔지니어와 사전 협의한다.*
- ✔ *Static pressure 계산 기준은 전문 제작사마다 조금씩 차이가 있고 Fan 효율 또한 선정된 Fan maker에 따라 다르므로 Fan power는 최종 전문 제작사에 의해 결정된다.*

2.2.2. Benzene & Toluene air cooler (Combined air cooler)

Aromatic complex의 최종 생산품은 Benzene, Toluene, Xylene이다. 그림 2-74는 UOP Aromatic complex 공정도다. CDU로부터 생산된 Heavy naphtha는 NHT(Naphtha hydrotreating unit)를 거쳐 황과 비금속 성분이 제거되고 CCR Platforming 공정(Catalyst reforming의 UOP licensor 공정)을 거쳐 Reformate로 생산된다. Reformate는 일부 Aromatic (방향족 탄화수소)를 포함하고 있는 개질 가솔린이다. 이 Reformate가 Aromatic 공정 원료가 된다. Reformate는 Reformate splitter로 유입되어 Overhead로 Benzene과 Toluene 생산원료와 Bottom으로 Xylene 생산원료로 분리된다.

Reformate splitter overhead는 Sulfolane 공정을 거쳐 Aromatic과 Non-aromatic으로 분리된다. Aromatic은 Sulfolane 용매와 함께 Extractive distillation column(추출 증류탑)의 Bottom으로 나오고 Non-aromatic은 Extractive distillation column의 Overhead로 나온다. 이들을 각각 Extract와 Raffinate라고 한다. Aromatic을 포함한 Extract는 용매인 Sulfolane을 제거되고 Benzene & Toluene fractionation unit으로 들어가 Benzene column과 Toluene column의 Overhead로 각각 Benzene과 Toluene이 생산된다. 이렇게 생산된 Benzene과 Toluene을 저장하기 위하여 적정 온도까지 낮춘다. Toluene보다 Benzene이 더 사용처가 많으므로 생산된 Toluene 일부는 Tatoray 공정을 거쳐 Benzene과 Xylene으로 전환되는데 이 공정을 Trans-alkylation이라고 한다.

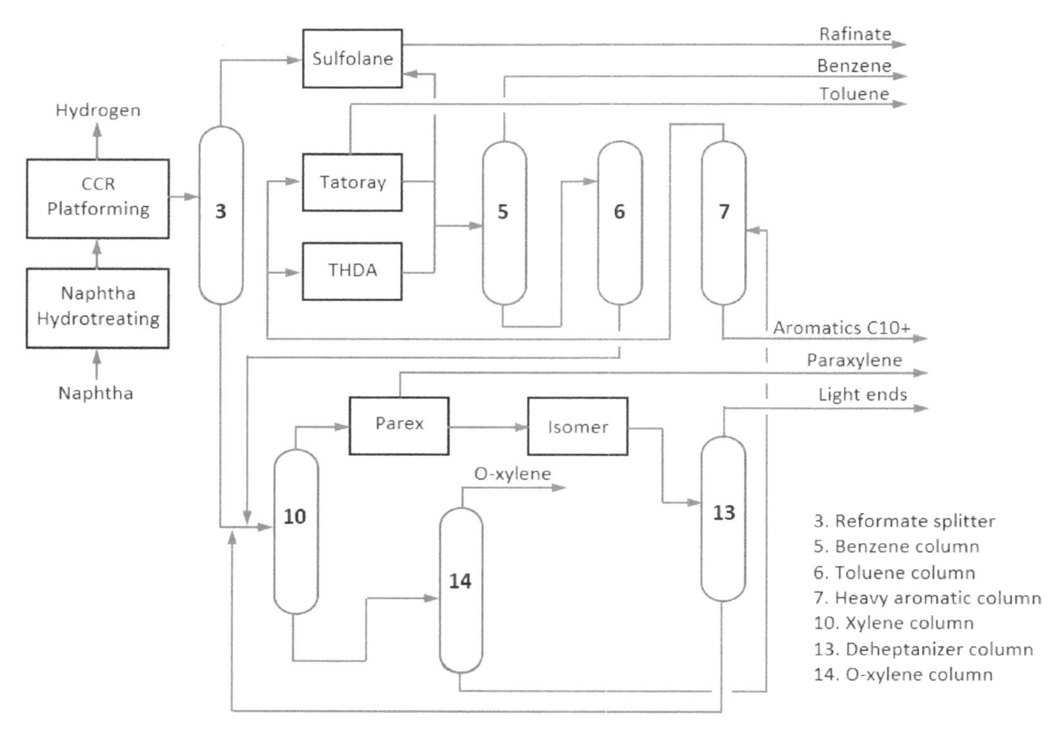

그림 2-74 Aromatic complex

Reformate splitter의 Bottom fluid는 Xylene splitter로 들어가 Overhead에서 Mixed xylene과 Bottom에서 Heavy aromatic으로 분리된다. Xylene은 Ortho-xylene, Meta-xylene, Para-xylene 이성질체들로 혼합된 유체이다. 이중 Para-xylene이 최종 생산물이므로 Parex column에서 Para-xylene만 분리한다. 나머지 이성질체들은 Isomer 공정을 거쳐 Ortho-xylene과 Meta-xylene을 Para-xylene으로 전환된다. 전환되지 못한 이성질체들은 Deheptanzer column을 거쳐 Heptane을 포함한 가벼운 성분들이 제거되고 Xylene splitter로 순환된다.

이번 예제 Air cooler는 Benzene-Toluene fractionation unit 내에 있는 Rundown air cooler이다. 일반적으로 Benzene cooler와 Toluene cooler duty는 크지 않다. 또한, 두 열교환기 유체가 모두 저장 탱크로 가기 때문에 출구온도를 제어하지 않는다. 두 열교환기가 Air cooler로 사용된다면 두 Air cooler를 Combined 할 수 있다. 이번 Air cooler는 Combined air cooler 설계에 대한 예제이다. 작은 Air cooler들을 개별 Air cooler bay로 설치하는 것보다 Combined air cooler로 설치하는 것이 Cost와 Maintenance 측면에서 유리하므로 공장에서 Combined air cooler 설계된 Air cooler를 종종 볼 수 있다.

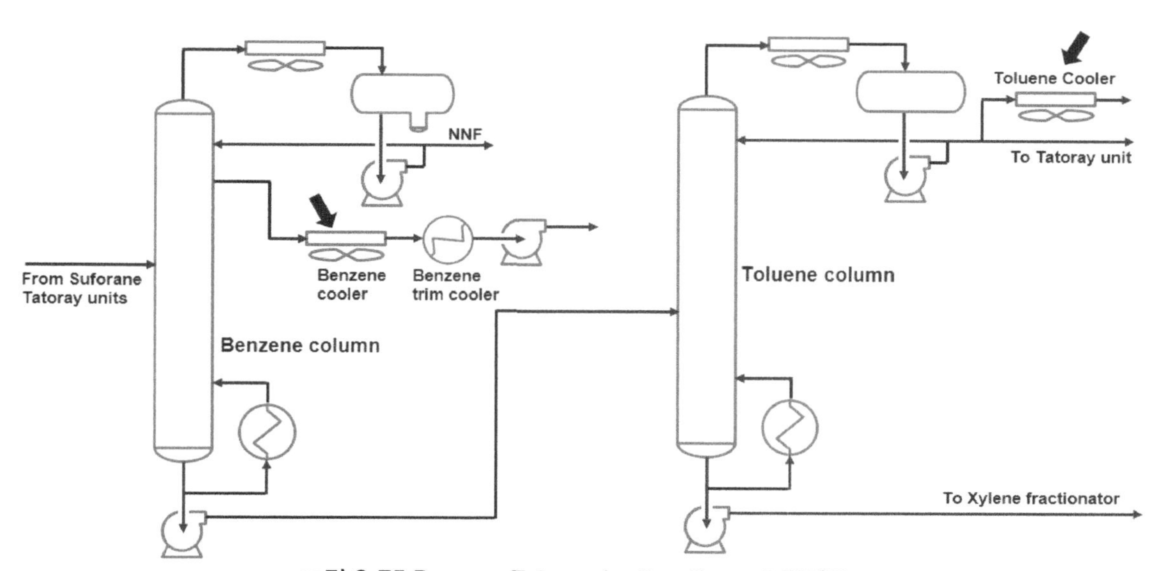

그림 2-75 Benzene-Toluene fractionation unit 공정도

표 2-12과 2-13은 각각 Benzene air cooler와 Toluene air cooler 설계 운전조건이다. SI 단위계를 사용하므로 주의한다.

표 2-12 Benzene air cooler 설계 운전조건

	Unit	Process Side		Air Side	
Fluid name		Benzene		Air	
Fluid quantity	kg/hr	1.1× 16,264		-	
Temperature	℃	91.8	51.5	38.0	
Mass vapor fraction		0	0	1	1
Density, L/V	kg/m^3	803.2	846.5	Properties of air	
Viscosity, L/V	cP	0.298	0.431		
Specific heat, L/V	kJ/kg ℃	1.92	1.77		
Thermal cond., L/V	W/m ℃	0.113	0.124		
Inlet pressure	kPa[g]	509.3		Ground altitude 45m	
Press. drop allow.	kPa	34.5			
Fouling resistance	m^2 ℃/W	0.00026		0.00035	
Duty	MW	1.1× 0.336			
Material		KCS			
Design pressure	kPa[g]	850			
Design temperature	℃	120		Min. air temp. 14 ℃	
line size in/out		4"	4"		
1. Pipe rack width = 8m 2. Forced draft type 3. Driver power margin: 20% of required fan power under maximum air temperature. 4. Fin tube type = Embedded type 5. Min. Tube 두께 = 2.77mm					

표 2-13 Toluene air cooler 설계 운전조건

	Unit	Process Side		Air Side	
Fluid name		Toluene		Air	
Fluid quantity	kg/hr	1.1× 58,904		-	
Temperature	℃	132.1	51.5	38.0	
Mass vapor fraction		0	0	1	1
Density, L/V	kg/m^3	757.5	839.2	Properties of air	
Viscosity, L/V	cP	0.162	0.399		
Specific heat, L/V	kJ/kg ℃	2.11	1.83		
Thermal cond., L/V	W/m ℃	0.109	0.129		
Inlet pressure	kPa[g]	302.3		Ground altitude 45m	
Press. drop allow.	kPa	34.5			
Fouling resistance	m^2 ℃/W	0.00026		0.00035	
Duty	MW	1.1× 2.6			
Material		KCS			
Design pressure	kPa[g]	350			
Design temperature	℃	160		Min. air temp. 14℃	
line size in/out		6"	6"		

1. Pipe rack width = 8m
2. Forced draft type
3. Driver power margin: 20% of required fan power under maximum air temperature.
4. Fin tube type = Embedded type
5. Min. Tube 두께 = 2.77mm

1) 사전 검토

Benzene의 어는점은 5.5℃이다. 다행히 Min. air temperature가 14℃이므로 Winterization 설계는 필요하지 않다. 한국에서 Benzene air cooler를 주로 Internal air circulation type (Box type)으로 Winterization 설계한다. 필자는 Revamping 과정에서 Benzene air cooler의 Box를 철거하는 사례를 본 경험이 있다. 이는 고려해볼 문제라고 생각한다. 겨울철이라도 정상운전 중 Benzene air cooler 내 Benzene은 5.5℃와 접촉될 수 없다. 그리고 우리나라 공장들은 겨울철 정기 보수하지 않는다. 다만 겨울철 비정상 Shutdown 된다면 Benzene이 Freezing 되어 배관 동파문제가 야기될 수 있다. 간단한 Winterization인 Steam coil과 Louver 설치만으로 겨울철 동파를 피할 수 있을 것으로 생각된다.

두 개 서비스 Air cooler를 Combined air cooler로 설계하려면 Control이 없든지 서비스 Air cooler 한 개만 Fan 또는 Motor control 있어야 한다. 또 너무 멀리 떨어져 있는 서비스를 Combined 할 수 없다.

Benzene cooler와 Toluene cooler 모두 저장을 위하여 유체온도를 낮추기 위한 목적으로 모두 Duty 또는 Temperature control이 없다. 또 Unit layout상 두 Air cooler 모두 가까운 거리에 있으므로 Combined air cooler로 설계할 수 있다.

2) 1차 설계 입력(Toluene air cooler)

Benzene cooler와 Toluene cooler 중에 Toluene cooler의 Duty가 더 크므로 Toluene cooler를 먼저 설계한다. Fin tube type이 Embedded type이다. Minimum Tube 두께가 2.77mm이므로 One gauge 더 두꺼운 3.048mm를 입력한다. Pipe rack 폭이 8m이므로 Tube 길이를 8.5m로 입력한다. Allowable pressure drop을 고려하여 31.75mm OD tube를 사용하고 6 Tube row에 6 Tube pass를 적용하였다.

3) 1차 설계 검토(Toluene air cooler)

그림 2-77은 Toluene air cooler 1차 설계 결과다. Warning message는 없다. Face velocity는 3m/sec를 입력하였고 Tube row 당 Tube 수량을 41로 입력하였다. "API Spec sheet" 결과에 Bay 치수가 2937mm 폭에 Tube 길이는 8500mm이다.

"Drawings" 창, "3D exchanger drawing"에서 Top view는 그림 2-76과 같이 Bay 형상을 날씬한 직사각형 모양으로 보여주고 있다. 따라서 Benzene cooler와 Combined 하여 Bay 폭이 더 넓어져도 문제없을 것으로 예상한다.

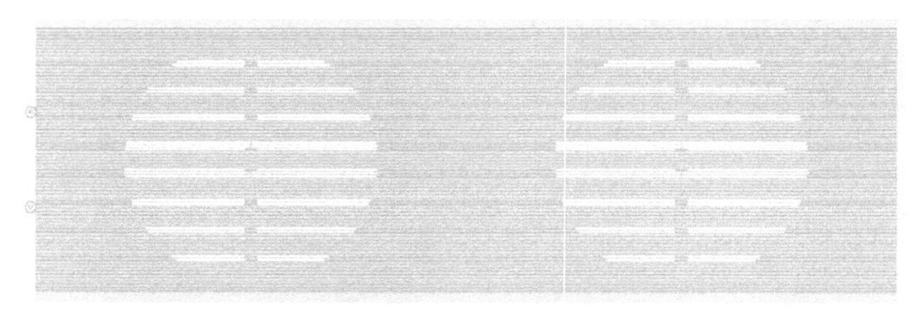

그림 2-76 Toluene air cooler 1차 설계 (3D exchanger drawing, Top view)

Process Conditions		Outside		Tubeside	
Fluid name				HYDROCARBON(TOLUENE)	
Fluid condition			Sens. Gas		Sens. Liquid
Total flow rate	(kg/hr)		321097.662		64794.351 *
Weight fraction vapor, In/Out		1.0000	1.0000	0.0000	0.0000
Temperature, In/Out	(Deg C)	38.00	69.83	132.10	51.49
Skin temperature, Min/Max	(Deg C)	44.95	98.72	47.10	110.70
Pressure, Inlet/Outlet	(kPaG)	8.08e-3	-0.152	302.30	273.37
Pressure drop, Total/Allow	(Pa) | (kPa)	160.23	0.00	28.931	34.500
Midpoint velocity	(m/s)		6.74		1.04
- In/Out	(m/s)			1.12	1.01
Heat transfer safety factor	(--)		1.0000		1.0000
Fouling	(m2-K/W)		0.000350		0.000260

Exchanger Performance

Outside film coef	(W/m2-K)	45.41	Actual U	(W/m2-K)	22.027
Tubeside film coef	(W/m2-K)	1596.4	Required U	(W/m2-K)	21.566
Clean coef	(W/m2-K)	25.876	Area	(m2)	4079.6
Hot regime		Sens. Liquid	Overdesign	(%)	2.14
Cold regime		Sens. Gas			
EMTD	(Deg C)	32.5			
Duty	(MegaWatts)	2.860			

Unit Geometry

Bays in parallel per unit			1
Bundles parallel per bay			1
Extended area	(m2)		4079.6
Bare area	(m2)		204.98
Bundle width	(m)		2.911
Nozzle		**Inlet**	**Outlet**
Number	(--)	2	2
Diameter	(mm)	92.050	92.050
Velocity	(m/s)	1.79	1.61
R-V-SQ	(kg/m-s2)	2414.1	2179.1
Pressure drop	(kPa)	1.328	0.763

Tube Geometry

Tube type		High-finned
Tube OD	(mm)	31.750
Tube ID	(mm)	25.654
Length	(m)	8.500
Area ratio(out/in)	(--)	24.631
Layout		Staggered
Trans pitch	(mm)	69.850
Long pitch	(mm)	60.490
Number of passes	(--)	6
Number of rows	(--)	6
Tubecount	(--)	246
Tubecount Odd/Even	(--)	41 / 41
Material		Carbon steel

Fan Geometry

No/bay	(--)	2
Fan ring type		15 deg
Diameter	(m)	2.743
Ratio, Fan/bundle face area	(--)	0.4776
Driver power	(kW)	9.32
Tip clearance	(mm)	12.700
Efficiency	(%)	77.000

Fin Geometry

Type		Circular
Fins/length	(fin/meter)	394.0
Fin root	(mm)	31.750
Height	(mm)	15.875
Base thickness	(mm)	0.450
Over fin	(mm)	63.500
Efficiency	(%)	81.4
Area ratio (fin/bare)	(--)	19.902
Material		Aluminum 1100-annealed

Airside Velocities		**Actual**	**Standard**
Face	(m/s)	3.18	3.00
Maximum	(m/s)	6.58	6.21
Flow	(100 m3/min)	47.168	44.545
Velocity pressure	(Pa)	25.15	
Bundle pressure drop	(Pa)	152.69	
Bundle flow fraction	(--)	1.000	

Thermal Resistance, %

Air	48.51
Tube	33.99
Fouling	14.88
Metal	2.63
Bond	0.00

Airside Pressure Drop, %

Bundle	95.29			Louvers	0.00
Ground clearance	0.00	Fan guard	0.00	Hail screen	0.00
Fan ring	2.04	Fan area blockage	2.67	Steam coil	0.00

그림 2-77 Toluene air cooler 1차 설계 (Output summary)

4) 2차 설계 입력 (Benzene air cooler)

Benzene air cooler 운전조건을 입력하려면 "Unit" 창 "Number of service"에 서비스 숫자를 입력한다. 예제의 경우 Toluene air cooler와 Benzene air cooler 두 가지 Air cooler를 설계하므로 그림 2-78과 같이 "Number of service"에 2를 입력한다.

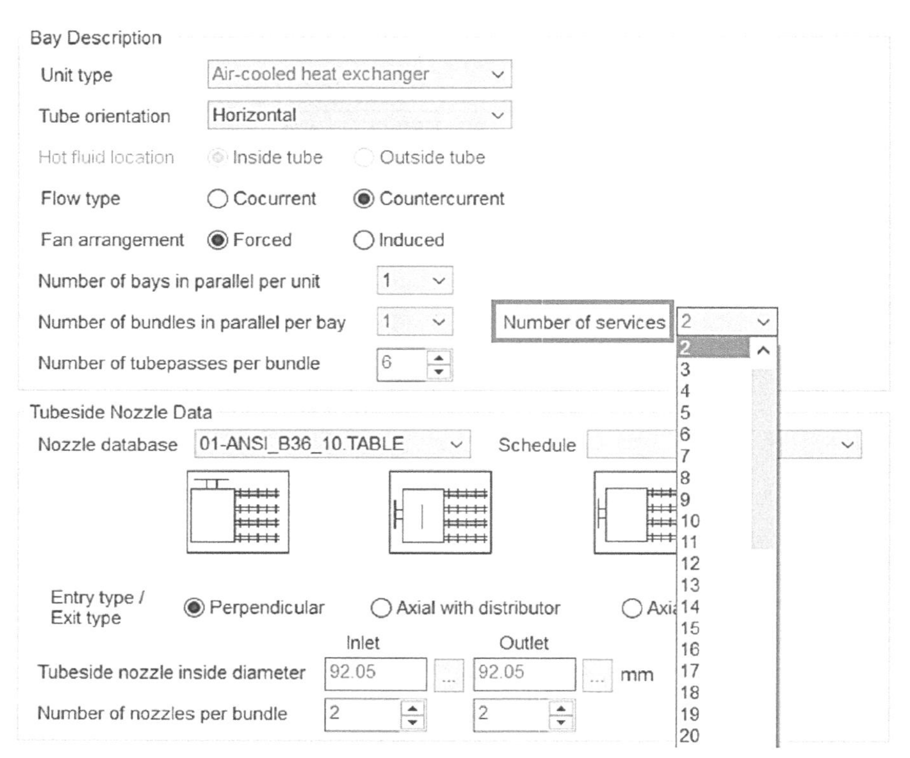

그림 2-78 Number of services 입력 (Unit 입력 창)

"Number of services"를 입력하면 그림 2-79와 같이 3개 입력 Group이 생성된다. 첫 번째 "Unit ID 100 – Summary unit"은 Air 입구온도, Face velocity, Fan diameter, Fan ring type 등 Air side와 관련된 입력 Group이다. "Unit ID 101 – Bundle 1"은 이미 입력한 Toluene air cooler에 대한 입력 Group이고, "Unit ID 102 – Bundle 2"는 Benzene air cooler와 관련된 입력 Group이다. 여기에 각각 운전조건과 Tube bundle과 관련된 데이터를 입력한다.

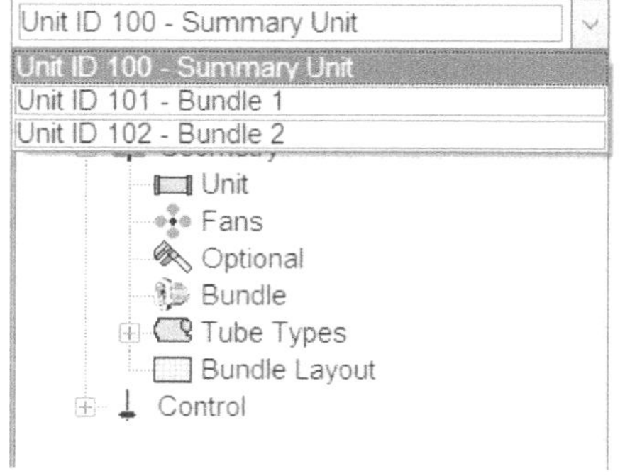

그림 2-79 3개 입력 Group 생성

먼저 "Unit ID 100 – Summary unit" 입력 데이터 중 Air 출구온도와 Fan diameter에 빨간색 박스 표시가 되어있다. 나머지 입력 데이터는 이미 입력되어 있음을 확인할 수 있다. Air 출구온도를 입력하지 않고 Fan diameter에 9.5ft (2896mm)를 입력한다. Combined air cooler는 각각 서비스 Bundle에 독립적인 Louver를 설치해 주어야 한다. 초기 운전할 때 각 서비스 출구온도에 맞추어 각 Louver를 조절하여 설정해 주어야 하기 때문이다. Xace input "Optional" 창에 "Louver present"를 Yes로 수정한다.

다음 "Unit ID 101 – Bundle 1"을 선택하고 Toluene 출구온도와 Duty가 비어 있음을 확인할 수 있다. 이 두 입력값은 다른 입력값과 달리 옮겨지지 않는다. 이 부분은 Xace가 개선돼야 할 점이다. 두 값을 다시 입력한다. 그림 2-80과같이 "Input summary" 입력 창에 "Multiple Services"에 Check 되어있는데 이를 해제하면 Tube bundle 데이터 입력값들을 입력할 수 있다. 즉 "Multiple Services"에 "Use summary unit input"를 해지하면 Tube bundle 입력값을 서비스에 따라 개별적으로 입력할 수 있다.

그림 2-80 Multiple 서비스의 Use summary unit input (Input summary 입력 창)

마지막 "Unit ID 102 – Bundle 2"를 선택하면 이미 입력하였던 같은 Toluene air cooler 운전조건과 Tube bundle 입력값이 입력되었음을 확인할 수 있다. 이 값들을 Benzene air cooler에 해당하는 값으로 수정해준다. "Unit ID 101 – Bundle 1"과 동일하게 "Use summary unit input"을 해지하고, 표 2-12에 Benzene air cooler 설계 운전조건을 입력한다. Combined air cooler를 설계할 때, 가능한 Tube bundle

의 Tube 치수, Tube row 수, Pitch를 같게 설계한다. Benzene air cooler의 Tube bundle 데이터에 Toluene air cooler의 Tube row 수, Tube 치수, Fin geometry와 동일하게 입력한다. Benzene air cooler는 Toluene air cooler보다 Duty가 작으므로 "No of tubes in odd/even rows" 수를 Toluene air cooler의 Tube 수량보다 적게 입력하여 결과를 보고 Tube 수량을 조절한다. Tube 수량을 9로 설계하였다. Benzene air cooler는 6 Tube row에 5 Pass로 설계하였다. 6 Tube row에 6 Pass로 설계할 경우 Allowable pressure drop을 초과하기 때문이다. 6 Tube row에 5 Pass의 Tube 배열은 "Bundle" 창에서 "Default bundle type"의 "Row with defined passes"를 선택하고 그림 2-81과 같이 Table에 각 Tube row에 대한 Pass를 지정해준다. 이는 1st 와 2nd Tube row를 1st pass로 지정하고 나머지 3rd, 4th, 5th, 6th tube row에 각각 2nd pass, 3rd pass, 4th pass, 5th pass를 지정한 입력이다.

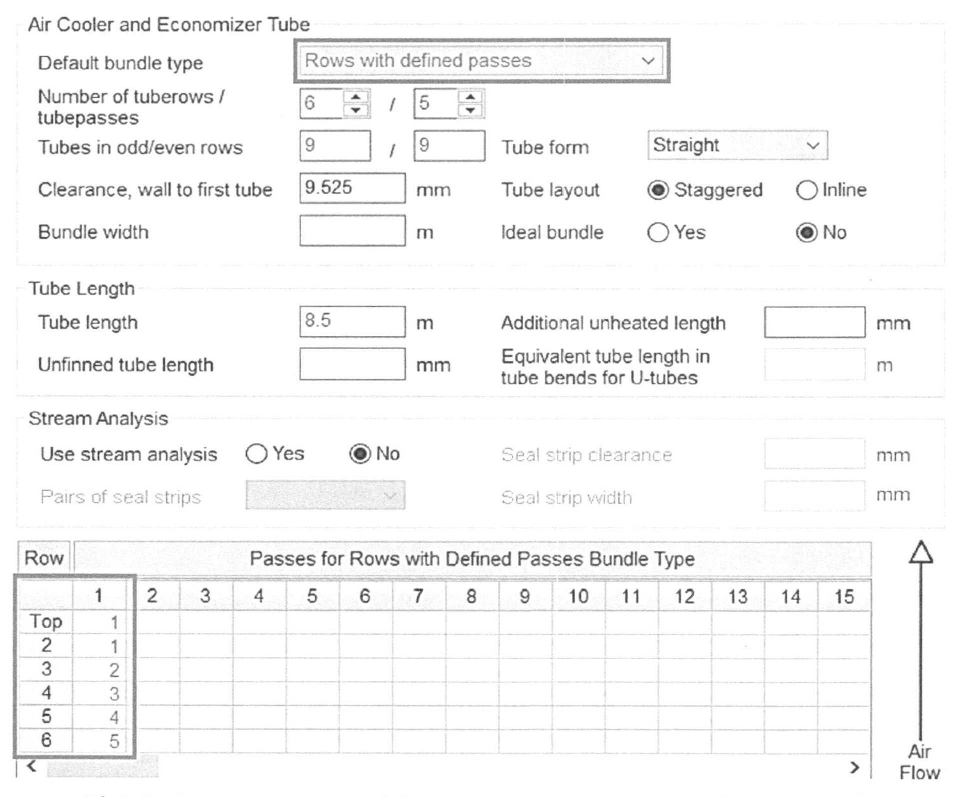

그림 2-81 Benzene air cooler의 "Row with defined passes" 입력 (Bundle 입력 창)

5) 2차 설계 결과 검토

Xace의 Combined air cooler 계산과정에서 여러 서비스 Tube bundle의 Static pressure가 서로 일정 오차 이내로 계산될 때까지 각 서비스 Tube bundle로 유입되는 Air flow rate 분배한다. 그림 2-82는 "Multiple Services" 창이며 Xace 계산과정 동안 각 Bundle의 Static pressure 변화를 보여주고 있다.

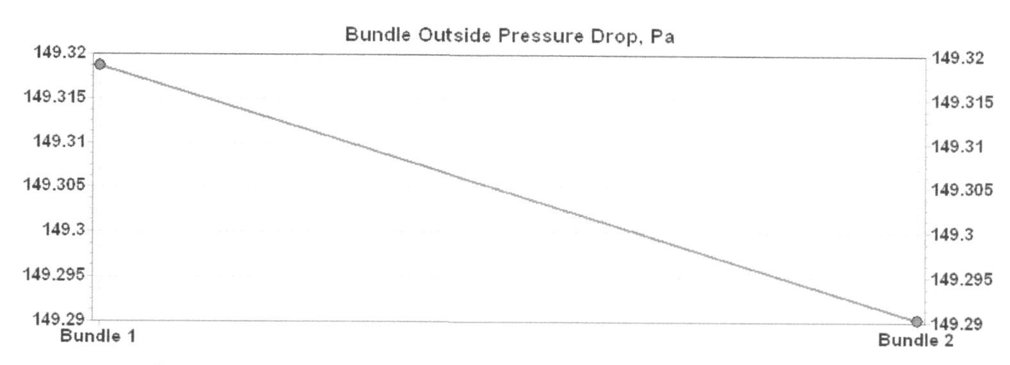

그림 2-82 Air cooler 계산과정 중 Static pressure 변화 (Multiple Services 창)

Combined air cooler의 Xace 결과는 입력 Group과 동일하게 "Unit ID 100 – Summary unit", "Unit ID 101 – Bundle 1"과 "Unit ID 102 – Bundle 2"에서 각각 보여준다. "Unit ID 100 – Summary unit" Output summary는 2페이지로 구성되어 있다. 첫 페이지는 그림 2-83과 같이 전체 성능을 한 번에 보여주고 있다. 대부분 Air side 설계 결과를 보여준다. "Maximum over design"과 "Minimum over design"은 각 서비스의 Over-design을 나타낸다. Duty와 전열 면적은 2개 서비스 Bundle을 합한 값이다. Air 출구온도는 각 서비스 Bundle의 Air 출구온도를 Duty 가중치를 고려한 평균온도다. 두 번째 페이지는 각 서비스 Bundle 결과를 표로 비교할 수 있도록 정리되어 있다. 그 내용은 Unit ID 101 – Bundle 1"과 "Unit ID 102 – Bundle 2" 각 "Output summary" 내용과 동일하다.

No Data Check Messages.
No Runtime Messages.

Overall Exchanger Performance

Minimum overdesign	(%)	1.4	Heat Duty	(MegaWatts)	3.2294
Maximum overdesign	(%)	19.6			

Outside Process Conditions			
Fluid name			
Fluid condition			Sens. Gas
Total flow rate	(kg/hr)		395682
Weight fraction vapor, In/Out	(--)	1.000	1.000
Temperature, In/Out	(Deg C)	38.00	67.17
Skin temperature, Min/Max	(Deg C)	44.99	99.03
Pressure, Inlet/Outlet	(kPaG)	8.08e-3	-0.156
Pressure drop, Total/Allow	(Pa)	163.58	
Midpoint velocity	(m/s)		6.72
Heat transfer safety factor	(--)		1.0000
Fouling	(m2-K/W)		0.000350

Unit Geometry		
Bays in parallel per unit	(--)	1
Bundles parallel per bay	(--)	2
Total Extended area	(m2)	4975.1
Total bare area	(m2)	249.98

Fan Geometry		
No/bay	(--)	2
Fan ring type	(--)	15 deg
Diameter	(m)	2.896
Ratio, Fan/bundle face area	(--)	0.43
Driver power	(kW)	12.03
Tip clearance	(mm)	14.480
Efficiency	(%)	77.000

Maximum Airside Velocities		Actual	Standard
Face	(m/s)	3.37	3.18
Maximum	(m/s)	6.60	6.24
Flow	(100 m3/min)	58.124	54.892
Velocity pressure	(Pa)	30.74	
Bundle pressure drop	(Pa)	149.32	

Airside Pressure Drop, (Pa)	
Ground clearance	0.00
Fan ring	3.99
Fan guard	0.00
Louvers	5.01
Fan area blockage	5.26
Hail screen	0.00

Exchanger Weights		
Weight/Bundle	(kg)	11921
Structure weight	(kg)	4365
Total weight, Dry / Wet	(kg)	19266 / 20841
Ladder/walkway weight	(kg)	2980

그림 2-83 Unit ID “100 – Summary unit” **첫 번째** Page (Output summary)

그림 2-84는 Toluene air cooler “Output summary”이다. 그림 2-77 Toluene air cooler 결과와 약간 차이 난다. 그 이유는 Face velocity(@Standard condition)를 동일하게 3m/sec로 입력하여도 두 서비스 Bundle의 Static pressure balance에 의해 Face velocity와 Air flow rate가 달라지기 때문이다.

Process Conditions		Outside		Tubeside	
Fluid name				HYDROCARBON(TOLUENE)	
Fluid condition			Sens. Gas		Sens. Liquid
Total flow rate	(kg/hr)		316552.132		64794.309 *
Weight fraction vapor, In/Out		1.0000	1.0000	0.0000	0.0000
Temperature, In/Out	(Deg C)	38.00	70.28	132.10	51.50
Skin temperature, Min/Max	(Deg C)	44.99	99.03	47.13	110.90
Pressure, Inlet/Outlet	(kPaG)	8.08e-3	-0.152	302.30	273.37
Pressure drop, Total/Allow	(Pa) | (kPa)	163.58	0.00	28.927	34.500
Midpoint velocity	(m/s)		6.65		1.04
- In/Out	(m/s)			1.12	1.01
Heat transfer safety factor	(--)		1.0000		1.0000
Fouling	(m2-K/W)		0.000350		0.000260

Exchanger Performance

Outside film coef	(W/m2-K)	45.09	Actual U	(W/m2-K)	21.956
Tubeside film coef	(W/m2-K)	1597.0	Required U	(W/m2-K)	21.659
Clean coef	(W/m2-K)	25.778	Area	(m2)	4079.6
Hot regime		Sens. Liquid	Overdesign	(%)	1.37
Cold regime		Sens. Gas			
EMTD	(Deg C)	32.4			
Duty	(MegaWatts)	2.860			

Unit Geometry			
Bays in parallel per unit			1
Bundles parallel per bay			1
Extended area	(m2)		4079.6
Bare area	(m2)		204.98
Bundle width	(m)		2.911
Nozzle		**Inlet**	**Outlet**
Number	(--)	2	2
Diameter	(mm)	92.050	92.050
Velocity	(m/s)	1.79	1.61
R-V-SQ	(kg/m-s2)	2414.1	2179.1
Pressure drop	(kPa)	1.328	0.763

Tube Geometry		
Tube type		High-finned
Tube OD	(mm)	31.750
Tube ID	(mm)	25.654
Length	(m)	8.500
Area ratio(out/in)	(--)	24.631
Layout		Staggered
Trans pitch	(mm)	69.850
Long pitch	(mm)	60.490
Number of passes	(--)	6
Number of rows	(--)	6
Tubecount	(--)	246
Tubecount Odd/Even	(--)	41 / 41
Material		Carbon steel

Fan Geometry		
No/bay	(--)	2
Fan ring type		15 deg
Diameter	(m)	2.896
Ratio, Fan/bundle face area	(--)	0.4320
Driver power	(kW)	12.03
Tip clearance	(mm)	14.480
Efficiency	(%)	77.000

Fin Geometry		
Type		Circular
Fins/length	(fin/meter)	394.0
Fin root	(mm)	31.750
Height	(mm)	15.875
Base thickness	(mm)	0.450
Over fin	(mm)	63.500
Efficiency	(%)	81.5
Area ratio (fin/bare)	(--)	19.902
Material		Aluminum 1100-annealed

Airside Velocities		**Actual**	**Standard**
Face	(m/s)	3.13	2.96
Maximum	(m/s)	6.49	6.13
Flow	(100 m3/min)	46.500	43.915
Velocity pressure	(Pa)	30.74	
Bundle pressure drop	(Pa)	149.32	
Bundle flow fraction	(--)	1.000	

Thermal Resistance, %	
Air	48.69
Tube	33.86
Fouling	14.83
Metal	2.62
Bond	0.00

Airside Pressure Drop, %					
Bundle	91.28			Louvers	3.06
Ground clearance	0.00	Fan guard	0.00	Hail screen	0.00
Fan ring	2.44	Fan area blockage	3.22	Steam coil	0.00

그림 2-84 Toluene air cooler 2차 설계 결과 (Output summary)

그림 2-85는 Benzene air cooler "Output summary"이다.

Process Conditions		Outside		Tubeside	
Fluid name				HYDROCARBON(Benzene)	
Fluid condition			Sens. Gas		Sens. Liquid
Total flow rate	(kg/hr)		79129.644		17890.409 *
Weight fraction vapor, In/Out		1.0000	1.0000	0.0000	0.0000
Temperature, In/Out	(Deg C)	38.00	54.70	91.80	51.50
Skin temperature, Min/Max	(Deg C)	45.06	69.04	47.31	74.46
Pressure, Inlet/Outlet	(kPaG)	8.08e-3	-0.147	509.30	477.99
Pressure drop, Total/Allow	(Pa) | (kPa)	163.55	0.00	31.307	34.500
Midpoint velocity	(m/s)		6.72		1.28
- In/Out	(m/s)			0.67	1.26
Heat transfer safety factor	(--)		1.0000		1.0000
Fouling	(m2-K/W)		0.000350		0.000260

Exchanger Performance					
Outside film coef	(W/m2-K)	45.68	Actual U	(W/m2-K)	21.075
Tubeside film coef	(W/m2-K)	1395.9	Required U	(W/m2-K)	17.617
Clean coef	(W/m2-K)	24.573	Area	(m2)	895.53
Hot regime		Sens. Liquid	Overdesign	(%)	19.63
Cold regime		Sens. Gas			
EMTD	(Deg C)	23.4			
Duty	(MegaWatts)	0.370			

Unit Geometry			
Bays in parallel per unit			1
Bundles parallel per bay			1
Extended area	(m2)		895.53
Bare area	(m2)		44.996
Bundle width	(m)		0.676
Nozzle		**Inlet**	**Outlet**
Number	(--)	1	1
Diameter	(mm)	66.650	66.650
Velocity	(m/s)	1.77	1.68
R-V-SQ	(kg/m-s2)	2526.7	2396.8
Pressure drop	(kPa)	1.390	0.839

Tube Geometry		
Tube type		High-finned
Tube OD	(mm)	31.750
Tube ID	(mm)	25.654
Length	(m)	8.500
Area ratio(out/in)	(--)	24.631
Layout		Staggered
Trans pitch	(mm)	69.850
Long pitch	(mm)	60.490
Number of passes	(--)	5
Number of rows	(--)	6
Tubecount	(--)	54
Tubecount Odd/Even	(--)	9 / 9
Material		Carbon steel

Fan Geometry		
No/bay	(--)	2
Fan ring type		15 deg
Diameter	(m)	2.896
Ratio, Fan/bundle face area	(--)	0.4320
Driver power	(kW)	12.03
Tip clearance	(mm)	14.480
Efficiency	(%)	77.000

Fin Geometry		
Type		Circular
Fins/length	(fin/meter)	394.0
Fin root	(mm)	31.750
Height	(mm)	15.875
Base thickness	(mm)	0.450
Over fin	(mm)	63.500
Efficiency	(%)	81.5
Area ratio (fin/bare)	(--)	19.902
Material		Aluminum 1100-annealed

Airside Velocities		**Actual**	**Standard**
Face	(m/s)	3.37	3.18
Maximum	(m/s)	6.60	6.24
Flow	(100 m3/min)	11.624	10.977
Velocity pressure	(Pa)	30.74	
Bundle pressure drop	(Pa)	149.29	
Bundle flow fraction	(--)	1.000	

Thermal Resistance, %	
Air	46.13
Tube	37.19
Fouling	14.23
Metal	2.44
Bond	0.00

Airside Pressure Drop, %					
Bundle	91.28			Louvers	3.06
Ground clearance	0.00	Fan guard	0.00	Hail screen	0.00
Fan ring	2.44	Fan area blockage	3.22	Steam coil	0.00

그림 2-85 Benzene air cooler 2차 설계 결과 (Output summary)

Toluene air cooler의 Over-design은 1.4%인데 반해, Benzene air cooler의 Over-design은 19.6%이다. "Drawing" 창의 "3D exchanger drawing"(그림 2-86)을 보면 대부분 Fan area가 Toluene air cooler의 Tube bundle에 걸쳐있다. Benzene air cooler의 Tube bundle area에 걸쳐있는 Fan area는 상대적으로 좁다. 따라서 Benzene air cooler bundle로 흐르는 실제 Air flow는 결과값보다 작을 수 있다. 이 때문에 Benzene air cooler에 추가 Margin을 주었다. Benzene air cooler의 Tube bundle을 구성하는 Tube 수량은 54본이다. Tube 수량이 적기 때문에 Tube 수량을 조금만 증가시켜도 Over-design을 크게 설계할 수 있다.

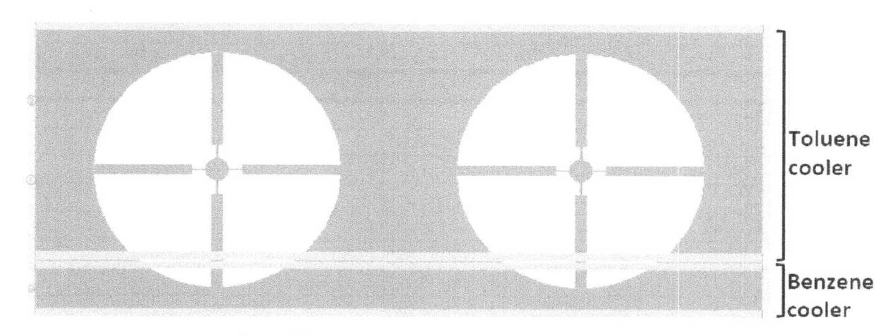

그림 2-86 Top view (3D exchanger drawing)

6) 결과 및 Lessons learned

이번 예제의 설계 결과를 정리하면 표 2-14와 같다. 첫 번째 줄은 Toluene air cooler, 두 번째 줄은 Benzene air cooler 설계 성능 결과를 정리하였다.

표 2-14 Toluene & Benzene air cooler 설계 결과 Summary

Duty [MW]	MTD [℃]	Bays / Bundles	Transfer rate (Required) [W/m²-℃]	Over-design	Static Pressure [Pa]	Tube Dp [Pa]	Air flow rate per fan [m³/sec]
2.6 × 1.1	32.4	1 / 1	21.66	1.37%	163.58	28.93	48.44
0.336 × 1.1	23.4	1 / 1	17.62	19.63%	163.55	31.31	

이번 예제를 통하여 Combined air cooler를 설계할 때 고려하여야 할 사항을 정리하면 아래와 같다.

- ✔ *Air cooler 2개를 Combined air cooler로 설계하기 위해서 3가지 조건이 선행되어야 한다. 첫 번째 Duty가 작고, 두 번째 설치 위치가 서로 가까워야 하며, 세 번째 Fan motor control이 없거나 두 Air cooler 중 한 개만 Control이 요구되어야 한다.*
- ✔ *Combined air cooler의 Tube 치수, Tube row, Tube pitch를 동일하게 적용한다.*
- ✔ *Fan area를 조금 걸쳐있는 서비스 Bundle에 추가 Margin을 부여한다.*

2.2.3. Hot oil cooler (용도변경에 따른 성능검증)

운휴 중인 설비를 다른 용도로 사용 가능하다면 장치 구매비뿐 아니라 그에 따른 간접비, 설치비 등 상당한 투자비가 절약된다. 이번 예제에서 Air cooler 용도변경에 따른 새로운 운전조건에서 성능검증 방법에 대하여 설명하고자 한다.

Model :	Type :	Forced	draft	No. of Bays	NOTE 6	
Surface per Unit - Finned Tube		17551.2	m2	Bare Tubes	746.257	m2
Heat Exchanged		3.16	MM kcal/hr	MTD (Eff.)	36	°C
Transfer Rate, kcal/hm2℃ :	5.050	Bare Tube, Service :		118.76	Clean :	126.98

PERFORMANCE DATA - TUBE SIDE

						IN	OUT
Fluid Name		Marlotherm or equalivant					
Total Fluid Entering		212.140	kg/hr	Density (L/V)	kg/m3	990.5	1016
		IN	OUT	Viscosity (L/V)	cP	3.4072	8.2296
Temperature	°C	95	60	Spec. Heat (L/V)	kcal/kg°C	0.4376	0.4063
Liquid	kg/hr	212.140	212.140	Ther. Cond. (L/V)	kcal/hrm°C	0.1038	0.1074
Vapor	kg/hr			Pour / Freeze Point	°C	-34	
Noncondensable	kg/hr			Bubble Point / Dew Point	°C		
Steam	kg/hr			Latent Heat	kcal/kg		
Water	kg/hr			Inlet Pressure	kg/cm2A	8.8	
Velocity (Allow./Cal.)	m/s			Press. Drop (All/Cal)	kg/cm2	0.7	0.699
Special Condition				Fouling Res. Inside	hrm2℃/kcal		

PERFORMANCE DATA - AIR SIDE

Air Quantity (std. m3/hr)	825955.2		Min.Design Ambi.Temp.	-14.3 °C	Altitude 14 m
Air Quantity/Fan	108100.8	act. m3/hr	Temperature In	34	°C
Face Velocity	2.9	std. m/s	Temperature Out	47.11	°C
Static Pressure	17.207	mmH2O	Fouling Res. Air Side	0.0004	hrm2℃/kcal

DESIGN - MATERIALS - CONSTRUCTION

Design Pressure 18.0 / F.V kg/cm2G	Test Pressure 45.695 kg/cm2G	Design Temp. / MDMT 370 / * °C
<TUBE BUNDLE>	< HEADER >	< TUBE >
Size (W x L) NOTE 6	Type PLUG Material SA516M Gr.485	Type FINNED | Material SA179M
No. / Bay 1 No. Tube Rows 8	No. of Passes 8 Slope N/A mm/m	OD 25.4 mm | Min. Thick. 3.07 mm
<ARRANGEMENT>	Mat'l Gasket [illegible] Plug SA105M	No./Bundle 444 | Length 5500 m
Bays 4 In Parallel In Series	Corrosion Allowance 3.0 mm	Pitch 64 mm | Layout Triangular
Bundles 4 In Parallel In Series	< NOZZLE >	Fin Type Embedded
Rows / Pass 8	Size In Nozzle 2 x 8" in	Material AL | Stock Thick. 0.432 mm
Bundle Frame GALVANIZ	Size Out Nozzle 2 x 8" in	OD 57.15 mm | Selec. Temp. ℃
Structure Mounting PIPE RACK	Rating & Facing #300	No./m 433
Ladders & Walkways YES	Vent 1 x 2" Drain 1 x 2"	Design Code ASME SEC. VIII, DIV. 1
Heating Coil NO	TI : - PI : -	ASME Stamp YES
Louvers Type AUTO Mat'l AL.	Chemical Cleaning	RT : UT 100% PWHT : YES
Structure Surf. Prep / Coating GALVANIZ	Header Surf. Prep / Coating PAINTING	Tube to Tubesheet Joint (NOTE 7)

MECHANICAL EQUIPMENT

FAN		DRIVER (NOTE 4)	SPEED REDUCER
Mfr/Model Cofimco		Type 100% DOL / Induction Motor	Type HTD-Belt
No./Bay 2	RPM 400	Mfr & Model Hyundai	Mfr / Model Gates
Dia. 2250 mm	No. Blades 5	No./Bay 2 S.F 1.0	No./Bay 2 S.F 2
Mat'l Blade AL.	Hub C.S.	RPM 1770	Enclosure
Pitch Angle 11.5 degree		kW / Driver 11	Speed Ratio 4.42 / 1
kW/ Fan, Design 8.7	Min. Temp. -15	Enclosure Ex"e" II T3	Vibration Switch / Alarm YES
Pitch Control : 100 %manual	% auto	V/Ph/C 460 / 3 / 60Hz	Support Steel structure

그림 2-87 전문 Air cooler 제작사 Hot oil cooler datasheet

운휴 중인 Air cooler 용도는 Hot oil air cooler이다. Shutdown 시 Hot oil을 Cooling하기 위한 용도이다. 이 Air cooler를 Tempered water system 내 Tempered water air cooler로 사용할 수 있는지 검토해야 한다. Hot oil air cooler의 Datasheet는 그림 2-87과 같다.

표 2-15는 Hot oil cooler 운전조건과 용도 변경하고자 하는 Tempered water air cooler 설계 운전조건을 보여주고 있다.

표 2-15 Hot oil cooler의 용도변경 설계 운전조건

	Unit	*기존 운전조건*		*용도변경 운전조건*	
Fluid name		*Marlotherm(Hot oil)*		*Tempered water*	
Fluid quantity	*kg/hr*	*212,140*		*465,000*	
Mass vapor fraction		*0*	*0*	*0*	*0*
Temperature	*℃*	*95*	*60*	*126*	*90*
Inlet pressure	*kg/cm²g*	*7.767*		*7.5*	
Press. drop allow.	*kg/cm²*	*0.7*		*No limit*	
Fouling resistance	*hr m² ℃/kcal*	*-*		*0.0002*	
Duty	*MMkcal/hr*	*3.16*		*16.7*	

1) 사전 검토

Hot oil cooler datasheet에 Extended surface 기준 열전달계수는 5.05Kcal/hr-m^2-℃로 매우 낮은 편이다. 이는 Hot oil인 Marlotherm viscosity가 높기 때문이다. 물을 냉각시키는 새로운 운전조건에서 열전달계수는 상당히 높아질 것으로 예상한다.

새로운 조건에서 Duty가 약 5배 정도 커졌다. 이는 Air 출구온도를 상당히 높일 것이다. Air 출구온도가 높아지면 Tube bundle을 통과하는 공기 평균 부피가 커지고 Static pressure(Pressure drop)가 커진다는 의미다. Fan은 펌프 거동과 유사하다. Pressure drop이 커지면 Air flow rate가 줄어든다. 따라서 새로운 조건에서 Air flow rate가 줄어들 것이다.

새로운 운전조건에서 Duty가 상당히 커졌고 운전온도가 높아졌다. 운전온도가 높은 것은 LMTD 측면에서 유리하다. 그러나 Duty가 커진 것은 Air 출구온도가 높아져서 LMTD에 불리하게 작용한다.

2) 기존 운전조건 Simulation

기존 Datasheet를 모사하는 것은 그리 어렵지 않다. Datasheet에 기재되어 있는 운전조건과 Air cooler Geometry 데이터를 그대로 입력하고 Xace 결과가 Datasheet와 유사한지 검토하면 된다. Air flow rate는 Face velocity 또는 Mass flow rate보다 Actual air flow rate를 입력해야 한다. 이 예제에서 Fan 1개당 108,100.8m^3/hr이므로 Fan 당 30.03m^3/sec이고, Fan이 총 8개 설치되어 있으므로 Total Actual air flow rate는 240.2m^3/sec이다. Air side fluid에 Flow rate의 옵션을 Actual flow rate로 선택하고 이 값을 입력한다.

Datasheet 상 전열 면적과 Xace 결과 전열 면적을 유사하게 맞추기 위하여 그림 2-88과 같이 "Bundles" 입력 창에서 "Unfinned tube length" 입력값을 50mm로 조정한다.

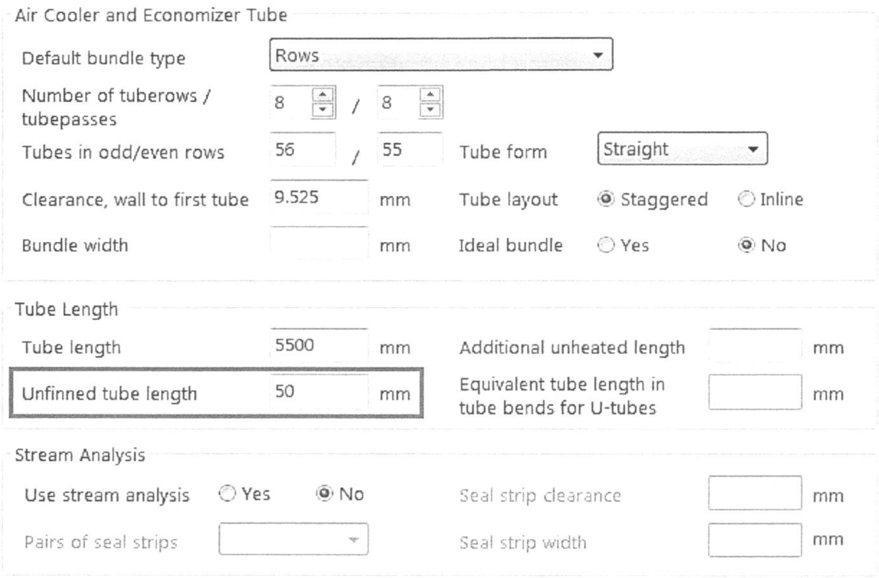

Air Cooler and Economizer Tube
Default bundle type: Rows
Number of tuberows / tubepasses: 8 / 8
Tubes in odd/even rows: 56 / 55 | Tube form: Straight
Clearance, wall to first tube: 9.525 mm | Tube layout: Staggered / Inline
Bundle width: mm | Ideal bundle: Yes / No

Tube Length
Tube length: 5500 mm | Additional unheated length: mm
Unfinned tube length: 50 mm | Equivalent tube length in tube bends for U-tubes: mm

Stream Analysis
Use stream analysis: Yes / No | Seal strip clearance: mm
Pairs of seal strips | Seal strip width: mm

그림 2-88 Unfinned tube 길이 조정 (Bundle 입력 창)

Static pressure와 Motor power 또한 Datasheet 값과 유사한 Xace 결과값이 나오도록 "옵션" 입력 창에서 "Fan area blockage" 입력값과 "Fans" 창에서 "Total combined fan and drive" 효율을 조정한다.

Optional Geometry

Steam coil present	○ Yes	◉ No
Fan area blockage	5	%
Free area in hail screen		%
Free area in fan guard		%
Louvers present	◉ Yes	○ No

Air Properties

◉ Relative humidity		%
○ Wet bulb temperature		C
○ Dew point temperature		C
Maximum ambient temperature		C
Minimum ambient temperature	-14.3	C

Header Box

Header box depth	101.6	mm
Header box plate thickness		mm
Header box height		mm
Header box width		mm
Total tubesheet thickness		mm

Tube Supports

Number of intermediate tube supports	Program Set	
Width of intermediate tube supports		mm

Plenum Information

Plenum chamber type	○ Box	◉ Tapered
Plenum height		mm
Ground clearance to fan blade		mm

Tubeside Design

Design pressure	18	kgf/cm2G
Design temperature	370	C

그림 2-89 Optional 입력 창

효율은 Fan 효율과 Driver 효율로 구분되는데, Driver 효율은 V-belt 나 High torque belt의 동력 전달 효율을 의미한다. 보통 95%~98% 정도 된다. 그림 2-90은 Hot oil cooler에 Final mechanical data book에 포함된 Fan datasheet다. Static fan efficiency와 Total fan efficiency는 각각 70.8%와 83.8%로 되어있다. Required motor power는 Static fan efficiency 또는 Total fan efficiency를 이용하여 각각 식 2-4와 식 2-5로 계산되며 어느 식을 이용하던 같은 값이 계산된다.

$$P = Q \times (SP + VP) \div Total\ fan\ eff. \div Driver\ eff. ----(2-4)$$

$$P = Q \times SP \div Static\ faneff. \div Driver\ eff. ----(2-5)$$

$$VP = \frac{1}{2} \times Air\ density \times \left(Air\ flow\ rate \div \left(\frac{\pi}{4} \times Fan\ dia.^2\right)\right)^2\ or\ from\ HTRI\ result -----(2-6)$$

Where,

P = Required motor power *Q = Air flow rate*

SP = Static pressure *VP = Velocity pressure*

Fan efficiency = from fan curve

Driver efficiency = 0.98 for high torque belt, 0.95 for V-belt

CHARACTERISTICS					
Required Volume	30,03	m³/sec	Required Static Pressure	17,2070	mm H2O
Pressure recovery	0,00	mm H2O	Fan static pressure	17,21	mm H2O
Velocity pressure	3,16	mm H2O	Total pressure	20,36	mm H2O
Air Temperature	34,0	°C	Site Elevation	25,0	m
Inlet Air Humidity (%)	97,0		Inlet Air Density	1,124	kg/m³
Fan diameter	2250	mm	Fan ring diameter	2270	mm
Blade Airfoil	20L	ALU	Rotor hub type	B1	
Speed	400,0	RPM	Blade Tip Speed	47,12	m/sec
N° blades	5		Blade Operating Freq +/-5%	694	cpm
Static efficiency	70,8	%	Total efficiency	83,0	%
Blade pitch angle	11,5	(°)	Rotor shaft power	7,2	kW
Min Ambient Temperature	-15,0	°C	Rotor shaft power @ -15,0 °C	8,7	kW

그림 2-90 Fan datasheet

그림 2-91과 같이 "Total combined fan and drive"에 Total fan efficiency와 Driver efficiency를 곱한 값인 81%(83.0 × 0.98)를 입력한다.

그림 2-91 Total combined fan and drive 입력 (Fan 입력 창)

기존 운전조건을 입력하여 실행된 Xace 결과는 그림 2-92와 같다.

Process Conditions		Outside		Tubeside	
Fluid name					
Fluid condition			Sens. Gas		Sens. Liquid
Total flow rate	(1000-kg/hr)		992.242		212.140
Weight fraction vapor, In/Out		1.0000	1.0000	0.0000	0.0000
Temperature, In/Out	(Deg C)	34.00	47.24	95.00	60.00
Skin temperature, Min/Max	(Deg C)	36.02	57.47	36.16	58.40
Pressure, Inlet/Outlet	(kgf/cm2G)	-1.7e-3	-3.4e-3	7.767	7.072
Pressure drop, Total/Allow	(mmH2O) | (kgf/cm2)	17.229	0.000	0.695	0.700
Midpoint velocity	(m/s)		5.98		0.89
- In/Out	(m/s)			0.91	0.90
Heat transfer safety factor	(--)		1.0000		1.0000
Fouling	(m2-hr-C/kcal)		0.000400		0.000000

Exchanger Performance		
Outside film coef	(kcal/m2-hr-C)	38.54
Tubeside film coef	(kcal/m2-hr-C)	182.01
Clean coef	(kcal/m2-hr-C)	5.050
Hot regime		Sens. Liquid
Cold regime		Sens. Gas
EMTD	(Deg C)	35.9
Duty	(MM kcal/hr)	3.147
Actual U	(kcal/m2-hr-C)	5.040
Required U	(kcal/m2-hr-C)	5.008
Area	(m2)	17556
Overdesign	(%)	0.65

Unit Geometry			
Bays in parallel per unit			4
Bundles parallel per bay			1
Extended area	(m2)		17556
Bare area	(m2)		746.27
Bundle width	(mm)		3596.
Nozzle		**Inlet**	**Outlet**
Number	(--)	2	2
Diameter	(mm)	193.68	193.68
Velocity	(m/s)	0.25	0.25
R-V-SQ	(kg/m-s2)	63.12	61.53
Pressure drop	(kgf/cm2)	3.54e-4	2.20e-4

Fan Geometry		
No/bay	(--)	2
Fan ring type		30 deg
Diameter	(mm)	2250.
Ratio, Fan/bundle face area	(--)	0.4021
Driver power	(kW)	7.36
Tip clearance	(mm)	11.250
Efficiency	(%)	81.000

Airside Velocities		Actual	Standard
Face	(m/s)	3.04	2.90
Maximum	(m/s)	5.84	5.58
Flow	(100 m3/min)	144.12	137.65
Velocity pressure	(mmH2O)	3.343	
Bundle pressure drop	(mmH2O)	15.951	
Bundle flow fraction	(--)	1.000	

Tube Geometry		
Tube type		High-finned
Tube OD	(mm)	25.400
Tube ID	(mm)	19.260
Length	(mm)	5499.994
Area ratio(out/in)	(--)	31.013
Layout		Staggered
Trans pitch	(mm)	64.000
Long pitch	(mm)	55.424
Number of passes	(--)	8
Number of rows	(--)	8
Tubecount	(--)	444
Tubecount Odd/Even	(--)	56 / 55
Material		Carbon steel

Fin Geometry		
Type		Circular
Fins/length	(fin/meter)	433.0
Fin root	(mm)	25.400
Height	(mm)	15.875
Base thickness	(mm)	0.250
Over fin	(mm)	57.150
Efficiency	(%)	79.1
Area ratio (fin/bare)	(--)	23.5
Material		Aluminum 1100-annealed

Thermal Resistance, %	
Air	13.08
Tube	85.88
Fouling	0.20
Metal	0.84
Bond	0.00

Airside Pressure Drop, %					
Bundle	92.58			Louvers	2.77
Ground clearance	0.00	Fan guard	0.00	Hail screen	0.00
Fan ring	1.16	Fan area blockage	3.48	Steam coil	0.00

그림 2-92 기존 운전조건 Simulation (Output summary 창)

표 2-16과 같이 기존 Air cooler datasheet와 Xace simulation 결과를 비교하였다. Xace 결과상 성능 값들이 Datasheet 값들과 유사함을 확인할 수 있다. 완성된 Xace 파일을 이용하여 새로운 운전조건에서 성능을 검토할 것이다. 비교표에서 HTC는 Heat transfer coefficient의 약자로 실무에서 많이 사용된다. Fin tube 대신 동일한 Plain tube 수량일 때 계산된 전열 면적을 Bare area라고 하고 Air cooler 크기를 가늠할 때 사용한다.

표 2-16 Datasheet와 Xace Simulation 결과 비교

	Unit	Datasheet	HTRI 결과
Extended area	m^2	17551.2	17556
Bare area	m^2	746.257	746.27
MTD	℃	36	35.9
HTC (Extended)	kcal/m^2-hr-℃	5.05	5.04
HTC (Bare)	kcal/m^2-hr-℃	118.76	113.53
Press. drop allow.	kg/cm^2	0.699	0.695
Static pressure	mmH_2O	17.207	17.229
Motor Power @ Min.	kW	8.7	8.67
Over-design	-	0.97%	0.65%

3) 용도변경 운전조건 1차 검토

"Process condition" 입력 창에 용도변경 운전조건과 Hot fluid property에 Water(IAPWS 1977)를 입력한다. Air flow rate를 240.2m^3/hr로 변경 없이 Xace를 실행한다. 기존 운전조건과 용도변경 운전조건에서 Xace 결과를 비교하면 표 2-17과 같다. 열전달계수가 상당히 증가하였고 Static pressure 또한 증가하였음을 확인할 수 있다. 그러나 Blade pitch angle을 변경 없이 유지한다면 Static pressure가 증가하였으므로 실제 Air flow rate가 감소해야 한다.

표 2-17 기존 운전조건과 용도변경 운전조건 평가 결과 1차 Summary

	Unit	기존 운전조건 Xace 결과	용도변경 운전 1차 검토 결과
Air flow rate	m^3/sec	240.2	240.2
MTD	℃	35.9	36.3
HTC (Extended)	kcal/m^2-hr-℃	5.04	27.26
HTC (Bare)	kcal/m^2-hr-℃	113.53	613.98
Press. drop allow.	kg/cm^2	0.695	1.413
Static pressure	mmH_2O	17.229	20.38
Motor Power @ Min.	kW	8.67	10.52
Over-design	-	0.65%	4.14%

4) 용도변경 운전조건 2차 검토

Fan curve를 이용하여 용도변경 운전조건에서 Air flow rate를 예상할 수 있다. 그림 2-93 Fan curve를 보자. 그림 2-90 Fan datasheet에 보듯이 Blade angle은 11.5도이다. Blade angle 11.5도 Fan curve 상 Static pressure 20.38mmH_2O에서 Fan 1개가 발생시킬 수 있는 Air flow rate는 21m^3/sec이다. Fan이 8개 설치되어 있으므로 Air flow rate 168m^3/sec가 발생한다. 이 값을 입력하여 Xace 결과를 보면 Static pressure가 낮아질 것이다. 다시 Fan curve에서 낮아진 Static pressure에서 Air flow rate를 찾고, Xace에 입력하여 Static pressure를 확인을 반복하면 Static pressure와 Air flow rate가 수렴할 것이다.

그림 2-93 Fan curve와 같이 수렴한 최종 Fan 당 Air flow rate는 27.3m^3/sec이고, 8개 Fan이 설치되어 있으므로 총 Air flow rate 218.4m^3/sec가 예상된다. Fan curve에서 확인할 수 있듯이 Static fan efficiency 70.8%에서 71.4%로 오히려 더 좋아졌다.

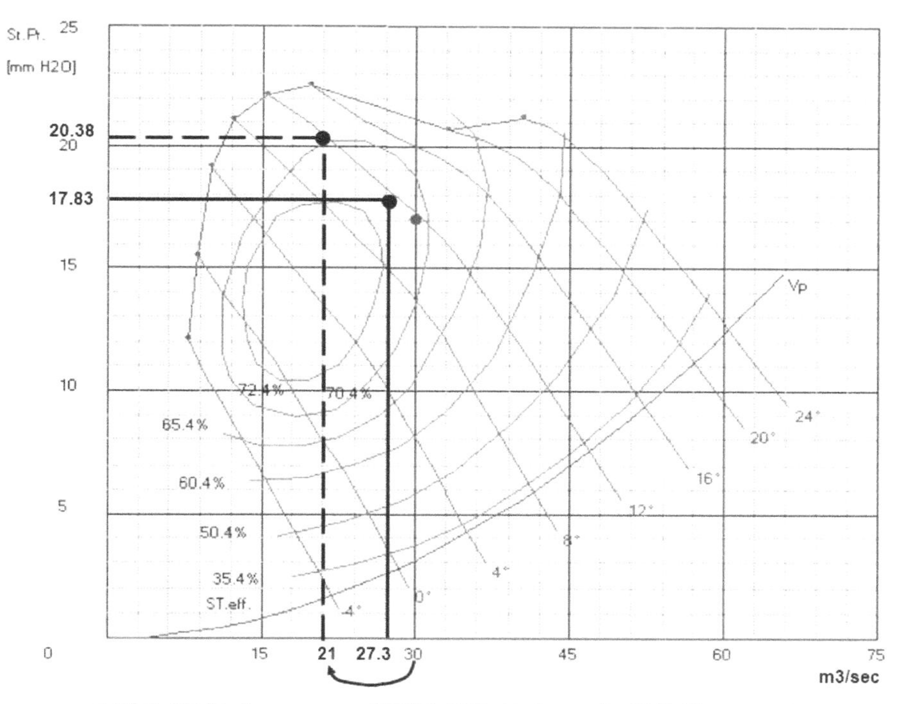

그림 2-93 Static pressure 변경에 따른 Air flow rate 변화 (Fan curve)

Xace에 Air flow rate를 218.4m^3/sec로 수정한 결과, 표 2-18과 같이 Air cooler 성능이 부족하게 나왔다. 따라서 용도변경 운전조건을 만족하기 위해서 기존 Air cooler 개조가 필요하다. Motor Power @ Min.는 Fan 효율이 약간 더 높아지므로 계산상 8.28kW보다 약간 낮을 것으로 예상된다.

표 2-18 기존 운전조건과 용도변경 운전조건 평가 결과 2차 Summary

	Unit	기존 운전조건 Xace 결과	용도변경 운전 1차 검토 결과	용도변경 운전 2차 검토 결과
Air flow rate	m^3/sec	240.2	240.2	218.4
MTD	℃	35.9	36.3	31.1
HTC (Extended)	kcal/m^2-hr-℃	5.04	27.26	26.71
HTC (Bare)	kcal/m^2-hr-℃	113.53	613.98	601.66
Press. drop allow.	kg/cm^2	0.695	1.413	1.412
Static pressure	mmH_2O	17.229	20.38	17.832
Motor Power @ Min.	kW	8.67	10.52	8.28
Over-design	-	0.65%	4.14%	-12.73

5) 용도변경을 위한 Air cooler 개조 검토

기존 Air cooler를 그대로 새로운 운전조건에 사용한다면 필요한 성능이 발현되지 못함을 확인했다. 새로운 조건을 만족하는 Air cooler를 새로 구매할 수 있겠지만 기존 Air cooler를 개조하여 성능을 만족시킬 수 있다면 개조하는 쪽이 더 저렴하게 Project를 수행할 수 있다.

개조는 최소한으로 수행하는 것이 Cost를 줄이는 방법이다. 개조를 간단히 수행하는 방법으로 그 순서를 나열하면, 아래와 같다. 필요에 따라 이들 중 2가지 이상을 조합하여 개조할 수도 있다.

✔ ***Fan pitch 조절 → Pulley와 Belt 교체 → Fan 교체 → Fan & Motor 교체 → Tube bundle 교체 → Air cooler bay 추가***

Fan pitch 조절만으로 성능을 만족하는지 검토하기 위하여 용도변경 운전조건 Xace 파일을 이용한다. Over-design이 0%를 초과할 때까지 Xace 파일에 Air flow rate를 증가시킨다. 증가시킨 Air flow rate와 Xace 결과에 Static pressure의 Point를 Fan curve에 작도하고 그 포인트가 놓인 Blade pitch angle을 찾으면 된다.

그림 2-94 Fan curve로부터 Fan 당 Air flow rate는 29.6m^3/sec, Static pressure는 19.97mmH_2O, Fan 효율은 67%임을 확인할 수 있고, 이때 Blade pitch angle은 16°이다.

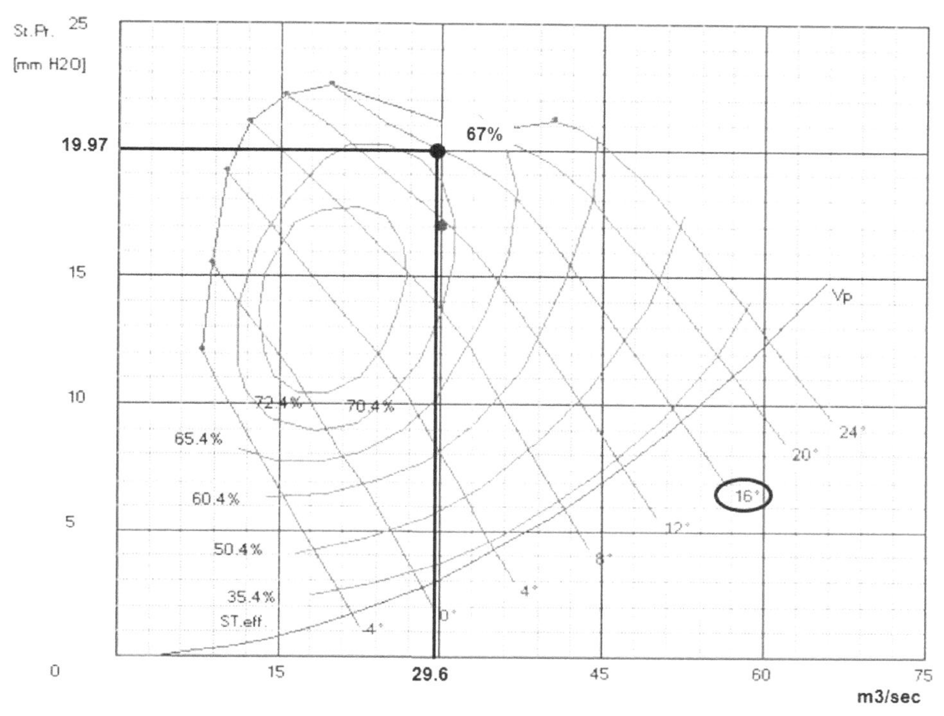

그림 2-94 필요 Air flow rate에서 Blade pitch angle (Fan curve)

다음, 필요한 Motor power가 Rated motor power인 11kW보다 작은지 검토한다.
Air design temperature인 34℃에서 필요한 Motor power는 식 2-7과 같이 계산된다.

$$\boldsymbol{Motor\ power\ @\ 34\,℃ = Static\ press. \times flow\ rate \div fan\ efficiency \div drive\ efficiency} - - - (\mathbf{2-7})$$

$$= 19.98 \times 29.6 \times 9.8 \div 0.67 \div 0.98 = 8.83kW$$

Min. air temperature인 -14.3℃에서 필요한 Motor power는 식 2-8과 같이 계산된다.

$$\boldsymbol{Motor\ \ power\ \ @\ \ Winter = Motor\ \ power\ \ @\ \ Summer} \times \frac{\boldsymbol{Air\ \ Density\ \ @\ \ Winter}}{\boldsymbol{Air\ \ Density\ \ @\ \ Summer}} - - - - (\mathbf{2-8})$$

$$= 8.83\ \times \frac{1.3645}{1.1567} = 10.42\ kW$$

겨울철 요구되는 Motor power(10.42kW)보다 Rated motor power(11kW)가 더 크므로 모터 교체 없이 Fan blade angle을 16°까지 올릴 수 있다.

6) 결론 및 Lessons learned

표 2-19는 Blade pitch angle 조정할 경우 성능을 포함한 Air cooler 성능 비교표이다.

표 2-19 기존 운전조건과 용도변경 운전조건 평가 결과 Summary

	Unit	기존 운전조건 Xace 결과	용도변경 운전 1차 검토 결과	용도변경 운전 2차 검토 결과	용도변경 운전 Fan angle 조정
Air flow rate	m^3 /sec	240.2	240.2	218.4	236.8
MTD	℃	35.9	36.3	31.1	35.63
HTC (Extended)	kcal/m^2-hr-℃	5.04	27.26	26.712	27.17
HTC (Bare)	kcal/m^2-hr-℃	113.53	613.98	601.66	612
Press. drop allow.	kg/cm^2	0.695	1.413	1.412	1.413
Static pressure	mmH_2O	17.229	20.38	17.832	19.98
Motor Power @ Min.	kW	8.67	10.52	8.28	10.42
Over-design	-	0.65%	4.14%	-12.73%	1.77%

Air cooler 용도변경을 검토할 때 아래 사항을 고려하여야 한다.

- ✔ *설계문서만 검토하였을 때 Blade pitch angle을 16°로 조정하면 모터 교체 없이도 용도변경 운전조건 성능을 만족시킬 수 있다. 그러나 실제 Fan Blade 표면손상으로 Fan 효율이 떨어질 수 있고 주변 열원이나 Hot air recirculation에 의해 Air inlet 온도가 설계치보다 높을 수 있다. 또 Tube fin의 Bonding 효율이 떨어질 수 있다. 이런 노후화 때문에 예상보다 실제 성능이 낮게 나올 수 있으므로 Revamping 혹은 용도변경을 계획할 경우 Air cooler를 점검하고 성능 Test를 할 것을 추천한다.*
- ✔ *Air cooler 용도, Duty가 증가한다면 Static pressure 영향으로 Air flow rate가 줄어들 수 있음을 잊지 말고 성능 평가 수행해야 한다. 성능 향상을 위하여 Air cooler 개조하거나 Bay를 추가할 경우도 Air flow rate가 변할 수 있음을 고려한다.*

2.2.4. Heavy gas oil cooler (경제성 분석 및 Heating coil의 Steam 소모량)

Delayed coker unit은 Foster wheeler licenser 공정이다. 그림 2-95는 Delayed coker 공정도를 보여주고 있다. Residue feed는 Main fractionator bottom으로 유입되고 여기서 Coker drum으로부터 순환되는 유체와 합쳐진다. CDU main column과 유사하게 Main fractionator에서 Overhead stream, Light gas oil, Heavy gas oil로 분리된다. Overhead stream은 VRU(Vapor recovery unit)에서 Fuel gas, LPG, Naphtha로 분리된다. Main fractionator bottom stream은 Coker heater를 거치면서 온도가 480~510℃까지 올라간다. 이 과정에서 Bottom stream 일부가 Vapor로 되며 Thermal cracking이 이루어진다. Cracking은 Coker drum에서 완료된다. Coker drum은 2개 Drum이 하나의 쌍으로 구성되어 있는데, 실제 공장은 여러 개 Coker drum 쌍으로 설치되어 있다. 한 개 Coker drum은 Cracking을 진행하고 다른 하나는 Drum 내부에 형성된 Coke를 떼어내는 Decoking 공정을 번갈아 수행한다. Decoking 과정 중 Coker drum의 Top으로부터 High pressure water jet를 분사하여 Coke를 Drum 하부로 배출한다. 생성된 Coke는 철광산업에 연료로 사용되기도 한다. Coker drum 상부로 Vapor 상태의 Hydrocarbon 혼합물이 Main fractionator로 되돌아간다.

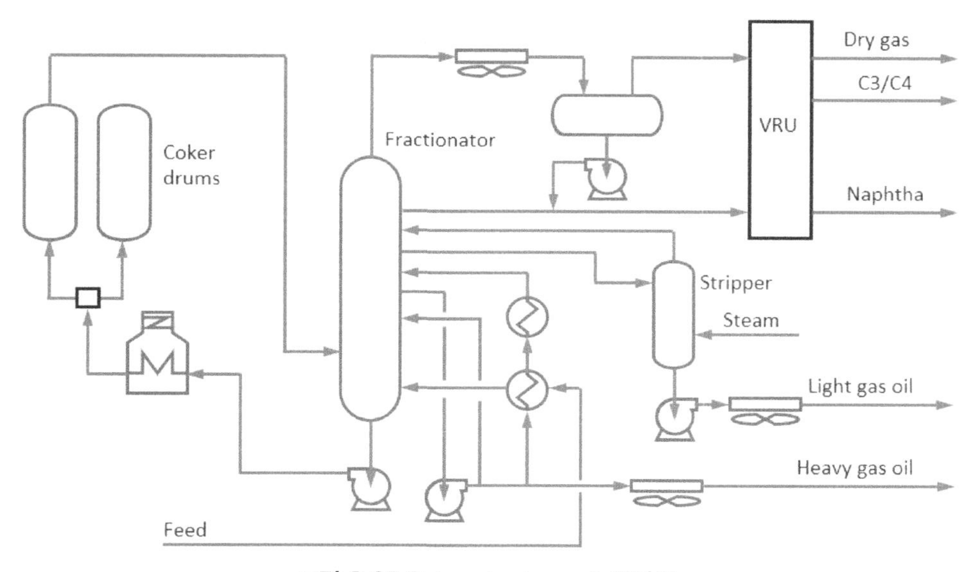

그림 2-95 Delayed coker unit 공정도

이번 예제는 Main Fractionator의 생산품 중 하나인 Heavy gas oil cooler이며, 설계 운전조건은 표 2-20과 같다.

표 2-20 Heavy gas oil cooler **설계 운전조건**

	Unit	Hot side		Cold side	
Fluid name		Heavy gas oil		Air	
Fluid quantity	kg/hr	1.1× 84729			
Temperature	℃	227	82	50	
Mass vapor fraction	-	0	0	1	1
Density, L/V	kg/m³	794.8	895.5	Properties of air	
Viscosity, L/V	cP	0.516	10.242		
Specific heat, L/V	kcal/kg ℃	0.595	0.464		
Thermal cond., L/V	kcal/hr m ℃	0.0916	0.1072		
Inlet pressure	kg/cm²g	13.97		Altitude = 4m	
Press. drop allow.	kg/cm²	0.56			
Fouling resistance	hr m² ℃/kcal	0.000802		-	
Duty	MMkcal/hr	1.1× 6.525			
Material		KCS			
Design pressure	kg/cm²g	26.9			
Design temperature	℃	230			
1. Pipe rack width = 9.1m 2. Forced draft type 3. Fin type = Extruded. 4. Fin density = 394 5. Min. design ambient temperature = -3 ℃ 6. Pour point = 33 ℃ 7. 50% VFD 8. Steam coil and louver to be provided. (Steam condition =3.5kg/cm²g) 9. Turndown operation= 60 %					

1) 사전 검토

Gas oil, Residue와 같이 Heavy hydrocarbon은 온도가 낮아짐에 따라 Viscosity가 높아지면서 유동성을 잃을 수 있다. Pour point란 유동성을 잃기 전 유체 유동성을 인정할 수 있는 가장 낮은 온도를 의미한다. 이번 예제 Air cooler가 다루는 Heavy gas oil의 Pour point는 33℃로 Min. design ambient temperature인 -3℃보다 높다. 따라서 겨울철 정상운전, 비정상 운전 중 Heavy gas oil이 33℃보다 낮아져 유동성을 잃어 설비에 정체될 수 있는지 검토해야 한다. Air cooler 운전 중 어떤 상황에서 Heavy gas oil이 33℃보다 낮은 표면에 접촉하면 Heavy gas oil이 유동성을 잃기 시작할 것이다. Air cooler의 Winterization은 API 661의 Annex C에 잘 정리되어 있다. Freezing, Pour point 등 Process critical temperature에 따라 6가지 Process category로 나눠진다. Category에 따라 Process 유체가 Process critical temperature에 Safety margin 온도를 더한 온도보다 낮은 온도에 접촉되지 않도록 한다. Pour point에 의한 유동성 상실은 Category 5에 해당하고 Safety margin은 14℃이다. 따라서 Heavy gas oil은 47℃보다 낮은 표면에 접촉하지 않도록 Winterization 설비를 갖추어야 한다. 또한, API 661 Annex C는 System A부터 System D까지 Winterization 방법을 제시하고 있다. 이번 예제에는 System A를 적용하고 있으며 Heating coil로 Steam coil과 함께 Louver를 설치를 요구하고 있다.

Process fluid 유속을 높이거나 Air flow rate를 증가하여 Air cooler를 경제적으로 설계할 수 있다. 이번 예제의 경우 Heavy gas oil은 Viscosity가 높은 유체이기 때문에 Tube side 열전달계수가 낮을 것으로 예상되므로 Tube side가 Controlling side이다. 따라서 최대한 Tube side allowable pressure drop을 사용하여야 Air cooler를 경제적으로 설계할 수 있다. Air flow rate 증가는 MTD를 증가시킬 수 있지만, Overall heat transfer coefficient에 미미한 영향을 줄 것이다.

2) HTRI 입력 및 1차 설계 결과 검토

Tube 길이는 Pipe rack 폭 9.1m보다 0.5m긴 9.6m로 선정하였다. Steam coil과 Louver가 설치되어야 하므로 “옵션” 창에서 Steam coil과 Louver에 Yes를 선택한다. 이로 인해 Air side static pressure가 증가하고 Required motor power가 커질 것이다. Viscosity가 높은 유체는 가능한 작은 Tube OD를 사용하는 것이 경제적 설계에 유리하다. Tube side가 Controlling side이고 Tube side 열전달계수는 Tube OD에 반비례하기 때문이다.

그림 2-96은 Xace의 1차 설계 결과다. Bay 당 2 Bundle로 구성된 2 Bay의 Counter-current 배열로 설계되었다. 이때 Actual air flow rate는 292.77m^3/sec이다.

Process Conditions		Outside		Tubeside	
Fluid name				KEROSENE PRODUCT	
Fluid condition			Sens. Gas		Sens. Liquid
Total flow rate	(1000-kg/hr)		1150.910		93.202 *
Weight fraction vapor, In/Out		1.0000	1.0000	0.0000	0.0000
Temperature, In/Out	(Deg C)	50.00	75.90	227.00	82.00
Skin temperature, Min/Max	(Deg C)	52.53	115.86	54.36	152.00
Pressure, Inlet/Outlet	(kgf/cm2G)	-4.7e-4	-2.2e-3	13.970	13.524
Pressure drop, Total/Allow	(mmH2O)|(kgf/cm2)	16.812	0.000	0.446	0.560
Midpoint velocity	(m/s)		5.64		0.56
- In/Out	(m/s)			0.62	0.56
Heat transfer safety factor	(--)		1.0000		1.0000
Fouling	(m2-hr-C/kcal)		0.000000		0.000802

Exchanger Performance

Outside film coef	(kcal/m2-hr-C)	39.28	Actual U	(kcal/m2-hr-C)	4.859
Tubeside film coef	(kcal/m2-hr-C)	161.54	Required U	(kcal/m2-hr-C)	4.747
Clean coef	(kcal/m2-hr-C)	5.398	Area	(m2)	19241
Hot regime		Sens. Liquid	Overdesign	(%)	2.36
Cold regime		Sens. Gas			
EMTD	(Deg C)	78.6			
Duty	(MM kcal/hr)	7.168			

Unit Geometry			
Bays in parallel per unit			2
Bundles parallel per bay			2
Extended area	(m2)		19241
Bare area	(m2)		919.42
Bundle width	(mm)		2520.
Nozzle		**Inlet**	**Outlet**
Number	(--)	2	2
Diameter	(mm)	66.650	66.650
Velocity	(m/s)	1.17	1.04
R-V-SQ	(kg/m-s2)	1082.5	960.77
Pressure drop	(kgf/cm2)	6.07e-3	3.43e-3

Tube Geometry		
Tube type		High-finned
Tube OD	(mm)	25.400
Tube ID	(mm)	20.758
Length	(mm)	9600.011
Area ratio(out/in)	(--)	25.608
Layout		Staggered
Trans pitch	(mm)	63.500
Long pitch	(mm)	54.991
Number of passes	(--)	8
Number of rows	(--)	8
Tubecount	(--)	308
Tubecount Odd/Even	(--)	39 / 38
Material		Carbon steel

Fan Geometry		
No/bay	(--)	2
Fan ring type		30 deg
Diameter	(mm)	3658.
Ratio, Fan/bundle face area	(--)	0.4343
Driver power	(kW)	17.68
Tip clearance	(mm)	18.288
Efficiency	(%)	78.000

Fin Geometry		
Type		Circular
Fins/length	(fin/meter)	394.0
Fin root	(mm)	27.000
Height	(mm)	15.075
Base thickness	(mm)	0.550
Over fin	(mm)	57.150
Efficiency	(%)	84.3
Area ratio (fin/bare)	(--)	20.9
Material		Aluminum 1100-annealed

Airside Velocities		Actual	Standard
Face	(m/s)	3.03	2.75
Maximum	(m/s)	5.96	5.42
Flow	(100 m3/min)	175.66	159.66
Velocity pressure	(mmH2O)	2.707	
Bundle pressure drop	(mmH2O)	14.415	
Bundle flow fraction	(--)	0.914	

Thermal Resistance, %	
Air	12.37
Tube	77.03
Fouling	9.98
Metal	0.62
Bond	0.00

Airside Pressure Drop, %					
Bundle	85.74			Louvers	2.56
Ground clearance	0.00	Fan guard	0.00	Hail screen	0.00
Fan ring	0.97	Fan area blockage	2.79	Steam coil	7.94

그림 2-96 1차 설계 결과 (Output summary)

Heavy gas oil이 접촉하는 Tube wall temperature를 "Final result" 창에서 확인할 수 있다. 그림 2-97에서 보듯이 가장 낮은 Skin temperature는 69.53℃로 47℃보다 높으므로 설계 운전조건에서 Heavy gas oil이 유동성을 잃지 않는다. Skin temperature를 검토할 때, Fouling factor를 입력하지 않은 Clean condition에서 결과를 검토한다는 것을 잊지 말아야 한다.

Process Data		Airside		Tubeside	
Fluid name				KEROSENE PRODUCT	
Fluid condition			Sens. Gas		Sens. Liquid
Total flow rate	(1000-kg/hr)		1619.162		93.202 *
Weight fraction vapor, In/Out	(--)	1.0000	1.0000	0.0000	0.0000
Temperature, In/Out	(Deg C)	50.00	68.41	227.00	82.00
Skin temperature, Min/Max	(Deg C)	69.20	99.98	71.97	133.10
Wall temperature, Min/Max	(Deg C)	69.20	99.98	69.42	101.92

With fouling factor

Process Data		Airside		Tubeside	
Fluid name				KEROSENE PRODUCT	
Fluid condition			Sens. Gas		Sens. Liquid
Total flow rate	(1000-kg/hr)		1619.162		93.202 *
Weight fraction vapor, In/Out	(--)	1.0000	1.0000	0.0000	0.0000
Temperature, In/Out	(Deg C)	50.00	68.41	227.00	82.00
Skin temperature, Min/Max	(Deg C)	69.29	107.00	69.53	109.22
Wall temperature, Min/Max	(Deg C)	69.29	107.00	69.53	109.22

Without fouling factor

그림 2-97 Skin temperature (Final results 창)

3) Worst case simulation

Heavy gas oil이 접촉할 수 있는 Tube wall 온도가 가장 낮을 때는 어떤 운전조건일까? 겨울철 운전으로 Fouling이 생기지 않을 운전조건으로 예상된다. 먼저 겨울철 Turndown 60%를 Simulation 하려면 설계된 Air cooler geometry를 변경하지 않고, "Process conditions" 입력 창에서 Air 입구온도를 -3℃, Fouling factor를 0.0m^2-hr-℃/kcal, "Duty/flow multiplier"를 0.6으로 입력한다. Xace를 실행시키면 Over-design이 상당이 크게 나올 것이다. 실제 운전에서 Heavy gas oil 온도가 82℃가 될 때까지 Fan 하나를 끄고 VFD가 연결된 Motor 속도를 줄여 Air flow rate를 줄일 것이다. 따라서 Xace 결과에 Over-design이 0% 나올 때까지 Air flow rate를 줄인다. 그림 2-98은 이에 대한 Simulation 결과이다. 가장 낮은 Skin temperature는 26.29℃로 나왔다.

Process Data		Airside		Tubeside	
Fluid name				KEROSENE PRODUCT	
Fluid condition			Sens. Gas		Sens. Liquid
Total flow rate	(1000-kg/hr)		83.700		50.837 *
Weight fraction vapor, In/Out	(--)	1.0000	1.0000	0.0000	0.0000
Temperature, In/Out	(Deg C)	-3.00	190.53	227.00	82.00
Skin temperature, Min/Max	(Deg C)	26.07	214.18	26.29	214.45
Wall temperature, Min/Max	(Deg C)	26.07	214.18	26.29	214.45

그림 2-98 겨울철 60% Turndown 운전에서 Skin temperature (Final results 창)

같은 방법으로 정상운전조건(100% Duty &flow rate) Simulation한 결과, 가장 낮은 Skin temperature는 18.3℃이다. 따라서 아무런 조치가 없다면 겨울철 운전 중 Heavy gas oil은 Air cooler tube 내에서 유동성을 잃을 수 있다.

Process Data		Airside		Tubeside	
Fluid name				KEROSENE PRODUCT	
Fluid condition			Sens. Gas		Sens. Liquid
Total flow rate	(1000-kg/hr)		152.823		84.729
Weight fraction vapor, In/Out	(--)	1.0000	1.0000	0.0000	0.0000
Temperature, In/Out	(Deg C)	-3.00	173.82	227.00	82.00
Skin temperature, Min/Max	(Deg C)	18.06	206.41	18.30	207.04
Wall temperature, Min/Max	(Deg C)	18.06	206.41	18.30	207.04

그림 2-99 겨울철 100% **정상운전** Simulation (Final results **창**)

겨울철 Heavy gas oil이 유동성을 잃을 가능성을 해결하기 위한 두 가지 방법이 있다. 첫 번째 방법은 겨울철 Steam coil에 Steam을 주입하여 Air cooler tube bundle로 유입되는 공기 온도를 높여주는 방법이다. 이를 Simulation 하기 위해서 Skin temperature가 47℃보다 높고 Over-design이 0%가 나올 때까지 Air 입구온도와 Air flow rate를 동시에 조금씩 올린다. 그림 2-100은 이에 관한 결과로 Air flow rate 75m^3/sec에 공기 온도를 40℃까지 올려야 Heavy gas oil이 접촉하는 Tube wall temperature를 47℃까지 올릴 수 있다. 이때 소모되는 Steam duty는 식 2-9와 같이 계산된다.

$$\boldsymbol{Duty = Air\ flow\ rate\ \times specific\ heat\ of\ air\ \times Temperature\ difference ----(2-9)}$$

$$= 304{,}242\ kg/hr \times 0.24\ kcal/kg\ ℃ \times \left(40℃\ - (-3℃)\right) = 3140000\ kcal/hr$$

3.5kg/cm^{2}g 압력에서 Steam은 잠열이 507kcal/kg이므로 Steam 소모량은 식 2-10과 같이 6.2ton/hr로 계산된다. 즉 겨울철 시간당 6.2ton의 Steam을 사용하여야 한다.

$$\boldsymbol{Steam\ consumption = Duty\ \div\ Steam\ latent\ heat ----(2-10)}$$

$$= 3140000kcal/hr\ \div 507kcal/kg\ =\ 6194kg/hr$$

Process Data		Airside		Tubeside	
Fluid name				KEROSENE PRODUCT	
Fluid condition			Sens. Gas		Sens. Liquid
Total flow rate	(1000-kg/hr)		304.242		84.729
Weight fraction vapor, In/Out	(--)	1.0000	1.0000	0.0000	0.0000
Temperature, In/Out	(Deg C)	40.00	128.90	227.00	82.00
Skin temperature, Min/Max	(Deg C)	46.91	173.88	47.05	175.34
Wall temperature, Min/Max	(Deg C)	46.91	173.88	47.05	175.34

그림 2-100 100% **정상운전** Simulation (With Steam coil)

두 번째 방법은 Tube 배열을 Count-current에서 Co-current로 구조를 바꾸는 것이다. 그림 2-101에 두 가지 Tube pass 배열을 비교해 보자. Count-current design에서 가장 아래 위치한 Tube를 지나는 유체는 온도가 낮은 상태로 낮은 온도 공기와 열교환한다. 반면 Co-current design에서 가장 아래 위치한 Tube를 지나는 유체는 온도가 높은 상태로 낮은 온도 공기와 열교환한다. 따라서 Co-current design에서 가장 아래 위치한 Tube skin temperature는 높을 것이다.

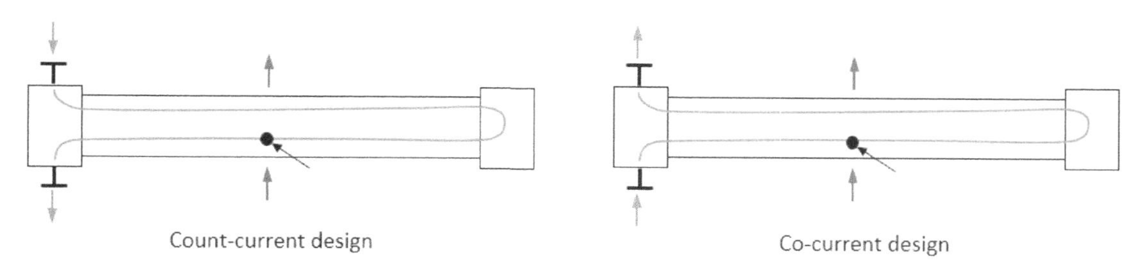

그림 2-101 Air cooler bundle의 Count-current와 Co-current 배열

그림 2-102는 두 번째 방법(Co-current design)으로 설계된 Air cooler의 설계 결과이다. Bay 당 2 Bundle로 구성된 3 Bay로 설계되었다. 이때 Actual air flow rate는 411.89m^3/sec이다.

Count-current design과 동일하게 겨울철 Turndown 운전으로 Fouling이 없는 조건을 Simulation한 결과는 그림 2-103과 같이 최저 Skin temperature는 47℃보다 높은 결과가 나왔다. 겨울철 정상운전인 100% duty & flow 운전조건에서도 최저 Skin temperature는 47℃보다 높은 결과가 나온다. Co-current design은 겨울철 정상운전 중 Steam을 사용하지 않는다.

Process Conditions		Outside		Tubeside	
Fluid name				KEROSENE PRODUCT	
Fluid condition			Sens. Gas		Sens. Liquid
Total flow rate	(1000-kg/hr)		1619.162		93.202 *
Weight fraction vapor, In/Out		1.0000	1.0000	0.0000	0.0000
Temperature, In/Out	(Deg C)	50.00	68.41	227.00	82.00
Skin temperature, Min/Max	(Deg C)	69.20	99.98	71.97	133.10
Pressure, Inlet/Outlet	(kgf/cm2G)	-4.7e-4	-2.1e-3	13.970	13.624
Pressure drop, Total/Allow	(mmH2O) / (kgf/cm2)	16.135	0.000	0.346	0.560
Midpoint velocity	(m/s)		5.04		0.41
- In/Out	(m/s)			0.46	0.41
Heat transfer safety factor	(--)		1.0000		1.0000
Fouling	(m2-hr-C/kcal)		0.000000		0.000802

Exchanger Performance					
Outside film coef	(kcal/m2-hr-C)	37.48	Actual U	(kcal/m2-hr-C)	3.670
Tubeside film coef	(kcal/m2-hr-C)	114.33	Required U	(kcal/m2-hr-C)	3.577
Clean coef	(kcal/m2-hr-C)	3.969	Area	(m2)	32709
Hot regime		Sens. Liquid	Overdesign	(%)	2.59
Cold regime		Sens. Gas			
EMTD	(Deg C)	61.3			
Duty	(MM kcal/hr)	7.168			

Unit Geometry			
Bays in parallel per unit			3
Bundles parallel per bay			2
Extended area	(m2)		32709
Bare area	(m2)		1562.9
Bundle width	(mm)		2407.
Nozzle		**Inlet**	**Outlet**
Number	(--)	2	2
Diameter	(mm)	66.650	66.650
Velocity	(m/s)	0.78	0.69
R-V-SQ	(kg/m-s2)	481.12	427.02
Pressure drop	(kgf/cm2)	2.70e-3	1.52e-3

Tube Geometry		
Tube type		High-finned
Tube OD	(mm)	25.400
Tube ID	(mm)	20.758
Length	(mm)	9600.011
Area ratio(out/in)	(--)	25.608
Layout		Staggered
Trans pitch	(mm)	66.675
Long pitch	(mm)	57.741
Number of passes	(--)	10
Number of rows	(--)	10
Tubecount	(--)	350
Tubecount Odd/Even	(--)	35 / 35
Material		Carbon steel

Fan Geometry		
No/bay	(--)	2
Fan ring type		30 deg
Diameter	(mm)	3958
Ratio, Fan/bundle face area	(--)	0.5324
Driver power	(kW)	15.18
Tip clearance	(mm)	19.050
Efficiency	(%)	78.000

Fin Geometry		
Type		Circular
Fins/length	(fin/meter)	394.0
Fin root	(mm)	27.000
Height	(mm)	15.075
Base thickness	(mm)	0.550
Over fin	(mm)	57.150
Efficiency	(%)	85.2
Area ratio (fin/bare)	(--)	20.9
Material		Aluminum 1100-annealed

Airside Velocities		Actual	Standard
Face	(m/s)	2.97	2.70
Maximum	(m/s)	5.68	5.16
Flow	(100 m3/min)	247.13	224.62
Velocity pressure	(mmH2O)	1.737	
Bundle pressure drop	(mmH2O)	14.013	
Bundle flow fraction	(--)	0.846	

Thermal Resistance, %	
Air	9.79
Tube	82.20
Fouling	7.54
Metal	0.47
Bond	0.00

Airside Pressure Drop, %					
Bundle	86.85			Louvers	2.57
Ground clearance	0.00	Fan guard	0.00	Hail screen	0.00
Fan ring	0.65	Fan area blockage	1.91	Steam coil	8.03

그림 2-102 Co-current 설계 결과 (Output summary)

Process Data		Airside		Tubeside	
Fluid name				KEROSENE PRODUCT	
Fluid condition			Sens. Gas		Sens. Liquid
Total flow rate	(1000-kg/hr)		226.649		50.837 *
Weight fraction vapor, In/Out	(--)	1.0000	1.0000	0.0000	0.0000
Temperature, In/Out	(Deg C)	-3.00	68.84	227.00	82.00
Skin temperature, Min/Max	(Deg C)	46.89	123.56	47.44	124.89
Wall temperature, Min/Max	(Deg C)	46.89	123.56	47.44	124.89

그림 2-103 겨울철 60% Turndown 운전 Co-current design simulation (Final results 창)

4) Count-current design과 Co-current design의 경제성 비교

Count-current design과 Co-current design을 비교하면 표 2-21과 같다. Count-current은 Bay 수량이 적어 투자비가 적게 소요된다. 운전비 측면에서 운전 중 전기료가 적게 소요되지만, 겨울철 Steam을 사용하여야 한다. Co-current design은 투자비가 더 소요되고 운전 중 전기료가 더 소요되지만, 겨울철 Steam을 사용할 필요 없다.

표 2-21 Count-current vs. Co-current design 비교

	Count-current design	*Co-current design*	*Remarks*
No. of bays & bundles	*2 bays & 4 bundles*	*3 bays & 6 bundles*	
Extended surface [m²]	*19,241*	*32,709*	
Extended HTC [kcal/m²-hr-℃]	*4.86*	*3.67*	
MTD [℃]	*78.6*	*61.3*	
No. of tubes per bundle	*308*	*350*	
No. of tube passes	*8*	*10*	
No. of tube rows	*8*	*10*	
Pressure drop [kg/cm²]	*0.45*	*0.35*	
Actual air flow rate [m³/sec]	*292.77*	*411.89*	
Motor power [kW]	*30*	*21*	
Expected power consumption [kW]	*49.6*	*63.8*	*70% of Total power*
Design steam consumption [Ton/hr]	*6.2*	*0*	
Expected annual steam consump. [Ton/year]	*8,928*	*0*	*Based on 2 months*

Carbon steel tube를 적용하는 tube 길이 9.1m에 6 row의 Air cooler이며 별도 Control 방식이 없으면 Air cooler 구매비는 약 1억5천만 원이다. Air cooler 구매비를 어림잡아 Count-current design은 3억5천만 원, Co-current design은 5억5천만 원으로 가정하자. 환율 1 USD당 1150원 기준 각각 USD 기준 구매비는 USD 304,348와 USD 478,261가 된다.

경제성 분석 방법으로 NPV(Net Present Value), IRR(Internal Rate of Return), Payback, EAC(Equivalent Annual Cost) 등이 있는데 이번 예제를 EAC 방식으로 경제성 분석을 수행하였다. EAC 방식으로 경제성 분석을 수행하는 데 아래와 같은 경제 데이터가 필요하다.

- ✔ *Electricity cost: USD 0.06/kWh*
- ✔ *Steam cost USD 8.3/Ton*
- ✔ *Interest rate 5%*
- ✔ *Equipment Lifetime: 20 years*

Annualized capital cost는 식 2-11로 계산된다.

$$\boldsymbol{Annualized\ capital\ cost} = \frac{\boldsymbol{Capital\ cost \times (1 + Interest\ rate)^{Liftetime}}}{\boldsymbol{Lifetime}} ----(\mathbf{2-11})$$

Total annualized cost는 Annualized capital cost에 1년 운전비를 더하여 구해진다. Capital cost는 Air cooler 구매비만 소요되는 것이 아니다. 현장 설치비, Air cooler를 위한 배관, 전기부품, 계장 품이 추가 포함되어야 한다. 이외에 운반비, 세금, 보험 등 부대비용 또한 포함되어야 한다. 이들이 하나하나 열거하여 Cost를 산출하면 정확하겠지만 간단하게 Lang factor를 적용하기도 한다. Air cooler에 Lang factor는 2.5가 사용되고, Shell & tube heat exchanger에 3.0이 사용된다. Count-current design 연간 전기료 아래와 같이 계산된다. Co-current design 연간 전기료는 같은 방식으로 USD 33,074이 계산된다.

$$Electricity\ \ cost\ \ for\ \ count-current\ \ design\ \ = \frac{USD\ \ 0.06}{kWh} \times 49.6kW \times \frac{360days}{1\ \ year} \times \frac{24\ \ hour}{1\ \ day} = USD\ \ 25{,}713$$

Count-current design의 연간 Steam operating cost는 아래와 같이 계산된다.

$$Steam\ cost\ for\ count-current\ design\ = \frac{USD\ 8.3}{Ton} \times \frac{8928\ Ton}{1\ year} = USD\ 74{,}102$$

표 2-22는 2가지 설계에 대한 경제성 비교를 보여준다. 이 표에 열교환기 Cleaning, Inspection에 해당하는 Maintenance에 대한 Cost가 누락되어 있다. Count-current design보다 Co-current design bay 수량이 많으므로 Co-current design의 이 Cost가 더 클 것으로 예상된다. 이를 제외하고 Total annualized cost를 비교해 보면 Co-current design이 조금 적은 것을 알 수 있다. 간략하게 Cost를 산출하였고 일부 Cost를 생략하여 계산하였기 때문에 이 정도 Cost 차이로는 경제성 판단할 수 없고 서로 동일한 경제성을 갖고 있다고 봐야 한다. 실제 Air cooler는 Co-current design으로 진행되어 설치되었다. 이유는 발주처가 겨울철 Heavy gas oil 유동성 상실을 걱정하지 않고 운전할 수 있는 설계를 선호했기 때문이다.

표 2-22 Count-current vs. Co-current design 경제성 비교 [Unit USD]

	Count-current design	*Co-current design*	*Remarks*
Purchase cost	*304,348*	*478,261*	
Capital cost	*760,870*	*1,195,652*	*Lang factor 2.5*
Annualized capital cost	*100,941*	*158,621*	*Interest rate 5%, Lifetime 20 years*
Electricity cost per year	*25,713*	*33,074*	
Steam cost per year	*74,102*	*0*	
Total annualized cost	*200,756*	*191,695*	

5) Startup 과 Shutdown을 위한 Steam 소모량 계산

Air cooler winterization용 Steam은 운전 중에 사용되고 Startup이나 Shutdown에서도 필요하다. Co-current design에 대하여 Steam 소모량을 계산하였다. 계산방법은 API 661 Annex C.12에서 소개된 방법이다. 간혹 전문 Air cooler 제작사가 과도한 Steam 소모량을 제시하는 때도 있는데 이는 현실적이지 않은 Steam 배관 치수가 필요로 하게 된다. 따라서 전문 Air cooler 제작사가 제시하는 Steam 소모량이 적절한지 검토할 필요가 있다.

Startup 또는 Shutdown 시 Air cooler tube 내 Process fluid가 정체되어 있고 Air cooler에서 외부로 Heat loss가 발생한다고 가정한다. Heat loss는 Louver를 통한 Heat loss와 Air cooler chamber를 통한 Heat loss로 구분하여 계산한다. 각 Heat loss를 계산한 후 Total heat loss를 계산한다. Total heat loss를 Steam 열로 지속해서 보충해야 하므로 Total heat loss에 해당하는 Steam 소모량을 계산하면 된다. Heat loss를 계산하려면 Air cooler 실제 치수가 필요하므로, Air cooler 제작사 제작도면이 완성된 후 Heat loss를 계산한다. Air cooler 제작도면으로 필요한 치수를 추출하여 그림 2-104에 간단하게 나타냈다.

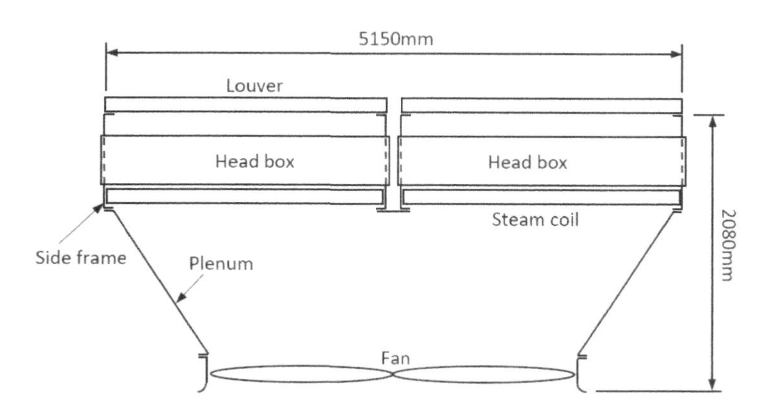

그림 2-104 Heat loss 계산을 위한 Air cooler 치수

보수적인 Heat loss 계산을 하기 위해서 Air cooler chamber 내부 공기 온도를 높게 가정해야 한다. Air cooler chamber 내부 공기 온도를 Steam coil 기준으로 상부와 하부로 나누어 온도를 가정한다. Safety margin을 포함한 Tube wall 최소온도는 47℃이므로 Steam coil 상부 온도를 47℃로 가정한다. Steam coil 하부 온도는 Steam coil 상부 온도와 외기 온도의 평균온도인 22℃로 가정한다.

Louver heat loss

Louver heat loss는 Louver blade 틈을 통하여 Air cooler chamber 내부의 따뜻한 공기가 새어 나감으로 발생하는 Heat loss를 의미한다. Louver heat loss 계산에서 Air cooler chamber 내부 47℃ 공기가 Louver blade 틈을 통하여 외부로 나간다. 먼저 47℃와 -3℃에서 Air density를 식 2-12에 따라 계산한다.

$$\boldsymbol{\rho} = [\boldsymbol{M} \times \boldsymbol{P}]/[\boldsymbol{R} \times \boldsymbol{T}] ----(\mathbf{2-12})$$

$$\rho_o = [28.96 \times 101.33]/[8.31 \times (273-3)] = 1.308 kg/m^3$$

$$\rho_i = [28.96 \times 101.33]/[8.31 \times (273+47)] = 1.104 kg/m^3$$

Where,
M: Molecular weight for air, 28.96 적용
P(kPa): 대기압, 101.33 kPa
R(J/mol-°K): Gas constant(기체상수), 8.31 적용
T(°K): Air temperature
ρ_o(kg/m^3): Outside air density
ρ_i(kg/m^3): Inside air density

Air cooler chamber 내부 따뜻한 공기는 위로 상승하려고 하므로 공기는 Louver에 미약한 압력으로 작용한다. 이 압력은 식 2-13에 따라 계산된다.

$$\boldsymbol{F_p} = [\boldsymbol{h} \times (\boldsymbol{\rho_o} - \boldsymbol{\rho_i})]/\boldsymbol{\rho_i} ----(\mathbf{2-13})$$

$$= [2.08 \times (1.308 - 1.104)]/1.104 = 0.384 m\ of\ air$$

Where,
F_P(m of air): Louver에 가해지는 Pressure
h(m): hot air의 높이, Fan ring에서 Side frame top까지 높이

Louver에 작용하는 미약한 압력의 공기는 Velocity head로 변하면서 Louver를 빠져나간다. 이때 Velocity head는 1.5m air head로 가정한다. 속도와 Leakage flow rate는 식 2-14, 2-15에 따라 각각 계산된다. Bay face area를 Bay 폭과 Tube 길이를 곱하여 계산한다.

$$v = (2 \times g \times F_p/1.5)^{0.5} ----(2-14)$$
$$= (2 \times 9.807 \times 0.384 \div 1.5)^{0.5} = 2.241 m/sec$$
$$q_m = 3600 \times v \times \rho_i \times A_1 ----(2-15)$$
$$= 3600 \times 2.241 \times 1.104 \times (5.15 \times 9.6) \times 0.02 = 8{,}807 kg/hr$$

Where,
$g(m/sec^2)$: Gravitational accelation(9.807 적용)
$q_m(kg/hr)$: Louver를 통과하는 Leakage flow rate
$A_1(m^2)$: Louver leakage area (Bay face area의 2% 적용)

최종 Louver leakage를 통한 Heat loss는 식 2-16에 따라 계산된다.

$$H_l = q_m \times C_P \times (1000/3600) \times (T_o - T_i) ----(2-16)$$
$$= 8{,}807 \times 1.005 \times (1000/3600) \times (47 - (-3)) = 122{,}931 W$$

Where,
$H_l(W)$: Louver heat loss
$C_P(kJ/kg\text{-}℃)$: Air specific heat(1.005 적용)

Surface heat loss

Louver heat loss는 Air cooler chamber 내부 Hot air의 Louver를 통한 Leakage 원인에 기인한 반면, Surface heat loss는 Air cooler chamber wall을 통한 열전달에 의한 원인에 기인한다. Surface heat loss를 계산하려면, 열전달계수와 Air cooler chamber의 표면적을 알아야 한다. 열전달계수는 외부와 내부 열전달계수를 조합한 총괄 열전달계수이다. 내부, 외부와 총괄 열전달계수는 식 2-17에서 2-19에 따라 계산한다. 외부 풍속은 10m/sec로 가정하였다. 이는 Insulation 계산에 자주 적용되는 풍속이다.

$$K_o = 7.17 \times V^{0.78} ----(2-17)$$
$$= 7.17 \times 10^{0.78} = 43.2$$
$$K_i = 7.88 + 0.21 \times v ----(2-18)$$
$$= 7.8 + 0.21 \times 2.241 = 8.35$$
$$U = 1/[(1/K_o) + (1/K_i)] ----(2-19)$$
$$= 1/[(1/43.2) + (1/8.35)] = 7.0$$

Where,
$K_o(W/m^2\text{-}℃)$: Outside heat transfer coefficient
$K_i(W/m^2\text{-}℃)$: Inside heat transfer coefficient
$U(W/m^2\text{-}℃)$: Overall heat transfer coefficient
$V(m/sec)$: Wind velocity
$v(m/sec)$: Air velocity in air cooler chamber

그림 2-105는 Air cooler chamber를 직육면체로 단순하게 나타낸 그림이다. Air cooler chamber의 Wall surface A, B, C, D, E를 통하여 외부로 Heat loss가 발생한다. Wall surface 중 A면은 상부에 있으므로 47℃ 공기와 접촉할 것이다. 나머지 B에서 E까지 측면은 47℃와 22℃ 공기와 접촉할 것이다.

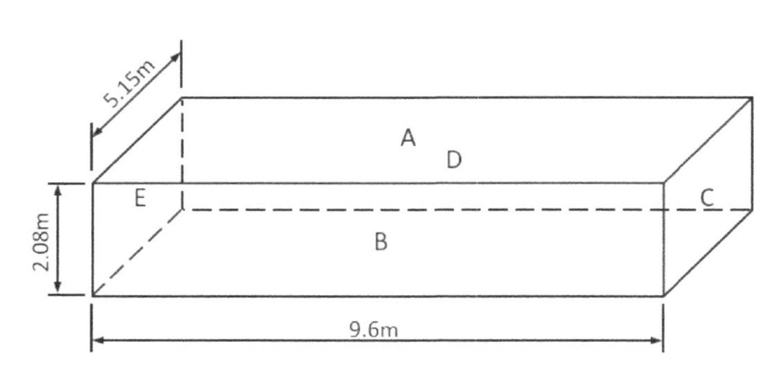

그림 2-105 Simplified air cooler chamber

표면을 통한 Heat loss는 식 2-20에 따라 계산한다.

$$\boldsymbol{H_{loss} = U \times A \times (T_i - T_o) ----(2-20)}$$

Where,
A(m²): Heat transfer surface
T_i *(℃): Inside air temperature*
T_o *(℃): Outside air temperature*

A 면에서 Heat loss를 계산하면 계산된다.

$$H_t = U \times A_A \times (T_i - T_o) == 7.0 \times (5.15 \times 9.6) \times (47 - (-3)) = 17{,}304W$$

B~E 면에서 Heat loss를 계산할 때, T_i 온도를 Steam coil 상부 온도 47℃와 하부 온도 22℃의 평균온도 34.5℃를 적용한다.

$$H_S = U \times A_S \times (T_i - T_o) = 7.0 \times (2.08 \times (5.15 + 5.15 + 9.6 + 9.6)) \times (34.5 - (-3)) = 16{,}107W$$

계산된 Heat loss(Louver heat loss + Surface heat loss)를 합쳐 1개 Bay 당 Total Heat loss는 156,342W (134,430kcal/hr)가 되고 Air cooler는 3개 Bay로 구성되어 있으므로 필요한 Steam 소모량은 아래 계산과 같이 823kg/hr이 된다.

$$Steam\ consumption = 134{,}431\ kcal/hr \times 507\ kcal/kg\ \times 3\ bays = 795\ kg/hr - unit$$

6) 결론 및 Lessons learned

최종설계 결과를 정리하면 표 2-23과 같다.

표 2-23 Heavy gas oil cooler 설계 결과 Summary

Bays / Bundles	Transfer rate (Required) [kcal/m^2-hr-℃]	Over-design	Static pressure [mmH_2O]	Tube Dp [kg/cm^2]	Bay size [m]	Motor power [kW]	Air flow rate per fan [m^3/sec]
3 / 6	3.577	2.59%	16.135	0.346	5.15 × 9.6	21	68.65

이번 예제를 통하여 Air cooler winterization 할 경우, 아래 사항들을 고려하여 설계한다.

- ✔ *API 661 Annex C를 참조하여 설계한다.*
- ✔ *Winterization 검토를 위하여 Skin temperature 확인할 때 이번 예제에 적용하지 않았지만, API 661 Annex C에 따라 Air side heat transfer rate의 1.2배를 적용한다.*
- ✔ *Viscosity가 높은 유체를 다루는 열교환기는 Allowable pressure drop을 높게 부여한다.*
- ✔ *Process fluid가 접촉하는 Wall temperature를 높이기 위해서, Co-current design, 부분적인 Bare tube 또는 Low fin density, Series air cooler arrangement, Serpentine tube, Indirect cooling을 적용하는 방법이 있다.*
- ✔ *운전 중 Steam 사용하는 설계와 Steam을 사용하지 않는 설계를 경제성 측면으로 비교하여 Optimum 설계를 찾을 수 있다.*
- ✔ *Heating coil에 사용되는 Steam 소모량을 산출할 때 API 661 Annex C를 참조한다. 경험상 더 합리적인 방법이 있다면 그 방법을 적용한다. 가끔 Air cooler 전문 제작사는 과도한 Steam 소모량을 제시할 수 있다. 이는 과도한 Steam 배관 치수와 Steam 설비를 과도하게 설치할 수 있다.*

2.3. Vaporizer

다양한 공정에서 Vaporizer가 사용된다. Process fluid로부터 열 회수를 위하여 Steam을 생산하는 Kettle type 열교환기(그림 2-106), 대용량 Liquid LNG를 Vapor LNG로 만들기 위한 특수한 구조의 중탕 열교환기(그림 2-107), 소용량 LPG나 Liquid N_2를 Vapor로 만들기 위하여 알루미늄 Fin tube 열교환기(그림 1-108) 등 다양한 형태의 Vaporizer들이 있다. Tube side vaporizer의 경우 Shell side vaporizer에 비해 유속이 빠르므로 Entrainment가 쉽게 발생한다. 따라서 Entrainment가 운전문제를 야기시키는 공정에서 Tube side vaporizer 대신 Kettle type vaporizer를 사용하거나, Vapor와 Liquid를 분리할 수 있는 별도 Knockout drum을 설치하기도 한다. Kettle type vaporizer는 유체의 Boiling point까지만 온도를 올릴 수 있다. LNG나 N_2와 같이 저온에서 기화되는 경우 냉매가 Freezing 될 수 있으므로 냉매 선정, 열교환기 설계 및 운전에 주의해야 한다.

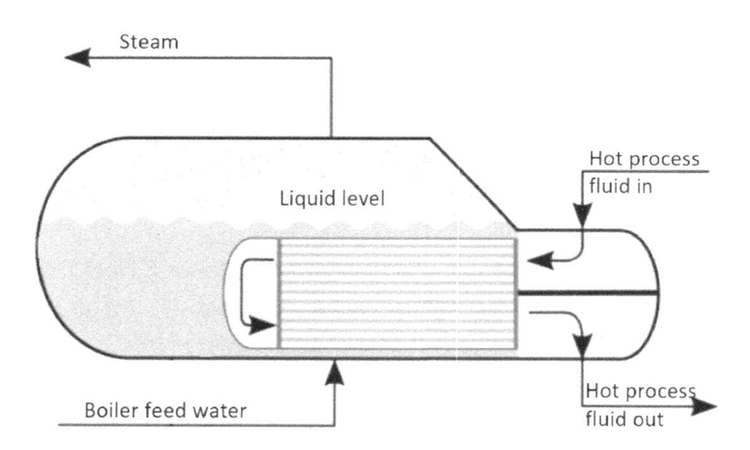

그림 2-106 Steam generator (Kettle vaporizer)

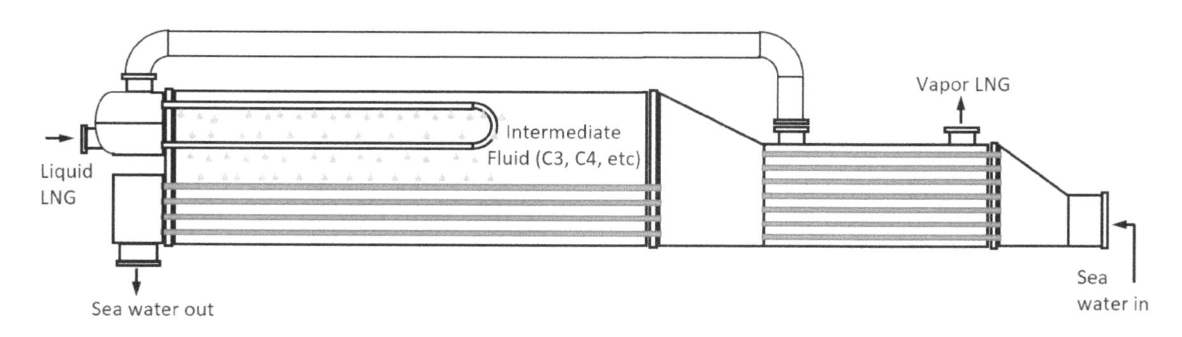

그림 2-107 LNG Vaporizer

그림 2-108 Ambient air vaporizer

2.3.1. Steam generator

공장에서 높은 온도의 중간 생성물이나 최종 생산물을 낮은 온도의 공정 유체와 열교환하여 열 회수 한다. 그러나 낮은 온도의 공정 유체가 없으면 공기나 Cooling water 등 냉매를 이용하여 고온 공정 유체온도를 낮춘다. 만약 고온 공정 유체가 Steam을 생산할 정도로 충분히 온도가 높다면 BFW(Boiler feed wate)r를 이용하여 Steam을 생산하면서 고온 공정 유체로부터 열을 회수한다. 생산된 Steam을 다른 공정 열원으로 사용하면 에너지를 절감하여 운전비를 줄일 수 있어 다양한 공정에서 Steam generator를 볼 수 있다. 원유가격이 100불까지 올라간 고유가 시대 이후 에너지 절감에 대한 요구사항이 점점 증가하고 있어 심지어 증류탑 Overhead condensing stream을 열원으로 이용하는 사례도 증가하는 추세다.

석유화학 공정에서 사용되는 Hot utility로서 Steam은 Low pressure, Medium pressure, High pressure 세 가지 종류가 보통 사용되며 공장마다 다르지만, 압력은 각각 3.5kg/cm^{2}g, 10kg/cm^{2}g과 45kg/cm^{2}g 정도이고 포화온도는 각각 147℃, 179℃, 256℃이다. 공정 유체온도는 포화증기 온도보다 더 높아야 Steam 생산이 가능하다.

증류탑 운전압력이 낮거나 진공일 때 Overhead 배관에서 Pressure drop이 열원 회수하는 열교환기 성능에 영향을 줄 수 있다. 이런 열교환기를 설계하기 전 Overhead stream의 열교환기 입구에서 입력을 정확하게 계산해야 한다.

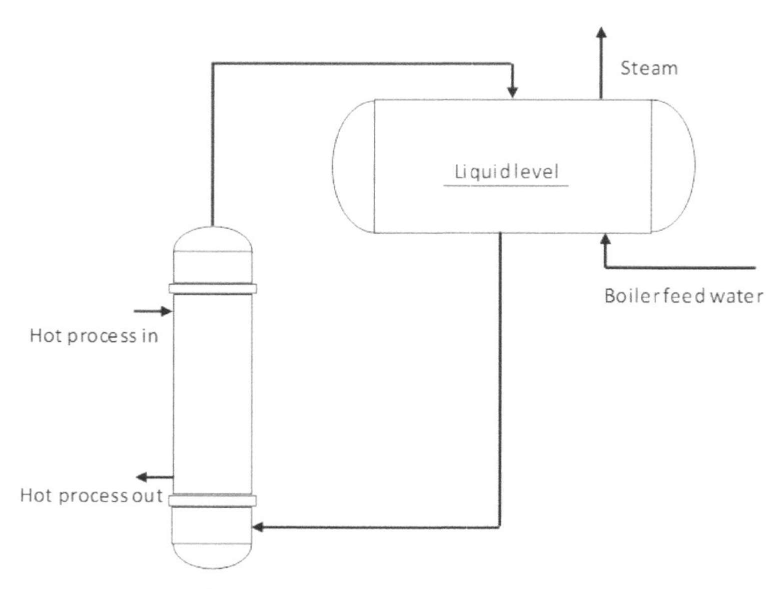

그림 2-109 Thermosiphon steam generator

Boiler와 같이 대규모 전문 Steam generator와 다르게 공정 유체를 열원으로 사용하는 Steam generator로 보통 Kettle type 열교환기가 사용된다. Residue와 같이 Viscosity가 높은 유체로부터 Steam을 생산하기 위해서 Kettle type을 사용하면 Viscosity가 높은 Residue를 Tube side에 위치시켜야 하므로 열전달계수가 상당히 낮아져 열교환기 커지고 수량이 많아진다. 이런 경우 그림 2-109와 같이 Steam drum과 Thermosiphon reboiler type 열교환기를 이용하여 Steam을 생산할 수 있다.

그림 2-110은 Xylene splitter 공정도다. Reformate splitter의 Bottom stream은 Xylene splitter로 유입되어 Overhead로 Mixed xylene과 Bottom으로 Heavy aromatic으로 분리된다. Overhead stream인 Mixed xylene vapor로부터 응축되는 열을 회수하기 위하여 Overhead condenser로 Steam generator를 설치하였다. Mixed xylene vapor는 Steam을 생산할 수 있을 만큼 충분히 온도가 높다. Xylene splitter는 열 회수와 용량에 따라 2개의 Splitter로 설계되기도 한다.

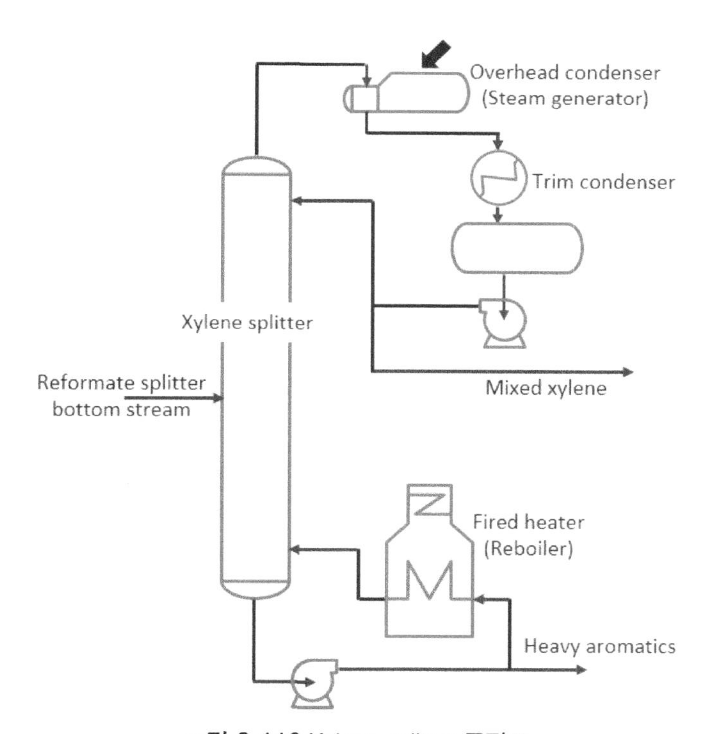

그림 2-110 Xylene splitter 공정도

표 2-24는 Xylene splitter overhead를 열원으로 이용하여 MP steam을 생산하는 열교환기인 Xylene splitter over head condenser 설계 운전조건이다.

표 2-24 Xylene splitter over head condenser 설계 운전조건

	Unit	Hot side		Cold side	
Fluid name		Mixed xylene		Boiler feed water	
Fluid quantity	kg/hr	120,164		16,897	
Temperature	℃	230.7	220.0	123.3	202
Mass vapor fraction		1	0	0	0.95
Density, L/V	kg/m³	Heat curve 참조		Properties of steam and water	
Viscosity, L/V	cP				
Specific heat, L/V	kcal/kg ℃				
Thermal cond., L/V	kcal/hr m ℃				
Inlet pressure	kg/cm²g	5.728		15.5	
Press. drop allow.	kg/cm²	0.211		nil.	
Fouling resistance	hr m² ℃/kcal	0.0003		0.0004	
Duty	MMkcal/hr	8.794			
Material		KCS		KCS	
Design pressure	kg/cm²g	9 / F.V		17.5 / F.V	
Design temperature	℃	380 / 121		260 / 231	
Connecting line size	In/Out	18"	8"	3"	8"

1. Tube 치수는 1" OD, min. 2.77mm thickness tube 사용.
2. TEMA AKU type 사용
3. Kettle diameter는 Bundle top 높이의 1.6배 적용

Overhead stream은 응축되므로 표 2-25에서 2-27까지 Heat curve를 적용하여 설계한다.

표 2-25 Splitter overhead heat curve (6.066kg/cm²g)

Temp. (℃)	Enthalpy (kcal/kg)	Weight Frac. Vapor	Vapor Properties			
			Density (kg/m³)	Viscosity (cP)	Heat Capa. (kcal/kg-℃)	Conductivity (kcal/hr-m-℃)
238.4	80.45	1.00	20.39	0.010	0.480	0.025
234.2	78.42	1.00	20.67	0.010	0.480	0.024
230.0	76.39	1.00	20.95	0.010	0.480	0.024
230.0	63.05	0.80	20.95	0.010	0.480	0.024
230.0	49.69	0.60	20.96	0.010	0.480	0.024
229.9	36.35	0.40	20.96	0.010	0.480	0.024
229.9	23.00	0.20	20.96	0.010	0.480	0.024
229.9	9.65	0.00	20.96	0.010	0.480	0.024
221.9	4.82	0.00				
213.8	0.00	0.00				

Temp. (°C)	Liquid Properties						
	Density (kg/m³)	Viscosity (cP)	Heat Capa. (kcal/kg-°C)	Conductivity (kcal/hr-m-°C)	Surf. Tension (dyne/cm)	Critical Press. (kgf/cm²g)	Critical Temp. (°C)
230.0	648.3	0.142	0.610	0.076	8.36	35.5	347.0
230.0	648.2	0.141	0.610	0.076	8.36	35.5	347.0
230.0	648.2	0.141	0.610	0.076	8.36	35.5	347.0
229.9	648.1	0.141	0.610	0.076	8.36	35.5	347.0
229.9	648.1	0.141	0.610	0.076	8.35	35.5	347.0
229.9	648.0	0.141	0.610	0.076	8.35	35.5	347.0
221.9	658.4	0.150	0.600	0.078	9.05	35.5	347.0
213.8	668.7	0.159	0.590	0.080	9.78	35.5	347.0

표 2-26 Splitter overhead heat curve (5.623kg/cm²g)

Temp. (°C)	Enthalpy (kcal/kg)	Weight Frac. Vapor	Vapor Properties			
			Density (kg/m³)	Viscosity (cP)	Heat Capa. (kcal/kg-°C)	Conductivity (kcal/hr-m-°C)
237.8	80.45	1.00	18.92	0.010	0.480	0.025
232.1	77.70	1.00	19.26	0.010	0.480	0.024
226.3	74.95	1.00	19.62	0.010	0.480	0.024
226.3	61.44	0.80	19.62	0.010	0.480	0.024
226.3	47.93	0.60	19.62	0.010	0.480	0.024
226.2	34.42	0.40	19.62	0.010	0.480	0.024
226.2	20.91	0.20	19.62	0.010	0.480	0.024
226.2	7.39	0.00	19.62	0.010	0.480	0.024
220.0	3.70	0.00				
213.8	0.00	0.00				

Temp. (°C)	Liquid Properties						
	Density (kg/m³)	Viscosity (cP)	Heat Capa. (kcal/kg-°C)	Conductivity (kcal/hr-m-°C)	Surf. Tension (dyne/cm)	Critical Press. (kgf/cm²g)	Critical Temp. (°C)
226.3	653.0	0.145	0.610	0.077	8.69	35.5	347.0
226.3	653.0	0.145	0.610	0.077	8.69	35.5	347.0
226.3	652.9	0.145	0.610	0.077	8.68	35.5	347.0
226.2	652.9	0.145	0.610	0.077	8.68	35.5	347.0
226.2	652.8	0.145	0.610	0.077	8.68	35.5	347.0
226.2	652.8	0.145	0.610	0.077	8.68	35.5	347.0
220.0	660.7	0.152	0.600	0.078	9.22	35.5	347.0
213.8	668.5	0.159	0.590	0.080	9.78	35.5	347.0

표 2-27 Splitter overhead heat curve (5.19kg/cm^{2}g)

Temp. (°C)	Enthalpy (kcal/kg)	Weight Frac. Vapor	Vapor Properties			
			Density (kg/m^3)	Viscosity (cP)	Heat Capa. (kcal/kg-°C)	Conductivity (kcal/hr-m-°C)
237.2	80.45	1.00	17.52	0.010	0.480	0.024
229.9	76.96	1.00	17.91	0.010	0.480	0.024
222.5	73.46	1.00	18.32	0.010	0.470	0.023
222.5	59.79	0.80	18.32	0.010	0.470	0.023
222.5	46.12	0.60	18.33	0.010	0.470	0.023
222.4	32.45	0.40	18.33	0.010	0.470	0.023
222.4	18.78	0.20	18.33	0.010	0.470	0.023
222.4	5.10	0.00	18.33	0.010	0.470	0.023
218.1	2.55	0.00				
213.8	0.00	0.00				

Temp. (°C)	Liquid Properties						
	Density (kg/m^3)	Viscosity (cP)	Heat Capa. (kcal/kg-°C)	Conductivity (kcal/hr-m-°C)	Surf. Tension (dyne/cm)	Critical Press. (kgf/cm^{2}g)	Critical Temp. (°C)
222.5	657.8	0.149	0.600	0.078	9.02	35.5	347.0
222.5	657.8	0.149	0.600	0.078	9.02	35.5	347.0
222.5	657.7	0.149	0.600	0.078	9.02	35.5	347.0
222.4	657.7	0.149	0.600	0.078	9.02	35.5	347.0
222.4	657.6	0.149	0.600	0.078	9.01	35.5	347.0
222.4	657.6	0.149	0.600	0.078	9.01	35.5	347.0
218.1	663.0	0.154	0.590	0.079	9.39	35.5	347.0
213.8	668.4	0.159	0.590	0.080	9.78	35.5	347.0

1) 사전 검토

Steam generator에 유입된 Boiler feed water 중 95%만 Vaporizing 된다. 나머지 5%는 BFW 온도만 올라간다. 실제 운전할 때도 BFW 5%를 연속적으로 배출시킨다. 이를 Continuous blowdown이라고 한다. Kettle 열교환기 Normal liquid level에 위치한 노즐을 통하여 BFW 표면 위에 부유한 오염물질을 지속해서 배출시키기 위함이다. Kettle 열교환기 Bottom에 Intermittent blowdown 배관과 연결된 노즐도 있는데, Kettle shell 바닥에 침전된 오염물질을 이를 통하여 간헐적으로 배출시킨다.

3개의 Overhead stream heat curve가 제공되었다. Condensing range가 0.2℃로 Condensing 온도 구간에 온도 변화가 거의 없음을 알 수 있다. 즉 Overhead stream이 순수한 물질은 아니지만 거의 순수한 물에 가깝다.

Process 출구온도가 220℃이다. Heat curve상 이 온도는 Boiling 온도보다 약간 낮은 온도임을 알 수 있다. 만약 Overhead stream이 상당 온도 구간 이상 (5℃ 초과) Sub-cooling 되어야 한다면 Process 출구 배관에 Seal loop를 설치해야 한다. Seal loop는 응축된 Overhead stream이 Sub-cooling에 필요한 전열 면적만큼 Tube wall에 강제적으로 접촉되도록 하기 위해서 설치된다.

2) Xist 입력

Heat curve에 같은 온도를 입력하는 것은 피하는 것이 좋다. 따라서 Heat curve에 같은 온도를 삭제하여 표 2-28에서 2-30과 같이 수정하여 입력한다.

표 2-28 Modified heat curve (6.066kg/cm^{2}g)

Temp. (℃)	*Enthalpy (kcal/kg)*	*Weight Frac. Vapor*	*Vapor Properties*			
			Density (kg/m^3)	*Viscosity (cP)*	*Heat Capa. (kcal/kg-℃)*	*Conductivity (kcal/hr-m-℃)*
238.4	*80.45*	*1.00*	*20.39*	*0.010*	*0.480*	*0.025*
234.2	*78.42*	*1.00*	*20.67*	*0.010*	*0.480*	*0.024*
230.0	*76.39*	*1.00*	*20.95*	*0.010*	*0.480*	*0.024*
229.9	*9.65*	*0.00*	*20.96*	*0.010*	*0.480*	*0.024*
213.8	*0.00*	*0.00*				

Temp. (℃)	*Liquid Properties*						
	Density (kg/m^3)	*Viscosity (cP)*	*Heat Capa. (kcal/kg-℃)*	*Conductivity (kcal/hr-m-℃)*	*Surf. Tension (dyne/cm)*	*Critical Press. (kgf/cm^{2}g)*	*Critical Temp. (℃)*
230.0	*648.3*	*0.142*	*0.610*	*0.076*	*8.36*	*35.5*	*347.0*
229.9	*648.0*	*0.141*	*0.610*	*0.076*	*8.35*	*35.5*	*347.0*
213.8	*668.7*	*0.159*	*0.590*	*0.080*	*9.78*	*35.5*	*347.0*

표 2-29 Modified heat curve (5.623kg/cm^{2}g)

Temp. (℃)	*Enthalpy (kcal/kg)*	*Weight Frac. Vapor*	*Vapor Properties*			
			Density (kg/m^3)	*Viscosity (cP)*	*Heat Capa. (kcal/kg- ℃)*	*Conductivity (kcal/hr-m- ℃)*
237.8	*80.45*	*1.00*	*18.92*	*0.010*	*0.480*	*0.025*
232.1	*77.70*	*1.00*	*19.26*	*0.010*	*0.480*	*0.024*
226.3	*74.95*	*1.00*	*19.62*	*0.010*	*0.480*	*0.024*
226.2	*7.39*	*0.00*	*19.62*	*0.010*	*0.480*	*0.024*
220.0	*3.70*	*0.00*				
213.8	*0.00*	*0.00*				

Temp. (℃)	*Liquid Properties*						
	Density (kg/m^3)	*Viscosity (cP)*	*Heat Capa. (kcal/kg- ℃)*	*Conductivity (kcal/hr-m- ℃)*	*Surf. Tension (dyne/cm)*	*Critical Press. (kgf/cm^{2}g)*	*CriticalTemp. (℃)*
226.3	*653.0*	*0.145*	*0.610*	*0.077*	*8.69*	*35.5*	*347.0*
226.2	*652.8*	*0.145*	*0.610*	*0.077*	*8.68*	*35.5*	*347.0*
220.0	*660.7*	*0.152*	*0.600*	*0.078*	*9.22*	*35.5*	*347.0*
213.8	*668.5*	*0.159*	*0.590*	*0.080*	*9.78*	*35.5*	*347.0*

표 2-30 Modified heat curve (5.19kg/cm^{2}g)

Temp. (℃)	*Enthalpy (kcal/kg)*	*Weight Frac. Vapor*	*Vapor Properties*			
			Density (kg/m^3)	*Viscosity (cP)*	*Heat Capa. (kcal/kg- ℃)*	*Conductivity (kcal/hr-m- ℃)*
237.2	*80.45*	*1.00*	*17.52*	*0.010*	*0.480*	*0.024*
229.9	*76.96*	*1.00*	*17.91*	*0.010*	*0.480*	*0.024*
222.5	*73.46*	*1.00*	*18.32*	*0.010*	*0.470*	*0.023*
222.4	*5.10*	*0.00*	*18.33*	*0.010*	*0.470*	*0.023*
218.1	*2.55*	*0.00*				
213.8	*0.00*	*0.00*				

Temp. (℃)	*Liquid Properties*						
	Density (kg/m^3)	*Viscosity (cP)*	*Heat Capa. (kcal/kg- ℃)*	*Conductivity (kcal/hr-m- ℃)*	*Surf. Tension (dyne/cm)*	*Critical Press. (kgf/cm^{2}g)*	*Critical Temp. (℃)*
222.5	*657.8*	*0.149*	*0.600*	*0.078*	*9.02*	*35.5*	*347.0*
222.4	*657.6*	*0.149*	*0.600*	*0.078*	*9.01*	*35.5*	*347.0*
218.1	*663.0*	*0.154*	*0.590*	*0.079*	*9.39*	*35.5*	*347.0*
213.8	*668.4*	*0.159*	*0.590*	*0.080*	*9.78*	*35.5*	*347.0*

Kettle type의 Tube pattern은 90°를 적용한다. Hot side와 Cold side 유체온도 차가 작아 Heat flux ($16000W/m^2$ 이하)가 낮으면 간혹 삼각 Pitch를 사용하기도 한다.

"Kettle Reboiler" 입력 창에 Reboiler pressure location을 "At top of bundle"로 선택한다. 이 옵션을 선택하면 입구 노즐 위치에 따라 Xist 결과의 입구압력이 입력한 입구압력과 달라진다. 예를 들어 입구 노즐이 Shell bottom에 위치하면 Liquid level에 의한 Static head로 인하여 Xist 결과의 입구압력이 높아질 것이다. 반면 입구 노즐이 Shell top에 위치한다면 노즐 Pressure drop만큼 Xist 결과의 입구압력이 높아질 것이다.

Cold side 입구 조건이 Sub-cooling liquid 상태일 때 입구 노즐 위치는 Liquid level 바로 아래에 위치시키는 것이 좋다. 그 이유는 이 위치가 Natural circulation에 더 유리하기 때문이다. 그러나 상당수 Steam generator 입구 노즐은 Bottom에 설치되어 있다. Refrigerant cooler와 같이 입구 상태가 Two phase로 유입될 경우 입구 노즐을 Vapor zone에 위치시키고 Splash plate를 함께 설치한다.

Height from kettle ID to shell ID		mm
Height of froth	127	mm
Entrainment ratio		kg liquid/kg vapor
Allow recirculation ratios less than 1	No	
Use weir for level control	Program set	
Required liquid static head		mm
Reboiler pressure location	At top of bundle	
Reboiler pressure		kgf/cm2G

그림 2-111 Pressure location (Kettle reboiler 입력 창)

Kettle 내부에서 Cold side 유체는 그림 2-112와 같이 순환(Recirculation)한다. 따라서 Liquid 순환이 Tube bundle bottom으로 잘 유입되도록 Tube bundle bottom과 Shell bottom 사이를 50mm 정도 간격을 둔다. Amine과 같은 거품이 많이 발생하는 유체일수록 그 간격을 더 넓게 두는 것을 추천한다. 이를 설계에 반영하려면 "Tube layout" 입력 창 "Height under nozzle" 치수를 50mm 입력한다. 입력을 완료하고 Over-design, Pressure drop이 만족하도록 Shell ID, Tube 길이를 조절하며 설계한다.

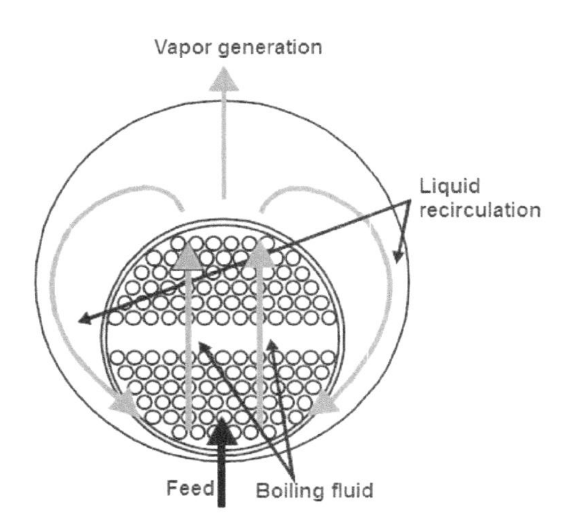

그림 2-112 Kettle에서 유체의 Recirculation

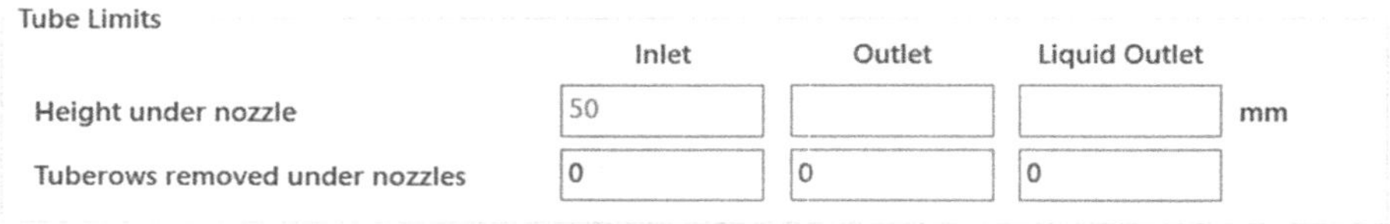

Tube Limits

	Inlet	Outlet	Liquid Outlet	
Height under nozzle	50			mm
Tuberows removed under nozzles	0	0	0	

그림 2-113 Height under nozzle 입력 (Tube layout 입력 창)

3) 1차 설계 결과 검토

그림 2-114와 같이 Xist 실행 중 “Run Log” 창이 뜨면서 Liquid static head와 Bundle에서 Pressure drop이 서로 Balancing 될 때까지 Recirculation ratio를 증가시켜 계산하는 것을 볼 수 있다. 최종 Recirculation ratio는 21.7이며 Static pressure와 Bundle pressure drop이 8.7kPa이다. Recirculation ratio의 의미는 유입되는 유량의 21.7배 flow rate가 Bundle top으로부터 Bundle bottom으로 돌아와서 다시 Bundle로 들어간다는 의미이다. 다르게 표현하면 처음 열교환기로 들어간 Liquid가 평균 21.7번 Bundle을 회전하여 Vapor가 된다는 의미이다.

Bundle top과 Bottom 위치 또한 “Run log” 창에서 확인할 수 있다. Kettle type steam generator에는 Weir baffle이 없다. Weir baffle은 Tube bundle을 항상 Liquid에 항상 잠기게 만들기 위한 부품이다. Steam generator는 유입되는 유량을 Control 하여 Liquid level을 유지한다. Low liquid level을 Tube bundle top에서 최소 50mm 높게, High level을 Low level보다 100~150mm 높게 설정하면 된다. 이번 예제의 Liquid level을 표 2-31과 같이 설정한다.

표 2-31 Liquid level

	Tube bundle top	*Low level*	*High level*
Shell bottom으로부터 위치	*1302.3mm*	*1360mm*	*1460mm*

```
Beginning Run
  Running Xist Unit 1, 100
          Bundle Top=   1302.3 Bottom=     57.7 mm
 LOOP   1:Rating kettle circulation ratio =    1.00000
          Pressure drop/liquid static head =   0.72512
          Kettle DP=    6.31 Head=    8.70 kPa
          Y at bundle top =  0.050
 LOOP   7:Rating kettle circulation ratio =   22.78125
          Pressure drop/liquid static head =   1.00504
          Kettle DP=    8.74 Head=    8.70 kPa
          Y at bundle top =  0.042
 LOOP   8:Rating kettle circulation ratio =   21.69367
          Pressure drop/liquid static head =   1.00071
          Kettle DP=    8.70 Head=    8.70 kPa
          Y at bundle top =  0.044
Run Completed.  Solution Reached in 00:23.
```

그림 2-114 Kettle 열교환기 Run log 창

1차 설계 결과 아래와 같은 Warning message가 나왔다.

① *The longest unsupported span of the bundle is in the U-bend region and thus prone to excessive vibration, even with a full support plate. The longest unsupported span should be in the straight portion of the U-tube.*

② *The bundle entrance and exit vibration analysis is not available for TEMA K shells. The entrance and exit areas cannot be accurately defined with information available in the program, and the nozzle flow rates often do not accurately represent the flow across the bundle due to fluid circulation.*

첫 번째는 가장 긴 Unsupported tube span이 U-bend 부위가 되면 Vibration 가능성이 있다는 의미이다. U-bend 호 길이와 U-bend tangent line에서 Full support 간격을 합한 Unsupported tube span이 Straight tube에서 Unsupported tube span보다 짧도록 U-bend support를 추가한다.

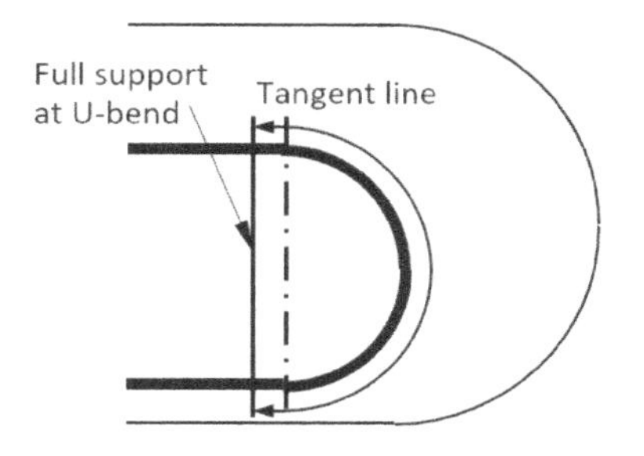

그림 2-115 U-bend에서 Unsupported tube span

두 번째는 Kettle type 열교환기에 항상 나온다. “Vibration” 창을 보면 Bundle entrance에 Tube vibration 결과가 없다. 동일한 운전조건, Tube 치수, Unsupported tube span을 갖는 X-shell에서 유입되는 유량에 “Circulation ration+1”을 곱한 값을 유입되는 유량으로 입력하여 Bundle entrance에서 Tube vibration 가능성을 검토할 수 있다.

	Tube Vibration Check		Bottom	Center	Top
24	Vortex shedding ratio	(--)	0.088	0.109	0.579
25	Parallel flow amplitude	(mm)	0.000	0.000	0.000
26	Crossflow amplitude	(mm)	0.006	0.004	0.062
27	Tube gap	(mm)	6.350	6.350	6.350
28	Crossflow RHO-V-SQ	(kg/m-s2)	19.75	13.37	141.90
29	Bundle Entrance/Exit				
30	(analysis at first tube row)			Entrance	Exit
31	Fluidelastic instability ratio	(--)			
32	Vortex shedding ratio	(--)			
33	Crossflow amplitude	(mm)			
34	Crossflow velocity	(m/s)			
35	Tubesheet to inlet/outlet support	(mm)		None	None
36	Shell Entrance/Exit Parameters			Entrance	Exit
37	Impingement device			None	--
38	Flow area	(m2)		0.014	0.251
39	Velocity	(m/s)		0.35	1.08
40	RHO-V-SQ	(kg/m-s2)		117.92	9.63

그림 2-115 Vibration 창 (Bundle entrance와 exit에서 Vibration 결과가 비어 있음.)

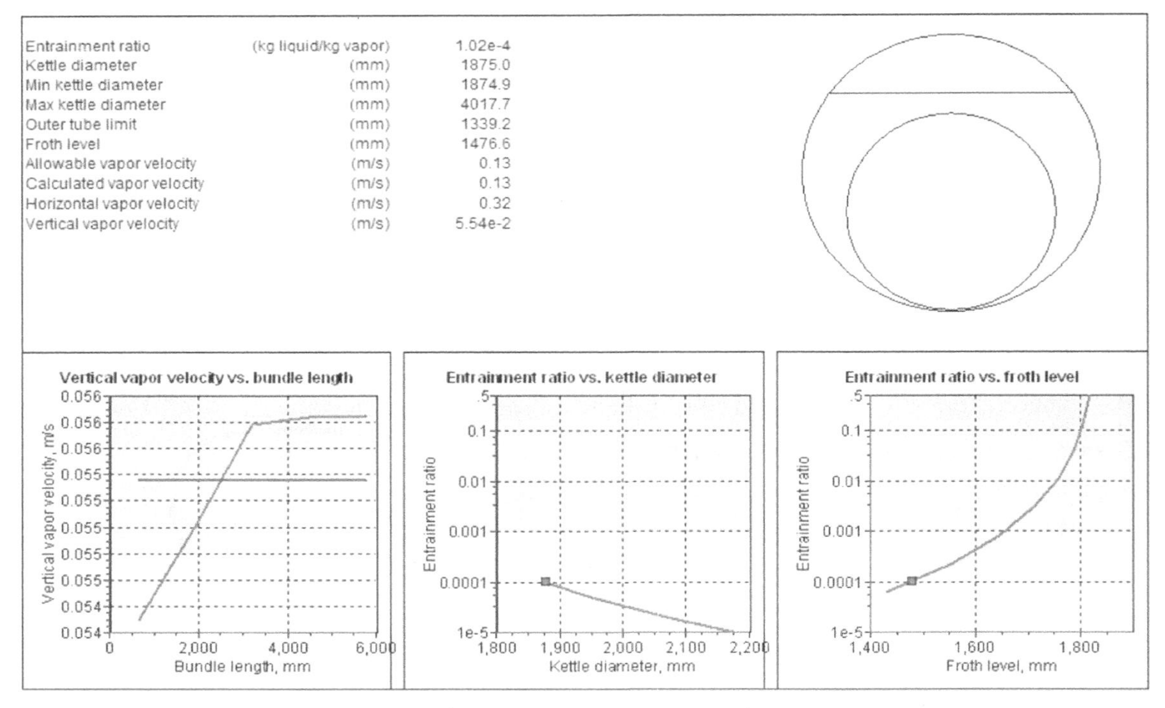

그림 2-117 Kettle entrainment 창

Kettle type 열교환기 경우에만 그림 2-117과 같이 “Kettle entrainment” 창이 결과로 나온다. Xist 결과에 계산된 Kettle 지름은 1875mm이다. Xist는 아래 3가지 계산된 Kettle 지름 중 가장 큰 치수를 적용한다.

- ✔ *OTL(Outer tube limit) +254mm*
- ✔ *OTL의 1.4배*
- ✔ *Liquid level + 127mm Froth level 기준으로 Entrainment를 0.01*

이 예제에서 Xist는 OTL(Outer tube limit)의 1.6배를 Kettle 지름으로 적용하였고 이때 Entrainment ratio 0.0001이 계산되었다.

Type	AKU	Orientation	Horizontal	Connected In	1 Parallel	1 Series
Surf/Unit (Gross/Eff)	661.15 / 641.60 m2	Shell/Unit 1		Surf/Shell (Gross/Eff)	661.15 / 641.60 m2	

PERFORMANCE OF ONE UNIT					
Fluid Allocation		Shell Side		Tube Side	
Fluid Name		BFW		H.C	
Fluid Quantity, Total	1000-kg/hr	16.897		120.16	
Vapor (In/Out)	wt%	0.00	95.00	100.00	0.00
Liquid	wt%	100.00	5.00	0.00	100.00
Temperature (In/Out)	C	123.30	202.02	230.70	220.00
Density	kg/m3	941.14	8.1865 V/L 862.30	19.715	660.70
Viscosity	cP	0.2258	0.0158 V/L 0.1329	0.0100	0.1520
Specific Heat	kcal/kg-C	1.0154	0.7220 V/L 1.0766	0.4800	0.6000
Thermal Conductivity	kcal/hr-m-C	0.5891	0.0340 V/L 0.5693	0.0239	0.0782
Critical Pressure	kgf/cm2G				
Inlet Pressure	kgf/cm2G	15.624		5.728	
Velocity	m/s		0.22		3.90
Pressure Drop, Allow/Calc	kgf/cm2	0.000	0.013	0.211	0.102
Average Film Coefficient	kcal/m2-hr-C	6775.1		1881.0	
Fouling Resistance (min)	m2-hr-C/kcal	0.000400		0.000300	

Heat Exchanged	8.8042 MM kcal/hr	MTD (Corrected)	24.5 C	Overdesign	4.27 %
Transfer Rate, Service	557.88 kcal/m2-hr-C	Calculated	581.69 kcal/m2-hr-C	Clean	1081.6 kcal/m2-hr-C

CONSTRUCTION OF ONE SHELL				Sketch (Bundle/Nozzle Orientation)
		Shell Side	Tube Side	
Design Pressure	kgf/cm2G	17.500	9.000	
Design Temperature	C	380.00	260.00	
No Passes per Shell		1	2	
Flow Direction		Upward	Downward	
Connections Size & Rating	In mm	1 @ 73.660	1 @ 431.80	
	Out mm	2 @ 146.33	1 @ 247.65	
	Liq. Out mm	1 @ 100.00	1 @	

Tube No. 1266.0	OD 25.400 mm	Thk(Avg) 3.048 mm	Length 6100. mm	Pitch 31.750 mm	Tube pattern 90
Tube Type Plain		Material Carbon steel		Pairs seal strips	0
Shell ID 1360.0 mm		Kettle ID 1875.0 mm		Passlane Seal Rod No.	0
Cross Baffle Type	Support		%Cut (Diam)	Impingement Plate	None
Spacing(c/c) 1492.5 mm		Inlet	mm	No. of Crosspasses	1
Rho-V2-Inlet Nozzle 1289.0	kg/m-s2	Shell Entrance	117.92 kg/m-s2	Shell Exit	9.63 kg/m-s2
		Bundle Entrance	kg/m-s2	Bundle Exit	kg/m-s2
Weight/Shell 24049	kg	Filled with Water	42358 kg	Bundle	14857 kg

Notes: Supports/baffle space = 3.	Thermal Resistance, %		Velocities, m/s		Flow Fractions	
	Shell	8.59	Shellside	0.22	A	0.000
	Tube	40.69	Tubeside	3.90	B	1.000
	Fouling	46.22	Crossflow	0.17	C	0.000
	Metal	4.50	Window	0.00	E	0.000

그림 2-118 1차 설계 결과 (Rating datasheet)

그림 2-118은 1차 설계 결과 "Rating datasheet" 창이다. Shell side 입구압력을 15.5kg/cm^{2}g을 입력하였지만, Kettle liquid level에 의한 Static head로 인하여 15.624kg/cm^{2}g으로 증가하였음을 확인할 수 있다. Xist "Drawings" 결과 창에 Weir baffle이 표현되어 있지만, 실제 설치하지 말아야 한다. Weir baffle 너머에 그려진 노즐은 Continuous blowdown 노즐로 실제 위치는 Liquid level에 맞추어 설치되어야 한다. Over-design, Pressure drop, Rho-V^2 모두 문제없이 설계되었다.

4) 추가 입력

운전 중 BFW의 Liquid level은 High level까지 올라갈 수 있다. High liquid level로 운전될 때에도 Entrainment를 만족해야 하므로 "Kettle reboiler" 입력 창에 "Height of liquid level"을 1460mm로 입력한다. 또 Kettle 내 Liquid level이 높아지면 Kettle bottom 압력이 높아지고, Boiling 온도가 높아지기 때문에 MTD가 작아지므로 High liquid level에서 Xist 결과를 검토해야 한다.

Xist 최소 Kettle 지름 기준이 있지만, Licensor 또는 발주처가 요구하는 최소 Kettle 지름이 있을 수 있다. 이 예제는 Kettle 지름을 Tube bundle top의 1.6배를 요구하고 있다. Tube bundle top이 1302.3mm이므로 여기에 약 1.6배인 2090mm를 "Kettle reboiler" 창 Kettle diameter에 입력한다.

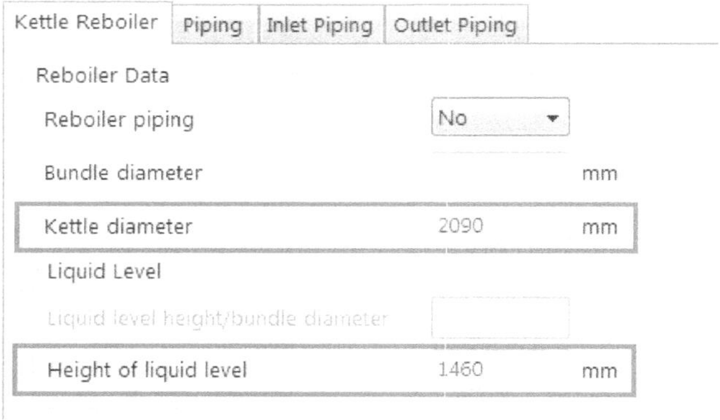

그림 2-119 Kettle reboiler 입력 창

Support 수량은 TEMA unsupported tube span의 60% 정도 되도록 입력할 것을 추천하며, Support 4개를 입력한다.

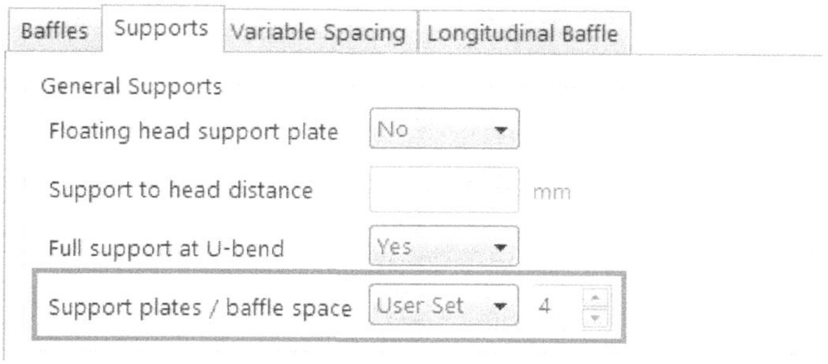

Baffles | Supports | Variable Spacing | Longitudinal Baffle

General Supports

Floating head support plate: No

Support to head distance: mm

Full support at U-bend: Yes

Support plates / baffle space: User Set 4

그림 2-120 Supports 입력 창

Tube 길이와 Outer tube limits의 비가 5를 넘으면 Vapor 출구 노즐 수량을 2개로 입력한다. Kettle type의 Shell side 입구 노즐이 Bottom에 설치될 경우 유입되는 유체의 Distribution을 위해 Impingement plate를 설치하는 것이 좋다.

"Tube layout" 편집 창을 활성화시켜 Tube bundle bottom과 Kettle shell bottom 사이 간격이 50mm 정도 유지될 수 있도록 Bottom tube 일부를 제거해 준다. 이는 순환되는 Liquid가 다시 Tube bundle bottom으로 잘 유입될 수 있도록 Tube bundle과 Shell bottom 간격을 유지하기 위한 것이다. 그림 2-121과 같이 Tube들을 제거하고 Tie-rod를 배치하여 Tube layout을 완성한다.

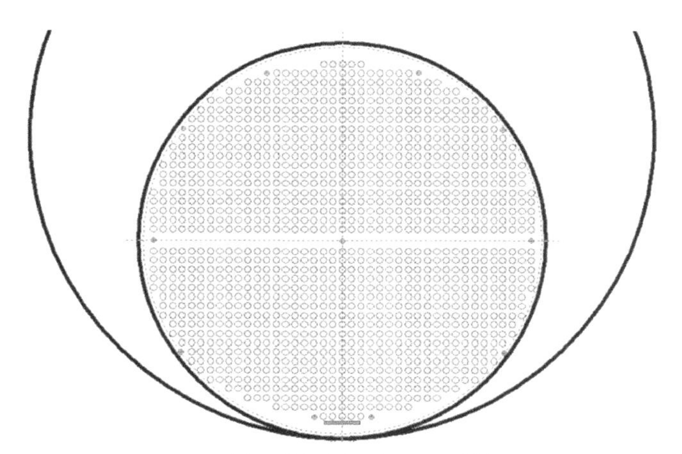

그림 2-121 Tube layout 편집

5) 2차 설계 결과 검토

추가 입력을 완료 후 실행하면 그림 2-122와 같은 결과가 나온다. Kettle type 열교환기 Datasheet 작성할 때 Support plate의 Bottom을 Tube hole과 간섭되지 않은 한 최대한 잘라낼 것을 Note에 추가한다. 이와 관련하여 4.9장 Sealing device와 Support plate 참조한다.

Type AKU		Orientation Horizontal		Connected In 1 Parallel	1 Series
Surf/Unit (Gross/Eff)	650.82 / 630.00 m2	Shell/Unit 1		Surf/Shell (Gross/Eff)	650.82 / 630.00 m2
PERFORMANCE OF ONE UNIT					
Fluid Allocation		Shell Side		Tube Side	
Fluid Name		BFW		H.C	
Fluid Quantity, Total	1000-kg/hr	16.897		120.16	
Vapor (In/Out)	wt%	0.00	95.00	100.00	0.00
Liquid	wt%	100.00	5.00	0.00	100.00
Temperature (In/Out)	C	123.30	202.02	230.70	220.00
Density	kg/m3	941.14	8.1865 V/L 862.30	19.715	660.70
Viscosity	cP	0.2258	0.0158 V/L 0.1329	0.0100	0.1520
Specific Heat	kcal/kg-C	1.0154	0.7220 V/L 1.0766	0.4800	0.6000
Thermal Conductivity	kcal/hr-m-C	0.5891	0.0340 V/L 0.5693	0.0239	0.0782
Critical Pressure	kgf/cm2G				
Inlet Pressure	kgf/cm2G	15.634		5.728	
Velocity	m/s		0.22		3.96
Pressure Drop, Allow/Calc	kgf/cm2	0.000	0.015	0.211	0.105
Average Film Coefficient	kcal/m2-hr-C	6818.7		1893.2	
Fouling Resistance (min)	m2-hr-C/kcal	0.000400		0.000300	
Heat Exchanged	8.8042 MM kcal/hr	MTD (Corrected)	24.5 C	Overdesign	2.59 %
Transfer Rate, Service	568.81 kcal/m2-hr-C	Calculated	583.54 kcal/m2-hr-C	Clean	1088.0 kcal/m2-hr-C
CONSTRUCTION OF ONE SHELL				Sketch (Bundle/Nozzle Orientation)	
		Shell Side	Tube Side		
Design Pressure	kgf/cm2G	17.500	9.000		
Design Temperature	C	380.00	260.00		
No Passes per Shell		1	2		
Flow Direction		Upward	Downward		
Connections Size & Rating	In mm	1 @ 73.660	1 @ 431.80		
	Out mm	1 @ 193.68	1 @ 247.65		
	Liq. Out mm	1 @ 52.000	1 @		
Tube No. 1246.0	OD 25.400 mm	Thk(Avg) 3.048 mm	Length 6100. mm	Pitch 31.750 mm	Tube pattern 90
Tube Type Plain		Material Carbon steel		Pairs seal strips	0
Shell ID 1360.0 mm		Kettle ID 2090.0 mm		Passlane Seal Rod No.	0
Cross Baffle Type	Support		%Cut (Diam)	Impingement Plate	Rectangular plate
Spacing(c/c) 1194.0 mm		Inlet	mm	No. of Crosspasses	1
Rho-V2-Inlet Nozzle 1289.0	kg/m-s2	Shell Entrance	220.73 kg/m-s2	Shell Exit	11.51 kg/m-s2
		Bundle Entrance	kg/m-s2	Bundle Exit	kg/m-s2
Weight/Shell 25367	kg	Filled with Water	47639 kg	Bundle	15273 kg
Notes: Supports/baffle space = 4.		Thermal Resistance, %		Velocities, m/s	Flow Fractions
		Shell	8.56	Shellside 0.22	A 0.000
		Tube	40.56	Tubeside 3.96	B 1.000
		Fouling	46.37	Crossflow 0.17	C 0.000
		Metal	4.52	Window 0.00	E 0.000

그림 2-122 2차 설계 결과 (Rating datasheet)

6) Tube vibration 검토

2차 설계 결과에 Tube vibration 가능성 관련 Warning message를 해결해야 한다. 대부분 경우 Support 간격을 TEMA unsupported tube span의 60% 근처로 설정하면 Vibration 가능성은 거의 없다. Warning message에서 언급된 X-shell로 모델링하여 Tube vibration 가능성을 검토할 것이다. 현재까지 진행하였던 HTRI 파일을 다른 이름으로 저장하고 Shell type을 X-shell로 바꾼다. "Recirculation ratio+1"을 곱한 값인 384,014kg/hr (22.78 × 16,897kg/hr)로 Shell side 유량을 수정 입력한다. Impingement plate는 "No"로 수정하고 Support plate 수량은 Kettle type과 같은 수량인지 확인한다. 마지막으로 Tube layout도 Kettle type과 동일하게 수정하여 Xist를 실행하여 준다.

"Vibration" 결과 창에서 Bundle entrance 결과만 확인하면 된다. 그림 2-123과 같이 Bundle entrance에서 Tube vibration 가능성은 없다. Fluidelastic instability ratio는 0.8 이하이며 Vortex shedding ratio는 0.5 이하이고, Cross amplitude는 Tube gap 10% 이하이다. Vibration 검토는 2.6.1장에서 자세히 다루고 있다.

29	Bundle Entrance/Exit			
30	(analysis at first tube row)		Entrance	Exit
31	Fluidelastic instability ratio	(--)	0.082	5.699 *
32	Vortex shedding ratio	(--)	0.066	60.327
33	Crossflow amplitude	(mm)	0.00316	0.01391
34	Crossflow velocity	(m/s)	0.16	147.15 *
35	Tubesheet to inlet/outlet support	(mm)	None	None

그림 2-123 X shell 모델에서 Bundle entrance vibration 검토 (Vibration 창)

Kettle 열교환기에 설치된 U-tube 경우 U-bend에서도 순환 흐름이 발생한다. U-bend에서 Unsupported tube span이 Straight tube에서 Unsupported tube span보다 길지 않도록 Support를 추가한다. U-bend 호 길이는 Tube row에 따라 다르다. Tube를 얼마나 그리고 Support를 몇 개를 설치해야 하는지 확인하기 위해서 그림 2-124와 같이 "U-bend schedule" 창을 확인한다. Total 길이에서 Straight 길이의 2배를 빼 주면 U-bend 호의 길이가 계산된다. 19번 Tube row의 U-bend 호의 길이는 1915mm이다. 11번과 10번 Tube row의 U-bend 호의 길이는 각각 1117mm와 1017mm이다. 반면 Straight tube에서 가장 긴 Unsupported tube span은 "Vibration" 창에서 1194mm로 확인된다. 따라서 11번에서 19번 Tube row에 U-bend 부위 중앙에 U-bend support 1개를 추가하였다.

Row (-)	Number of Tubes (-)	Straight Length mm	Bend Diameter mm	Total Length mm
1	41	6100.0	76.200	12320
2	41	6100.0	139.70	12419
3	41	6100.0	203.20	12519
4	41	6100.0	266.70	12619
5	41	6100.0	330.20	12719
6	39	6100.0	393.70	12818
7	39	6100.0	457.20	12918
8	39	6100.0	520.70	13018
9	37	6100.0	584.20	13118
10	37	6100.0	647.70	13217
11	35	6100.0	711.20	13317
12	33	6100.0	774.70	13417
13	33	6100.0	838.20	13517
14	31	6100.0	901.70	13616
15	29	6100.0	965.20	13716
16	25	6100.0	1028.7	13816
17	21	6100.0	1092.2	13916
18	15	6100.0	1155.7	14015
19	5	6100.0	1219.2	14115
Total	623			

그림 2-124 U-bend schedule 창

그림 2-125와 같이 "Supports" 입력 창에 U-bend 부위에 Support 수량을 입력할 수 있다. U-bend 부위에 1개 U-bend support를 입력하면 U-bend에서 Vibration 관련 Warning message가 사라진다.

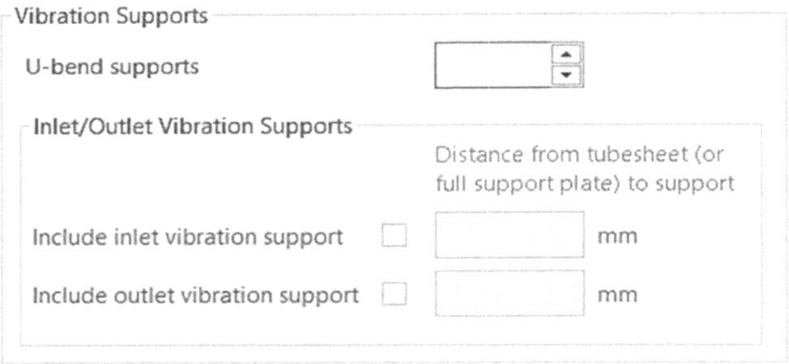

Vibration Supports

U-bend supports

Inlet/Outlet Vibration Supports

Distance from tubesheet (or full support plate) to support

Include inlet vibration support mm

Include outlet vibration support mm

그림 2-125 U-bend supports 입력 (Supports 입력 창)

7) 결론 및 Lessons learned

Xylene splitter overhead condenser 최종설계 결과를 정리하면 표 2-32와 같다.

표 2-32 Xylene splitter overhead condenser **설계 결과** Summary

Duty [MMKcal/hr]	*MTD [℃]*	*Transfer rate(Required) [kcal/m²-hr-C]*	*Over-design*	*Tube Dp [kg/cm²]*	*Recirculation ratio*
8.794	*24.5*	*568.8*	*2.6%*	*0.105*	*21.7*

Kettle type steam generator를 설계할 때 아래 사항들을 고려하여 설계한다.

- ✔ *Tube bundle bottom과 Shell bottom 사이를 50mm clearance를 둔다.*
- ✔ *High liquid level 에서 Entrainment와 성능을 고려하여 Kettle 지름을 결정한다.*
- ✔ *최소 Kettle 지름은 Liquid level과 Construction margin을 고려하여 최소 Top of tube 높이의 1.6배로 추천한다.*
- ✔ *Tube 길이와 Tube bundle 지름 비율이 5:1 이상일 경우 Vapor 출구 노즐 수량은 2개로 한다.*
- ✔ *Bundle entrance에서 Vibration 결과가 나오지 않으므로 X-shell 모델로 검토할 수 있다.*
- ✔ *입구 유체상태(Sub-cooling, Two phase, Saturated liquid)를 고려하여 입구 노즐을 위치시킨다.*
- ✔ *Support plate 간 거리는 TEMA unsupported tube span의 약 60% 되도록 추천한다.*
- ✔ *U-bend 부위 Unsupported tube span은 Straight tube에서 Unsupported tube span보다 짧게 한다.*

2.3.2. LPG (Propane) vaporizer

원유정제 과정에서 소량의 Propane이 생성되는데, Propane은 고압 액체상태로 Ball tank에 저장된다. Propane은 연료, 수소생산의 Feed, Hydrotreating 공정과 같은 탈황 공정에 사용되는데, 사용되기 전에 먼저 Vapor로 만들어주어야 한다. 액체 Propane을 기화하는데 일반적으로 Low pressure steam이 열원으로 사용된다.

Propane boiling point는 압력에 따라 달라지지만, Propane vaporizer 운전압력에서 Propane boiling 온도와 Steam condensing 온도 차는 상당히 크다. 그림 2-126은 유체의 Boiling point와 접촉면 온도 차이에 따른 Boiling mechanism을 보여주고 있다. 처음 온도 차이가 작을 경우 자연대류 열전달을 보이다가 온도 차이가 점점 벌어질수록 Nucleate boiling(핵비등) 열전달로 전이되어 Heat flux가 최고점(Critical heat flux)에 도달한다. Nucleate boiling에 해당하는 온도 차이 이상 벌어지면 Film boiling(막비등) 현상의 열전달이 발생하는데, 이때 Heat flux는 급격히 낮아진다. 즉 Film boiling에서 열전달계수가 낮아진다는 것을 의미한다. HTRI는 Film boiling 열전달계수를 Vapor 열전달계수로 적용하여 계산한다. Nucleate boiling과 Film boiling 사이 열전달 현상을 Transition boiling(전이비등)이라고 하며, 열교환기가 이 구간에서 열전달 현상을 보이면 운전 중 성능이 불안정(Fluctuation)하게 될 가능성이 있다. Film boiling에 해당하는 온도 차이를 넘으면 Heat flux가 더 높아지는데 이는 복사에 의한 열전달이 지배적이기 때문이다.

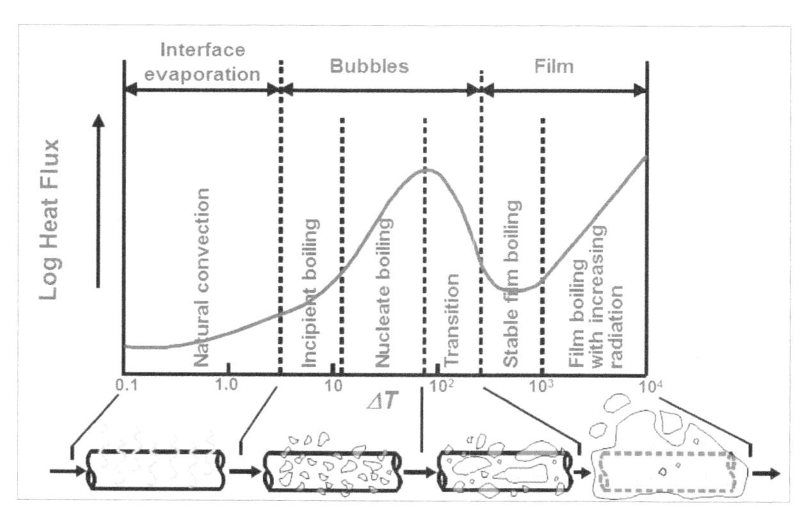

그림 2-126 온도 차이에 따른 Boiling mechanism

Calculated heat flux가 Critical heat flux를 초과하거나 온도 차(열전달 표면 온도와 포화온도 차이)가 일정 온도 차 이상을 초과할 때 HTRI는 Film boiling을 예측한다. HTRI는 Calculated heat flux와 Critical heat flux를 "Monitoring" 결과 창에 보여주지만 온도차를 보여주지 않고 Warning message로 사용자에 Film boiling 가능성을 알려준다.

그래프 2-5는 순물질과 혼합물의 압력에 따른 Nucleate boiling과 Film boiling 발생 경향성을 보여준다. 운전압력이 높을수록 낮은 온도 차이에서도 Nucleate boiling과 Film boiling 발생하며, 혼합물에 포함된 성분들이 많을수록, 즉 Boiling range가 넓을수록, 높은 온도 차이에서 Nucleate boiling과 Film boiling 이 발생하는 경향을 보여주고 있다. Reduced pressure는 운전압력을 Critical pressure(임계압력)로 나눈 무차원 상대 압력이다. Hydrocarbon인 경우, 분자량이 클수록 임계압력은 낮아지고, 단일 결합보다는 이중결합 물질이 임계압력이 높다.

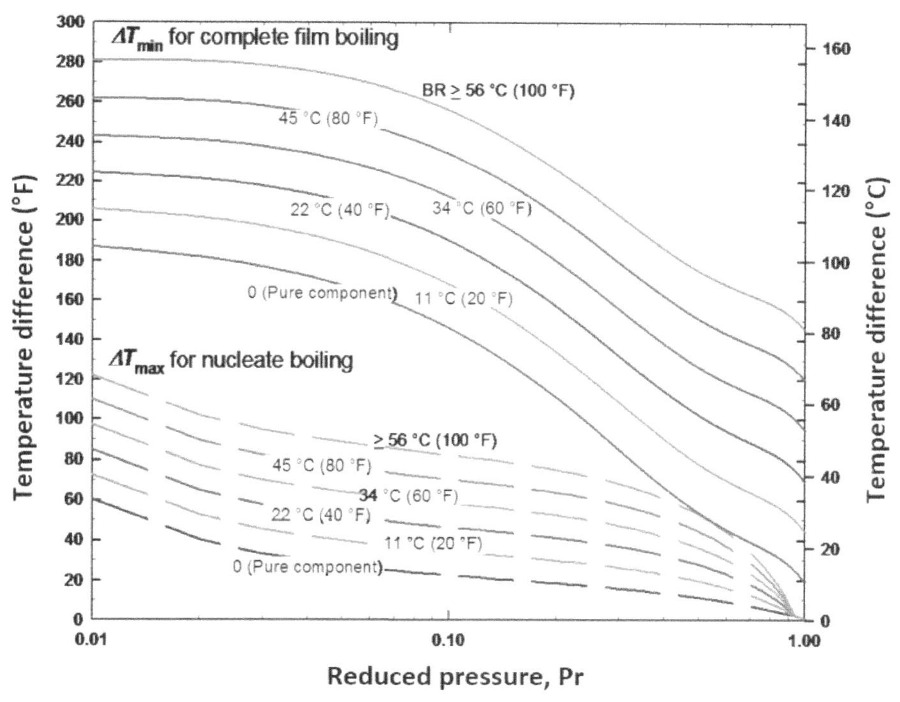

그래프 2-5 순물질과 혼합물의 Nucleate boiling과 Film boiling 경향성

Propane의 경우 분자량이 적지만, Vaporizer에 사용되는 Steam이 온도가 높아 Film boiling 가능성이 크게 된다. 따라서 Propane vaporizer 설계 시 Film boiling을 고려하여야 한다. 또한, 큰 온도 차이로 인하여 Kettle 내부 Recirculation ratio가 매우 낮을 가능성이 있으므로 유입되는 유체의 Distribution 측면을 고려해야 한다. Propane vaporizer로 Kettle type이 주로 사용되지만, 간혹 Bayonet type 열교환기가 사용되기도 한다. 참고로 Nitrogen vaporizer와 같이 영하온도에서 운전되면서 열원을 Steam이나 Water를 사용할 경우 Water freezing을 고려해야 한다.

표 2-33은 Low pressure steam을 열원으로 이용하는 Propane Vaporizer 설계 운전조건이다.

표 2-33 LPG vaporizer 설계 운전조건

	Unit	*Hot side*		*Cold side*	
Fluid name		*LP Steam*		*Propane*	
Fluid quantity	*kg/hr*	*1.1 × 1,467*		*1.1 × 7,980*	
Mass vapor fraction		*1*	*0*	*0*	*1*
Temperature	*℃*	*134.34*	*133.34*	*-5*	*7.4*
Density, L/V	*kg/m^3*	*Properties of steam & water*		*Properties of propane (VMGThermo)*	
Viscosity, L/V	*cP*				
Specific heat, L/V	*kcal/kg ℃*				
Thermal cond., L/V	*kcal/hr m ℃*				
Inlet pressure	*kg/cm^{2}g*	*2.1*		*5*	
Press. drop allow.	*kg/cm^2*	*0.1*		*0.2*	
Fouling resistance	*hr m^2 ℃/kcal*	*0.0002*		*0.0001*	
Duty	*MMkcal/hr*	*1.1 × 0.7592*			
Material		*KCS*		*KCS*	
Design pressure	*kg/cm^{2}g*	*10 / F.V*		*7.5 / F.V*	
Design temperature	*℃*	*150 / 150*		*60 / 60*	
Connecting line size	*In/Out*	*4"*	*2"*	*4"*	*6"*

1. Tube 치수는 0.75" OD, min. 2.11mm thickness tube 사용.
2. TEMA BKU type 사용
3. Kettle diameter는 Bundle top 높이의 1.6배 적용
4. Propane property는 VMGThermo의 Propane 적용.

1) 사전 검토

Hot side와 Cold side 온도 차이가 평균 132℃ 정도 되므로 Film boiling 가능성이 크다. Propane property와 Heat curve가 제공되지 않았다. 실제 Propane은 100% 순물질은 아니고 미미한 양의 Butane 등이 포함되어 있지만, 별도 정보가 없으므로 HTRI에 내장된 VMGThermo를 사용한다.

HTRI boiling mechanism은 아래와 같이 구분되고 각각 적용되는 열전달 관계식이 다르다. Boiling mechanism은 "Monitoring" 결과 창에서 확인할 수 있다.

① Subcool (Sub-cooled nucleate boiling)
유체온도는 Dew point(이슬점)보다 낮고 유체가 접촉하는 표면 온도는 Dew point보다 높을 때 발생하는 Boiling 현상이다. 접촉면에서 Vapor가 발생하지만, 그 주위 낮은 온도의 Liquid에 의해 Vapor가 금

방 없어지므로 전체적으로 Vapor가 발생하지 않는다. Liquid 열전달계수보다 높은 열전달계수를 갖지만, 실제 Vapor가 발생할 때 열전달계수보다 낮은 값을 갖는다.

② Conv (Convective boiling only or Flow boiling dominated by convective boiling)
Liquid 온도가 포화온도이고 접촉면 온도가 포화온도 이상일 때 발생한다. 유속이 빠를수록 Boiling이 더 잘된다. 대부분 Boiling은 Convective boiling과 Nucleate boiling이 동시에 발생한다. Tube side boiling이면 Nucleate boiling에 의한 Duty보다 Convective boiling에 의한 Duty가 클 때 표시된다. Shell side boiling이면 Convective boiling 있는 한 계속 표시된다.

③ Nucl (Nucleate boiling only or Boiling dominated by nucleate boiling)
열전달 표면의 미세한 홈에서 Nucleate boiling이 발생한다. 접촉면 온도와 유체온도 차이가 크면 열전달계수가 커진다. 유속이 빠르면 Nucleate boiling이 억제되는 경향을 보인다. Tube side boiling이면 Nucleate boiling에 의한 Duty가 Convective boiling에 의한 Duty보다 클 때 표시된다. Shell side boiling이면 Convective boiling이 완전히 사라졌을 때 표시된다.

④ Flow (Combination of convective and nucleate boiling)
Shell side boiling인 경우만 표시되며 Nucleate boiling과 Convective boiling의 조합을 의미한다. 어떤 Boiling mechanism이 지배적인지는 Nucleate와 Convective boiling coefficient 크기로 확인할 수 있다.

⑤ Ann-Mist (Transition from wet-wall annular flow boiling to dry-wall mist flow heat transfer)
Shell side boiling인 경우만 표시되며, Mass vapor fraction이 크고 유속이 빠른 구간에서 발생한다. 이 구역에서 액체는 열전달 면에 계속 접촉되어 있고, Vapor는 Liquid 중심에 존재한다. 속도가 빠르므로 Liquid로부터 떨어져 나온 Entrainment(매우 작은 액체 알갱이)가 Vapor에 존재할 수 있다. 충분히 큰 열전달계수를 갖는다.

⑥ Mist (Dry-wall mist flow heat transfer)
이 Boiling mechanism은 높은 Mass vapor fraction과 높은 Shear stress 구간에서 발생한다. 접촉면은 Dry wall 상태이며, Vapor 중앙에 Liquid droplet이 존재한다. 이 Boiling mechanism의 열전달계수는 Sensible vapor 열전달계수를 적용하므로 매우 낮은 값을 갖는다. Tube side boiling에서 Liquid droplet은 Vapor 중앙에 존재하여 전열 면적과 직접 접촉하지 못하고 과열된 Vapor에 의해 열을 받아 Evaporation 된다. Twisted tape를 적용하면 Liquid droplet이 전열 면적에 접촉하게 되어 Liquid droplet을 상당히 줄일 수 있다.

⑦ Tran (Transition boiling (from wet wall to film boiling))
Nucleate boiling과 Film boiling 사이에 발생한다. 이 구간은 불안정하여 Nucleate boiling과 Film boiling 사이를 왔다 갔다 할 수 있다. 이 구간은 가능한 피하여 설계하는 것이 좋다.

⑧ Film (Film boiling)
Vapor 발생이 많아져 Liquid와 전열 면 사이에 Vapor 층이 형성될 때 발생하는 현상이다. 열전달계수는 매우 낮다. Film boiling은 Calculated heat flux가 Critical heat flux를 초과할 때와 boiling 유체와 전연면 온도 차가 클 때 표시되며 가능한 이 구간이 발생하지 않도록 설계할 것을 추천하지만 운전조건으로 인해 이를 피할 수 없는 때도 있다.

⑨ Sens Liq (Pure liquid flow or sensible liquid heat transfer)
유체가 Sub-cooling liquid 상태로 유입될 때, 처음 열전달 구간은 상변화 없이 유체가 Boiling point까지 온도만 올라간다. 이 구간을 의미하며 Boiling 열전달계수보다 낮은 열전달계수를 갖지만, Sensible Vapor 열전달계수보다 높은 값을 갖는다.

⑩ Sens Vap (Pure vapor flow or sensible vapor heat transfer)
모든 액체가 기화된 후, Vapor가 Superheating vapor가 되는 구간에 발생하며, 열전달계수가 매우 낮다.

2) HTRI 입력

운전 데이터를 포함하여 열교환기 치수와 관련된 데이터를 그림 2-127과 같이 입력한다. Shell ID는 ANSI pipe 12" Standard schedule를 적용하였다. "Tube layout" 창에 "Allow crossed U-bends" 옵션을 "No"로 설정하는 것을 잊지 말아야 한다. Impingement device는 유입되는 유체의 Distribution에 도움이 되므로 설치하였다.

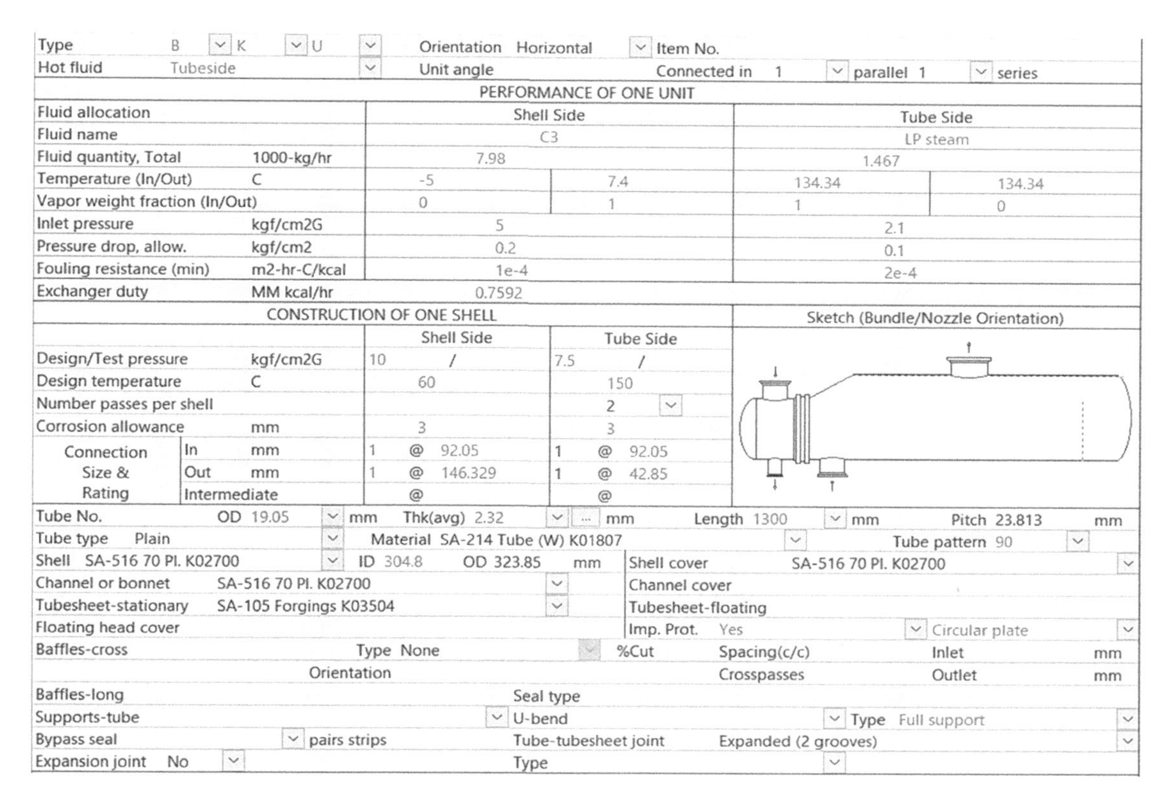

Type	B	K	U	Orientation	Horizontal	Item No.			
Hot fluid	Tubeside			Unit angle		Connected in	1	parallel 1	series

PERFORMANCE OF ONE UNIT

		Shell Side		Tube Side	
Fluid allocation		Shell Side		Tube Side	
Fluid name		C3		LP steam	
Fluid quantity, Total	1000-kg/hr	7.98		1.467	
Temperature (In/Out)	C	-5	7.4	134.34	134.34
Vapor weight fraction (In/Out)		0	1	1	0
Inlet pressure	kgf/cm2G	5		2.1	
Pressure drop, allow.	kgf/cm2	0.2		0.1	
Fouling resistance (min)	m2-hr-C/kcal	1e-4		2e-4	
Exchanger duty	MM kcal/hr	0.7592			

CONSTRUCTION OF ONE SHELL

		Shell Side	Tube Side
Design/Test pressure	kgf/cm2G	10 /	7.5 /
Design temperature	C	60	150
Number passes per shell			2
Corrosion allowance	mm	3	3
Connection Size & Rating: In	mm	1 @ 92.05	1 @ 92.05
Out	mm	1 @ 146.329	1 @ 42.85
Intermediate		@	@

Sketch (Bundle/Nozzle Orientation)

Tube No. OD 19.05 mm Thk(avg) 2.32 mm Length 1300 mm Pitch 23.813 mm
Tube type Plain Material SA-214 Tube (W) K01807 Tube pattern 90
Shell SA-516 70 Pl. K02700 ID 304.8 OD 323.85 mm Shell cover SA-516 70 Pl. K02700
Channel or bonnet SA-516 70 Pl. K02700 Channel cover
Tubesheet-stationary SA-105 Forgings K03504 Tubesheet-floating
Floating head cover Imp. Prot. Yes Circular plate
Baffles-cross Type None %Cut Spacing(c/c) Inlet mm
Orientation Crosspasses Outlet mm
Baffles-long Seal type
Supports-tube U-bend Type Full support
Bypass seal pairs strips Tube-tubesheet joint Expanded (2 grooves)
Expansion joint No Type

그림 2-127 LPG vaporizer의 Input summary 입력 창

운전조건을 입력 후 "Hot side fluid properties" 입력 창에서 HTRI property package를 선택하고 Water(IAPWS1997)를 입력한다.

Cold side fluid인 Propane을 입력하기 위해서 "Cold side fluid properties" 입력 창에서 "Program calculated"를 선택한다. "Components" 입력 창에서 Package를 VMGThermo로 선택하고 Component list에서 Propane을 선택한다. 이 입력 방식에서 Xist가 실행되면서 필요한 온도와 압력에서 상평형 계산도 같이 계산하기 때문에 프로그램 실행시간이 상대적으로 길다.

Fluid name C3

Physical Property Input Option

- User specified grid
- Program calculated
- Combination

Property Generator...

그림 2-128 Program calculated 선택 (Cold side fluid properties 입력 창)

그림 2-129 VMGThermo package에서 propane 선택

또 다른 방법으로 Heat curve 데이터를 미리 생성하는 방법이다. 이 방법은 프로그램이 실행하는 동안 상평형 계산을 수행할 필요가 없으므로 프로그램 실행시간이 짧다. "Cold side fluid properties" 입력 창에서 "User specified grid"를 선택한 후 "Property Generator" 버튼을 클릭하면 "Property Generation" 입력 창이 뜬다. 이 창에서 원하는 Property package를 설정할 수 있는데, 여기서 VMGThermo를 선정하였다.

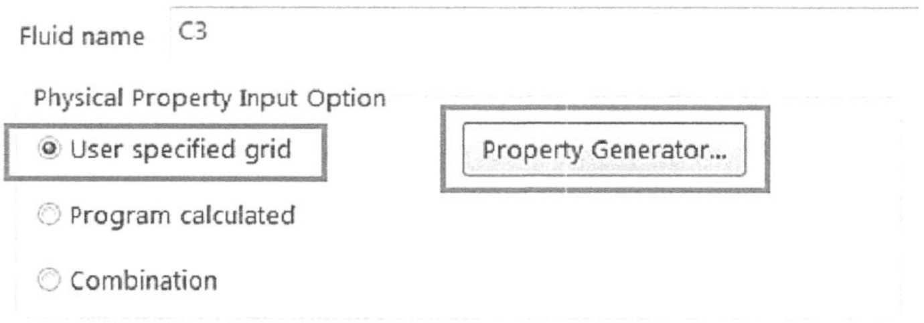

그림 2-130 Property generator 선택 (Cold side fluid properties 입력 창)

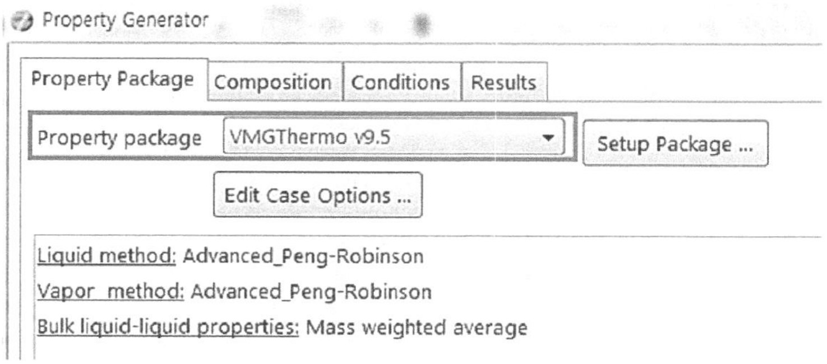

그림 2-131 Property package 탭 (Property generation 입력 창)

"Composition" 탭에서 그림 2-129와 같이 Propane을 선택한다. "Conditions" 입력 창에서 Critical pressure는 "True critical"을 선택한다. Inlet pressure location을 "At nozzle inlet"으로 선택하였으므로 입구압력 5kg/cm²g과 출구압력 4.8kg/cm²g을 입력하였다. 만약 입력한 Pressure location이 "At top of bundle"이라면, 입구압력에 0.1kg/cm²을 더한 압력과 출구압력에 뺀 압력을 각각 입력한다. Static head를 고려하여 입구압력과 출구압력으로부터 적절한 압력을 더하고 빼 준다.

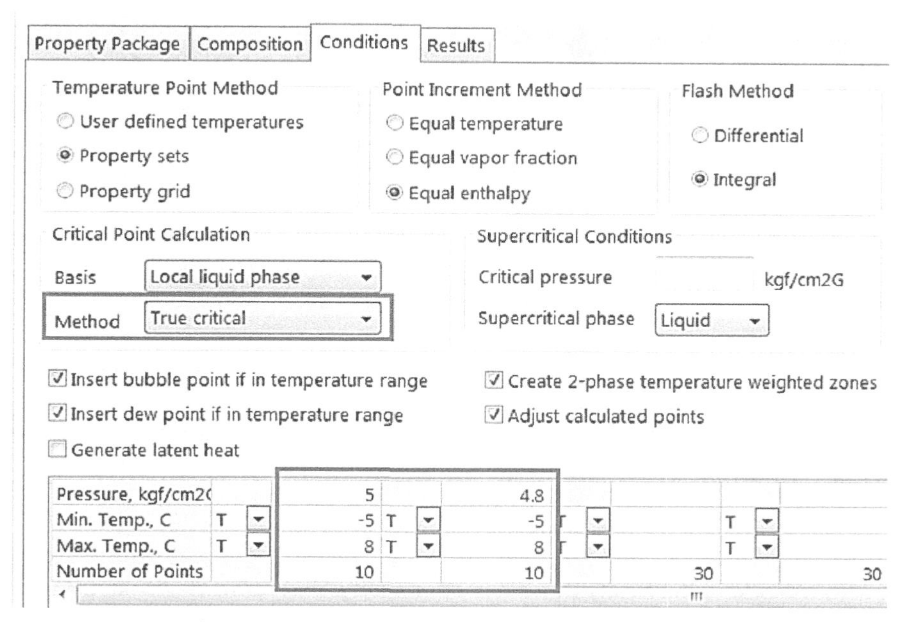

그림 2-132 Conditions 탭 (Property generation 입력 창)

"Condition" 탭에 데이터를 입력한 후 "Generate properties" 버튼을 클릭하면 그림 2-133과 같이 "Results" 탭에 입력한 압력들에 대한 Heat curve와 Grid property가 생성된다. 입력한 유체는 Propane 순수성분이므로 Boiling과 Condensing 온도가 같으므로 2번 Line부터 9번 Line까지 기액평형 상태인 동일한 온도가 포함된 것을 확인할 수 있다. 이처럼 Isothermal boiling의 경우 3번 Line에서 8번 Line까지 해지한다. 4.8kg/cm²g의 데이터도 동일하게 해지한다. "Grid properties" 입력 창으로 데이터를 넘기기 위하여 "Transfer" 버튼을 클릭한다.

	Pressure: 5.000 kgf/cm2G			Vapor Properties						
	Temperature (C)	Enthalpy (kcal/kg)	Weight Fraction Vapor	Density (kg/m3)	Viscosity (cP)	Heat Capacity (kcal/kg-C)	Thermal Cond. (kcal/hr-m-C)	Mole. Weight (--)	Density (kg/m3)	Viscosi (cP)
☑ 1	-5.000	-25.701	0.00000						541.002	0.13
☑ 2	7.473 *	-18.109	0.00000	12.8016	0.0078	0.4156	0.0145	44.10	523.689	0.12
☑ 3	7.473	-5.5993	0.14286	12.8016	0.0078	0.4156	0.0145	44.10	523.689	0.12
☑ 4	7.473	6.9101	0.28571	12.8016	0.0078	0.4156	0.0145	44.10	523.689	0.12
☑ 5	7.473	19.4194	0.42857	12.8016	0.0078	0.4156	0.0145	44.10	523.689	0.12
☑ 6	7.473	31.9287	0.57143	12.8016	0.0078	0.4156	0.0145	44.10	523.689	0.12
☑ 7	7.473	44.4380	0.71429	12.8016	0.0078	0.4156	0.0145	44.10	523.689	0.12
☑ 8	7.473	56.9473	0.85714	12.8016	0.0078	0.4156	0.0145	44.10	523.689	0.12
☑ 9	7.473 *	69.4567	1.00000	12.8016	0.0078	0.4156	0.0145	44.10	523.689	0.12
☑ 10	8.000	69.6757	1.00000	12.7671	0.0078	0.4159	0.0146	44.10		

* - Denotes dew/bubble point.

5.000 kgf/cm2G / 4.800 kgf/cm2G

Transfer... Print ... Export ... Graph ...

그림 2-133 Results 탭 (Property generation 입력 창)

3) 1차 설계 결과 검토

결과와 함께 나온 고려하여야 할 Warning message는 아래와 같다.

① *The temperature range for the hot water(steam) properties falls outside of the range of the IAPWS-IF97 correlations, 0 - 2000C (32 - 3632F) for pressures at or below 10000 kPa (1450.4 psia) and 0 - 800C (32 - 1472F) for pressures above 10000kPa (1450.4 psia). All out of range properties are calculated as equal to the property at the closest limit.*

② *The tube inlet velocity is greater than the inlet nozzle velocity where momentum pressure drop between the inlet nozzle and the tube inlet is not included in the calculations. This pressure drop can be significant in a vacuum condenser. Ensure you have margin for this additional pressure loss.*

첫 번째는 Water property에 관한 내용이다. Cold side 유체인 Propane의 가장 낮은 운전온도가 -5°C이므로 이 온도 근처 Water property를 생성할 때 어떻게 생성했는지를 알려주는 Message이다. Tube side wall temperature와 Skin temperature를 확인해 보면, 0°C 아래로 내려가지 않음을 확인할 수 있다. 따라서 이 Message를 더는 고려할 필요 없다.

두 번째는 Pressure drop 관련 Message이다. Steam은 Tube 입구 노즐로 유입되어 Channel을 통과한 후 Tube로 들어간다. 유체가 노즐, Channel, 첫 번째 Tube pass를 통과하면서 유속이 변하기 때문에 Momentum pressure drop이 발생한다. 이를 Tube side pressure drop에 포함하지 않았다는 의미이다.

배관 단면적이 축소될 때 Momentum pressure drop은 Pressure loss로, 확관 될 때 Pressure recovery로 발생한다. 이와 동일하게 유체가 노즐에서 Channel로 이동할 때 Pressure recovery가, Channel에서 First tube pass로 이동할 때 Pressure loss가 발생한다. 만약 노즐과 First tube pass 단면적이 같다면 Recovery와 Loss가 거의 상쇄된다. 그리고 First tube pass 단면적이 노즐 단면적보다 넓다면 Pressure recovery가 발생하고, 반대의 경우 Pressure loss가 발생할 가능성이 있다. 열교환기 운전압력이 진공 영역이라면 Momentum pressure drop 영향이 클 수밖에 없으므로 주의해야 한다. 이 예제의 결과를 보면 Allowable pressure drop대비 Calculated pressure drop이 상당히 작고 운전압력 또한 낮지 않으므로 Warning message를 더 이상 고려할 필요 없다. Momentum pressure drop 영향을 계산하려면, 2.4.3장에 예제를 참조한다.

	Shellside Flow Region		1		
2	Point number	(--)	11	12	13
3	Shell pass	(--)	1	1	1
4	Length from tube inlet	(mm)	136.99	136.99	136.99
5	Mass fraction vapor	(--)	0.5373	0.6224	0.7011
6	Bulk temperature	(C)	6.72	6.60	6.49
7	Skin temperature	(C)	23.28	31.44	42.92
8	Wall metal temperature	(C)	45.04	51.57	60.86
44	Liquid Prandtl	(--)	3.0063	3.0063	3.0064
45	Flow regime param.	(--)	0.3246	0.2727	0.2283
46	Condensate regime	(--)			
47	Boiling flow regime	(--)	Ann-Slug	Annular	Annular
48	Boiling mechanism	(--)	Flow	AnnMist	AnnMist

그림 2-134 Shell side monitoring 창

그림 2-135는 1차 설계 결과다. Over-design은 40.55%, Pressure drop은 모두 허용치보다 낮다. Kettle 지름은 736.33mm로 계산되었다. Support는 1개 추가되어 TEMA maximum unsupported tube span 대비 41.8%임을 "Vibration" 창에서 확인할 수 있다. 그리고 MTD는 127.3℃로 상당히 높지만, Boiling mechanism은 "Sens Liq", "Flow", "Ann-Mist"로 Film boiling 구간은 없다. 이는 그림 2-134와 같이 "Shell side Monitoring" 창에서 확인할 수 있다. "Run log" 창에서 Recirculation ratio가 1.2임을 확인할 수 있다. 참고로 Recirculation ratio는 Tube bundle이 길면 더 커진다.

"Final results" 창과 "Shell side monitor" 창에서 Propane이 접촉하는 표면 온도를 확인할 수 있는데, 그림 2-137은 "Final results" 창 일부분으로 접촉 온도는 21.84~95.73℃이다. 여기에 Skin temperature와 Wall temperature 두 가지가 있는데, Skin temperature는 Fouling 층이 유체와 접촉하는 온도를 의미하고 Wall temperature는 Tube 표면과 Fouling 층 사이 온도를 의미한다. 만약 Fouling이 없다면 Skin temperature와 Wall temperature는 같은 값을 갖게 된다.(그림 2-136 참조)

Type	BKU		Orientation	Horizontal	Connected In	1 Parallel	1 Series
Surf/Unit (Gross/Eff)	6.347 / 6.188	m2	Shell/Unit 1		Surf/Shell (Gross/Eff)	6.347 / 6.188	m2

PERFORMANCE OF ONE UNIT					
Fluid Allocation		Shell Side		Tube Side	
Fluid Name		C3		LP steam	
Fluid Quantity, Total	1000-kg/hr	8.7780		1.6137	
Vapor (In/Out)	wt%	0.00	100.00	100.00	0.00
Liquid	wt%	100.00	0.00	0.00	100.00
Temperature (In/Out)	C	-5.00	7.37	134.34	133.84
Density	kg/m3	541.00	12.747	1.6883	931.54
Viscosity	cP	0.1384	0.0078	0.0135	0.2063
Specific Heat	kcal/kg-C	0.5936	0.4154	0.5420	1.0212
Thermal Conductivity	kcal/hr-m-C	0.0969	0.0145	0.0247	0.5891
Critical Pressure	kgf/cm2G				
Inlet Pressure	kgf/cm2G	5.000		2.100	
Velocity	m/s		1.25		23.28
Pressure Drop, Allow/Calc	kgf/cm2	0.200	6.67e-3	0.100	0.046
Average Film Coefficient	kcal/m2-hr-C	7705.6		10633	
Fouling Resistance (min)	m2-hr-C/kcal	0.000100		0.000200	

Heat Exchanged	0.8349 MM kcal/hr	MTD (Corrected)	127.3 C	Overdesign	40.55 %
Transfer Rate, Service	1056.7 kcal/m2-hr-C	Calculated	1485.1 kcal/m2-hr-C	Clean	3236.7 kcal/m2-hr-C

CONSTRUCTION OF ONE SHELL				Sketch (Bundle/Nozzle Orientation)
		Shell Side	Tube Side	
Design Pressure	kgf/cm2G	10.000	7.500	
Design Temperature	C	60.00	150.00	
No Passes per Shell		1	2	
Flow Direction		Upward	Downward	
Connections Size & Rating	In mm	1 @ 92.050	1 @ 92.050	
	Out mm	1 @ 146.33	1 @ 42.850	
	Liq. Out mm	@	1 @	

Tube No. 76.000	OD 19.050 mm	Thk(Avg) 2.320 mm	Length 1300. mm	Pitch 23.813 mm	Tube pattern 90
Tube Type Plain		Material Carbon steel		Pairs seal strips	0
Shell ID 304.80 mm		Kettle ID 736.33 mm		Passlane Seal Rod No.	0
Cross Baffle Type	Support		%Cut (Diam)	Impingement Plate	Circular plate
Spacing(c/c) 637.30 mm		Inlet	mm	No. of Crosspasses	1
Rho-V2-Inlet Nozzle 248.15	kg/m-s2	Shell Entrance	185.67 kg/m-s2	Shell Exit	10.88 kg/m-s2
		Bundle Entrance	kg/m-s2	Bundle Exit	kg/m-s2
Weight/Shell 531.46 kg		Filled with Water	1089.2 kg	Bundle	139.42 kg

Notes: Supports/baffle space = 1.	Thermal Resistance, %		Velocities, m/s		Flow Fractions	
	Shell	19.27	Shellside	1.25	A	0.000
	Tube	18.46	Tubeside	23.28	B	1.000
	Fouling	54.12	Crossflow	0.83	C	0.000
Reported duty and flow rates include a user-	Metal	8.15	Window	0.00	E	0.000

그림 2-135 1차 설계 결과 (Rating datasheet 창)

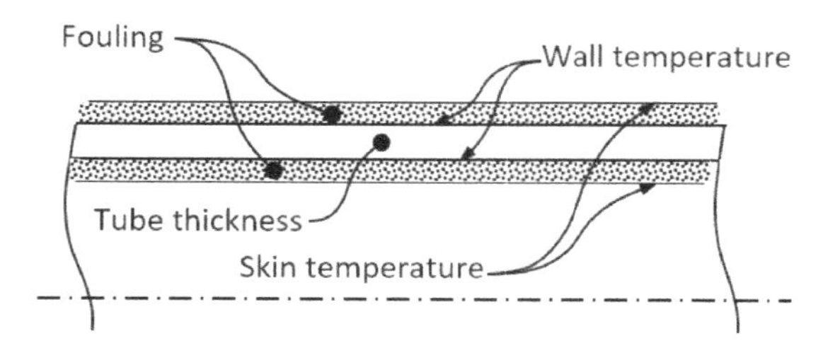

그림 2-136 Wall temperature와 Skin temperature

	Process Data			Cold Shellside		Hot Tubeside
2	Fluid name			C3		LP steam
3	Fluid condition			Boil. Liquid		Cond. Vapor
4	Total flow rate	(1000-kg/hr)		8.7780 *		1.6137 *
5	Weight fraction vapor, In/Out	(--)	0.0000	1.0000	1.0000	0.0000
6	Temperature, In/Out	(Deg C)	-5.00	7.37	134.34	133.84 *
7	Skin temperature, Min/Max	(Deg C)	21.84	95.73	91.55	125.12
8	Wall temperature, Min/Max	(Deg C)	38.49	102.74	47.61	106.59
9	Pressure, In/Average	(kgf/cm2G)	5.000	4.997	2.100	2.077
10	Pressure drop, Total/Allowed	(kgf/cm2)	6.67e-3	0.200	0.046	0.100
11	Velocity, Mid/Max allow	(m/s)	1.25		23.28	
12	Boiling range/Mole fraction inert	(Deg C)		0.0		0.0000
13	Average film coef.	(kcal/m2-hr-C)		7705.6		10633
14	Heat transfer safety factor	(--)		1.0000		1.0000
15	Fouling resistance	(m2-hr-C/kcal)		0.000100		0.000200

그림 2-137 1차 설계 결과 (Final results 창)

Boiling mechanism에 Film boiling 구간은 없지만, Clean condition에서 Cold fluid가 접촉하는 Wall temperature가 더 높으므로 Fouling을 제거하고 Xist 결과를 확인한다. Fouling을 제거하기 전후를 비교하면 표 2-34와 같다. Fouling을 제거했을 때 Shell side 열전달계수가 상당히 줄어들었음을 확인할 수 있다. Fouling이 있으면 Propane이 접촉하는 표면 온도가 낮지만, Fouling이 없으면 그 온도가 높아져 Film boiling이 발생하기 때문이다.

표 2-34 1차 설계 결과 (With fouling vs. Without fouling)

	With fouling	*Without fouling*
Over-design	*41%*	*-18%*
Calculated transfer rate	*1485.1kcal/m²-hr-℃*	*870.75kcal/m²-hr-℃*
Shell side transfer rate	*7705.6kcal/m²-hr-℃*	*1056kcal/m²-hr-℃*
Tube side transfer rate	*10633kcal/m²-hr-℃*	*9016.9kcal/m²-hr-℃*
MTD	*127.3℃*	*127℃*
Skin temperature	*21.84 ~ 95.73℃*	*18.62 ~ 130.27℃*

4) 2차 설계 입력

Fouling이 제거되었을 경우, 열전달 면적이 부족하다. 이 조건이 지배적이므로 Fouling을 입력하지 않고 설계 진행한다. Shell ID와 Kettle ID를 각각 16" Standard schedule과 900mm로 변경하고, Tube 길이도 2100mm로 증가시켰다. Tube 길이와 Tube bundle 지름 비율이 5 이상이면, 출구 노즐 수량 2개 설치한다. Shell side 출구 노즐은 4" 2개 입력한다. High liquid level을 Top tube로부터 150mm로 520mm를 입력한다. Support plate는 2개를 입력하여 Unsupported tube span을 TEMA Maximum의 60% 내외로 맞춰준다. Tube layout 창에서 Detail tie-rod 개수와 위치를 잡아 Tube layout을 완성한다.

5) 2차 설계 결과 검토

Xist를 실행 후 Warning message, Over-design, Pressure drop, Rho-V^2, Vibration, Entrainment 등 문제가 없는지 확인한다. Warning message에 Property, Vibration, Film boiling에 관한 내용이 있지만, 이미 모두 검토하여 반영하였다. 그림 2-138은 Fouling을 입력하지 않은 Clean condition에 대한 Xist 결과이고 그림 2-139는 Fouling factor를 입력한 Dirty condition에 대한 Xist 결과이다.

#								
6	Type	BKU	Orientation	Horizontal	Connected In	1 Parallel	1 Series	
7	Surf/Unit (Gross/Eff)	16.758 / 16.423 m2		Shell/Unit 1	Surf/Shell (Gross/Eff)	16.758 / 16.423 m2		
8	PERFORMANCE OF ONE UNIT							
9	Fluid Allocation		Shell Side			Tube Side		
10	Fluid Name		C3			LP steam		
11	Fluid Quantity, Total	1000-kg/hr	8.7780			1.6137		
12	Vapor (In/Out)	wt%	0.00	100.00		100.00	0.00	
13	Liquid	wt%	100.00	0.00		0.00	100.00	
14	Temperature (In/Out)	C	-5.00	7.28		134.34	133.86	
15	Density	kg/m3	541.00	12.711		1.6883	931.53	
16	Viscosity	cP	0.1384	0.0078		0.0135	0.2063	
17	Specific Heat	kcal/kg-C	0.5936	0.4152		0.5420	1.0212	
18	Thermal Conductivity	kcal/hr-m-C	0.0969	0.0145		0.0247	0.5891	
19	Critical Pressure	kgf/cm2G						
20	Inlet Pressure	kgf/cm2G	5.000			2.100		
21	Velocity	m/s		0.87			16.05	
22	Pressure Drop, Allow/Calc	kgf/cm2	0.200	0.011		0.100	0.044	
23	Average Film Coefficient	kcal/m2-hr-C	538.21			8978.5		
24	Fouling Resistance (min)	m2-hr-C/kcal	0.000000			0.000000		
25	Heat Exchanged	0.8348 MM kcal/hr	MTD (Corrected)	126.6 C		Overdesign	21.19 %	
26	Transfer Rate, Service	400.55 kcal/m2-hr-C	Calculated	485.41 kcal/m2-hr-C		Clean	485.41 kcal/m2-hr-C	
27	CONSTRUCTION OF ONE SHELL					Sketch (Bundle/Nozzle Orientation)		
28			Shell Side	Tube Side				
29	Design Pressure	kgf/cm2G	10.000	7.500				
30	Design Temperature	C	60.00	150.00				
31	No Passes per Shell		1	2				
32	Flow Direction		Upward	Downward				
33	Connections	In mm	1 @ 66.650	1 @ 92.050				
34	Size &	Out mm	2 @ 97.180	1 @ 42.850				
35	Rating	Liq. Out mm	@	1 @				
36	Tube No. 126.00	OD 19.050 mm	Thk(Avg) 2.320 mm	Length 2100. mm		Pitch 23.813 mm	Tube pattern 90	
37	Tube Type Plain		Material Carbon steel			Pairs seal strips	0	
38	Shell ID 387.38 mm		Kettle ID 900.00 mm			Passlane Seal Rod No.	0	
39	Cross Baffle Type	Support		%Cut (Diam)		Impingement Plate	Circular plate	
40	Spacing(c/c) 691.53 mm		Inlet	mm		No. of Crosspasses	1	
41	Rho-V2-Inlet Nozzle	902.85 kg/m-s2	Shell Entrance	117.46 kg/m-s2		Shell Exit	4.39 kg/m-s2	
42			Bundle Entrance	kg/m-s2		Bundle Exit	kg/m-s2	
43	Weight/Shell 1039.0 kg		Filled with Water	2351.4 kg		Bundle	322.66 kg	
44	Notes: Supports/baffle space = 2.			Thermal Resistance, %		Velocities, m/s		Flow Fractions
45				Shell	90.19	Shellside	0.87	A 0.000
46				Tube	7.15	Tubeside	16.05	B 1.000
47				Fouling	0.00	Crossflow	0.61	C 0.000
48	Reported duty and flow rates include a user-			Metal	2.66	Window	0.00	E 0.000

그림 2-138 2차 설계 결과 (Rating datasheet, Without fouling)

6	Type	BKU	Orientation	Horizontal	Connected In	1 Parallel	1 Series
7	Surf/Unit (Gross/Eff)	16.758 / 16.423 m2	Shell/Unit 1		Surf/Shell (Gross/Eff)	16.758 / 16.423 m2	

	PERFORMANCE OF ONE UNIT					
9	Fluid Allocation		Shell Side		Tube Side	
10	Fluid Name		C3		LP steam	
11	Fluid Quantity, Total	1000-kg/hr	8.7780		1.6137	
12	Vapor (In/Out)	wt%	0.00	100.00	100.00	0.00
13	Liquid	wt%	100.00	0.00	0.00	100.00
14	Temperature (In/Out)	C	-5.00	7.28	134.34	133.90
15	Density	kg/m3	541.00	12.711	1.6883	931.49
16	Viscosity	cP	0.1384	0.0078	0.0135	0.2062
17	Specific Heat	kcal/kg-C	0.5936	0.4152	0.5420	1.0212
18	Thermal Conductivity	kcal/hr-m-C	0.0969	0.0145	0.0247	0.5891
19	Critical Pressure	kgf/cm2G				
20	Inlet Pressure	kgf/cm2G	5.000		2.100	
21	Velocity	m/s		0.71		13.53
22	Pressure Drop, Allow/Calc	kgf/cm2	0.200	0.011	0.100	0.040
23	Average Film Coefficient	kcal/m2-hr-C	6824.9		9170.0	
24	Fouling Resistance (min)	m2-hr-C/kcal	0.000100		0.000200	

25	Heat Exchanged	0.8347 MM kcal/hr	MTD (Corrected)	127.1 C	Overdesign	253.10 %
26	Transfer Rate, Service	398.91 kcal/m2-hr-C	Calculated	1408.6 kcal/m2-hr-C	Clean	2894.0 kcal/m2-hr-C

	CONSTRUCTION OF ONE SHELL					Sketch (Bundle/Nozzle Orientation)
28				Shell Side	Tube Side	
29	Design Pressure		kgf/cm2G	10.000	7.500	
30	Design Temperature		C	60.00	150.00	
31	No Passes per Shell			1	2	
32	Flow Direction			Upward	Downward	
33	Connections	In	mm	1 @ 66.650	1 @ 92.050	
34	Size &	Out	mm	2 @ 97.180	1 @ 42.850	
35	Rating	Liq. Out	mm	@	1 @	

36	Tube No. 126.00	OD 19.050 mm	Thk(Avg) 2.320 mm	Length 2100. mm	Pitch 23.813 mm	Tube pattern 90
37	Tube Type Plain		Material	Carbon steel	Pairs seal strips	0
38	Shell ID 387.38 mm		Kettle ID	900.00 mm	Passlane Seal Rod No.	0
39	Cross Baffle Type	Support		%Cut (Diam)	Impingement Plate	Circular plate
40	Spacing(c/c) 691.53 mm		Inlet	mm	No. of Crosspasses	1
41	Rho-V2-Inlet Nozzle 902.85	kg/m-s2	Shell Entrance	117.46 kg/m-s2	Shell Exit	4.39 kg/m-s2
42			Bundle Entrance	kg/m-s2	Bundle Exit	kg/m-s2
43	Weight/Shell 1039.0 kg		Filled with Water	2351.4 kg	Bundle	322.66 kg

		Thermal Resistance, %		Velocities, m/s		Flow Fractions	
44	Notes: Supports/baffle space = 2.						
45		Shell	20.64	Shellside	0.71	A	0.000
46		Tube	20.31	Tubeside	13.53	B	1.000
47		Fouling	51.33	Crossflow	0.50	C	0.000
48	Reported duty and flow rates include a user-	Metal	7.73	Window	0.00	E	0.000

그림 2-139 2차 설계 결과 (Rating datasheet, With fouling)

마지막 표 2-35에 따라 평균 Heat flux를 검토한다. 평균 Heat flux는 Duty를 유효 전열 면적으로 나누어 계산한다. 평균 Heat flux가 Max. design heat flux보다 낮은지 확인하고 만약 높다면 열전달면적을 증가시킨다. 2차 설계 결과 평균 Heat flux는 50831kcal/hr-m^{2}으로 표 2-35에 Pure component light hydrocarbon의 Max. design heat flux보다 낮다. 이 표에 값은 과거에서부터 적용한 값들로 Film boiling 열전달계수인 Fouling을 고려한 경험치로 생각된다.

표 2-35 Boiling 서비스별 Maximum heat flux

Boiling fluid	*Max. design heat flux*
Pure component light hydrocarbon	*52,000 kcal/hr-m²*
Other hydrocarbons	*39,000 kcal/hr-m²*
Amine regenerator with alloy tubes	*35,000 kcal/hr-m²*
Amine regenerator with carbon steel tubes	*26,000 kcal/hr-m²*
Amine reclaimer	*14,000 kcal/hr-m²*

6) 결과 및 Lessons learned

LPG vaporizer 최종설계 결과를 요약하면 표 2-36과 같다.

표 2-36 LPG vaporizer 설계 결과 Summary

Case	*Duty [MMKcal/hr]*	*MTD [℃]*	*Transfer rate (Calculated) [kcal/m²-hr-℃]*	*Over-design*	*Tube Dp [kg/cm²]*	*Recirculation ratio*
Clean	*0.7592 × 1.1*	*126.6*	*485.4*	*21.2%*	*0.044*	*4.659*
Dirty	*0.7592 × 1.1*	*127.1*	*1408.6*	*253.1%*	*0.04*	*4.433*

LPG vaporizer와 같이 Boiling 온도가 낮은 유체를 다루는 Boiling 서비스 열교환기를 설계할 때 아래 사항들을 고려하여 설계한다.

- ✔ *Steam을 열원으로 사용하면 Film boiling 가능성이 크므로 적절한 온도의 열원을 찾는다.*
- ✔ *적절한 열원이 없으면 Film boiling 발생하는지 확인한다. Clean condition에서 Film boiling 가능성이 더 크므로 Fouling factor를 입력하지 않고 프로그램을 실행하여 결과를 확인한다.*
- ✔ *평균 Heat flux가 표 2-35의 Max. design heat flux보다 낮게 설계한다.*
- ✔ *Boiling되는 유체온도가 매우 낮으면 열원 유체의 Freezing 가능성을 확인하여 이를 피해야 한다.*

2.4. Condenser

Condenser는 Vapor 유체를 Liquid로 응축시키는 열교환기다. 석유화학 공장에 많은 Condenser가 설치되어 운전되고 있다. 가장 대표적인 서비스는 Distillation column overhead condenser다. 그 외에 Vacuum 공정에 사용되는 Ejector surface condenser, Refrigerant system의 Refrigerant condenser, Off gas에 포함된 유용한 성분을 회수하는 Vent condenser 등이 있다.

Condensing 온도에 따라 Air, Cooling water, Refrigerant 등 적당한 Cold utility를 적용한다. Condensing 서비스로 Air cooler 또는 Shell & tube heat exchanger가 주로 적용되는데, Air cooler와 Cooling water cooler가 직렬로 적용되기도 한다. 그림 2-140은 전형적인 Distillation column overhead의 구성을 보여주고 있다. 석유화학 공장에서 이런 구성을 많이 볼 수 있다.

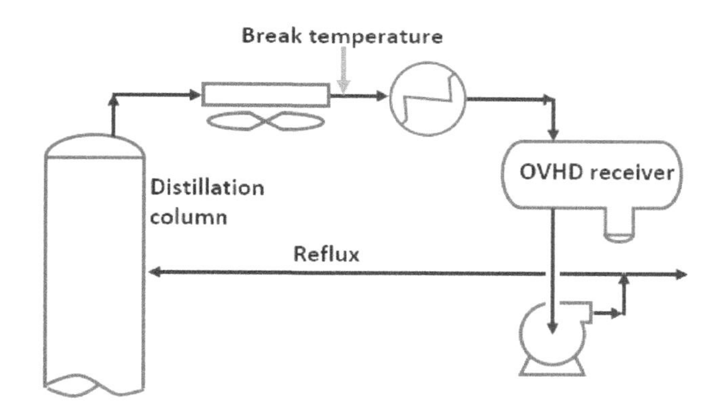

그림 2-140 Typical distillation column overhead

화학제품을 만드는 설비의 경우, 공장 용량이 적어 Distillation column 또한 작은 경우가 많다. 이런 작은 Distillation 공정에 그림 2-140과 같이 복잡한 Overhead system을 구성하지 않고 Overhead condenser와 Receiver의 역할을 동시에 하는 Reflux condenser를 적용하기도 한다.

Distillation 공정 운전조건은 Vapor와 Liquid가 평형을 이루는 Saturated condition(상평형 조건)이다. Distillation column top에서 Overhead receiver까지도 Saturated condition이기 때문에, Trim cooler 출구 조건을 살짝 Sub-cooling 상태가 되도록 설계한다. 때에 따라 Product loss를 방지를 위하여 Trim cooler 출구온도를 상당히 Sub-cooling 상태로 설계하기도 한다. Condensing fluid가 Shell side대신 Tube side에 위치할 경우, Condenser 출구온도를 더 Sub-cooling 온도로 낮추기 용이하다. Overhead 유체온도를 포화온도보다 5℃ 이상 낮게 낮추고자 할 경우, 그림 2-141과 같이 배관에 Seal loop를 설치하거나 열교환기 내부에 Dam baffle을 설치하기도 한다.

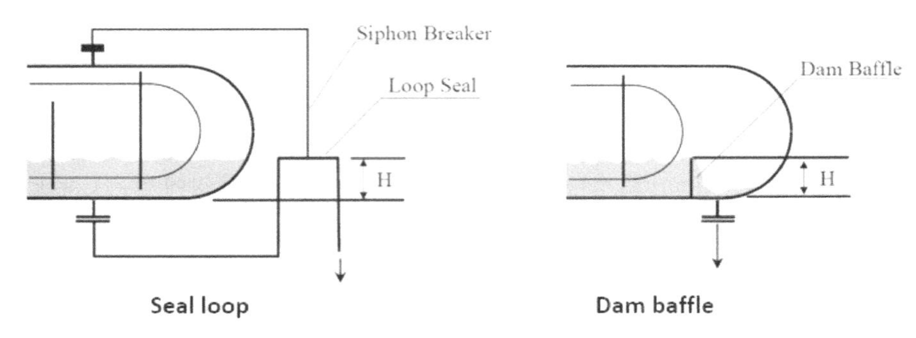

그림 2-141 Overhead condenser 출구의 Sub-cooling

Condenser에 유입되는 Vapor에 Non-condensable(비응축기체)가 포함될 가능성이 있다. Non-condensable은 H_2, O_2, CO_2, CH_4, H_2S 등이 있으며, 열교환기 내부에 축적되고 Condensable vapor가 전열 면적과 접촉하는 것을 방해하여 열교환기 성능을 감소시킨다. 따라서 운전 중 Non-condensable을 제거할 수 있는 노즐을 설치해야 한다. 보통 Full Condensing 서비스 열교환기에 Non-condensable vent nozzle을 설치한다. Non-condensable vent nozzle의 위치는 그림 2-142, 2-143과 같다.

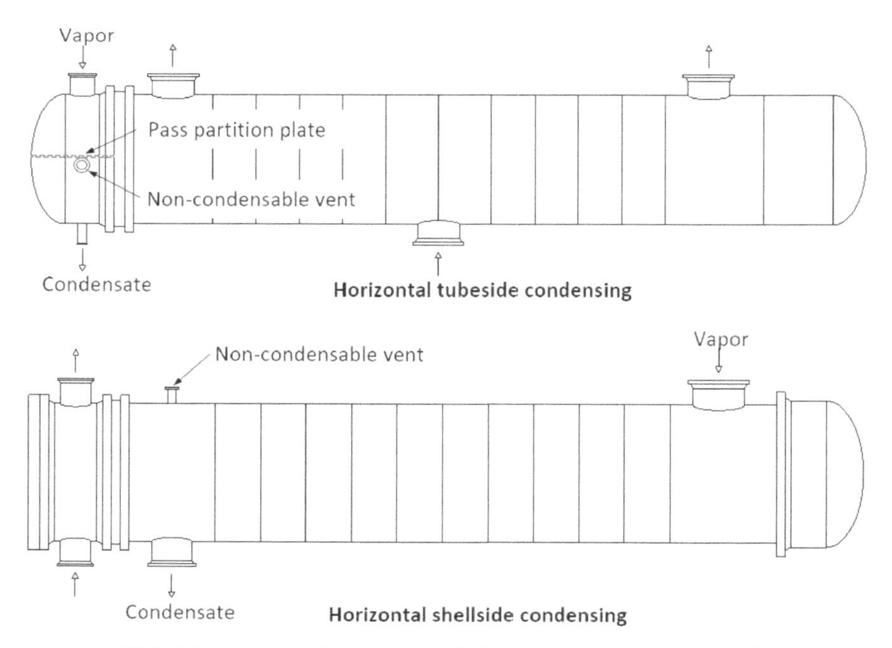

그림 2-142 Horizontal condenser에서 Non-condensable vent 위치

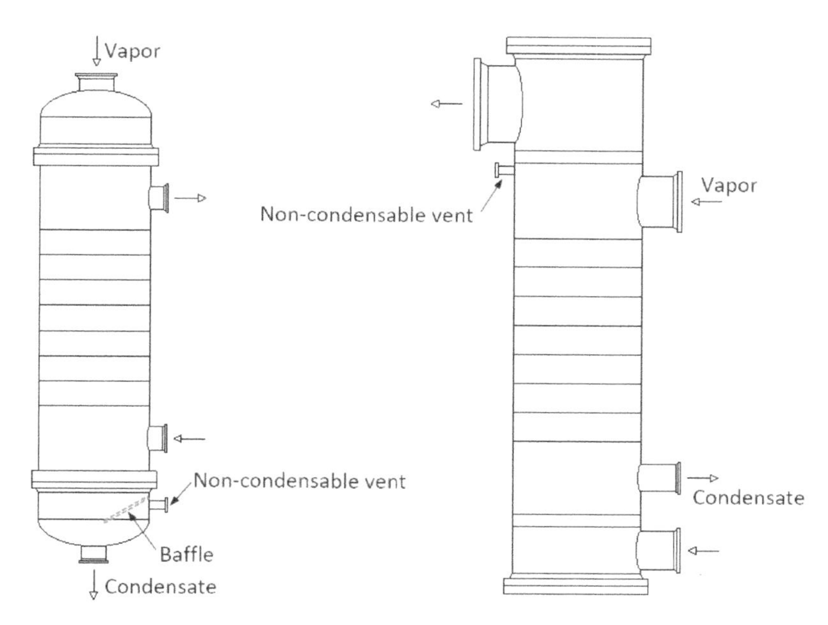

그림 2-143 Vertical condenser에서 Non-condensable vent 위치

2.4.1. Naphtha splitter overhead condenser

원유정제 공정에서 상압증류탑의 상부로부터 경질유가 생산되고, 이 경질유를 Naphtha라고 한다. Naphtha는 Stabilizer 공정을 거쳐 LPG와 WSR(Whole Straight Run) Naphtha로 분리된다. 이 WSR naphtha는 LSR(Light Straight Run) Naphtha와 HSR(Heavy Straight Run) Naphtha를 포함한 Full-range naphtha라고 하며, NSU(Naphtha Splitter Unit)공정에 보내어 LSR Naphtha와 HSR Naphtha로 분류된다. LSR Naphtha(경질 나프타)는 끓는점이 대략 100℃ 이하이며, NCC(Naphtha Cracking Center)의 원료가 된다. 나프타 분해설비로 불리는 NCC는 Naphtha를 분해하여 석유화학의 기초 원료인 Ethylene, Propylene 원료를 생산하는 설비이다. HSR Naphtha(중질 나프타)는 대략 100~220℃ 범위에서 증류되는 유분으로, 개질 공정(Reformer)을 거쳐 휘발유 제조나 Benzene, Toluene, Para-Xylene 방향족 공정의 원료로 사용된다. 이러한 방향족은 합성 플라스틱과 합성 섬유의 원료로 사용된다. 그림 2-144는 상압증류탑에서 Naphtha splitter까지 공정도를 보여주고 있다.

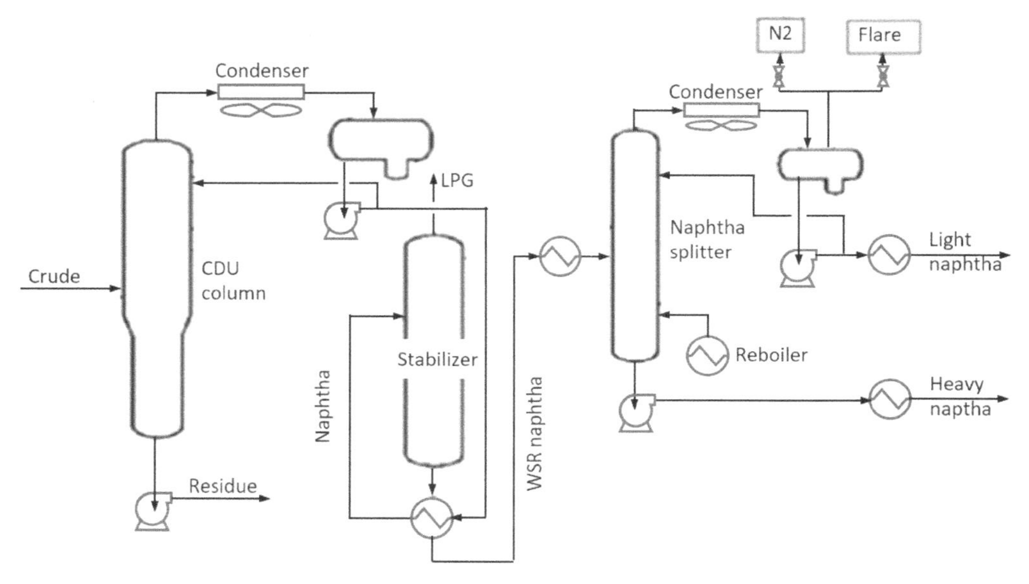

그림 2-144 Naphtha 분리 공정도

이번 예제는 Naphtha splitter overhead condenser이다. Heavy naphtha의 열을 Feed인 Full-range naphtha로 회수하는 열교환기다. 일반적인 Naphtha splitter는 전형적인 Distillation column을 구성하고 있지만, 이번 예제를 포함한 Naphtha splitter는 일반 Naphtha splitter와 달리 그림 2-145와 같이 Light naphtha, Heavy naphtha, Kerosene을 동시에 분리하는 변형된 형태인 Dividing wall distillation column이다.

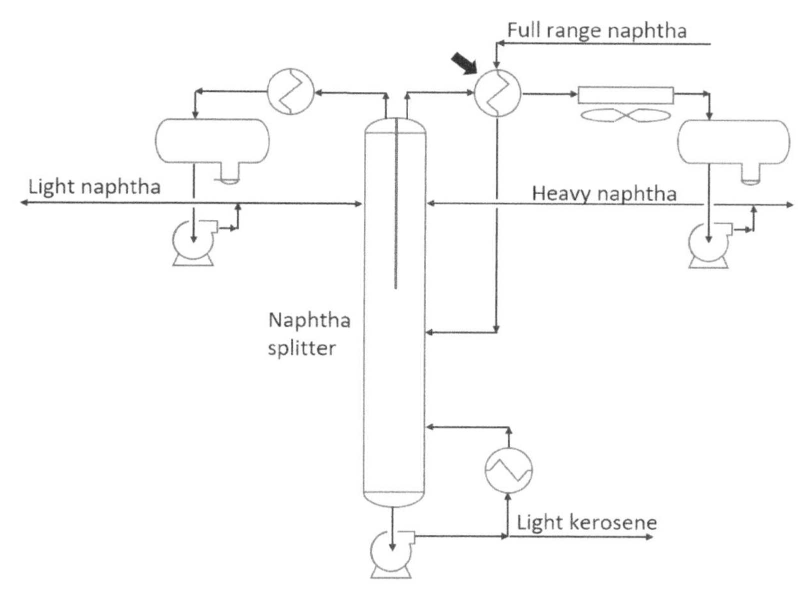

그림 2-145 Naphtha splitter (Dividing wall distillation column)

이번 예제 Naphtha splitter overhead condenser 설계 운전조건은 표 2-37과 같다.

표 2-37 Naphtha splitter overhead condenser 설계 운전조건

	Unit	Hot side		Cold side	
Fluid name		Heavy naphtha		Full range naphtha	
Fluid quantity	kg/hr	1.2 × 105,833.8		1.2 × 143,406	
Mass vapor fraction		1	0.1627	0	0.003
Temperature	℃	147.6	133.1	38	126.6
Density, L/V	kg/m^3	Heat curve 참조		701 / -	614.6 / 12.53
Viscosity, L/V	cP			0.39 / -	0.18 / 0.010
Specific heat, L/V	kcal/kg ℃			0.49 / -	0.612 / 0.488
Thermal cond., L/V	kcal/hr m ℃			0.09 / -	0.077 / 0.021
Inlet pressure	kg/cm^2g	1.4		5.35	
Press. drop allow.	kg/cm^2	0.2		0.7	
Fouling resistance	hr m^2 ℃/kcal	0.0004		0.0004	
Duty	MMkcal/hr	1.2 × 7.00			
Material		KCS		KCS	
Design pressure	kg/cm^2g	3.5 / F.V		18.0	
Design temperature	℃	200 / 170		170	
Connecting line size	In/Out	20"	14"	8"	8"
1. Tube 치수는 1" OD, min. 2.77mm thickness tube 사용. 2. TEMA AES type 사용					

Heavy naphtha(Hot side)에 대한 3개 압력에 대한 Heat curve가 표 2-38에서 2-40까지 주어졌다.

표 2-38 Heavy naphtha heat curve (1.4 kg/cm²g)

Temp. (°C)	*Enthalpy (kcal/kg)*	*Weight Frac. Vapor*	*Vapor Properties*			
			Density (kg/m³)	*Viscosity (cP)*	*Heat Capa. (kcal/kg-°C)*	*Conductivity (kcal/hr-m-°C)*
147.6	-384.69	1	7.65	0.01	0.51	0.02
146.2	-393.51	0.88	7.62	0.01	0.51	0.02
144.7	-402.33	0.76	7.59	0.01	0.51	0.02
143.3	-411.1	0.65	7.56	0.01	0.5	0.02
141.8	-419.79	0.54	7.53	0.01	0.5	0.02
140.4	-428.36	0.42	7.5	0.01	0.5	0.02
138.9	-436.77	0.31	7.47	0.01	0.5	0.02
137.4	-445	0.21	7.44	0.01	0.5	0.02
136	-452.99	0.11	7.41	0.01	0.5	0.02
134.5	-460.7	0.01	7.38	0.01	0.5	0.02
133.1	-462.4	0				

Temp. (°C)	*Liquid Properties*				
	Density (kg/m³)	*Viscosity (cP)*	*Heat Capa. (kcal/kg-°C)*	*Conductivity (kcal/hr-m-°C)*	*Surface Tension (dyne/cm)*
146.2	617.66	0.18	0.62	0.08	10.51
144.7	617.87	0.18	0.62	0.08	10.55
143.3	618.08	0.18	0.62	0.08	10.58
141.8	618.29	0.18	0.62	0.08	10.62
140.4	618.52	0.18	0.62	0.08	10.66
138.9	618.75	0.18	0.62	0.08	10.7
137.4	619	0.18	0.61	0.08	10.74
136	619.26	0.18	0.61	0.08	10.78
134.5	619.54	0.19	0.61	0.08	10.82
133.1	620.88	0.19	0.61	0.08	10.93

표 2-39 Heavy naphtha heat curve (1.3 kg/cm^{2}g)

Temp. (°C)	*Enthalpy (kcal/kg)*	*Weight Frac. Vapor*	*Vapor Properties*			
			Density (kg/m^3)	*Viscosity (cP)*	*Heat Capa. (kcal/kg-°C)*	*Conductivity (kcal/hr-m-°C)*
147.6	*-384.61*	*1*	*7.31*	*0.01*	*0.51*	*0.02*
146.2	*-385.35*	*1*	*7.34*	*0.01*	*0.51*	*0.02*
144.7	*-392.45*	*0.91*	*7.32*	*0.01*	*0.51*	*0.02*
143.3	*-401.27*	*0.79*	*7.3*	*0.01*	*0.5*	*0.02*
141.8	*-410.05*	*0.67*	*7.27*	*0.01*	*0.5*	*0.02*
140.4	*-418.75*	*0.56*	*7.24*	*0.01*	*0.5*	*0.02*
138.9	*-427.34*	*0.45*	*7.21*	*0.01*	*0.5*	*0.02*
137.4	*-435.78*	*0.34*	*7.18*	*0.01*	*0.5*	*0.02*
136	*-444.04*	*0.24*	*7.15*	*0.01*	*0.5*	*0.02*
134.5	*-452.08*	*0.13*	*7.12*	*0.01*	*0.5*	*0.02*
133.1	*-459.85*	*0.04*	*7.09*	*0.01*	*0.49*	*0.02*

Temp. (°C)	*Liquid Properties*				
	Density (kg/m^3)	*Viscosity (cP)*	*Heat Capa. (kcal/kg-°C)*	*Conductivity (kcal/hr-m-°C)*	*Surface Tension (dyne/cm)*
144.7	*619.49*	*0.18*	*0.62*	*0.08*	*10.66*
143.3	*619.69*	*0.19*	*0.62*	*0.08*	*10.7*
141.8	*619.91*	*0.19*	*0.62*	*0.08*	*10.73*
140.4	*620.12*	*0.19*	*0.62*	*0.08*	*10.77*
138.9	*620.34*	*0.19*	*0.61*	*0.08*	*10.81*
137.4	*620.57*	*0.19*	*0.61*	*0.08*	*10.85*
136	*620.81*	*0.19*	*0.61*	*0.08*	*10.89*
134.5	*621.07*	*0.19*	*0.61*	*0.08*	*10.93*
133.1	*621.35*	*0.19*	*0.61*	*0.08*	*10.97*

표 2-40 Heavy naphtha heat curve (1.2 kg/cm^{2}g)

Temp. (°C)	Enthalpy (kcal/kg)	Weight Frac. Vapor	Vapor Properties			
			Density (kg/m^3)	Viscosity (cP)	Heat Capa. (kcal/kg-°C)	Conductivity (kcal/hr-m-°C)
147.6	-384.53	1	6.97	0.01	0.51	0.02
146.2	-385.26	1	7	0.01	0.51	0.02
144.7	-386	1	7.03	0.01	0.5	0.02
143.3	-391.07	0.94	7.03	0.01	0.5	0.02
141.8	-399.88	0.82	7	0.01	0.5	0.02
140.4	-408.66	0.71	6.98	0.01	0.5	0.02
138.9	-417.37	0.59	6.95	0.01	0.5	0.02
137.4	-425.99	0.48	6.92	0.01	0.5	0.02
136	-434.46	0.37	6.89	0.01	0.5	0.02
134.5	-442.76	0.27	6.87	0.01	0.49	0.02
133.1	-450.85	0.16	6.84	0.01	0.49	0.02

Temp. (°C)	Liquid Properties				
	Density (kg/m^3)	Viscosity (cP)	Heat Capa. (kcal/kg-°C)	Conductivity (kcal/hr-m-°C)	Surface Tension (dyne/cm)
143.3	621.37	0.19	0.62	0.08	10.81
141.8	621.57	0.19	0.62	0.08	10.85
140.4	621.78	0.19	0.61	0.08	10.89
138.9	621.99	0.19	0.61	0.08	10.92
137.4	622.21	0.19	0.61	0.08	10.96
136	622.43	0.19	0.61	0.08	11
134.5	622.67	0.19	0.61	0.08	11.04
133.1	622.92	0.19	0.61	0.08	11.08

1) 사전 검토

열교환기 내에서 Heavy naphtha는 완전히 응축되며, Full range naphtha는 살짝 Boiling 된다. Distillation column overhead는 Pressure drop 여유가 없으므로 Heavy naphtha를 Shell side에 위치시킨다. Full range naphtha는 약간 Boiling이 되지만, 그 양이 적어 Liquid 서비스로 간주하여 설계하여도 된다. 넓은 Boiling range를 가진 유체가 미미하게 Boiling 되면 Nucleate boiling이 억제되기 때문이다. 이번 예제에서 Full range naphtha는 Sensible liquid 서비스로 간주하여 설계한다.

HTRI Condensing mechanism은 아래와 같이 Flow regime에 따라 구분되고 적용되는 열전달 계산식이 다르다. Condensing mechanism은 "Monitoring" 창에서 확인할 수 있다.

① Gravity
Shear force보다 Gravity force가 지배적일 때 (Flow regime parameter $\geq$ 0.7) 발생하는 Flow regime이다. 응축에 의해 Mass vapor fraction 크고 유속이 느릴 때, 이 Flow regime을 자주 볼 수 있다. 이 Flow regime이 형성되면서 Tube 외부표면에서 응축이 발생할 경우, Tube 외경에 Liquid film이 형성되고 응축은 Tube 표면이 아닌 Liquid 표면에서 일어난다. 따라서 이 Liquid film은 추가적인 열전달 저항역할을 한다. 만약 Tube 내부에서 응축이 일어난다면, Stratified flow가 형성되면서 Vapor가 접촉하는 면적을 줄인다. 이 Flow regime의 열전달계수는 낮다.

② GC Laminar, GC Trans, GC Turb
이 Flow regime들은 Vertical tube 내부에서 응축이 일어날 때 형성된다. Tube 내부 표면을 따라 흐르는 Condensate가 Laminar, Transition, Turbulent에 따라 구분된다. 열전달계수 또한 이 구분에 따라 달리 계산된다. 열전달계수는 Turbulent, Transition, Laminar 순서로 작다. GC Laminar는 Gravity flow regime에서 Laminar flow이다. GC Trans는 Gravity flow regime에서 Laminar와 Turbulent flow 사이의 Transition flow이다. GC Turb는 Gravity flow regime에서 Turbulent flow이다.

③ Transition
Transition flow regime은 Shear-controlled와 Gravity-controlled regime 사이 (0.3 〈 Flow regime parameter 〈 0.7)에 있을 때 형성된다. 이 Flow regime은 Vapor가 응축되기 시작하여 Shear force가 줄어들 때 나타난다. 열전달계수는 Shear flow regime과 Gravity flow regime에서 값을 비례적으로 계산된다.

④ Shear
Gravity force보다 Shear force가 지배적일 때 (Flow regime parameter $\leq$0.3) 발생하는 Flow regime이다. Mass vapor fraction 일정 범위에 있고 유속이 빠를 때, 이 Flow regime을 자주 볼 수 있다. 이 Flow regime이 형성되면서 Tube 외부표면에서 응축이 발생할 경우, Tube 외경에 Liquid film은 얇게 형성된다. Liquid film은 추가적인 열전달 저항이기 때문에 얇으면 열전달 저항이 낮아지는 것이다. 만약 Tube

내부에서 응축이 일어난다면, Annular flow가 형성되면서 Vapor가 Tube의 모든 면적과 접촉한다. 이 Flow regime에서 열전달계수는 높다.

⑤ Ann-Mist
Annular mist flow regime은 높은 Shear condition에서 형성되며 Vapor volume 많고 유속이 빠를 때 응축이 시작하는 지점에서 나타난다. 높은 Shear force는 Tube 표면에 형성된 Condensate film으로부터 Liquid entrainment를 Vapor 내로 이동시킨다. 이 Flow regime에서 열전달계수는 상당히 높다.

⑥ Sens Liq
출구 조건이 Sub-cooling liquid일 경우 응축이 완료된 이후 나타나는 Flow regime이다. 열전달계수는 Sensible liquid 열전달계수로 계산되며 일반적으로 Condensing 열전달계수보다 낮은 값을 갖지만, Sensible vapor 열전달계수보다 높은 값을 갖는다.

⑦ Sens Vap
입구 조건이 Super-heating vapor일 경우 Saturated vapor가 될 때까지 나타나는 Flow regime이다. 열전달계수는 Sensible vapor 열전달계수로 계산되며 낮은 값을 갖는다.

2) 1차 설계 결과 검토

그림 2-146은 Naphtha splitter overhead condenser 1차 설계 결과이다. Shell ID 1460mm와 Tube 길이 6096mm를 입력하여 1차 Condenser 설계를 했다. Full range naphtha를 Liquid 서비스로 HTRI에 입력하여도 Duty 불일치 Warning message는 나오지 않았다. 0.3% Vapor 발생하는데 필요한 Enthalpy는 전체 Enthalpy 변화에 상대적으로 미미하다는 것을 알 수 있다.

Shell side condensing 서비스로 Vertical cut baffle을 적용하였으며, Single segmental baffle로는 Pressure drop을 만족시킬 수 없고 Tube vibration 가능성이 있으므로 Double segmental baffle을 사용하였다. 이로 인하여 Pressure drop은 만족했지만, 여전히 Tube vibration 가능성이 발생하고 있다.

Project에 따라 다르지만 많은 Project에서 Fouling factor 0.0004m^2-hr-℃/kcal 기준으로 그 미만이면 Clean service로, 그 이상이면 Dirty service로 구분한다. Heavy naphtha의 Fouling factor가 0.0004m^2-hr-℃/kcal이므로 Shell side mechanical cleaning이 가능한 구조인 90° Pitch를 적용하였다.

Impingement device로 Circular plate를 가장 보편적으로 사용한다. Rectangular plate는 Circular plate보다 Bundle entrance area가 좁아져 Bundle entrance에서 RhoV^2(Density × Velocity^2)가 커질 수 있다. Shell entrance area와 Bundle entrance area가 Nozzle area보다 좁지 말아야 한다는 요구사항 API 661에 있다. 따라서 Rectangular plate보다 Circular plate를 사용하는 것이 유리하다. Impingement rod type 적용은 Impingement plate type보다 설치공간이 넓으므로, 동일한 Shell ID에서 설치 가능한 Tube 수량이 적다. 그러나 Circular type보다 Shell entrance area와 Bundle entrance area가 넓어 Tube vibration을 피하는 데 유리하다. 이런 이유로 Vapor나 Condensing 서비스에서 Rod type impingement device를 적용하는 경우가 종종 있다.

Process Conditions		Hot Shellside		Cold Tubeside	
Fluid name		Heavy Naphtha		Full range naphtha	
Flow rate	(1000-kg/hr)	127.00 *		172.09 *	
Inlet/Outlet Y	(Wt. frac vap.)	1.0000	0.1627	0.0000	0.0000
Inlet/Outlet T	(Deg C)	147.60	133.96	38.00	126.60
Inlet P/Avg	(kgf/cm2G)	1.400	1.323	5.350	5.022
dP/Allow.	(kgf/cm2)	0.155	0.200	0.656	0.700
Fouling	(m2-hr-C/kcal)	0.000400		0.000400	

Exchanger Performance					
Shell h	(kcal/m2-hr-C)	802.55	Actual U	(kcal/m2-hr-C)	334.52
Tube h	(kcal/m2-hr-C)	1767.1	Required U	(kcal/m2-hr-C)	333.14
Hot regime	(--)	Shear	Duty	(MM kcal/hr)	8.3646
Cold regime	(--)	Sens. Liquid	Eff. area	(m2)	584.85
EMTD	(Deg C)	43.1	Overdesign	(%)	0.41

Shell Geometry			Baffle Geometry		
TEMA type	(--)	AES	Baffle type		Double-Seg.
Shell ID	(mm)	1460.0	Baffle cut	(Pct Dia.)	26.73
Series	(--)	1	Baffle orientation	(--)	Parallel
Parallel	(--)	1	Central spacing	(mm)	455.00
Orientation	(deg)	0.00	Crosspasses	(--)	10

Tube Geometry			Nozzles		
Tube type	(--)	Plain	Shell inlet	(mm)	482.60
Tube OD	(mm)	25.400	Shell outlet	(mm)	330.20
Length	(mm)	6096.	Inlet height	(mm)	136.38
Pitch ratio	(--)	1.2500	Outlet height	(mm)	72.875
Layout	(deg)	90	Tube inlet	(mm)	193.68
Tubecount	(--)	1280	Tube outlet	(mm)	193.68
Tube Pass	(--)	8			

Thermal Resistance, %		Velocities, m/s			Flow Fractions	
			Min	Max		
Shell	41.68				A	0.049
Tube	24.91	Tubeside	1.37	1.67	B	0.705
Fouling	30.98	Crossflow	1.40	14.21	C	0.114
Metal	2.43	Window	0.99	12.89	E	0.112
					F	0.020

그림 2-146 1차 설계 결과 (Output summary)

Warning message는 아래와 같다. 대부분 Tube vibration 관련 내용이다. Warning message 번호에 해당하는 Tube vibration 부위는 그림 2-149를 참고하기 바란다. 그림에 별표(*)는 Tube vibration 가능성을 의미한다.

① *Crossflow velocity exceeds 80% of critical velocity, indicating that fluidelastic instability and flow-induced vibration damage are possible. Fluidelastic instability can lead to large amplitude vibration and tube damage.*

② *Crossflow velocity at baffle tip exceeds 80% of critical velocity, indicating that fluidelastic instability and flow-induced vibration damage are possible. Fluidelastic instability can lead to large amplitude vibration and tube damage.*

③ *WARNING-First mode acoustic vibration is probable. A maximum Chen number of 8999.26 is calculated for the regions with a frequency ratio between 0.8 and 1.2. Consider adding deresonating baffles. Careful positioning of deresonating baffles eliminates noise.*

④ *NOTE-In acoustic vibration calculations, at least one frequency ratio for the first mode is greater than 1.2. For regions in which this condition occurs, the program calculates a maximum Chen number of 8999.26. Consider checking for higher mode acoustic vibration.*

⑤ *WARNING-Bundle entrance velocity exceeds critical velocity, indicating a probability of fluidelastic instability and flow-induced vibration damage. If present,fluidelastic instability can lead to large amplitude vibration and tube damage.*

⑥ *WARNING-Shell entrance velocity exceeds critical velocity, indicating a probability of fluidelastic instability and flow-induced vibration damage. If present, fluidelastic instability can lead to large amplitude vibration and tube damage.*

⑦ *WARNING-Shell exit velocity exceeds critical velocity, indicating a probability of fluidelastic instability and flow-induced vibration damage. If present, fluidelastic instability can lead to large amplitude vibration and tube damage.*

⑧ *The areas in the window for multi-segmental baffles are not equal. Check the specified baffle cut and overlap. The program uses the average window area for calculating Shell side pressure drop and heat transfer.*

첫 번째와 두 번째는 Baffle cut 사이 Cross flow가 생기는 구간에서 발생하는 Tube vibration에 관한 내용이다. 이 구간에 Tube vibration 가능성을 해결하려면 Baffle spacing을 줄이거나(Unsupported tube span을 줄임), Tube pitch를 넓게 하거나(유속을 줄임), Tube 치수를 증가(Natural frequency 증가)하여 해결해야 한다. Tube vibration 관련 2.6.1장 Wet gas trim cooler에서 자세히 다루고 있으니 참조한다.

세 번째와 네 번째는 Acoustic vibration(소음진동)에 대한 내용이다. 보통 Tube pitch 또는 Baffle spacing을 넓게(유속을 줄임) 하거나 Tube OD를 증가(Vortex shedding frequency 감소)하여 해결해야 한다. Acoustic vibration은 관련 설계방법은 2.6.3장 Anti-surge cooler에서 자세히 다루고 있으니 참조한다.

다섯 번째에서 일곱 번째는 Shell entrance, Bundle entrance와 Shell exit에서 Tube vibration에 관한 내용이다. 이 구간에서 Tube vibration은 그림 2-248과 같이 Partial support plate나 Ear-type baffle을 설치하여 해결할 수 있다. 그림 2-147은 Inlet baffle spacing에 Partial support plate와 Ear-type baffle 설치, Outlet baffle spacing에 Ear-type baffle 설치에 대한 Xist 입력을 보여주고 있다.

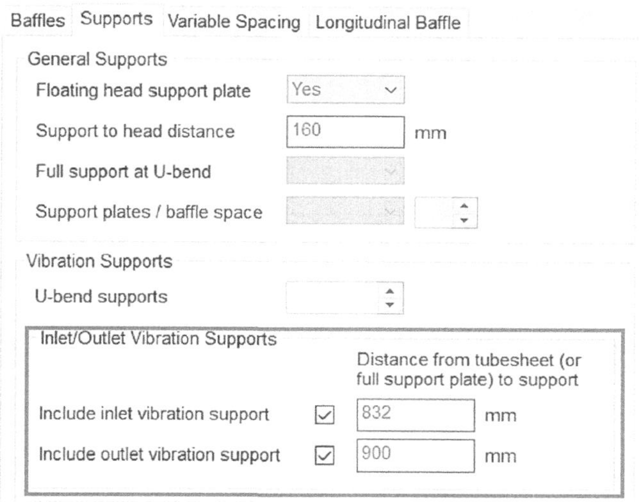

Baffles | Supports | Variable Spacing | Longitudinal Baffle

General Supports

Floating head support plate: Yes

Support to head distance: 160 mm

Full support at U-bend

Support plates / baffle space

Vibration Supports

U-bend supports

Inlet/Outlet Vibration Supports

Distance from tubesheet (or full support plate) to support

Include inlet vibration support ☑ 832 mm

Include outlet vibration support ☑ 900 mm

그림 2-147 Inlet/Outlet baffle spacing에 vibration support 입력(Supports 입력 창)

그림 2-148은 Tube vibration 가능성을 없애기 위해 입력한 Support 위치를 보여주고 있다.

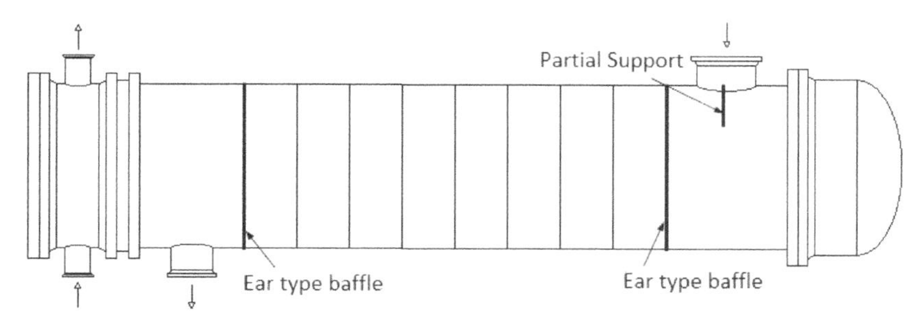

그림 2-148 Partial support plate와 Ear type baffle 설치 위치

Vapor 서비스 열교환기와 같이 Condensing 서비스 열교환기도 Tube vibration 가능성이 많이 나타난다. Condenser 설계 시 항상 Tube vibration 가능성을 고려하여 설계해야 한다.

Shellside condition		Cond. Vapor	(Level 2.3000)	
Axial stress loading	(kg/mm2)	0.000	Added mass factor	1.517
Beta		2.570		
Position In The Bundle		**Inlet**	**Center**	**Outlet**
Length for natural frequency	(mm)	1664.	910.	1332.
Length/TEMA maximum span	(--)	0.885 *	0.484	0.709
Number of spans	(--)	5	6	5
Tube natural frequency	(Hz)	38.9 +	77.3	58.5
Shell acoustic frequency	(Hz)	58.4 +	0.0	0.0
Flow Velocities		**Inlet**	**Center**	**Outlet**
Window parallel velocity	(m/s)	9.47	5.32	1.79
Bundle crossflow velocity	(m/s)	6.66 *	10.15	1.73
Bundle/shell velocity	(m/s)	9.35	5.25	0.90
Fluidelastic Instability Check		**Inlet**	**Center**	**Outlet**
Log decrement	HTRI	0.025	0.031	0.045
Critical velocity	(m/s)	7.81		7.15
Baffle tip cross velocity ratio	(--)	0.8254	0.4529	0.2346
Average crossflow velocity ratio	(--)	0.8525 *		.2423
Acoustic Vibration Check		**Inlet**		
Vortex shedding ratio	(--)	2.064 *	0.000	0.000
Chen number	(--)	8999		
Turbulent buffeting ratio	(--)	1.155 *	0.000	0.000
Tube Vibration Check		**Inlet**	**Center**	**Outlet**
Vortex shedding ratio	(--)	2.798	4.265	0.728
Parallel flow amplitude	(mm)	0.003	0.001	0.000
Crossflow amplitude	(mm)	0.279	0.037	0.050
Tube gap	(mm)	6.350	6.350	6.350
Crossflow RHO-V-SQ	(kg/m-s2)	339.11	1402.9	121.65
Bundle Entrance/Exit (analysis at first tube row)			**Entrance**	**Exit**
Fluidelastic instability ratio		(--)	1.874 *	0.879 *
Vortex shedding ratio		(--)	6.150	2.642
Crossflow amplitude		(mm)	0.27869	0.35665
Crossflow velocity		(m/s)	14.63 *	6.29 *
Tubesheet to inlet/outlet support		(mm)	None	None
Shell Entrance/Exit Parameters			**Entrance**	**Exit**
Impingement device			Rods	--
Flow area		(m2)	0.212	0.083
Velocity		(m/s)	21.73 *	10.49 *
RHO-V-SQ		(kg/m-s2)	3611.3	4463.8

두번째 Warning message
첫번째 Warning message
세번째, 네번째 Warning message
다섯번째 Warning message
일곱번째 Warning message
여섯번째 Wanring message

그림 2-149 1차 설계 결과 (Vibration 창)

여덟 번째는 Double segmental baffle을 적용할 경우 나올 수 있는 Warning message다. Double segmental baffle은 그림 2-150과 같이 Center baffle과 Wing baffle로 구성되어 있다. Center baffle은 양쪽 Side에, Wing baffle은 중앙에 Window area를 갖고 있다. 이 Window area가 서로 유사하지 않을 경우 이 Warning message가 나온다. Double segmental baffle을 사용할 때 Shell cross pass를 짝수로 적용해야 First baffle과 Last baffle을 Center baffle로 설정할 수 있음을 기억하자.

Center baffle
Wing baffle

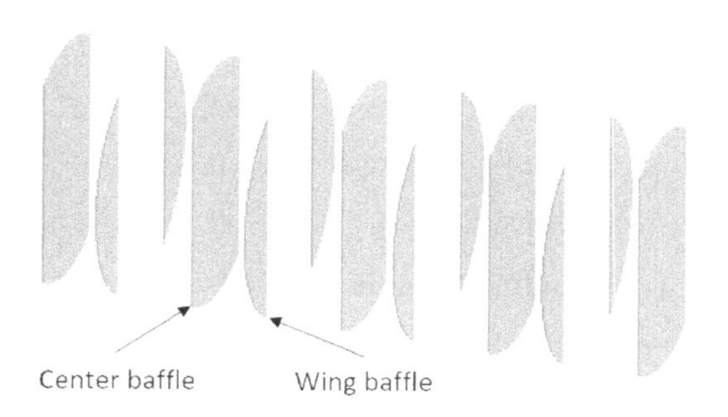

그림 2-150 Double segmental baffle

Baffle cut line은 Tube 중심 또는 Tube와 Tube 사이 중앙을 지나므로 두 Baffle window area를 완전히 동일하게 만들어 줄 수 없다. 그러나 최대 유사한 Window area를 갖도록 조절해 주어야 한다. 이를 조절하려면 그림 2-151과 같이 "Baffle" 입력 창에서 "Adjust baffle cut"의 옵션 중 "On tube c/l" 또는 "Between rows"를 번갈아 선택하여 "Final result" 창 Window area percentage 확인하고 Center baffle과 Wing baffle의 Window area percentage가 비슷한 값을 보이는 옵션을 선택한다.

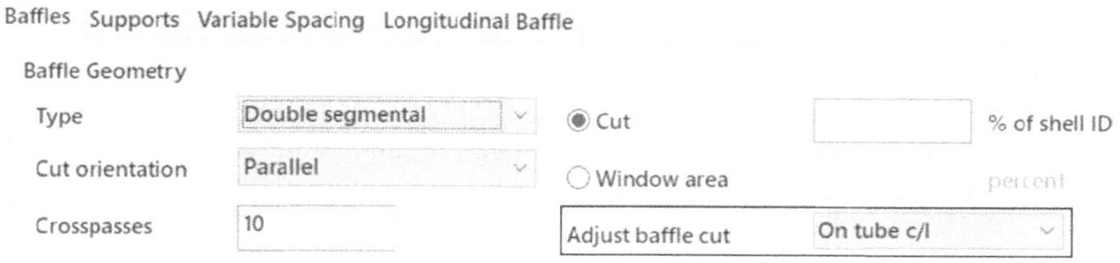

Baffles
Supports
Variable Spacing
Longitudinal Baffle
Baffle Geometry
Type
Double segmental
Cut
% of shell ID
Cut orientation
Parallel
Window area
percent
Crosspasses
10
Adjust baffle cut
On tube c/l

그림 2-151 Adjust baffle cut 옵션 (Baffles 입력 창)

Double segmental baffle은 Center baffle과 Wing baffle을 서로 겹쳐 설치되는데, 얼마나 겹쳐지는지에 대한 옵션이 있다. Xist "Baffles" 입력 창 "Double-seg. Overlap"을 입력하여 Overlap 정도를 입력할 수 있다. 입력하지 않으면 Xist는 Default로 2개 Tube row가 Overlap 되도록 설계한다. 이 Overlap 값에 따라 Cross flow velocity와 Window flow velocity가 변하는데 가능한 두 Velocity가 유사하도록 Overlap 값을 조절하여 설계한다.

Shell
Overlap
Center baffle
Wing baffle

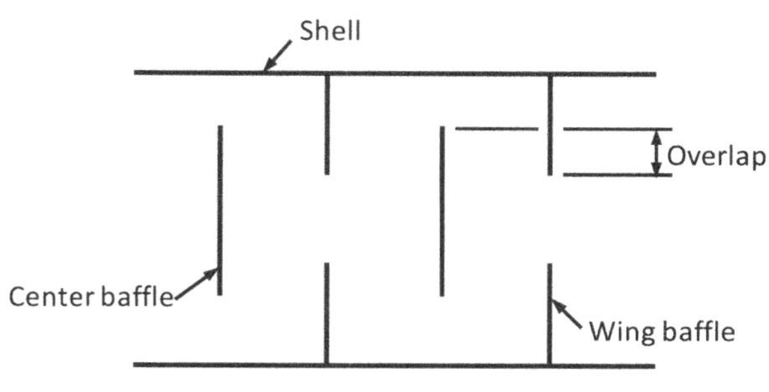

그림 2-152 Double segmental baffle overlap

Cross flow velocity와 Window flow velocity는 그림 2-153처럼 "Output summary"와 "Final report" 창에서 확인할 수 있다. "Output summary"는 Velocity range를 보여주고 있고 "Final report"는 Normal velocity를 보여주고 있다. Overlap 값이 커짐에 따라 Cross flow velocity는 약간 줄어들거나 거의 변화 없지만, Window flow velocity는 빨라진다. 물론 Overlap 값이 커질수록 열전달계수와 Pressure drop 또한 커진다. Cross flow velocity에 의한 Vibration 가능성은 Overlap 값이 커질수록 줄어든다. 그러나 과도한 Overlap은 Bypass stream fraction이 증가하며, Shell side heat transfer coefficient를 실제보다 크게 계산할 수 있으므로 검증이 필요하다.

Velocities, m/s	Min	Max
Tubeside	1.37	1.67
Crossflow	1.40	14.21
Window	0.99	12.89

Output Summary

Shellside Performance				
Nom vel, X-flow/window	7.78 / 5.27			
Flow fractions for vapor phase				
A=0.0490	B=0.7050	C=0.1142	E=0.1118	F=0.0200

Final Results

그림 2-153 Cross flow velocity와 Window flow velocity (2 tube row overlap)

3) 2차 설계 결과 검토

그림 2-155는 2차 설계검토 내용을 입력한 결과이다. Double segmental baffle의 Overlap을 2에서 7 Tube row로 변경하였다. 또 Seal strip은 4쌍과 지름 10mm의 F-stream seal rod 16개를 적용하였다. 그 결과 Over-design이 10%가 됐다.

Baffle overlap을 7 Row를 입력하여 그림 2-154와 같이 Cross flow velocity와 Window flow velocity가 거의 비슷한 값을 갖는다. Bypass stream fraction 또한 1.6장 표 1-8 기준을 초과하지 않고 있다. Baffle overlap 7 Row는 일반적인 Baffle overlap보다 많으므로 Shell side heat transfer coefficient 1042.8kcal/m^{2}hr℃에 대한 검증이 필요하다.

Shellside Performance				
Nom vel, X-flow/window	7.38 / 7.12			
Flow fractions for vapor phase				
A=0.0792	B=0.4717	C=0.1120	E=0.1699	F=0.1672

그림 2-154 Cross flow velocity와 Window flow velocity (Double segmental, 7 tube row overlap)

Process Conditions		Hot Shellside		Cold Tubeside	
Fluid name		Heavy Naphtha		Full range naphtha	
Flow rate	(1000-kg/hr)	127.00 *		172.09 *	
Inlet/Outlet Y	(Wt. frac vap.)	1.0000	0.1627	0.0000	0.0000
Inlet/Outlet T	(Deg C)	147.60	134.36	38.00	126.60
Inlet P/Avg	(kgf/cm2G)	1.400	1.334	5.350	5.008
dP/Allow.	(kgf/cm2)	0.132	0.200	0.684	0.700
Fouling	(m2-hr-C/kcal)	0.000400		0.000400	

Exchanger Performance					
Shell h	(kcal/m2-hr-C)	1042.9	Actual U	(kcal/m2-hr-C)	372.08
Tube h	(kcal/m2-hr-C)	1802.5	Required U	(kcal/m2-hr-C)	338.30
Hot regime	(--)	Shear	Duty	(MM kcal/hr)	8.3524
Cold regime	(--)	Sens. Liquid	Eff. area	(m2)	571.14
EMTD	(Deg C)	43.5	Overdesign	(%)	9.99

Shell Geometry			Baffle Geometry		
TEMA type	(--)	AES	Baffle type		Double-Seg.
Shell ID	(mm)	1450.0	Baffle cut	(Pct Dia.)	22.06
Series	(--)	1	Baffle orientation	(--)	Parallel
Parallel	(--)	1	Central spacing	(mm)	455.00
Orientation	(deg)	0.00	Crosspasses	(--)	10

Tube Geometry			Nozzles		
Tube type	(--)	Plain	Shell inlet	(mm)	482.60
Tube OD	(mm)	25.400	Shell outlet	(mm)	330.20
Length	(mm)	6096.	Inlet height	(mm)	123.38
Pitch ratio	(--)	1.2500	Outlet height	(mm)	91.625
Layout	(deg)	90	Tube inlet	(mm)	193.68
Tubecount	(--)	1250	Tube outlet	(mm)	193.68
Tube Pass	(--)	8			

Thermal Resistance, %		Velocities, m/s			Flow Fractions	
Shell	35.68		Min	Max	A	0.078
Tube	27.16	Tubeside	1.51	1.74	B	0.464
Fouling	34.46	Crossflow	1.22	9.75	C	0.110
Metal	2.70	Window	0.88	9.59	E	0.168
					F	0.179

그림 2-155 2차 설계 결과 (Output summary)

넓은 Baffle overlap 설계의 열전달계수는 Single segmental baffle 설계의 열전달계수와 비교하여 검증할 수 있다. 지금까지 입력한 Xist 파일을 다른 이름으로 저장한 후 “Baffle” 입력 창 Baffle type을 Single segmental로 변경하고, Baffle cut은 Xist 결과인 22.06%를 입력한다. “Process conditions” 창에 Duty/flow multiplier를 절반인 0.6으로 변경한다. 2차 설계 결과에서 Tube side heat transfer coefficient 1802.5kcal/m^{2}hr℃를 그림 2-156과 같이 “Control” 입력 창에 입력한다.

Methods / Specified Coefficients

	Hot	Cold	
Pure component	No	No	
Sensible liquid coefficient		1802.5	kcal/m2-hr-C
Sensible vapor coefficient		1802.5	kcal/m2-hr-C
Phase change coefficient		1802.5	kcal/m2-hr-C
Condensation method	HTRI Proration		
Boiling method	Physical property/theoretical boiling range		

그림 2-156 Tue side heat transfer coefficient 입력 (Control 입력 창)

By-pass stream fraction 값들이 Double segmental baffle design의 결과와 유사한 값을 가질 때까지 그림 2-157과 같이 "Bundle clearance" 입력 창에 Sealing device와 Baffle clearance를 조절한다.

Seal Strips

Pairs of sealing strips	User Set	2
Seal strip width		mm
Seal strip clearance		mm

Block Bypass Streams

☐ A stream ☐ F stream ☐ E stream

Passlane Seal Device

Number of rods	User Set	27
Rod diameter	10	mm
Number of dummy tubes		
Blanking strip area (total)		m2

Tie Rods

Tubes to remove for tie rods	User Set	10
Number of tie rods	10	
Tie rod diameter	12.7	mm
Spacer OD		mm

Diametral Clearances (Defaults to TEMA if not specified)

Tube-to-baffle	0.26	mm
Baffle-to-shell	7.5	mm
Bundle-to-shell	62	mm

그림 2-157 Bundle clearance 창

Single segmental baffle design에서 Cross flow velocity, Window flow velocity, Bypass stream fraction 결과는 그림 2-158과 같이 Double segmental baffle design(그림 2-155)의 값과 유사한 값들을 얻었다. 이때 Uncorrected shell side heat transfer coefficient는 1043 kcal/m2hr℃로 Double segmental baffle보다 6.3% 낮게 나온다. 이 정도 차이는 2차 설계 결과 Overdesign 10%를 고려하면 미미한 차이이므로 Baffle overlap을 7 Row를 유지한다. Shell side 열전달계수는 Uncorrected 값을 비교함에 주의 한다.

Shellside Performance

Nom vel, X-flow/window 7.34 / 6.92

Flow fractions for vapor phase

A=0.0785 B=0.4578 C=0.1247 E=0.1784 F=0.1606

그림 2-158 Cross flow velocity와 Window flow velocity (Single segmental)

Double segmental baffle(7 Tube row overlap)과 Single segmental baffle의 Shell side heat transfer coefficient를 비교 정리하면 표 2-41과 같다.

표 2-41 Double vs Single segmental baffle 비교

	Double segmental baffle	*Single segmental baffle*
Shell side flow rate(kg/hr)	*127,000*	*63,500*
Uncorrected Shell HTC (kcal/m2hr°C)	*1113*	*1043*
Shell HTC (kcal/m²hr ℃)	*1042.9*	*1015.5*
Shell HTC Correction	*0.937*	*0.974*
Cross flow velocity (m/sec)	*7.38*	*7.34*
Window flow velocity (m/sec)	*7.12*	*6.92*
A stream fraction	*0.078*	*0.0785*
B Stream fraction	*0.464*	*0.4578*
C Stream fraction	*0.11*	*0.1247*
F Stream fraction	*0.168*	*0.1606*
Shell ID (mm)	*1450*	*1450*
Baffle cut (%)	*22.06*	*22.06*

1차 설계에 나왔던 Warning message는 대부분 없어지고 아래와 같이 2가지만 남았다.

① *NOTE-In acoustic vibration calculations, at least one frequency ratio for the first mode is greater than 1.2. For regions in which this condition occurs, the program calculates a maximum Chen number of 6105.36. Consider checking for higher mode acoustic vibration.*

② *The areas in the window for multi-segmental baffles are not equal. Check the specified baffle cut and overlap. The program uses the average window area for calculating Shell side pressure drop and heat transfer.*

Acoustic vibration 관련 Message는 이번 예제에 3가지 이유로 고려하지 않아도 된다. 첫 번째 Condensing 서비스로 출구 Vapor가 16%까지 낮아진다. Acoustic vibration은 일정한 주파수가 유지될 때 발생하는데 응축과정에서 Acoustic vibration을 전달하는 매질인 Shell side 유체가 응축하면서 매질의 성질이 변하기 때문이다. 두 번째 Acoustic vibration 가능성은 Inlet baffle spacing에만 있다. 그러나

Vertical baffle이 적용된 열교환기 Inlet baffle spacing에 유체 흐름을 방해하지 않으면서 Deresonating baffle을 설치할 수 없다. 세 번째 Inlet baffle spacing에서 유체 흐름은 매우 복잡하다. 입구 노즐로부터 유체가 아래로 흐른다. 이후 유체의 일부는 다음 Baffle spacing으로 넘어가고 일부는 Tube bundle 아래로 더 이동한 후 다음 Baffle로 넘어간다. 이렇게 복잡한 흐름에서 Acoustic vibration이 발생할 가능성이 작다. 그림 2-159는 "Vibration" 결과 창이다.

두 번째 Warning message는 Double segmental baffle의 Window area에 관한 내용이다. Center baffle과 Wing baffle의 Window area 퍼센트는 각각 33.78%와 32.02%이다. 다른 옵션을 선택할 경우, Center baffle과 Wing baffle의 Window area 퍼센트는 더 큰 차이를 보여준다. 따라서 최대한 Window area를 유사하게 맞춘 Baffle cut이므로 이 Message는 더 고려하지 않아도 된다.

Shellside condition		Cond. Vapor	(Level 2.3000)	
Axial stress loading	(kg/mm2)	0.000	Added mass factor	1.517
Beta		2.570		
Position In The Bundle		**Inlet**	**Center**	**Outlet**
Length for natural frequency	(mm)	1665.	910.	1331.
Length/TEMA maximum span	(--)	0.886 *	0.484	0.708
Number of spans	(--)	5	6	5
Tube natural frequency	(Hz)	38.8 +	77.3	58.6
Shell acoustic frequency	(Hz)	58.8 +	0.0	0.0
Flow Velocities		**Inlet**	**Center**	**Outlet**
Window parallel velocity	(m/s)	12.69	6.94	2.37
Bundle crossflow velocity	(m/s)	4.52	6.71	1.17
Bundle/shell velocity	(m/s)	9.13	4.99	0.87
Fluidelastic Instability Check		**Inlet**	**Center**	**Outlet**
Log decrement	HTRI	0.025	0.031	0.045
Critical velocity	(m/s)	7.80	21.42	7.15
Baffle tip cross velocity ratio	(--)	0.6073	0.3285	0.1713
Average crossflow velocity ratio	(--)	0.5792	0.3133	0.1634
Acoustic Vibration Check		**Inlet**	**Center**	**Outlet**
Vortex shedding ratio	(--)	1.391 *	0.000	0.000
Chen number	(--)	6105	0	0
Turbulent buffeting ratio	(--)	0.778	0.000	0.000
Tube Vibration Check		**Inlet**	**Center**	**Outlet**
Vortex shedding ratio	(--)	1.901	2.823	0.492
Parallel flow amplitude	(mm)	0.005	0.002	0.001
Crossflow amplitude	(mm)	0.279	0.038	0.014
Tube gap	(mm)	6.350	6.350	6.350
Crossflow RHO-V-SQ	(kg/m-s2)	156.08	629.87	55.79
Bundle Entrance/Exit (analysis at first tube row)			**Entrance**	**Exit**
Fluidelastic instability ratio		(--)	0.508	0.359
Vortex shedding ratio		(--)	6.630	2.359
Crossflow amplitude		(mm)	0.01761	0.07451
Crossflow velocity		(m/s)	15.75	5.61
Tubesheet to inlet/outlet support		(mm)	835.00	900.00
Shell Entrance/Exit Parameters			**Entrance**	**Exit**
Impingement device			Rods	--
Flow area		(m2)	0.192	0.102
Velocity		(m/s)	23.98	8.43
RHO-V-SQ		(kg/m-s2)	4398.9	2908.0

그림 2-159 2차 설계 결과 (Vibration 창)

4) 입구압력 변화와 열교환기 성능변화

Condenser 성능은 입구압력에 따라 영향을 받는다. 입구압력이 높아질수록 Condensing 온도가 높아지므로 MTD가 커져 성능이 좋아지고 반대로 입구압력이 낮아질수록 성능이 떨어진다. Distillation column system 압력은 그림 2-160과 같이 Column top 압력을 Control 하는 경우와 Receiver 압력을 Control 하는 경우가 있다.

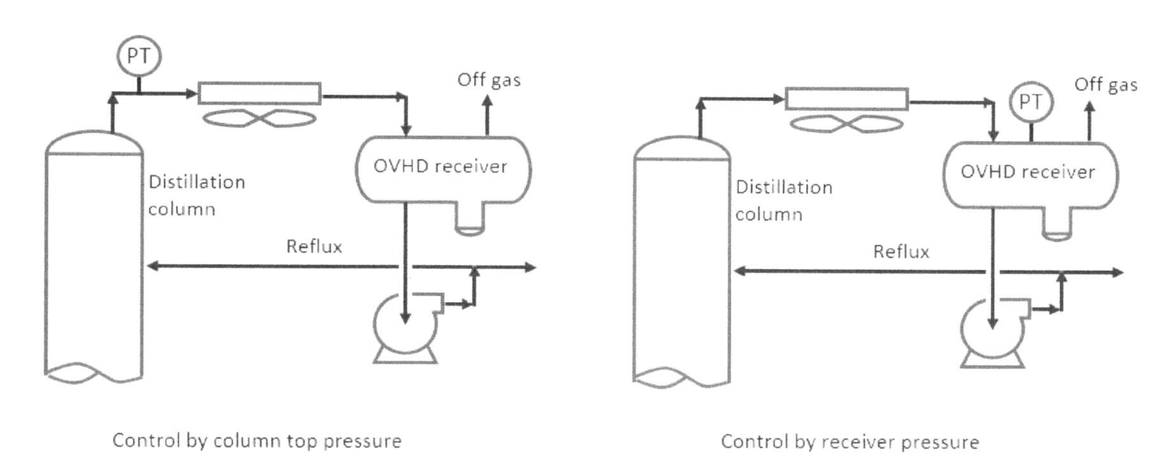

그림 2-160 Distillation column overhead pressure control system

이번 예제의 Column 압력은 1.4kg/cm^{2}g이고 Allowable pressure drop은 0.2kg/cm^{2}이다. 반면 Design condition(120% on duty and flow)에서 Calculated pressure drop은 0.132kg/cm^{2}이다. 100% Normal flow에서 Pressure drop을 계산하기 위하여 Multiplier를 1.0으로 수정하면 Calculated pressure drop은 0.094kg/cm^{2}이고 Over-design은 23.74%이다. 그 결과는 그림 2-161과 같다.

Process Conditions		Hot Shellside		Cold Tubeside	
Fluid name			Heavy Naphtha		Full range naphtha
Flow rate	(1000-kg/hr)		105.83		143.41
Inlet/Outlet Y	(Wt. frac vap.)	1.0000	0.1627	0.0000	0.0000
Inlet/Outlet T	(Deg C)	147.60	135.05	38.00	126.60
Inlet P/Avg	(kgf/cm2G)	1.400	1.353	5.350	5.106
dP/Allow.	(kgf/cm2)	0.094	0.200	0.488	0.700
Fouling	(m2-hr-C/kcal)		0.000400		0.000400

Exchanger Performance					
Shell h	(kcal/m2-hr-C)	946.64	Actual U	(kcal/m2-hr-C)	344.90
Tube h	(kcal/m2-hr-C)	1558.5	Required U	(kcal/m2-hr-C)	278.73
Hot regime	(--)	Shear	Duty	(MM kcal/hr)	6.9425
Cold regime	(--)	Sens. Liquid	Eff. area	(m2)	571.14
EMTD	(Deg C)	44.0	Overdesign	(%)	23.74

그림 2-161 100% Normal flow & Inlet pressure 1.4kg/cm^{2}g 결과 (Output summary 창)

이번에 Distillation column overhead system 압력을 Receiver 압력으로 Control 한다고 가정해보자. 그리고 배관 Pressure drop을 무시할 수 있다고 가정해보자. 물론 운전압력이 낮을 때 특히 Vacuum 서비스 경우 배관 Pressure drop을 무시하면 안 된다. Column 압력과 Condenser 입구압력을 1.4kg/cm^{2}g으로 Receiver 압력을 1.2kg/cm^{2}g으로 Process simulation 수행되었을 것이다. 그런데 100% normal flow에서 Condenser pressure drop이 0.094kg/cm^{2}이므로 Condenser 입구압력은 1.2kg/cm^{2}g에서 0.094kg/cm^{2}을 더한 압력인 1.294kg/cm^{2}g으로 운전될 것이다.

Xist에 100% normal flow 조건으로 Condenser 입구압력을 1.294kg/cm^{2}g으로 수정하면 결과는 그림 2-162와 같이 Calculated pressure drop은 0.099kg/cm^{2}이고 Over-design은 16.18%가 된다.

Process Conditions		Hot Shellside		Cold Tubeside	
Fluid name			Heavy Naphtha		Full range naphtha
Flow rate	(1000-kg/hr)		105.83		143.41
Inlet/Outlet Y	(Wt. frac vap.)	1.0000	0.1627	0.0000	0.0000
Inlet/Outlet T	(Deg C)	147.60	133.13	38.00	126.60
Inlet P/Avg	(kgf/cm2G)	1.294	1.245	5.350	5.106
dP/Allow.	(kgf/cm2)	0.099	0.200	0.488	0.700
Fouling	(m2-hr-C/kcal)		0.000400		0.000400
Exchanger Performance					
Shell h	(kcal/m2-hr-C)	934.66	Actual U	(kcal/m2-hr-C)	343.42
Tube h	(kcal/m2-hr-C)	1560.3	Required U	(kcal/m2-hr-C)	295.60
Hot regime	(--)	Shear	Duty	(MM kcal/hr)	6.9971
Cold regime	(--)	Sens. Liquid	Eff. area	(m2)	571.14
EMTD	(Deg C)	41.5	Overdesign	(%)	16.18

그림 2-162 100% Normal flow & Inlet pressure 1.294kg/cm^{2}g 결과 (Output summary 창)

Receiver 압력은 Condenser 입구압력 1.294kg/cm^{2}g에서 Pressure drop 0.099kg/cm^{2}을 빼면 1.195kg/cm^{2}g가 된다. Receiver 압력이 1.2kg/cm^{2}g가 되어야 하므로 Condenser 입구압력 1.299kg/cm^{2}g를 다시 입력하여 실행하면, 그 결과는 그림 2-163과 같고 Over-design은 16.52%로 성능에 문제없다.

Process Conditions		Hot Shellside		Cold Tubeside	
Fluid name			Heavy Naphtha		Full range naphtha
Flow rate	(1000-kg/hr)		105.83		143.41
Inlet/Outlet Y	(Wt. frac vap.)	1.0000	0.1627	0.0000	0.0000
Inlet/Outlet T	(Deg C)	147.60	133.14	38.00	126.60
Inlet P/Avg	(kgf/cm2G)	1.299	1.250	5.350	5.106
dP/Allow.	(kgf/cm2)	0.099	0.200	0.488	0.700
Fouling	(m2-hr-C/kcal)		0.000400		0.000400
Exchanger Performance					
Shell h	(kcal/m2-hr-C)	934.80	Actual U	(kcal/m2-hr-C)	343.43
Tube h	(kcal/m2-hr-C)	1560.2	Required U	(kcal/m2-hr-C)	294.74
Hot regime	(--)	Shear	Duty	(MM kcal/hr)	6.9965
Cold regime	(--)	Sens. Liquid	Eff. area	(m2)	571.14
EMTD	(Deg C)	41.6	Overdesign	(%)	16.52

그림 2-163 100% Normal flow & Inlet pressure 1.299kg/cm^{2}g 결과 (Output summary 창)

Distillation column overhead system의 pressure control에 따라 성능 차이를 고려하여 적절한 Margin을 부여해야 한다. 이번 예제의 120% Duty and flow margin은 적절한 것으로 판단된다. 특히 Vacuum 서비스의 경우 입구압력에 따라 성능변화가 크므로 배관 Pressure drop 또한 고려해야 한다.

5) 결과 및 Lessons learned

Naphtha splitter overhead condenser 최종설계 결과를 요약하면 표 2-42와 같다.

표 2-42 Naphtha splitter overhead condenser 설계 결과 Summary

Duty [MMKcal/hr]	*MTD [℃]*	*Transfer rate(Calculated) [kcal/m²-hr-C]*	*Over-design*	*Shell Dp [kg/cm²]*	*Tube Dp [kg/cm²]*
1.2 × 7.0	*43.5*	*372.1*	*10%*	*0.132*	*0.684*

Distillation column overhead condenser를 설계할 때 아래 사항을 고려하여 설계해야 한다.

- ✔ *Tube vibration 가능성이 있고 Allowable pressure drop이 작으므로 이를 고려하여 Single segmental baffle, Double segmental baffle, NTIW type baffle 순서로 적용해 본다.*
- ✔ *Double segmental baffle을 적용할 때, 최대한 Center baffle과 Wing baffle의 Window area가 서로 유사하도록 설계한다.*
- ✔ *Double segmental baffle에 Baffle overlap을 6 tube row 이상 적용할 경우 Single segmental baffle 모델을 이용하여 Shell side heat transfer coefficient를 검증한다.*
- ✔ *일반적으로 Condenser는 Acoustic vibration 가능성이 작지만, Compressor inter-cooler, after-cooler와 같이 Condensing이 조금 발생하는 서비스는 Acoustic vibration 가능성이 있다.*
- ✔ *Distillation column overhead system의 Pressure control에 따라 성능이 달라질 수 있으므로 이를 고려하여 적절한 Design margin을 적용하고 Vacuum 서비스의 경우 실제 운전 Simulation을 수행한다.*

2.4.2. Overhead trim condenser (Sub-cooling condenser)

Distillation column system 내부는 상평형 상태이다. Distillation column overhead condenser는 Saturated condition의 Vapor를 Saturated liquid로 응축시킨다. 그러나 실제 운전 중 Condenser 출구는 Saturated condition이 아니라 어느 정도 Sub-cooling 상태이다. 왜냐하면, Overhead receiver 압력은 Condenser 출구압력보다 낮기 때문이다. 실제 Condenser datasheet에 출구 Liquid 상태가 약간 또는 상당히 Sub-cooling liquid인 경우를 종종 발견할 수 있다.

Sulfolane process unit(그림 2-164 UOP Licensor 공정)의 Feed는 Reformate splitter overhead stream과 Tatoray unit의 Stripper bottom stream이 합쳐진 Stream이다. Feed는 Extractor로 유입되어 Solvent인 Sulfolane과 만나 방향족 Hydrocarbon은 Solvent와 함께 Extractor bottom으로, 비방향족 Hydrocarbon은 Extractor top으로 나온다. Solvent가 포함된 방향족 Hydrocarbon을 Extract라고 하며, 비방향족 Hydrocarbon을 Raffinate라고 한다. Extract는 일부 비방향족 Hydrocarbon을 포함하기 때문에 Stripper에서 이를 회수한다. Stripper로 넘어온 방향족 Hydrocarbon은 Solvent와 함께 Stripper bottom으로 나와 Recovery column으로 들어간다. 여기서 Solvent와 방향족 Hydrocarbon이 분리된다. 분리된 Solvent는 다시 Extractor로 순환하게 되고 방향족 Hydrocarbon은 Benzene toluene fractionation unit 내 Clay treater로 유입된다. 이번 예제 열교환기는 Aromatic complex의 Sulfolane process unit에 설치된 Recovery column의 Overhead trim condenser이고, 출구 조건이 Sub-cooling liquid 상태다.

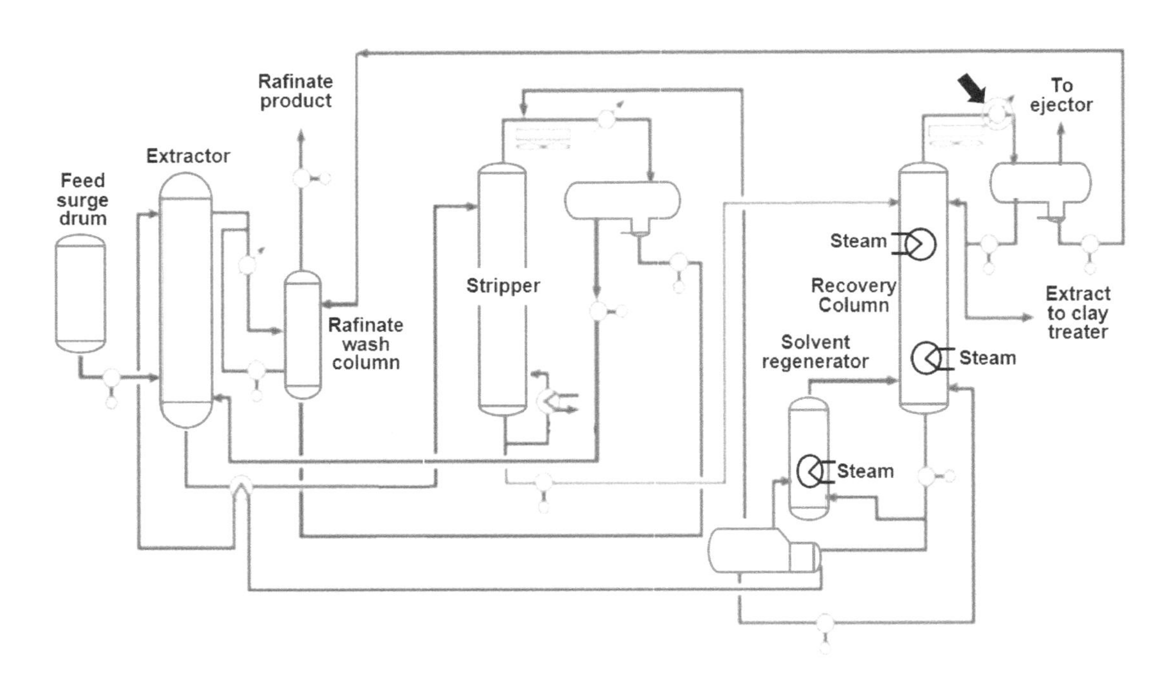

그림 2-164 Sulfolane process unit 공정도

표 2-43은 Recovery column overhead trim condenser의 설계 운전조건이다.

표 2-43 Naphtha splitter overhead condenser 설계 운전조건

	Unit	Hot side		Cold side	
Fluid name		Hydrocarbon & Water		Cooling water	
Fluid quantity	kg/hr	107,447		360,756	
Mass vapor fraction		0.967	0	0	0.003
Temperature	℃	52.4	40	34	40
Density, L/V	kg/m^3	Heat curve 참조		Properties of water	
Viscosity, L/V	cP				
Specific heat, L/V	kcal/kg ℃				
Thermal cond., L/V	kcal/hr m ℃				
Inlet pressure	kg/cm^2g	-0.629		4.997	
Press. drop allow.	kg/cm^2	0.035		0.703	
Fouling resistance	hr m^2 ℃/kcal	0.000302		0.000205	
Duty	MMkcal/hr	2.16			
Material		KCS		KCS	
Design pressure	kg/cm^2g	7.14 / F.V		9.18	
Design temperature	℃	120 / 120		70	
Connecting Line size	In/Out	20"	10"	10"	10"
1. Tube 치수는 1" OD, min. 2.77mm thickness tube 사용.					

방향족 Hydrocarbon(Hot side)에 대한 3개 압력에 대한 Heat curve가 표 2-44에서 2-46까지 주어졌다.

표 2-44 Heat curve (-0.609kg/cm^2g)

Temp. (°C)	Enthalpy (kcal/kg)	Weight Frac. Vapor	Vapor Properties			
			Density (kg/m^3)	Viscosity (cP)	Heat Capa. (kcal/kg-°C)	Conductivity (kcal/hr-m-°C)
54.0	22.15	0.100	0.9115	0.009	0.306	0.0131
53.9	19.66	0.083	0.9131	0.009	0.306	0.0131
53.8	14.68	0.050	0.9147	0.009	0.306	0.0131
53.7	12.20	0.033	0.9147	0.009	0.306	0.0131
53.6	7.22	0.000	0.9163	0.009	0.304	0.0130
48.3	4.82	0.000				
43.1	2.41	0.000				
37.8	0.00	0.000				

Temp. (°C)	*Liquid Properties*				
	Density (kg/m³)	*Viscosity (cP)*	*Heat Capa. (kcal/kg-°C)*	*Conductivity (kcal/hr-m-°C)*	*Surface Tension (dyne/cm)*
54.0	844.2	0.413	0.459	0.154	26.8
53.9	844.4	0.414	0.461	0.155	26.8
53.8	844.8	0.415	0.461	0.157	26.9
53.7	845	0.415	0.461	0.157	27.0
53.6	845.5	0.417	0.464	0.159	27.1
48.3	850.6	0.443	0.459	0.160	27.7
43.1	855.7	0.471	0.457	0.161	28.4
37.8	860.8	0.504	0.452	0.161	29.0

표 2-45 Heat curve (-0.644 kg/cm²g)

Temp. (°C)	*Enthalpy (kcal/kg)*	*Weight Frac. Vapor*	*Vapor Properties*			
			Density (kg/m³)	*Viscosity (cP)*	*Heat Capa. (kcal/kg-°C)*	*Conductivity (kcal/hr-m-°C)*
52.0	22.15	0.106	0.8458	0.009	0.304	0.0129
51.9	19.88	0.091	0.8474	0.009	0.304	0.0129
51.8	15.35	0.061	0.849	0.009	0.304	0.0129
51.7	10.82	0.031	0.849	0.009	0.304	0.0129
51.6	6.29	0.000	0.8506	0.009	0.304	0.0128
44.7	3.15	0.000				
37.8	0.00	0.000				

Temp. (°C)	*Liquid Properties*				
	Density (kg/m³)	*Viscosity (cP)*	*Heat Capa. (kcal/kg-°C)*	*Conductivity (kcal/hr-m-°C)*	*Surface Tension (dyne/cm)*
52.0	846	0.423	0.459	0.154	27.0
51.9	846.3	0.423	0.459	0.155	27.0
51.8	846.7	0.424	0.459	0.157	27.1
51.7	847.1	0.425	0.461	0.158	27.2
51.6	847.4	0.426	0.461	0.159	27.3
44.7	854.1	0.462	0.457	0.160	28.2
37.8	860.8	0.504	0.452	0.161	29.0

표 2-46 Heat curve (-0.678 kg/cm^{2}g)

Temp. (°C)	Enthalpy (kcal/kg)	Weight Frac. Vapor	Vapor Properties			
			Density (kg/m^3)	Viscosity (cP)	Heat Capa. (kcal/kg-°C)	Conductivity (kcal/hr-m-°C)
49.8	22.15	0.113	0.7801	0.009	0.301	0.013
49.7	17.33	0.081	0.7817	0.009	0.301	0.013
49.6	12.51	0.049	0.7833	0.009	0.301	0.013
49.5	10.11	0.033	0.7833	0.009	0.301	0.013
49.4	5.29	0.000	0.7849	0.009	0.301	0.013
43.6	2.64	0.000				
37.8	0.00	0.000				

Temp. (°C)	Liquid Properties				
	Density (kg/m^3)	Viscosity (cP)	Heat Capa. (kcal/kg-°C)	Conductivity (kcal/hr-m-°C)	Surface Tension (dyne/cm)
49.8	848.1	0.433	0.457	0.154	27.2
49.7	848.5	0.434	0.457	0.156	27.3
49.6	849	0.436	0.459	0.157	27.4
49.5	849.2	0.436	0.459	0.158	27.5
49.4	849.6	0.437	0.459	0.160	27.6
43.6	855.2	0.468	0.457	0.161	28.3
37.8	860.8	0.504	0.452	0.161	29.0

1) 사전 검토

이번 예제는 Vacuum 압력으로 운전되는 Condenser이다. Xist의 Vacuum condenser 결과는 Vacuum condenser 전문 업체(Graham 등)와 비교하여 열전달 성능은 낮게, Pressure drop은 높게 예측하는 경향이 있다. Vacuum condenser를 Xist를 이용하여 설계할 때, 입구 노즐에서 Pressure drop이 이미 Allowable pressure drop을 초과하는 때도 종종 발생한다. 이런 이유로 Vacuum condenser는 전문 업체에서 구입하는 경우가 많다. 그러나 이번 예제는 Allowable pressure drop이 그렇게 작지 않아 Xist로 설계할 수 있었다.

Trim condenser 출구압력과 온도는 각각 -0.664kg/cm^{2}g(Inlet pressure − allowable pressure drop)와 40℃이다. 이때 유체상태를 확인하려면 Heat curve를 보면 된다. -0.664kg/cm^{2}g 압력의 Heat curve는 없지만 -0.644kg/cm^{2}g와 -0.678kg/cm^{2}g 압력에서 Heat curve를 보면 약 50℃에서 완전히 Condensing이 완료됨을 알 수 있다. 출구온도가 40℃이므로 출구 Liquid는 약 10℃ Sub-cooling 상태임을 짐작할 수

있다. 그림 2-165는 전형적인 Sub-cooling condenser 내부 흐름을 표현한 그림이다. Vapor는 Tube bundle 상부 구간에서 Condensing이 일어나고 하부 Tube와 접촉한 Condensate(Liquid) 온도가 포화온도 이하로 떨어진다. Condensate에 잠겨 있는 Tube들로 인하여 Condensing이 발생하는 전열 면적은 줄어들 것이다. Sub-cooling이 일어나는 구역에서 Condensate 유속은 매우 느리므로 Liquid sensible 열전달계수는 낮을 것이다. 그리고 Condensing이 일어나는 상부 구역에서 Condensing 열전달계수는 예상보다 커질 것이다. 그 이유는 첫째 Condensate 층으로 인하여 Vapor가 통과하는 면적이 줄어들어 Vapor velocity가 증가하기 때문이고 둘째 Sub-cooling된 Condensate와 Condensate entrainment가 직접 Vapor와 접촉하여 열전달을 향상시키기 때문이다.

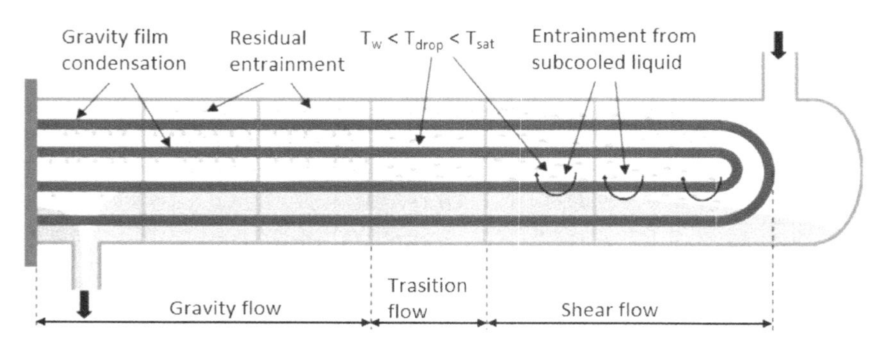

그림 2-165 Condenser 내부에서 응축과정

그래프 2-6은 Xist condensing 모델과 실제 열교환기 Condensing 모델의 온도를 비교하여 보여주고 있다. 그래프(a)는 HTRI 모델이고 (b)는 실제 열교환기 모델이다. HTRI 모델은 열교환기 Tube 길이 방향에 따라 Condensing이 완료된 후 Sub-cooling이 일어난다. 그러나 실제 열교환기에서 열교환기 상부에서 Condensing이 하부에서 Sub-cooling이 동시에 발생한다.

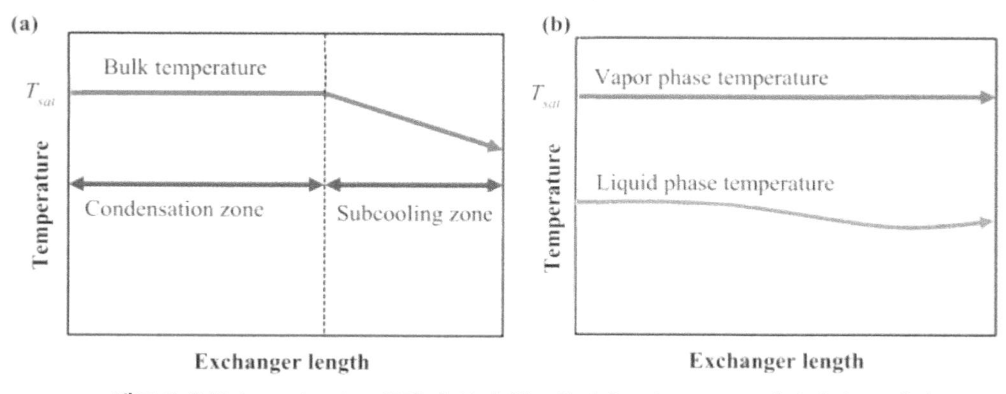

그래프 2-6 Xist condensing 모델과 실제 열교환기 Condensing 모델에서 온도 변화

Shell side horizontal condenser에서 출구 Liquid 상태를 Sub-cooling으로 만들기 위한 3가지 방법이 있다. 첫 번째는 별도 Sub-cooling cooler를 설치하는 방법이다. 만약 20℃ 이상 Sub-cooling을 해야 한다면 이 방법을 추천한다. Sub-cooling 성능이 가장 확실한 방법이다.

두 번째는 필요한 전열 면적보다 충분히 큰 전열 면적으로 Condenser를 설계하는 방법이다. X-shell 열교환기(그림 2-166)를 예를 들어 충분한 전열 면적을 갖고 있다면, Vapor가 상부 구역에서 응축되고 Condensate가 하부 Tube 표면으로 떨어지면서 Sub-cooling 될 것이다. 이를 Falling film sub-cooling이라고 한다. Falling film sub-cooling에 의해 Sub-cooling이 얼마나 될지 예측하는 것은 매우 어렵다. 경험적으로 5℃ 이내 Sub-cooling은 가능할 것으로 예상한다.

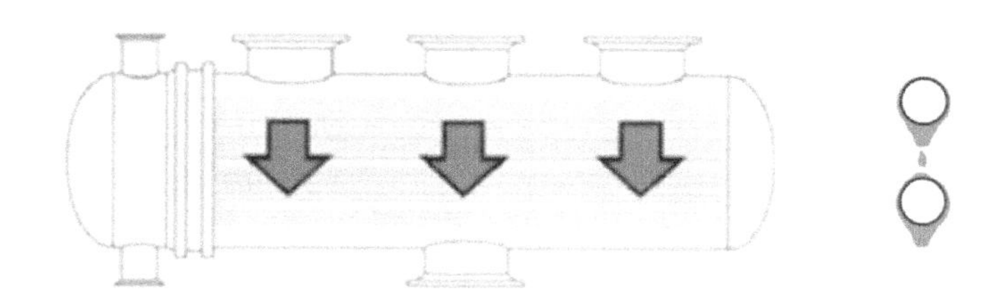

그림 2-166 Over-design에 의한 Sub-cooling 방법

세 번째는 그림 2-141과 같이 열교환기 출구 배관에 Loop seal을 설치하거나 열교환기 내부에 Dam baffle을 설치하는 방법이다. 열교환기 내부 Condensate가 Tube row 일부에 Flooding 되고, Flooding 된 Condensate는 열교환기로부터 빠져나갈 때까지 계속 Tube 표면과 접촉하여 Sub-cooling 상태가 된다. Dam baffle은 U-tube 열교환기만 적용될 수 있다. Dam baffle은 Shell 내부 면에 직접 용접되어 설치한다. 일반 Baffle과 동일한 방식으로 Tube bundle에 설치된다면, Shell과 Baffle, Baffle과 Tube 틈 사이로 Condensate가 Bypass 될 수 있기 때문이다. 5℃에서 20℃로 Sub-cooling이 발생할 때 세 번째 방법을 적용할 수 있다.

앞서 언급하였듯이 Xist condensing 모델은 Sub-cooling을 Flooding liquid로 계산하지 않는다. 그러나 Xist는 아래와 같이 가정하여 Sub-cooling 되는 Sub-cooling liquid 열전달계수를 보수적으로 접근한다. 따라서 HTRI 결과를 이용하여 Sub-cooling에 해당하는 전열 면적만큼 Tube가 Flooding 되도록 Flooding 높이를 환산하여 Seal loop와 Dam baffle 높이를 결정할 수 있다.

- ✔ *Vapor Condensing 완료 후 전체 Tube에 Condensate가 동일하게 Distribution 된다. 따라서 계산된 Condensate 속도는 실제보다 느리다.*
- ✔ *Condensate는 Longitudinal flow만 있고 Cross flow는 없다.*
- ✔ *Condensate flow rate 50%가 Bypass flow가 된다.*
- ✔ *Natural convection은 고려하지 않고 Heat transfer coefficient를 계산한다.*

2) HTRI 데이터 입력 및 1차 설계 결과 검토

Condenser 출구 상태가 Sub-cooling 상태이면 Sub-cooling 출구온도를 반드시 입력해야 한다. 만약 출구온도를 입력하지 않으면 100% 응축되는 포화온도로 결과를 보여준다. 그림 2-167은 1차 설계 결과다. Over-design은 9%로 설계했다.

Process Conditions		Hot Shellside		Cold Tubeside	
Fluid name			SUL & WATER		CW
Flow rate	(1000-kg/hr)		107.45		360.76
Inlet/Outlet Y	(Wt. frac vap.)	0.0968	0.0000	0.0000	0.0000
Inlet/Outlet T	(Deg C)	52.79 *	40.00	34.00	40.00
Inlet P/Avg	(kgf/cm2G)	-0.629	-0.644	4.997	4.824
dP/Allow.	(kgf/cm2)	0.029	0.035	0.345	0.703
Fouling	(m2-hr-C/kcal)		0.000302		0.000205

Exchanger Performance					
Shell h	(kcal/m2-hr-C)	910.31	Actual U	(kcal/m2-hr-C)	516.12
Tube h	(kcal/m2-hr-C)	5177.7	Required U	(kcal/m2-hr-C)	473.23
Hot regime	(--)	Gravity	Duty	(MM kcal/hr)	2.1635
Cold regime	(--)	Sens. Liquid	Eff. area	(m2)	431.89
EMTD	(Deg C)	10.6	Overdesign	(%)	9.06

Shell Geometry			Baffle Geometry		
TEMA type	(--)	BJ21U	Baffle type		Double-Seg.
Shell ID	(mm)	1210.0	Baffle cut	(Pct Dia.)	25.86
Series	(--)	1	Baffle orientation	(--)	Parallel
Parallel	(--)	1	Central spacing	(mm)	405.00
Orientation	(deg)	0.00	Crosspasses	(--)	12

Tube Geometry			Nozzles		
Tube type	(--)	Plain	Shell inlet	(mm)	373.07
Tube OD	(mm)	25.400	Shell outlet	(mm)	247.65
Length	(mm)	6000.	Inlet height	(mm)	112.90
Pitch ratio	(--)	1.2500	Outlet height	(mm)	62.100
Layout	(deg)	90	Tube inlet	(mm)	247.65
Tubecount	(--)	926	Tube outlet	(mm)	247.65
Tube Pass	(--)	4			

Thermal Resistance, %		Velocities, m/s			Flow Fractions	
			Min	Max		
Shell	56.70				A	0.062
Tube	12.20	Tubeside	1.25	1.33	B	0.652
Fouling	28.53	Crossflow	7.32e-2	3.44	C	0.044
Metal	2.58	Window	7.66e-2	3.56	E	0.126
					F	0.116

그림 2-167 1차 설계 결과 (Output summary)

고려하여야 할 Warning message는 아래와 같다.

① *The longest unsupported span of the bundle is in the U-bend region and thus prone to excessive vibration, even with a full support plate. The longest unsupported span should be in the straight portion of the U-tube.*

U-bend를 포함한 Unsupported tube span이 Straight unsupported tube span보다 길면 Tube vibration 가능성이 있다는 내용이다. "Full support at U-bend"가 설치되어 있고, "Full-support at U-bend"의 Top과 Bottom 일부를 제거하여 U-bend에서 유체가 정체되지 않도록 설계한다. 즉 U-bend에서 유체는 흐르지만, 유속은 낮을 것이다. U-bend에서 Unsupported tube span 계산 기준은 TEMA와 HTRI가 서로 다르다. HTRI 기준 Unsupported tube span은 U-tube bend 호 길이에 양쪽 Tube leg를 더한 길이이다. Tube leg가 50mm로 가정하면 1917mm가 된다. 반면 TEMA 기준 Unsupported tube span은 U-bend 현 길이와 Tube leg를 모두 더한 길이로 1257mm가 된다. Straight tube 구간에서 가장 긴 Unsupported tube span은 1302mm(Inlet baffle spacing + Central baffle spacing)이다.

2.3.1장 Steam generator 예제에서 HTRI 기준 U-bend unsupported tube span이 Straight tube unsupported tube span보다 길지 않도록 "U-bend support"를 추가하였다. 그 이유는 Kettle type 열교환기 내 U-bend 구간에 유체 흐름이 Straight tube 구간에 유체 흐름과 유사하게 흐르기 때문이다. 그림 2-168은 이번 예제의 "Full-support at U-bend"가 설치된 열교환기에서 유체 흐름을 보여주고 있다. "Full support at U-bend"가 설치된 일반 열교환기 U-bend 구간에서 유체 흐름은 미미하지만, 얼마나 흐름이 생길지 모른다. 따라서 보수적인 접근으로 HTRI 기준 Unsupported tube span에 따라 "U-bend support"를 설치해 준다. 가장 바깥쪽 Tube row로부터 일곱 번째 Tube row까지 U-bend unsupported tube span이 TEMA maximum 치수를 초과하므로, U-bend 중앙에 "U-bend support"를 추가하였다. "U-bend support"에 의해 지지되어야 할 Tube row 관련하여 2.6.2장 Reactor feed / effluent heat exchanger를 참고한다.

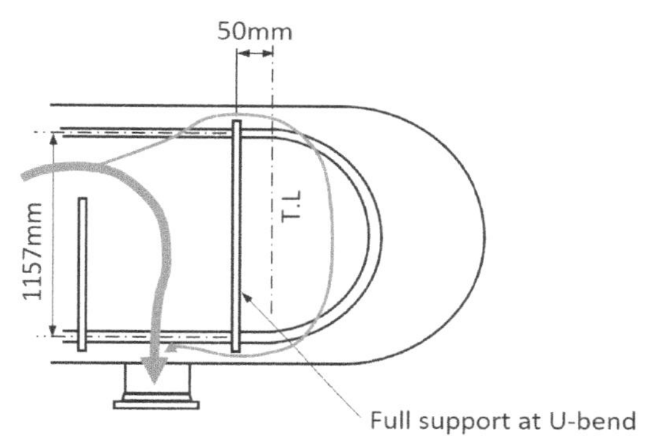

그림 2-168 "Full-support at U-bend"가 설치된 열교환기에서 유체 흐름

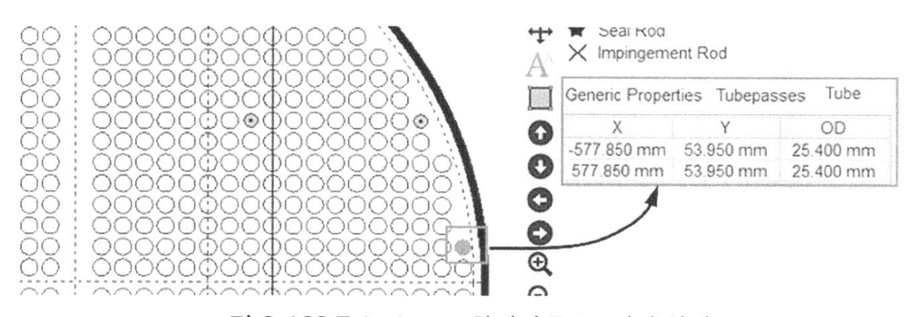

그림 2-169 Tube layout 창에서 Tube 위치 확인

최 외각 Tube(지름이 가장 큰 U-tube) 위치를 확인하려면, 그림 1-169와 같이 "Tube layout" 입력 창으로 들어가 원하는 Tube를 마우스 오른쪽 버튼으로 선택하고 "Tube layout" 창에서 선택한 Tube 위치를 확인할 수 있다. 열교환기 중심이 X축과 Y축의 원점 X=0, Y=0이다.

Condenser 출구 노즐은 Self-venting이 가능한 Weir flow가 형성될 수 있도록 출구 노즐 치수를 결정하다. Froude number이 0.3보다 작으면 Self-venting(weir flow)이 되며 반대의 경우 Flooding이 발생한다. Froude number는 식 2-21과 같이 계산된다. Xist는 Outlet mass vapor fraction이 0이거나 별도 liquid 출구 노즐이 입력되었을 경우 노즐에서 Flooding 상태를 Warning message 또는 Informative message로 보여준다. 출구 노즐에서 Froude number는 0.3보다 크므로 출구 노즐 상태는 Flooding 된다. Xist 결과에도 Flooding 관련 내용을 Informative message에서 발견할 수 있다. 이번 예제는 Sub-cooling을 위하여 일부러 Flooding이 발생하도록 Seal loop를 설치할 예정이다. 따라서 출구 노즐을 굳이 Self-venting 상태를 만들기 위해 치수를 키울 필요 없다. 참고로 출구 노즐이 Self-venting condition이 된다면 출구 노즐에 걸리는 Pressure drop을 무시하여도 된다.

$$\boldsymbol{Froude\ number} = \frac{\boldsymbol{V_{cnd}}}{\sqrt{\boldsymbol{g\ D_{NZ}}}} \quad ----(\mathbf{2-21})$$

$$= \frac{0.72}{\sqrt{9.81 \times 0.248}} = 0.46$$

Where,

V_{cnd} = *Velocity at nozzle (m/sec)*

g = *Gravitational acceleration factor* ($9.81 m/sec^2$)

D_{NZ} = *Nozzle ID (m)*

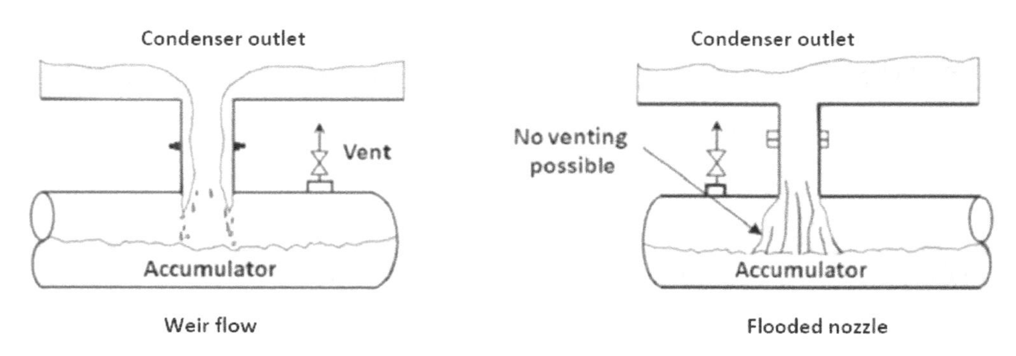

그림 2-170 노즐에서 Self-venting과 Flooding

3) Flooding height

Flooding height를 계산하려면, 먼저 Sub-cooling이 발생하는 전열 면적을 그림 2-171과 같이 "Output 3D Profile"을 이용하여 확인해야 한다. "3D graph property"에서 Area와 Hot vapor weight fraction을 선택한다. Vapor weight fraction이 0이 되는 전열 면적은 Sub-cooling에 기여하는 전열 면적이라고 볼 수 있다.

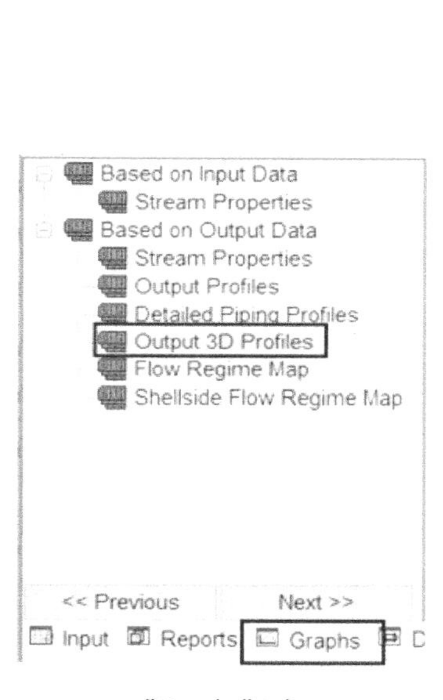

"Graphs" tab

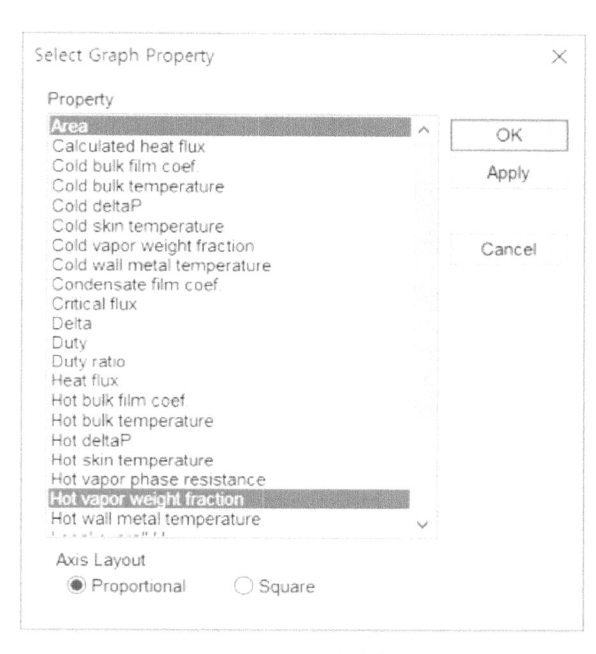

Graph property 선택 창

그림 2-171 Graphs 시트의 Output 3D profiles 창

"OK" 버튼을 클릭하면 그래프 2-7과 같이 Area와 Vapor weight fraction에 대한 3차원 그래프가 그려진다. 이 창은 그래프뿐 아니라 Xist로부터 데이터들도 얻을 수 있는데, 이 데이터를 이용하여 Sub-cooling에 기여하는 전열 면적을 구할 것이다.

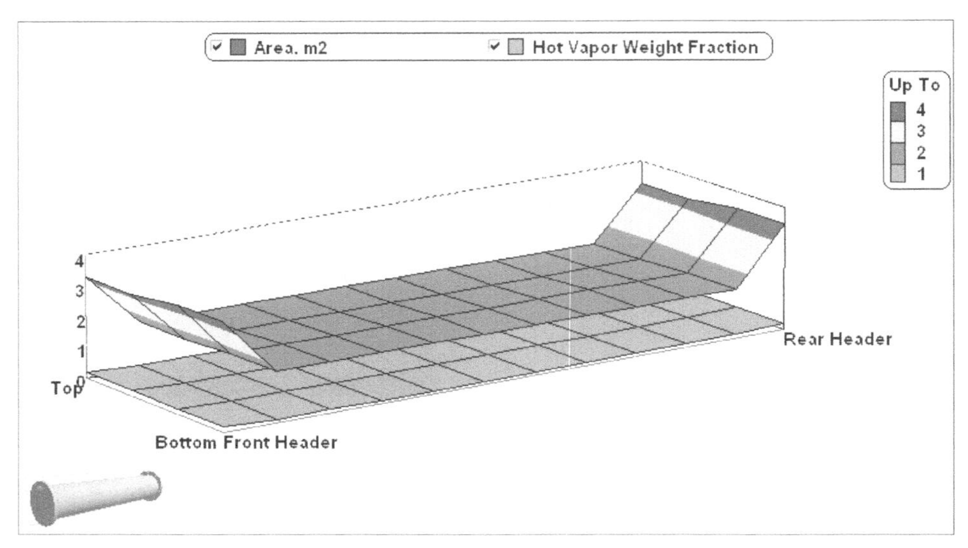

그래프 2-7 3D graph (Area & Hot vapor weight fraction)

3D graph 화면으로 마우스 커서를 옮기고 마우스 오른쪽 버튼을 클릭하면 그림 2-172와 같이 메뉴가 뜬다. 여기서 "Select plane"을 선택하면 "Select 3D Plane" 창이 뜬다. 그림에서 X-value에 대한 YX plane 1번이 선택되어 있는데, Y-value에 대한 XZ plane 1번을 선택하고 "OK" 버튼을 클릭하면 3D graph가 다시 그려진다. 3D plane에는 X-value, Y-value, Z-value 3가지 옵션이 있다. Y-value를 선택한 이유는 그림에서 보듯이 4개 Plane에 대한 데이터만 복사해 주면 되기 때문이다. 다른 옵션(X-value, Y-vale)을 선택하여 데이터를 복사하여도 동일한 전열 면적이 계산된다.

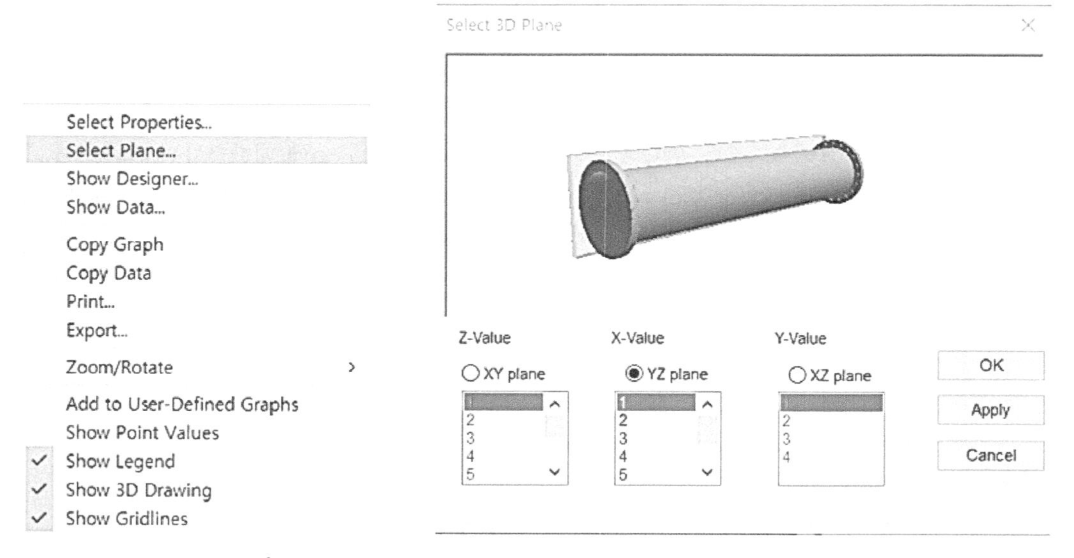

그림 2-172 Select plane 메뉴 선택 (Select 3D plan 선택 창)

다시 마우스 오른쪽 버튼을 클릭하여 메뉴 중 "Copy data"를 선택한다. Excel 빈 문서를 열고 붙여넣기 (Ctrl+V) 하면, 그림 2-173과 같이 XZ plane 1번 데이터가 Excel에 복사된 것을 확인할 수 있다. 첫 번째 "Y" 행은 Vapor weight fraction 값이고, 두 번째 "Y" 행은 Area 값이다.

	A	B	C	D	E	F	G	H
1				1				
2								
3	Vapor weight fraction						Area	
4	Index	X	Y	Z	X	Y	Z	
5	0	1	0.0968	1	1	3.4657	1	
6	1	1	0.0281	2	1	1.5639	2	
7	2	1	0.0195	3	1	1.5639	3	
8	3	1	0	4	1	1.5639	4	
9	4	1	0	5	1	1.5639	5	
10	5	1	0	6	1	1.5639	6	
11	6	1	0	7	1	1.5639	7	
12	7	1	0	8	1	1.5639	8	
13	8	1	0	9	1	1.5639	9	
14	9	1	0.0204	10	1	1.5639	10	
15	10	1	0.029	11	1	1.5639	11	

그림 2-173 3D Graph 데이터를 Excel 시트에 복사

같은 방법으로 나머지 XZ plane 2번에서 4번까지 데이터를 Excel에 복사하여 준다. 그림 2-174와 같이 Plane 4번 데이터까지 복사한 후 모든 Area를 합한 값 431.9m^{2}로 Output summary 창에 Effective area 값과 동일한 것을 확인할 수 있다. Vapor weight fraction이 0인 Area를 합하면 155.3m^{2}가 나오고, 이 면적이 Sub-cooling에 기여하는 면적이 된다.

	A	B	C	D	E	F	G	H	I	J
1		Plane 1		Plane 2		Plane 3		Plane 4		Total area
2	Sub-total area		111.5		111.5		104.5		104.5	431.9
3	Sub-cooling area		40.1		40.1		37.6		37.6	155.3
4	Index	Y	Y	Y	Y	Y	Y	Y	Y	
5	0	0.09682	3.46574	0.09682	3.46574	0.09682	3.24823	0.09682	3.24823	
6	1	0.02805	1.56395	0.02805	1.56395	0.03353	1.46579	0.03353	1.46579	
7	2	0.01951	1.56395	0.01951	1.56395	0.01952	1.46579	0.01952	1.46579	
8	3	0	1.56395	0	1.56395	0	1.46579	0	1.46579	
9	4	0	1.56395	0	1.56395	0	1.46579	0	1.46579	
10	5	0	1.56395	0	1.56395	0	1.46579	0	1.46579	
11	6	0	1.56395	0	1.56395	0	1.46579	0	1.46579	
12	7	0	1.56395	0	1.56395	0	1.46579	0	1.46579	
13	8	0	1.56395	0	1.56395	0	1.46579	0	1.46579	
14	9	0.02039	1.56395	0.02039	1.56395	0.0204	1.46579	0.0204	1.46579	
15	10	0.02896	1.56395	0.02896	1.56395	0.03313	1.46579	0.03313	1.46579	

그림 2-174 Sub-cooling 기여 면적계산

Sub-cooling에 기여하는 면적을 이용하여 Flooding 되어야 할 Tube 수량을 계산한다. 해당 Tube 수량은 Sub-cooling 기여 면적에 Tube 1본당 유효 전열 면적으로 나눠 계산하고, Tube 1본당 유효 전열 면적은 전체 유효 전열 면적을 전체 Tube 수량으로 나눠 계산한다. Tube 1본당 유효 전열 면적은 0.4664m² (431.96m²/926)이고 Sub-cooling에 기여하는 Tube 수량은 333본(155.3m²/0.4664m²)으로 계산된다. Flooding height는 "Tube layout" 입력 창(그림 2-175)을 이용하여 계산하면 편하다. Bottom으로부터 13번째 Tube row까지 Flooding이 된다면 총 339개 Tube가 Flooding이 된다. 그리고 13번째 Tube row 중심은 열교환기 중심으로부터 149.2mm 떨어져 있다. 13번째 Tube row가 완전히 Flooding이 되려면 Condensate는 열교환기 중심으로부터 133mm 또는 Bottom으로부터 472mm까지 차올라와야 한다.

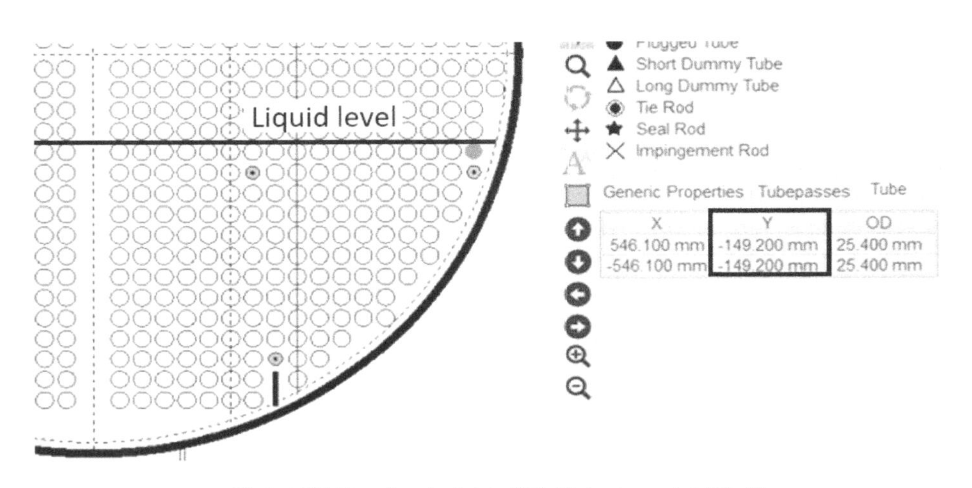

그림 2-175 Flooding height 계산 (Tube layout 입력 창)

실제 열교환기 배관은 그림 2-176과 같이 Seal loop가 구성되도록 열교환기 Datasheet와 P&ID에 표현되어야 한다.

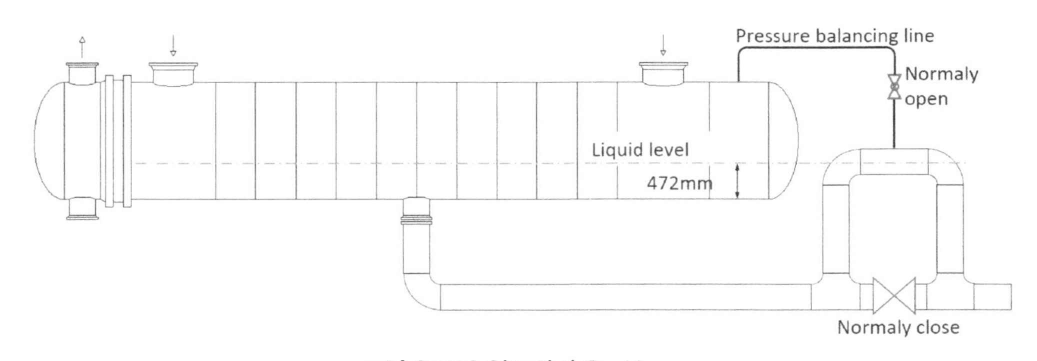

그림 2-176 열교환기 Seal loop

4) 결과 및 Lessons learned

Recovery column overhead trim cooler 최종설계 결과를 정리하면 표 2-47과 같다.

표 2-47 Recovery column overhead trim cooler 설계 결과 Summary

Duty [MMKcal/hr]	*MTD [℃]*	*Transfer rate(Calculated) [kcal/m²-hr-C]*	*Over-design*	*Shell Dp [kg/cm²]*	*Tube Dp [kg/cm²]*
2.16	*10.6*	*516.1*	*9%*	*0.029*	*0.345*

** Flooding height: 472mm from shell bottom .*

Condensing 서비스 열교환기 출구 유체상태가 Sub-cooling일 경우 아래 사항을 고려하여 설계해야 한다.

- ✔ *Sub-cooling 온도를 확인 후 별도 Cooler를 설치할지, Seal loop를 설치할지, Over-design을 충분히 주어 Sub-cooling 할지 결정한다. Sub-cooling 온도가 20℃를 넘으면 별도 Cooler를 설치하고, 5℃~20℃이면 Dam baffle 또는 Seal loop 배관을 이용한다.*
- ✔ *Condenser 출구 노즐은 Self-venting 상태가 되도록 노즐 치수를 정한다. 그러나 Condenser 후단에 Seal loop가 설치되어 있어 강제적으로 Tube bundle을 Flooding 시킨다면 굳이 Self-venting 상태가 되도록 노즐 치수를 키울 필요 없다.*
- ✔ *Self-venting 노즐의 Pressure drop은 HTRI 결과에 포함되지만, 무시할 수 있다.*

2.4.3. Vent condenser (Reflux condenser)

Reflux condenser는 Overhead condenser와 Overhead receiver, 관련 배관 기능을 한 번에 수행하는 장치이다. 보통 작은 규모의 Distillation column top에 직결되어 설치된다. Overhead stream이 Tube side로 지나면 Tube side reflux condenser, Shell side로 지나가면 Shell side reflux condenser라고 한다. 이번 예제는 BTX(Benzene, Toluene, Xylene)를 생산하는 Aromatic complex의 Tatoray unit에 설치된 Vent condenser인 Tube side reflux condenser이다. Aromatic complex에 대한 소개는 2.2.2장 Benzene & Toluene air cooler 예제를 참조하기 바란다.

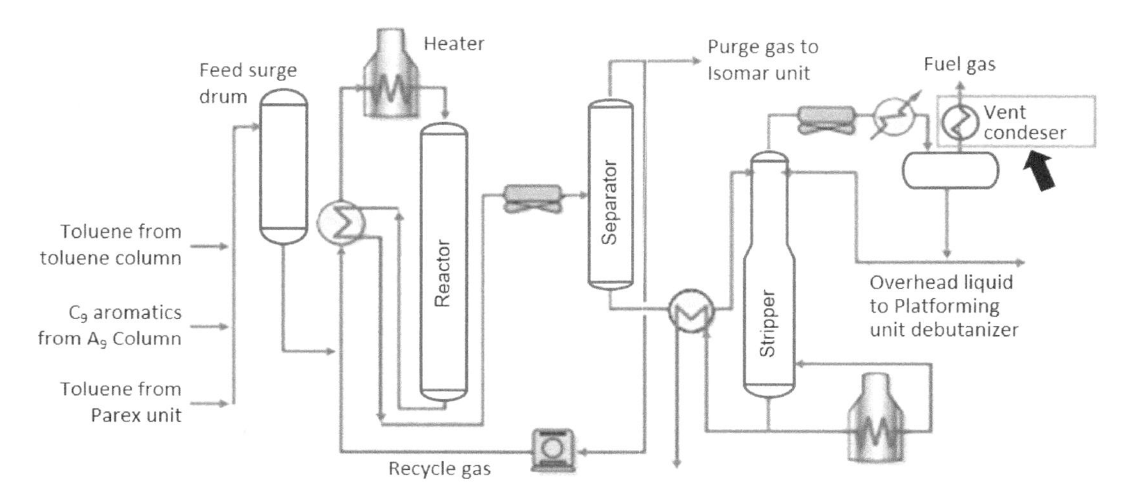

그림 2-177 Tatoray unit **공정도**

Tatoray unit는 Toluene과 C9+ Aromatic에 수소 첨가하여 Benzene과 Xylene으로 전환시키는 공정이다. 그림 2-177은 UOP Tatoray 공정도를 보여주고 있다. 수소가 첨가된 Toluene과 C9+ Aromatic을 Heater를 통해 가열한 후 Reactor로 보낸다. Reactor에서 Trans-alkylation, Disproportionation, Dealkylation을 포함한 여러 반응으로 Feed는 Benzene과 Xylene으로 전환된다. Toluene으로부터 떨어져 나온 일부 Alkyl기(CH_3, C_2H_5, C_3H_7등)는 수소와 결합하여 부산물인 Ethane, Propane 등으로 전환되기도 한다. 생성된 반응물들은 고온이므로 열회수되어 Separator로 보내진다. Separator top으로부터 수소가 많이 포함된 Purge gas가 분리되고 Feed와 혼합되어 다시 Reactor로 보내진다. Stripper overhead stream은 비방향족 탄화수소 소량이 포함된 Benzene이다. 그중 H_2, CH_4, C_2H_6 등으로 구성된 Light end gas는 Fuel gas로 사용된다. 이 Light end gas는 Benzene 소량을 포함하고 있는데, Benzene을 회수하기 위한 열교환기가 이번 예제 Vent condenser이다. Stripper overhead product(C5- hydro- carbon)는 Debutanizer column으로 보내진다. Stripper bottom product는 Benzene, Xylene, 비 반응 Toluene, 비 반응 C9/C10+ Aromatic을 포함하고 있으며 Benzene & toluene fractionation unit으로 보내진다.

표 2-48은 Vent condenser 설계 운전조건을 보여주고 있다.

표 2-48 Vent condenser 설계 운전조건

	Unit	*Hot side*		*Cold side*	
Fluid name		*Light ends + Benzene*		*Refrigerant*	
Fluid quantity	*kg/hr*	*1.25 × 13,033*		*1.25 × 5,582*	
Mass vapor fraction		*1*	*0.843*	*0.124*	*1*
Temperature	*℃*	*50*	*10*	*5*	*5*
Density, L/V	*kg/m³*	*Heat curve 참조*		*521.7 / -*	*- / 11.71*
Viscosity, L/V	*cP*			*0.1447 / -*	*- / 0.0078*
Specific heat, L/V	*kcal/kg ℃*			*0.6711 / -*	*- / 0.4266*
Thermal cond., L/V	*kcal/hr-m ℃*			*0.092 / -*	*- / 0.009*
Inlet pressure	*kg/cm²g*	*5.345*		*4.567*	
Press. drop allow.	*kg/cm²*	*0.11*		*0.1*	
Fouling resistance	*hr m² ℃/kcal*	*0.0003*		*0.0002*	
Duty	*MMkcal/hr*	*1.25 × 0.4366*			
Material		*KCS*		*KCS*	
Design pressure	*kg/cm²g*	*8.5 / H.V*		*8.5/F.V*	
Design temperature	*℃*	*135 / -15*		*75/-15*	
Connecting Line size	*In/Out*	*-*	*6"*	*6"*	*8"*
1. TEMA NEN type 적용 *2. Tube side reflux condenser 임.*					

Hot side인 Light ends + Benzene에 대한 Heat curve는 표 2-49에서 표 2-51과 같이 제공되었다.

표 2-49 Heat curve (5.736kg/cm²g)

Temp. (°C)	*Enthalpy (kcal/kg)*	*Weight Frac. Vapor*	*Vapor Properties*			
			Density (kg/m³)	*Viscosity (cP)*	*Heat Capa. (kcal/kg-°C)*	*Conductivity (kcal/hr-m-°C)*
53.9	*1*	*35.98*	*8.764*	*0.01*	*0.46*	*0.025*
51.2	*1*	*34.74*	*8.847*	*0.01*	*0.46*	*0.0247*
46.8	*0.9747*	*30.4*	*8.852*	*0.01*	*0.46*	*0.0245*
42.2	*0.951*	*26.06*	*8.874*	*0.01*	*0.46*	*0.0243*
37.2	*0.929*	*21.71*	*8.917*	*0.009*	*0.46*	*0.024*
31.9	*0.9085*	*17.37*	*8.982*	*0.009*	*0.46*	*0.0237*
20.5	*0.871*	*8.69*	*9.18*	*0.009*	*0.45*	*0.0229*
14.6	*0.8522*	*4.34*	*9.302*	*0.009*	*0.45*	*0.0225*
9.2	*0.8312*	*0*	*9.416*	*0.009*	*0.45*	*0.0221*

Temp. (°C)	Liquid Properties				
	Density (kg/m^3)	Viscosity (cP)	Heat Capa. (kcal/kg-°C)	Conductivity (kcal/hr-m-°C)	Surface Tension (dyne/cm)
51.2	805.2	0.303	0.45	0.107	21.1
46.8	806.2	0.313	0.45	0.107	21.4
42.2	806.8	0.325	0.45	0.108	21.7
37.2	806.6	0.338	0.44	0.108	21.9
31.9	805.2	0.353	0.59	0.109	22.1
20.5	794.5	0.38	0.46	0.11	22
14.6	782.6	0.387	0.46	0.111	21.5
9.2	764.6	0.386	0.47	0.112	20.5

표 2-50 Heat curve (5.287kg/cm^2g)

Temp. (°C)	Enthalpy (kcal/kg)	Weight Frac. Vapor	Vapor Properties			
			Density (kg/m^3)	Viscosity (cP)	Heat Capa. (kcal/kg-°C)	Conductivity (kcal/hr-m-°C)
49.9	1	34.35	8.264	0.01	0.46	0.0245
49.5	1	34.18	8.275	0.01	0.46	0.0245
45.5	0.9765	30.16	8.277	0.01	0.46	0.0243
41.3	0.9544	26.15	8.294	0.01	0.45	0.0241
36.7	0.9337	22.13	8.326	0.009	0.45	0.0239
31.9	0.9145	18.11	8.379	0.009	0.45	0.0236
21.4	0.8795	10.07	8.538	0.009	0.45	0.0229
15.9	0.8627	6.06	8.642	0.009	0.45	0.0225
10.5	0.845	2.04	8.751	0.009	0.44	0.0221

Temp. (°C)	Liquid Properties				
	Density (kg/m^3)	Viscosity (cP)	Heat Capa. (kcal/kg-°C)	Conductivity (kcal/hr-m-°C)	Surface Tension (dyne/cm)
49.5	808.7	0.311	0.45	0.107	21.5
45.5	809.8	0.322	0.45	0.107	21.7
41.3	810.6	0.333	0.45	0.108	22
36.7	810.7	0.347	0.44	0.108	22.3
31.9	810	0.362	0.57	0.109	22.5
21.4	802.9	0.391	0.46	0.11	22.5
15.9	794.8	0.404	0.46	0.111	22.2
10.5	781.8	0.41	0.46	0.112	21.6

표 2-51 Heat curve (4.956kg/cm^{2}g)

Temp. (°C)	Enthalpy (kcal/kg)	Weight Frac. Vapor	Vapor Properties			
			Density (kg/m^3)	Viscosity (cP)	Heat Capa. (kcal/kg-°C)	Conductivity (kcal/hr-m-°C)
53.2	1	35.98	7.74	0.01	0.46	0.0249
48.3	1	33.76	7.873	0.01	0.45	0.0244
44.1	0.9753	29.54	7.876	0.01	0.45	0.0242
39.6	0.9522	25.32	7.894	0.01	0.45	0.024
34.8	0.9307	21.1	7.929	0.009	0.45	0.0237
24.2	0.8922	12.66	8.059	0.009	0.45	0.023
18.5	0.8746	8.44	8.153	0.009	0.45	0.0226
12.7	0.8571	4.22	8.264	0.009	0.44	0.0222
7.1	0.838	0	8.373	0.009	0.44	0.0218

Temp. (°C)	Liquid Properties				
	Density (kg/m^3)	Viscosity (cP)	Heat Capa. (kcal/kg-°C)	Conductivity (kcal/hr-m-°C)	Surface Tension (dyne/cm)
48.3	811.3	0.318	0.45	0.107	21.7
44.1	812.5	0.33	0.45	0.108	22
39.6	813.4	0.343	0.44	0.108	22.3
34.8	813.6	0.358	0.44	0.109	22.6
24.2	810	0.392	0.46	0.11	22.9
18.5	804.4	0.409	0.45	0.111	22.8
12.7	794.7	0.423	0.45	0.111	22.4
7.1	779.2	0.429	0.46	0.112	21.7

1) 사전 검토

Tatoray unit의 Stripper overhead stream은 낮은 온도에서 응축된다. 따라서 Vent condenser는 Propane refrigerant와 같은 저온 Cold utility를 사용하고 있다. Vent condenser의 Duty는 Propane refrigerant 입구 배관에 유량을 Control valve로 제어된다. Propane refrigerant 유량은 Vent condenser 내 Liquid Level에 의하여 조절되고 Off-gas 온도로 Cascade control 된다. 일반적으로 열교환기 Liquid level은 Kettle type에만 있다. Vent condenser는 Vertical NEN type이지만, Liquid level을 고려하여 열교환기를 설계해야 한다. 그림 2-178은 Stripper receiver와 일체로 설치된 Vent condenser를 보여주고 있다.

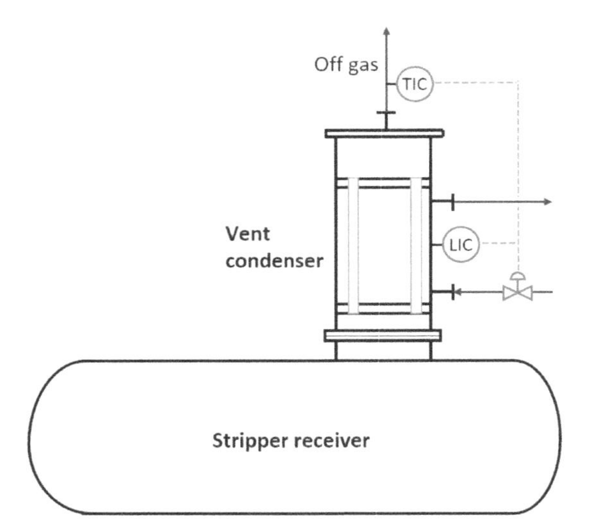

그림 2-178 Stripper receiver와 Vent condenser

Vertical NEN type에서 Liquid가 형성된다는 의미는 유체의 흐름에 의한 열전달은 거의 미미하고 대부분 열전달은 정체된 상태에서 Nucleate boiling에 의해 발생한다. 이를 Xist에서 구현하려면, 그림 2-179와 같이 "Methods" 입력 창 "Method components"를 "Nucleate only" 옵션으로 선택한다. Boiling mechanism에 대하여 2.3.2장 LPG(Propane) vaporizer를 참조하기 바란다.

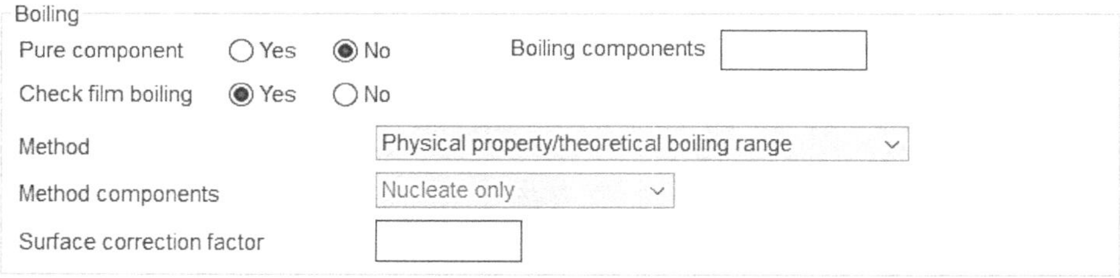

Boiling

Pure component	○ Yes	◉ No	Boiling components [ ]
Check film boiling	◉ Yes	○ No	
Method	Physical property/theoretical boiling range		
Method components	Nucleate only		
Surface correction factor	[ ]		

그림 2-179 Method components 옵션 선택 (Method 입력 창)

Xist에서 Reflux condenser를 설계하려면, 그림 2-180과 같이 "Input summary" 입력 창에서 "Service type"을 "Reflux condenser – tubeside" 또는 "Reflux condenser - Shell side" 옵션을 선택해야 한다. 이번 예제는 Tube side reflux condenser이므로 "Reflux condenser – tubeside"를 선택한다.

Process Conditions

	Hot Fluid	Cold Fluid	
Exchanger service	Reflux condenser - tubeside		
Hot fluid location	Tubeside		
Fluid name	HYDROCARBON	REFRIGERANT	
Phase	Condensing	Boiling	
Flow rate	13.033	5.582	1000-kg/hr

그림 2-180 "Reflux condenser - tubeside" 선택 (Process conditions 입력 창)

예제에 Hot side 유체 Heat curve가 주어졌다. 만약 Heat curve와 Property를 생성하려면, 그림 2-181과 같이 "Property generation" 입력 창 "Conditions" 탭에서 "Flash type"을 "Integral"로 선택하여 Heat curve를 생성한다.

Property Package | Composition | Conditions | Results

Temperature Point Method	Point Increment Method	Flash Method
◯ User defined temperatures	◯ Equal temperature	◯ Differential
◯ Property sets	◯ Equal vapor fraction	◉ Integral
◉ Property grid	◉ Equal enthalpy	

그림 2-181 Composition 탭에서 Integral flash method 선택

Flash method는 "Integral"과 "Differential" 두 가지 옵션이 있다. "Integral"은 Liquid와 Vapor가 열역학적, 화학적으로 서로 잘 섞여 있다고 가정한 방식이지만, "Differential"은 Liquid와 Vapor가 서로 분리되어 있다고 가정한 방식이다. 그림 2-182는 Flash 모델을 도식적으로 보여주고 있다. Reflux flash는 Integral flash와 다르게 Vapor/Liquid가 Count-current로 서로 접촉한다. Reflux flash 모델을 구현하는 Heat curve 생성 방법이 없으므로 "Integral" 옵션을 적용한다. 참고로 Tube side condensing 서비스 열교환기 Channel에서 또는 Shell side condensation의 Shell에서 Gravity-controlled flow regime이 형성되어 상 분리될 때 Flash 모델을 "Differential" 옵션으로 선택하여 Heat curve를 생성해야 한다.

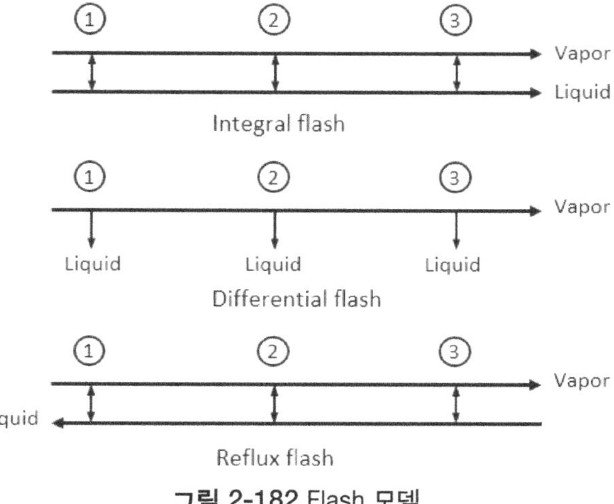

그림 2-182 Flash 모델

그림과 2-183과 같이 Tube 중심으로 Vapor가 올라가면서 Tube wall에 접촉하여 응축되며, 응축된 Liquid는 Tube wall을 타고 내려가 다시 Receiver로 떨어진다. 이처럼 Liquid가 중력에 의해 아래 방향으로 내려갈 수 있도록 Tube 내 Two phase flow regime이 Gravity-controlled flow regime으로 형성될 수 있도록 설계해야 한다. 응축된 Liquid는 Tube wall을 타고 아래 방향으로 흐르기 때문에, Tube 아래로 갈수록 Tube wall에 Liquid 층은 더 두꺼워져 Vapor가 올라가는데 방해될 수 있다. 이 현상이 더 심해지면 Vapor가 Tube로 올라가지 못할 정도로 Liquid가 Tube 단면을 막는데, 이를 Flooding이라고 한다. 이때 Vapor velocity를 Critical flooding velocity라고 한다. 여기서 Velocity는 Mass velocity를 의미하며 단위는 kg/sec-m^{2}이다. Reflux condenser를 설계할 때 이 Flooding 현상을 주의해야 한다. 이런 이유로 Tube side reflux condenser에 작은 Tube 치수를 적용하지 않는데, 최소 Tube OD 25.4mm를 사용한다.

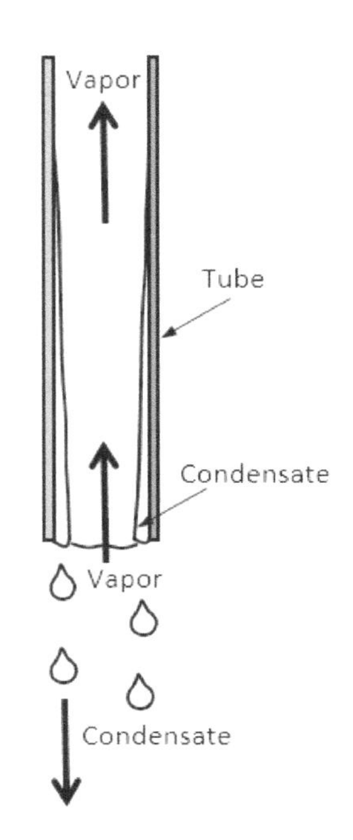

그림 2-183 Tube side reflux condenser, Bottom tube end

Entrainment 또한 설계에 고려해야 한다. Tube side 출구의 Mass vapor fraction이 0.157로 Two phase인 것처럼 보인다. 그러나 Liquid는 Tube 아래로 나가고, Vapor는 Tube 위로 나감으로, 실제 Tube side 출구 상태는 100% Vapor이다. 출구에서 Vapor velocity가 빠를수록 많은 Entrainment를 포함한다. 원하는 성분이 Liquid로 분리되었지만, Vapor velocity가 빠르게 되면 일부 응축된 Liquid가 Vapor에 딸려 올라가 Loss로 발생할 수 있다.

Shell side 유체는 Propane refrigerant로 Heat curve 없이 Property만 제공되었다. HTRI에서 기본으로 제공되는 Property package인 VMGThermo를 선정하고 Default VLE model인 Advanced-peng-robinson을 선택하여 Heat curve를 생성하여 열교환기를 설계할 수 있다.

또 다른 방법으로 Heat curve를 직접 생성하는 방법이다. 이 방법은 유체의 성분을 알 수 없을 때 사용한다. Cold side 입구온도와 출구온도가 같다. HTRI Heat curve에 동일한 온도 입력을 피하므로 5℃를 포함하여 이보다 0.01℃ 낮은 4.99℃와 0.01℃ 높은 5.01℃에서 Heat curve를 생성한다. 입구/출구온도를 각각 4.99℃와 5.01℃로 보고 5℃에서 Enthalpy와 Mass vapor fraction은 입구와 출구의 중간값을 취하여 표 2-52와 같이 Heat curve를 생성한다.

표 2-52 Propane heat curve

	Temp. [℃]	*Enthalpy [kcal/hr]*	*Vapor mass fraction*
Inlet condition	*4.99*	*0*	*0.124*
Average value	*5*	*213300*	*0.562*
Outlet condition	*5.01*	*426600*	*1.0*

"Process conditions" 입력 창에서 Shell side 입구/출구온도를 모두 비워둔다. Grid property는 없으므로 그림 2-184와 같이 "Cold fluid properties" 입력 창에 Physical property input 옵션을 "Combination"으로 선택한다.

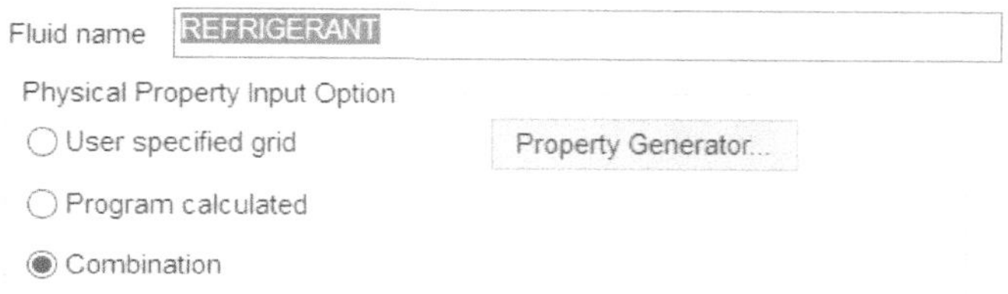

Fluid name REFRIGERANT

Physical Property Input Option

User specified grid　Property Generator...

Program calculated

Combination

그림 2-184 Physical property input 옵션 (Cold fluid properties 입력 창)

다음 그림 2-185와 같이 "Grid properties" 창에 직접 생성한 Heat curve(표 2-52)를 입력한다. "Total duty from inlet" 옵션을 선택하고 Shell side 유량을 입력해야 한다. "Pressure"에 입구압력을 입력하고, 생성한 표 2-52 Heat curve를 입력한다.

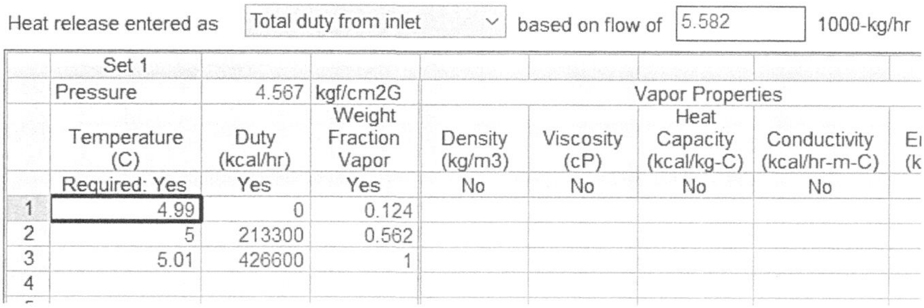

Heat release entered as　Total duty from inlet　based on flow of　5.582　1000-kg/hr

	Set 1							
	Pressure	4.567	kgf/cm2G	Vapor Properties				
	Temperature (C)	Duty (kcal/hr)	Weight Fraction Vapor	Density (kg/m3)	Viscosity (cP)	Heat Capacity (kcal/kg-C)	Conductivity (kcal/hr-m-C)	E (k
	Required: Yes	Yes	Yes	No	No	No	No	
1	4.99	0	0.124					
2	5	213300	0.562					
3	5.01	426600	1					
4								

그림 2-185 Grid properties 입력 창

마지막으로 "Components" 입력 창에서 "New user defined" component를 생성한 후, 그림 2-186과 같이 Datasheet에 제공된 Vapor와 Liquid property를 입력한다.

	Property	Ref. T1	Ref. T2	
1	Reference temperature	5		C
2	Density	11.71		kg/m3
3	Viscosity	0.0078		cP
4	Thermal conductivity	0.009		kcal/hr-m-C
5	Heat capacity	0.4266		kcal/kg-C
6	Enthalpy			kcal/kg

Vapor properties

	Property	Ref. T1	Ref. T2	
1	Reference temperature	5		C
2	Density	521.66		kg/m3
3	Viscosity	0.1447		cP
4	Thermal conductivity	0.092		kcal/hr-m-C
5	Heat capacity	0.6711		kcal/kg-C
6	Enthalpy			kcal/kg
7	Surface tension			dyne/cm

Liquid properties

그림 2-186 Vapor와 Liquid properties 입력 창

VMGThermo로부터 Heat curve를 생성했을 때와 직접 Heat curve를 생성했을 때 유사한 Xist 결과를 보여준다. 유체성분은 알고 있지만, Heat curve가 제공되지 않았을 경우 이 두 가지 방법으로 Heat curve를 생성하고 Xist 결과를 비교하여 적합한 방법을 선택하여 사용한다. 이 예제에 두 방법 모두 적용될 수 있고 직접 Heat curve를 생성한 방법을 적용하였다.

2) 1차 설계 결과 검토

그림 2-188은 1차 설계 결과다. Tube side flow regime parameter가 0.3보다 작으면 Shear-controlled flow regime, 0.7보다 크면 Gravity-controlled flow regime이 된다. 이는 "Tubeside monitor" 창에서 확인할 수 있는데, Tube side reflex condenser 설계할 때, Tube side flow regime parameter가 0.7보다 작지 않도록 Shell OD와 Tube 길이, Tube OD를 조절한다. 그림 2-187과 같이 1차 설계 결과 Tube side flow regime parameter 0.7385~1.2816이다.

Vapor Reynolds	(--)	23247	21998	23260	22655	22270	22002	21813
Liquid Reynolds	(--)	117.61	93.522	48.710	26.816	14.370	6.2795	0.7681
Vapor Prandtl	(--)	0.6756	0.6717	0.6174	0.6315	0.6437	0.6472	0.6464
Liquid Prandtl	(--)	4.6997	4.8444	5.9532	5.8492	5.9546	6.0159	6.0348
Grashof	(--)		4.23e+7	2.29e+7	1.28e+7	7616748	4741135	3026768
Richardson	(--)		4840.6	9634.9	17733	36885	120235	5130153
Flow regime param.	(--)		0.7385	0.9905	1.1193	1.1967	1.2477	1.2816
Condensate regime	(--)		Reflux	Reflux	Reflux	Reflux	Reflux	Reflux

그림 2-187 Flow regime parameter (Tubeside monitor 창)

Tube side 입구 노즐 ID는 Shell ID보다 약간 작은 치수인 1318mm를 입력하였다. Tube side liquid 출구 노즐 ID 또한 노즐에서 Pressure drop이 무시될 정도로 크게 500mm로 입력하였다.

앞서 설명한 바와 같이 Shell side는 Nucleate boiling에 의한 열전달이 대부분을 차지한다. 순수성분으로 구성된 유체의 Nucleate boiling 열전달에서 유속은 중요하지 않다. 유속을 굳이 증가할 필요 없으므로 Baffle은 Tube support 역할만 하면 된다. 따라서 Baffle cut을 크게 하고 Baffle 수량도 최소로 한다.

Process Conditions		Cold Shellside		Hot Tubeside	
Fluid name			REFRIGERANT		HYDROCARBON
Flow rate	(1000-kg/hr)		6.9775 *		16.291 *
Inlet/Outlet Y	(Wt. frac vap.)	0.1240	1.0000	0.9991	0.8428
Inlet/Outlet T	(Deg C)	4.99	5.01	50.00	10.00
Inlet P/Avg	(kgf/cm2G)	4.567	4.547	5.345	5.330
dP/Allow.	(kgf/cm2)	0.040	0.100	0.031	0.110
Fouling	(m2-hr-C/kcal)		0.000200		0.000300

Exchanger Performance					
Shell h	(kcal/m2-hr-C)	388.04	Actual U	(kcal/m2-hr-C)	67.79
Tube h	(kcal/m2-hr-C)	114.40	Required U	(kcal/m2-hr-C)	50.69
Hot regime	(--)	Reflux	Duty	(MM kcal/hr)	0.5328
Cold regime	(--)	Nucl	Eff. area	(m2)	547.83
EMTD	(Deg C)	19.2	Overdesign	(%)	33.72

Shell Geometry			Baffle Geometry		
TEMA type	(--)	NEN	Baffle type		Single-Seg.
Shell ID	(mm)	1340.0	Baffle cut	(Pct Dia.)	46.45
Series	(--)	1	Baffle orientation	(--)	Perpend.
Parallel	(--)	1	Central spacing	(mm)	890.00
Orientation	(deg)	90.00	Crosspasses	(--)	6

Tube Geometry			Nozzles		
Tube type	(--)	Plain	Shell inlet	(mm)	146.33
Tube OD	(mm)	25.400	Shell outlet	(mm)	193.68
Length	(mm)	5486.	Inlet height	(mm)	57.225
Pitch ratio	(--)	1.2500	Outlet height	(mm)	69.925
Layout	(deg)	90	Tube inlet	(mm)	1318.0
Tubecount	(--)	1283	Tube outlet	(mm)	146.33
Tube Pass	(--)	1			

Thermal Resistance, %		Velocities, m/s	Min	Max	Flow Fractions	
Shell	17.47				A	0.009
Tube	77.97	Tubeside	1.16	1.39	B	0.901
Fouling	4.03	Crossflow	0.20	0.64	C	0.031
Metal	0.53	Longitudinal	0.12	0.53	E	0.059
					F	0.000

그림 2-188 1차 설계 결과 (Output summary)

1차 설계 결과 Over-design 33.72%로 설계하였다. Over-design을 여유 있게 설계한 이유는 HTRI 결과 Effective tube 길이보다 실제 열전달이 발생하는 Actual effective tube 길이가 짧기 때문이다. 그림 2-189와 같이 Liquid level은 마지막 Baffle 아래 약 Baffle spacing의 3분의 1 높이에 위치시킨다. Actual effective tube 길이와 Actual over-design은 아래와 같이 수정 계산된다.

$$Actual\ effective\ tube\ length = Effective\ tube\ length - Outlet\ spacing - Center\ spacing\ \div 3$$

$$= 5351mm - 895.5mm\ - 890 \div 3 = 4158.8mm$$

$$Actual\ required\ heat\ transfer\ rate\ = Required\ heat\ transfer\ rate\ \times \left(\frac{Effective\ tube\ length}{Actual\ effective\ tube\ length}\right)$$

$$= 50.69 kcal/m^2\,hr\,°C \times \left(\frac{5351mm}{4158.8mm}\right) = 65.22 kcal/m^2\,hr\,°C$$

$$Actual\ over\ design = \left(\left(\frac{Actual\ heat\ transfer\ rate}{Actual\ required\ heat\ transfer\ rate}\right) - 1\right) \times 100\%$$

$$= \left(\left(\frac{67.79kcal/m^2 \cdot hr \cdot ℃}{65.22kcal/m^2 \cdot hr \cdot ℃}\right) - 1\right) \times 100\% = 3.9\%$$

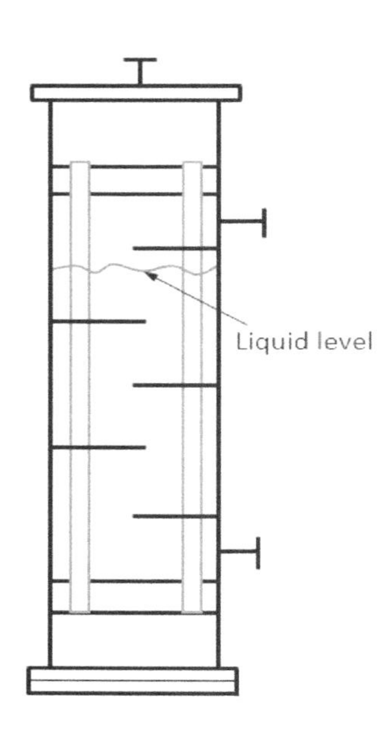

그림 2-189 Vent condenser, Refrigerant liquid level

아래는 1차 설계 결과와 함께 나온 Warning message이다.

① *The tube inlet velocity is greater than the inlet nozzle velocity where momentum pressure drop between the inlet nozzle and the tube inlet is not included in the calculations. This pressure drop can be significant in a vacuum condenser. Ensure you have margin for this additional pressure loss.*

② *The outlet nozzle velocity is greater than the tube exit velocity where momentum pressure drop between the tube exit and the outlet nozzle is not included in the calculations. This pressure drop can be significant in a vacuum condenser. Ensure you have margin for this additional pressure loss.*

③ *The exit vapor velocity is at 281.704 percent of the calculated liquid entrainment velocity.*

첫 번째와 두 번째 Warning message는 노즐에서 유속보다 Tube inlet end 또는 Tube exit end에서 유속이 더 높아 실제 Momentum pressure drop이 발생하지만, Xist 결과는 이에 대한 계산을 포함하지 않으므로 실제 Pressure drop이 계산 값보다 더 클 수 있다는 내용이다. Momentum pressure drop은 Velocity pressure drop을 의미한다. Tube 입구 노즐에서 유속은 0.4m/sec이다. 이는 "Final results" 창

에서 확인할 수 있다. 반면 Tube inlet end에서 유속은 1.39m/sec이다. 이는 "Tubeside monitor" 창에서 확인할 수 있다. 동일하게 Tube side 출구 노즐에서 유속은 25.77m/sec이며, Tube exit end에서 유속은 1.16m/sec이다. Momentum pressure drop은 식 2-22에 따라 계산할 수 있다. 입구 노즐에서 Momentum pressure drop은 0.00008kg/cm^{2}이고 출구 노즐에서 0.03kg/cm^{2}으로 계산된다. 이 둘을 Calculated pressure drop에 합치면 0.061kg/cm^{2}이 되며, Allowable pressure drop보다 여전히 상당히 낮음을 확인할 수 있다.

$$\Delta P_m = \frac{1}{2 \times g_c \times 10000} \times \rho \times \left(V_2^{\,2} - V_1^{\,2}\right) - - - - (2-22)$$

Where,

ΔP_m(kg/cm^2): Momentum pressure drop

g_c(9.81 (kg/kgf) (m/sec^2)): Conversion factor of gravity

ρ (kg/m^3): Density

V_1 (m/sec): Velocity at upstream

V_2 (m/sec): Velocity at downstream

세 번째는 Cold side vapor 출구에서 Entrainment 가능성에 관한 내용이다. Tube 마지막 Incremental에서 Vapor velocity가 식 2-23으로 계산된 Liquid entrainment velocity의 2.72배로 Entrainment 가능성이 상당히 크다. 이는 Vapor가 Tube에서 Upper channel로 빠져나올 때 발생하는 Entrainment이다. Vapor는 Upper channel을 거쳐 노즐을 빠져나와야 한다. Upper channel에서 Vapor velocity는 Tube에서 Vapor velocity보다 상당히 느려지므로 Channel을 통과하면서 Entrainment가 줄어들 것이다.

$$V_{entrain} = 0.0457 \times \sqrt{\left(\frac{\rho_l}{\rho_v} - 1\right)} - - - - - \quad (2-23)$$

Where,

$V_{entrain}$ (m/sec): Liquid entrainment velocity

ρ_l(kg/m^3): Liquid density

ρ_v(kg/m^3): Vapor density

HTRI는 Reflux condenser에서 Outlet mass vapor fraction이 0.3을 초과하면 Entrainment를 피하기 어려우면 Reflux condenser 후단에 별도 Knock-out drum 설치할 것을 추천한다. 1차 설계 결과 Outlet mass vapor fraction은 0.843으로 Entrainment 발생은 어쩔 수 없다. Kettle 열교환기와 다르게 Xist는 Reflux condenser의 Entrainment 가능성만 결과로 보여줄 뿐 Entrainment 양이 얼마나 되는지 결과로 보여주지 않는다.

Liquid entrainment velocity를 식 2-23에 따라 계산하면, 0.4278m/sec가 된다. 그리고 Tube 끝단에서 Vapor velocity를 계산하면 아래와 같다. 따라서 Liquid entrainment velocity에 대한 Vapor velocity 비는 2.70(270%)으로 Warning message와 큰 차이가 없다.

$$Tube\ ID\ area = No.of\ tubes\ \times (Tube\ OD - 2 \times Tube\ thickness)^2 \div 4 \times \pi$$
$$= 1283\ \times (0.0254 - 2 \times 0.003048)^2 \div 4 \times \pi = 0.3955 m^2$$
$$Vapor\ volume\ flow\ rate = Vapor\ mass\ flow\ rate\ \div Vapor\ density\ \div 3600$$
$$= 13731 \div 8.7994 \div 3600 = 0.4335\ m^3/sec$$
$$Vapor\ velocity\ = Vapor\ volume\ flow\ rate \div Tube\ ID\ area$$
$$= 0.4335\ \div 0.3955 = 1.1525\ m/sec$$

그러나 Tube를 빠져나온 Vapor는 Upper channel을 거쳐 빠져나온다. Upper channel에서 Vapor velocity를 계산하면 아래와 같다. Liquid entrainment velocity에 대한 Vapor velocity 비는 0.72(72%)로 Entrainment 가능성이 없는 것으로 나온다.

$$Channel\ ID\ area = (Channel\ ID)^2 \div 4 \times \pi$$
$$= (1.34)^2 \div 4 \times \pi = 1.41 m^2$$
$$Vapor\ velocity\ = Vapor\ volume\ flow\ rate \div Channel\ ID\ area$$
$$= 0.4335\ \div 1.41 = 0.3074\ m/sec$$

따라서 Tube에서 Liquid entrainment가 발생한 후 어느 정도 분리될지 계산할 수 없지만, Upper channel에서 일부 Entrainment가 분리될 것이다.

Kettle 열교환기에 적용되는 Entrainment ratio 계산방식이 있다. 이를 응용하여 Upper channel에서 Entrainment ratio를 계산할 수 있다. Entrainment ratio는 식 2-24과 2-25에 의해 계산된 값 중 큰 값이다. Channel 높이를 1m로 가정하여 계산하면 Entrainment ratio는 0.0023으로 계산되는데 이 값을 참고로만 고려한다. Entrainment를 줄이기 위하여 그림 2-190에서 보듯이 Upper channel 높이를 높이거나 출구 노즐에 Deflector baffle을 설치할 수 있다.

$$\boldsymbol{E_{vl} = 13(E^{**})^3 \text{ ------ } (2-24)}$$

$$\boldsymbol{E_{vl} = 300(E^{**})^{4.5} \text{ ------ } (2-25)}$$

$$\boldsymbol{E^{**} = \left(\frac{D_{d,max}}{H_s}\right)^{0.333} \frac{V_v}{\left[\frac{g g_c \sigma(\rho_l-\rho_v)}{\rho_v^2}\right]^{1/4}} \text{ ------ } (2-26)}$$

$$\boldsymbol{D_{d,max} = 2\left[\frac{g_c\,\sigma}{g(\rho_l-\rho_v)}\right]^{1/2} \text{ ------ } (2-27)}$$

$$\boldsymbol{V_v = \frac{W_{VS}}{\rho_v S_{channel}} \text{ ------ } (2-28)}$$

$$\boldsymbol{V_v = \frac{W_{VS}}{\rho_v S_{tubes}} \text{ ------ } (2-29)}$$

Where,

E_{vl}: Entrainment ratio

$D_{d,max}(m)$: Maximum diameter of stable droplet

$H_s(m)$: Channel height

$V_v(m/sec)$: Vertical vapor velocity

$g(9.8\ m/sec^2)$: Acceleration of gravity

$g_c(1.0\ kg\cdot(m/sec^2)/N)$: Conversion factor of gravity

$\sigma(N/m)$: Surface tension

$S_{channel}(m^2)$: Channel inside area

$S_{tubes}(m^2)$: Total tube inside cross-sectional area

$W_{VS}(kg/sec)$: Outlet vapor flow rate

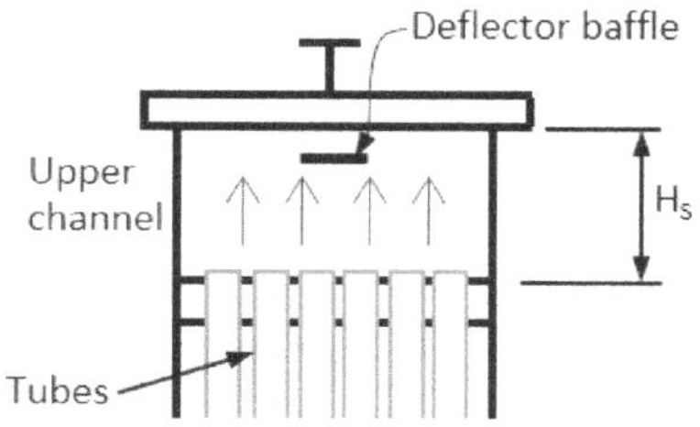

그림 2-190 Tube side reflex condenser, Upper channel

HTRI는 Vapor mass velocity가 Critical flooding velocity의 80% 이하로 설계하길 추천하고 있다. 1차 설계 결과는 이에 미치지 않아 Flooding 가능성은 없다. 만약 80%를 초과한다면 Vapor mass velocity 줄이거나 Critical flooding velocity를 높여야 한다. Vapor mass velocity 줄이기 위해 Tube 수량과 Shell ID를 증가시켜야 한다. Critical flooding velocity를 증가하려면 그림 2-191과 같이 Tube inlet end를 뾰족하게 Tapering 처리한다. Taper angle이 크면 클수록 Critical flooding velocity는 큰 값을 갖을 것이다.

Taper angle은 최대 75°까지 입력할 수 있다. 이번 예제에 45°를 적용하였다. 그림 2-192와 같이 "Tube" 창의 "Taper angle"에 입력한다.

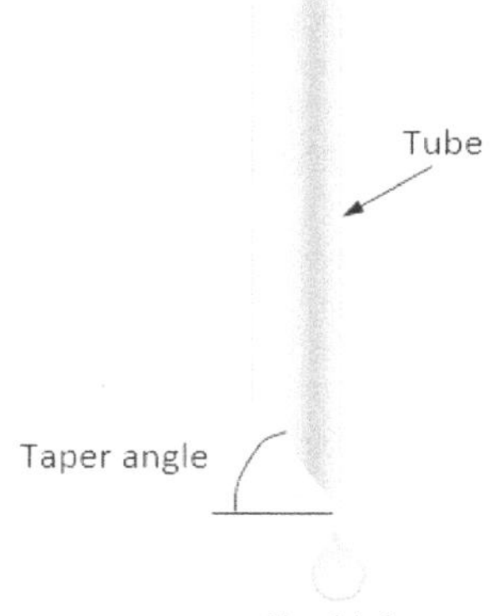

그림 2-191 Tube side reflux condenser, Tapered tube end

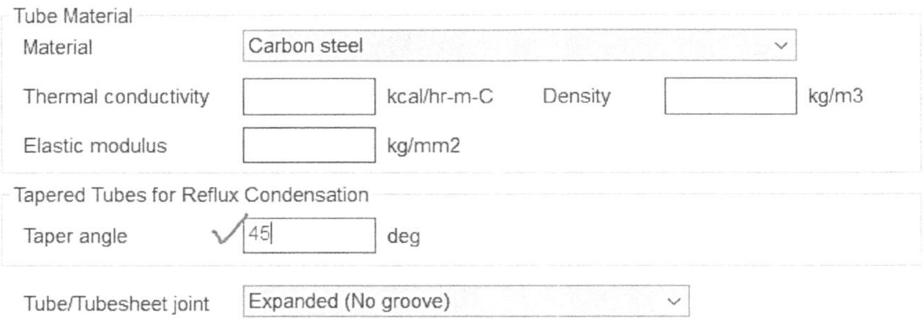

Tube Material				
Material	Carbon steel			
Thermal conductivity		kcal/hr-m-C	Density	kg/m3
Elastic modulus		kg/mm2		
Tapered Tubes for Reflux Condensation				
Taper angle	45	deg		
Tube/Tubesheet joint	Expanded (No groove)			

그림 2-192 Tapered tube 입력 (Tubes 입력 창)

3) 2차 설계 결과 검토

그림 2-193은 2차 설계 결과다. 1차 설계 결과 검토와 같은 방법으로 Liquid level을 고려한 Actual over-design을 계산하면 3.3%이다.

Process Conditions		Cold Shellside		Hot Tubeside	
Fluid name			REFRIGERANT		HYDROCARBON
Flow rate	(1000-kg/hr)		6.9775 *		16.291 *
Inlet/Outlet Y	(Wt. frac vap.)	0.1240	1.0000	0.9991	0.8428
Inlet/Outlet T	(Deg C)	4.99	5.01	50.00	10.00
Inlet P/Avg	(kgf/cm2G)	4.567	4.547	5.345	5.330
dP/Allow.	(kgf/cm2)	0.040	0.100	0.031	0.110
Fouling	(m2-hr-C/kcal)		0.000200		0.000300

Exchanger Performance					
Shell h	(kcal/m2-hr-C)	389.27	Actual U	(kcal/m2-hr-C)	67.82
Tube h	(kcal/m2-hr-C)	114.39	Required U	(kcal/m2-hr-C)	50.93
Hot regime	(--)	Reflux	Duty	(MM kcal/hr)	0.5328
Cold regime	(--)	Nucl	Eff. area	(m2)	545.27
EMTD	(Deg C)	19.2	Overdesign	(%)	33.15

Shell Geometry			Baffle Geometry		
TEMA type	(--)	NEN	Baffle type		Single-Seg.
Shell ID	(mm)	1340.0	Baffle cut	(Pct Dia.)	46.45
Series	(--)	1	Baffle orientation	(--)	Perpend.
Parallel	(--)	1	Central spacing	(mm)	890.00
Orientation	(deg)	90.00	Crosspasses	(--)	6

Tube Geometry			Nozzles		
Tube type	(--)	Plain	Shell inlet	(mm)	146.33
Tube OD	(mm)	25.400	Shell outlet	(mm)	193.68
Length	(mm)	5486.	Inlet height	(mm)	57.225
Pitch ratio	(--)	1.2500	Outlet height	(mm)	69.925
Layout	(deg)	90	Tube inlet	(mm)	1318.0
Tubecount	(--)	1283	Tube outlet	(mm)	146.33
Tube Pass	(--)	1			

Thermal Resistance, %		Velocities, m/s	Min	Max	Flow Fractions	
Shell	17.42				A	0.009
Tube	78.01	Tubeside	1.16	1.39	B	0.901
Fouling	4.03	Crossflow	0.20	0.65	C	0.031
Metal	0.53	Longitudinal	0.12	0.53	E	0.059
					F	0.000

그림 2-193 2차 설계 결과 (Output summary)

1차 설계 결과 검토에 따라, "Tube" 입력 창에 Taper angle을 45° 입력하였다. Tube inlet end를 45° Tapering 하므로 Tube 길이는 Tube OD만큼 짧아지므로 Effective tube 길이를 줄이기 위하여 Tubesheet 두께를 25mm만큼 더 두껍게 입력하였다. 2차 설계 결과의 Warning message는 1차 설계 결과 검토에서 이미 검토하였던 내용과 같다.

4) Shell side reflux condenser

이번 예제는 Tube side reflux condenser이지만 Shell side reflux condenser에 대하여 간략히 설명하고자 한다. Shell side reflux condenser는 낮은 운전압력, Gas stripping, 냉매 Fouling이 심한 경우에 사용된다. Horizontal과 Vertical 설치 모두 가능하다. Horizontal의 경우 E, J, X shell 주로 적용된다. Tube 바깥쪽으로 Vapor가 응축되고 응축된 액체는 다시 Receiver로 되돌아가며 기체만 출구 노즐로 나간다. Shell side reflux condenser는 HTRI suit version 7.0부터 설계 기능이 포함되었으나 Critical flooding velocity 계산에 에러가 있다. Version 8.0에 Critical flooding velocity 계산이 수정되었다.

Shell side reflux condenser 설계 시 아래 사항들을 고려하여 설계한다.

- ✔ *Hot side flow regime은 Tube side reflux condenser와 동일하게 Gravity controlled로 설계한다.*
- ✔ *유속을 증가시키기 위하여 Baffle을 추가시키지 말고 최소화하여 설계한다.*
- ✔ *Tube pitch는 Tube OD의 1.5배 이상으로 배열한다.*
- ✔ *Horizontal reflux condenser에 대하여 Liquid drainage가 예상될 경우 90° Pitch를 적용하고, Condensate 성분이 중요할 경우 45° Pitch를 적용한다.*
- ✔ *Horizontal reflux condenser에서 Condensate의 Tube 접촉시간을 최소화하기를 원하면 Low fin tube를 적용하기도 한다.*
- ✔ *Vertical reflux condenser의 Baffle type에 Double segmental type 또는 Disk & doughnut baffle type이 많이 적용된다.*

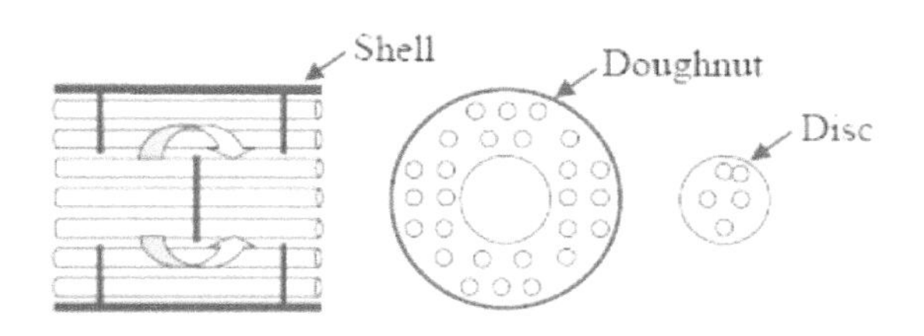

그림 2-194 Disc & doughnut baffle

5) 결과 및 Lessons learned

Vent condenser 설계 결과를 정리하면 표 2-53과 같다.

표 2-53 Vent condenser 설계 결과 Summary

Duty [MMKcal/hr]	*MTD [℃]*	*Transfer rate(Calculated) [kcal/m²-hr-℃]*	*Over-design*	*Shell Dp [kg/cm²]*	*Tube Dp [kg/cm²]*
1.25 × 0.437	*19.2*	*67.82*	*3.3%*	*0.04*	*0.031*

Vertical tube side reflux condenser 설계할 때 아래 사항을 고려하여 설계해야 한다.

- ✔ *전체 Tube 길이에서 Gravity control flow regime이 되도록 설계한다.*
- ✔ *Tube에서 Flooding이 발생하지 않도록 Tube OD 1" 이상 사용한다.*
- ✔ *Flooding을 방지하기 위하여 Tube entrance를 Tapering 가공하면 Flooding 경향성이 개선된다.*
- ✔ *Cold side를 Refrigerant를 사용할 경우 Liquid level을 고려하여 설계한다. 열전달 Method로 Nucleate boiling only를 적용하며, Liquid level로 인한 전열 면적이 줄어들므로 충분한 Over-design이 나오도록 설계한다.*
- ✔ *Baffle cut은 최대로 Baffle 수량은 최소로 적용한다.*
- ✔ *노즐에서 속도와 Tube entrance 또는 Exit에서 속도에 의한 Momentum pressure drop이 발생하지만, HTRI 계산에 포함되지 않으므로 별도 계산하여 검토한다.*
- ✔ *HTRI 결과는 Vapor exit의 Entrainment 가능성만 보여준다. Entrainment ratio를 확인하고자 한다면 별도 계산이 필요하다.*

2.5. Reboiler

석유화학 공업에서 Distillation은 모든 공정에서 사용된다고 말할 수 있을 만큼 많이 사용된다. Distillation 공정은 Distillation column, Reboiler, Condenser로 구성되어 있다. Shell & tube heat exchanger뿐 아니라 Plate frame type 열교환기 등 Special type 열교환기 또한 Reboiler로 사용되기도 한다. 또한, Reboiler 대신 Stripping steam을 사용하기도 한다. Shell & tube heat exchanger를 Reboiler로 적용할 때, Reboiler type은 Horizontal reboiler, Vertical reboiler, Kettle reboiler, Forced circulation reboiler, Internal reboiler로 구분하며 일반적인 Reboiler type 별 서비스 적용은 표 2-54와 같다.

표 2-54 Reboiler type 별 비교

	Vertical reboiler	*Horizontal reboiler*	*Kettle reboiler*	*Forced Circulation*	*Internal Reboiler*
Boiling side	*Typically tube*	*Typically shell*	*Shell*	*Typically, tube*	*Shell*
Heat transfer rate	*High*	*Moderately high*	*Low to moderate*	*Moderate*	*Low to moderate*
Plot space	*Small*	*Large*	*Large*	*Large to small*	*Minimal to small*
Process piping	*Small*	*Standard*	*Standard*	*Extra piping*	*None*
Pump required	*No*	*No*	*No*	*Yes*	*No*
Skirt height	*High*	*High*	*Low*	*Moderate*	*No*
ΔT requirement	*Moderate*	*Moderate*	*Low*	*High*	*Moderate to high*
High viscosity	*Poor*	*Better than vertical*	*Poor*	*Good*	*Poor*
Maintenance and cleaning	*Difficult*	*Easy*	*Easy*	*Easy*	*Moderate*
Capital cost	*Low*	*Moderate*	*High*	*High*	*Very low*

그림 2-195는 Vertical reboiler와 그 배관 구성을 보여주고 있다. 그림 A는 Column liquid level에 따라 Static head가 연동되는 Thermosiphon reboiler 구성이다. Column bottom 구조가 간단하고 공간이 넓어 Column bottom 높이를 낮게 할 수 있다. 그림 B는 Column liquid level과 상관없이 Static head가 Baffle top으로 고정된 Thermosiphon reboiler 구성이다. Static head가 고정되어 있어 안정적인 Reboiler 운전이 가능하고 충분한 Static head가 확보되어 Column skirt 높이를 낮게 할 수 있다. 그림 C는 Once-through reboiler다. 위 단 Tray로부터 Liquid가 Reboiler로 들어가 일부 Vapor로 되어 아래 단으로 되돌아온다. Reboiler로 유입되는 유량은 위 단 Tray liquid loading으로 고정되어 있다. Tray draw-off 배관은 Weir flow가 형성되도록 배관 치수를 충분히 크게 해야 한다. Weir flow 관련 2.4.2장

그림 2-170과 식 2-21을 참조하기 바란다. 실제 운전 중 Liquid level은 Tray draw-off 배관에 형성된다. Reboiler에서 Column으로 돌아가는 Pressure drop도 최소화되어야 한다.

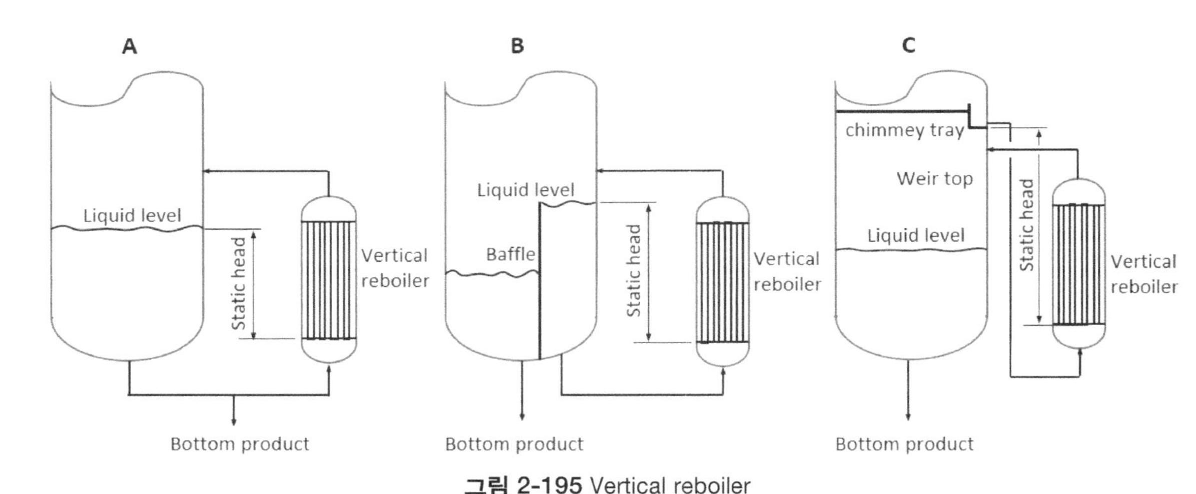

그림 2-195 Vertical reboiler

그림 2-196은 Horizontal reboiler와 그 배관 구성을 보여주고 있다. 3가지 배관 구성의 각 특징은 Vertical reboiler와 동일하다.

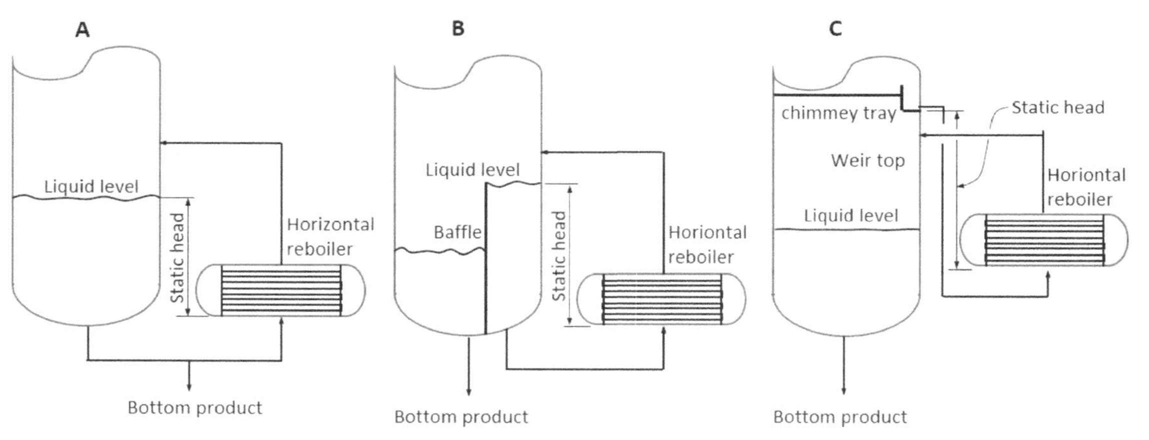

그림 2-196 Horizontal reboiler

그림 2-197은 Forced circulation reboiler와 그 배관 구성을 보여주고 있다. 그림 A에서 Reboiler 후단에 Valve가 설치되어 있다. 펌프는 충분한 압력으로 Column bottom liquid를 상당한 Sub-cooling 상태로 만든다. Reboiler는 Boiling 없이 Liquid 온도만 높인다. Reboiler 후단 Valve는 압력을 낮추어 Reboiler를 지난 Liquid 일부를 Flash 시키고 Two phase가 된 유체는 Column으로 되돌아간다. 보통 Horizontal 열교환기가 Reboiler로 많이 사용된다. Maintenance가 용이하고 Fouling 경향성이 낮은 장점이 있다. 반면 그

림 B에 Reboiler 전단에 Valve가 설치돼 있다. Reboiler에서 Boiling이 발생하고 Two phase가 된 유체가 Reboiler로부터 나와 Column으로 되돌아간다. 그림 A 구조보다 LMTD가 크므로 Reboiler 크기가 작다.

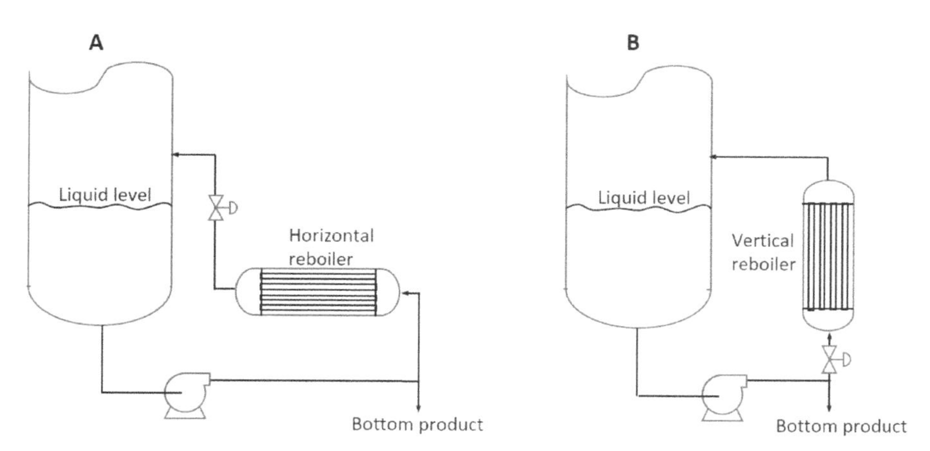

그림 2-197 Forced circulation reboiler

그림 2-198은 Kettle reboiler와 그 배관 구성을 보여주고 있다. 그림 A에서 Liquid는 Column bottom으로부터 Reboiler로 유입되고 Reboiler에서 발생한 Vapor는 Column으로 다시 돌아간다. 나머지 Liquid가 Reboiler weir baffle을 넘어 Bottom product로 Reboiler를 빠져나온다. Reboiler tube bundle은 항상 Liquid로 잠겨 있어야 하므로 Column liquid level은 Kettle reboiler weir baffle보다 배관에서 Pressure drop에 상응한 Liquid head만큼 높아야 한다.

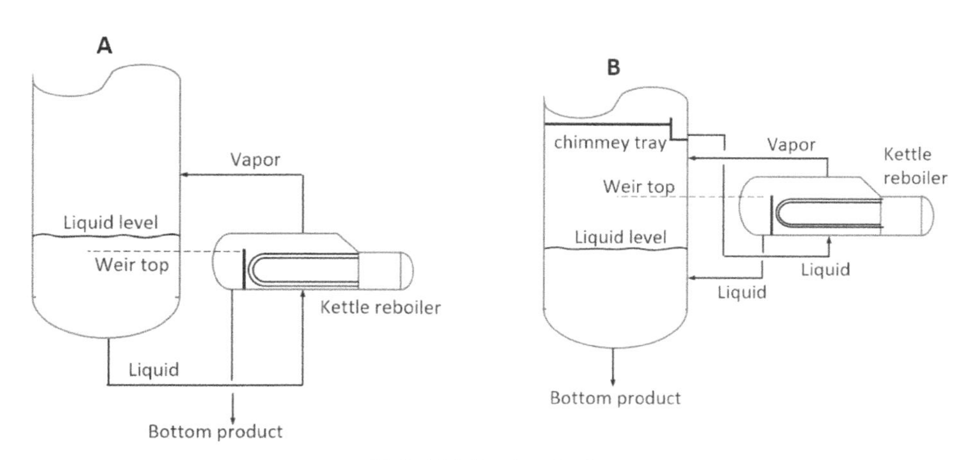

그림 2-198 Kettle reboiler

그림 B는 Kettle reboiler가 Side reboiler로 적용된 경우다. Upper tray로부터 Liquid가 Reboiler로 유입되고 Reboiler에서 발생한 Vapor와 나머지 Liquid 모두 각각 배관을 통하여 Column으로 돌아간다. Kettle reboiler의 Weir baffle top은 High liquid level보다 150~300mm 높게 배치한다. Chimney tray에

연결된 Draw-off 배관에서 Weir flow가 형성될 수 있도록 배관 치수를 충분히 크게 하며 Liquid return 배관 또한 Gravity flow가 형성되도록 충분한 치수로 설계되어야 한다.

그림 2-199는 Reboiler type 선정하는 순서도를 보여준다. 순서도에 추가하여 Once-through reboiler의 Mass vapor fraction이 30%를 초과하면 Bottom thermosiphon reboiler나 Pump-through reboiler를 선택해야 한다.

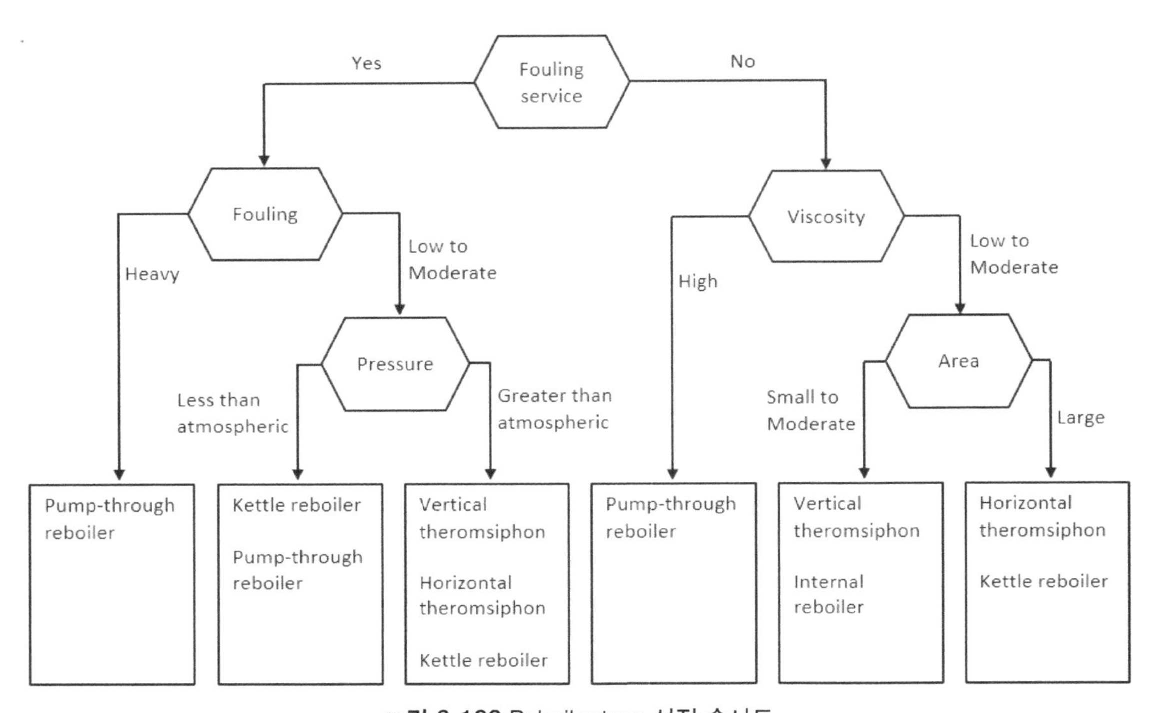

그림 2-199 Reboiler type 선정 순서도

2.5.1. Kerosene stripper reboiler

그림 2-200은 Delayed coker 공정도이다. Vacuum distillation unit으로부터 Vacuum residue가 Delayed coker unit의 feed이다. Vacuum residue는 Preheating train을 거쳐 Coker fractionator로 들어가고 Light hydrocarbon이 먼저 분리되고 Fractionator bottom으로부터 나머지 Heavy hydrocarbon이 나와 Furnace에서 가열된다. Heavy hydrocarbon은 Furnace에서 고리가 끊어지며 Light hydrocarbon이 생성되는 Thermal cracking이 시작된다. Heavy hydrocarbon은 Coker drum으로 유입되어 Cracking이 본격적으로 일어난다. Coker drum은 2개 Drum이 한 쌍으로 운전된다. 하나의 Drum에서 Cracking이 일어나면서 Cracking 된 Hydrocarbon은 Drum overhead로 빠져나와 Coker fractionator로 되돌아가고 남아있는 Solid coke가 점점 채워진다. 다른 하나의 Drum은 채워진 Solid coke를 Drum bottom으로 배출시켜 회수된다. 2개 Drum에서 Cracking과 Coke deposal이 교대 운전이 된다. Cracking된 Hydrocarbon은 Main fractionator에서 Naphtha, Kerosene, Gas oil 등으로 분리되어 생산된다. Delayed coker 공정도에서 Distillate stripper를 발견할 수 있을 것이다. Kerosene stripper는 Main fractionator의 Kerosene side draw-off와 연결된 작은 Distillation column이다. 이번 예제는 Kerosene stripper에 설치되는 Reboiler다.

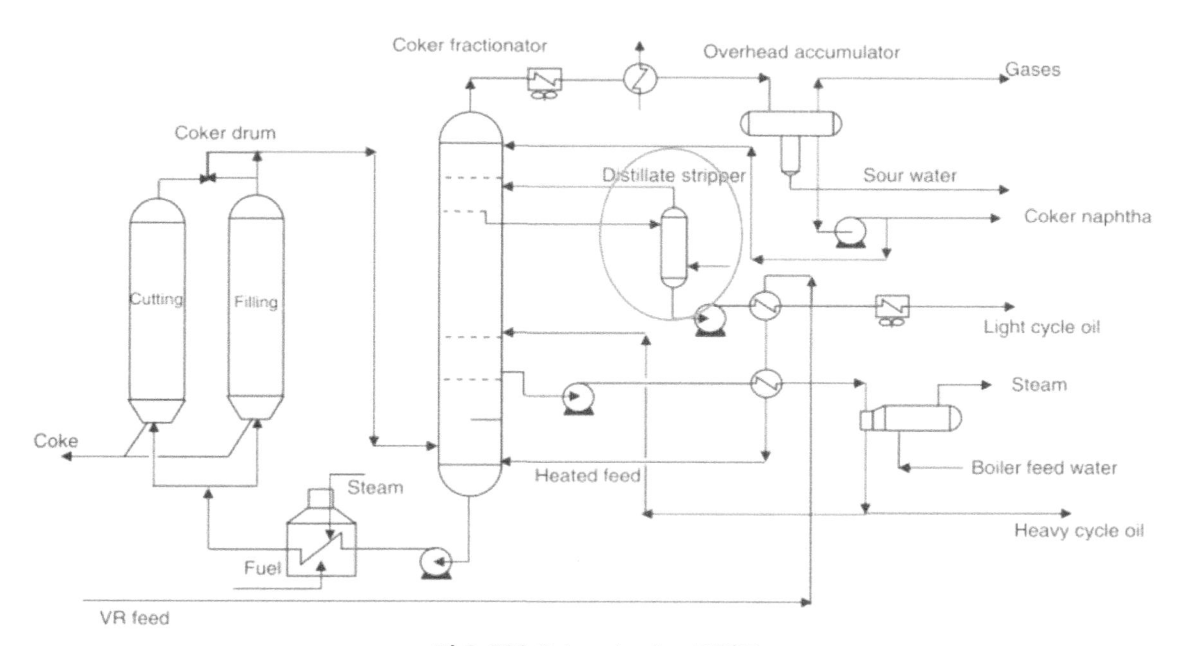

그림 2-200 Delayed coker 공정도

표 2-55는 Kerosene stripper reboiler 설계 운전조건이다.

표 2-55 Kerosene stripper reboiler 설계 운전조건

	Unit	Hot side		Cold side	
Fluid name		HCGO Pump Around		Kerosene	
Fluid quantity	kg/hr	315,613		65,394	
Temperature	℃	267.9	259.7	225.7	239.1
Mass vapor fraction		0	0	0	0.302
Density, L/V	kg/m³	755	761	Heat curve 참조	
Viscosity, L/V	cP	0.191	0.213		
Specific heat, L/V	kcal/kg ℃	0.646	0.639		
Thermal cond., L/V	kcal/hr m ℃	0.103	0.105		
Inlet pressure	kg/cm²g	10.707		1.05(Note 1)	
Press. drop allow.	kg/cm²	0.704		Thermosiphon	
Fouling resistance	h rm² ℃/kcal	0.000802		0.000605	
Duty	MMkcal/hr	1.681			
Material		Carbon steel		5Cr, 0.5Mo	
Design pressure	kg/cm²g	21.1		27.4	
Design temperature	℃	290		251	
1. Kerosene stripper bottom pressure 2. Design 115% on duty and flow. 3. TEMA type: AHT 4. Tube: OD 25.4mm, Thickness min. 2.11mm					

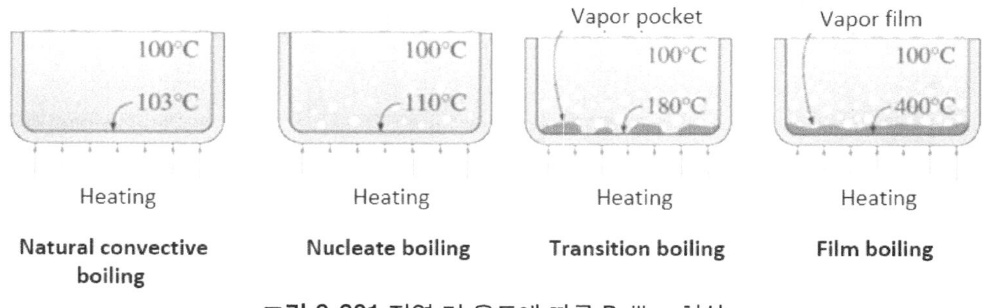

그림 2-201 전열 면 온도에 따른 Boiling 현상

Kerosene에 대한 Heat curve와 Grid property 데이터는 표 2-56, 2-57과 같이 제공되었다. Boiling 서비스의 경우 Critical pressure를 입력해야 한다. 다행히 이 예제 Datasheet는 Critical pressure를 제공하였다. Critical pressure는 Film boiling 현상을 예측하는 데 사용된다. Film boiling 현상은 전열 면과 Boiling liquid 온도 차가 커서 Vapor film이 전열 면을 덮고 Liquid는 전열 표면과 접촉하지 못하는 현상이다. Film boiling이 발생하면 Xist는 Sensible vapor 열전달계수를 적용하여 계산한다. 그림 2-201은 전열 면 온도에 따른 물의 Boiling 현상을 도식화한 그림이다.

표 2-56 Heat curve (1.05kg/cm^2g)

Temp.(°C)	*Enthalpy (kcal/kg)*	*Weight Frac. Vapor*	*Vapor Properties*			
			Density (kg/m^3)	*Viscosity (cP)*	*Heat Capa. (kcal/kg-°C)*	*Conductivity (kcal/hr-m-°C)*
225.7	-404.16	0				
227.2	-402.25	0.02	8	0.0087	0.5595	0.0219
228.6	-399.86	0.04	8.1	0.0087	0.5605	0.0219
230.1	-397.23	0.07	8.1	0.0087	0.5614	0.0220
231.6	-394.60	0.1	8.2	0.0087	0.5624	0.0220
233.1	-391.73	0.14	8.2	0.0087	0.5633	0.0220
234.6	-388.62	0.17	8.2	0.0087	0.5643	0.0221
236.1	-385.52	0.21	8.3	0.0087	0.5652	0.0221
237.6	-382.17	0.26	8.3	0.0087	0.5662	0.0222
239.1	-378.59	0.3	8.4	0.0087	0.5672	0.0222

Temp.(°C)	*Liquid Properties*				
	Density (kg/m^3)	*Viscosity (cP)*	*Heat Capa. (kcal/kg-°C)*	*Conductivity (kcal/hr-m-°C)*	*Critical Press. (kg/cm^2g)*
225.69	646	0.180	0.6453	0.0834	21.50
227.19	645	0.180	0.6453	0.0834	21.50
228.59	645	0.180	0.6477	0.0834	21.50
230.09	644	0.180	0.6477	0.0834	21.50
231.59	644	0.180	0.6501	0.0834	21.50
233.09	643	0.180	0.6501	0.0834	21.50
234.59	643	0.180	0.6501	0.0826	21.50
236.09	643	0.170	0.6501	0.0826	21.50
237.59	642	0.170	0.6525	0.0826	21.50
239.09	642	0.170	0.6549	0.0826	21.50

표 2-57 Heat curve (1.475kg/cm^{2}g)

Temp.(°C)	Enthalpy (kcal/kg)	Weight Frac. Vapor	Vapor Properties			
			Density (kg/m^3)	Viscosity (cP)	Heat Capa. (kcal/kg-°C)	Conductivity (kcal/hr-m-°C)
225.7	-404.16	0				
227.9	-402.72	0	8	0.0087	0.5595	0.0219
230.2	-401.29	0	8.1	0.0087	0.5605	0.0219
232.4	-399.86	0	8.1	0.0087	0.5614	0.0220
234.7	-398.42	0	8.2	0.0087	0.5624	0.0220
236.9	-395.79	0.02	8.2	0.0087	0.5633	0.0220
239.2	-392.21	0.06	8.2	0.0087	0.5643	0.0221
241.4	-387.91	0.11	8.3	0.0087	0.5652	0.0221
243.7	-383.37	0.16	8.3	0.0087	0.5662	0.0222
245.9	-378.59	0.23	8.4	0.0087	0.5672	0.0222

Temp.(°C)	Liquid Properties				
	Density (kg/m^3)	Viscosity (cP)	Heat Capa. (kcal/kg-°C)	Conductivity (kcal/hr-m-°C)	Critical Press. (kg/cm^2 g)
225.70	646	0.18	0.6453	0.0834	21.50
227.90	645	0.18	0.6453	0.0834	21.50
230.20	645	0.18	0.6477	0.0834	21.50
232.40	644	0.18	0.6477	0.0834	21.50
234.70	644	0.18	0.6501	0.0834	21.50
236.90	643	0.18	0.6501	0.0834	21.50
239.20	643	0.18	0.6501	0.0826	21.50
241.40	643	0.17	0.6501	0.0826	21.50
243.70	642	0.17	0.6525	0.0826	21.50
245.90	642	0.17	0.6549	0.0826	21.50

1) 사전 검토

Reboiler를 설계하기 위해서 P&ID와 Column datasheet 또는 제작도면이 필요하다. 그림 2-202, 2-203은 각각 Kerosene stripper의 P&ID와 제작도면이다. Kerosene stripper 제작도면에서 14번은 Reboiler 입구 배관과 연결된 노즐이고 16번 노즐을 통하여 Reboiler로부터 Two phase 유체가 들어온다. 17번 노즐로부터 Kerosene product는 펌프를 통하여 배출된다. Kerosene stripper 하부에 Baffle이 설치되어 있다. 그러나 Baffle 아래쪽이 뚫려 있어 Baffle이 Kerosene product 노즐과 Reboiler 노즐을 완전히 차단하고 있지 않다. 이 Baffle 목적은 Liquid level을 잔잔하게 유지하기 위한 목적이다. 따라서 Stripper bottom liquid level에 따라 Reboiler static head가 달라진다.

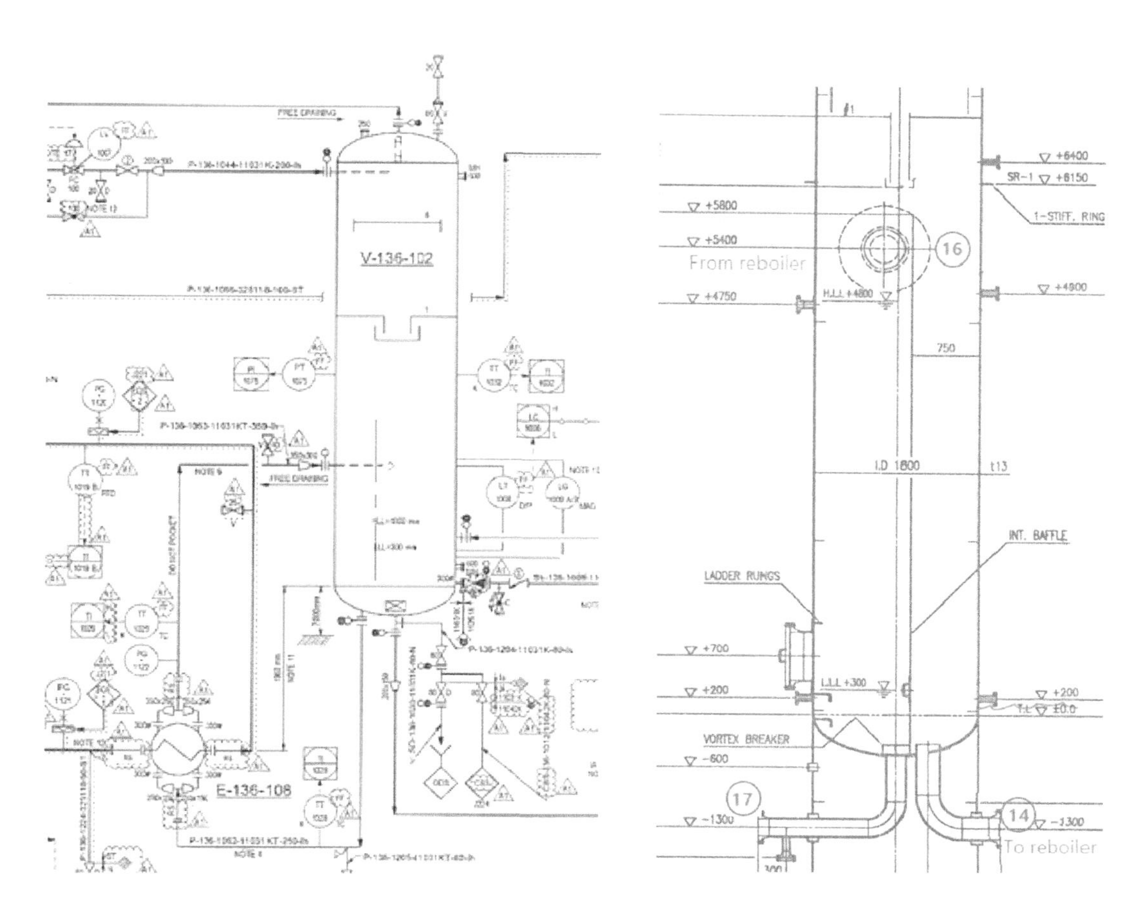

그림 2-202 Kerosene stripper P&ID

그림 2-203 Kerosene stripper 제작도면

그림 2-196(B)와 같이 Liquid가 Baffle top에서 Flooding 되어 Kerosene product 노즐로 빠져나가는 구조로 이해하고, Baffle top에서 Reboiler bottom까지 높이를 Static head로 Reboiler hydraulic 계산하면 실제 운전 중 Static head가 부족할 수 있다. Thermosiphon reboiler를 설계할 때 Column bottom 구조를 완전히 이해하는 것은 매우 중요하다. Reboiler 성능을 확실히 하기 위하여 Low liquid level, Normal liquid level, High liquid level에서 Hydraulic이 모두 검토되어야 한다. 1.05kg/cm^{2}g와 1.475kg/cm^{2}g 2개 Iso-pressure(고정 압력)에서 Cold side heat curve가 제공되었다. 1.05kg/cm^{2}g는 Stripper bottom 운전압력이고 1.475kg/cm^{2}g는 Reboiler 입구에서 예상되는 압력이다. Reboiler 입구압력은 Reboiler hydraulic에 의해 정확하게 계산된다.

TEMA type은 AHT로 지정되어 있다. Reboiler에 적용되는 TEMA shell type은 E, J, G, H, X를 적용할 수 있다. E shell의 경우 Forced reboiler 또는 Once-through reboiler에 적용할 수 있다. Thermosiphon reboiler에 적용하기에 Reboiler pressure drop이 크다. Thermosiphon reboiler의 경우 J shell, H shell,

X shell 순으로 적용하는 것이 경제적이다. Process datasheet에 TEMA type이 AHT로 명기되어 있지만, 발주처와 협의를 통하여 AJT type으로 결정하였다.

TEMA에 Floating head type 열교환기는 External floating head type과 Internal floating head type으로 구분된다. External floating head type은 Leakage 가능성이 커 Lube oil cooler를 제외하고 석유화학 공장에 잘 사용되지 않는다. Internal floating head type에 Floating head with backing device("S" Type)와 Pull through floating head("T" Type)가 있다. 전자는 Tube bundle과 Shell ID 사이 간격이 좁아 상대적으로 Shell side 열전달 효율이 높고 Shell ID가 작지만, Maintenance를 위해 Tube bundle을 뺄 때 Shell cover, Floating head cover를 제거해야 하는 불편함이 있다. 후자의 장단점은 전자와 반대다. 예제의 TEMA type은 AJT로 Pull-through floating head 구조로 되어있다. Tube bundle과 Shell ID 사이 간격이 HTRI default를 적용하면 제작에 부족할 수 있다. Shell ID와 설계압력에 따라 Xist default보다 30mm에서 50mm 더 큰 값을 입력한다. 그러나 실제 제작 시 이보다 더 큰 값이 필요한 경우도 있으니, 열교환기를 구매 계약 전 Shell ID 확인할 것을 요청해야 하고 제작사는 Shell ID를 반드시 확인하여 Cost 증가를 미리 반영해야 한다.

2) 1차 설계 결과 검토

Reboiler 설계 시작은 일반 열교환기 설계 방식과 동일하다. "Service type"을 "Generic shell and tube"로 선택하여 일반 열교환기 설계와 동일하게 데이터를 입력한다. Reboiler side pressure drop은 서비스에 따라 다르지만, Static pressure를 포함하여 약 0.07kg/cm^{2}이 되도록 설계하고, Reboiler hydraulic 검토하면서 조정한다.

"Bundle clearances" 입력 창 "Bundle-to-shell clearance"를 145mm 입력하였고, A-stream을 줄이기 위하여 Tube-to-tube clearance를 TEMA standard의 절반인 0.4mm를 입력하였다. Passlane seal rod를 입력하지 않아도 F-stream은 크지 않아 "Number of rods"를 입력하지 않았다.

1차 설계 결과는 그림 2-204와 같다. Over-design은 7.3%이다. 표 2-55에 Kerosene 출구 Mass vapor fraction이 0.302이지만 1차 설계 결과는 0.3003이다. Mass vapor fraction은 출구온도와 압력에 의해 결정되는 상태함수다. 상태방정식에 의해 운전온도와 압력에서 Mass vapor fraction이 계산되지만, HTRI는 대신 Heat curve를 사용하여 운전온도와 압력에서 Mass vapor fraction을 확정 짓기 때문에 입력한 값과 차이가 발생하는 것이다. 만약 Mass vapor fraction만 입력하고 출구온도를 비워두면 Heat curve에 따라 출구압력과 Mass vapor fraction에 따라 출구온도가 계산된다.

Process Conditions		Cold Shellside		Hot Tubeside	
Fluid name			Kerosene		HCGO Pump Around
Flow rate	(1000-kg/hr)		75.203 *		362.96 *
Inlet/Outlet Y	(Wt. frac vap.)	0.0000	0.3003	0.0000	0.0000
Inlet/Outlet T	(Deg C)	225.69	239.10	267.90	259.70
Inlet P/Avg	(kgf/cm2G)	1.050	1.021	10.707	10.634
dP/Allow.	(kgf/cm2)	0.058	0.000	0.147	0.704
Fouling	(m2-hr-C/kcal)		0.000605		0.000802

Exchanger Performance					
Shell h	(kcal/m2-hr-C)	1251.4	Actual U	(kcal/m2-hr-C)	329.20
Tube h	(kcal/m2-hr-C)	2083.5	Required U	(kcal/m2-hr-C)	306.80
Hot regime	(--)	Sens. Liquid	Duty	(MM kcal/hr)	1.9192
Cold regime	(--)	Flow	Eff. area	(m2)	211.17
EMTD	(Deg C)	29.8	Overdesign	(%)	7.30

Shell Geometry			Baffle Geometry		
TEMA type	(--)	AJ12T	Baffle type		Single-Seg.
Shell ID	(mm)	1070.0	Baffle cut	(Pct Dia.)	24.78
Series	(--)	1	Baffle orientation	(--)	Parallel
Parallel	(--)	1	Central spacing	(mm)	350.00
Orientation	(deg)	0.00	Crosspasses	(--)	10

Tube Geometry			Nozzles		
Tube type	(--)	Plain	Shell inlet	(mm)	193.68
Tube OD	(mm)	25.400	Shell outlet	(mm)	247.65
Length	(mm)	4877.	Inlet height	(mm)	55.603
Pitch ratio	(--)	1.2500	Outlet height	(mm)	119.10
Layout	(deg)	90	Tube inlet	(mm)	247.65
Tubecount	(--)	606	Tube outlet	(mm)	247.65
Tube Pass	(--)	2			

Thermal Resistance, %		Velocities, m/s			Flow Fractions	
Shell	26.31		Min	Max	A	0.099
Tube	19.33	Tubeside	1.29	1.30	B	0.523
Fouling	52.22	Crossflow	0.35	2.37	C	0.117
Metal	2.14	Longitudinal	0.15	2.18	E	0.170
					F	0.091

그림 2-204 1차 설계 결과 (Output results)

1차 설계 결과와 함께 나온 Warning message는 아래와 같다.

① *The pressure profiles given for the cold fluid do not cover the operating pressure range of the heat exchanger. The vaporization profile inside of the exchanger for this run may not be accurate. Software does not extrapolate beyond the specified reference pressure range but uses reference pressure closest to the outlying value for the heat release and property data. It is recommended that the maximum and minimum system pressures be used as reference pressures.*

Heat curve 압력이 열교환기 압력 범위를 포함하지 않는다는 내용이다. 입구압력이 1.05kg/cm²g이고 Heat curve의 압력은 1.05kg/cm²g와 1.48kg/cm²g이다. 일반 열교환기에서 열교환기 출구압력은 입구압력보다 낮다. 일반적으로 Datasheet에 표기된 Reboiler 입구압력은 Column bottom liquid level에서 압력이므로 1.05kg/cm²g보다 낮은 압력에서 Heat curve는 필요 없다. 그림 2-205와 같이 "Reboiler location"에 2가지 옵션이 있고 "At column bottom liquid surface pressure"를 선택해야 한다.

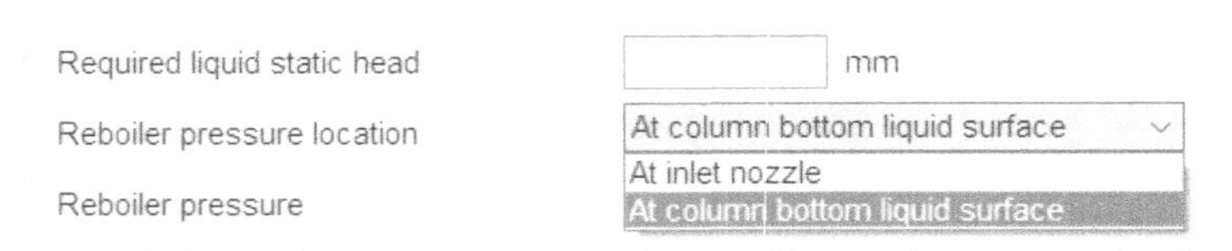

그림 2-205 Reboiler pressure location 선택 (Reboiler 입력 창)

그래프 2-8은 Reboiler circuit 압력 변화를 보여준다. Column bottom 압력이 가장 낮고 Reboiler 입구에서 가장 높은 압력을 보인다. 1차 설계 결과를 "Generic shell and tube"로 실행하였기 때문에 나오는 Message로 "Thermosiphon reboiler"로 실행하면 이 Message는 사라질 것이다.

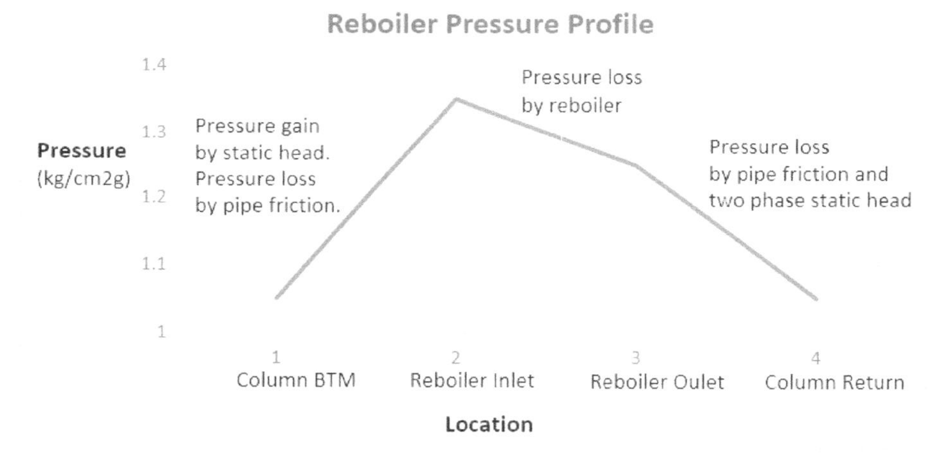

그래프 2-8 Thermosiphon reboiler pressure profile

3) Reboiler hydraulic과 성능 검토

Reboiler hydraulic을 수행하기 전 Stripper와 Reboiler 상대적인 높이를 도식화하는 것은 실수를 방지할 수 있다. 그림 2-206은 P&ID에 표현된 높이 기준으로 간단하게 도식화한 그림이다. P&ID에 Stripper bottom tangent line과 Reboiler 중심 사이 높이 차이가 1960mm로 되어있다. 따라서 Stripper bottom tangent line과 Reboiler bottom 사이 높이는 2495mm(1960mm+1070mm/2)가 된다. Static head는 각각 Low liquid level에서 2795mm, Normal liquid level에서 5045mm, High liquid level에서 7295mm이고, Reboiler 출구 배관 높이는 6825mm이다.

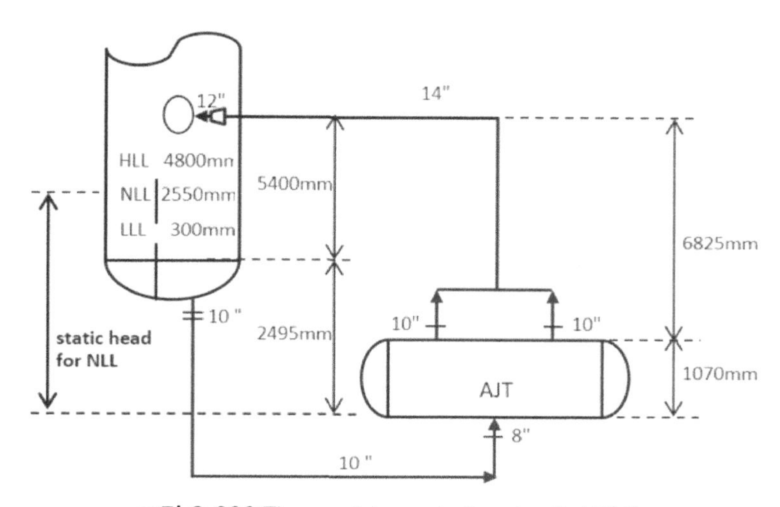

그림 2-206 Thermosiphon reboiler circuit 스케치

Reboiler hydraulic을 고려한 성능을 평가하려면 먼저 "Input summary" 입력 창에서 "Service type"을 "Thermosiphon reboiler"로 변경한다. "Reboiler" 입력 창으로 이동한 후 Normal liquid level에서 Static head 5045mm를 입력하고 Reboiler pressure location 옵션을 "At column bottom liquid surface"로 선택한다.

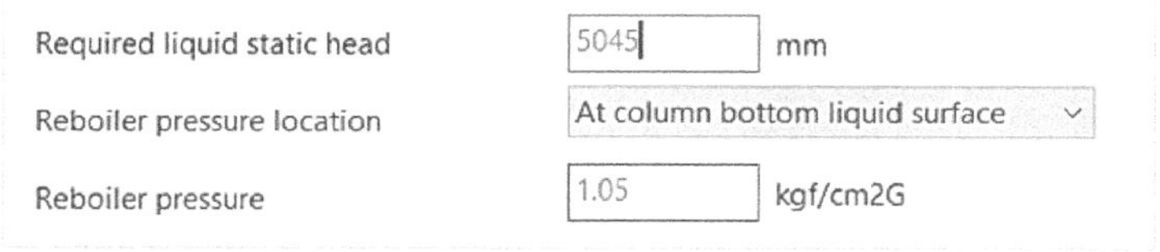

Required liquid static head	5045	mm
Reboiler pressure location	At column bottom liquid surface	
Reboiler pressure	1.05	kgf/cm2G

그림 2-207 Reboiler 입력 창

"Piping" 입력 창으로 이동하고 입구/출구 배관 내경과 길이를 입력한다. 초기설계 단계에 Piping isometric drawing이 작성되지 않았기 때문에 배관 길이를 가정하여 입력한다. Horizontal reboiler의 경우 입구/출구 배관 길이를 모두 50m를 가정하였다. Vertical reboiler의 경우 입구 배관 길이를 30m로 출구 배관 길이를 10m로 가정한다. 배관 치수가 큰 경우 배관 길이를 좀 더 길게, 배관 치수가 작은 경우 좀 더 짧게 입력하면 된다.

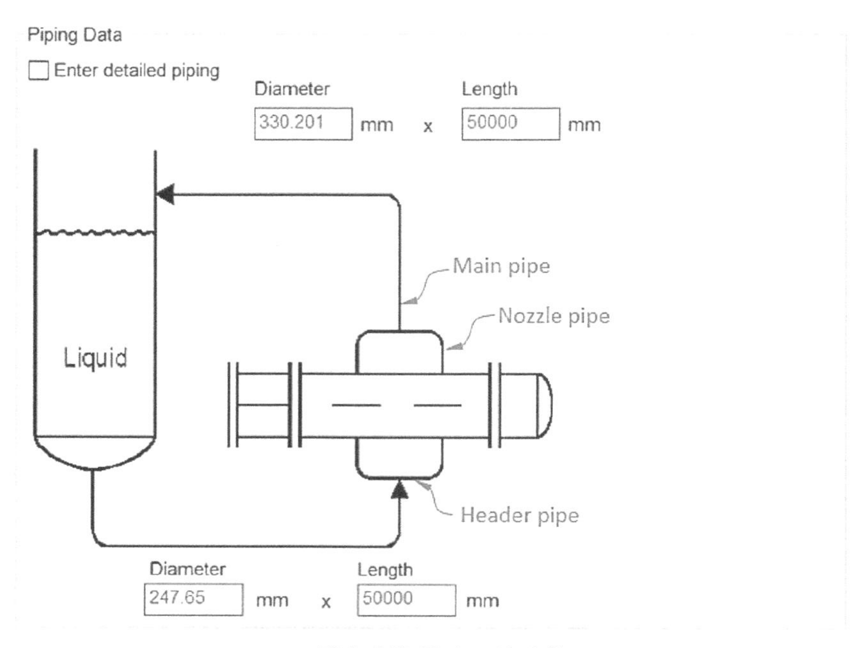

그림 2-208 Piping 입력 창

다음 "Inlet piping" 입력 창으로 이동한다. J shell이므로 Inlet header pipe가 없다. "Nozzle pipe"는 열교환기 Type과 관계없이 1m를 입력한다. "Nozzle pipe" 내경은 노즐 내경과 같은 치수를 입력한다. Bend allowance는 Default인 "Yes"로 유지한다.

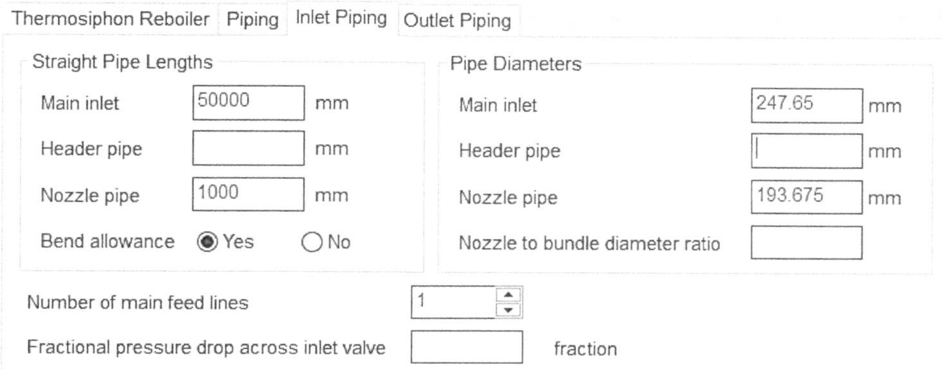

Thermosiphon Reboiler | Piping | Inlet Piping | Outlet Piping

Straight Pipe Lengths

Main inlet	50000	mm
Header pipe		mm
Nozzle pipe	1000	mm
Bend allowance	◉ Yes	○ No

Pipe Diameters

Main inlet	247.65	mm
Header pipe		mm
Nozzle pipe	193.675	mm
Nozzle to bundle diameter ratio		

Number of main feed lines 1

Fractional pressure drop across inlet valve fraction

그림 2-209 Inlet piping **입력 창**

마지막으로 "Outlet Piping" 입력 창으로 이동한다. 출구 배관에는 Header pipe가 있다. 배관 길이는 Tube 길이와 유사한 치수를 입력하면 된다. "Height of main piping at exit"에 6825mm를 입력한다.

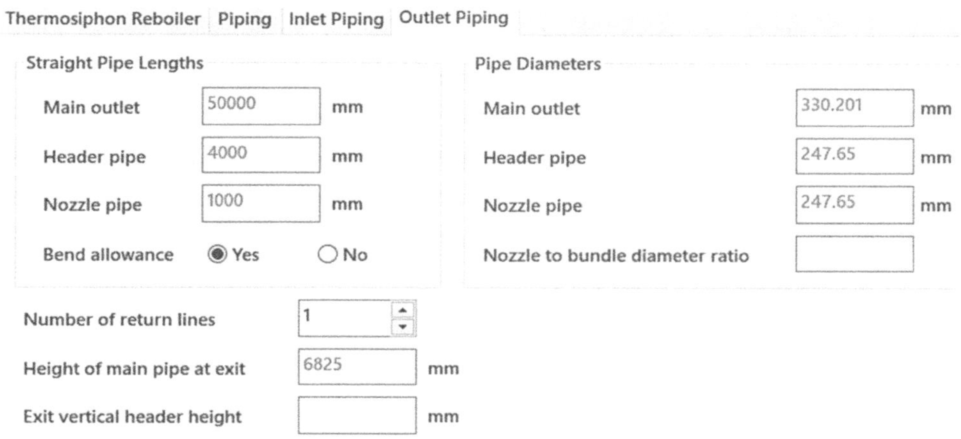

Thermosiphon Reboiler | Piping | Inlet Piping | Outlet Piping

Straight Pipe Lengths

Main outlet	50000	mm
Header pipe	4000	mm
Nozzle pipe	1000	mm
Bend allowance	◉ Yes	○ No

Pipe Diameters

Main outlet	330.201	mm
Header pipe	247.65	mm
Nozzle pipe	247.65	mm
Nozzle to bundle diameter ratio		

Number of return lines 1

Height of main pipe at exit 6825 mm

Exit vertical header height mm

그림 2-210 Outlet piping **입력 창**

지금까지 입력한 배관 길이들은 가정한 치수로 Piping isometric drawing이 작성되면 "Detail piping" 옵션으로 Xist 결과를 검토해야 한다. Normal liquid level에서의 Reboiler hydraulic을 포함한 Xist 결과는 그림 2-211과 같다.

Process Conditions		Cold Shellside		Hot Tubeside	
Fluid name			Kerosene		HCGO Pump Around
Flow rate	(1000-kg/hr)		155.25 *		362.96 *
Inlet/Outlet Y	(Wt. frac vap.)	0.0000	0.1088 *	0.0000	0.0000
Inlet/Outlet T	(Deg C)	225.69	235.92 *	267.90	259.70
Inlet P/Avg	(kgf/cm2G)	1.332	1.284	10.707	10.634
dP/Allow.	(kgf/cm2)	0.097	0.000	0.147	0.704
Fouling	(m2-hr-C/kcal)		0.000605		0.000802

Exchanger Performance					
Shell h	(kcal/m2-hr-C)	1468.5	Actual U	(kcal/m2-hr-C)	342.44
Tube h	(kcal/m2-hr-C)	2081.2	Required U	(kcal/m2-hr-C)	292.47
Hot regime	(--)	Sens. Liquid	Duty	(MM kcal/hr)	1.9399
Cold regime	(--)	Flow	Eff. area	(m2)	211.17
EMTD	(Deg C)	31.3	Overdesign	(%)	17.09

Shell Geometry			Baffle Geometry		
TEMA type	(--)	AJ12T	Baffle type		Single-Seg.
Shell ID	(mm)	1070.0	Baffle cut	(Pct Dia.)	24.78
Series	(--)	1	Baffle orientation	(--)	Parallel
Parallel	(--)	1	Central spacing	(mm)	350.00
Orientation	(deg)	0.00	Crosspasses	(--)	10

Tube Geometry			Nozzles		
Tube type	(--)	Plain	Shell inlet	(mm)	193.68
Tube OD	(mm)	25.400	Shell outlet	(mm)	247.65
Length	(mm)	4877.	Inlet height	(mm)	55.603
Pitch ratio	(--)	1.2500	Outlet height	(mm)	119.10
Layout	(deg)	90	Tube inlet	(mm)	247.65
Tubecount	(--)	606	Tube outlet	(mm)	247.65
Tube Pass	(--)	2			

Thermal Resistance, %		Velocities, m/s			Flow Fractions	
			Min	Max		
Shell	23.32				A	0.098
Tube	20.13	Tubeside	1.29	1.30	B	0.534
Fouling	54.32	Crossflow	0.43	1.56	C	0.111
Metal	2.23	Longitudinal	0.26	1.80	E	0.163
					F	0.093

그림 2-211 Normal liquid level에서 설계 결과 (Output summary)

"Generic shell and tube" 결과에서 나왔던 Heat curve 압력에 대한 Message는 예상한 것처럼 사라졌다. 그러나 아래와 같이 다른 Warning message가 생겨났다.

① *This thermosiphon case has less than 3 pressures specified for the cold fluid physical properties. With the current fluid properties, the programs ability to determine the saturation temperature at the exchanger inlet pressure may be compromised. This may result in the absence or incorrect length of a liquid zone at the bottom of the exchanger. It is recommended that you specify additional pressure profiles and re-run the case.*

② *None of the specified cold fluid heat release profiles are at pressures near the exchanger inlet pressure of 232 kPa (33.6472 psia). For low pressure applications, Xist may not accurately predict the saturation temperature at the exchanger inlet and the length of the subcooled zone. Check the monitor (Shell side or tubeside depending on where the boiling fluid is placed) and verify that boiling starts at a temperature and pressure consistent with the entered heat release curves. If not, specify a pressure profile at or near the inlet exchanger pressure. This message is issued when no pressure profiles are within 10% of the exchanger inlet pressure based on the operating pressure range (exchanger inlet pressure to column bottom pressure).*

③ For this thermosiphon reboiler, there appears to be only 1 heat release profiles specified in the operating pressure range. The lowest pressure should be at the column bottom and the highest pressure should be the exchanger inlet. For the best model, there should be at least three profiles specified over this range, with one profile specified at the column bottom pressure, another profile specified at the exchanger inlet pressure, and at least one profile specified at an intermediate pressure. If these guidelines are not followed, Xist may not accurately predict the saturation temperature at the exchanger inlet and the length of the subcooled zone.

첫 번째는 Heat curve에 관한 내용이다. Reboiler 입구압력은 Static head로 인하여 포화압력보다 약간 높으며 유체온도는 약간 Sub-cooling 상태이다. 예제에서 제공된 Heat curve는 2개이다. Heat curve 3개 이상 주어져야만 Tube에 Sub-cooling liquid가 얼마나 차 있는지 계산할 수 있다. 이는 열전달계수와 LMTD에 영향을 준다. Vacuum나 MTD가 작은 서비스에 그 영향이 더 커진다. 예제의 경우 Vacuum 서비스가 아니고 MTD는 작지 않고 Boiling range도 넓어 그 영향이 크지 않다. 그러나 항상 Reboiler heat curve 3개 이상 사용하여 설계할 것을 추천한다.

두 번째는 Reboiler 입구압력인 1.332kg/cm^{2}g에서 Heat curve가 입력되어야 Tube에 Sub-cooling liquid가 얼마나 차 있는지 계산할 수 있다는 내용이다. 첫 번째 Warning message와 동일하게 Vacuum이나 MTD가 작은 서비스에 그 영향이 크다. 예제의 경우 그 영향이 크지 않다.

세 번째도 Heat curve 압력에 관한 내용이다. Reboiler circuit 운전압력 범위는 1.05kg/cm^{2}g에서 1.337kg/cm^{2}g이다. 반면 제공된 Heat curve 압력은 1.05kg/cm^{2}g와 1.475kg/cm^{2}g이다. 따라서 Reboiler circuit 운전압력 범위에 해당하는 Heat curve는 1.05kg/cm^{2}g 1개밖에 없다. 이 경우, 압력 1.05kg/cm^{2}g와 1.475kg/cm^{2}g 사이 압력에 대한 Vapor fraction과 Enthalpy를 선형적으로 내삽하여 계산한다. 설계 엔지니어는 유체의 특징으로 Mass vapor fraction과 Enthalpy의 선형적 가정이 적절한지 판단해야 한다.

예제의 Reboiling fluid는 Kerosene이다. 이 유체는 넓은 범위의 Boiling range를 가지므로 압력에 따라 Mass vapor fraction과 Enthalpy가 선형적으로 고려해도 무방하다. Normal liquid level 기준, 가장 이상적인 Heat curve는 1.05kg/cm^{2}g(At column bottom), 1.332kg/cm^{2}g(At Reboiler inlet), 1.235kg/cm^{2}g (At reboiler outlet)에서 3개 Heat curve이다. 그러나 Low liquid level, High liquid level case 모두 검토 이루어져야 하므로 High liquid level case일 때 Reboiler 압력도 포함될 수 있도록 Heat curve 압력을 선정해야 한다.

정밀한 검토와 성능확인을 원하면 이미 주어진 Heat curve 압력 1.05kg/cm^{2}g와 1.475kg/cm^{2}g를 포함하여 2개의 중간압력에서 Heat curve를 추가 입력하여 검토하면 된다. 그러나 이번 예제에 대한 성능 평가를 그렇게까지 할 필요 없다. Vacuum 혹은 MTD가 낮은 서비스의 경우 4개 이상 압력에서 Heat curve가 필요할 수 있다.

Low liquid level과 High liquid level case도 Normal liquid level case와 동일하게 Reboiler hydraulic과 성능을 검토하면 표 2-58과 같다. 먼저 Static head에 따른 열교환기 성능 경향성을 알아보자. Static head는 유량의 Driving force이다. Static head가 증가하면 유량이 증가되는 경향을 보여주고 있다. 또 Static head가 증가하면 Mass vapor fraction은 줄어든다. Reboiler duty는 대부분 잠열(Vaporization)이 차지한다. 동일한 Duty에서 생성된 Vapor 양은 유사할 것이다. Static head가 클수록 유량이 늘어나기 때문에 Mass vapor fraction은 작아져야 동일한 Vapor 양이 생성되는 것이다. Reboiling fluid 출구온도는 어떻게 될까? Heat curve에서 볼 수 있듯이 Mass vapor fraction이 작으면 온도가 낮다. 따라서 Static head가 높아지면서 Reboiling fluid 출구온도는 낮아지고 MTD가 커질 것이다. 또한, 유량이 증가하면 열전달계수가 커지므로, Static head가 높아지면 Reboiler 성능이 좋아지는 결과를 확인할 수 있다. 결국, 이번 예제의 경우 Static head가 높아지면 Over-design이 커지게 된다.

Static head에 따른 MTD와 열전달계수 경향은 항상 같지 않다. Fluid가 Multi-component(혼합물) 또는 Pure component(순서 물질)에 따라 달라진다. 이번 예제의 Fluid가 Multi-component를 다루는 Reboiler로 Static head와 MTD, 열전달계수가 비례하는 경향을 보여주고 있다. Pure component 유체를 다루는 Reboiler는 MTD는 Static head에 반비례하며 열전달계수는 거의 변화하지 않는다.

표 2-58 Liquid level에 따른 Reboiler 성능변화

Case	*Kerosene flow rate [kg/hr]*	*Inlet pressure [kg/cm²g]*	*Mass vapor Frac.*	*Outlet Temp. [℃]*	*MTD [℃]*	*Shell HTC [kcal/m²-hr-℃]*	*Static head [mm]*	*Over-design*
Datasheet (Generic Shell & tube)	*1.15 × 65,394*	*1.05*	*0.3*	*239.1*	*29.8*	*1,251.4*	*N/A*	*7*
High liquid level (Thermosiphon)	*1.15 × 195,087*	*1.432*	*0.05*	*234.6*	*32.5*	*1,557.0*	*7,295*	*23*
Normal liquid level (Thermosiphon)	*1.15 × 135,000*	*1.332*	*0.11*	*235.9*	*31.3*	*1,468.5*	*5,045*	*17*
Low liquid level (Thermosiphon)	*1.15 × 72.905*	*1.218*	*0.25*	*239.6*	*28.9*	*1,276.5*	*2,795*	*5*

그림 2-212는 Normal liquid level에서 "Reboiler piping" 창이다. Total piping pressure drop (Outlet) 0.186kg/cm²은 Friction loss+ Static loss + Momentum loss를 포함한 값이다. 이 값에서 Static pressure loss를 빼면 Friction loss와 Momentum loss 합이 된다. Xist 결과 Static head와 Pressure loss들을 비교해 보면 표 2-59와 같다. Piping(입구와 출구 배관) friction loss가 전체 Pressure drop의 41%(13%+28%)

를 차지하고 있다. 대부분 Horizontal reboiler circuit에서 Piping friction & momentum loss는 이와 유사하거나 낮은 비중을 차지한다.

*** Boiling Side Piping Data ***		Inlet	Outlet
Total piping pressure drop	(kgf/cm2)	0.044	0.186
Static pressure loss	(kgf/cm2)		0.096
Exit pipe choke ratio	(--)		0.3275
Inlet valve pressure drop	(kgf/cm2)	0.000	
Main Pipe			
- Diameter	(mm)	247.65	330.20
- Number of lines	(--)	1	1
- Length	(mm)	50000.	50000.
- Height above shell	(mm)		6825.
- Fitting allowance	(mm)	0.	0.
- Contraction loss from tower	(kgf/cm2)	9.49e-3	
- Expansion loss into tower	(kgf/cm2)		0.000
- Frictional loss in pipe	(kgf/cm2)	0.014	0.024
- Frictional loss in fittings	(kgf/cm2)	3.16e-3	0.021
Header Pipe			
- Diameter	(mm)	0.000	247.65
- Length	(mm)	0.	4000.
- Fitting allowance	(mm)	0.	0.
- Height above shell	(mm)		0.
- Contraction/expansion loss	(kgf/cm2)	0.000	0.000
- Frictional loss in pipe	(kgf/cm2)	0.000	4.61e-3
- Frictional loss in fittings	(kgf/cm2)	0.000	0.040
Nozzle Pipe			
- Diameter	(mm)	193.68	247.65
- Number at each position	(--)	1	1
- Pipe length	(mm)	1000.	1000.
- Vapor RHO-V2	(kg/m-s2)		287.70
- Exit vertical header height	(mm)		0.
- Contraction/expansion loss	(kgf/cm2)	0.016	3.03e-7
- Frictional loss in pipe	(kgf/cm2)	9.43e-4	1.15e-3
Exit Vertical Pipe Flow Regime (Estimated)			
- A.E. Dukler flow map		Annular flow	
Thermosiphon Process Conditions		**Column / Inlet / Outlet / Column**	
- Temperature	(C)	225.69 / 225.69 / 235.92 / 233.21	
- Weight fraction vapor	(--)	0.0000 / 0.000 / 0.109 / 0.1421	
- Pressure	(kgf/cm2G)	1.050 / 1.332 / 1.235 / 1.050	

그림 2-212 Normal liquid level에서 Hydraulic 결과 (Reboiler piping 창)

표 2-59 Reboiler circuit에서 Pressure drop summary

		Pressure Drop (kg/cm^2)	*Static head (mm)*	*Percent*
Piping pressure drop (Inlet)		*0.044*	*680*	*13%*
Piping pressure drop (Outlet)	*Friction + Momentum*	*0.09*	*1392*	*28%*
	Two phase static head	*0.096*	*1484*	*29%*
Reboiler pressure drop		*0.097*	*1500*	*30%*
Total		*0.327*	*5056*	*100%*

출구 배관의 Friction loss는 Total loss의 33%보다 작게 되도록 설계한다. 만약 Vertical thermosiphon tube side reboiler면서 Boiling range가 50℃를 초과하면 "Tubeside monitoring"에서 Tube end의 Flow regime이 Annular flow가 되도록 설계해야 한다. 그런데 Static head 5045mm를 입력했는데, 그림 2-213과 같이 "Final results" 창에 Static head는 5056mm가 되었다. Xist는 Static head와 Circulating flow rate가 서로 Balancing 될 때까지 이 두 값을 조절하여 서로 수렴하도록 계산을 수행한다. 이 과정에서 발생하는 수렴 오차로 이해하면 된다.

Overall Performance Data							
Overall coef., Reqd/Clean/Actual	(kcal/m2-hr-C)	292.47	/	749.68	/	342.44
Heat duty, Calculated/Specified	(MM kcal/hr)	1.9399	/	1.6813		
Effective overall temperature difference	(Deg C)	31.3				
EMTD = (MTD) * (DELTA) * (F/G/H)	(Deg C)	31.5	*	0.9923	*	1.0000
Liquid static head, Required/Specified	(mm)	5056.	/	5045.		

그림 2-213 Static head 결과 (Final results)

Xist는 출구 배관에서 Chocked flow 가능성을 검토하는데 Choke 현상이 나타나는 유속에 비해 계산된 유속은 32.8%밖에 되지 않는다. 따라서 Choke 현상이 발생할 우려는 없다. 유체를 보내주는 측 압력과 받는 측 압력차이가 벌어질수록 흐르는 유량이 증가하지만, Choke 현상이 나타나면 압력 차이가 더 벌어지더라도 유량이 더 이상 증가하지 않는다.

출구 수직 배관에서 Vapor $RhoV^2$가 70kg/m-s^2 이상 되도록 설계해야 한다. 출구 수직 배관 Flow regime 또한 가능한 모든 운전조건에서 Annular flow 형성될 수 있도록 설계한다. 그러나 Turndown 운전조건에서 이를 만족하지 못하는 경우도 종종 발생한다.

그래프 2-9는 Reboiler circuit에서 온도, 압력, Mass vapor fraction 변화를 보여주는 그래프이다. 온도는 Column에서 Reboiler 입구까지 변하지 않고 Reboiler 내에서 온도가 증가한다. 출구 배관에서 압력이 낮아짐에 따라 Liquid 일부가 Flash 되면서 살짝 온도가 떨어진다. 출구 배관으로부터 Column에 도달할 때 Mass vapor fraction이 약간 증가한 것을 확인할 수 있다.

이번 예제의 경우 Reboiler 높이를 좀 더 올려 Static head를 줄여도 Reboiler 성능을 만족한다. 어떤 운전조건에서도 Reboiler 출구에서 Mass vapor fraction은 0.5보다 크지 말아야 한다. Normal liquid level에서 Mass vapor fraction을 0.25를 목표로 Reboiler 높이를 조정한다면, Stripper의 Skirt 높이를 낮출 수 있고 이로 인하여 각종 Stripper와 연결되는 배관 길이도 줄일 수 있다.

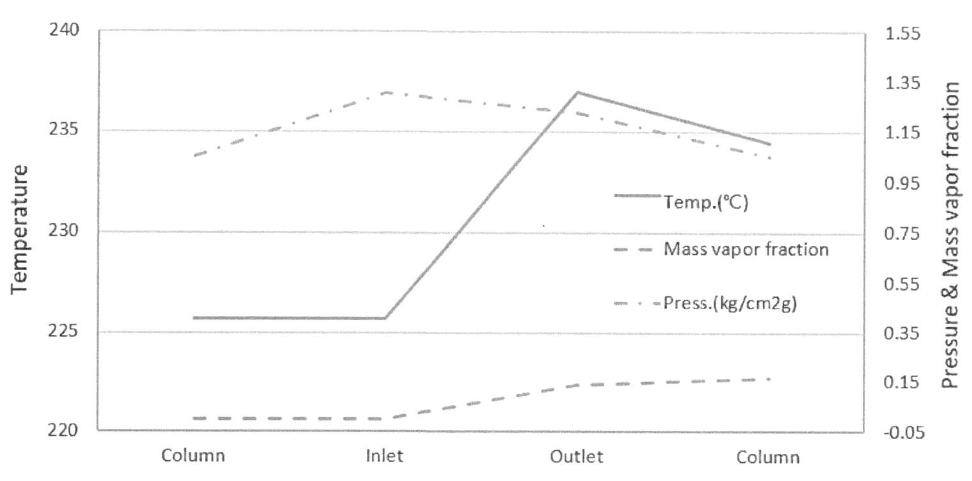

그래프 2-9 Reboiler circuit에서 Temperature, pressure, mass vapor fraction profile

4) "Detail piping" 옵션

배관 엔지니어는 P&ID에 표기된 Stripper와 Reboiler 높이 차이를 기준으로 Piping isometric drawing을 작성한다. Reboiler는 Isometric drawing에 따라 설치되기 때문에 Piping isometric drawing과 Stripper/Reboiler 제작도면으로 Reboiler 높이를 확인하고 Reboiler hydraulic과 성능을 검증해야 한다.

"Simple piping" 옵션으로 입력한 Xist 파일을 열고 "Thermosiphon reboiler" 입력 창에서 "Enter detailed piping" 옵션을 선택하면 입구와 출구 배관을 상세하게 입력할 수 있는 창이 활성화된다.

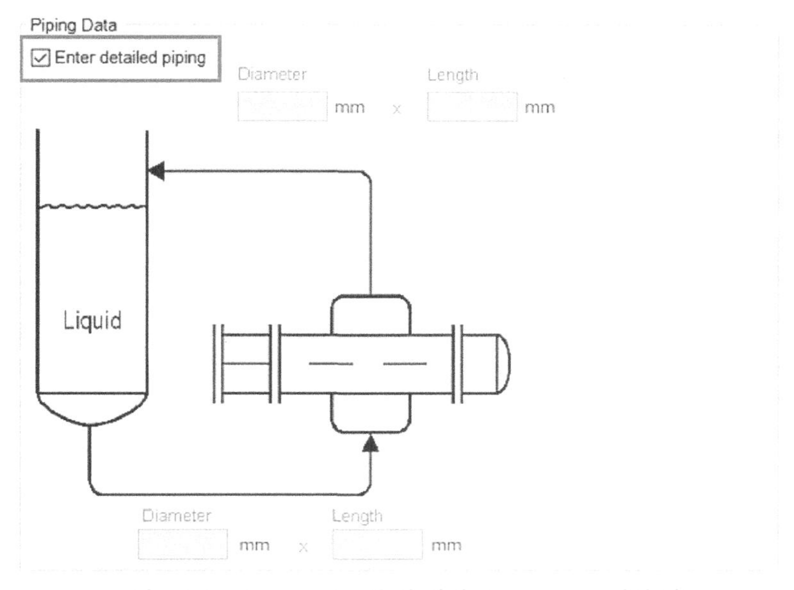

그림 2-214 Detail piping 옵션 선택 (Piping data 입력 창)

그림 2-215는 Piping isometric drawing을 "Inlet piping" 입력 창에 입력한 내용이다. 1번 열에 Normal liquid level을 입력하였고, 2번 열에 Stripper bottom head 높이를 입력하였다. Stripper 내경 1800mm를 4로 나누면 Head 높이가 된다. Stripper bottom head에 설치된 노즐을 통하여 배관이 연결됨으로 3번 열에 "Sudden contraction"을 입력한다. 나머지 Straight pipe, 90 elbow long radius 등 Pipe fitting을 Isometric drawing에 따라 차례로 입력하여 준다. Height change 값은 유체 흐름 방향이 위로 향하면 "+"를, 아래로 향하면 "-"를 붙여 구분하여 입력해야 한다.

	Element Type	Inside Diameter (mm)	Equivalent Length (mm)	Height Change (mm)	Number of Increments	Friction Factor Multiplier	Friction Factor
1	Column Liquid Height			-2550			
2	Header (height only)			-450			
3	Sudden contraction	247.65					
4	Straight pipe	247.65	850	-850	1		
5	90 elbow long radius	247.65					
6	Straight pipe	247.65	2024	-2024	1		
7	90 elbow long radius	247.65					
8	Straight pipe	247.65	2108		1		
9	90 elbow long radius	247.65					
10	Straight pipe	247.65	2500	-2500	1		
11	90 elbow long radius	247.65					
12	Straight pipe	247.65	1540		1		
13	90 elbow long radius	247.65					
14	Straight pipe	247.65	2581	2581	1		
15	90 elbow long radius	247.65					
16	Straight pipe	247.65	748	748	1		

그림 2-215 Inlet piping **입력 창**

그림 2-216은 "Outlet piping" 입력 창에 입력한 내용이다. Reboiler 출구 배관이 Stripper의 Reboiler return 노즐로 연결되므로 마지막 12번 열에 "Sudden enlargement"를 입력하였다. Reboiler pipe와 Reboiler 입구/출구 노즐 연결에 "Sudden contraction"과 "Sudden enlargement"를 입력하지 않은 이유는 이미 이들이 Reboiler pressure drop에 포함되었기 때문이다. Piping fitting 중에서 Tee는 유량을 분기시킨다. "Number of increments" 열에 Tee에 해당하는 값은 2이다. 이는 유량 절반이 각각 Tee 이후 유량이 합쳐진다는 의미이다. Tee가 "Inlet piping" 입력 창에 있다면 Tee 이후 유량은 절반으로 나눠진다는 의미다. Elbow, Tee, Reducer 등 Pipe fitting 류가 수직으로 설치되어 있으면 각 Fitting에도 "Height change" 행에 해당하는 높이를 입력해야 한다.

	Element Type	Inside Diameter (mm)	Equivalent Length (mm)	Height Change (mm)	Number of Increments	Friction Factor Multiplier	Friction Factor
1	Straight pipe	247.65	458	458	1		
2	Concentric reducer/exp.	330.201					
3	Straight pipe	330.201	981	448	1		
4	90 elbow long radius	330.201		533			
5	Tee	330.201			2		
6	Straight pipe	330.201	2254	2254	1		
7	90 elbow long radius	330.201					
8	Straight pipe	330.201	3354		1		
9	90 elbow long radius	330.201					
10	Straight pipe	330.201	2675	2675	1		
11	90 elbow long radius	330.201		457			
12	Sudden enlargement	330.201					

그림 2-216 Outlet piping 입력 창

그림 2-217과 같이 Bottom product flow와 Reboiler flow가 동일 Column bottom 노즐로 나와 유량이 분기될 경우, 또 Reboiler가 2 Parallel 운전되어 배관에서 각 Reboiler로 유량이 분기되는 때도 있다. 이런 경우 Common line에 Friction factor multiplier를 이용하여 입력한다.

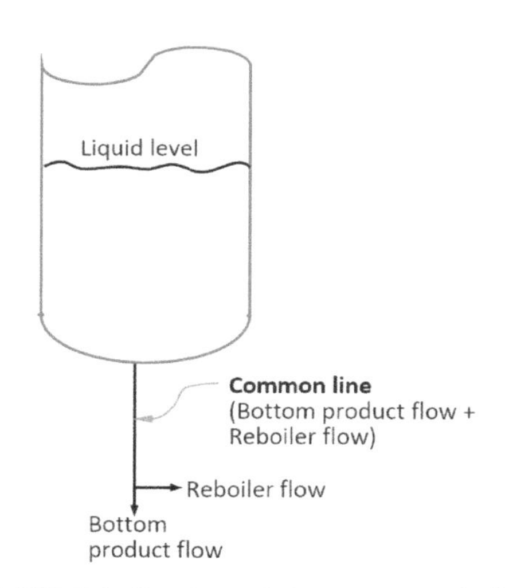

그림 2-217 Reboiler circuit에 Common line에 있는 경우

Pressure drop은 유량 제곱에 비례하므로 Friction factor multiplier를 식 2-30과 같이 간단히 계산하면 된다. Reboiler flow rate는 Static head에 따라 변화하므로 Friction factor multiplier는 Static head에 따라 달라진다.

$$\textit{Friction factor multiplier} = \frac{(\textit{Reboiler flow rate} + \textit{Bottom product flow rate})^2}{(\textit{Reboiler flow rate})^2} \quad ----(2-30)$$

그림 2-218은 "Detail piping" 옵션을 이용한 Normal liquid level에 대한 결과이다.

Process Conditions		Cold Shellside		Hot Tubeside	
Fluid name			Kerosene		HCGO Pump Around
Flow rate	(1000-kg/hr)		176.76 *		362.96 *
Inlet/Outlet Y	(Wt. frac vap.)	0.0000	0.0891 *	0.0000	0.0000
Inlet/Outlet T	(Deg C)	225.69	235.24 *	267.90	259.70
Inlet P/Avg	(kgf/cm2G)	1.352	1.297	10.707	10.634
dP/Allow.	(kgf/cm2)	0.110	0.000	0.147	0.704
Fouling	(m2-hr-C/kcal)		0.000605		0.000802

Exchanger Performance					
Shell h	(kcal/m2-hr-C)	1512.8	Actual U	(kcal/m2-hr-C)	344.77
Tube h	(kcal/m2-hr-C)	2080.5	Required U	(kcal/m2-hr-C)	287.85
Hot regime	(--)	Sens. Liquid	Duty	(MM kcal/hr)	1.9461
Cold regime	(--)	Flow	Eff. area	(m2)	211.17
EMTD	(Deg C)	31.8	Overdesign	(%)	19.77

Shell Geometry			Baffle Geometry		
TEMA type	(--)	AJ12T	Baffle type		Single-Seg.
Shell ID	(mm)	1070.0	Baffle cut	(Pct Dia.)	24.78
Series	(--)	1	Baffle orientation	(--)	Parallel
Parallel	(--)	1	Central spacing	(mm)	350.00
Orientation	(deg)	0.00	Crosspasses	(--)	10

Tube Geometry			Nozzles		
Tube type	(--)	Plain	Shell inlet	(mm)	193.68
Tube OD	(mm)	25.400	Shell outlet	(mm)	247.65
Length	(mm)	4877.	Inlet height	(mm)	55.603
Pitch ratio	(--)	1.2500	Outlet height	(mm)	119.10
Layout	(deg)	90	Tube inlet	(mm)	247.65
Tubecount	(--)	606	Tube outlet	(mm)	247.65
Tube Pass	(--)	2			

Thermal Resistance, %		Velocities, m/s	Min	Max	Flow Fractions	
Shell	22.79				A	0.098
Tube	20.28	Tubeside	1.29	1.30	B	0.536
Fouling	54.69	Crossflow	0.47	1.48	C	0.110
Metal	2.24	Longitudinal	0.29	1.73	E	0.162
					F	0.094

그림 2-218 Detail piping 옵션을 적용한 설계 결과 (Output summary)

모든 Liquid level에 대하여 "Simple piping"과 "Detail piping" 옵션으로 실행된 결과를 비교하여 표 2-60과 같이 정리하였다. "Detail piping" 옵션을 적용했을 때 Hydraulic과 성능 측면 모두 "Simple piping" 옵션 결과와 유사한 결과를 얻었다.

Hydraulic 여유가 많다고 모든 면에서 좋아지는 것은 아니다. Hydraulic 여유가 많으면 Reboiler flow rate가 증가하고 열교환기 입구/출구의 Shell/Bundle entrance에서 $RhoV^2$가 커져 TEMA maximum 값($5953 kg/m\text{-}s^2$)을 초과할 수 있다. 이는 Tube erosion 경향성을 높인다. 그리고 Reboiler flow rate가 증가하기 때문에 Tube vibration 가능성 또한 높아진다. 특히 High liquid level 운전조건에서 이에 대한 검토가 되어야 한다. 이번 예제의 경우 모든 운전조건에서 $RhoV^2$는 TEMA maximum 값을 초과하지 않았으며 Tube vibration 가능성 또한 없었다.

표 2-60 Simple piping vs. Detail pining 결과

Case	*Piping option*	*Kerosene flow rate [kg/hr]*	*Mass vapor fraction*	*Kerosene outlet temp. [℃]*	*MTD [℃]*	*Calc. HTC [kcal/m²-hr-℃]*	*Static head [mm]*	*Over-design*
Datasheet (Generic Shell & tube)		*1.15 × 65,394*	*0.3*	*239.1*	*29.8*	*1,251.4*	*N/A*	*7*
HLL (Thermosiphon)	*Simple*	*1.15 × 195,807*	*0.05*	*234.6*	*32.5*	*1,557*	*7,295*	*23*
	Detail	*1.15 × 218,835*	*0.04*	*234.4*	*32.7*	*1,585*	*7,295*	*25*
NLL (Thermosiphon)	*Simple*	*1.15 × 135,000*	*0.11*	*235.9*	*31.3*	*1,469*	*5,045*	*17*
	Detail	*1.15 × 153,704*	*0.09*	*235.2*	*31.8*	*1,513*	*5,045*	*20*
LLL (Thermosiphon)	*Simple*	*1.15 × 72,905*	*0.25*	*239.6*	*28.9*	*1,277*	*2,795*	*5*
	Detail	*1.15 × 79,847*	*0.23*	*238.8*	*29.4*	*1,315*	*2,795*	*7*

"Detailed piping" 옵션을 선택하면 Xist 결과에 "Detailed piping" 결과 창이 그림 2-219, 2-220과 같이 생성된다. 먼저 "Inlet piping" 창 마지막 Point에서 "Cumulative height" 값과 입력한 Static head가 일치하는지 확인해야 한다. 일치하지 않으면 Piping isometric drawing과 P&ID가 서로 일치하는지, 입력에 실수가 없었는지 확인한다. 또 "Two-phase flow regime" 열이 모두 "Sensible liquid"인지 확인한다. 적절치 못한 Heat curve에 의해 입구 배관에 Two-phase가 발생할 수 있다. 현실적으로 입구 배관에 Two phase는 생길 수 없다. 만약 Heat curve를 다시 생성할 수 없는 입장이라면 입구압력 또는 Heat curve를 살짝 조정하여 입구 배관에서 Sensible liquid로 만들어야 한다. 단 조정된 입구압력 또는 Heat curve가 열교환기 성능 결과에 영향이 미미한지 확인해야 한다.

Inlet Piping

Point number	(--)	11	12	13	14	15	16
Element type	(--)	90 elbow long radius	Straight pipe	90 elbow long radius	Straight pipe	90 elbow long radius	Straight pipe
Inside diameter	(mm)	247.65	247.65	247.65	247.65	247.65	247.65
Equivalent length	(mm)	0	1540	0	2581	0	748
Length from piping inlet	(mm)	7482	7482	9022	9022	11603	11603
Height change	(mm)	0	0	0	2581	0	748
Cumulative height	(mm)	-8374	-8374	-8374	-5793	-5793	-5045
Friction factor multiplier	(--)	1.0000	1.0000	1.0000	1.0000	1.0000	1.0000
Friction factor	(--)	0.0000	0.0027	0.0027	0.0000	0.0000	0.0000
Mass fraction vapor	(--)	0.0000	0.0000	0.0000	0.0000	0.0000	0.0000
Pressure	(kgf/cm2G)	1.572	1.571	1.570	1.569	1.401	1.400
Pressure drop	(kgf/cm2)	1.31e-3	5.61e-4	1.31e-3	0.168	1.31e-3	0.049
Friction loss	(kgf/cm2)	1.31e-3	5.61e-4	1.31e-3	9.40e-4	1.31e-3	2.72e-4
Static head loss	(kgf/cm2)	0.000	0.000	0.000	0.167	0.000	0.048
Momentum loss	(kgf/cm2)	0.000	0.000	0.000	0.000	0.000	0.000
Pipe R-V-SQ	(kg/m-s2)	1608.4	1608.4	1608.4	1608.4	1608.4	1608.4
Local Reynolds	(--)	1402480	1402480	1402480	1402480	1402480	1402480
Vapor Reynolds	(--)	0.0000	0.0000	0.0000	0.0000	0.0000	0.0000
Liquid Reynolds	(--)	1402480	1402480	1402480	1402480	1402480	1402480
Flow regime parameter	(--)	0.0000	0.0000	0.0000	0.0000	0.0000	0.0000
Two-phase flow regime	(--)	Sensible liquid	Sensible liquid	Sensible liquid	Sensible liquid	Sensible liquid	Sensible liquid
Dukler map flow regime	(--)	Sens Liq	Sens Liq	Sens Liq	Sens Liq	Sens Liq	Sens Liq

그림 2-219 Detail piping 결과 (Inlet piping 창)

"Outlet piping" 창에서도 마지막 Point에서 "Cumulative height" 값이 입력한 출구 pipe 높이와 일치하는지 확인하고 입구 배관과 동일한 방법으로 원인을 찾고, 필요하면 입력값을 수정해야 한다. 출구 배관 중 Vertical 배관에서 Flow regime이 Annular flow인지 검토되어야 한다. Xist 결과는 "Two-phase flow regime", "Fair map", "Dukler map" 이렇게 3가지 방법으로 Flow regime 결과를 보여주는데, 수평 배관은 "Two-phase flow regime"을 수직 배관은 "Dukler map regime"을 참조하면 된다. 마지막으로 출구 수직 배관에서 $RhoV^2$가 70kg/m-s^2보다 작지 않은지도 검토해야 한다. 출구 배관의 $RhoV^2$는 Superficial vapor $RhoV^2$이다. Superficial vapor $RhoV^2$는 전체 Flow rate 중 Vapor flow rate와 Vapor density로 계산한 값을 의미한다.

Outlet Piping

Point number	(--)	8	9	10	11	12
Element type	(--)	Straight pipe	90 elbow long radius	Straight pipe	90 elbow long radius	Sudden enlargement
Inside diameter	(mm)	330.20	330.20	330.20	330.20	330.20
Equivalent length	(mm)	3354	0	2675	0	0
Length from piping inlet	(mm)	3693	7047	7047	9722	9722
Height change	(mm)	0	0	2675	457	0
Cumulative height	(mm)	3693	3693	6368	6825	6825
Friction factor multiplier	(--)	1.0000	1.0000	1.0000	1.0000	1.0000
Friction factor	(--)	0.0029	0.0029	0.0025	0.0025	0.0029
Mass fraction vapor	(--)	0.1143	0.1148	0.1173	0.1243	0.1246
Pressure	(kgf/cm2G)	1.116	1.114	1.099	1.059	1.038
Pressure drop	(kgf/cm2)	2.44e-3	0.015	0.040	0.021	-0.014
Friction loss	(kgf/cm2)	2.37e-3	0.014	3.84e-3	0.016	0.014
Static head loss	(kgf/cm2)	0.000	0.000	0.035	5.73e-3	0.000
Momentum loss	(kgf/cm2)	7.10e-5	4.27e-4	1.03e-3	5.71e-5	-0.028
Pipe R-V-SQ	(kg/m-s2)	523.98	527.91	551.69	619.05	622.85
Local Reynolds	(--)	1140262	1140638	1142892	1149083	1149425
Vapor Reynolds	(--)	2487938	2497232	2552876	2704231	2712521
Liquid Reynolds	(--)	931612	931163	928473	921158	920757
Flow regime parameter	(--)	0.6304	0.6291	0.6213	0.6013	0.6003
Two-phase flow regime	(--)	Annular-slug	Annular-slug	Annular	Annular	Annular-slug
Dukler map flow regime	(--)	--	--	Annular flow	Annular flow	--

그림 2-220 Detail piping 결과 (Outlet piping 창)

"Detail piping" 옵션의 Normal liquid level에 대한 Pressure drop을 "Simple piping" 옵션과 비교하면 표 2-61과 같다. 출구 배관 Pressure drop 비중이 "Simple piping" 옵션일 때 28%이고 "Detail piping" 옵션에서 29%로 유사하다. Inlet piping pressure drop이 "Detail piping" 옵션에서 줄어들었다. 입구 배관 길이에 대한 초기 입력값이 실제와 차이가 있었음을 알 수 있다. "Detail piping" 결과 창에 "Length from piping inlet" 행 마지막 Point 값은 11603mm이다. 이 값은 Fitting equivalent 길이를 포함한 길이다. 반면 "Simple piping" 옵션에서 배관 길이가 50000mm이고 Bend allowance를 포함한 Equivalent 길이가 16840mm이다. 이로 인하여 Pressure drop 차이가 발생했다.

표 2-61 Pressure drop에 대한 Simple piping vs. Detail piping (Normal liquid level)

		Pressure drop (kg/cm²)		*Static head (mm)*		*Percent*	
		Simple	*Detail*	*Simple*	*Detail*	*Simple*	*Detail*
Piping pressure drop (Inlet)		*0.044*	*0.025*	*680*	*386*	*13%*	*7.5%*
Piping pressure drop (Outlet)	*Friction + Momentum*	*0.09*	*0.094*	*1,392*	*1,452*	*28%*	*29%*
	Two phase static head	*0.096*	*0.096*	*1,484*	*1,483*	*29%*	*29.5%*
Reboiler pressure drop		*0.097*	*0.110*	*1,500*	*1,699*	*30%*	*34%*
Total		*0.327*	*0.325*	*5,056*	*5,021*	*100%*	*100%*

5) Lessons Learned

예제의 Reboiler는 현재 문제없이 운전되고 있다. Kerosene은 비교적 넓은 범위의 Boiling range를 보여주는 유체이다. 이런 유체는 유속에 따라 열전달계수가 증가한다. 또 유량이 증가하면 Reboiler 출구온도가 낮아지므로 MTD가 커지게 된다. 이런 현상들은 Static head가 높아지면 열교환기 성능이 향상되는 경향을 설명하는 것이다. 그러나 Static head가 높아진다고 모든 것이 좋은 것은 아니다. Reboiler return 배관에서 Two phase flow regime이 안 좋은 방향으로 변할 수 있고 Tube vibration 가능성이 커질 수 있으며 Reboiler 입구/출구 노즐에서 $RhoV^2$가 높아져 Erosion 경향이 높아질 수 있다.

또 Thermosiphon reboiler를 100% Normal과 Turndown 운전에서도 검토되어야 하는데 100% Normal 운전조건은 문제가 되지 않지만, Turndown 운전 시 Vertical 배관에 Superficial vapor $RhoV^2$와 Two phase flow regime이 설계 기준을 맞추지 못하는 경우가 많다. 어떤 경우는 Startup 용 Reboiler가 별도로 있어 Turndown 운전에서 문제가 보완되는 경우도 있으므로 공정 엔지니어와 결과를 공유하고 협의해야 한다. 경우에 따라 배관 치수를 줄여 이 문제를 해결할 수도 있다.

Thermosiphon reboiler 설계는 Reboiler circuit hydraulic과 Reboiler 성능을 동시에 수행하여 검토해야 한다. Reboiler hydraulic은 Reboiler 성능에 영향을 주고 Reboiler 성능은 Hydraulic에 영향을 준다. 아래 열거된 사항들은 Thermosiphon reboiler 설계 시 고려해야 할 내용이다.

- ✔ *Column bottom 구조를 이해하여야 한다. (Reboiler circuit을 간단히 Sketch 한다.)*
- ✔ *Colum bottom에 Baffle이 설치된 경우 Hole이 없는지 확인한다.*
- ✔ *Normal liquid level을 기준으로 설계하며, Low liquid level과 High liquid level에서도 운전에 문제없는지 검토한다.*
- ✔ *Heat curve에 압력, 온도, Critical pressure가 적정한지 검토한다.*
- ✔ *Reboiler 수직 출구 배관에서 Superficial vapor RhV^2(70kg/m-sec² 이상)와 Two phase flow regime (Annular flow)을 검토한다.*
- ✔ *"Detail piping" 창 입구와 출구 배관 결과와 입력 데이터가 서로 일치하는지 검토한다.*

- ✔ *Vertical thermosiphon reboiler에 Boiling range 50℃ 이상 유체가 적용된 경우 Tube 끝단에서 Two phase flow regime은 Annular flow가 되어야 한다.*
- ✔ *Turndown 운전에서 Heat flux가 6000W/m² 보다 낮지 않도록 설계한다.*
- ✔ *Fouling을 제거했을 때 Film boiling이 발생하는지 검토한다.*
- ✔ *Vacuum 서비스 경우 입구 배관에 Valve 설치한다.*
- ✔ *2 Parallel reboiler 배열의 경우 출구 배관을 각 Reboiler에 독립적이며 대칭으로 구성한다.*
- ✔ *Once-through reboiler의 Mass vapor fraction이 30%를 넘으면 Thermosiphon reboiler를 고려한다.*
- ✔ *Water base service reboiler 경우 Partial dry wall을 방지하기 위하여 Mass vapor fraction을 10%보다 작게 설계한다. 가능하면 5% 이하로 설계한다.*
- ✔ *Tube side increment는 Baffle spacing 기준이다. Baffle 수량이 적을 때 Increment 수량이 적어 정확성이 떨어질 수 있다. 이런 경우 "Control" 입력 창 "Tube side increment per baffle" 값을 증가시켜 실행한다.*

2.5.2. Propane feed vaporizer reboiler

PDH의 Full name은 Propane dehydrogenation이다. Propane feed로부터 수소를 제거하여 탄소 이중결합인 Propylene을 생산하는 공정이다. Polypropylene을 만드는 원료로 사용된다. 그림 2-221은 Lummus PDH 공정도이다. Feed propane과 Recycle propane은 Heater를 통하여 온도가 올라가고 Reactor(반응기)에서 Propylene이 생산된다. Reactor는 3기가 한 쌍으로 각각 Reaction, Purge, Reheating 과정이 번갈아 순차적으로 수행된다. 압축과정, 냉각과정을 통하여 Propylene liquid와 By-product인 수소와 수분이 분리된다. 분리된 Propylene liquid는 Deethanizer와 C3 Splitter를 거쳐 Ethane과 Unreacted propane을 제거하고 Propylene이 생산된다.

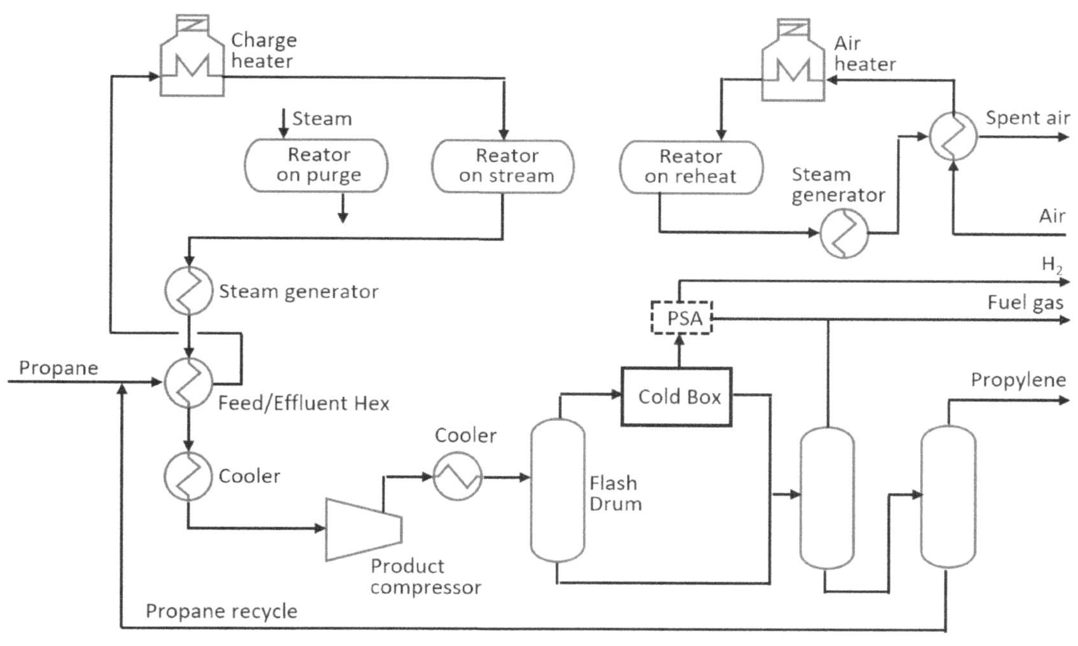

그림 2-221 PDH 공정도

Propane feed와 Recycle propane은 100% Propane이 아니다. 미량의 Butane 이상 Heavy hydrocarbon이 포함될 수 있다. 이번 예제 열교환기는 Propane으로부터 이들 Heavy hydrocarbon을 분리하고 Propane을 Vaporization 하기 위한 Propane vaporizer reboiler이다.

이번 예제는 Trouble shooting 수행 시 Root cause 접근방법을 소개하고자 한다. 내용이 다소 복잡하고 어렵게 느껴질 수 있다. Propane vaporizer system은 그림 2-222와 같이 Propane vaporizer drum, Thermosiphon reboiler, Inserted reboiler, Propylene condensate pot으로 구성되어 있다. 냉동 System의 Compressor에서 나오는 Propylene vapor가 Thermosiphon reboiler의 열원으로 사용된다. Inserted reboiler는 LP Steam을 열원으로 사용하며 공장 Startup 하거나 Main reboiler의 Duty가 부족할 때 사용된다. 유입된 Propane은 Thermosiphon reboiler에서 일부가 Vaporization 되고 다시 Drum으로 돌아간다. 생성된 Propane vapor는 Drum을 빠져나가고 Propane liquid는 유입된 Propane과 함께 다시 Reboiler로 들어간다. Drum bottom으로부터 Butane 이상의 Heavy hydrocarbon이 분리되어 진다. Reboiler는 Level controller에 의해 전열 면적이 유지된다. 운전자가 Level setting을 변경하여 Reboiler 전열 면적을 조절할 수 있다. Propane vapor의 압력은 PIC Controller에 의해 6kg/cm^{2}g로 유지된다. Propane vaporizer drum의 Liquid level은 Level controller에 의해 Feed 유량을 조절하여 유지된다. 열원인 Propylene 유량을 별도 Control 되지 않으며 Reboiler 성능과 Propylene network 운전에 따라 변할 수 있다.

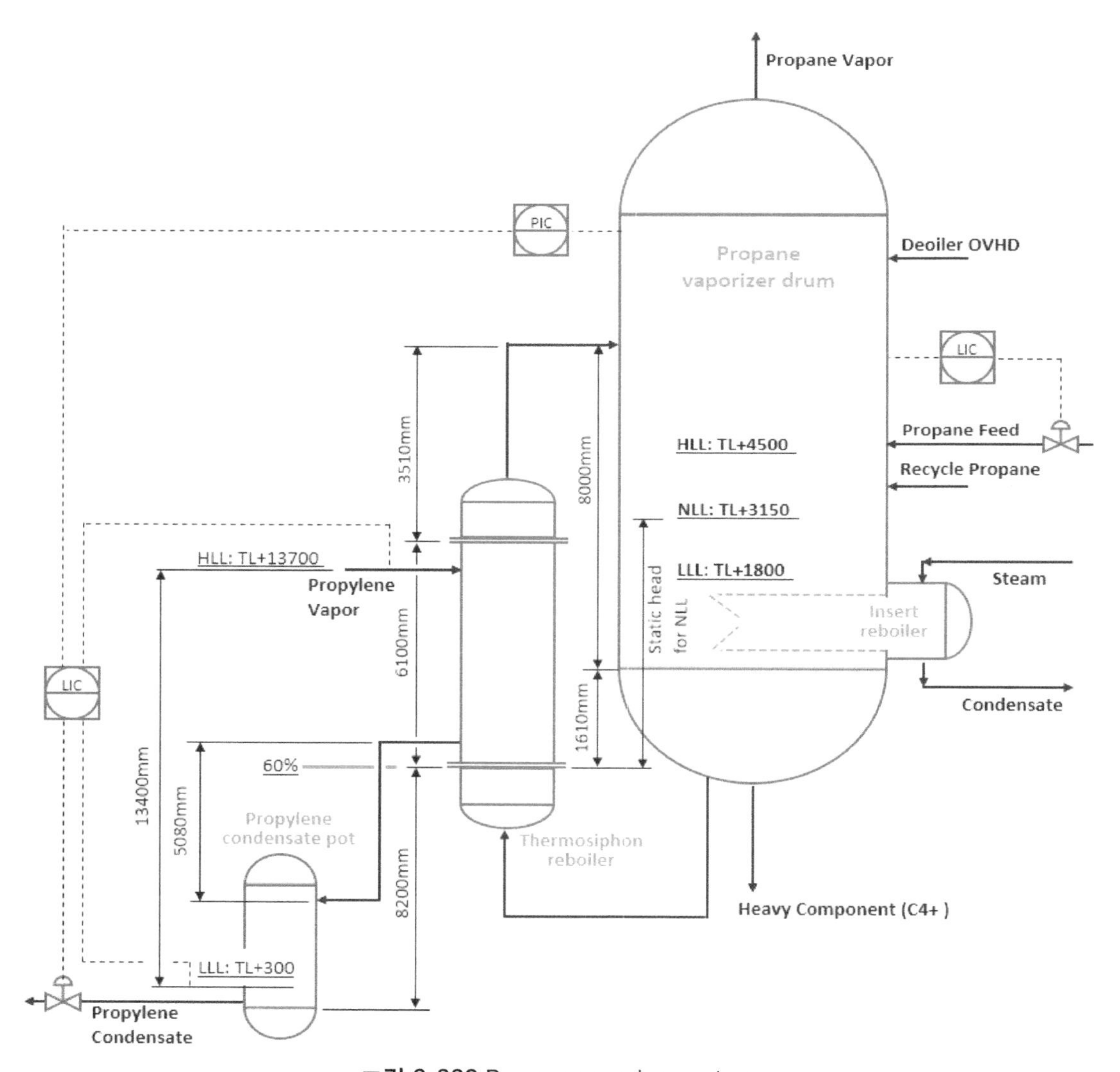

그림 2-222 Propane vaporizer system

문제는 유지보수를 위한 Shutdown 이후 Thermosiphon reboiler 성능이 변화된 것이다. 그래프 2-10의 가로축은 시간을 세로축은 Propylene(열원) 유량을 보여주는 운전 데이터이다. Propylene 잠열을 열원으로 이용한 Reboiler이므로 Propylene 유량에 잠열을 곱하면 열교환기 Duty가 된다. 따라서 Propylene 유량 추이는 열교환기 성능 추이가 된다. 그래프 중간 굵은 수직선은 Shutdown 되었음을 의미한다. Shutdown 전후로 Propylene 양이 감소하거나 증가한다는 것을, 그리고 최저 약 20% 성능이 줄어든 구간을 확인할 수 있다. Reboiler가 "10% on duty and flow margin"으로 설계되었음을 고려하면 약 30% 성능 부족을 보여준다고 할 수 있다. 공장 담당자는 성능 부족 원인과 조치사항을 요청하였다. 그리고 Heavy hydrocarbon이 Reboiler circuit에 축척으로 인하여 Reboiler 성능이 낮아졌다고 추정하고 있었다. Trouble shooting을 위하여 P&ID, Reboiler datasheet, Reboiler drawing, Drum drawing, Piping isometric drawing을 접수하였다.

2.5.1장 예제 Kerosene stripper reboiler의 Process fluid인 Kerosene은 다 성분으로 구성된 Wide boiling range 유체인 데 반하여, 이번 예제인 Reboiler의 Process fluid는 미량의 Butane(C4) 성분을 포함한 Propane으로 순수성분에 가까운 Narrow boiling range 유체이다. 이 두 예제의 Static head에 따른 MTD와 Heat transfer coefficient 변화를 비교해 보면 Thermosiphon reboiler를 이해하는 데 도움이 될 것이다.

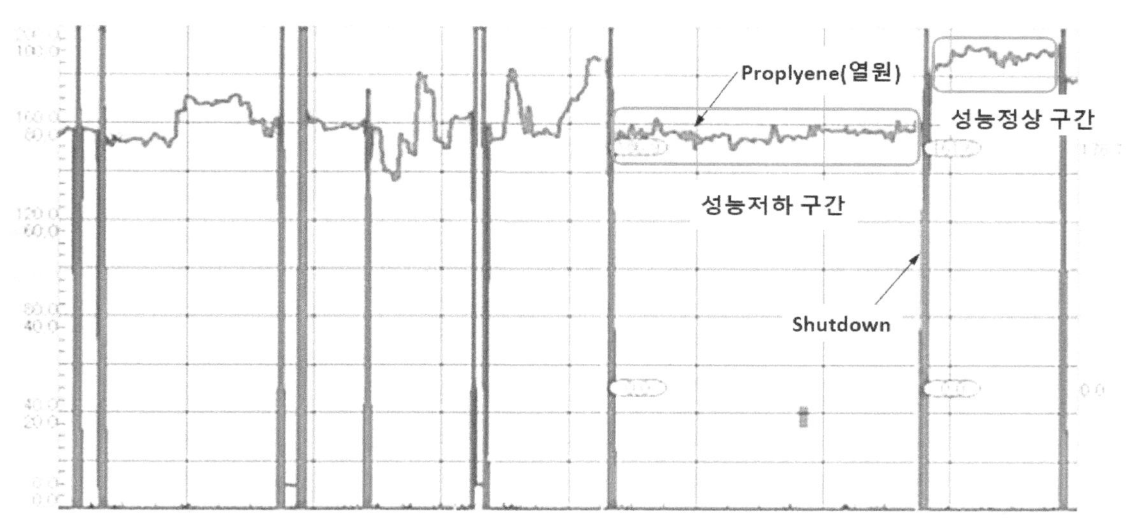

그래프 2-10 시간에 따른 Propylene 유량 운전 데이터

표 2-62는 Reboiler 설계 운전조건과 구조적인 정보를 포함하고 있다.

표 2-62 Reboiler datasheet 운전조건과 설계 정보

<table>
<tr><th></th><th colspan="2">Unit</th><th colspan="2">Hot side</th><th colspan="2">Cold side</th></tr>
<tr><td>Fluid name</td><td colspan="2"></td><td colspan="2">Propylene refrigerant</td><td colspan="2">Propane feed</td></tr>
<tr><td>Fluid quantity</td><td colspan="2">kg/hr</td><td colspan="2">1.1 × 198,933</td><td colspan="2">1.1 × 629,542</td></tr>
<tr><td>Temperature</td><td colspan="2">℃</td><td>31.1</td><td>26.3</td><td>13.8</td><td>14.2</td></tr>
<tr><td>Mass vapor fraction</td><td colspan="2">-</td><td>1</td><td>0</td><td>0</td><td>0.3</td></tr>
<tr><td>Density, L/V</td><td colspan="2">kg/m³</td><td colspan="2" rowspan="4">Heat curve 참조</td><td colspan="2" rowspan="4">Heat curve 참조</td></tr>
<tr><td>Viscosity, L/V</td><td colspan="2">cP</td></tr>
<tr><td>Specific heat, L/V</td><td colspan="2">kcal/kg ℃</td></tr>
<tr><td>Thermal cond., L/V</td><td colspan="2">kcal/hr m ℃</td></tr>
<tr><td>Inlet pressure</td><td colspan="2">kg/cm²g</td><td colspan="2">11.35</td><td colspan="2">6 (Drum pressure)</td></tr>
<tr><td>Press. drop allow.</td><td colspan="2">kg/cm²</td><td colspan="2">0.2</td><td colspan="2">Thermosiphon</td></tr>
<tr><td>Fouling resistance</td><td colspan="2">hr m² ℃/kcal</td><td colspan="2">0.0001</td><td colspan="2">0.0002</td></tr>
<tr><td>Duty</td><td colspan="2">MMkcal/hr</td><td colspan="4">1.1 × 16.205</td></tr>
<tr><td>Material</td><td colspan="2"></td><td colspan="2">Carbon steel</td><td colspan="2">Carbon steel</td></tr>
<tr><td>Design pressure</td><td colspan="2">kg/cm²g</td><td colspan="2">20.3</td><td colspan="2">8.7</td></tr>
<tr><td>Design temperature</td><td colspan="2">℃</td><td colspan="2">65</td><td colspan="2">65</td></tr>
<tr><td>TEMA type</td><td colspan="2">BEM</td><td colspan="2">Shell ID</td><td colspan="2">2540mm</td></tr>
<tr><td>Tube length</td><td colspan="2">6100mm</td><td colspan="2">No. of tubes</td><td colspan="2">7979</td></tr>
<tr><td>Tube OD / Thickness</td><td colspan="2">19.05mm / 2.11mm</td><td colspan="2">Pitch / Pattern</td><td colspan="2">26.4mm / 30°</td></tr>
<tr><td>Baffle cut</td><td colspan="2">26.6%</td><td colspan="2">No of cross passes</td><td colspan="2">8</td></tr>
<tr><td>Baffle type</td><td colspan="2">Double Segment</td><td colspan="2">Tube overlap</td><td colspan="2">8 tubes</td></tr>
<tr><td>Baffle center space</td><td colspan="2">685mm</td><td colspan="2">Impingement device</td><td colspan="2">Yes (Rods)</td></tr>
<tr><td>Shell nozzle (in/out)</td><td colspan="2">482.6mm/ 381mm</td><td colspan="2">Tube nozzle (in/out)</td><td colspan="2">584mm/ 736.6mm</td></tr>
<tr><td>Tubesheet thickness</td><td colspan="2">165mm for both</td><td colspan="2">No of shells</td><td colspan="2">1 series, 1 parallel</td></tr>
<tr><td>Baffle thickness</td><td colspan="2">20mm</td><td colspan="2">Pairs of seal strips</td><td colspan="2">1 Pairs</td></tr>
</table>

표 2-63, 2-64는 각각 Hot side (Propylene)와 Cold side (Propane Feed)의 Heat curve로 Datasheet와 함께 제공되었다.

표 2-63 Hot side heat curve (11.35kg/cm^{2}g)

Temp. (°C)	Duty (kcal/hr)	Mass Vapor Frac.	Vapor Properties			
			Density (kg/m^3)	Viscosity (cP)	Heat Capa. (kcal/kg-°C)	Conductivity (kcal/hr-m-°C)
31.10	0	1	24.99	0.01	0.461	0.015
27.00	380072	1	25.66	0.009	0.466	0.015
26.90	3600687	0.8	25.58	0.009	0.465	0.015
26.80	5401030	0.68	25.54	0.009	0.465	0.015
26.70	9001717	0.45	25.44	0.009	0.464	0.015
26.50	12602404	0.23	25.34	0.009	0.464	0.015
26.40	14402747	0.11	25.29	0.009	0.464	0.015
26.30	16203090	0				

Temp. (°C)	Liquid Properties				
	Density (kg/m^3)	Viscosity (cP)	Heat Capa. (kcal/kg-°C)	Conductivity (kcal/hr-m-°C)	Surface Tension (dyne/cm)
26.99	502.4	0.084	0.641	0.087	6.44
26.80	502.7	0.084	0.641	0.087	6.45
26.70	502.9	0.084	0.64	0.087	6.47
26.50	503.2	0.084	0.64	0.088	6.49
26.40	503.3	0.084	0.64	0.088	6.5
26.30	503.4	0.084	0.639	0.088	6.51

표 2-64 Cold side heat curve (8.7kg/cm^{2}g)

Temp. (°C)	Duty (kcal/hr)	Mass Vapor Frac.	Vapor Properties			
			Density (kg/m^3)	Viscosity (cP)	Heat Capa. (kcal/kg-°C)	Conductivity (kcal/hr-m-°C)
13.80	0	0.00	14.88	0.008	0.426	0.015
13.84	1800567	0.03	14.88	0.008	0.426	0.015
13.89	3601133	0.07	14.88	0.008	0.426	0.015
13.93	5401700	0.10	14.88	0.008	0.427	0.015
13.98	7202267	0.13	14.88	0.008	0.427	0.015
14.02	9002833	0.17	14.88	0.008	0.427	0.015
14.07	10803400	0.20	14.87	0.008	0.427	0.015
14.11	12603967	0.23	14.87	0.008	0.427	0.015
14.16	14404533	0.27	14.87	0.008	0.427	0.015
14.20	16205100	0.30	14.87	0.008	0.427	0.015

Temp. (°C)	Liquid Properties				
	Density (kg/m^3)	Viscosity (cP)	Heat Capa. (kcal/kg-°C)	Conductivity (kcal/hr-m-°C)	Surface Tension (dyne/cm)
13.80	517.9	0.115	0.638	0.088	8.51
13.84	518.0	0.115	0.637	0.088	8.52
13.89	518.0	0.115	0.637	0.088	8.52
13.93	518.1	0.115	0.637	0.088	8.52
13.98	518.2	0.115	0.637	0.088	8.52
14.02	518.2	0.115	0.637	0.088	8.52
14.07	518.3	0.115	0.637	0.088	8.53
14.11	518.4	0.115	0.637	0.088	8.53
14.16	518.5	0.115	0.637	0.088	8.53
14.20	518.6	0.115	0.637	0.087	8.53

1) 사전 검토

Hot side와 Cold side heat curve 각 1개 압력에 대한 Heat curve만 제공되어 있다. 양쪽 유체는 모두 상변화를 동반한 열전달이므로 압력에 따른 Boiling과 Condensing 온도가 중요하다. 특히 MTD가 작은 서비스는 더욱 그렇다.

Hot side heat curve를 보자. 입구온도는 31.1℃이지만 상변화는 27℃부터 시작하고 26.3℃에서 Condensing이 완료된다. Hot fluid는 0.7℃ Boiling range를 갖고 있다. Cold side heat curve를 보자. 13.8℃에서 Boiling이 시작해서 14.2℃에서 Mass vapor fraction이 0.3이 된다. 양쪽 모두 순수한 성분에

가까운 유체로 서로 상변화를 동반하여 열교환 할 때, MTD는 유체 평균온도 차이와 비슷한 값을 갖는다. 따라서 MTD는 12~13℃ 정도로 예상된다. MTD가 크지 않으므로 운전압력 변화에 따라 열교환기 성능이 어느 정도 변할 것이다.

운전압력 변화에 따라 Reboiler 성능을 예측하려면 여러 압력에서 Heat curve들이 필요하다. 그림 2-223과 같이 주성분인 Propylene에 Propane, Ethane, Butane을 추가하여 Hot stream을 구성하여 준다. 11.35kg/cm^{2}g 압력에서 Heat curve를 생성하고 그 결과를 제공된 Heat curve에 Boiling과 Condensing 온도와 비교해 본다. 생성된 Heat curve에 Boiling과 Condensing 온도가 제공된 값과 유사한 값이 될 때까지 각 성분비율을 조정한 후 여러 압력에서 Heat curve를 생성한다. Property package는 HTRI에서 제공하는 VMGThermo를 이용하였다. 그림 2-223은 Datasheet heat curve와 가장 유사한 Boiling과 Condensing 온도를 보여주는 성분구성 비율을 보여주고 있다.

	Component	View/ Edit	Weight Composition	Weight Fraction
1	PROPYLENE	...	0.97	0.9700
2	PROPANE	...	0.0205	0.0205
3	ETHANE	...	0.0055	0.0055
4	n-BUTANE	...	0.004	0.0040

그림 2-223 Hot stream composition (Composition 입력 창)

Hot side 운전압력이 11.35kg/cm^{2}g보다 낮으면 Boiling과 Condensing 온도가 낮아지므로 MTD가 줄어든다. 따라서 Heat curve 압력은 그림 2-224와 같이 11.35kg/cm^{2}g, 11kg/cm^{2}g, 10.35kg/cm^{2}g, 10.35kg/cm^{2}g 이렇게 4개 압력에서 Heat curve를 생성하여 압력에 따른 성능변화 추이를 볼 것이다.

Pressure, kgf/cm2(		11.35		11		10.35		10
Min. Temp., C	T	33	T	33	T	33	T	33
Max. Temp., C	T	20	T	20	T	20	T	20
Number of Points		20		20		20		20

그림 2-224 Hot side heat curve 생성 조건 입력 (Conditions 입력 창)

Cold side의 경우 Drum 운전압력이 Setting 값으로 운전된다. Drum 압력이 낮아지면 Propane을 더 Vaporizing 시키고, Drum 압력이 높아지면 Vaporizing을 줄여 Drum 압력을 제어한다. Hot side heat curve 생성 방법과 동일하게 Propane에 Heavy hydrocarbon 성분들을 추가하고, Datasheet와 함께 제공된 Heat curve와 유사한 Heat curve가 생성될 때까지 성분비율 들을 조절한다. 그림 2-225는 Datasheet 값들과 유사한 Heat curve를 갖는 성분비율이다.

	Component	View/ Edit	Molar Composition	Mole Fraction
1	PROPANE	...	0.97	0.9700
2	n-BUTANE	...	0.02	0.0200
3	n-PENTANE	...	0.01	0.0100

그림 2-225 Cold stream composition (Composition 입력 창)

Static head에 의해 Reboiler 압력이 Drum 입력보다 높다는 것과 Cold side 압력이 높아질수록 MTD가 작아지는 것을 고려하여 그림 2-226과 같이 6kg/cm^{2}g, 6.15kg/cm^{2}g, 6.3kg/cm^{2}g 이렇게 3개 압력에서 Heat curve를 생성한다. 이렇게 생성된 Heat curve들을 이용하여 Reboiler 성능변화 추이를 검토해 볼 것이다.

Pressure, kgf/cm2(		6		6.15		6.3
Min. Temp., C	T	13.8	T	13.8	T	13.8
Max. Temp., C	T	18	T	18	T	18
Number of Points		10		10		10

그림 2-226 Cold side heat curve 생성 조건 입력 (Conditions 입력 창)

Cold side 유체인 Propane liquid는 Density가 작은 유체이다. 따라서 높은 Static head가 필요하다. Tube side vertical reboiler는 그림 2-227과 같이 3가지 방법으로 배열될 수 있다. Reboiler 후단 배관은 가능한 짧고 Vertical 구역을 최소로 설계하는 것이 좋다. Static head가 충분하면 그림 B와 같이 Reboiler 출구 노즐 높이를 Column 노즐 높이와 일치시켜 수평으로 연결한다. 그러나 이렇게 연결할 경우 Static head가 부족할 경우가 생길 수 있다. 이런 경우 Reboiler를 내려 Static head를 확보해야 한다. Tube side 유체가 Fouling이 낮다면 그림 A와 같이 열교환기 Rear head를 일반적으로 사용하는 Ellipsoidal type head보다 Cone type head로 적용하는 것이 좋다. 반면 Tube side에 Fouling 경향성이 높아 Mechanical cleaning이 필요하다면 그림 C와 같이 Channel cover를 갖는 TEMA "A" head를 적용하고 출구 노즐을 Channel 옆에 설치하여 Maintenance를 위한 Channel 분리 작업을 용이하도록 한다.

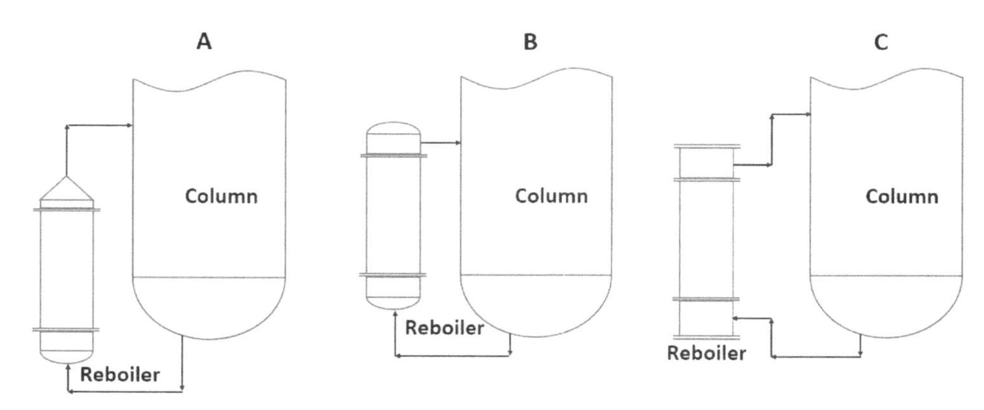

그림 2-227 Tube side vertical reboiler 배열

2) 설계 운전조건 결과 검토

먼저 Service type "Generic shell and tube"에 110% Normal operation condition 기준으로 Xist 결과를 검토해보았다. 다음과 같이 Warning message가 나왔다.

① *Shell entrance velocity exceeds 80% of critical velocity, indicating that fluidelastic instability and flow-induced vibration damage are possible. Fluidelastic instability can lead to large amplitude vibration and tube damage.*

② *The pressure profiles given for the cold fluid do not cover the operating pressure range of the heat exchanger. The vaporization profile inside of the exchanger for this run may not be accurate. Software does not extrapolate beyond the specified reference pressure range,but uses reference pressure closest to the outlying value for the heat release and property data. It is recommended that the maximum and minimum system pressures be used as reference pressures.*

첫 번째, Tube vibration 가능성이 있다고 Message가 나왔다. 그러나 실제 운전에서 Tube vibration 문제는 없다고 한다. Xist는 Tube 여러 부위에 대하여 Tube vibration 가능성을 평가하는데 이 Message가 언급한 부위는 Shell entrance 근처이다. 필자는 기존 열교환기를 성능 평가할 때 이런 경우를 자주 경험했다. Shell entrance에서 유체통과 면적계산은 TEMA RCB4.62에 따른다. 그림 2-228과 같이 실제 Shell entrance에서 계산된 속도를 갖는 유체와 접촉하는 Tube는 없다. Shell entrance를 지나는 유체는 Impingement rod와 접촉할 뿐이다. Shell entrance에서 Tube vibration 가능성 평가는 신규 열교환기를 설계하데 보수적인 검토로 이해하는 것이 좋을 것으로 생각한다. Tube vibration에 대해서 2.6.1장 Wet gas trim cooler에서 자세히 다룰 것이다.

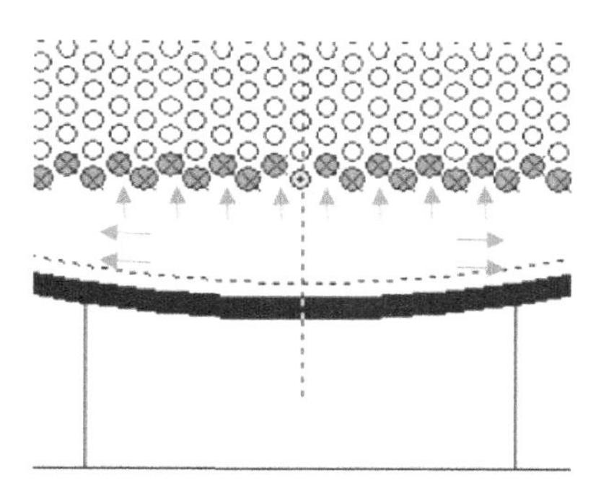

그림 2-228 Shell entrance

두 번째 Message는 입력한 Heat curve가 열교환기 내부 압력을 포함하지 못하여 외삽하였다는 내용이다. Thermosiphon reboiler이므로 Reboiler circuit 압력은 6kg/cm^2 밑으로 압력이 내려가지 않는다. Thermosiphon 모델로 실행하면 이 Warning message는 없어질 것이다.

Process Conditions		Hot Shellside		Cold Tubeside	
Fluid name			PROPYLENE		PROPANE FEED
Flow rate	(1000-kg/hr)		198.93		862.27 *
Inlet/Outlet Y	(Wt. frac vap.)	1.0000	0.0000	0.0000	0.2159 *
Inlet/Outlet T	(Deg C)	31.10	26.17	13.80	14.41
Inlet P/Avg	(kgf/cm2G)	11.350	11.326	6.248	6.155
dP/Allow.	(kgf/cm2)	0.047	0.200	0.186	0.000
Fouling	(m2-hr-C/kcal)		0.000100		0.000200

Exchanger Performance					
Shell h	(kcal/m2-hr-C)	1293.9	Actual U	(kcal/m2-hr-C)	526.65
Tube h	(kcal/m2-hr-C)	1861.3	Required U	(kcal/m2-hr-C)	491.92
Hot regime	(--)	Gravity	Duty	(MM kcal/hr)	16.253
Cold regime	(--)	Conv	Eff. area	(m2)	2755.3
EMTD	(Deg C)	12.0	Overdesign	(%)	7.06

Shell Geometry			Baffle Geometry		
TEMA type	(--)	BEM	Baffle type		Double-Seg.
Shell ID	(mm)	2540.0	Baffle cut	(Pct Dia.)	26.6
Series	(--)	1	Baffle orientation	(--)	Parallel
Parallel	(--)	1	Central spacing	(mm)	685.00
Orientation	(deg)	90.00	Crosspasses	(--)	8

Tube Geometry			Nozzles		
Tube type	(--)	Plain	Shell inlet	(mm)	482.60
Tube OD	(mm)	19.050	Shell outlet	(mm)	381.00
Length	(mm)	6100.	Inlet height	(mm)	95.316
Pitch ratio	(--)	1.3858	Outlet height	(mm)	121.72
Layout	(deg)	30	Tube inlet	(mm)	584.20
Tubecount	(--)	7979	Tube outlet	(mm)	736.60
Tube Pass	(--)	1			

Thermal Resistance, %		Velocities, m/s			Flow Fractions	
			Min	Max		
Shell	40.70				A	0.056
Tube	37.41	Tubeside	0.47	2.71	B	0.732
Fouling	19.19	Crossflow	0.18	1.56	C	0.028
Metal	2.70	Longitudinal	0.12	1.60	E	0.184
					F	0.000

그림 2-229 Normal liquid level 기준 100% operation condition에서 결과 (Output summary)

결과와 함께 고려하여야 할 Warning message는 아래와 같다.

① *Thermosiphon instability calculations indicate that the system is stable; the ratio of threshold to actual liquid inlet velocity is .1288. An increase in heat duty or reduction in flow rate may result in an unstable situation.*

Thermosiphon reboiler에서 특히 Vertical thermosiphon reboiler는 Instability 영역에서 운전될 수 있다. 이 영역에서 Oscillation 운전되고 성능이 떨어지며 Mechanical damage가 발생할 수 있다. 이런 Warning message가 나오면 모든 Liquid level에서 운전, Turndown 운전 등 다른 가능성 있는 운전조건 등을 검토해야 한다. 다행히 이 예제의 경우 Liquid level별 운전과 Turndown 운전에서 Xist 결과는 Stable 운전 결과를 보여주고 있다. Reboiler instability와 관련된 Two phase instability에 대하여 4.4장에 상세한 설명을 하였으니 참조하기 바란다.

표 2-65는 설계 운전조건에서 Liquid level 변화에 따른 Xist 결과를 정리한 것이다.

표 2-65 Liquid level에 따른 Xist 결과 Summary

Case	*Duty [Gcal/hr]*	*Flow rate [kg/hr]*	*In press. [kg/m²g]*	*Mass vapor Frac.*	*Outlet temp. [℃]*	*MTD [℃]*	*Calc. HTC [kcal/ m²-hr-℃]*	*Static head [mm]*	*Over-design*
Generic Shell & tube	*1.1 × 16.205*	*1.1 × 629,542*	*6*	*0.3*	*14.2*	*12.6*	*535.3*	*N/A*	*4%*
Thermosiphon reboiler (NLL)	*1.1 × 16.205*	*1.1 × 786,364*	*6.25*	*0.237*	*14.4*	*11.9*	*539*	*5136*	*-1%*
Thermosiphon reboiler (HLL)	*16.205*	*1,178,000*	*6.3*	*0.157*	*14.4*	*11.8*	*530.1*	*6486*	*6%*
Thermosiphon reboiler (NLL)	*16.205*	*862,270*	*6.25*	*0.216*	*14.4*	*12*	*526.7*	*5136*	*7%*
Thermosiphon reboiler (LLL)	*16.205*	*562,500*	*6.2*	*0.333*	*14.5*	*12.1*	*520.7*	*3786*	*7%*

순수성분 유체의 경우 동일 압력에서 Mass vapor fraction이 감소하여도 같은 온도에서 Boiling 된다. 2.5.1장 예제 Kerosene stripper reboiler와 다르게 이번 예제 Reboiler에서 Liquid level이 높을수록 유량이 증가하지만, 출구온도는 살짝 증가하고, MTD가 감소하였다. Liquid level이 높을수록 Static head가 높아지고 Reboiler 입구압력은 높아져 Boiling 온도가 높아지기 때문이다. 이로 인하여 Cold side (Reboiler stream) 출구온도가 증가하고 MTD는 낮아지게 된다.

열전달계수 또한 Liquid level에 따른 변화가 미미하다. 순수한 성분에서 오히려 유량 증가는 Nucleate boiling을 방해하는 역할을 한다. 예제의 경우 미량 불순물이 섞여 있어 유량 증가에 따라 열전달계수는 미미하게 증가한다.

3) 성능 부족 가능성 있는 원인 확인을 위한 Simulation

예제의 Reboiler 성능이 줄어들 가능성 원인은 어떠한 것들이 있을까? 표 2-66과 같이 크게 4가지 원인을 구분하고 각 원인을 세부 원인으로 나누었다. 각 가능성에 대하여 공장 담당자와 상담, 운전 Simulation을 통하여 하나씩 제거해 나갔다. 먼저 Simulation 하기 전 공장 담당자와 상담하여 가능성 유무를 구분하였다.

표 2-66 가능성 있는 Reboiler 성능 감소 원인

대구분	소구분	운전 원인	가능성
1. 전열 면적감소	Tube plugging	Tube plugging에 의한 전열 면적감소	No
	Reboiler liquid level이 높은 경우	Liquid level이 Reboiler bottom tubesheet보다 높을 경우	No
2. MTD 감소	Propane (cold side) 압력이 높을 경우	운전압력이 높은 경우	No
		Drum liquid level이 높을 경우	No
	Propylene (Hot side) 압력이 낮을 경우	운전압력이 낮은 경우	No
	Propane (Hot side)에 Heavy component가 많이 섞였을 경우	Feed 자체 Heavy composition이 많을 경우	Yes
		Heavy component가 Reboiler circuit에 축척 될 경우	Yes
	Propylene (Hot side)에 Light component가 많이 섞였을 경우	Refrigerant에 Light 한 성분이 포함된 경우	No
3. Heat transfer coefficient 감소	Fouling 증가	Fouling 증가	No
	Reboiler circulation flow rate 감소에 의한 Tube dry wall 발생	Drum liquid level이 낮을 경우	No
4. 열원 유량 감소	Propylene 유량이 적게 유입될 경우	Propylene 유량 감소	Yes

첫 번째 전열 면적감소 원인을 검토해보았다. Tube leakage 발생으로 Tube plugging을 되면 전열 면적이 감소하여 성능이 저하된다. 그러나 Tube plugging 이력은 없었다고 한다. Reboiler liquid level 또한 운전 데이터로부터 Bottom tubesheet보다 낮게 유지되어 운전됨을 확인할 수 있었다.

두 번째 MTD 감소 가능성을 분석해 보았다. Propane 운전압력이 높아지면 Cold side 운전온도가 높아지기 때문에 MTD가 낮아져 성능이 저하된다. Drum 압력이 6kg/cm^{2}g보다 낮을 때 Reboiler liquid level을 낮추어 Reboiler duty를 높이고, 압력이 높을 때 Reboiler liquid level을 높여 Reboiler duty를 낮춘다. 실제 운전 데이터를 확인한바 운전압력 6kg/cm^{2}g을 유지됨을 확인할 수 있었다.

Propane vaporizer drum liquid level이 높으면 Static head가 높아져 Reboiler 입구압력이 높아지고 Cold side 운전온도가 높아지기 때문에 MTD가 낮아져 성능이 저하된다. 운전 데이터를 확인한바 Liquid level이 40%로 운전하고 있어 이 또한 가능성이 없다.

Hot side인 Propylene 운전압력이 낮으면 Hot side 운전온도 또한 낮아져 MTD가 저하된다. 운전 데이터를 확인한바, 그래프 2-10 "성능저하구간"에서 압력이 11.35kg/cm^{2}g, "성능정상구간"에서 압력이 11.27kg/cm^{2}g로 운전되고 있다. "성능정상구간'에서 Propylene 유량은 작을 것이고, "성능저하구간" 에서 Propylene 유량은 많을 것이다. 두 구간의 열교환기 입구압력 차이는 Propylene header에서 열교환기까지 Line pressure drop 때문에 발생한 것이고 Propylene header 압력은 같아 가능성이 작다.

Propane feed에 Heavy component 비율이 높으면 Boiling 온도가 높아지므로 MTD가 감소한다. 운전 데이터를 확인한바, Feed vaporizer drum의 Bottom 온도와 Reboiler 출구온도가 평균 1.3℃ 높아졌다. 이는 Boiling 온도 1.3℃ 증가에 상응하는 Heavy component 비율이 증가했다는 의미이다. Reboiler simulation 통하여 확인할 필요가 있다.

Heavy component가 Reboiler 내에 축적될 수 있다. Propane feed에 Heavy component 비율이 낮을지라도 이러한 Heavy component 축척으로 인하여 Reboiler 내 Heavy component 비율은 높을 수 있다. 이는 MTD와 Reboiler 성능을 감소시킨다. 이 또한 Reboiler simulation 통하여 확인해야 한다.

Propylene(Refrigerant)에 Light component 비율이 높으면 Hot side 운전온도가 낮아지므로 MTD가 감소한다. Refrigerant인 Propylene보다 가벼운 성분인 Ethane, Ethylene 은 11.35kg/cm^{2}g, 26.1℃에서 Vapor로 존재하기 때문에 이는 불가능하다고 봐야 한다.

세 번째 열전달계수의 원인을 검토하였다. Fouling 증가에 대하여, 운전 Duty가 점진적으로 줄어야 하지만, 그래프 2-10에서 Propylene 소모량이 증가 감소하였을 할 뿐 점진적인 감소 경향은 보여주고 있지 않다. 따라서 이 또한 가능성이 작다.

Drum liquid level은 앞서 언급하였듯이 운전 데이터를 확인한바, Liquid level 40%를 유지하였기 때문에 가능성이 작다. 또 Propane이 대부분인 순수한 성분에 가까운 유체의 Boiling 열전달계수는 유속 영향이 적다.

마지막 열원 문제가 있을 수 있다. Propylene 유량 자체가 적게 유입된다면 당연히 열교환기 성능은 감소할 수밖에 없다. Refrigerant system의 Compressor는 5단으로 구성되어 있는데 4단으로부터 압축된 Propylene vapor가 여러 열교환기의 열원으로 사용되고 있다. 예제 Reboiler 역시 그중 하나이다. Propylene 유량이 다른 열교환기 쪽으로 더 많이 쏠린다면, 예제 Reboiler에 Propylene 유량이 줄어들 것이다. 이는 가능성 있는 원인 중의 하나이다.

그래프 2-10에서 Propylene 소모량 추이를 보면 소모량 변화가 유지되는 첫 번째 구간에서 정상운전의 80%로 운전되고 두 번째 구간에서 정상운전의 100%가 유지된다. 이 두 구간에 대하여 Reboiler 운전을 Simulation 하여 가능성 있는 원인 중에 Root cause를 추려낼 것이다. 표 2-67과 같이 두 구간의 운전 데이터를 평균값으로 정리하였다.

표 2-67 "성능저하구간"과 "성능정상구간"의 평균 운전 데이터

	Shell Flow rate [kg/hr]	*Shell pressure [kg/cm²g]*	*Tube inlet temp. [℃]*	*Tube outlet temp. [℃]*	*Drum press. [kg/cm²g]*	*Shell inlet Temp. [℃]*
Datasheet	*198,933*	*11.35*	*13.8*	*14.2*	*6.0*	*31.1*
성능저하구간	*156,115*	*11.35*	*14.9*	*15.3*	*6.0*	*33.0*
성능정상구간	*188,353*	*11.27*	*14.9*	*15.5*	*6.0*	*33.0*

Drum liquid level이 40%로 운전되고 있지만, Liquid level에 따라 성능 차이가 없어 Normal liquid level (50%) 기준으로 Simulation 하였다. Simulation을 수행하려면 그림 2-230과 같이 운전 Propylene 유량과 입구압력을 입력하고 Duty를 비워둔다. Propane feed 입구온도에 운전 데이터를 입력하면 Xist 결과 "Detail inlet piping" 창에 Two phase가 나온다. Reboiler 입구 pipe에 Two phase는 현실적이지 않으므로 그림 2-231과 같이 Single phase(Liquid)가 나오도록 "Process conditions" 창 Propane feed 입구온도를 조금씩 낮추면 14.7℃를 입력할 때 Single phase가 된다.

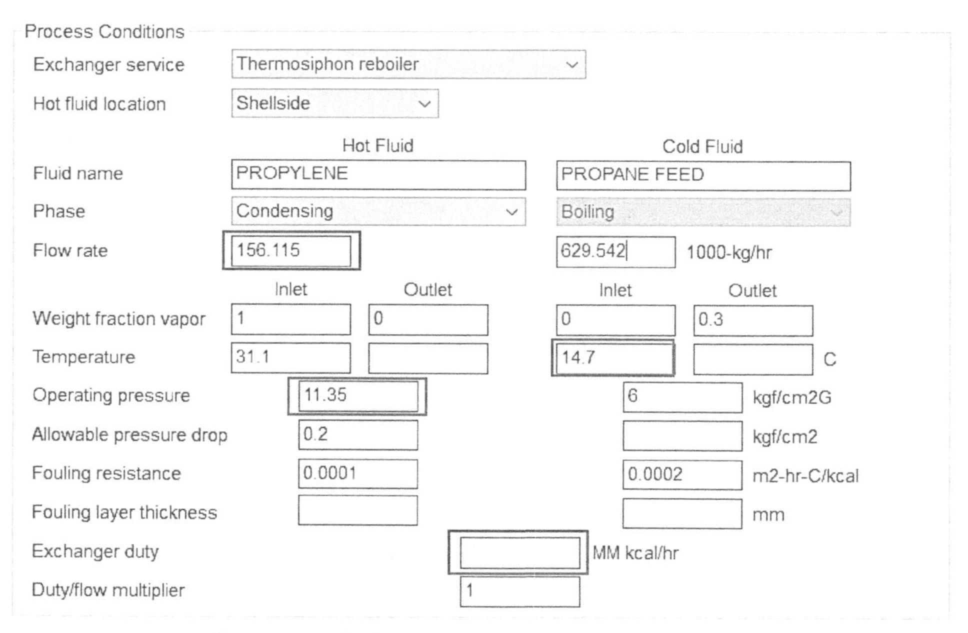

그림 2-230 운전 데이터 입력 (Process conditions 입력 창)

Pipe R-V-SQ	(kg/m-s2)	0.00	0.00	1774.7	1774.7	1774.7
Local Reynolds	(--)	0.0000	0.0000	4949395	4949395	4949394
Vapor Reynolds	(--)	0.0000	0.0000	0.0000	0.0000	0.0000
Liquid Reynolds	(--)	0.0000	0.0000	4949395	4949395	4949394
Flow regime parameter	(--)	0.0000	0.0000	0.0000	0.0000	0.0000
Two-phase flow regime	(--)			Sensible liquid	Sensible liquid	Sensible liquid
Fair map regime	(--)			Sens Liq	Sens Liq	Sens Liq
Dukler map flow regime	(--)			Sens Liq	Sens Liq	Sens Liq

그림 2-231 Detail inlet piping 창

Simulation 결과, Tube side 출구온도가 운전온도보다 낮다. Simulation 온도를 실제 운전온도에 맞추기 위하여 "Composition" 입력 창에서 Composition 비율을 조금씩 변경하여 Heat curve를 다시 생성한다. 만약 Simulation 결과의 Tube side 출구온도가 운전온도보다 낮으면 Heavy component 비율을 조금 올리고 반대의 경우 Heavy component 비율을 줄인다. 몇 회 반복하면 그림 2-233과 같이 운전온도와 유사한 Simulation 결과를 보여주는 Composition을 찾을 수 있다. 최종 Composition은 그림 2-232과 같이 Heavy component가 살짝 증가하였다.

	Component	View/ Edit	Molar Composition	Mole Fraction
1	PROPANE	...	0.953	0.9436
2	n-BUTANE	...	0.047	0.0465
3	n-PENTANE	...	0.01	0.0099
4				

그림 2-232 Cold side composition 변경(Composition 입력 창)

No Data Check Messages.
See Runtime Message Report for Warning Messages.

Process Conditions		Hot Shellside		Cold Tubeside	
Fluid name			PROPYLENE		PROPANE FEED
Flow rate	(1000-kg/hr)		156.12		945.76 *
Inlet/Outlet Y	(Wt. frac vap.)	1.0000	0.0000	0.0000	0.1546 *
Inlet/Outlet T	(Deg C)	31.10	26.23	14.70	15.29
Inlet P/Avg	(kgf/cm2G)	11.350	11.335	6.267	6.169
dP/Allow.	(kgf/cm2)	0.029	0.200	0.196	0.000
Fouling	(m2-hr-C/kcal)		0.000100		0.000200

그림 2-233 "성능저하구간" Simulation 결과 (Output summary)

표 2-68은 "성능저하구간"과 "성능정상구간"에 대한 Simulation 결과를 비교해 보여주고 있다.

표 2-68 운전 Simulation summary

Case	*Duty [Gcal/hr]*	*Propylene flow [kg/hr]*	*Shell press. [kg/ cm²g]*	*Tube 출구 temp. [℃]*	*MTD [℃]*	*Calc. HTC [kcal/m²-hr-℃]*	*Over design*
Datasheet	*1.1 × 16.205*	*1.1 × 198,933*	*11.35*	*14.2*	*12.6*	*535.3*	*4%*
Design	*16.205*	*198,933*	*11.35*	*14.2*	*12.1*	*526.7*	*7%*
성능저하구간	*12.786*	*156.115*	*11.35*	*15.3*	*11.1*	*495.9*	*19%*
성능정상구간	*15.477*	*188,353*	*11.27*	*15.5*	*10.7*	*516.6*	*-1.6%*
- Propane feed composition (mole composition) *- Design: Propane: 0.969, N-butane: 0.022, N-pentane: 0.009* *- 성능저하구간: Propane: 0.953, N-butane: 0.047, N-pentane: 0.01* *- 성능정상구간: Propane: 0.939, N-butane: 0.051, N-pentane: 0.01*							

Simulation 결과 Propane feed에 Heavy component 비율이 높을수록 MTD가 줄어드는 경향을 확인할 수 있다. 또 Duty가 줄어들수록 열전달계수 또한 감소하는 경향을 확인할 수 있다. 이는 Duty가 줄어들

면 Tube side vapor 발생이 줄어 Tube side nucleate boiling 열전달계수가 작아지기 때문이다. "성능저하구간"에서 19% Over-design을 보여주고 있다. 이는 열교환기는 성능을 더 낼 수 있는데 열원(Propylene)이 더는 공급되지 않고 있는 것으로 보인다. "성능정상구간"에서 -1.6% Over-design을 보여주고 있다. 이는 열교환기가 운전조건에서 자신의 최대 성능을 발휘하고 있음을 보여주고 있다. 그러나 설계 대비 약 5% 이상 성능이 줄어들었다. 이는 Propane feed에 Heavy component 비율이 약간 증가하였기 때문이다. 따라서 이 예제의 성능 저하 원인은 Propane 성분과 Propylene 유량에 의한 복합적인 원인에 의해 나타난 현상이지만, 주원인은 열원(Propylene) 공급 유량이 부족한 것으로 검토된다.

4) Heavy component 축척 가능성 검토

표 2-66 MTD 감소요인 중 하나인 Reboiler에 유입되는 Propane에 Heavy component 비율증가 세부 원인은 2가지로 분류된다. 두 번째 세부 원인인 Heavy component가 축척 될 가능성으로 추가 Simulation을 수행하였다. "성능저하구간"에 대한 Simulation 파일로부터 시작한다. "성능저하구간" Simulation 결과 Over-design이 0%가 나올 때까지 Cold composition 중 Heavy component 비율을 조금씩 높여준다. Cold mole composition이 Propane: 0.9, N-butane: 0.085, N-pentane: 0.015일 때, Over-design 0%가 된다. 이때 Simulation 결과는 Reboiler 출구온도 17℃이다. Reboiler 출구온도 17℃를 보여주는 운전 데이터는 없었다. 공장 담당자가 Propane feed와 Reboiler inlet stream 성분 분석 의뢰하였고 확인될 것이다. 출구 수직 배관에서 Superficial vapor $RhoV^2$ 값이 $70kg/m\text{-}sec^2$보다 낮으면 Heavy component 축척 가능성 있다고 한다. 그러나 그림 2-234과 같이 Simulation 결과 Superficial vapor $RhoV^2$는 이보다 상당히 높은 약 $600kg/m\text{-}sec^2$이다. Two phase flow 유량 중 Vapor 유량만 배관에 흐른다고 가정하여 계산된 $RhoV^2$를 Superficial vapor $RhoV^2$라고 한다.

Outlet Piping

Point number	(--)	1	2	3	4	5
Element type	(--)	Header (height only)	Straight pipe	90 elbow long radius	Straight pipe	Sudden enlargement
Inside diameter	(mm)	742.95	742.95	742.95	742.95	742.95
Equivalent length	(mm)	0.	1650.	14859.	4964.	0.
Length from piping inlet	(mm)	0.	0.	1650.	16509.	21473.
Height change	(mm)	1860.	1650.	0.	0.	0.
Cumulative height	(mm)	1860.	3510.	3510.	3510.	3510.
Friction factor multiplier	(--)	1.0000	1.0000	1.0000	1.0000	1.0000
Friction factor	(--)	0.0000	0.0025	0.0025	0.0025	0.0025
Mass fraction vapor	(--)	0.1734	0.1746	0.1756	0.1757	0.1757
Pressure	(kgf/cm2G)	6.068	6.034	6.005	6.002	6.001
Pressure drop	(kgf/cm2)	0.034	0.029	2.88e-3	9.63e-4	0.000
Friction loss	(kgf/cm2)	0.000	7.27e-4	2.86e-3	9.58e-4	0.020
Static head loss	(kgf/cm2)	0.033	0.030	0.000	0.000	0.000
Momentum loss	(kgf/cm2)	1.57e-4	-7.7e-4	1.48e-5	4.97e-6	-0.020
Pipe R-V-SQ	(kg/m-s2)	0.00	591.88	601.27	602.20	602.51
Local Reynolds	(--)	0.0000	3887873	3884629	3884313	3884207

그림 2-234 Heavy component 축척 가능성 확인을 위한 Simulation 결과 (Detail outlet piping 창)

또 Heavy component 축척을 피하려면 Boiling range가 50℃를 초과하는 유체가 Boiling될 경우 열교환기 마지막 Tube end에서 Annular flow regime이 되도록 설계하는 기준이 있다. 이 예제의 열교환기 Boiling 유체는 Propane feed로 Boiling range가 매우 좁은 순수한 물질에 가깝다. 따라서 Heavy component 축척 가능성은 제외하였다. 만약 Reboiler 내에 Heavy component 축척 되어 성능 저하가 발생한다면, Reboiler에서 Vaporizing 되는 성분보다 더 낮은 온도에서 기화되는 성분을 일시적으로 주입하면 해결되는 경우도 있다.

5) 결론

Propane feed에 Heavy component 비율이 설계 대비 약간 높아 Reboiler 성능이 일부 영향을 주었다. 그러나 주원인은 Propylene 공급 유량 감소이다.

Refrigerant system의 Propylene vapor는 여러 열교환기에서 열회수되는 Network system으로 구성되어 있다. 그중 일부 Propylene vapor가 예제 열교환기에서 회수된다. 운전상 Propylene material balance를 확인하기 위하여 추가 운전 데이터를 요청하였고 이를 확인한바, 다른 열교환기로 유입되는 Propylene이 증가하였음을 확인할 수 있었다. 다른 열교환기들로 공급되는 Propylene 공급 유량을 미세 조정하기 위하여 각 Control valve를 조정하여 예제의 열교환기로 공급되는 Propylene 양을 증가시킬 수 있었고 열교환기 성능도 회복됨을 확인하였다.

2.6. Tube vibration

HTRI는 Fluid induced vibration과 Acoustic vibration을 평가하는 Tool을 제공한다. Xist 모듈은 이 두 가지 Vibration을 평가하고, Xvib 모듈은 Fluid induced vibration만 다루지만 더 정밀하게 Tube vibration을 평가한다. Tube vibration은 열교환기에서 자주 발생하는 현장문제 중 하나이다. 그림 2-235는 Tube가 Baffle과 접하는 부분에서 지속적인 Vibration에 의해 마모된 Tube를 보여주는 사진이다.

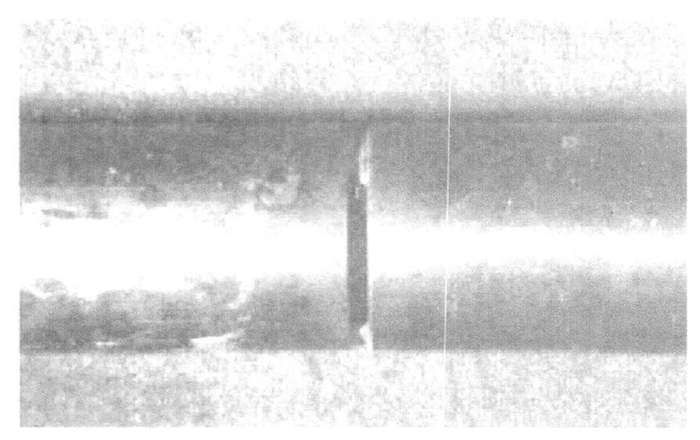

그림 2-235 Baffle에서 Tube vibration damage

화학공학을 전공한 엔지니어는 Vibration 개념을 이해하는 데 어려울 것이다. 필자도 당연히 그랬다. 그러나 Shell & tube heat exchanger에 국한된 Vibration을 이해하는데 깊은 Vibration 개념을 요구하지 않고 Vibration 비전공 독자들도 충분히 이해할 수 있을 만한 내용을 다루고 있다. 그림 2-236은 Fluid induced vibration 현상 중 하나인 Vortex shedding에 의한 Tube vibration mechanism을 보여주고 있다. 2.6.1장과 2.6.2장 예제를 통하여 Xist와 Xvib를 이용한 Fluid induced tube vibration 평가 방법을 소개할 것이다. 2.6.3장 예제는 X-shell에서 유체의 Distribution과 Acoustic vibration 해석 방법을 소개하고 있다.

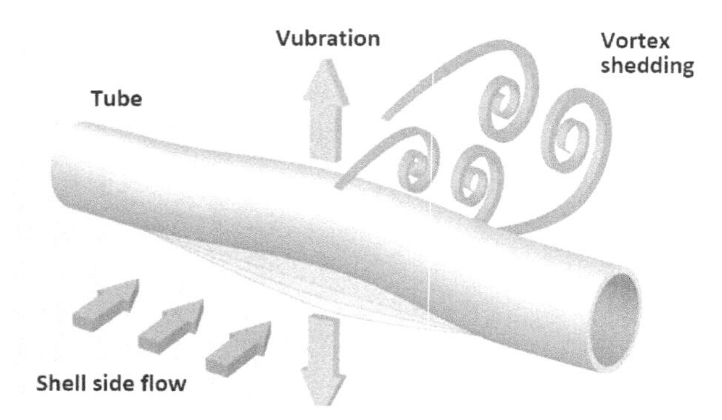

그림 2-236 Vortex shedding frequency에 의한 Tube vibration

2.6.1. Wet gas trim cooler (Xist tube vibration 평가)

FCC unit는 그림 2-237과 같이 Reactor/Regenerator, Main fractionator, Gas recovery 3개 Section으로 구성되어 있다. FCC unit은 열분해와 촉매분해로 Heavy hydrocarbon을 Light hydrocarbon으로 Cracking 시킨다. 이 과정에서 이중결합을 갖고 있는 Olefin계 탄화수소가 많이 생성되는데 Olefin 계 탄화수소는 플라스틱 생산을 위한 값진 중간 생산물이다. Gas recovery section에서 Wet gas를 Propylene과 Butane, C5+등 Light 성분을 분리 회수하게 된다. Wet gas는 Gas recovery 공정에 들어가기 전 Wet gas compressor를 통하여 공정에 필요한 압력까지 압축된다. 압축된 Wet gas는 Wet gas compressor 후단에 설치된 Air cooler와 Cooling water cooler로 냉각되는데, 이번 예제는 Wet gas trim cooler이다.

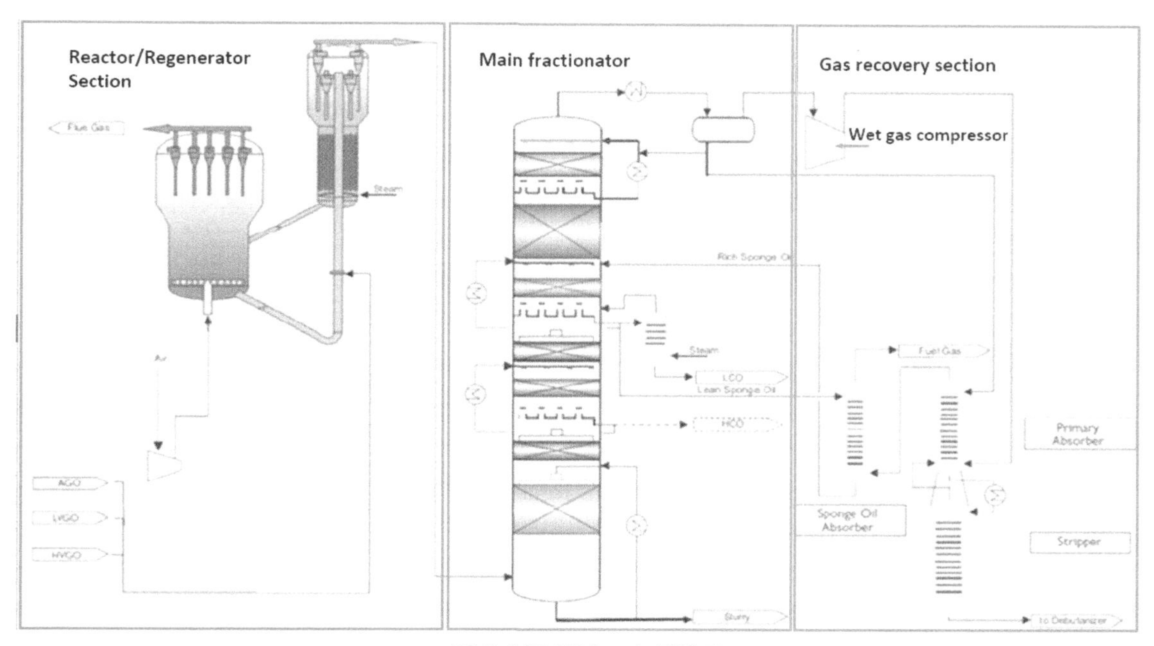

그림 2-237 FCC unit 공정도

Compressor 후단 Cooler는 Gas 압축과정에서 발생한 열을 제거하기 위한 목적이다. Main fractionator의 Overhead gas는 Saturated condition이며 압축 후 냉각과정에서 일부 응축된다. 이 예제 Wet gas trim cooler는 Wet gas compressor 후단 Air cooler와 직렬로 연결된 Cooling water cooler이다. 예제의 설계운전조건은 표 2-69와 같다.

표 2-69 Wet gas trim cooler 설계 운전조건

	Unit	Hot side		Cold side	
Fluid name		Wet gas		Cooling water	
Fluid quantity	kg/hr	306,457		331,020	
Mass vapor fraction		0.7166	0.6514	0	0
Temperature	℃	55	45	33	45
Density, L/V	kg/m³	heat curve 참조		Water properties	
Viscosity, L/V	cP				
Specific heat, L/V	kcal/kg ℃				
Thermal cond., L/V	kcal/hr m ℃				
Inlet pressure	kg/cm²g	4.6		5.5	
Press. drop allow.	kg/cm²	0.3		0.6.	
Fouling resistance	hr m² ℃/kcal	0.0004		0.0005	
Duty	MMkcal/hr	3.96			
Material		KCS + HIC		KCS + HIC	
Design pressure	kg/cm²g	11.5 / F.V		15	
Design temperature	℃	170 / 170		100	
Connecting Line size	In/Out	20"	20"	8"	8"
Tube 치수 1" OD, min. 2.77mm thickness tube TEMA AES type 사용 Max. tube 길이 6100mm					

표 2-70에서 2-72까지 Wet gas에 대한 3개 압력에서 Heat curve가 제공되었다.

표 2-70 Heat curve (4.6kg/cm²g)

Temp. (°C)	Enthalpy (kcal/kg)	Weight Frac. Vapor	Vapor Properties			
			Density (kg/m³)	Viscosity (cP)	Heat Capa. (kcal/kg-°C)	Conductivity (kcal/hr-m-°C)
55	91	0.7166	7.533	0.011	0.435	0.027
53.8	89.3	0.7075	7.523	0.011	0.434	0.027
52.6	87.5	0.6983	7.511	0.011	0.434	0.027
51.4	85.8	0.689	7.498	0.011	0.433	0.027
50.8	85	0.6843	7.492	0.011	0.433	0.027
49.6	83.2	0.6749	7.477	0.011	0.432	0.027
48.4	81.5	0.6654	7.462	0.011	0.431	0.027
47.2	79.8	0.6559	7.446	0.011	0.43	0.027
46	78.1	0.6464	7.428	0.011	0.43	0.027

Temp. (°C)	Liquid Properties				
	Density (kg/m³)	Viscosity (cP)	Heat Capa. (kcal/kg-°C)	Conductivity (kcal/hr-m-°C)	Surface Tension (dyne/cm)
55	840.4	0.46	0.837	0.166	61.5
53.8	833.6	0.47	0.828	0.162	61.2
52.6	827.1	0.47	0.82	0.159	61
51.4	820.9	0.48	0.812	0.157	60.7
50.8	817.9	0.48	0.808	0.155	60.5
49.6	812.2	0.48	0.8	0.153	60.2
48.4	806.8	0.49	0.793	0.151	59.9
47.2	801.7	0.5	0.786	0.149	59.6
46	796.8	0.5	0.779	0.148	59.3

표 2-71 Heat curve (4.45kg/cm²g)

Temp. (°C)	Enthalpy (kcal/kg)	Weight Frac. Vapor	Vapor Properties			
			Density (kg/m³)	Viscosity (cP)	Heat Capa. (kcal/kg-°C)	Conductivity (kcal/hr-m-°C)
54.5	91	0.7189	7.348	0.01	0.434	0.027
53.3	89.3	0.7099	7.338	0.01	0.434	0.027
52.2	87.5	0.7007	7.327	0.011	0.433	0.027
51	85.8	0.6914	7.315	0.011	0.432	0.027
49.8	84.1	0.6821	7.302	0.011	0.431	0.027
48.6	82.4	0.6727	7.288	0.011	0.431	0.027
47.3	80.6	0.6632	7.272	0.011	0.43	0.027
46.1	78.9	0.6536	7.256	0.011	0.429	0.027
45.5	78.1	0.6489	7.248	0.011	0.429	0.027

Temp. (°C)	Liquid Properties				
	Density (kg/m³)	Viscosity (cP)	Heat Capa. (kcal/kg-°C)	Conductivity (kcal/hr-m-°C)	Surface Tension (dyne/cm)
54.5	843.3	0.47	0.839	0.167	61.8
53.3	836.4	0.47	0.83	0.164	61.5
52.2	829.8	0.48	0.822	0.161	61.2
51	823.5	0.48	0.813	0.158	60.9
49.8	817.5	0.49	0.806	0.155	60.6
48.6	811.9	0.49	0.798	0.153	60.3
47.3	806.6	0.5	0.791	0.151	60
46.1	801.5	0.5	0.784	0.149	59.7
45.5	799.1	0.51	0.78	0.148	59.5

표 2-72 Heat curve (4.3kg/cm^{2}g)

Temp. (°C)	*Enthalpy (kcal/kg)*	*Weight Frac. Vapor*	*Vapor Properties*			
			Density (kg/m^3)	*Viscosity (cP)*	*Heat Capa. (kcal/kg-°C)*	*Conductivity (kcal/hr-m-°C)*
54	*91*	*0.7214*	*7.162*	*0.01*	*0.4734*	*0.027*
52.8	*89.3*	*0.7123*	*7.153*	*0.01*	*0.433*	*0.027*
51.7	*87.5*	*0.7032*	*7.143*	*0.01*	*0.432*	*0.027*
50.5	*85.8*	*0.6939*	*7.132*	*0.01*	*0.431*	*0.027*
49.3	*84.1*	*0.6846*	*7.119*	*0.011*	*0.431*	*0.027*
48.1	*82.4*	*0.6752*	*7.105*	*0.011*	*0.43*	*0.027*
46.8	*80.6*	*0.6657*	*7.091*	*0.011*	*0.429*	*0.027*
45.6	*78.9*	*0.6562*	*7.075*	*0.011*	*0.429*	*0.027*
45	*78.1*	*0.6514*	*7.067*	*0.011*	*0.428*	*0.027*

Temp. (°C)	*Liquid Properties*				
	Density (kg/m^3)	*Viscosity (cP)*	*Heat Capa. (kcal/kg-°C)*	*Conductivity (kcal/hr-m-°C)*	*Surface Tension (dyne/cm)*
54	*846.3*	*0.47*	*0.841*	*0.169*	*62*
52.8	*839.2*	*0.48*	*0.832*	*0.165*	*61.7*
51.7	*832.5*	*0.48*	*0.824*	*0.162*	*61.4*
50.5	*826.2*	*0.49*	*0.815*	*0.159*	*61.1*
49.3	*820.2*	*0.49*	*0.807*	*0.156*	*60.8*
48.1	*814.4*	*0.5*	*0.8*	*0.154*	*60.5*
46.8	*809*	*0.5*	*0.792*	*0.152*	*60.2*
45.6	*803.9*	*0.51*	*0.785*	*0.15*	*59.9*
45	*801.4*	*0.51*	*0.782*	*0.149*	*59.7*

1) 사전 검토

Compressor inter-cooler, discharge cooler는 Vapor를 다루는 열교환기로 Vapor 일부가 응축된다. 따라서 Vertical baffle을 사용하고 Tube vibration 가능성이 있으므로 열교환기 설계에 주의해야 한다. Tube vibration 가능성이 가장 많은 부분은 입구와 출구 노즐 근처에 있는 Tube들이다. Baffle은 Shell side 유체 흐름을 유도하여 열전달 성능을 향상해 줄 뿐 아니라 Tube를 지지하는 역할도 한다. Tube 끝 단은 Tubesheet에 확관 혹은 용접으로 고정된다. Baffle은 Tube를 고정하지 않지만, Tube를 지지하고 있다. 그림 2-238과 같이 Tube vibration 분석에서 Tubesheet에 의해 고정된 부분은 Fixed support로, Baffle에 의해 지지된 부분은 Simple support로 간주한다. Tube vibration 문제를 해결하고자 한다면 Baffle design이 매우 중요하다. Xist에 Baffle type으로 Single segmental baffle, Double segmental baffle, NTIW가 있다. Single segmental baffle은 가장 흔히 사용하는 Type이지만 Pressure drop이 많이 걸리고 Unsupported tube span이 길어 Tube vibration에 가장 취약하다. Double segmental baffle은 Pressure drop이 적게 걸리고 Unsupported tube span도 짧아 Tube vibration을 해결할 수 있는 Type이다. Double segmental baffle로 Tube vibration과 Pressure drop을 해결할 수 없을 때 NTIW type baffle을 적용한다.

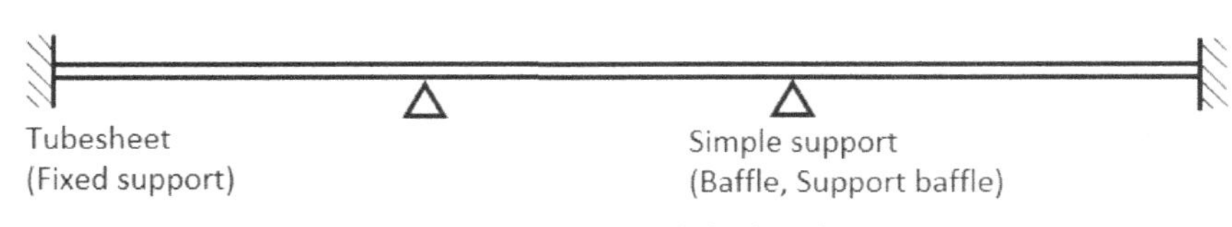

그림 2-238 Tube vibration 분석에서 적용되는 Support type

2) 1차 Xist 입력

이 예제에서 Single segmental baffle을 적용할 경우 Allowable pressure drop을 만족할 수 없어 Double segmental baffle을 적용하였다. Single segmental baffle을 적용하면서 Pressure drop을 만족시키려면 TEMA maximum unsupported tube span을 초과하게 된다.

운전조건으로 Cooling water 유량과 출구온도는 각각 331,020kg/hr과 45℃이다. Cooling water 유속과 Cooling water pressure drop 요구사항을 동시에 만족하기 위하여 Cooling water 유량을 약 8% 증가시켜 Cooling water 출구온도가 44℃가 되었다. 물론 이에 대하여 공정 엔지니어와 충분히 협의가 있어야 한다. Sealing strip 2쌍과 18mm 지름 F-stream seal rod를 8개 입력하였다.

3) 1차 결과 검토

그림 2-239는 1차 설계 결과이다. Over-design은 5.12%이며, Shell side가 Controlling side이다.

Process Conditions		Hot Shellside		Cold Tubeside	
Fluid name			WET GAS		COOLING WATER
Flow rate	(1000-kg/hr)		306.46		360.52
Inlet/Outlet Y	(Wt. frac vap.)	0.7166	0.6506	0.0000	0.0000
Inlet/Outlet T	(Deg C)	55.00	45.00	33.00	44.00
Inlet P/Avg	(kgf/cm2G)	4.600	4.460	5.500	5.205
dP/Allow.	(kgf/cm2)	0.280	0.300	0.590	0.600
Fouling	(m2-hr-C/kcal)		0.000400		0.000500

Exchanger Performance					
Shell h	(kcal/m2-hr-C)	839.53	Actual U	(kcal/m2-hr-C)	384.70
Tube h	(kcal/m2-hr-C)	4843.6	Required U	(kcal/m2-hr-C)	365.96
Hot regime	(--)	Ann-Mist	Duty	(MM kcal/hr)	3.9717
Cold regime	(--)	Sens. Liquid	Eff. area	(m2)	1108.2
EMTD	(Deg C)	9.8	Overdesign	(%)	5.12

Shell Geometry			Baffle Geometry		
TEMA type	(--)	AES	Baffle type		Double-Seg.
Shell ID	(mm)	1440.0	Baffle cut	(Pct Dia.)	25.31
Series	(--)	1	Baffle orientation	(--)	Parallel
Parallel	(--)	2	Central spacing	(mm)	440.00
Orientation	(deg)	0.00	Crosspasses	(--)	10

Tube Geometry			Nozzles		
Tube type	(--)	Plain	Shell inlet	(mm)	482.60
Tube OD	(mm)	25.400	Shell outlet	(mm)	482.60
Length	(mm)	6100.	Inlet height	(mm)	153.30
Pitch ratio	(--)	1.2500	Outlet height	(mm)	166.00
Layout	(deg)	90	Tube inlet	(mm)	202.72
Tubecount	(--)	1214	Tube outlet	(mm)	193.68
Tube Pass	(--)	8			

Thermal Resistance, %		Velocities, m/s			Flow Fractions	
Shell	45.82		Min	Max	A	0.061
Tube	10.45	Tubeside	1.11	1.17	B	0.528
Fouling	40.69	Crossflow	6.02	13.00	C	0.136
Metal	3.03	Longitudinal	4.58	12.31	E	0.141
					F	0.134

그림 2-239 1차 설계 결과 (Output summary)

Warning message 중 설계에 영향을 줄 수 있는 내용은 아래와 같다.

① *WARNING-Bundle entrance velocity exceeds critical velocity, indicating a probability of fluidelastic instability and flow-induced vibration damage. If present, fluidelastic instability can lead to large amplitude vibration and tube damage.*

② *WARNING-Shell entrance velocity exceeds critical velocity, indicating a probability of fluidelastic instability and flow-induced vibration damage. If present, fluidelastic instability can lead to large amplitude vibration and tube damage.*

③ *WARNING-Bundle exit velocity exceeds critical velocity, indicating a probability of fluidelastic instability and flow-induced vibration damage. If present, fluidelastic instability can lead to large amplitude vibration and tube damage.*

④ *WARNING-Shell exit velocity exceeds critical velocity, indicating a probability of fluidelastic instability and flow-induced vibration damage. If present, fluidelastic instability can lead to large amplitude vibration and tube damage.*

⑤ *The areas in the window for multi-segmental baffles are not equal. Check the specified baffle cut and overlap. The program uses the average window area for calculating Shell side pressure drop and heat transfer.*

첫 번째에서 네 번째 Warning message 영문을 읽어보면, 주어만 다르고 모두 같은 문장이다. 각각 주어는 Bundle entrance, Shell entrance, Bundle exit, Shell exit이다. Warning message는 입구와 출구 노즐 근처 Tube들에 대한 Vibration 가능성을 경고하고 있다. Tube vibration 가능성 있는 Tube는 Top 또는 Bottom으로부터 2~3개 Tube row에 해당하는 Tube들이다. Xist는 Inlet baffle spacing, Center baffle spacing, Outlet baffle spacing에 위치한 Tube를 Vibration 평가하는데 Shell side 유량 중 B-stream에 해당하는 유량을 사용한다. 반면 노즐 근처 Tube를 Vibration 평가할 때, 전체 유량을 사용한다. 이러한 이유로 입구와 출구 노즐 근처 Tube들에서 Vibration 가능성이 크다.

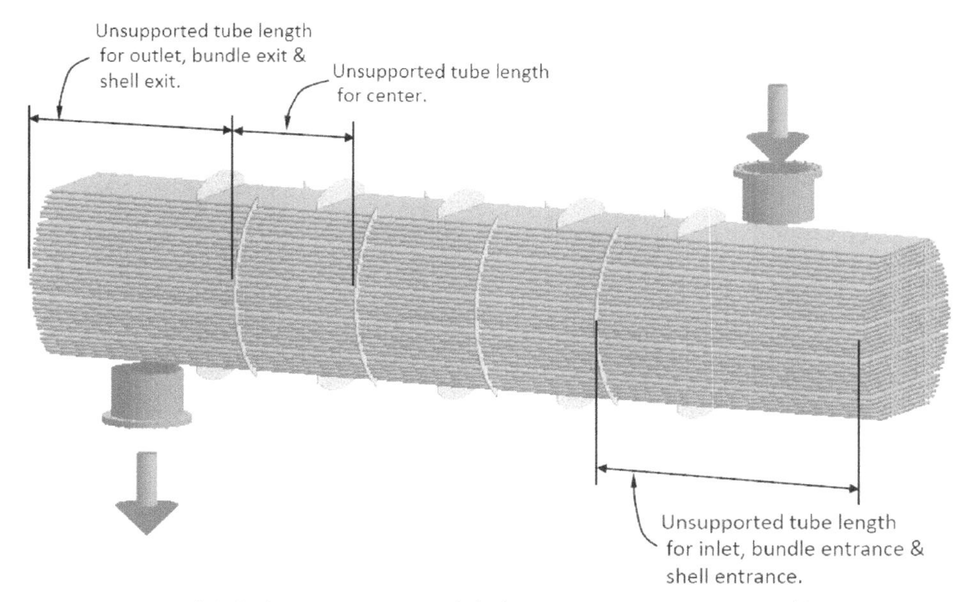

그림 2-240 Tube vibration 평가의 Unsupported tube span 구분

다섯 번째 Warning message는 2.4.1장 예제에서 언급한 내용이다. "Baffle" 입력 창에서 Adjust baffle cut 입력 옵션 중 "On tube c/l"와 "Between row"를 번갈아 선택한 후 "Final results" 창 Window area percentage가 비슷한 값을 보이는 옵션을 선택한다.

그림 2-241은 1차 설계 "Vibration" 창이다. "Vibration" 창 숫자에 별표(*) 표시된 것은 Vibration 가능성을 의미한다. 이미 설치된 열교환기를 평가할 경우 Vibration 결과에 별표(*)가 나타나지만, 실제 운전에서 Tube vibration 현상이 나타나지 않는 경우가 종종 있다. 이는 Xist가 Tube vibration 평가를 보수적으로 접근하기 때문이다. 그러나 신규 열교환기를 설계할 때 Tube vibration 결과에 별표(*)가 모두 사라지도록 설계해야 한다.

1	Shellside condition		Cond. Vapor	(Level 2.3000)	
2	Axial stress loading	(kg/mm2)	0.000	Added mass factor	1.517
3	Beta		2.570		
4	**Position In The Bundle**		**Inlet**	**Center**	**Outlet**
5	Length for natural frequency	(mm)	1564.	880.	1516.
6	Length/TEMA maximum span	(--)	0.832 *	0.468	0.806 *
7	Number of spans	(--)	5	6	5
8	Tube natural frequency	(Hz)	43.2 +	81.6	45.8
9	Shell acoustic frequency	(Hz)	0.0	0.0	0.0
10	**Flow Velocities**		**Inlet**	**Center**	**Outlet**
11	Window parallel velocity	(m/s)	9.03	8.81	8.74
12	Bundle crossflow velocity	(m/s)	5.19	13.23	5.25
13	Bundle/shell velocity	(m/s)	9.87	9.62	3.82
14	**Fluidelastic Instability Check**		**Inlet**	**Center**	**Outlet**
15	Log decrement	HTRI	0.025	0.030	0.025
16	Critical velocity	(m/s)	7.62	26.06	7.99
17	Baffle tip cross velocity ratio	(--)	0.6750	0.5029	0.6514
18	Average crossflow velocity ratio	(--)	0.6815	0.5078	0.6577
19	**Acoustic Vibration Check**		**Inlet**	**Center**	**Outlet**
20	Vortex shedding ratio	(--)	0.000	0.000	0.000
21	Chen number	(--)	0	0	0
22	Turbulent buffeting ratio	(--)	0.000	0.000	0.000
23	**Tube Vibration Check**		**Inlet**	**Center**	**Outlet**
24	Vortex shedding ratio	(--)	1.965	5.005	1.988
25	Parallel flow amplitude	(mm)	0.003	0.002	0.002
26	Crossflow amplitude	(mm)	0.358	0.031	0.326
27	Tube gap	(mm)	6.350	6.350	6.350
28	Crossflow RHO-V-SQ	(kg/m-s2)	282.63	1880.3	298.81
29	**Bundle Entrance/Exit**				
30	**(analysis at first tube row)**			**Entrance**	**Exit**
31	Fluidelastic instability ratio		(--)	2.601 *	1.995 *
32	Vortex shedding ratio		(--)	7.499	6.029
33	Crossflow amplitude		(mm)	0.35823	0.32620
34	Crossflow velocity		(m/s)	19.82 *	15.94 *
35	Tubesheet to inlet/outlet support		(mm)	None	None
36	**Shell Entrance/Exit Parameters**			**Entrance**	**Exit**
37	Impingement device			Circular plate	--
38	Flow area		(m2)	0.188	0.244
39	Velocity		(m/s)	21.58 *	16.10 *
40	RHO-V-SQ		(kg/m-s2)	4879.1	2807.8

그림 2-241 1차 설계 Tube vibration 결과 (Vibration 창)

Xist는 Vortex shedding에 의한 Vibration, Fluidelastic instability에 의한 Vibration, Acoustic vibration 가능성을 평가한다. 이번 예제는 Liquid를 상당히 포함한 Two phase condensing 서비스로 Acoustic vibration 가능성은 없다. Acoustic vibration에 관한 내용은 2.6.3장 Anti-surge cooler 예제에서 다룰 것이다.

그래프 2-11은 Shell side 유량 증가에 따른 Tube 진폭을 보여준다. 유량이 증가함에 따라 진폭이 점진적으로 증가한다. Vortex shedding frequency(유동에 의한 진동수)가 Tube natural frequency(Tube 고유진동수)와 일치할 때, 즉 Resonance(공진)가 발생할 때, 갑자기 진폭이 증가한다. 여기서 다시 유량을 계속 증가시키면 진폭이 급격히 줄어들고 다시 점진적으로 증가하다가 어느 순간 Vibration energy를 방출하지 못하고 Tube가 절단될 때까지 진폭이 급격히 증가한다. 이 순간이 Fluidelastic instability가 발생하는 순간이다. 이 순간에서 유속을 Critical velocity라고 한다. 유량 증가에 따라 Vortex shedding이 먼저 올 수 있고 Fluidelastic instability가 먼저 올 수 있다. 두 현상 모두 발생 가능성이 없도록 열교환기를 설계해야 한다.

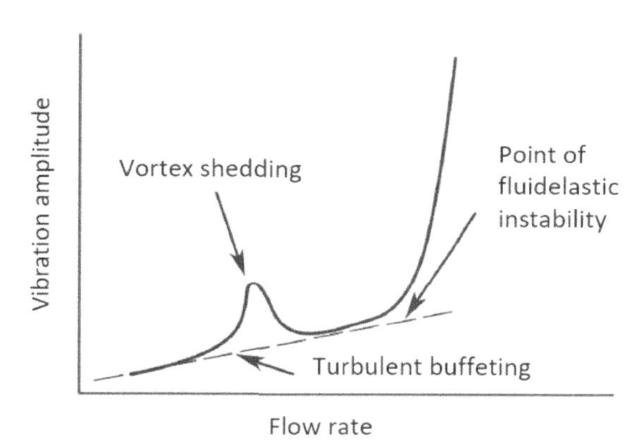

그래프 2-11 유량에 따른 Tube 진폭

Vortex shedding과 Fluidelastic instability에 의한 Tube vibration을 평가하기 위하여 먼저 Tube natural frequency를 계산해야 한다. Tube natural frequency는 식 2-31에 따라 계산된다. 이 식은 US 단위계임에 주의한다.

$$\boldsymbol{f_n = 0.04944\, C \sqrt{\frac{E\, I\, g_c}{W_e L^4}}} \text{ - - - - - } \boldsymbol{(2-31)}$$

Where,

f_n: Tube natural frequency

C: Constant for number of span for the first mode (Span이 많을수록 값이 작아짐)

E: Elastic modulus (Tube 치수, 두께가 커질수록 값이 커짐)

I: Moment inertia (Tube 치수, 두께가 커질수록 값이 커짐)

W_e: Effective weight per unit tube length

L: Unsupported tube span

Natural frequency가 클수록 Tube vibration 가능성은 줄어든다. 만약 설계된 열교환기가 Tube vibration 가능성이 있다면 Natural frequency를 높게 만드는 것이 Vibration 가능성을 줄이는 방법의 하나다. Natural frequency를 높게 하려면 어떤 Parameter를 바꾸는 것이 좋은지 식 2-31에서 살펴보기 바란다. 가장 큰 영향을 주는 것은 Unsupported tube span이다.

Tube vibration에서 Vibration mode(Frequency mode)는 그림 2-242과 같이 진동수와 관련 있다. Mode가 높을수록 진동수(Hz)가 빨라진다. Xist는 Vibration mode 중 First(fundamental) mode만 평가한다. Xvib는 First mode를 포함하여 더 높은 Mode에서 Tube vibration을 평가한다. 대부분 First mode 진폭이 넓으므로 First mode에서 Tube vibration 문제가 되는 경우가 많다. 실제 Tube vibration은 모든 Mode에서 발생할 가능성이 있다.

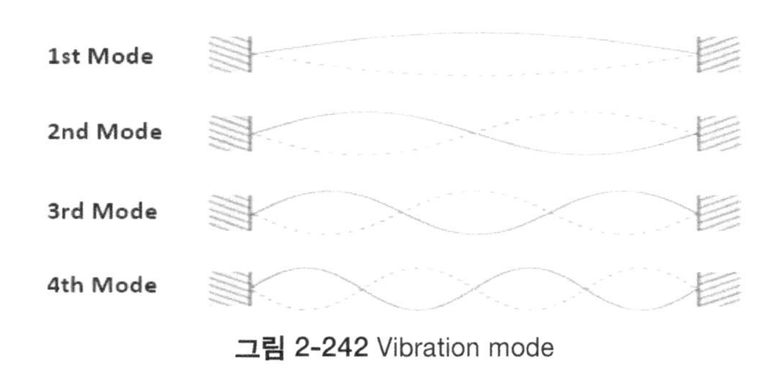

그림 2-242 Vibration mode

Tube vibration을 평가하는데 여러 Shell side 속도를 이용하여 평가한다. 먼저 노즐 근처 Tube vibration 평가를 위한 속도는 두 가지 면적 기준으로 계산된 속도로 평가한다. Shell side 유량 전체를 Shell entrance와 Bundle entrance에서 면적으로 나누면 각각 Shell entrance velocity(그림 2-241, Line 39)와 Bundle entrance velocity(그림 2-241, Line 34)를 계산할 수 있다. 여기서 Shell entrance와 Bundle entrance에서 면적은 TEMA RGP-RCB-4.623과 RGP-RCB-4.624에 따라 계산된다. 이 두 가지 속도로 Vortex shedding frequency를 계산하고 Natural frequency와 비교하여 Vibration 가능성을 평가한다.

Shell side 유량 중 B-stream은 Inlet baffle spacing, Outlet baffle spacing, Center baffle spacing에 있는 Tube들을 평가하는 데 사용된다. 그림 2-241 Tube vibration 결과 12번째 줄에 Bundle cross flow velocity가 있다. Bundle cross flow velocity는 Vortex shedding frequency에 의한 Tube vibration 평가에 사용된다. Tube vibration 결과에 나오지 않지만, Average crossflow velocity는 Fluidelastic instability에 의한 Vibration 평가에 사용된다.

그림 2-243은 60° Pitch에서 Bundle crossflow velocity와 Average crossflow velocity 차이를 보여주고 있다. Bundle crossflow velocity는 유체 흐름 방향과 직각을 이루는 Tube gab 기준으로 계산된 유체통과 면적에 대한 속도이다. 반면 Average crossflow velocity는 최소 Tube gab을 기준으로 계산된 유체통

과 면적에 대한 속도이다. Average crossflow velocity 계산방식은 Heat transfer와 Pressure drop 계산에 사용되는 속도와 동일하다. Cross flow가 발생하는 Baffle cut과 Baffle cut 사이에 Tube gab 수량이 Tube row에 따라 다르므로 Tube row에 해당하는 면적을 계산하여 합산한 후 Tube row 수를 나누어 평균 면적을 산출하여 Average crossflow velocity를 계산한다.

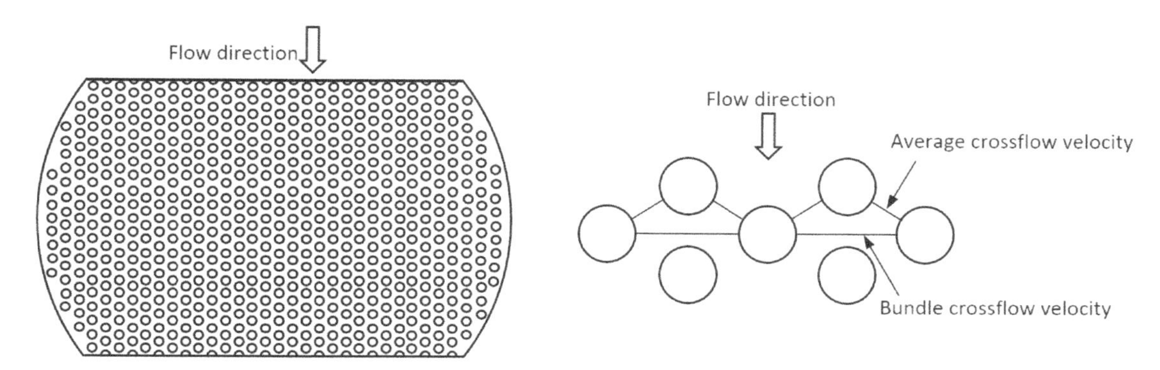

그림 2-243 Bundle crossflow velocity와 Average crossflow velocity

앞서 설명한 속도 외에 Window parallel velocity(Line 11)와 Baffle tip crossflow velocity가 Tube vibration 평가에 사용된다. Window parallel velocity는 Tube 길이 방향과 평행하게 흐르는 속도이며 Tube vibration 평가에 거의 영향을 미치지 않는다. Baffle cut에서 Tube gab 수가 가장 적으므로 유체통과 면적 또한 가장 좁다. Baffle cut에서 계산된 Baffle tip crossflow velocity도 Fluidelastic instability (Line 17)에 의한 Tube vibration 평가에 사용된다.

Vortex shedding에 의한 Tube vibration 평가하기 위해서 Vortex shedding frequency를 구해야 한다. Vortex shedding frequency는 식 2-32에 따라 계산한다. Xist는 Vortex shedding frequency가 Natural frequency의 50%보다 작을 때 Tube vibration 가능성이 없는 것으로 평가한다. Vortex shedding frequency가 낮을수록 Tube vibration 가능성이 작아진다.

$$f_{VS} = \frac{S_{chen} V}{D_o} \quad ------(2-32)$$

Where,

f_{VS}: Vortex shedding frequency

S_{chen}: Chen strouhal number

V: Fluid velocity

D_o: Tube OD

Strouhal number 역수를 Reduced velocity라고도 한다. Jerry M. Chen은 Strouhal number가 Reynolds number보다 Tube pitch ratio와 Tube pattern에 따라 변한다는 것을 발견했다. Acoustic vibration 평가에 사용되는 Fitz-Hugh strouhal number와 다르게 Tube vibration 평가에 사용되는 Strouhal number는 Chen strouhal number이다. 그림 2-244는 Tube pitch ratio와 Tube pattern에 따른 Strouhal number를 보여주고 있다. 많이 사용되는 Pitch ratio인 1.25와 1.333에서 30° tube pattern이 가장 낮은 Strouhal number를 갖고 있음을 알 수 있다. 즉 동일한 유속에서 30° tube pattern이 Tube vibration 가능성이 가장 낮다.

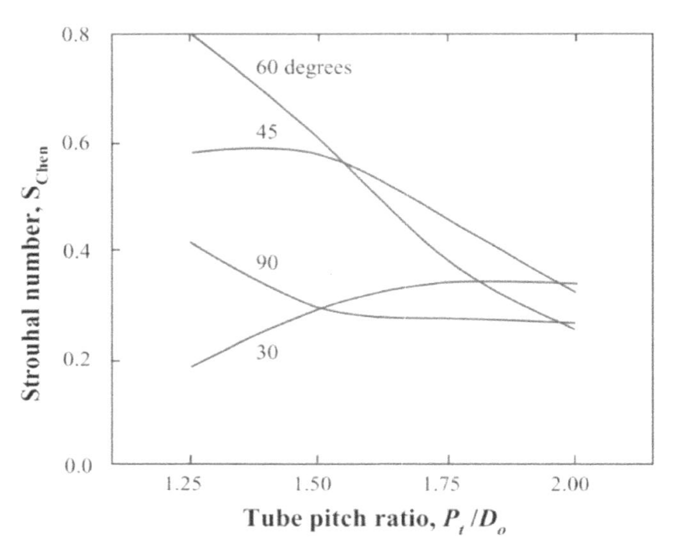

그림 2-244 Tube pitch에 따른 Chen strouhal number

Vortex shedding에 의한 Tube vibration 평가에서 Vortex shedding amplitude (공진에 의한 진폭)을 계산하여 진폭 넓이와 Tube gab과 비교하여 계산된 진폭이 Tube gab의 10%보다 넓으면 Tube vibration 가능성이 있는 것으로 평가한다. Vortex shedding amplitude는 식2-33에 따라 계산된다.

$$X_V = C_{MF} X_S \text{ ------ } (2-33)$$

Where,

X_C: Vortex shedding amplitude

X_S: Static displacement in direction of flow

C_{MF}: Magnification factor

X_S는 정역학에서 계산된 처짐 값을 의미한다. C_{MF}는 Vortex shedding frequency에 대한 Natural frequency 비율과 Log decrement의 함수다. Vortex shedding frequency와 Natural frequency 비율이 1에 가까울수록 커지며, Log decrement가 클수록 작아진다.

Fluidelastic instability에 의한 Tube vibration 평가하기 위해서 Critical velocity를 계산해야 한다. Critical velocity는 식 2-34에 따라 계산된다. Xist는 Average crossflow velocity가 Critical velocity의 80% 이상이면 "Vibration possible", 100% 이상이면 "Vibration probable" Warning message로 보여준다. Critical velocity가 높은 값을 갖을수록 Tube vibration 가능성은 줄어든다.

$$\boldsymbol{V_C = \beta\, f_n D_o \sqrt{\frac{W_e\, \delta}{\rho\, D_O^2}}} \quad ------ (\mathbf{2-34})$$

Where,

V_C: Critical Velocity

f_n: Natural frequency

W_e: Effective weight per unit tube length

β: Fluidelastic instability constant

δ: Log decrement

ρ: Shell side fluid density

D_o: Tube OD

Fluidelastic instability constant는 Tube layout pattern과 Pitch ration에 따라 달라진다. 그림 2-245는 Tube pitch ratio와 Tube pattern에 따른 Fluidelastic instability constant를 보여주고 있다. 많이 사용되는 Pitch ration인 1.25와 1.333에서 30° pitch가 가장 높은 Fluidelastic instability constant를 갖고 있음을 알 수 있다. 즉 유속과 다른 조건이 같다면 30° tube pattern이 Tube vibration 가능성이 작다.

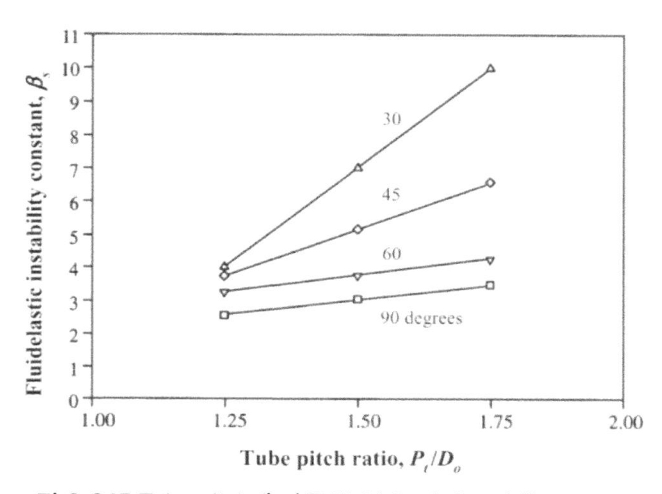

그림 2-245 Tube pitch에 따른 Fluidelastic instability constant

한 번 Tube가 외부로부터 힘을 받았을 때, 그림 2-246과 같이 시간 경과에 따라 진폭이 점점 줄어든다. 이렇게 시간에 따라 진폭이 줄어 들어가는 정도를 Log decrement라고 한다. Log decrement를 Damping factor라고도 하며 Tube 재질, 치수, Tube-baffle clearance, Baffle 두께, Shell side fluid viscosity에 영향을 받는다. Liquid 서비스에 Tube vibration 가능성이 낮은 이유는 유속이 낮은 이유도 있지만, Log decrement가 매우 높아 Critical velocity가 높기 때문이다.

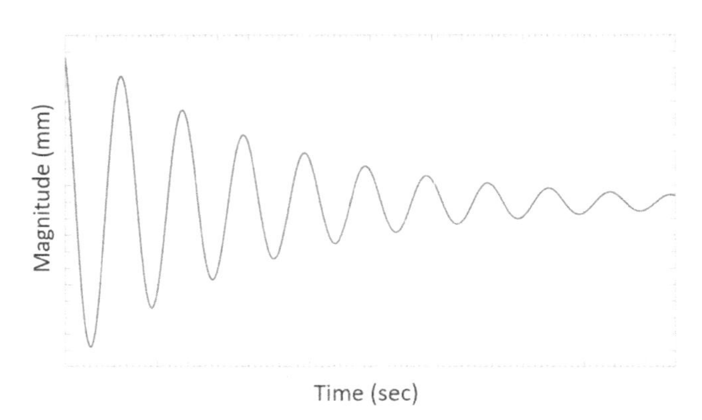

그림 2-246 Log decrement

그림 2-247은 Xist가 Tube vibration을 평가하는 순서도이다. 순서도 마지막에 Unsupported tube span이 TEMA Maximum unsupported tube span의 80%보다 클 때, Tube vibration 가능성을 평가한다. 과거부터 석유화학 공장 용량이 점점 커짐에 따라 그 안에 설치되는 열교환기 또한 대형화되고 있다. 열교환기가 대형화됨에 따라 Baffle spacing이 넓어지고 노즐 치수도 커져 Inlet/Outlet baffle spacing이 넓어지고 있어 "Length/TEMA maximum span"을 80% 미만으로 설계하기 어려운 경우가 많아지고 있다. Unsupported tube span을 줄이기 위하여 노즐을 Self-reinforcing nozzle type으로 적용하기도 한다. 필자의 경우 가능한 80% 기준을 맞추지만, Vortex shedding과 Fluidelastic instability에 의한 Tube vibration 평가에 문제가 없다면 "Length/TEMA maximum span"이 80% 초과하여 설계 적용한 경험도 있다. 그림 2-241 Tube vibration 결과를 보면 6번 Line "Length/TEMA maximum span"의 Inlet/Outlet baffle spacing에 별표(*)가 있다. 앞서 언급한 것처럼 큰 노즐 치수로 인하여 Inlet/Outlet baffle spacing을 넓게 할 수밖에 없다.

Tube vibration 결과에 "Bundle entrance/exit"에 "Fluidelastic instability ratio"와 "Crossflow velocity"에 별표(*)가 있다. 또 "Shell entrance/exit Parameters" "Velocity"에도 별표(*)가 있다. Fluidelastic instability와 Vortex shedding tube vibration 평가에서 Tube vibration 가능성이 결과로 나오면, Unsupported tube span을 줄여 Natural frequency를 높이든지, 유속을 줄여야 해결할 수 있다. Bundle과 Shell entrance/exit에서 Tube vibration 해결은 일반적으로 Unsupported tube span을 줄여 해결한다.

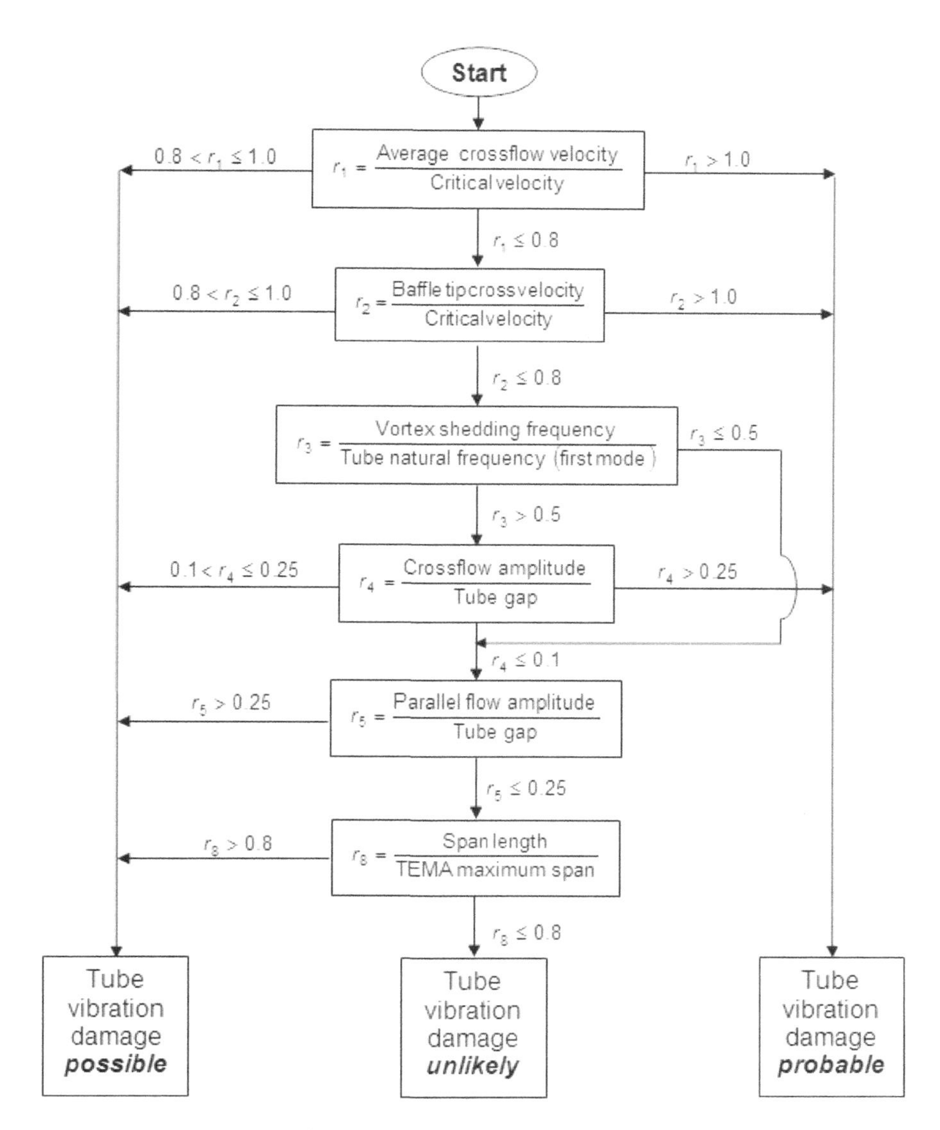

그림 2-247 Tube vibration 평가 순서도

4) Tube Vibration 가능성 해결을 위한 HTRI 추가 입력

Bundle과 Shell entrance/exit에서 Unsupported tube span을 줄이는 방법은 Ear-type baffle과 Partial support를 적용하는 것이다. 그림 2-248과 같이 Partial support plate는 노즐 중심축에 설치하며, Ear-type baffle은 첫 번째 또는 마지막 Baffle에 적용된다.

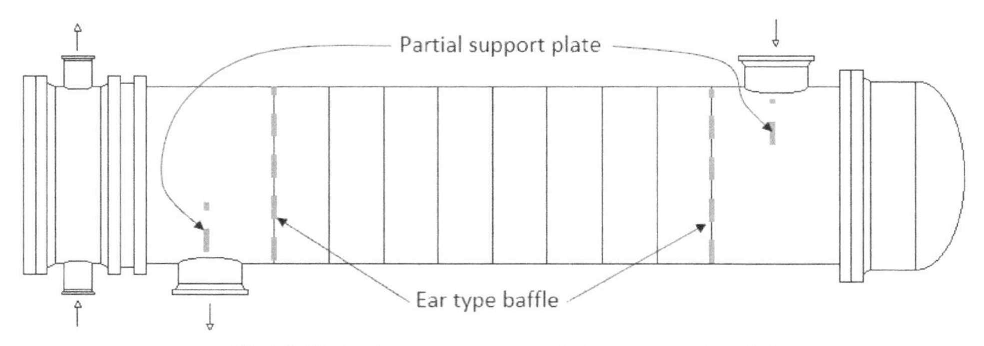

그림 2-248 Partial support plate와 Ear type baffle 위치

그림 2-249는 Partial support plate와 Ear-type baffle 형상을 보여주고 있다.

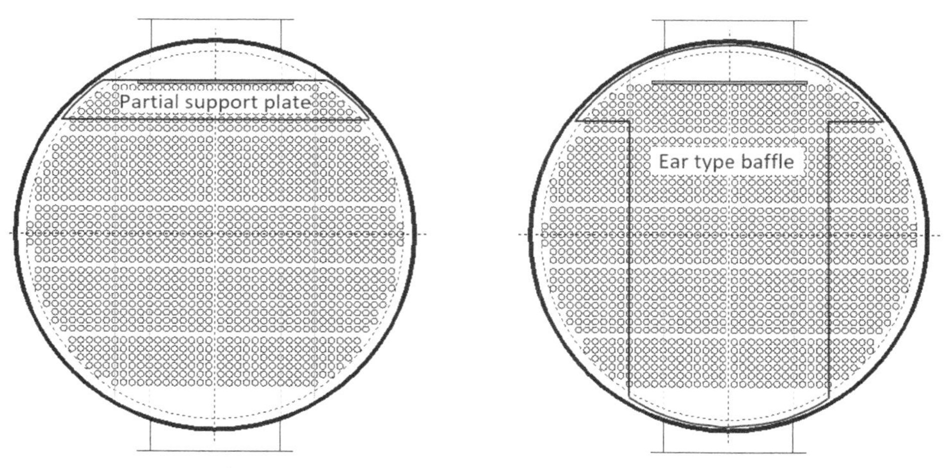

그림 2-249 Partial support plate와 Ear type baffle 형상

먼저 Ear-type baffle만 설치했을 때 Tube vibration 가능성을 피할 수 없다면 Partial support plate만으로 해결되는지 확인한다. 그래도 해결되지 않으면 Ear-type baffle과 Partial support 모두 설치한다. "Final results" 창 Baffle information에서 그림 2-250과 같이 inlet baffle spacing과 Outlet baffle spacing 치수를 확인할 수 있다.

Baffle Information							
Type	Parallel	Double-Seg.	Baffle cut (% dia)	24.73			
Crosspasses/shellpass		10	No.	(Pct Area)	(mm) to C.L		
Central spacing	(mm)	440.00	1	39.00	371.45		
Inlet spacing	(mm)	1124.4	2	41.91	244.45		
Outlet spacing	(mm)	1075.6	Baffle overlap		(mm)	127.00	
Baffle thickness	(mm)	9.525					
Use deresonating baffles		No					

그림 2-250 Baffle information (Final results 창)

Ear-type baffle만으로 Tube vibration 가능성이 해결되는지 확인하기 위하여 그림 2-251과 같이 "Supports" 창에 Inlet/Outlet vibration supports를 체크하고 Ear-type baffle 위치를 입력한다. Inlet/Outlet baffle spacing은 제작도면에서 최종 확정되기 때문에 보수적인 접근을 위하여 그림 2-250 "Baffle information"의 치수보다 5% 더 긴 치수를 입력하여 "Vibration" 결과를 확인하였다.

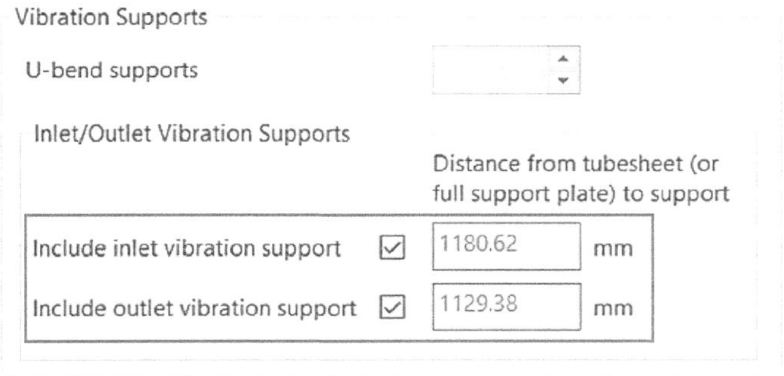

Vibration Supports

U-bend supports

Inlet/Outlet Vibration Supports

		Distance from tubesheet (or full support plate) to support	
Include inlet vibration support	☑	1180.62	mm
Include outlet vibration support	☑	1129.38	mm

그림 2-251 Ear-type baffle 위치 입력 (Support 입력 창)

Ear-type baffle을 적용하여도 여전히 Inlet/Outlet Bundle과 Shell entrance에서 Tube vibration 가능성이 있으므로 Partial support plate만으로 Tube vibration 가능성을 해결할 수 있는지 검토한다.

Tube vibration 해결을 위한 가장 효과적인 Partial support plate 위치는 Unsupported tube span("Inlet baffle spacing + Baffle spacing" 또는 "Outlet baffle spacing + Baffle spacing")의 중앙 지점이다. 그러나 유체 흐름을 고려하여 Partial support plate는 노즐 중심축에 설치한다. 실제 노즐 중심축은 Inlet/Outlet baffle spacing의 중심이 아니다. 그림 2-252에서 보듯이 열교환기 Flange와 노즐 보강판 때문에 노즐 중

심축은 Baffle 쪽으로 치우쳐 있다. 일반적으로 노즐은 Inlet/Outlet baffle spacing 중심으로부터 Spacing의 약 15% 정도 Baffle 쪽으로 치우쳐 설치된다. 노즐 위치는 제작도면에서 최종 확정되므로 보수적으로 Tube vibration을 평가해야 한다. 따라서 노즐 중심축이 Baffle 방향으로 Baffle spacing의 15% 대신 5% 치우쳐 위치한다고 가정하여 Tube vibration을 평가한다. Inlet partial support plate 위치는 Inlet baffle spacing의 55%인 618.4mm, Outlet partial support plate 위치는 591.6mm를 입력한다.

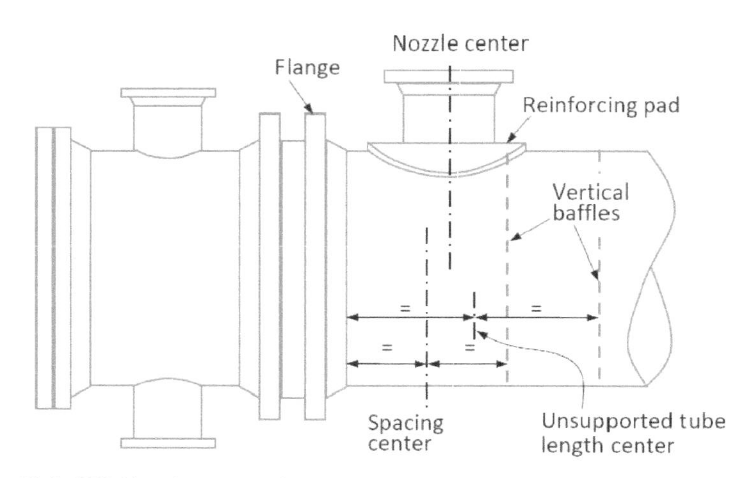

그림 2-252 Nozzle center, Spacing center, Unsupported tube span center

Vibration 결과 출구 노즐 근처 Tube vibration은 사라졌지만, 입구 노즐 근처 Tube vibration 가능성은 여전히 발생한다. 따라서 Inlet shell/bundle entrance에서 Tube vibration은 Partial vibration support만으로 해결할 수 없다.

Xist에서 Partial support plate 2개를 설치하는 입력방법이 없다. Unsupported tube span 중심에 Partial support plate 1개를 설치하여 Xist 결과에 Tube vibration 가능성이 없어진다면, Partial support plate 2개를 설치할 경우는 Tube vibration 가능성은 당연히 없다고 할 수 있다. Inlet baffle spacing과 Center baffle spacing의 합인 Unsupported tube span(1124.4mm+440mm)의 중심인 782.2mm를 "Inlet vibration support"에 수정 입력하여 Tube vibration 가능성을 평가해 본다. 그림 2-253 "Vibration" 창과 같이 "Length/TEMA maximum span"을 제외하고 별표(*)가 모두 사라졌음을 확인할 수 있다.

1	Shellside condition		Cond. Vapor	(Level 2.3000)	
2	Axial stress loading	(kg/mm2)	0.000	Added mass factor	1.517
3	Beta		2.570		
4	**Position In The Bundle**		**Inlet**	**Center**	**Outlet**
5	Length for natural frequency	(mm)	1564.	880.	1516.
6	Length/TEMA maximum span	(--)	0.832 *	0.468	0.806 *
7	Number of spans	(--)	5	6	5
8	Tube natural frequency	(Hz)	43.2 +	81.6	45.8
9	Shell acoustic frequency	(Hz)	0.0	0.0	0.0
10	**Flow Velocities**		**Inlet**	**Center**	**Outlet**
11	Window parallel velocity	(m/s)	8.94	8.72	8.65
12	Bundle crossflow velocity	(m/s)	5.20	13.25	5.26
13	Bundle/shell velocity	(m/s)	9.89	9.64	3.83
14	**Fluidelastic Instability Check**		**Inlet**	**Center**	**Outlet**
15	Log decrement	HTRI	0.025	0.030	0.025
16	Critical velocity	(m/s)	7.62	26.05	7.99
17	Baffle tip cross velocity ratio	(--)	0.6761	0.5037	0.6526
18	Average crossflow velocity ratio	(--)	0.6827	0.5086	0.6589
19	**Acoustic Vibration Check**		**Inlet**	**Center**	**Outlet**
20	Vortex shedding ratio	(--)	0.000	0.000	0.000
21	Chen number	(--)	0	0	0
22	Turbulent buffeting ratio	(--)	0.000	0.000	0.000
23	**Tube Vibration Check**		**Inlet**	**Center**	**Outlet**
24	Vortex shedding ratio	(--)	1.969	5.013	1.991
25	Parallel flow amplitude	(mm)	0.003	0.002	0.002
26	Crossflow amplitude	(mm)	0.358	0.031	0.326
27	Tube gap	(mm)	6.350	6.350	6.350
28	Crossflow RHO-V-SQ	(kg/m-s2)	283.61	1886.6	299.89
29	**Bundle Entrance/Exit**				
30	**(analysis at first tube row)**			**Entrance**	**Exit**
31	Fluidelastic instability ratio		(--)	0.650	0.742
32	Vortex shedding ratio		(--)	7.499	6.030
33	Crossflow amplitude		(mm)	0.02239	0.04506
34	Crossflow velocity		(m/s)	19.82	15.94
35	Tubesheet to inlet/outlet support		(mm)	782.20	591.60
36	**Shell Entrance/Exit Parameters**			**Entrance**	**Exit**
37	Impingement device			Circular plate	--
38	Flow area		(m2)	0.188	0.244
39	Velocity		(m/s)	21.58	16.11
40	RHO-V-SQ		(kg/m-s2)	4879.1	2808.1
41	Shell type	AES	Baffle type		Double-Seg.
42	Tube type	Plain	Baffle layout		Parallel
43	Pitch ratio	1.2500	Tube diameter, (mm)		25.400
44	Layout angle	90	Tube material		Carbon steel
45	Number U-Bend supports		Elastic modulus, (kg/mm2)		20498
46	Use deresonating baffles	No	Supports/baffle space		0

그림 2-253 Partial vibration support 입력 후 Tube vibration 결과

지금까지 Tube vibration 검토 결과, Tube vibration 가능성을 제거하기 위하여 Inlet baffle spacing에는 Partial support plate와 Ear-type baffle을 설치하고 Outlet baffle spacing에는 Partial support만 설치하면 된다. 그러나 Vertical double segmental baffle이 적용된 열교환기에서 Baffle cut에 비해 Height under nozzle이 너무 낮다면 Tube vibration과 관계없이 첫 번째와 마지막 Baffle을 Ear-type baffle로 적용해야 한다. 이는 그림 2-254와 같이 빗금 친 부분으로 발생하는 By-pass stream을 막기 위해서다.

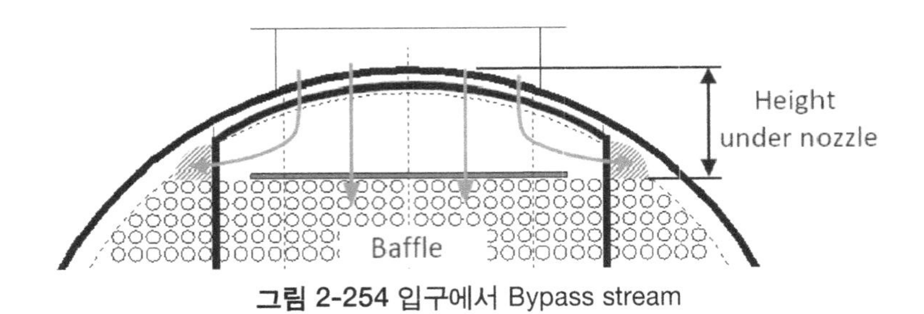

그림 2-254 입구에서 Bypass stream

Tube layout까지 완료한 후 최종 설계 결과는 그림 2-255와 같다. Vibration 관련 Warning message는 모두 없어졌다.

Process Conditions		Hot Shellside		Cold Tubeside	
Fluid name			WET GAS		COOLING WATER
Flow rate	(1000-kg/hr)		306.46		360.52
Inlet/Outlet Y	(Wt. frac vap.)	0.7166	0.6505	0.0000	0.0000
Inlet/Outlet T	(Deg C)	55.00	45.00	33.00	44.00
Inlet P/Avg	(kgf/cm2G)	4.600	4.460	5.500	5.215
dP/Allow	(kgf/cm2)	0.280	0.300	0.571	0.600
Fouling	(m2-hr-C/kcal)		0.000400		0.000500

Exchanger Performance					
Shell h	(kcal/m2-hr-C)	841.02	Actual U	(kcal/m2-hr-C)	384.21
Tube h	(kcal/m2-hr-C)	4749.5	Required U	(kcal/m2-hr-C)	358.77
Hot regime	(--)	Shear	Duty	(MM kcal/hr)	3.9721
Cold regime	(--)	Sens. Liquid	Eff. area	(m2)	1133.8
EMTD	(Deg C)	9.7	Overdesign	(%)	7.09

Shell Geometry			Baffle Geometry		
TEMA type	(--)	AES	Baffle type		Double-Seg.
Shell ID	(mm)	1440.0	Baffle cut	(Pct Dia.)	25.31
Series	(--)	1	Baffle orientation	(--)	Parallel
Parallel	(--)	2	Central spacing	(mm)	440.00
Orientation	(deg)	0.00	Crosspasses	(--)	10

Tube Geometry			Nozzles		
Tube type	(--)	Plain	Shell inlet	(mm)	482.60
Tube OD	(mm)	25.400	Shell outlet	(mm)	482.60
Length	(mm)	6100	Inlet height	(mm)	121.55
Pitch ratio	(--)	1.2500	Outlet height	(mm)	134.25
Layout	(deg)	90	Tube inlet	(mm)	202.72
Tubecount	(--)	1242	Tube outlet	(mm)	193.68
Tube Pass	(--)	8			

Thermal Resistance, %		Velocities, m/s	Min	Max	Flow Fractions	
Shell	45.68				A	0.059
Tube	10.64	Tubeside	1.03	1.18	B	0.518
Fouling	40.64	Crossflow	5.86	11.96	C	0.125
Metal	3.03	Longitudinal	4.54	11.36	E	0.132
					F	0.166

그림 2-255 최종 설계 결과 (Output summary)

5) 결과 및 Lessons learned

Wet gas trim cooler의 최종 설계 결과를 정리하면 표 2-73과 같다.

표 2-73 Wet gas trim cooler **설계 결과** Summary

Duty [MMKcal/hr]	*MTD [℃]*	*Transfer rate (Required) [kcal/m²-hr-C]*	*Over-design*	*Shell Dp [kg/cm²]*	*Tube Dp [kg/cm²]*	*Cooling water Velocity [m/sec]*
3.96	*9.7*	*358.8*	*7.1%*	*0.28*	*0.571*	*1.18*

Compressor cooler와 같이 Tube vibration 가능성이 있는 열교환기를 설계할 때, 아래 사항을 고려해야 한다.

- ✔ *Tube vibration 가능성을 줄이기 위하여 유속을 줄이는 방법, Natural frequency를 높이는 방법으로 두 가지로 나눌 수 있다.*
- ✔ *유속을 줄이면 Vortex shedding frequency가 줄어든다.*
- ✔ *Natural frequency를 높이면 Critical velocity가 높아진다.*
- ✔ *노즐 근처 Tube들이 Vibration에 가장 취약하다.*
- ✔ *노즐 근처 Tube vibration 가능성을 줄이기 위하여 Ear-type baffle과 Partial support plate를 적용한다.*
- ✔ *Ear-type baffle과 Partial support plate 위치를 보수적으로 Tube vibration을 평가한다.*
- ✔ *Vertical segmental baffle을 적용할 때 첫 번째와 마지막 Baffle에서 Bypass가 우려되면 Tube vibration과 관계없이 Ear-type baffle을 적용한다.*

2.6.2. Reactor feed/effluent heat exchanger (Xvib tube vibration 평가)

공장을 운영하다 보면 처리량을 증가하든지, 제품 수율을 향상하든지, 열효율을 올리든지 등에 대하여 사업성을 검증한 후 공장을 개조한다. 공장 Revamp 설계는 Process simulation을 수행하고 각 단위 장치들 성능을 검증하여 장치들을 그대로 사용하든지, 개조하여 사용하든지 혹은 교체할지를 판단하게 된다. 열교환기 또한 Revamp 운전조건에 맞추어 성능 평가를 수행해야 한다.

그림 2-256은 Diesel unionfining 공정도이다. 이 공정은 Catalyst를 이용하여 Low- sulfur, Color stable diesel을 생산하는 UOP Licensor hydrotreating 공정이다. Feed인 Gas oil 온도는 Reactor effluent stream과 열교환하여 올라가고 Charge heater를 통과하면서 반응에 필요한 온도까지 올라간다. Reactor effluent는 Feed와 열교환하여 열회수되고 Air cooler로 들어가기 전 Ammonia salt에 의한 부식을 최소화하기 위하여 Wash water가 첨가된다. Reactor effluent는 Separator에서 반응 부산물인 수소가 분리되고 수소는 Reactor로 Recycle 된다. 나머지 Separator bottom stream은 Stripper에서 Light end gas와 Desulfurized diesel로 분리된다.

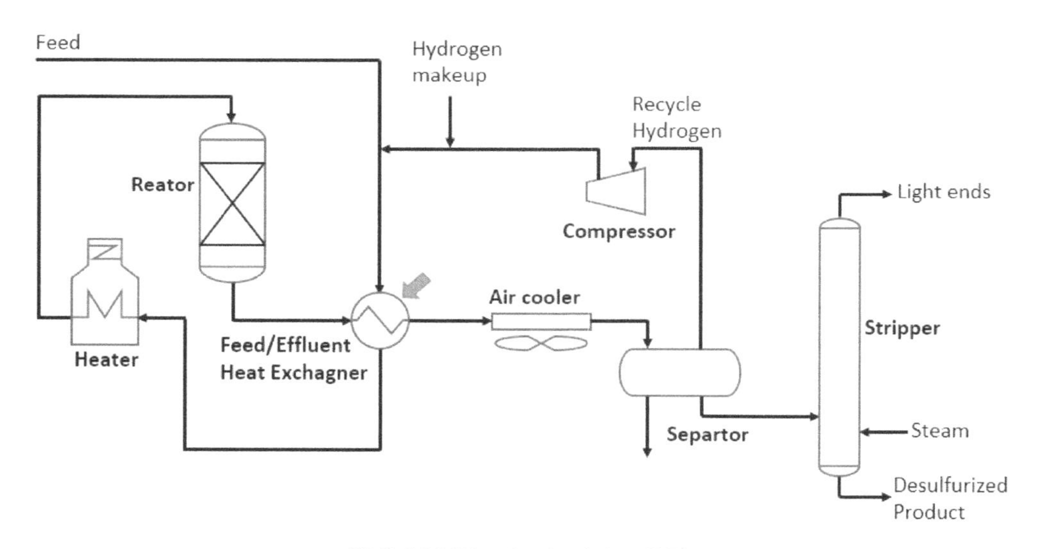

그림 2-256 Diesel unionfining 공정도

Reactor feed/effluent heat exchanger의 Original 운전조건과 설계 데이터는 표 2-74와 같다. 열교환기는 1 Parallel, 3 Series로 구성되고 각 Series 열교환기 구조가 조금씩 다르므로 주의한다. 오래된 공장에 설치된 열교환기로 Original datasheet에 Heat curve는 포함되어 있지 않았다.

표 2-74 Reactor feed/effluent heat exchanger의 Original 운전조건과 설계 데이터

	Unit	*Hot side (Tube side)*		*Cold side (Shell side)*	
Fluid name		*Effluent*		*Feed*	
Fluid quantity	*kg/hr*	*184,520*		*170,700*	
Mass vapor fraction		*0.551*	*0.123*	*0*	*0*
Temperature	℃	*386*	*234*	*95*	*322*
Density, L/V	kg/m^3	*584.4/50.0*	*693.3/18.1*	*810.0*	*677.7*
Viscosity, L/V	*cP*	*0.165/0.016*	*0.329/0.017*	*1.39*	*0.223*
Specific heat, L/V	*kcal/kg ℃*	*0.763/0.743*	*0.643/0.852*	*0.542*	*0.726*
Thermal cond., L/V	*kcal/hr m ℃*	*0.066/0.054*	*0.084/0.061*	*0.102*	*0.075*
Inlet pressure	kg/cm^2g	*56.7*		*58.3*	
Pass		*2*		*1*	
Press. drop allow.	kg/cm^2	*0.5*		*0.5*	
Fouling resistance	$hr\ m^2$ ℃/kcal	*0.0006*		*0.0006*	
Duty	*MMkcal/hr*	*23.83*			
Material		*A213-TP321*		*A387-12-2 w/TP347 Clad*	
Design pressure	kg/cm^2g	*58.3*		*70.9*	
Design temperature	℃	*424*		*349*	
TEMA type	*BEU*		*Shell ID*	*1250mm*	
Tube length	*6100mm*		*No. of tubes*	*872 U's for A/B,* *803 U's for C,*	
Tube OD / Thickness	*19.05mm / 2.11mm*		*Pitch / Pattern*	*25mm / 45° for A/B* *25.5mm / 45° for C*	
Baffle cut	*Vert. Sing.26% for A/B,* *Vert. Sing.25.6% for C*		*No of cross passes*	*19 for A/B,* *20 for C*	
Baffle center space	*255mm*		*Impingement device*	*None*	
Shell nozzle (in/out)	*See note 1*		*Tube nozzle (in/out)*	*See note 1*	
Tube sheet thickness	*Total 211mm for A/B* *Total 228mm for C*		*No of shells*	*3 series, 1 parallel* *(See note 2)*	
Baffle thickness	*8mm*		*Pairs of seals*	*8 × 20mm seal rods*	

** Note 1. 노즐 치수는 열교환기 Shell마다 다르며, 각 Shell 노즐 치수는 아래와 같다.*

- *A shell: Shell inlet 18", Shell outlet 20", Tube inlet 16", Tube outlet 16"*
- *B shell: Shell inlet 18", Shell outlet 18", Tube inlet 16", Tube outlet 12"*
- *C shell: Shell inlet 10", Shell outlet 10", Tube inlet 16", Tube outlet 16"*

** Note 2. A shell과 B shell의 Passlane 폭은 38.1mm이며, C shell의 Passlane은 57.16mm 임.*

** Note 3. 초기 열교환기 Unit는 2 series & 1 parallel로 A shell과 B shell로 구성되어 있었다. 이후 동일 치수의 설계가 약간 다른 C shell이 추가되어 현재 열교환기 Unit은 3 series & 1 parallel로 구성되어 있다. 열교환기 C shell은 Cold side 유체가 유입되는 위치에 추가되었다.*

표 2-75는 Reactor feed/effluent heat exchanger의 Revamp 운전조건이다.

표 2-75 Reactor feed/effluent heat exchanger Revamp 운전조건

	Unit	Hot side (Tube side)		Cold side (Shell side)	
Fluid name		Effluent		Feed	
Fluid quantity	kg/hr	1.1 × 97,991		1.1 × 97,991	
Mass vapor fraction		1.0	0.35	0.095	1.0
Temperature	℃	242.1	100.3	44.67	163.3
Density, L/V	kg/m³	heat curve 참조		heat curve 참조	
Viscosity, L/V	cP				
Specific heat, L/V	kcal/kg ℃				
Thermal cond., L/V	kcal/hr m ℃				
Inlet pressure	kg/cm²g	29.2		36.3	
Press. drop allow.	kg/cm²	0.9		1.2	
Duty	MMkcal/hr	1.1 × 12.973			

표 2-76에서 2-78까지 3개 Hot side heat curve가 제공되었다.

표 2-76 Hot side heat curve (29.2kg/cm²g)

Temp. (°C)	Enthalpy (kcal/kg)	Weight Frac. Vapor	Vapor Properties			
			Density (kg/m³)	Viscosity (cP)	Heat Capa. (kcal/kg-°C)	Conductivity (kcal/hr-m-°C)
242.1	218.1	1.00	27.0	0.017	0.712	0.064
192.9	183.9	1.00	30.6	0.015	0.675	0.054
143.7	151.7	1.00	35.6	0.014	0.638	0.045
133.4	132.6	0.77	30.8	0.014	0.647	0.046
124.7	118.1	0.62	27.0	0.014	0.661	0.048
112.2	100.0	0.45	22.2	0.014	0.692	0.051
103.6	89.0	0.37	19.4	0.014	0.723	0.053
93.6	77.4	0.29	16.5	0.014	0.769	0.056
84.0	67.1	0.23	14.1	0.014	0.827	0.059

Temp. (°C)	Liquid Properties					
	Density (kg/m^3)	Viscosity (cP)	Heat Capa. (kcal/kg-°C)	Conductivity (kcal/hr-m-°C)	Surface Tension (dyne/cm)	Critical Press. (kg/cm^{2}g)
143.7	506.1	0.112	0.715	0.072	4.37	32.6
133.4	517.0	0.118	0.694	0.075	5.05	32.6
124.7	527.2	0.124	0.677	0.078	5.70	32.6
112.2	542.2	0.133	0.653	0.081	6.73	32.7
103.6	552.7	0.140	0.637	0.084	7.48	32.7
93.6	564.8	0.149	0.619	0.088	8.40	32.7
84.0	576.2	0.159	0.603	0.091	9.32	32.8

표 2-77 Hot side heat curve (28.7kg/cm^{2}g)

Temp. (°C)	Enthalpy (kcal/kg)	Weight Frac. Vapor	Vapor Properties			
			Density (kg/m^3)	Viscosity (cP)	Heat Capa. (kcal/kg-°C)	Conductivity (kcal/hr-m-°C)
242.1	218.2	1.00	26.5	0.017	0.712	0.064
192.5	183.8	1.00	30.1	0.015	0.674	0.054
143.0	151.4	1.00	35.0	0.014	0.637	0.045
132.9	132.6	0.77	30.4	0.014	0.646	0.046
123.2	116.5	0.60	26.3	0.014	0.662	0.048
114.9	104.2	0.49	23.1	0.014	0.682	0.050
109.9	97.4	0.43	21.3	0.014	0.697	0.051
93.4	77.3	0.29	16.3	0.014	0.766	0.055
84.0	67.4	0.23	14.0	0.014	0.822	0.058

Temp. (°C)	Liquid Properties					
	Density (kg/m^3)	Viscosity (cP)	Heat Capa. (kcal/kg-°C)	Conductivity (kcal/hr-m-°C)	Surface Tension(dyne/cm)	Critical Press. (kg/cm^{2}g)
143.0	576.2					32.6
132.9	518.1	0.119	0.693	0.075	5.13	32.6
123.2	529.3	0.125	0.674	0.078	5.86	32.6
114.9	539.3	0.131	0.658	0.081	6.54	32.7
109.9	545.3	0.135	0.648	0.082	6.96	32.7
93.4	565.3	0.149	0.619	0.088	8.45	32.8
84.0	576.3	0.159	0.603	0.091	9.35	32.8

표 2-78 Hot side heat curve (28.2kg/cm²g)

Temp. (°C)	*Enthalpy (kcal/kg)*	*Weight Frac. Vapor*	*Vapor Properties*			
			Density (kg/m³)	*Viscosity (cP)*	*Heat Capa. (kcal/kg-°C)*	*Conductivity (kcal/hr-m-°C)*
242.1	*218.2*	*1.00*	*26.1*	*0.017*	*0.712*	*0.064*
192.2	*183.7*	*1.00*	*29.6*	*0.015*	*0.673*	*0.054*
142.3	*151.1*	*1.00*	*34.4*	*0.014*	*0.635*	*0.044*
132.1	*132.0*	*0.77*	*29.9*	*0.014*	*0.645*	*0.046*
123.5	*117.7*	*0.62*	*26.2*	*0.014*	*0.659*	*0.048*
113.6	*103.0*	*0.48*	*22.5*	*0.014*	*0.682*	*0.050*
102.9	*88.9*	*0.37*	*19.0*	*0.014*	*0.719*	*0.053*
93.3	*77.5*	*0.30*	*16.2*	*0.014*	*0.763*	*0.055*
84.0	*67.6*	*0.24*	*13.9*	*0.014*	*0.817*	*0.058*

Temp. (°C)	*Liquid Properties*					
	Density (kg/m³)	*Viscosity (cP)*	*Heat Capa. (kcal/kg-°C)*	*Conductivity (kcal/hr-m-°C)*	*Surface Tension (dyne/cm)*	*Critical Press. (kg/cm²g)*
142.3	*576.3*					*32.6*
132.1	*519.5*	*0.119*	*0.691*	*0.075*	*5.23*	*32.6*
123.5	*529.3*	*0.125*	*0.674*	*0.078*	*5.87*	*32.7*
113.6	*541.1*	*0.132*	*0.655*	*0.081*	*6.68*	*32.7*
102.9	*554.0*	*0.141*	*0.635*	*0.085*	*7.61*	*32.7*
93.3	*565.6*	*0.150*	*0.619*	*0.088*	*8.49*	*32.8*
84.0	*576.5*	*0.159*	*0.603*	*0.091*	*9.37*	*32.8*

3개 Cold side heat curve가 표 2-79에서 2-81과 같이 제공되었다.

표 2-79 Cold side heat curve (36.3kg/cm²g)

Temp. (°C)	*Enthalpy (kcal/kg)*	*Weight Frac. Vapor*	*Vapor Properties*			
			Density (kg/m³)	*Viscosity (cP)*	*Heat Capa. (kcal/kg-°C)*	*Conductivity (kcal/hr-m-°C)*
44.7	*32.7*	*0.09*	*8.1*	*0.011*	*1.390*	*0.078*
91.6	*73.3*	*0.24*	*16.1*	*0.014*	*0.861*	*0.062*
112.9	*97.2*	*0.39*	*22.6*	*0.015*	*0.744*	*0.056*
131.0	*121.8*	*0.59*	*30.0*	*0.015*	*0.687*	*0.052*
141.9	*139.0*	*0.77*	*35.3*	*0.015*	*0.667*	*0.050*
152.2	*157.5*	*1.00*	*40.9*	*0.015*	*0.656*	*0.048*
171.1	*170.0*	*1.00*	*38.5*	*0.015*	*0.669*	*0.051*
190.0	*182.8*	*1.00*	*36.4*	*0.016*	*0.682*	*0.055*

Temp. (°C)	Liquid Properties					
	Density (kg/m^3)	Viscosity (cP)	Heat Capa. (kcal/kg-°C)	Conductivity (kcal/hr-m-°C)	Surface Tension (dyne/cm)	Critical Press. (kg/cm^2g)
44.7	625.2	0.214	0.538	0.105	13.51	40.2
91.6	572.5	0.154	0.612	0.089	8.62	40.0
112.9	545.9	0.135	0.649	0.082	6.61	39.9
131.0	522.8	0.121	0.684	0.076	5.05	39.8
141.9	509.1	0.113	0.707	0.073	4.21	39.8
152.2	499.7					39.8

표 2-80 Cold side heat curve (35.8kg/cm²g)

Temp. (°C)	Enthalpy (kcal/kg)	Weight Frac. Vapor	Vapor Properties			
			Density (kg/m^3)	Viscosity (cP)	Heat Capa. (kcal/kg-°C)	Conductivity (kcal/hr-m-°C)
44.7	32.7	0.10	8.0	0.011	1.384	0.077
77.2	59.6	0.18	12.8	0.014	0.975	0.066
98.4	80.7	0.28	17.9	0.014	0.813	0.060
108.6	92.3	0.35	21.0	0.015	0.760	0.057
119.0	105.4	0.45	24.8	0.015	0.719	0.054
130.5	121.5	0.59	29.6	0.015	0.687	0.052
141.4	138.8	0.77	34.8	0.015	0.666	0.049
151.7	157.3	1.00	40.4	0.015	0.655	0.048
170.8	170.0	1.00	38.0	0.015	0.668	0.051
190.0	182.9	1.00	35.9	0.016	0.682	0.055

Temp. (°C)	Liquid Properties					
	Density (kg/m^3)	Viscosity (cP)	Heat Capa. (kcal/kg-°C)	Conductivity (kcal/hr-m-°C)	Surface Tension (dyne/cm)	Critical Press. (kg/cm^2g)
44.7	625.2	0.214	0.538	0.105	13.53	50.2
77.2	589.7	0.170	0.588	0.094	10.09	40.0
98.4	564.4	0.148	0.623	0.087	7.99	39.9
108.6	551.5	0.138	0.641	0.083	7.02	39.9
119.0	538.3	0.130	0.661	0.080	6.09	39.9
130.5	523.8	0.121	0.683	0.076	5.13	39.8
141.4	510.2	0.114	0.706	0.073	4.29	39.8
151.7	500.9					39.8

표 2-81 Cold side heat curve (35.3kg/cm^{2}g)

Temp. (°C)	Enthalpy (kcal/kg)	Weight Frac. Vapor	Vapor Properties			
			Density (kg/m^3)	Viscosity (cP)	Heat Capa. (kcal/kg-°C)	Conductivity (kcal/hr-m-°C)
44.7	32.8	0.10	8.0	0.012	1.378	0.077
81.6	63.8	0.20	13.6	0.014	0.931	0.065
100.4	83.1	0.30	18.4	0.014	0.798	0.059
113.1	98.1	0.40	22.5	0.015	0.738	0.056
125.4	114.5	0.53	27.3	0.015	0.697	0.053
142.1	140.7	0.80	35.0	0.015	0.664	0.049
151.1	157.0	1.00	39.8	0.015	0.654	0.048
170.5	169.9	1.00	37.4	0.015	0.668	0.051
190.0	183.0	1.00	35.3	0.016	0.681	0.055

Temp. (°C)	Liquid Properties					
	Density (kg/m^3)	Viscosity (cP)	Heat Capa. (kcal/kg-°C)	Conductivity (kcal/hr-m-°C)	Surface Tension (dyne/cm)	Critical Press. (kg/cm^{2}g)
44.7	625.2	0.214	0.538	0.105	13.55	40.2
81.6	584.7	0.165	0.595	0.093	9.67	40.0
100.4	562.0	0.146	0.627	0.086	7.82	39.9
113.1	546.1	0.135	0.649	0.082	6.65	39.9
125.4	530.5	0.125	0.673	0.078	5.58	39.9
142.1	509.8	0.114	0.707	0.073	4.28	39.8
151.1	501.0					39.8

1) 사전 검토 및 입력

Revamp 운전조건은 이전 운전조건 대비 Duty가 많이 줄어들었다. Shell side 유체는 Liquid 상태였으나 100% Boiling 서비스로 운전조건이 변경되었다. Duty가 줄어들어 전열 면적은 충분할 것으로 예상하지만, Shell side 유체가 100% Boiling 되므로 Shell side pressure drop 증가와 Tube vibration 가능성이 커질 것으로 예상한다. 또 Two phase 입구 운전조건으로 TEMA 기준에 따라 Impingement device가 필요하다.

이 열교환기는 3개 열교환기 Series로 구성되어 있다. 그리고 각각 Shell은 Geometry 데이터가 서로 조금씩 다르다. Xist에서 Series 열교환기에 대하여 개별 열교환기 Geometry 데이터를 입력할 수 있다. 그림 2-257과 같이 Shell 번호를 선택한 후 "Input summary" 입력 창 "Use summary unit input" 옵션을 해지하면 선택한 Shell의 데이터를 개별적으로 입력할 수 있다.

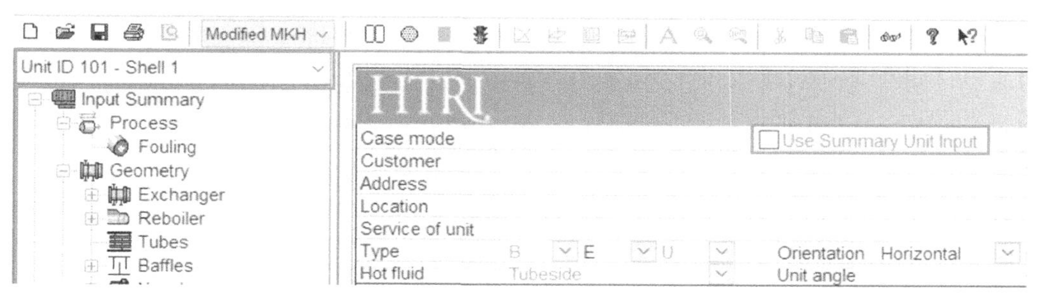

그림 2-257 Input summary 창에서 개별 Shell 데이터 입력

2) 1차 Simulation 결과 검토

새로운 운전조건에 대하여 기존 열교환기 성능 평가를 하려면 먼저 기존 운전조건에 관한 Xist 결과를 검토할 것을 추천한다. 그러나 Heat curve가 없으므로 이 과정을 생략하였다. 그림 2-258는 Revamp 운전조건을 입력하여 실행한 결과다.

Process Conditions		Cold Shellside		Hot Tubeside	
Fluid name			S38		S21
Flow rate	(1000-kg/hr)		107.79 *		107.79 *
Inlet/Outlet Y	(Wt. frac vap.)	0.0945	1.0000	1.0000	0.3496
Inlet/Outlet T	(Deg C)	44.67	163.30	242.10	100.33
Inlet P/Avg	(kgf/cm2G)	36.300		29.200	28.901
dP/Allow.	(kgf/cm2)	1.376	1.200	0.597	0.900
Fouling	(m2-hr-C/kcal)		0.000600		0.000600

Exchanger Performance					
Shell h	(kcal/m2-hr-C)	1095.6	Actual U	(kcal/m2-hr-C)	298.81
Tube h	(kcal/m2-hr-C)	1420.3	Required U	(kcal/m2-hr-C)	201.51
Hot regime	(--)		Duty	(MM kcal/hr)	14.270
Cold regime	(--)		Eff. area	(m2)	1781.3
EMTD	(Deg C)	39.8	Overdesign	(%)	48.28

Shell Geometry			Baffle Geometry		
TEMA type	(--)	BEU	Baffle type		
Shell ID	(mm)	1250.0	Baffle cut	(Pct Dia.)	
Series	(--)	3	Baffle orientation	(--)	
Parallel	(--)	1	Central spacing	(mm)	255.00
Orientation	(deg)	0.00	Crosspasses	(--)	

Tube Geometry			Nozzles		
Tube type	(--)	Plain	Shell inlet	(mm)	
Tube OD	(mm)	19.050	Shell outlet	(mm)	
Length	(mm)	6100.	Inlet height	(mm)	
Pitch ratio	(--)	1.3193	Outlet height	(mm)	
Layout	(deg)	45	Tube inlet	(mm)	
Tubecount	(--)		Tube outlet	(mm)	
Tube Pass	(--)	2			

Thermal Resistance, %		Velocities, m/s	Min	Max	Flow Fractions	
Shell	27.28				A	0.326
Tube	27.13	Tubeside	4.37	7.28	B	0.410
Fouling	40.86	Crossflow	1.08	3.56	C	0.029
Metal	4.73	Longitudinal	1.38	3.23	E	0.139
					F	0.096

그림 2-258 기존 열교환기의 Revamp 운전조건 결과 (Output summary)

개별 열교환기도 "Output summary", Warning message 등 여러 결과를 개별적으로 갖고 있는데 그림 2-259과 같이 탐색 창 상단에서 개별 열교환기 결과를 선택할 수 있다. "Output summary"에서 "Baffle geometry"와 "Nozzles"에 대한 정보가 비어 있는 것을 확인할 수 있다. 이는 Series 열교환기들 데이터가 서로 다르기 때문이다. 이런 경우 이들 정보는 개별 열교환기 결과에서 볼 수 있다.

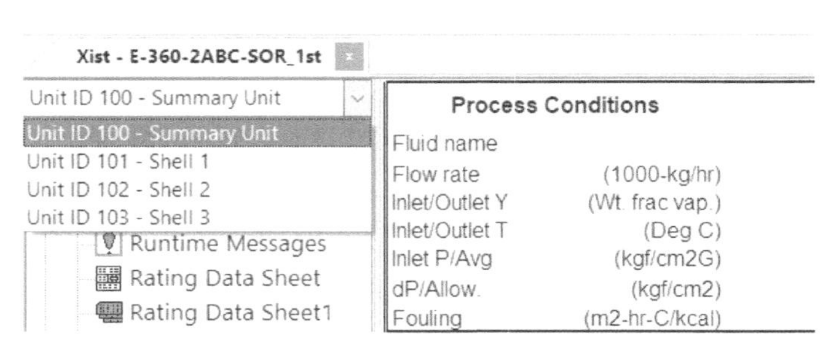

그림 2-259 Series 개별 열교환기 선택

예상대로 Xist 결과 Over-design이 48.3%로 전열 면적은 충분하고 Shell side pressure drop은 Allowable 값을 초과하였다. 그리고 첫 번째(Unit ID 101)와 두 번째(Unit ID 102) Shell에 대한 Warning message를 아래와 같이 확인할 수 있다.

① *Shell side inlet fluid is two-phase. Per TEMA guidelines an impingement device is recommended.*

② *Shell entrance velocity exceeds 80% of critical velocity, indicating that fluidelastic instability and flow-induced vibration damage are possible. Fluidelastic instability can lead to large amplitude vibration and tube damage.*

③ *The longest unsupported span of the bundle is in the U-bend region and thus prone to excessive vibration, even with a full support plate. The longest unsupported span should be in the straight portion of the U-tube.*

기존 열교환기 Shell side는 Single phase 서비스로 Impingement device가 설치되지 않았지만, 첫 번째 Warning message와 같이 TEMA RCB-4.6에 따라 Shell 입구 조건이 Two phase이므로 Impingement device가 필요하다. 다행히 전열 면적이 충분하고 Tube side pressure drop이 여유 있으므로 2개 Top tube row를 Plugging 하여 Impingement device로 사용할 수 있다. Tube plugging은 Tube layout 창에서 그림 2-260과 같이 직접 입력할 수 있다. Plugging 후 Tube 수량은 각각 "A" Shell과 "B" Shell은 U-tube 843본으로 "C" shell은 U-tube 772본으로 줄어들었다.

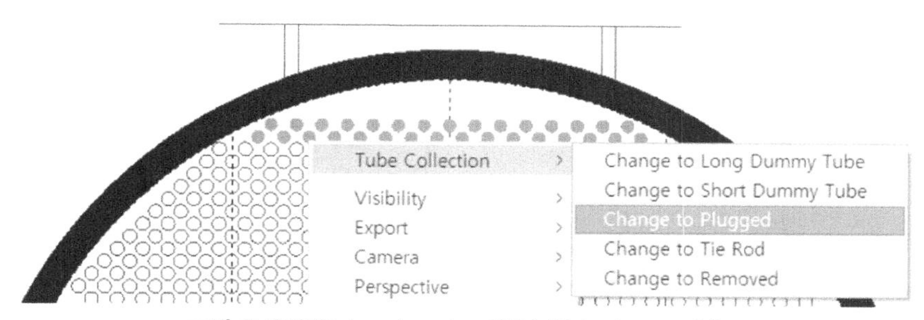

그림 2-260 Tube plugging 입력 (Tube layout 창)

두 번째와 세 번째는 Tube vibration에 관한 내용이다. 운전조건 변경으로 인하여 전열 면적은 충분한데 Tube vibration 가능성 때문에 열교환기를 폐기하고 새로운 열교환기를 구매하는 것은 매우 아쉬운 일이다. Xist의 Tube vibration 평가는 보수적으로 평가하는 경우가 많다. HTRI는 더욱 정밀한 Tube vibration을 평가할 수 있는 Xvib 모듈을 제공하고 있다. Xvib는 1차원 FEM(Finite element method)으로 Vortex shedding에 의한 Amplitude와 Fluidelastic instability에 의한 Critical velocity ratio를 계산해 준다. Xist tube vibration 평가와 다르게 개별 Tube vibration 가능성을 평가할 수 있고, Fundamental mode frequency를 포함하여 High mode frequency에서 Tube vibration 가능성도 평가한다. Xist tube vibration 평가에서 Maximum Unsupported tube span 기준으로 모든 Unsupported tube span이 동일한 것으로, 그리고 각 구간에서 유속도 동일한 것으로 가정한다. 반면 Xvib는 실제와 유사하게 서로 다른 Unsupported tube span과 해당 구간의 유속을 달리 입력하여 Tube vibration 평가를 할 수 있다. 특히 U-tube에 대한 Xist tube vibration 평가는 적절하지 못한 경우가 있으므로 Xvib로 이번 예제의 Tube vibration을 정밀하게 검증하여 기존 열교환기 재사용 여부를 평가하였다.

3) 2차 Simulation 검토 및 Xvib 모델

Impingement device 대신 사용할 일부 Tube를 Plugging 후 Xist 결과는 그림 2-261과 같다. 44.3% Over-design으로 전열 면적이 여전히 여유가 있다. Shell side pressure drop이 Allowable pressure drop을 초과하기 때문에 공정 엔지니어가 System hydraulic을 검토할 수 있도록 Calculated pressure drop을 공유해야 한다. 공정 에너지는 System hydraulic을 검토하여 열교환기 Pressure drop 수용 여부를 판단할 것이다. 이 예제와 같이 Pressure drop이 Allowable pressure drop을 약간 초과한 경우, 열교환기 교체하지 않고 열교환기 Pressure drop을 수용할 수 있도록 Control valve 혹은 Pump impeller, 배관을 개조하는 경우가 많다.

Process Conditions		Cold Shellside		Hot Tubeside	
Fluid name			S38		S21
Flow rate	(1000-kg/hr)		107.79 *		107.79 *
Inlet/Outlet Y	(Wt. frac vap.)	0.0945	1.0000	1.0000	0.3495
Inlet/Outlet T	(Deg C)	44.67	163.30	242.10	100.33
Inlet P/Avg	(kgf/cm2G)	36.300		29.200	28.883
dP/Allow.	(kgf/cm2)	1.381	1.200	0.634	0.900
Fouling	(m2-hr-C/kcal)		0.000600		0.000600

Exchanger Performance					
Shell h	(kcal/m2-hr-C)	1098.3	Actual U	(kcal/m2-hr-C)	301.12
Tube h	(kcal/m2-hr-C)	1458.2	Required U	(kcal/m2-hr-C)	208.74
Hot regime	(--)		Duty	(MM kcal/hr)	14.270
Cold regime	(--)		Eff. area	(m2)	1719.1
EMTD	(Deg C)	39.8	Overdesign	(%)	44.26

Shell Geometry			Baffle Geometry		
TEMA type	(--)	BEU	Baffle type		
Shell ID	(mm)	1250.0	Baffle cut	(Pct Dia.)	
Series	(--)	3	Baffle orientation	(--)	
Parallel	(--)	1	Central spacing	(mm)	255.00
Orientation	(deg)	0.00	Crosspasses	(--)	

Tube Geometry			Nozzles		
Tube type	(--)	Plain	Shell inlet	(mm)	
Tube OD	(mm)	19.050	Shell outlet	(mm)	
Length	(mm)	6100.	Inlet height	(mm)	
Pitch ratio	(--)	1.3193	Outlet height	(mm)	
Layout	(deg)	45	Tube inlet	(mm)	
Tubecount	(--)		Tube outlet	(mm)	
Tube Pass	(--)	2			

Thermal Resistance, %		Velocities, m/s			Flow Fractions	
			Min	Max	A	0.327
Shell	27.42	Tubeside	4.55	7.53	B	0.411
Tube	26.63	Crossflow	1.09	3.56	C	0.029
Fouling	41.18	Longitudinal	1.40	3.23	E	0.140
Metal	4.77				F	0.093

그림 2-261 기존 열교환기 Tube plugging 후 실행 결과 (Output summary)

여전히 Tube vibration 관련 Warning message가 남아있다. Xist는 "2D Tube layout" 창에서 바로 Xvib 모델을 생성할 수 있는 기능을 제공한다. Xvib 모델을 생성하기 전 어떤 Tube를 검토할지 선택해야 한다. Series로 구성된 3개의 열교환기 중 가장 온도가 높은 열교환기인 첫 번째 열교환기(Unit ID 101)에서 Mass vapor fraction과 온도가 높으므로 첫 번째 열교환기 "2D Tube layout" 창에서 Tube 하나를 선택한다.

"2D Tube layout" 창에 마우스 오른쪽 버튼을 클릭하여 Pop-up 메뉴 명령(그림 2-262) 중 "Show Xvib velocity status"를 선택하면 그림 2-263과 같이 Tube 색에 따라 선택한 Tube의 Xvib 모델에 적용될 속도를 알려준다.

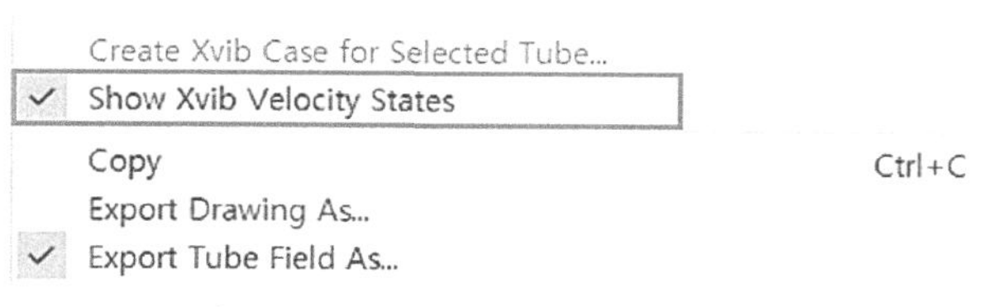

그림 2-262 "2D Tube layout" Pop-up 메뉴

Unsupported tube span을 고려하여 Baffle cut에 걸쳐진 Tube이면서 U-bend가 큰 Tube를 선택한다. 이런 Tube가 Tube vibration에 가장 취약한 Tube이다. 따라서 그림 2-263에 화살표에 해당하는 Tube 2개에 대한 Tube vibration 평가를 Xvib를 이용하여 수행한다. 오른쪽 Tube는 출구 노즐에서 Unsupported tube span이 길고, 왼쪽 Tube는 입구 노즐에서 Unsupported tube span이 길어 Tube 2개 모두 Tube vibration 가능성을 검토해야 한다. 해당 Tube 2개를 선택하고 마우스 오른쪽 버튼을 클릭한 후 "Create Xvib case for selected tube" 메뉴를 선택하면 Xvib 창이 열리면서 해당 Tube들에 대한 정보와 속도, 밀도 등을 Xist 결과로부터 가져온다.

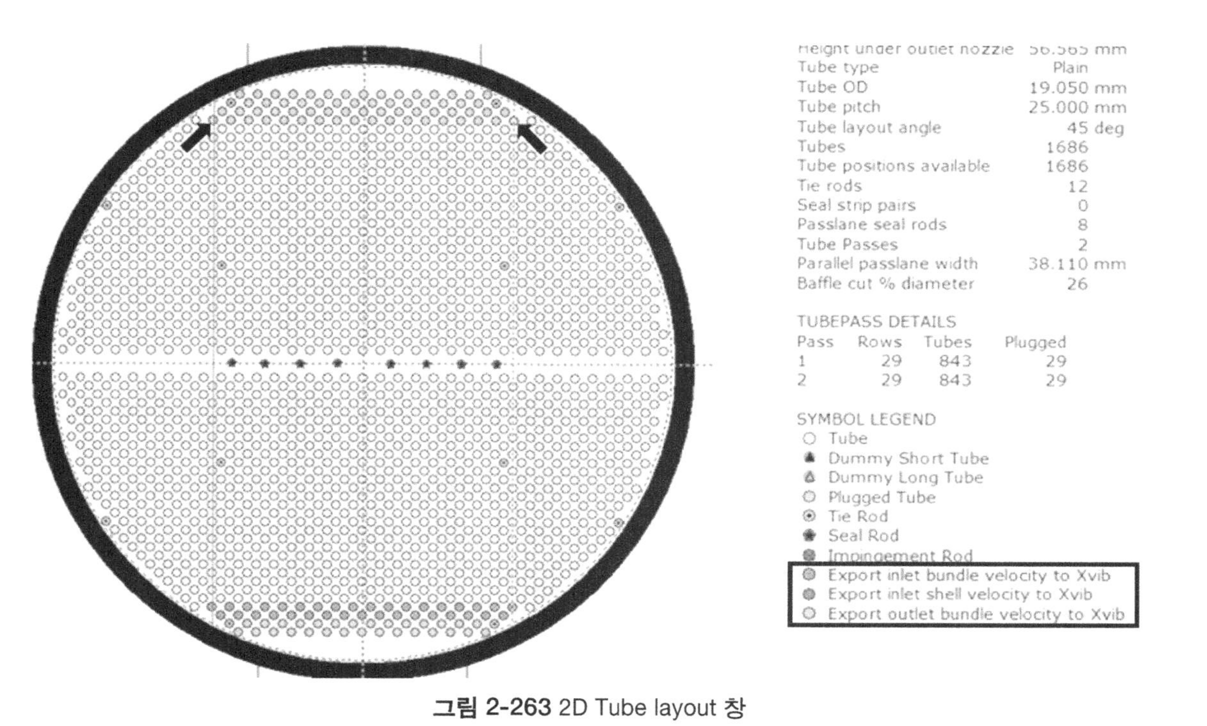

그림 2-263 2D Tube layout 창

그림 2-264는 오른쪽 Tube를 선택하였을 때 Xvib의 "Input summary" 입력 창이다. 만약 Xist에 Tube 두께 1.1배를 입력했다면 공칭 두께로 수정해주어야 한다. Number of mode 14가 Default이다. Number of mode를 Default로 실행한 결과와 "6"으로 입력한 결과를 항상 비교해 보기 바란다.

Tube Data

Form	○ Straight ◉ U-tube	Radius of curvature	506	mm
Type	Plain	Pitch	25	mm
Outside diameter	19.05 mm	Wall thickness	2.11	mm
Layout angle	45 degrees			
Material	321 Stainless steel (18 Cr,10 Ni)			

Process Data

Maximum process temperature	242.1	C
Minimum process temperature	123.4	C
Shellside weight fraction vapor (average)	0.838876	

Vibration Parameters

Number of modes	14
Fluidelastic instability constant	
Added mass coefficient	1.41706

그림 2-264 Xvib Input summary **입력 창**

그림 2-265는 오른쪽 Tube를 선택하였을 때 "Span profile" 입력 창이다. Span support 종류에 4가지(Baffle, Tubesheet, DTS, STS, None)가 있다. Exxon Mobil에서 제공하는 DTS와 STS는 기존 열교환기에 설치할 수 있는 Support strip이다. 설치가 용이하지만, 가격이 상당히 비싼 단점이 있다. Span support 옵션 중 Tubesheet를 선택하면 Fixed support로 인식하고 Baffle을 선택하면 Simple support로 인식한다. Partial support가 설치된 경우 Span support 종류를 Baffle로 선택해야 한다. 마지막 옵션인 None은 해당 위치에 Support가 없다는 것을 의미한다.

"Span profile" 입력 창에 U-tube의 Span number는 Leg A 왼쪽부터 일련번호가 시작하며, Leg B 오른쪽부터 다시 시작한다. 반면 Xvib "Output summary"에 표시되는 Span number는 그림 2-266과 같이 Leg A, U-bend, Leg B 순서로 한꺼번에 일련번호를 매긴다.

Span #	Span Length (mm)	Element #	Span Support	In-Plane Velocity (m/s)	Out-of-Plane Velocity (m/s)	Shellside Fluid Density (kg/m3)	Xist Velocity (m/s)	Flow is 90 deg to layout angle
1	958	1	TubeSheet	1.39		49.6508		N
		2		1.39		49.6508		
		3		1.39		49.6508		
		4		1.39		49.6508		
		5	Baffle	1.39		49.6508		
2	255	1			-2.87	46.5276		N
		2			-2.87	46.5276		
		3			-2.87	46.5276		
		4			-2.87	46.5276		
		5	None		-2.87	46.5276		
3	255	1			2.89	46.4893		N
		2			2.89	46.4893		
		3			2.89	46.4893		
		4			2.89	46.4893		
		5	Baffle		2.89	46.4893		

Leg A | U Bend | Leg B

Add Span
Insert Span
Delete Span
Insert Supports...

Leg A
#1 #2 #3 #4 #5 #6 #7 #8 #9 #10 #11 #12 #13 #14 #15 #16 #17 #18 #19 #20
U-Bend
Leg B
#20 #19 #18 #17 #16 #15 #14 #13 #12 #11 #10 #9 #8 #7 #6 #5 #4 #3 #2 #1
▲- TubeSheet Support △- Baffle Support ◆- ExxonMobil DTS? ■- ExxonMobil STS?

그림 2-265 Span profile 입력 창

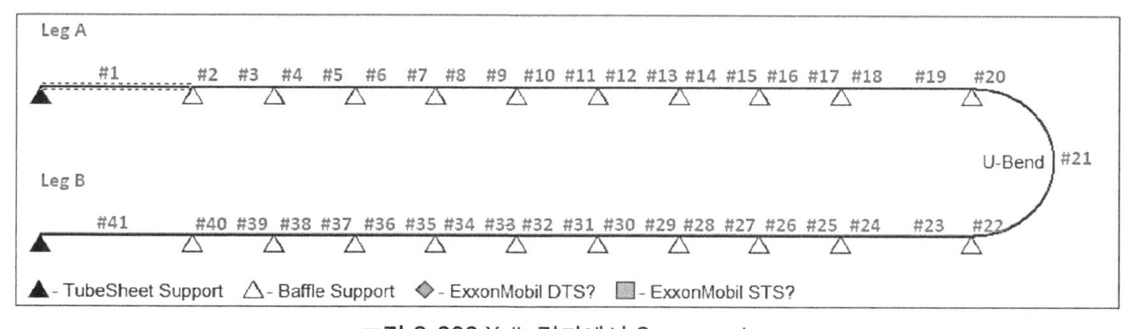

그림 2-266 Xvib 결과에서 Span number

"Span profiles" 입력 창에 In-plane velocity와 Out-of plane velocity가 있다. 이 두 가지 속도 중 최소한 하나의 속도는 입력해야 한다. 그림 2-267은 U-tube와 Straight tube에서 In-plane과 Out-of plane을 보여주고 있다. In-plane velocity는 In-plane과 평행한 속도이고, Out-of plane velocity는 Out-of plane과 평행한 속도이다. Straight tube에서 In-plane velocity와 Out-of plane velocity는 서로 뒤바꿔 입력하여도 결과는 같지만, U-tube에서 In-plane velocity와 Out-of plane velocity는 방향에 맞게 입력해야 한다.

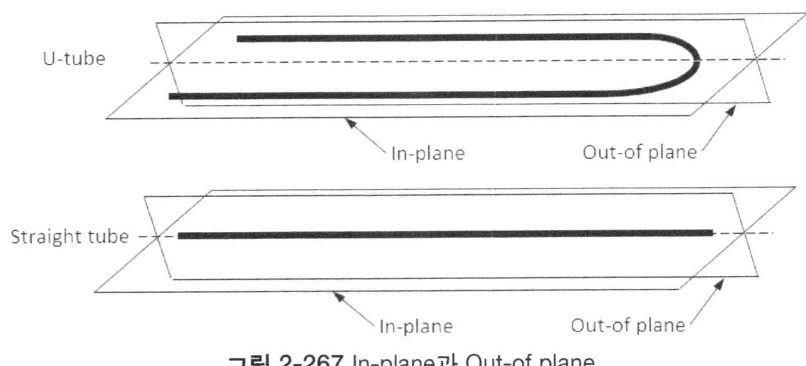

그림 2-267 In-plane과 Out-of plane

Fluidelastic instability에 의한 Tube vibration 평가 시, Critical velocity를 계산한다. Critical velocity를 계산할 때 Fluidelastic instability constant가 사용되며, 이는 Tube layout과 관련 있다. Fluidelastic instability constant는 동일한 Tube pitch ratio에서 30°가 가장 크며, 90°가 가장 작다. 그림 2-268과 같이 Vertical cut baffle이 설치된 30° Tube pitch를 사용하는 열교환기 노즐 입구에서 유체 흐름을 생각해보자. 유체가 노즐을 통과 후 처음 60° Tube pitch를 통과하지만, 그 이후 Cross flow 흐름에서 30° Tube pitch를 통과할 것이다. 이런 경우 그림 2-265 "Span profile" 입력 창 "Flow is 90 deg to layout angle"을 "Y"로 입력해야 한다. 이 예제의 경우 45° Tube pitch이므로 이 부분이 비활성화되어 있다.

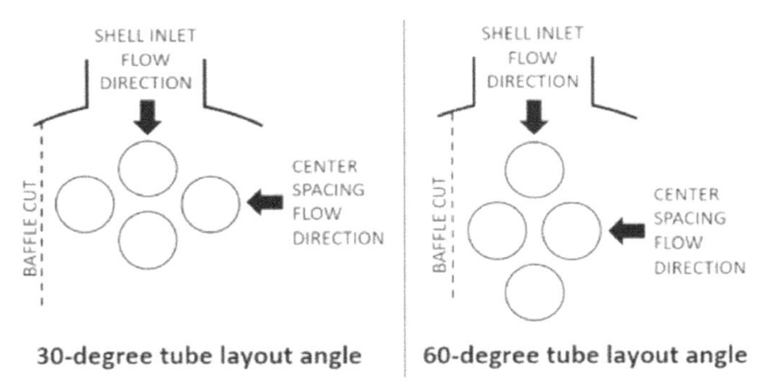

그림 2-268 30°와 60° tube pitch에서 유체 흐름 방향의 변화

그림 2-265 Xvib에 입력된 Leg B의 Span #19에서 속도는 Bundle entrance velocity이다. 그림 2-269와 같이 Xist "Vibration" 창에 Shell entrance에서 Tube vibration 가능성이 있었다. 따라서 Bundle entrance velocity(3.54m/sec)를 Shell entrance velocity(6.16m/sec)로 수정 입력한다. Shell exit velocity 7.28m/sec는 Bundle exit velocity 7.83m/sec보다 작으므로 수정하지 않고 Bundle exit velocity를 그대로 사용한다.

Bundle Entrance/Exit (analysis at first tube row)		Entrance	Exit
Fluidelastic instability ratio	(--)	0.512	0.627
Vortex shedding ratio	(--)	1.937	4.285
Crossflow amplitude	(mm)	0.45894	0.13122
Crossflow velocity	(m/s)	3.54	7.83
Tubesheet to inlet/outlet support	(mm)	None	None
Shell Entrance/Exit Parameters		**Entrance**	**Exit**
Impingement device		None	--
Flow area	(m2)	0.097	0.107
Velocity	(m/s)	6.16 *	7.28
RHO-V-SQ	(kg/m-s2)	1899.5	2029.8

그림 2-269 Xist vibration 결과 창

4) 1차 Xvib 결과 검토 및 입력수정

그림 2-270은 1차 Xvib 결과이다. HTRI는 Xvib 결과에서 Amplitude 비율이 0.5보다 낮거나 Critical velocity 비율이 1보다 작을 때 Tube vibration 가능성이 작다는 평가 기준을 제시하고 있다. 필자는 Amplitude 비율 기준을 0.5 대신 0.4를, Critical velocity 기준을 1 대신 0.8을 사용하고 있다. Tube gab이 6.35mm이므로 모든 Mode에서 Critical velocity 비는 0.8보다 작고 Amplitude 또한 0.4보다 작으므로 Tube vibration 가능성이 낮은 결과가 나왔다. 여기서 Natural frequency를 비교해 보면 Xist "Vibration" 창에서 57.1Hz이지만, Xvib 결과에서 18.6Hz(1st Mode natural frequency)밖에 되지 않는다. Xist는 U-tube에 "Full support at U-bend"가 설치되면, U-bend 부위에 유체가 흐르지 않는 것으로 가정하여 Straight tube의 Natural frequency 기준으로 Tube vibration을 평가한다. 4.6장에 U-tube vibration 검토방법을 제시하고 있으니 참조하기 바란다.

Analysis Results

Mode	Frequency	Gap Velocity / Critical Gap Velocity	Max Vortex Shedding Amplitude	Span Number
(--)	(Hz)	(--)	(mm)	(--)
1	18.596	0.2810	1.043	21
2	47.805	0.0548	0.038	21
3	55.488	0.3374	0.363	21
4	91.487	0.1059	0.104	1
5	91.487	0.5505	0.507	41
6	91.487	0.2070	0.187	41
7	91.487	0.1885	0.161	1
8	91.910	0.4132	0.275	19
9	94.820	0.1038	0.045	19
10	108.07	0.1102	0.050	19
11	108.74	0.3347	0.189	23
12	167.64	0.0515	0.015	21
13	177.23	0.0254	8.50e-3	33
14	178.24	0.1282	0.046	35

그림 2-270 U-bend 반경 506mm에 대한 1차 Xvib 결과 (Output summary)

앞서 Xvib는 1차원 FEM 방식으로 Tube vibration을 해석한다고 언급했다. FEM(Finite Element Method)이나 CFD(Computational Fluid Dynamics)와 같은 프로그램으로 해석할 때 Grid(Xvib에서 Segment) 크

기는 결과의 정확도에 큰 영향을 미친다. Xvib는 각 Span을 5개 Segment로 나누어 해석한다. 그림 2-265에 "Span profiles" 입력 창에 입력된 값들을 보면, Leg A의 Span #1, #19와 U-bend, Leg B의 Span #2, #20은 다른 Span보다 길다. 따라서 이들 Span segment는 다른 Span segment보다 클 수밖에 없다. Span을 추가하여 표 2-82와 같이 "Span profiles" 입력 창에 값들을 변경해 주었다. Span을 추가하려면 해당 Span을 선택한 후 "Span insert" 버튼을 클릭하면 된다. 추가된 Span에 Support type을 "None"으로 선택하고, 속도와 밀도는 해당 Span의 값을 복사하여 입력한다.

표 2-82 Span profile 입력수정

Span #	*Span length (mm) or Span angle (degree)*	
	1차 입력	*2차 입력*
Leg A Span #1	*958 for 1 span*	*320+319+319 for 3 spans*
Leg A Span #19	*566 for 1 span*	*2 × 283 for 2 spans*
U-bend	*180 for 1 span*	*6 × 30° for 6 spans*
Leg B Span #2	*566 for 1 span*	*320+319+319 for 3 spans*
Leg B Span #20	*958 for 1 span*	*2 × 283 for 2 spans*

그림 2-271은 "Span profiles" 입력 창 Leg A의 Span #1을 표 2-82에 따라 3개의 Span으로 분리하여 입력한 내용을 보여준다.

Span #	Span Length (mm)	Element #	Span Support	In-Plane Velocity (m/s)	Out-of-Plane Velocity (m/s)	Shellside Fluid Density (kg/m3)	Xist Velocity (m/s)	Flow is 90 deg to layout angle
1	320	1	TubeSheet	1.39		49.6508		N
		2		1.39		49.6508		
		3		1.39		49.6508		
		4		1.39		49.6508		
		5	None	1.39		49.6508		
2	319	1		1.39		49.6508		N
		2		1.39		49.6508		
		3		1.39		49.6508		
		4		1.39		49.6508		
		5	None	1.39		49.6508		
3	319	1		1.39		49.6508		N
		2		1.39		49.6508		
		3		1.39		49.6508		
		4		1.39		49.6508		

그림 2-271 Span 길이 수정 (Span profile 입력 창)

5) 2차 Xvib 결과 검토 및 입력수정

그림 2-272는 2차 Xvib 결과이다. Critical velocity ratio와 Amplitude가 1차 결과보다 증가하였지만, 여전히 모든 Mode에서 Critical velocity ratio는 0.8보다 작고 Amplitude ratio 또한 0.4보다 작으므로 Vibration 가능성이 작다.

Analysis Results

Mode	Frequency	Gap Velocity / Critical Gap Velocity	Max Vortex Shedding Amplitude	Span Number
(--)	(Hz)	(--)	(mm)	(--)
1	14.849	0.3564	1.747	26
2	15.817	0.3346	1.539	26
3	18.572	0.2850	1.117	26
4	18.587	0.2847	1.115	26
5	18.587	0.2847	1.115	26
6	18.654	0.2837	1.107	26
7	18.686	0.2832	1.103	26
8	21.428	0.2477	0.842	26
9	29.731	0.1780	0.436	26
10	52.215	0.1015	0.141	26
11	89.102	0.0594	0.049	26
12	97.736	0.0542	0.040	26
13	118.42	0.0447	0.027	26
14	118.56	0.0447	0.027	26

그림 2-272 2차 Xvib 결과 (Output summary)

열교환기에서 Tube vibration 평가는 그 가능성을 평가하는 것이다. 그러므로 보수적으로 접근하기 위하여 각 Span에 속도를 동일하게 고려하였으며, Shell entrance velocity와 Bundle entrance velocity 중 큰 값을 사용하였다. 그러나 지금까지 U-bend 부위에 속도를 0m/sec으로 Tube vibration 평가하였다. U-bend 부위에서 유체 정체는 부식을 가속시킨다. 따라서 그림 2-273과 같이 "Full support at U-bend" 아래와 윗부분 그리고 가운데 일부를 제거하여 U-bend 부위에서 유체 흐름을 만들어준다. 이와 관련하여 4.9장 Sealing device와 Support plates를 참고하기 바란다. 이 예제의 제작도면을 확인한바 "Full support at U-bend" 아래와 윗부분이 제거되어 있었다.

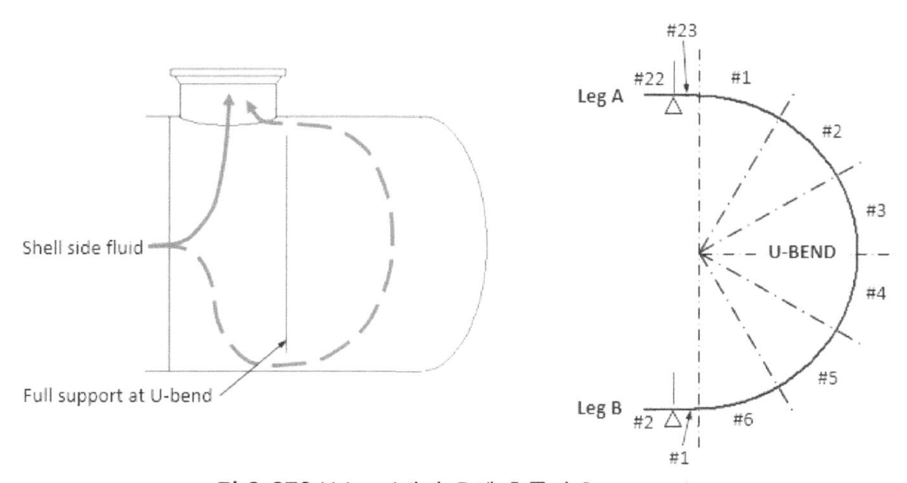

그림 2-273 U-bend에서 유체 흐름과 Span number

유속을 정확하게 확인하려면 CFD를 수행하여야 하지만, CFD를 수행하는데 많은 시간이 소요되고 모든 열교환기를 CFD를 수행하는 것은 현실적으로 어려운 일이다. 따라서 U-bend에서 속도를 보수적으로 가정해야 한다. 그림 2-273 출구 노즐은 Leg A span #22에 위치하므로 Leg A span #23과 U-bend span #1의 속도를 Leg A span #22에서 속도의 50%인 3.915m/sec를 입력한다. 나머지 Span의 속도를 Leg B span #2에서 속도의 50%인 1.365m/sec를 In-plane velocity와 Out-of plane velocity 모두 입력한다. 이렇게 가정된 U-bend에서 Velocity는 과장된 것으로 보일지 모른다. 그러나 정확한 Velocity를 알 수 없을 때 보수적으로 접근할 수밖에 없다. 필자의 U-bend tube vibration 평가 방법보다 현실적인 방법이 있으면 그 방법을 사용하면 된다.

그림 2-274는 U-bend span에 Velocity를 입력한 "Span profiles" 입력 창이다.

Span #	Span Angle (degrees)	Element #	Span Support	In-Plane Velocity (m/s)	Out-of-Plane Velocity (m/s)	Shellside Fluid Density (kg/m3)	Xist Velocity (m/s)	Flow is 90 deg to layout angle
1	30	1		3.19		38.6864		N
		2		3.19		38.6864		
		3		3.19		38.6864		
		4		3.19		38.6864		
		5	None	3.19		38.6864		
2	30	1		1.36	1.36	38.6864		N
		2		1.36	1.36	38.6864		
		3		1.36	1.36	38.6864		
		4		1.36	1.36	38.6864		
		5	None	1.36	1.36	38.6864		
3	30	1		1.36	1.36	38.6864		N
		2		1.36	1.36	38.6864		
		3		1.36	1.36	38.6864		
		4		1.36	1.36	38.6864		
		5	None	1.36	1.36	38.6864		

그림 2-274 U-bend에 Velocity 입력 (Span profile 입력 창)

Analysis Results

Mode (--)	Frequency (Hz)	Gap Velocity / Critical Gap Velocity (--)	Max Vortex Shedding Amplitude (mm)	Span Number (--)
1	14.849	0.8436	2.907	26
2	15.817	0.7920	2.562	26
3	18.572	0.6745	1.858	26
4	18.587	0.6740	1.855	26
5	18.587	0.6739	1.855	26
6	18.654	0.6715	1.842	26
7	18.686	0.6704	1.836	26
8	21.428	0.5850	1.399	26
9	29.731	0.4213	0.725	26
10	52.215	0.2400	0.235	26
11	89.102	0.1406	0.081	26
12	97.736	0.1282	0.067	26
13	118.42	0.1058	0.046	26
14	118.56	0.1057	0.046	26

그림 2-275 3차 Xvib 결과 (Output summary)

그림 2-275는 3차 Xvib 결과이며 1st mode에서 Tube vibration 가능성이 있음을 알 수 있다. Xvib output summary에 표기된 Span number는 최대 Amplitude에 해당하는 Span number로 1st mode의 Span number 26은 입력 기준 U-bend Span #3에 해당한다.

U-bend 중앙에 Support를 설치하면 Natural frequency가 높아지므로 Tube vibration 가능성이 작아질 것이다. 그림 2-276과 같이 U-bend span #3과 span #4 사이에 Support type을 Baffle로 선택한다.

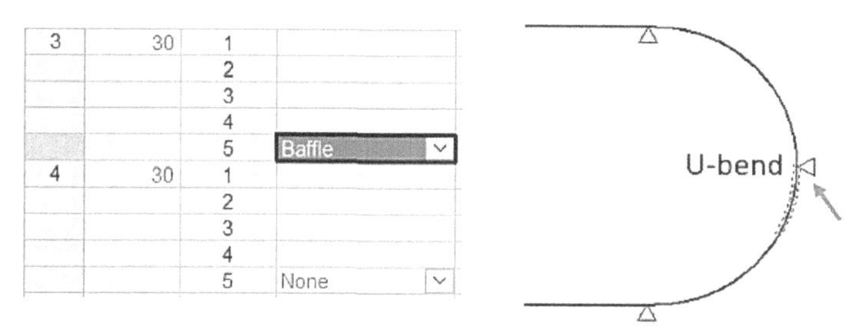

그림 2-276 U-bend에 Baffle 입력

그림 2-277은 U-bend에 support를 추가한 후 4차 Xvib 결과이다. 1st mode natural frequency가 14.849Hz에서 60.462Hz로 4배 이상 높아져, Tube vibration 가능성이 사라졌으며 Amplitude가 가장 큰 Span 위치도 U-bend(Span #26)에서 출구 근처(Span #2)로 바뀌었다.

Analysis Results

Mode (--)	Frequency (Hz)	Gap Velocity / Critical Gap Velocity (--)	Max Vortex Shedding Amplitude (mm)	Span Number (--)
1	60.462	0.3924	0.535	2
2	61.111	0.3885	0.524	2
3	61.919	0.3835	0.510	2
4	75.692	0.3135	0.341	2
5	76.415	0.3112	0.334	2
6	76.773	0.3093	0.332	2
7	78.501	0.3017	0.318	2
8	78.509	0.3017	0.318	2
9	82.630	0.2873	0.287	2
10	85.608	0.2771	0.267	2
11	88.374	0.2687	0.250	2
12	90.658	0.2554	0.241	2
13	90.720	0.2618	0.237	2
14	92.218	0.2578	0.230	2

그림 2-277 4차 Xvib 결과 (Output summary)

그림 2-278은 Xvib 4차 결과에서 "Number of modes"를 14에서 6으로 수정한 후 Xvib 결과이다. Tube vibration 가능성이 없지만 앞서 "Number of modes" 14일 때 결과와 달리 1st mode natural frequency와 Amplitude가 가장 큰 Span 위치가 변경되었다.

Analysis Results

Mode	Frequency	Gap Velocity / Critical Gap Velocity	Max Vortex Shedding Amplitude	Span Number
(--)	(Hz)	(--)	(mm)	(--)
1	55.324	0.4173	0.492	25
2	81.412	0.4356	0.301	21
3	91.577	0.4413	0.335	51
4	91.577	0.4413	0.335	51
5	91.577	0.0757	0.034	2
6	91.577	0.1262	0.037	2

그림 2-278 No. of mode 6일 때 4차 Xvib 결과 (Output summary)

지금까지 Tube vibration 평가는 U-bend 반경이 가장 큰 "Radius of curvature" 506mm의 Tube를 대상으로 Tube vibration 평가하였다. U-bend 반경이 작은 Tube도 U-bend에 추가 Support가 필요한 것은 아니다. U-bend 반경이 두 번째 큰 "Radius of curvature" 488mm Tube를 대상으로 추가 Support 없이 Tube vibration 평가한 결과, 그림 2-279와 같이 Tube vibration 가능성이 없다.

Analysis Results

Mode	Frequency	Gap Velocity / Critical Gap Velocity	Max Vortex Shedding Amplitude	Span Number
(--)	(Hz)	(--)	(mm)	(--)
1	19.739	0.6451	1.746	26
2	20.274	0.6280	1.655	26
3	20.305	0.6271	1.650	26
4	20.942	0.6080	1.551	26
5	84.724	0.1503	0.095	26
6	86.395	0.1474	0.091	26
7	87.320	0.1458	0.089	26
8	97.028	0.1312	0.072	26
9	104.68	0.1216	0.062	26
10	116.64	0.1092	0.050	26
11	117.36	0.1085	0.049	26
12	125.20	0.1017	0.043	26
13	147.10	0.0866	0.031	26
14	176.36	0.0722	0.022	26

그림 2-279 U-bend 반경 488mm에 대한 3차 Xvib 결과 (Output summary)

표 2-83은 U-bend에서 HTRI 기준 Unsupported tube span과 TEMA maximum allowable unsupported tube span을 보여주고 있다. 표에서 보듯이 기존 열교환기는 TEMA Table RCB-4.52 Unsupported tube span 기준을 만족한다. Xvib에 의한 Tube vibration 평가 결과에 따라 1st outer tube row에만 Support를 추가하면 여전히 가장 긴 Unsupported tube span이 U-bend에 위치하여 세 번째 Warning message를 해결하지 못한다. U-bend에서 HTRI 기준 Unsupported tube span이 TEMA maximum allowable span을 초과하지 않도록 3rd outer tube row까지 U-bend support를 추가해준다.

표 2-83 Tube row에 따른 Unsupported tube span

Tube row	*Unsupported tube span*
1st outer tube row(HTRI 기준)	$506\pi + 2 \times 30 = 1{,}650$ *mm*
2nd outer tube row(HTRI 기준)	$488\pi + 2 \times 30 = 1{,}593$ *mm*
3rd outer tube row(HTRI 기준)	$471\pi + 2 \times 30 = 1{,}540$ *mm*
4th outer tube row(HTRI 기준)	$453\pi + 2 \times 30 = 1{,}483$ *mm*
1st outer tube row(TEMA 기준)	$2 \times 506 + 2 \times 30 = 1{,}072$ *mm*
TEMA maximum allowable unsupported tube span	*1,524 mm*

그림 2-280은 Impingement device를 위한 Plug tube들을 포함하여 3rd outer tube row까지 U-bend middle point에 Support 되어야 할 Tube를 표시한 그림이다.

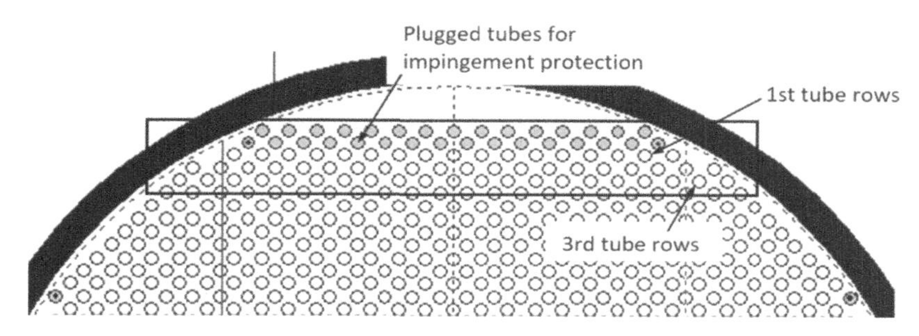

그림 2-280 U-bend support가 지지해야 할 Tube rows

새로 제작되는 열교환기 Tube bundle에 Support를 설치하는 작업은 일반 Baffle 설치와 동일하게 간단하다. 그러나 기존 열교환기 Tube bundle에 Support를 설치하는 작업은 공간이 나오지 않아 매우 까다롭다. Square pitch tube bundle의 경우 현장에서 얇은 철판 Strip을 Tube와 Tube 사이에 억지로 끼워 설치하지만, Triangle pitch의 경우 상용으로 판매되는 Embossing 처리된 얇은 철판 클립을 구입하여 설치한다. 그림 2-281은 Exxon Mobil의 제품인 STS를 적용한 사진이다.

그림 2-281 ExxonMobil STS tube support 설치 장면

표 2-84는 HTRI가 제시하는 Tube vibration 문제 해결 방법으로 열교환기 Tube vibration trouble shooting 업무를 하게 되면 참고하기 바란다.

표 2-84 HTRI가 제시하는 Tube vibration 해결 방법

Plug leaking tubes	*Tube vibration 징후 중 하나는 Tube leakage이다. 현장에서 Tube 교체는 현실적으로 어려운 경우가 많으므로 이때 가장 많이 대처하는 방법은 Tube를 plugging 하는 것이다. Tube plugging은 Flow induced vibration을 해결하지는 않지만, 다음 유지보수까지 열교환기를 계속 사용할 수 있다.*
Remove tubes to create bypass lanes	*Fluidelastic instability에 의해 Tube vibration 문제가 있는 열교환기의 경우, Baffle window area에 인위적으로 Bypass flow lane을 만드는 것은 효과적인 임시 해결책이다. Baffle window area 내 Tube를 제거하여 Baffle tip에서 Shell 내경까지 흐름 방향과 평행한 Bypass flow lane을 만들어준다. 그리고 Tube가 제거된 Tubesheet를 Plugging 한다. 제거된 Tube가 지나는 Baffle hole들은 막지 않는다. Shell side pressure drop과 Heat transfer performance가 낮아지는 부작용이 있다. 이 해결책은 Shell side보다 Tube side 열전달계수가 많이 낮을 때 효과적이다.*
Bypass heat exchanger	*Fluid-induced vibration은 Velocity에 상당히 의존하기 때문에 Shell side 유량을 줄일 수 있다면 Tube vibration 문제를 줄이거나 없앨 수 있다. 이를 위하여 열교환기 By-pass line을 설치하여 유량 일부를 Bypass 시킨다. 유량이 줄어들기 때문에 Heat transfer performance 또한 줄어든다는 것에 주의해야 한다.*
Stiffen the bundle	*Tube 사이에 Plate bar를 억지 끼움으로 삽입하여 Tube의 고유진동수를 증가시킨다. 이는 Tube의 움직임을 제한하고 마모를 방지한다. 이 해결책은 Vibration에 취약한 U-tube의 U-bend에 특히 효과적이다. 설치 위치에 따라 Shell side pressure drop과 열전달 성능 달라질 수 있다.*
Expanding tube to baffle	*노즐이 위치한 구역에 Tube vibration 있으면 Tube를 Baffle에 Expanding 하여 Tube를 고정하면 효과적이다. 이 해결책의 작업은 어렵고 비용이 많이 소요된다.*
Add deresonating baffles	*Acoustic vibration 문제가 있는 열교환기의 경우 선택적으로 Tube를 제거하여 Acoustic baffle을 설치한다. Resonance frequency를 측정할 수 있다면 Acoustic baffle 위치를 정확히 잡을 수 있다. Tube 손실로 인하여 열교환기 성능이 저하된다.*
Remove tubes for acoustic vibration	*Acoustic vibration 해결을 위한 다른 접근법은 Tube bundle에서 Tube를 선택적으로 제거하는 것이다. 열교환기의 음향 진동 특성을 측정 후 제거하여야 할 Tube를 선택한다. 제거할 Tube는 Tube bundle의 기하학적 배열에 따라 달라진다. 이 해결책은 Double segmental baffle의 Overlap 구역의 Tube를 제거할 때 특히 성공적이었다. 제거되는 Tube 수량이 적어 열전달손실이 적다.*
Replace tube bundle	*때때로, Tube vibration의 유일한 해결책은 새로운 Tube bundle을 설계하여 설치하는 것이다. 기존 Shell과 연결 배관을 유지하기 위해서 Tube bundle 설계에 제한이 있다. 교체될 Tube bundle은 Tube 재질, Tube 치수, Tube 배열, Baffle을 변경하여 Vibration에 문제없도록 설계되어 진다.*

6) 결론 및 Lessons learned

공장을 Revamp 설계할 때 단위 장치를 최대한 재사용해야 한다. 열교환기 열전달 성능이 미미하게 부족할 경우, 인근 열교환기에 Duty를 전가할 수 있는지 검토해야 한다. Pressure drop이 Allowable pressure drop을 초과할 경우, 해당 Hydraulic circuit을 전체적으로 검토하여 Control valve, 배관 확관 등을 고려할 수 있고 일부 유량을 열교환기 By-pass 하여 Pressure drop 문제를 해결할 수 있다. 만약 Tube Vibration과 $RhoV^2$ 문제가 예상된다면 열교환기 노즐 치수를 키우거나 Tube vibration 방지용 클립을 설치하여 해결할 수 있다.

Xvib를 이용하여 Tube vibration을 평가할 때 아래 사항을 고려하여 수행해야 한다.

- ✔ *U-tube 열교환기에 대한 Xist의 Tube vibration 결과는 잘못된 결과를 보여줄 수 있으므로 Xvib를 이용하여 Tube vibration을 평가한다.*
- ✔ *U-tube 열교환기에 가장 긴 Unsupported tube span이 U-bend에 위치하지 않도록 U-bend support를 설치한다.*
- ✔ *사용중인 열교환기의 Xist 결과가 Tube vibration 가능성을 보여준다면 Xvib를 이용하여 Tube vibration을 평가하여 재사용 여부를 판단한다.*
- ✔ *Triangular pitch일 때 노즐 근처에서 유체방향에 주의하여 "Flow is 90 deg to layout angle" 옵션을 선택한다.*
- ✔ *U-tube의 경우 입력 창에 Span number와 결과 창에 Span number가 서로 다르므로 주의하여 결과를 검토한다.*
- ✔ *U-tube에 대하여 In-plane velocity와 Out-of plane velocity를 주의하여 입력한다.*
- ✔ *Unsupported tube span 간격이 서로 유사하지 않으면 넓은 Span을 분리하여 Segment 크기를 줄인다.*
- ✔ *"Number of modes" 14와 6 모두 검토한다.*
- ✔ *사용중인 열교환기의 Xvib 평가 결과 Tube vibration 가능성이 있다면 Tube 사이에 얇은 Steel bar(Strip)를 억지 끼워 Tube를 고정한다.*

2.6.3. Anti-surge cooler (Acoustic vibration과 X-shell distribution)

열교환기를 설계하다 보면 Xist 결과에 Acoustic vibration 가능성에 대한 Warning message가 나오는 경우가 있다. Vapor 서비스, Condensing 서비스, Boiling 서비스 열교환기 Xist 결과에 이런 Waring message가 나온다. 석유화학 공장에 Compressor는 상당히 많이 사용되는 설비로 다단 Compressor의 경우 Inter-cooler, Inter-stage cooler, Discharge-cooler가 설치된다. 일반적으로 Condensing 서비스는 Acoustic vibration이 발생하지 않지만, Compressor에 적용되는 Cooler에서 Condensing이 약간 발생하여 Acoustic vibration이 발생하는 경우가 종종 있다. Compressor cooler와 같이 Outlet mass vapor fraction 0.8 이상인 열교환기에서 Acoustic vibration이 실제 발생하기도 한다.

이번 예제는 Reformer unit 내 Hydrogen recycle compressor에 설치된 Anti-surge cooler이다. 그림 2-283은 Reformer unit 공정 흐름을 보여주고 있다. Naphtha feed를 Dehydrogenation, Isomerization, Hydrocracking 반응을 통하여 옥탄가가 높은 Gasoline 제품으로 생산한다. 이 공정 부산물로 수소(H_2)가 다량 생산되는데 이 중 일부를 Naphtha feed와 혼합하기 위하여 Compressor를 사용하여 순환시킨다.

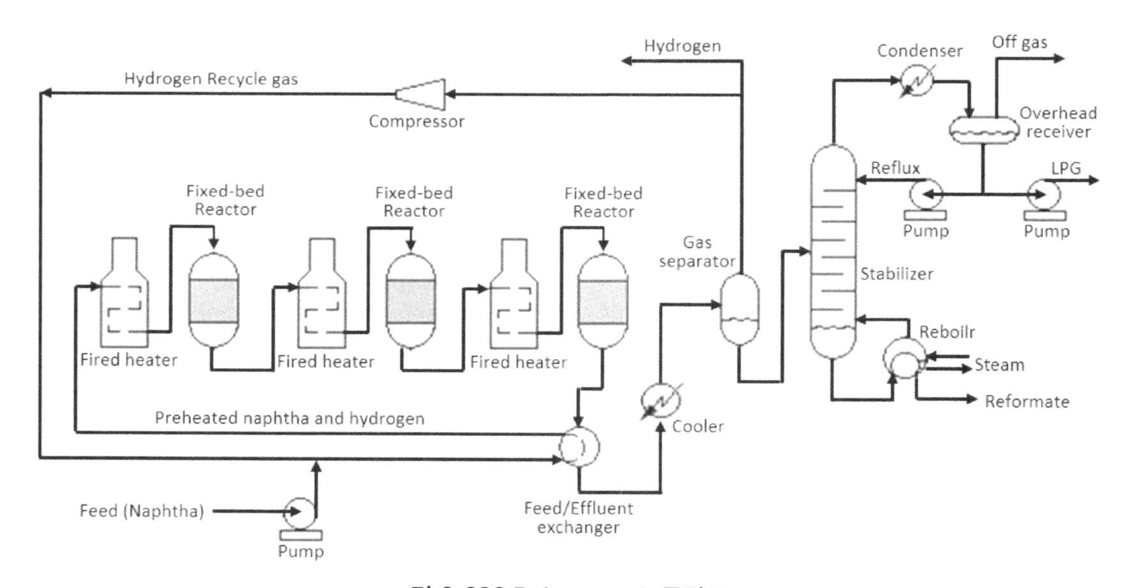

그림 2-282 Reformer unit 공정도

Compressor는 저압 가스를 밀어 고압가스로 만들어주는 장치이다. 즉 흡입(Suction) 압력이 토출(Discharge) 압력보다 낮다. 따라서 유량이 부족한 경우 고압부에 가스가 저압부로 역류할 수 있다. 이를 방지하기 위하여 Compressor로부터 토출되는 유량 일부를 흡입부로 보내 Compressor로 유입되는 유량을 일정량 이상 확보한다. 이를 Anti-surge system이라고 하고 Anti-surge valve가 설치되며, 경우에 따라 Anti-surge cooler가 설치된다.

Anti-surge cooler 설계 운전조건은 표 2-85와 같다.

표 2-85 Anti-surge cooler 설계 운전조건

	Unit	Hot side		Cold side	
Fluid name		H_2 + hydrocarbon		Cooling water	
Fluid quantity	kg/hr	1.16 × 59,987.3		-	
Temperature	℃	194	40	32	43
Mass vapor fraction	-	1	0.915	0	0
Density, L/V	kg/m^3	heat curve 참조		Properties of water	
Viscosity, L/V	cP				
Specific heat, L/V	kcal/kg ℃				
Thermal cond., L/V	kcal/hr m ℃				
Inlet pressure	kg/cm^{2}g	2.403		4	
Press. drop allow.	kg/cm^2	0.3		0.7	
Fouling resistance	hr m^2 ℃/kcal	0.0002		0.0004	
Duty	MMkcal/hr	1.16 × 8.78			
Material		C.S		C.S	
Design pressure	kg/cm^{2}g	10		11.5	
Design temperature	℃	230		80	

1. Tube 치수: 1" OD, min. 2.77mm thickness tube
2. Margin: 116% on duty and flow
3. Provide distributor

표 2-86, 2-87과 같이 Hot side fluid에 대하여 2개 압력에서 Heat curve가 제공되었다.

표 2-86 Heat curve (2.467kg/cm^{2}g)

Temp. (°C)	Enthalpy (kcal/kg)	Weight Frac. Vapor	Vapor Properties			
			Density (kg/m^3)	Viscosity (cP)	Heat Capa. (kcal/kg-°C)	Conductivity (kcal/hr-m-°C)
200.0	-173.8	1	0.991	0.016	0.970	0.145
150.4	-221.0	1	1.107	0.015	0.930	0.132
100.7	-266.0	1	1.254	0.013	0.887	0.120
51.1	-308.9	1	1.448	0.012	0.842	0.106
46.4	-316.3	0.962	1.420	0.012	0.858	0.106
41.9	-323.6	0.922	1.387	0.011	0.876	0.106
36.9	-331.8	0.877	1.348	0.011	0.899	0.106

Temp. (°C)	*Liquid Properties*				
	Density (kg/m³)	*Viscosity (cP)*	*Heat Capa. (kcal/kg-°C)*	*Conductivity (kcal/hr-m-°C)*	*Surface Tension (dyne/cm)*
51.1	*789.2*	*0.394*	*0.442*	*0.107*	*22.8*
46.4	*785.0*	*0.399*	*0.440*	*0.107*	*22.8*
41.9	*781.1*	*0.404*	*0.439*	*0.107*	*22.9*
36.9	*776.9*	*0.412*	*0.439*	*0.107*	*23.0*

표 2-87 Heat curve (1.967kg/cm²g)

Temp. (°C)	*Enthalpy (kcal/kg)*	*Weight Frac. Vapor*	*Vapor Properties*			
			Density (kg/m³)	*Viscosity (cP)*	*Heat Capa. (kcal/kg-°C)*	*Conductivity (kcal/hr-m-°C)*
200.0	*-173.8*	*1*	*0.849*	*0.016*	*0.970*	*0.145*
161.9	*-210.2*	*1*	*0.924*	*0.015*	*0.939*	*0.135*
123.8	*-245.3*	*1*	*1.013*	*0.014*	*0.907*	*0.126*
85.7	*-279.2*	*1*	*1.120*	*0.013*	*0.873*	*0.116*
47.6	*-311.8*	*1*	*1.254*	*0.012*	*0.839*	*0.105*
43.6	*-317.9*	*0.969*	*1.235*	*0.012*	*0.851*	*0.105*
40.1	*-323.7*	*0.938*	*1.213*	*0.011*	*0.865*	*0.105*
35.7	*-330.8*	*0.898*	*1.185*	*0.011*	*0.884*	*0.105*

Temp. (°C)	*Liquid Properties*				
	Density (kg/m³)	*Viscosity (cP)*	*Heat Capa. (kcal/kg-°C)*	*Conductivity (kcal/hr-m-°C)*	*Surface Tension (dyne/cm)*
47.6	*794.048*	*0.412*	*0.437*	*0.108*	*23.3*
43.6	*790.510*	*0.416*	*0.436*	*0.108*	*23.3*
40.1	*787.250*	*0.420*	*0.435*	*0.108*	*23.4*
35.7	*783.344*	*0.426*	*0.434*	*0.108*	*23.4*

1) 사전 검토

Anti-surge cooler를 통과하는 Vapor 소량이 응축되고, Vapor 온도는 떨어진다. 따라서 Vapor cooling 서비스에서 발생할 수 있는 현상들이 많이 나타난다. 이와 같은 현상으로 Pressure drop이 많이 걸리고 Tube vibration 가능성이 있다.

2) HTRI 입력

Pressure drop은 E-shell, G-shell, J-shell, H-shell, X-shell 순서로 작다. 이 예제의 Shell side 유량이 많으므로 Pressure drop이 가장 작고 Tube vibration 문제를 동시에 해결할 수 있는 X-shell을 선택하였다. Cooling water(Open loop system)가 Tube side를 통과하므로 Mechanical cleaning이 가능하도록 Straight tube를 적용하였다. 발주처 요구에 따라 Tube 외부 검사와 Mechanical cleaning이 가능한 TEMA AXS type을 선정하였다.

X-shell에서 Shell side 흐름은 모두 Crossflow이므로 A-stream은 존재하지 않는다. Xist는 Tube 길이 방향에 따라 균일하게 유량이 흐른다고 가정하여 열전달과 Pressure drop을 계산한다. 그러나 입구 노즐 한 개만 설치된다면, Shell side 유체가 Tube 길이 방향에 따라 균일할 수 없을 것이다. 이를 해결하기 위하여 열교환기 내부 구조를 균일 흐름이 가능하도록 설계하는 방법과 노즐 수량을 충분히 설치하는 방법이 있다.

전자는 Tube bundle entrance 공간을 넓게 설계하고 이 공간에 Tube 길이 방향으로 다공판(Perforated plate) 형상의 Distributor를 설치하는 방법이다. Tube bundle entrance 공간을 확보하기 위하여 "Tube layout" 입력 창 "Tube limits"에 "Height under nozzle(inlet)"을 250mm, "Height under nozzle(outlet)"을 150mm 입력하였다. 이 치수들은 Distribution 성능과 Vibration 가능성에 따라 조정될 수 있다.

Tube Limits

	Inlet	Outlet	Liquid Outlet	
Height under nozzle	250	150		mm
Tuberows removed under nozzles	0	0	0	

그림 2-283 Height under nozzle (Tube layout 입력 창)

후자는 입구 또는 출구 노즐을 2개 이상 설치하는 것이다. 실무에서 노즐 2개를 주로 사용한다. 그 이상 노즐 수량은 열교환기로 들어오는 배관을 복잡하게 만들고 투자비를 증가시킨다. 2개 노즐이 설치된 "X" shell 열교환기에 4가지 배관 연결 방법이 있다. 첫 번째 배관 구성(그림 2-284)이 가장 선호되는 배관 연결이지만 노즐 간 거리를 넓게 요구한다. 노즐이 크거나 열교환기 길이가 짧을 경우, 두 번째에서 네 번째(그림 2-285~2-287)까지 방법 중 하나를 적용한다. 열교환기와 연결되는 메인 배관 치수는 24"이고 노즐은 20"이다. Effective tube 길이가 4442mm이므로 Distribution을 위하여 두 노즐 사이 거리는 약 2221mm(4442mm/2) 되어야 한다. 배관 연결에 필요한 노즐 사이 거리 계산을 위하여 Pipe fitting 길이를 표 2-88과 같이 정리하였다.

표 2-88 Pipe fitting 길이

Pipe fitting	*길이*	*Pipe fitting*	*길이*
24 inch Tee	*864mm*	*20 inch Tee*	*762mm*
24 inch to 20inch reducer	*508mm*	*20 inch Elbow*	*762mm*

첫 번째 배관 구성은 노즐 사이 거리가 최소 3404mm 필요하다. 두 번째에서 네 번째까지 배관을 구성하려면 각각 최소 2,286mm, 2,642mm, 1,524mm가 필요하다. 따라서 첫 번째와 세 번째 배관 구성을 적용할 수 없다. 두 번째와 네 번째 배관 구성은 Fluid가 분기되기 전 또는 합친 후에 Reducer를 사용함으로 배관에서 Pressure drop이 더 걸린다. 세 번째와 네 번째 배관 구성은 노즐에 연결된 Tee에서 유체가 정체되는 Dead end가 생겨, 이곳에서 부식 가능성이 커진다. 이번 예제에 두 번째 배관 구성이 선택되었다.

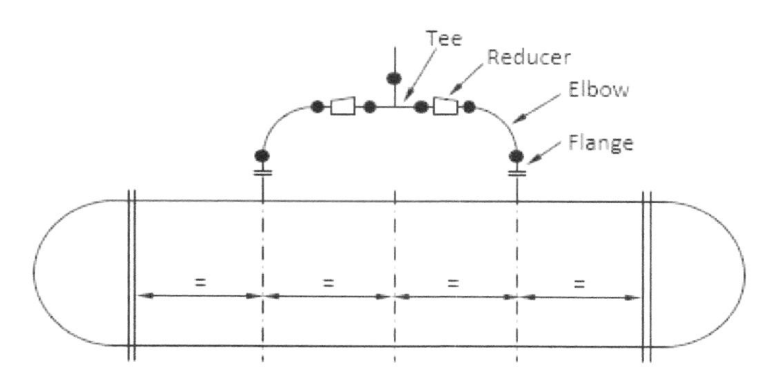

그림 2-284 첫 번째 배관 구성

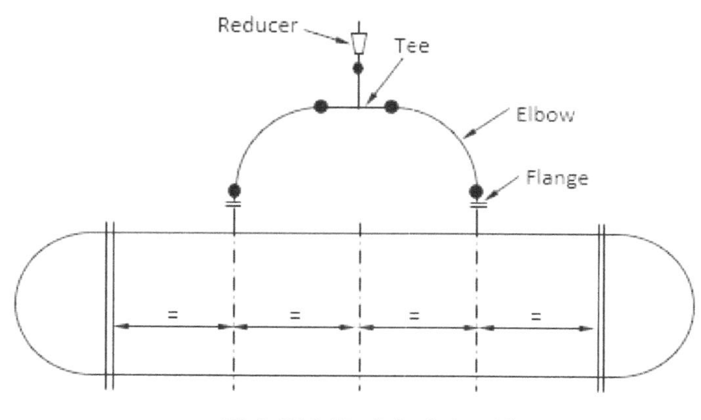

그림 2-285 두 번째 배관 구성

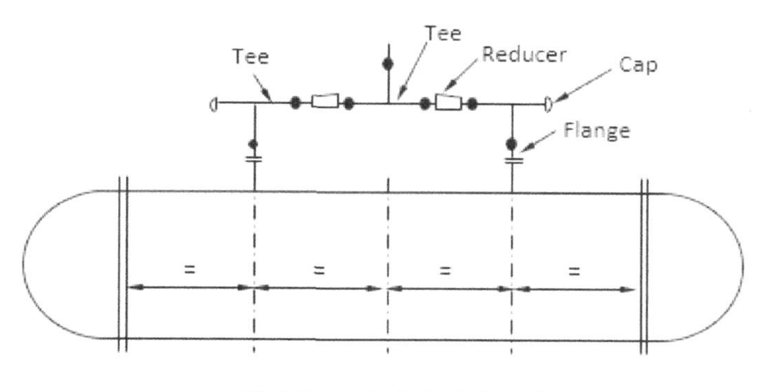

그림 2-286 세 번째 배관 구성

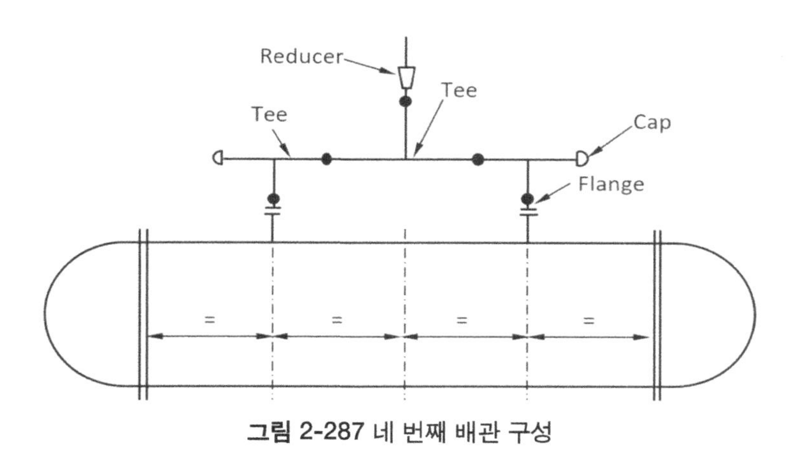

그림 2-287 네 번째 배관 구성

3) 1차 설계 결과 검토

1차 설계 결과는 그림 2-288과 같다. Acoustic vibration 가능성이 있어 Deresonating baffle을 설치해야 한다. 설치공간 확보를 위하여 일부 Tube들이 제거되어야 하므로 Over-design을 여유 있게 설계했다. 아래는 설계 결과와 함께 고려하여야 할 Warning message이다.

① *First mode acoustic vibration is possible. A maximum Chen number of 2904.78 is calculated for the regions with a frequency ratio between 0.8 and 1.2. Consider adding deresonating baffles. Careful positioning of deresonating baffles can eliminate noise.*

② *There is a possibility of Shell side flow maldistribution along the length of the heat exchanger. Consider adding more Shell side inlet nozzles, providing adistribution device at the inlet of the shell, or using shorter tubes.*

첫 번째는 Acoustic vibration 관련 내용이다. Fluid induced vibration 가능성은 Support plate를 추가하여 해결할 수 있지만, Acoustic vibration은 유속을 줄이거나 Deresonating baffle을 설치하여야 해결할 수 있다.

두 번째는 Shell fluid distribution에 관한 내용이다. 이미 Tube bundle entrance 공간을 확보하였다. 이 공간만으로 충분한 Shell side distribution이 가능한지 또는 Distributor를 설치하여야 하는지 검토해야 한다.

Process Conditions		Hot Shellside		Cold Tubeside	
Fluid name			H2		CW
Flow rate	(1000-kg/hr)		69.585 *		926.32
Inlet/Outlet Y	(Wt. frac vap.)	1.0000	0.9145	0.0000	0.0000
Inlet/Outlet T	(Deg C)	194.00	40.00	32.00	43.00
Inlet P/Avg	(kgf/cm2G)	2.403		4.000	3.686
dP/Allow	(kgf/cm2)	0.080	0.300	0.627	0.700
Fouling	(m2-hr-C/kcal)		0.000200		0.000400

Exchanger Performance					
Shell h	(kcal/m2-hr-C)	732.69	Actual U	(kcal/m2-hr-C)	424.14
Tube h	(kcal/m2-hr-C)	6750.2	Required U	(kcal/m2-hr-C)	346.76
Hot regime	(--)		Duty	(MM kcal/hr)	10.176
Cold regime	(--)	Sens. Liquid	Eff. area	(m2)	697.55
EMTD	(Deg C)	42.1	Overdesign	(%)	22.31

Shell Geometry			Baffle Geometry		
TEMA type	(--)	AXS	Baffle type		Support
Shell ID	(mm)	1340.0	Baffle cut	(Pct Dia.)	
Series	(--)	2	Baffle orientation	(--)	
Parallel	(--)	1	Central spacing	(mm)	896.00
Orientation	(deg)	0.00	Crosspasses	(--)	1

Tube Geometry			Nozzles		
Tube type	(--)	Plain	Shell inlet	(mm)	482.60
Tube OD	(mm)	25.400	Shell outlet	(mm)	482.60
Length	(mm)	4800	Inlet height	(mm)	260.43
Pitch ratio	(--)	1.2500	Outlet height	(mm)	156.60
Layout	(deg)	90	Tube inlet	(mm)	381.00
Tubecount	(--)	984	Tube outlet	(mm)	381.00
Tube Pass	(--)	2			

Thermal Resistance, %		Velocities, m/s			Flow Fractions	
Shell	57.89		Min	Max	A	0.000
Tube	8.27	Tubeside	1.73	1.88	B	0.793
Fouling	30.80	Crossflow	10.65	15.24	C	0.207
Metal	3.04	Longitudinal	--	--	E	0.000
					F	0.000

그림 2-288 1차 설계 결과 (Output summary)

4) Distribution 검토와 Distributor

HTRI는 X-shell에서 유체 Distribution 평가하는 방법을 제시하고 있다. 이는 전자회로 저항 Network에서 전류를 구하는데 사용하는 Kirchhoff 법칙을 이용한 방식이다. Kirchhoff 법칙에 전류의 법칙과 전압의 법칙이 있는데, 이 두 법칙을 이용하여 각 저항에서 구하려는 전류값을 변수로 하고 변수의 수와 같은 수의 연립방정식 만들어 계산하는 방식이다. 전자회로와 Hydraulic circuit을 비교하면 표 2-89와 같다.

표 2-89 전자회로와 Hydraulic circuit 비교

	저항(R)	*Driving force*	*Flow*	*Equation*
Electronic Circuit	*Resistance*	*Voltage difference*	*Current*	$V = I \times R$
Hydraulic Circuit	*Hydraulic resistance*	*Pressure drop*	*Flow rate*	$DP = Flow\ rate \times R$

여기서 식 2-35는 Hydraulic resistance의 일반식이다.

$$\boldsymbol{Hydraulic\ resistance} = \frac{\boldsymbol{Density\ \times Pressure\ drop}}{\boldsymbol{Flowrate}} \quad ------(\mathbf{2-35})$$

Xist는 X-shell을 계산할 때, Tube 길이 방향으로 10개 Segment로 나눠 계산한다. 각각 Tube bundle segment는 동일한 Pressure drop이 발생한다. Xist 결과 중 "Shell side Monitoring" 창에 각 Tube bundle segment에서 이를 확인할 수 있다. 그림 2-289와 같이 Shell side monitoring 창에서 Tube bundle pressure drop을 구할 수 있다. 1차 설계 결과 첫 번째 Shell의 Tube bundle pressure drop은 0.010408kg/cm^2(1020.7Pa)이다.

Shellside Flow Region		1	6.9505 1000-kg/hr						
Point number	(--)	1	2	3	4	11	12	13	14
Shell pass	(--)	1	1	1	1	1	1	1	1
Length from tube inlet	(mm)	224	224	224	224	224	224	224	224
Mass fraction vapor	(--)	1	1	1	1	1	1	1	1
Bulk temperature	(C)	194	183.35	163.31	145.88	71.09	65.62	60.97	59.04
Skin temperature	(C)		106.94	96.74	87.98	48.3	46.11	44.27	
Wall metal temperature	(C)		94.29	85.93	78.76	45.43	43.67	42.2	
MTD	(C)		137.6	119	102.7	37.1	31.7	27.1	
Superheat for Onset of Nuc	(C)								
Delta MTD correction	(--)		0.9993	0.9977	0.9958	0.9697	0.9628	0.9788	
Pressure	(kgf/cm2G)	2.403	2.393	2.392	2.391	2.385	2.385	2.384	2.359
Pressure drop	(kgf/cm2)	0.018	1.06E-03	1.01E-03	9.61E-04	7.71E-04	7.58E-04	7.46E-04	0.016
Friction loss	(kgf/cm2)		1.06E-03	1.01E-03	9.61E-04	7.71E-04	7.58E-04	7.46E-04	
Static head loss	(kgf/cm2)		0	0	0	0	0	0	
Momentum loss	(kgf/cm2)		0	0	0	0	0	0	
Crossflow velocity	(m/s)		15.22	14.59	14.01	11.51	11.33	11.18	

그림 2-289 Tube bundle pressure drop (Shell side monitoring 창)

X-shell의 Hydraulic resistance를 전자회로로 표현하면 그림 2-290과 같다.

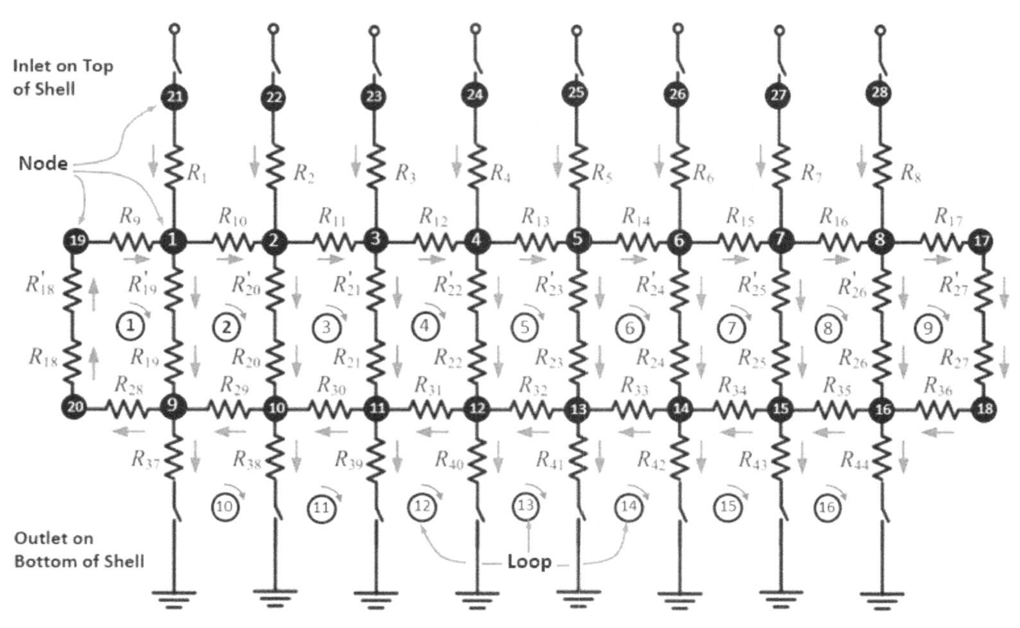

그림 2-290 Hydraulic circuit in X-shell

검은색 원에 숫자 1번에서 28번이 있다. 이것들이 Node이며, 각 Node에서 Flow rate balance를 이용하여 28개 방정식을 만들 수 있다. 예를 들어 1번과 23번 Node에서 방정식을 세우면 아래와 같이 된다. 여기서 F1, F9, F10, F19은 R1, R9, R10, R19 저항에서 유량을 의미하고 단위는 m^3/sec이다.

1번 Node: F9 + F1 −F10 - F19 = 0

23번 Node: F3 = 19.392 ⁄ 2 = 9.6645 (노즐이 2개 설치되어 있으므로 유량은 전체 유량의 절반이다. 23번과 26번 Node에 입구 노즐이 위치한다)

흰색 원에 숫자는 Loop를 의미한다. Loop의 Pressure balance를 이용하여 16개 방정식을 세울 수 있다. 예를 들어 1번과 10번 Loop에서 Pressure balance는 아래 식과 같이 된다. Hydraulic resistance 단위는 kg/m^4-sec이다. 시작하는 Node에서 원점으로 돌아오는 것이 Loop이므로 Loop의 Pressure drop 합은 항상 0이다.

1번 Loop: R9 × F9 +(R19+R19') × F19 + R28 × F28 + (R18+R18') × F18 = 0

10번 Loop: R29 × F29 + R37 × F37 - R38 × F38 = 0

방정식 개수가 모두 44개가 되므로 Hydraulic resistance에서 유량을 연립방정식으로 계산할 수 있다. 방정식을 세울 때 각 항의 화살표 방향에 따라 부호가 달라짐에 주의해야 한다. 표 2-90에 44개 Hydraulic resistance 의미와 계산식을 정리하였다.

표 2-90 Hydraulic resistances

Hydraulic resistance	*Definition*	*Equation*	*Nomenclature*
R1 ~ R8	*For shell wall or Inlet nozzle*	*1000000 for shell wall,* $Rnz = \frac{Nz\ \rho\ \Delta Pn}{W}$ *for nozzle*	*Nz: No. of nozzles* *ρ: Density (kg/m³)* *ΔPn: Inlet nozzle DP from HTRI (Pa)* *W: Shell side flow rate (kg/s)*
R9 ~ R17	*For inlet conduit height under nozzle*	$Rcs = \frac{2\ f\ Lcs\ Wi}{Dh\ Acs^2}$	*f: Friction factor* *Lcs : Effective tube length / 10 (m)* *Wi: Incremental flow rate (kg/s)* *Dh: Conduit hydraulic diameter (m)* *Acs: Conduit area of height under nozzle (m²)*
R18 ~ R27	*For tube bundle*	$Rcf = \frac{\rho\ \Delta Pt}{Wi} \times \left(\frac{Wi}{Wa}\right)^2$	*ρ: Density (kg/m³)* *ΔPt: Tube bundle DP from HTRI (Pa)* *Wi: Incremental flow rate (kg/s)* *Wa: Average flow rate, Inlet flow rate/10 (kg/s)*
R18' ~ R27'	*For distributor*	$Rdp = \frac{K\ Wi}{2\ Lcs^2\ C^2}$	*K : Pressure loss coefficient for distributor* *Wi: Incremental flow rate (kg/s)* *Lcs: Effective tube length / 10 (m)* *C: Chord of height under nozzle (m)*
R28 ~ R36	*For outlet conduit height under nozzle*	$Rcs = \frac{2\ f\ Lcs\ Wi}{Dh\ Acs^2}$	*f : Friction factor* *Lcs: Effective tube length / 10 (m)* *Wi: Incremental flow rate (kg/s)* *Dh: Conduit hydraulic diameter (m)* *Acs: Conduit area of height under nozzle (m²)*
R37 ~ R44	*For shell wall or outlet nozzle*	*1000000 for shell wall,* $Rnz = \frac{Nz\ \rho\ \Delta Pn}{W}$ *for nozzle*	*Nz: No. of nozzles* *ρ: Density(kg/m³)* *ΔPn: Outlet nozzle DP from HTRI (Pa)* *W: Shell side flow rate (kg/s)*

각 Hydraulic resistance 식에서 Density는 같은 값이 아니다. Vapor는 압축성 기체이므로 온도와 압력에 따라 Density가 변한다. 특히 Condensing 서비스의 경우 Two phase density를 적용해야 한다. 열교환기 내부에서 온도 압력이 변하며 Condensing이 발생할 수 있다.

Conduit에서 Hydraulic resistance를 계산하기 위하여 Conduit의 Hydraulic diameter와 Friction factor를 계산해야 한다. 그림 2-291에 빗금 친 부분이 Conduit 단면인 "*Acs*"(m^2)이고, "*C*"(*m*)는 Chord인 현 길이며, "S_l"(m)은 호 길이다. Hydraulic diameter(*Dh*)를 식2-36을 이용하여 계산한다.

$$Dh = \frac{4 \times Acs}{C + S_l} - - - - - (2-36)$$

식 2-37에 따라 Conduit에서 Reynold number (*REcs*)를 구하고 Reynold number에 따라 Friction factor(*f*)를 식 2-38에서 2-40으로부터 계산한다. 여기서 "μ"는 Viscosity (kg/m-sec)이다.

$$REcs = \frac{Wi \times Dh}{Acs + \mu} - - - - - (2-37)$$

$$f = 16/REcs, \quad for\ REcs < 1300 - - - - - (2-38)$$

$$f = 0.012, \quad for\ 1300 \leq REcs \leq 3600 - - - - - (2-39)$$

$$f = 0.0035 + 0.264\ REcs^{-0.42}, \quad for\ REcs > 3600 - - - - - (2-40)$$

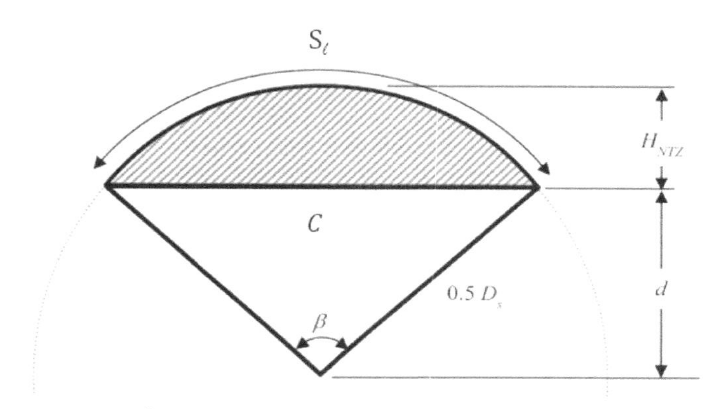

그림 2-291 Conduit 단면적 (Height under nozzle)

Distributor 성능은 Porosity와 Plate 두께에 의해 주로 영향을 받으며, Hole edge 처리, Mach number, Reynold number에 어느 정도 영향을 받는다. 그 외에 Perforated plate와 별개로 열교환기 노즐 수량, Height under nozzle 또한 Distribution 성능에 영향을 준다. Distribution 성능에 영향을 주는 각각 요인의 Pressure loss coefficient를 식 2-41에서 2-47에 따라 계산하고 이들 모두를 곱하면 Distributor의 Pressure loss coefficient(K)가 된다.

① Porosity:

$$Ka = \frac{\left[0.707\,(1-\alpha)^{0.35} + (1-\alpha)\right]^{1.97}}{\alpha^{1.97}} \; ------ (2-41)$$

Where, α: Porosity (ex. 0.5)

② Thickness:

$$Kth = 1 - 0.67\ tanh\left(1.7\ \frac{Xp}{Dor}\right) \; ------ (2-42)$$

Where, Xp: Perforated plate thickness(m), Dor: Hole diameter (m)

③ Edge of hole:

$$Kedge = 1 - 0.35\ tanh\left(12\ \frac{Redge}{Dor}\right) \; ------ (2-43)$$

Where, Redge: Hole edge radius (m)

④ Mash Number:

$$Kma = 3\ \alpha^{(-17.6\,Ma^2 - 3.8)}\ Ma^{4.4} + 1 \; ------ (2-44)$$

Where, Ma = Vo/343, Vo: Face velocity upstream of perforated plate (m/sec)

⑤ Reynold Number:

$$Kre = \frac{200}{Re} + 1 \; ------ (2-45)$$

Where, Re = ρ Vo Dor/(μ α), α: Porosity, μ: Viscosity (kg/m-sec)

⑥ Total Pressure Loss Coefficient:

$$K = Ka \times Kth \times Kedge \times Kma \times Kre \; ------ (2-46)$$

⑦ Total Pressure Loss:

$$Pressure\ loss = K \times \frac{1}{2} \times \rho \times V_O{}^2 \; ------ (2-47)$$

Where, ρ=Density (kg/m³), Vo: Distributor approach velocity (m/sec)

모든 Hydraulic resistance가 계산되고 44개 연립방정식들이 정리되면, 각 Hydraulic resistance에서 흐르는 유량을 계산할 수 있다. 그러나 44차 연립방정식을 계산하는 것은 많은 시간이 소요되며, 여러 번 반복계산이 필요하므로 수계산은 매우 비효율적이다. 연립방정식은 행렬을 이용하면 쉽게 풀리는데, Excel은 행렬식을 지원한다. 먼저 작성 완료된 44차 연립방정식을 행렬식으로 표현한다. 예를 들어 3차 연립방정식은 아래와 같이 행렬식으로 표현할 수 있다.

3차열립방정식

$1X + 2Y + 3Z = 3$

$4X + 5Y + 6Z = 1$

$7X + 6Y + 0Z = 2$

행렬식

$$\begin{pmatrix} 1 & 2 & 3 \\ 4 & 5 & 6 \\ 7 & 8 & 0 \end{pmatrix} \times \begin{pmatrix} X \\ Y \\ Z \end{pmatrix} = \begin{pmatrix} 3 \\ 1 \\ 2 \end{pmatrix}$$

행렬식변환

$$\begin{pmatrix} 1 & 2 & 3 \\ 4 & 5 & 6 \\ 7 & 8 & 0 \end{pmatrix}^{-1} \times \begin{pmatrix} 3 \\ 1 \\ 2 \end{pmatrix} = \begin{pmatrix} X \\ Y \\ Z \end{pmatrix}$$

Excel에 연립방정식의 계수와 합을 행렬로 입력한 후, 계수 행렬의 역행렬을 그림 2-292와 같이 Excel 함수를 이용하여 계산한다. 역행렬이 계산될 셀들을 선택한 후 역행렬 함수 "MINVERSE"를 입력하고 "Ctrl+Shift+Enter"를 동시에 클릭하면 선택한 셀들에 역행렬이 계산된다.

SUM =MINVERSE(A1:C3)

	A	B	C	D	E	F
1	1	2	3		3	
2	4	5	6		1	
3	7	8	0		2	
4						
5	=MINVERSI	0.889	-0.111		X	-4.667
6	1.556	-0.778	0.222		Y	4.333
7	-0.111	0.222	-0.111		Z	-0.333

그림 2-292 Excel에서 역행렬 함수

역행렬과 합행렬을 곱하기 위해서 그림 2-293과 같이 Excel 행렬함수 "MMULT"를 입력하고 "Ctrl+Shift+Enter"를 동시에 클릭하면 X, Y, Z가 계산된다. X, Y, Z는 열교환기 내 각 저항을 통과하는 유량이다.

SUM =MMULT(A5:C7,E1:E3)

	A	B	C	D	E	F
1	1	2	3		3	
2	4	5	6		1	
3	7	8	0		2	
4						
5	-1.778	0.889	-0.111		X	=MMULT(A
6	1.556	-0.778	0.222		Y	4.333
7	-0.111	0.222	-0.111		Z	-0.333

그림 2-293 Excel에서 행렬의 곱

앞서 설명한 3차 연립방정식과 같이 44차 연립방정식을 Excel에 행렬형식으로 입력하고 44개 저항을 통과하는 유량을 구한다.

그런데 저항을 구하려면 유량을 알아야 하고, 유량을 계산하려면 저항을 알아야 한다. 따라서 유량을 먼저 가정하고 저항을 계산하고, 저항을 계산한 후 유량을 계산한다. 가정한 유량과 계산된 유량이 같은 값을 가질 때까지 반복 계산해야 한다. 이를 쉽게 하려면, 그림 2-294와 같이 Excel 파일 메뉴에서 옵션을 선택한 후 수식 탭에서 "반복 계산 사용"을 체크해주면 자동으로 반복 계산해 준다.

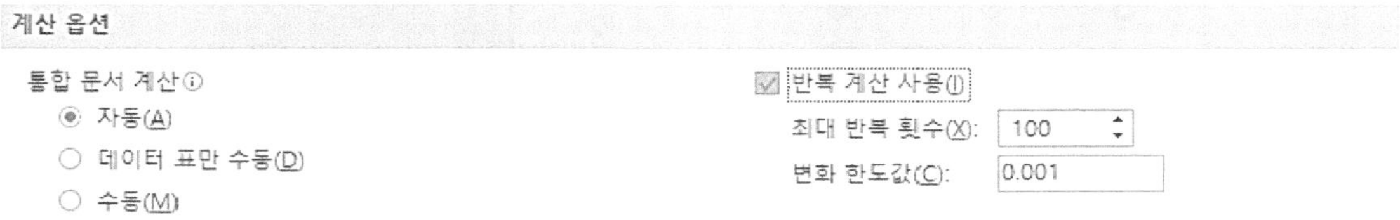

계산 옵션
통합 문서 계산ⓘ
자동(A)
데이터 표만 수동(D)
수동(M)
반복 계산 사용(I)
최대 반복 횟수(X): 100
변화 한도값(C): 0.001

그림 2-294 Excel 반복계산 사용 옵션 선택

그림 2-295 결과는 2 Series 중 첫 번째 Shell의 Distribution 정도를 보여준다. 각 Distributor가 없을 때 결과로 Tube bundle을 10개로 나눈 각 구간에서 유량은 1.88~1.98m^3/sec(97%~103%) 범위 이내로 Distribution에 문제없다. Shell side pressure drop 중 Tube bundle이 차지하는 Pressure drop이 크면 클수록 Distribution이 잘되므로 Distributor가 필요 없다.

Excel에 의해 계산된 유량 중 가장 큰 값인 1.98m^3/sec을 Xist에 입력하여 Pressure drop을 구하면 첫 번째 Tube bundle에서 Pressure drop이 0.01388kg/cm^2(1069Pa)으로 33% 증가했다. Xist 결과의 pressure drop은 평균 유량을 이용한 것이므로 이 Excel 시트에서 계산한 Pressure drop보다 작을 수밖에 없다. 여기서 계산된 Pressure drop은 Distribution을 고려한 Pressure drop이므로 실제 값에 가깝다.

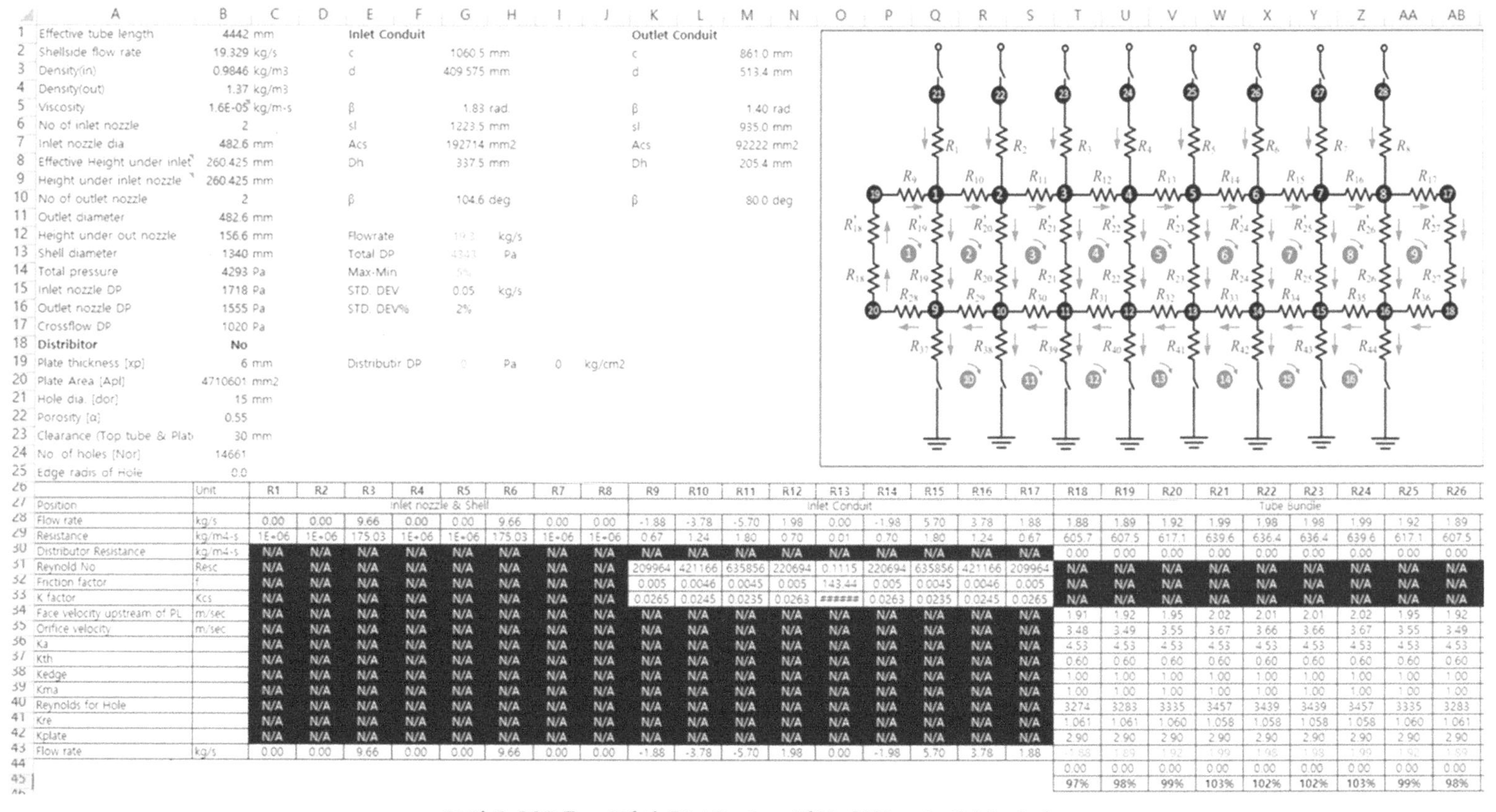

	A	B		E	G	H		K	M
1	Effective tube length	4442	mm	**Inlet Conduit**				**Outlet Conduit**	
2	Shellside flow rate	19.329	kg/s	c	1060.5 mm			c	861.0 mm
3	Density(in)	0.9846	kg/m3	d	409.575 mm			d	513.4 mm
4	Density(out)	1.37	kg/m3						
5	Viscosity	1.6E-05	kg/m-s	β	1.83 rad			β	1.40 rad
6	No of inlet nozzle	2		sl	1223.5 mm			sl	935.0 mm
7	Inlet nozzle dia	482.6	mm	Acs	192714 mm2			Acs	92222 mm2
8	Effective Height under inlet	260.425	mm	Dh	337.5 mm			Dh	205.4 mm
9	Height under inlet nozzle	260.425	mm						
10	No of outlet nozzle	2		β	104.6 deg			β	80.0 deg
11	Outlet diameter	482.6	mm						
12	Height under out nozzle	156.6	mm	Flowrate	19.3	kg/s			
13	Shell diameter	1340	mm	Total DP	4343	Pa			
14	Total pressure	4293	Pa	Max-Min	5%				
15	Inlet nozzle DP	1718	Pa	STD. DEV	0.05	kg/s			
16	Outlet nozzle DP	1555	Pa	STD. DEV%	2%				
17	Crossflow DP	1020	Pa						
18	**Distributor**	**No**							
19	Plate thickness [xp]	6	mm	Distributr DP	0	Pa	0 kg/cm2		
20	Plate Area [Apl]	4710601	mm2						
21	Hole dia. [dor]	15	mm						
22	Porosity [α]	0.55							
23	Clearance (Top tube & Plat	30	mm						
24	No. of holes [Nor]	14661							
25	Edge radis of Hole	0.0							

		Unit	R1	R2	R3	R4	R5	R6	R7	R8
27	Position		Inlet nozzle & Shell							
28	Flow rate	kg/s	0.00	0.00	9.66	0.00	0.00	9.66	0.00	0.00
29	Resistance	kg/m4-s	1E+06	1E+06	175.03	1E+06	1E+06	175.03	1E+06	1E+06
30	Distributor Resistance	kg/m4-s	N/A	N/A	N/A	N/A	N/A	N/A	N/A	N/A
31	Reynold No	Resc	N/A	N/A	N/A	N/A	N/A	N/A	N/A	N/A
32	Friction factor	f	N/A	N/A	N/A	N/A	N/A	N/A	N/A	N/A
33	K factor	Kcs	N/A	N/A	N/A	N/A	N/A	N/A	N/A	N/A
34	Face velocity upstream of PL	m/sec	N/A	N/A	N/A	N/A	N/A	N/A	N/A	N/A
35	Orifice velocity	m/sec	N/A	N/A	N/A	N/A	N/A	N/A	N/A	N/A
36	Ka		N/A	N/A	N/A	N/A	N/A	N/A	N/A	N/A
37	Kth		N/A	N/A	N/A	N/A	N/A	N/A	N/A	N/A
38	Kedge		N/A	N/A	N/A	N/A	N/A	N/A	N/A	N/A
39	Kma		N/A	N/A	N/A	N/A	N/A	N/A	N/A	N/A
40	Reynolds for Hole		N/A	N/A	N/A	N/A	N/A	N/A	N/A	N/A
41	Kre		N/A	N/A	N/A	N/A	N/A	N/A	N/A	N/A
42	Kplate		N/A	N/A	N/A	N/A	N/A	N/A	N/A	N/A
43	Flow rate	kg/s	0.00	0.00	9.66	0.00	0.00	9.66	0.00	0.00

		R9	R10	R11	R12	R13	R14	R15	R16	R17
27	Position	Inlet Conduit								
28	Flow rate	-1.88	-3.78	-5.70	1.98	0.00	-1.98	5.70	3.78	1.88
29	Resistance	0.67	1.24	1.80	0.70	0.01	0.70	1.80	1.24	0.67
30	Distributor Resistance	N/A	N/A	N/A	N/A	N/A	N/A	N/A	N/A	N/A
31	Reynold No	209964	421166	635856	220694	0.1115	220694	635856	421166	209964
32	Friction factor	0.005	0.0046	0.0045	0.005	143.44	0.005	0.0045	0.0046	0.005
33	K factor	0.0265	0.0245	0.0235	0.0263	######	0.0263	0.0235	0.0245	0.0265
34	Face velocity upstream of PL	N/A	N/A	N/A	N/A	N/A	N/A	N/A	N/A	N/A
35	Orifice velocity	N/A	N/A	N/A	N/A	N/A	N/A	N/A	N/A	N/A
36	Ka	N/A	N/A	N/A	N/A	N/A	N/A	N/A	N/A	N/A
37	Kth	N/A	N/A	N/A	N/A	N/A	N/A	N/A	N/A	N/A
38	Kedge	N/A	N/A	N/A	N/A	N/A	N/A	N/A	N/A	N/A
39	Kma	N/A	N/A	N/A	N/A	N/A	N/A	N/A	N/A	N/A
40	Reynolds for Hole	N/A	N/A	N/A	N/A	N/A	N/A	N/A	N/A	N/A
41	Kre	N/A	N/A	N/A	N/A	N/A	N/A	N/A	N/A	N/A
42	Kplate	N/A	N/A	N/A	N/A	N/A	N/A	N/A	N/A	N/A
43	Flow rate	-1.88	-3.78	-5.70	1.98	0.00	-1.98	5.70	3.78	1.88

		R18	R19	R20	R21	R22	R23	R24	R25	R26
27	Position	Tube bundle								
28	Flow rate	1.88	1.89	1.92	1.99	1.98	1.98	1.99	1.92	1.89
29	Resistance	605.7	607.5	617.1	639.6	636.4	636.4	639.6	617.1	607.5
30	Distributor Resistance	0.00	0.00	0.00	0.00	0.00	0.00	0.00	0.00	0.00
31	Reynold No	N/A	N/A	N/A	N/A	N/A	N/A	N/A	N/A	N/A
32	Friction factor	N/A	N/A	N/A	N/A	N/A	N/A	N/A	N/A	N/A
33	K factor	N/A	N/A	N/A	N/A	N/A	N/A	N/A	N/A	N/A
34	Face velocity upstream of PL	1.91	1.92	1.95	2.02	2.01	2.01	2.02	1.95	1.92
35	Orifice velocity	3.48	3.49	3.55	3.67	3.66	3.66	3.67	3.55	3.49
36	Ka	4.53	4.53	4.53	4.53	4.53	4.53	4.53	4.53	4.53
37	Kth	0.60	0.60	0.60	0.60	0.60	0.60	0.60	0.60	0.60
38	Kedge	1.00	1.00	1.00	1.00	1.00	1.00	1.00	1.00	1.00
39	Kma	1.00	1.00	1.00	1.00	1.00	1.00	1.00	1.00	1.00
40	Reynolds for Hole	3274	3283	3335	3457	3439	3439	3457	3335	3283
41	Kre	1.061	1.061	1.060	1.058	1.058	1.058	1.058	1.060	1.061
42	Kplate	2.90	2.90	2.90	2.90	2.90	2.90	2.90	2.90	2.90
43	Flow rate	1.88	1.89	1.92	1.99	1.98	1.98	1.99	1.92	1.89
44		0.00	0.00	0.00	0.00	0.00	0.00	0.00	0.00	0.00
45		97%	98%	99%	103%	102%	102%	103%	99%	98%

그림 2-295 Excel에서 Distribution 검토 (Without distributor)

Distributor가 필요 없음을 발주처에 설명하여 Distributor 설치하지 않으려 했으나 발주처는 계약에 따라 설치할 것을 원했다. 따라서 Distributor 설치했을 때 Distribution 성능을 검토할 필요가 있다. Perforated plate type의 Distributor 설계 시 아래 사항들을 고려해야 한다.

- ✔ *가능한 **Porosity**를 **0.5** 내외로 정하며 **Porosity**가 **0.5**보다 낮으면 **Jet flow** 발생 가능성이 있다. 이 경우 **Jet flow** 각도를 **14**도로 가정하여 각 **Hole**에서 발생한 **Jet flow**가 완전히 서로 겹치도록 **Distributor**와 **Tube bundle top** 사이 거리를 정한다.*
- ✔ ***Distributor** 한 장보다 여러 장을 적용할 경우 더 효과적이다. 이 경우 개별 **Distributor**에 **hole**이 서로 **Align** 되지 않도록 배치해야 한다.*
- ✔ ***Hole** 지름에 대한 **Distributor** 두께 비는 **0.1** 이상 **0.8** 이하가 되어야 한다.*
- ✔ ***Distributor** 강도를 위하여 **Porosity**는 **0.7**보다 작게 설계한다.*
- ✔ ***Triangular pitch**를 적용하는 것이 **Distributor** 강도 측면에서 우수하다.*

이 예제의 경우 Distributor 없이도 Distribution이 잘 되므로 Jet flow가 발생하지 않도록 Porosity를 0.5 이상으로 정하고 Distributor와 Tube bundle top 사이 거리를 50mm로 정했다.

그림 2-296 Excel 시트는 Distributor를 적용한 결과이다. Local flow rate는 1.88~1.99m^3/sec (97% ~ 103%) 범위로 Distributor를 적용하지 않았을 때 결과와 차이가 없다. Pressure drop은 살짝 증가한 것을 확인할 수 있다. Distributor의 Hole 지름은 15mm와 Porosity는 0.55를 적용하였다. 지금까지 검토한 결과를 근거로 Height under nozzle은 현재 Xist 입력값을 유지하여 설계 진행하였다.

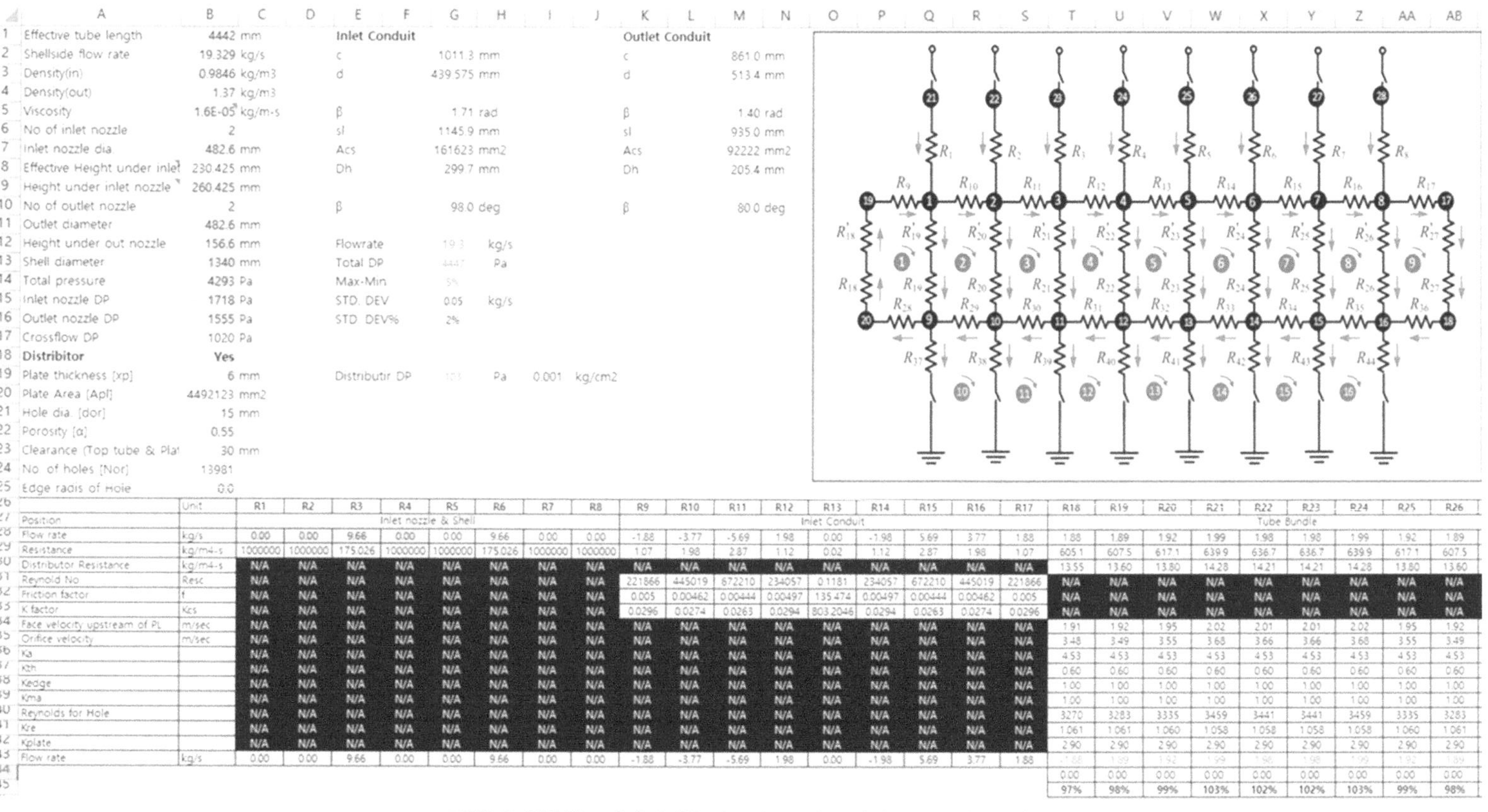

	A	B	C	E	G	H	I	J	K	M	N
1	Effective tube length	4442	mm	**Inlet Conduit**					**Outlet Conduit**		
2	Shellside flow rate	19.329	kg/s	c	1011.3	mm			c	861.0	mm
3	Density(in)	0.9846	kg/m3	d	439.575	mm			d	513.4	mm
4	Density(out)	1.37	kg/m3								
5	Viscosity	1.6E-05	kg/m-s	β	1.71	rad			β	1.40	rad
6	No of inlet nozzle	2		sl	1145.9	mm			sl	935.0	mm
7	Inlet nozzle dia	482.6	mm	Acs	161623	mm2			Acs	92222	mm2
8	Effective Height under inlet	230.425	mm	Dh	299.7	mm			Dh	205.4	mm
9	Height under inlet nozzle	260.425	mm								
10	No of outlet nozzle	2		β	98.0	deg			β	80.0	deg
11	Outlet diameter	482.6	mm								
12	Height under out nozzle	156.6	mm	Flowrate	19.3	kg/s					
13	Shell diameter	1340	mm	Total DP	[illegible]	Pa					
14	Total pressure	4293	Pa	Max-Min	5%						
15	Inlet nozzle DP	1718	Pa	STD. DEV	0.05	kg/s					
16	Outlet nozzle DP	1555	Pa	STD. DEV%	2%						
17	Crossflow DP	1020	Pa								
18	**Distributor**	**Yes**									
19	Plate thickness [xp]	6	mm	Distributir DP	103	Pa	0.001	kg/cm2			
20	Plate Area [Apl]	4492123	mm2								
21	Hole dia. [dor]	15	mm								
22	Porosity [α]	0.55									
23	Clearance (Top tube & Plat	30	mm								
24	No. of holes [Nor]	13981									
25	Edge radis of Hole	0.0									

		Unit	R1	R2	R3	R4	R5	R6	R7	R8
27	Position		Inlet nozzle & Shell							
28	Flow rate	kg/s	0.00	0.00	9.66	0.00	0.00	9.66	0.00	0.00
29	Resistance	kg/m4-s	1000000	1000000	175.026	1000000	1000000	175.026	1000000	1000000
30	Distributor Resistance	kg/m4-s	N/A	N/A	N/A	N/A	N/A	N/A	N/A	N/A
31	Reynold No	Resc	N/A	N/A	N/A	N/A	N/A	N/A	N/A	N/A
32	Friction factor	f	N/A	N/A	N/A	N/A	N/A	N/A	N/A	N/A
33	K factor	Kcs	N/A	N/A	N/A	N/A	N/A	N/A	N/A	N/A
34	Face velocity upstream of PL	m/sec	N/A	N/A	N/A	N/A	N/A	N/A	N/A	N/A
35	Orifice velocity	m/sec	N/A	N/A	N/A	N/A	N/A	N/A	N/A	N/A
36	Ka		N/A	N/A	N/A	N/A	N/A	N/A	N/A	N/A
37	Kth		N/A	N/A	N/A	N/A	N/A	N/A	N/A	N/A
38	Kedge		N/A	N/A	N/A	N/A	N/A	N/A	N/A	N/A
39	Kma		N/A	N/A	N/A	N/A	N/A	N/A	N/A	N/A
40	Reynolds for Hole		N/A	N/A	N/A	N/A	N/A	N/A	N/A	N/A
41	Kre		N/A	N/A	N/A	N/A	N/A	N/A	N/A	N/A
42	Kplate		N/A	N/A	N/A	N/A	N/A	N/A	N/A	N/A
43	Flow rate	kg/s	0.00	0.00	9.66	0.00	0.00	9.66	0.00	0.00

		R9	R10	R11	R12	R13	R14	R15	R16	R17
27	Position	Inlet Conduit								
28	Flow rate	-1.88	-3.77	-5.69	1.98	0.00	-1.98	5.69	3.77	1.88
29	Resistance	1.07	1.98	2.87	1.12	0.02	1.12	2.87	1.98	1.07
30	Distributor Resistance	N/A	N/A	N/A	N/A	N/A	N/A	N/A	N/A	N/A
31	Reynold No	221866	445019	672210	234057	0.1181	234057	672210	445019	221866
32	Friction factor	0.005	0.00462	0.00444	0.00497	135.474	0.00497	0.00444	0.00462	0.005
33	K factor	0.0296	0.0274	0.0263	0.0294	803.2046	0.0294	0.0263	0.0274	0.0296
34	Face velocity upstream of PL	N/A	N/A	N/A	N/A	N/A	N/A	N/A	N/A	N/A
35	Orifice velocity	N/A	N/A	N/A	N/A	N/A	N/A	N/A	N/A	N/A
36	Ka	N/A	N/A	N/A	N/A	N/A	N/A	N/A	N/A	N/A
37	Kth	N/A	N/A	N/A	N/A	N/A	N/A	N/A	N/A	N/A
38	Kedge	N/A	N/A	N/A	N/A	N/A	N/A	N/A	N/A	N/A
39	Kma	N/A	N/A	N/A	N/A	N/A	N/A	N/A	N/A	N/A
40	Reynolds for Hole	N/A	N/A	N/A	N/A	N/A	N/A	N/A	N/A	N/A
41	Kre	N/A	N/A	N/A	N/A	N/A	N/A	N/A	N/A	N/A
42	Kplate	N/A	N/A	N/A	N/A	N/A	N/A	N/A	N/A	N/A
43	Flow rate	-1.88	-3.77	-5.69	1.98	0.00	-1.98	5.69	3.77	1.88

		R18	R19	R20	R21	R22	R23	R24	R25	R26
27	Position	Tube Bundle								
28	Flow rate	1.88	1.89	1.92	1.99	1.98	1.98	1.99	1.92	1.89
29	Resistance	605.1	607.5	617.1	639.9	636.7	636.7	639.9	617.1	607.5
30	Distributor Resistance	13.55	13.60	13.80	14.28	14.21	14.21	14.28	13.80	13.60
31	Reynold No	N/A	N/A	N/A	N/A	N/A	N/A	N/A	N/A	N/A
32	Friction factor	N/A	N/A	N/A	N/A	N/A	N/A	N/A	N/A	N/A
33	K factor	N/A	N/A	N/A	N/A	N/A	N/A	N/A	N/A	N/A
34	Face velocity upstream of PL	1.91	1.92	1.95	2.02	2.01	2.01	2.02	1.95	1.92
35	Orifice velocity	3.48	3.49	3.55	3.68	3.66	3.66	3.68	3.55	3.49
36	Ka	4.53	4.53	4.53	4.53	4.53	4.53	4.53	4.53	4.53
37	Kth	0.60	0.60	0.60	0.60	0.60	0.60	0.60	0.60	0.60
38	Kedge	1.00	1.00	1.00	1.00	1.00	1.00	1.00	1.00	1.00
39	Kma	1.00	1.00	1.00	1.00	1.00	1.00	1.00	1.00	1.00
40	Reynolds for Hole	3270	3283	3335	3459	3441	3441	3459	3335	3283
41	Kre	1.061	1.061	1.060	1.058	1.058	1.058	1.058	1.060	1.061
42	Kplate	2.90	2.90	2.90	2.90	2.90	2.90	2.90	2.90	2.90
43	Flow rate	-1.88	1.89	1.92	1.99	1.98	1.98	1.99	1.92	1.89
44		0.00	0.00	0.00	0.00	0.00	0.00	0.00	0.00	0.00
45		97%	98%	99%	103%	102%	102%	103%	99%	98%

그림 2-296 Excel에서 Distribution 검토 (With distributor)

5) Acoustic vibration (Deresonating baffle)

Xist는 Shell & tube heat exchanger에서 Acoustic vibration을 그림 2-297과 같은 과정을 통하여 그 가능성을 평가한다.

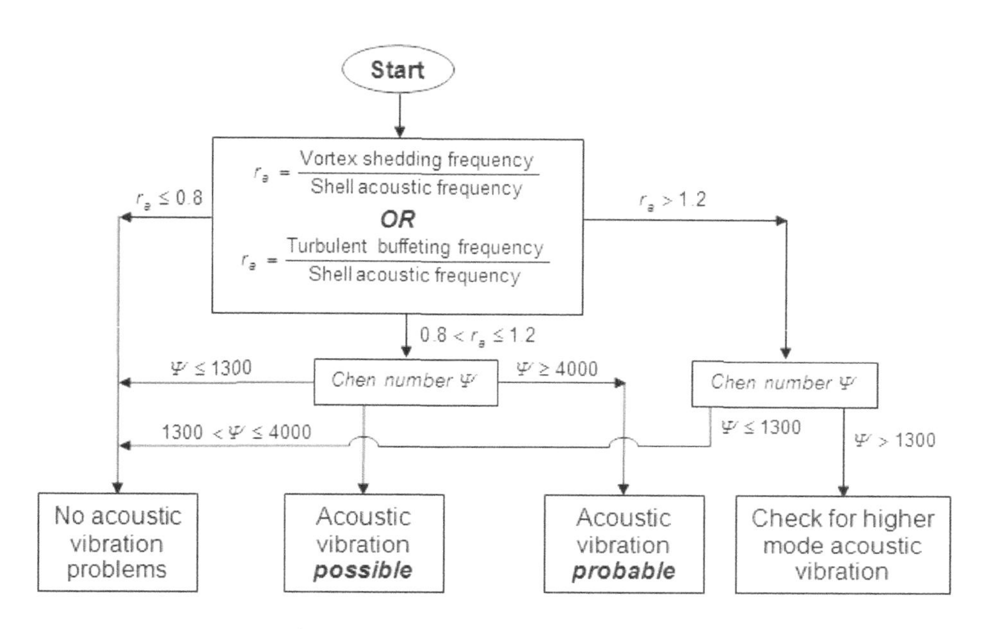

그림 2-297 Acoustic vibration 평가 순서도

일반적으로 Acoustic vibration은 Vapor 서비스에서 주로 발생한다. Liquid 서비스는 Exciting frequency가 매우 낮으므로 그림에 "r_a"(Vortex shedding frequency/Shell acoustic frequency)값이 매우 낮아 Acoustic vibration 가능성이 매우 낮아진다. Acoustic vibration 또한 Vortex shedding에 의한 Tube Vibration과 같이 공진에 의해 발생하는 소음이다. Condensing 서비스 또한 Acoustic vibration 가능성이 있음에 주의해야 한다. 드문 경우지만 Outlet mass vapor fraction이 0.15인 서비스에서도 소음 진동이 발생한 경우가 있다. Shell ID가 큰 경우 Acoustic vibration 가능성이 큰데, 마주 보는 Shell ID wall이 더 평행에 가까워지기 때문이다. 이와 더불어 유체에 내재하여 있는 에너지가 어떤 기준을 넘어서야만 Acoustic vibration이 발생한다. 이와 관련하여 Xist는 Chen umber를 기준으로 Acoustic vibration 가능성을 분석하고 있다. Acoustic vibration은 그림 2-298과 같이 Transverse wave mode와 Cylindrical wave mode가 있다. 열교환기에서 발생하는 Acoustic vibration은 대부분 Transverse wave mode이다. 또 Tube vibration과 같이 Acoustic vibration에는 First mode를 포함하여 2차, 3차 등 High mode가 있다. Xist는 First mode에 대한 Acoustic vibration만 평가한다.

그림 2-298 Acoustic vibration의 종류

Shell acoustic frequency는 Tube vibration 평가의 Natural frequency와 비슷하다. 즉 Frequency 비율에서 분모에 위치한 Frequency이며, 식2-48과 같이 계산된다.

$$f_a = \frac{V_a}{2\,D_s} \;------\; (2-48)$$

Where,
f_a: Shell acoustic frequency
V_a: Acoustic velocity
D_s: Shell inside diameter

유체 내에서 Acoustic velocity(소리 속도)가 빠르고 Shell ID가 작아야 Shell acoustic frequency가 높아지고 Acoustic vibration 가능성이 작아진다. 유체에서 Acoustic velocity는 식 2-49에 의해 계산된다.

$$V_a = \sqrt{\frac{Z\left[\frac{C_P}{C_V}\right] P\, g_c}{\rho_{sf}(1+\sigma)}} \;-----\; (2-49)$$

Where,
Z: Gas compressible factor
C_P: Specific heat at constant pressure
C_V: Specific heat at constant volume
P: Pressure
ρ_{sf}: Shell side fluid density
σ: Correction factor for tubes in shell volume

"Correction factor for tubes in shell volume"은 사각 Pitch보다 삼각 Pitch가 더 작은 값을 갖는다. 즉 유체에서 Acoustic velocity는 삼각 Pitch에서 더 큰 값을 갖는다. 이는 삼각 Pitch에서 Tube가 더 촘촘히 배열되어 있어 Shell 공간을 더 많이 줄이기 때문이다.

Exciting frequency에는 Vortex shedding frequency와 Turbulent buffeting frequency 두 가지 종류가 있다. 각각을 계산하여 그 값들을 Shell acoustic frequency와 비교한다. 모든 경우 Turbulent buffeting frequency는 Vortex shedding frequency보다 낮으므로 Vortex shedding frequency에 의한 소음 진동 가능성이 해결되면 Turbulent buffeting frequency에 의한 Acoustic vibration 가능성이 없어진다. 여기서 Turbulent buffeting frequency에 대한 설명은 생략하기로 한다.

Acoustic vibration 평가에서 Vortex shedding frequency 계산식은 Tube vibration 평가에서 계산식과 유사하다. 단 Tube vibration에서 Chen-strouhal number와 Bundle crossflow velocity를 사용하였지만, 소음 진동에서 식 2-50과 같이 Fitz-Hugh strouhal number와 Average crossflow velocity를 사용한다. Vortex shedding frequency를 낮게 하려면 유속을 줄이거나 큰 치수의 Tube를 사용하는 것이 유리하다.

$$f_{VS} = \frac{S_{FH}\,V}{D_o} \quad ----- (2-50)$$

Where,

f_{VS}: Vortex shedding frequency

S_{FF}: Fitz-Hugh strouhal number

V: Average crossflow velocity

D_o: Tube OD

유체에 내재하여 있는 에너지를 나타내는 숫자를 Chen number라고 하는데 식 2-51과 같이 계산된다.

$$\emptyset = \frac{Re}{S_{FH}}\left[\frac{l - \frac{D_O}{N_i}}{l}\right]\frac{D_O}{N_t\,t} \quad ----- (2-51)$$

Where,

$\emptyset$: Chen number

Re: Reynolds number

S_{FH}: Fitz-Hugh strouhal number

l: Longitudinal pitch

t: Transverse pitch

N_i: Constant

N_t: Constant

D_o: Tube OD

Chen number와 Acoustic vibration 가능성에 대한 관계는 표 2-91에서 보여주고 있다.

표 2-91 Chen number와 Acoustic vibration 가능성

Chen number < 1300	*Acoustic vibration unlikely*
1300 < Chen number < 4000	*Acoustic vibration possible*
4000 < Chen number	*Acoustic vibration probable*

Fitz-Hugh strouhal number는 Chen strouhal number와 다르게 Pitch pattern과 Pitch ratio에 불규칙적이다. 비슷한 조건에서 60° Pitch가 가장 낮은 Chen number를, 다음으로 90° Pitch, 45° Pitch, 마지막으로 30° Pitch가 가장 높은 Chen number를 결과로 보여준다. 그러나 반대로 Vortex shedding frequency에 의한 공진 평가에서 30° Pitch가 가장 낮은 Frequency 비율을, 다음으로 45° Pitch, 90° Pitch, 마지막으로 60° Pitch가 가장 높은 Frequency 비율을 보여주고 있다.

이 예제의 Acoustic vibration 결과는 "r_a"값이 1.2를 초과하고, Chen number가 최고 2905까지 올라가므로 1st mode acoustic vibration 가능성은 작지만, Higher mode acoustic vibration을 검토해야 한다. 표 2-92는 1st mode acoustic vibration 결과이며 2nd mode acoustic vibration frequency ratio는 1st mode ratio 결과값을 2로 나누면 된다. 2nd mode 결과 (표 2-93)에서 Bundle top에서 acoustic vibration frequency ratio가 1.2와 0.8 사이에 있고 Chen number가 1300과 4000 사이에 있으므로 Acoustic vibration possible이 된다. 또한, Turndown 운전에서 Vortex shedding ratio와 Turbulent buffeting ratio가 0.8과 1.2 사이로 올 수 있으므로 Acoustic vibration 가능성이 있다고 판단할 수 있다. 따라서 Deresonating baffle을 설치해야 한다.

표 2-92 1st mode acoustic vibration

1st mode acoustic vibration Check (HTRI)	*Top*	*Center*	*Bottom*
Vortex shedding ratio	*1.724*	*1.274*	*1.493*
Turbulent buffeting ratio	*0.964*	*0.713*	*0.835*

표 2-93 2nd mode acoustic vibration

2nd mode acoustic Vibration Check	*Top*	*Center*	*Bottom*
Vortex shedding ratio	*0.862(*)*	*0.637*	*0.7465*
Turbulent buffeting ratio	*0.482*	*0.3565*	*0.4175*

Deresonating baffle 설치 위치는 그림 2-299와 같이 Shell ID 45%와 18% 위치에 설치한다. 이처럼 설치한다면 다섯 번째 Mode까지 Acoustic vibration을 방지할 수 있다.

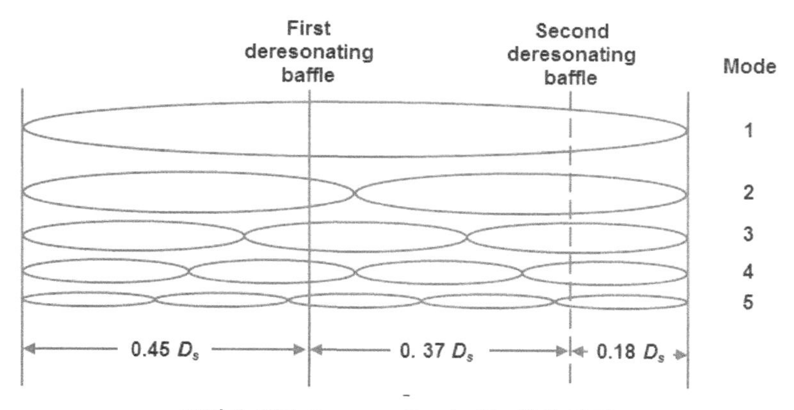

그림 2-299 Deresonating baffle 설치 위치

Deresonating baffle을 설치하기 위해서 Tube layout에서 Tube들을 제거하여 주어야 한다. Shell ID가 1340mm이므로 첫 번째 Deresonating baffle 위치는 중심에서 67mm, 두 번째 Deresonating baffle은 중심에서 429mm 지점의 Tube들을 제거한다.

Deresonating baffle 두께는 일반 Baffle 두께와 유사하게 사용되는데, 식 2-52에 의해 계산된 두께보다 상당히 두꺼운 Plate를 사용해야 한다.

$$T_b > \frac{\rho_{sf}}{\rho_b} \times D_s \; ----- (2-52)$$

Where,

T_b : *Thickness of deresonating baffle, mm*

ρ_{sf} : *Shell side fluid density, kg/m*^{3}

ρ_b : *Density of deresonating baffle material, kg/m*^{3}

D_S : *Shell ID, mm*

Deresonating baffle을 설치할 때 주의할 점은 Shell side 흐름에 방해하지 않도록 그림 2-300과 같이 흐름 방향에 평행하게 설치해야 한다.

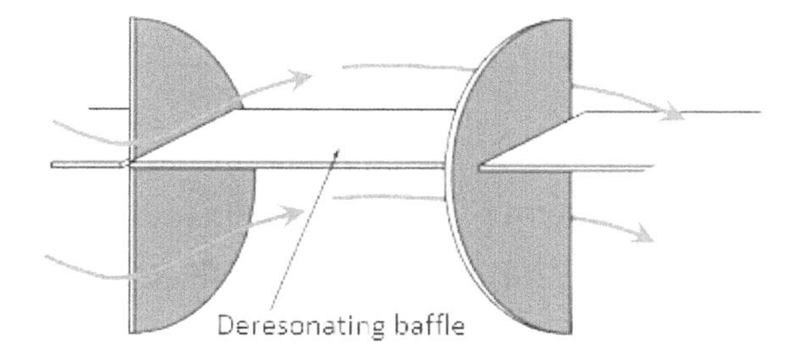

그림 2-300 Deresonating baffle 설치 방향

6) Tube layout

Xist "Tube layout" 입력 창에서 "Use Tube Layout Drawings as Input"을 선택하고 그림 2-301과 같이 Tube layout에서 직접 Deresonating baffle이 설치될 위치에 Tube들을 제거하여 Tube layout을 완성한 후 Xist를 다시 실행시킨다.

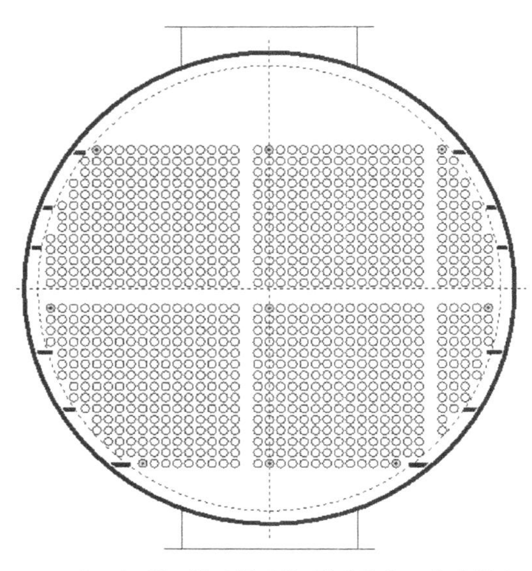

그림 2-301 Deresonating baffle 설치공간을 위해 Tube 제거 (Tube layout 입력 창)

7) 2차 설계 결과 검토

2차 설계 결과는 그림 2-302와 같다. Warning message는 이전과 동일하만, 이미 Distribution 문제와 Acoustic vibration 문제는 모두 검토하였고 Deresonating baffle을 설치하였다.

Xist 결과에 포함된 "2D Tube layout" 창에 Distributor와 Deresonating baffle이 표기되지 않았으므로, "Xist2D Tube layout"을 복사하여 그림 도구나 Excel에서 그림 2-303과 같이 편집하여 Datasheet에 포함시킨다. Deresonating baffle의 폭은 식 2-53에 따라 계산한다.

$$\boldsymbol{Dersonating\ baffle\ width} = \sqrt{2} \times \frac{\boldsymbol{Shell\ ID}}{\mathbf{2}} \quad ------ (\mathbf{2-53})$$

그러나 이 식에 따라 계산하면 2번째 Deresonating baffle 폭이 너무 넓어져 2번째 Deresonating baffle 우측 Shell side 흐름이 방해받을 수 있다. 또 너무 좁게 하면 Deresonating baffle로서 역할을 충분히 할 수 없게 된다. 이를 고려하여 폭을 700mm로 정했다.

Process Conditions		Hot Shellside		Cold Tubeside	
Fluid name			H2		CW
Flow rate	(1000-kg/hr)		69.585 *		926.30
Inlet/Outlet Y	(Wt. frac vap.)	1.0000	0.9145	0.0000	0.0000
Inlet/Outlet T	(Deg C)	194.00	40.00	32.00	43.00
Inlet P/Avg	(kgf/cm2G)	2.403		4.000	3.651
dP/Allow	(kgf/cm2)	0.080	0.300	0.696	0.700
Fouling	(m2-hr-C/kcal)		0.000200		0.000400

Exchanger Performance					
Shell h	(kcal/m2-hr-C)	736.11	Actual U	(kcal/m2-hr-C)	427.08
Tube h	(kcal/m2-hr-C)	7110.9	Required U	(kcal/m2-hr-C)	369.92
Hot regime	(--)		Duty	(MM kcal/hr)	10.176
Cold regime	(--)	Sens. Liquid	Eff. area	(m2)	652.89
EMTD	(Deg C)	42.1	Overdesign	(%)	15.45

Shell Geometry			Baffle Geometry		
TEMA type	(--)	AXS	Baffle type		Support
Shell ID	(mm)	1340.0	Baffle cut	(Pct Dia.)	
Series	(--)	2	Baffle orientation	(--)	
Parallel	(--)	1	Central spacing	(mm)	896.00
Orientation	(deg)	0.00	Crosspasses	(--)	1

Tube Geometry			Nozzles		
Tube type	(--)	Plain	Shell inlet	(mm)	482.60
Tube OD	(mm)	25.400	Shell outlet	(mm)	482.60
Length	(mm)	4800.	Inlet height	(mm)	260.43
Pitch ratio	(--)	1.2500	Outlet height	(mm)	156.60
Layout	(deg)	90	Tube inlet	(mm)	381.00
Tubecount	(--)	921	Tube outlet	(mm)	381.00
Tube Pass	(--)	2			

Thermal Resistance, %		Velocities, m/s	Min	Max	Flow Fractions	
Shell	58.02	Tubeside	1.85	2.00	A	0.000
Tube	7.90	Crossflow	10.78	15.42	B	0.803
Fouling	31.02	Longitudinal	--	--	C	0.197
Metal	3.06				E	0.000
					F	0.000

그림 2-302 2차 설계 결과 (Output summary)

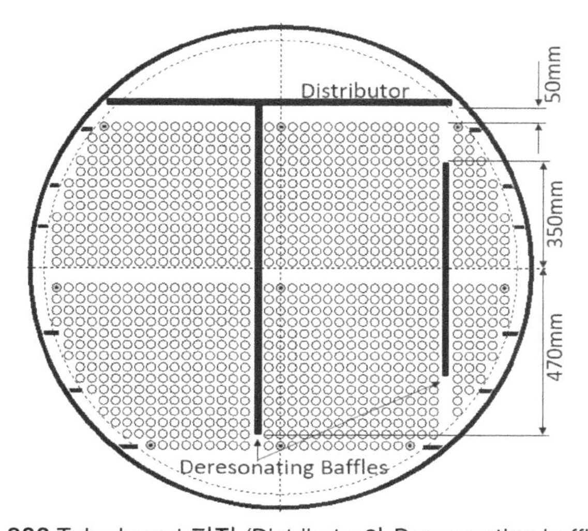

그림 2-303 Tube layout 편집 (Distributor와 Deresonating baffle 표기)

8) 결과 및 Lessons learned

Anti-surge cooler의 최종 설계 결과를 정리하면 표 2-94와 같다.
Shell side pressure drop은 Xist 결과에 Distributor와 Maldistribution에 의한 Pressure drop 증가를 고려한 값이다.

표 2-94 Anti-surge cooler 설계 결과 Summary

Duty [MMKcal/hr]	*MTD [℃]*	*Transfer rate (Calculated) [kcal/m²-hr-C]*	*Over-design*	*Shell Dp [kg/cm²]*	*Tube Dp [kg/cm²]*
1,16 × 8.78	*42.1*	*427.1*	*15.5%*	*0.11*	*0.7*

X-shell 열교환기를 설계할 때 Distribution 성능 향상과 소음 진동문제 해결을 위하여 아래 사항을 고려하여 설계할 것을 추천한다.

- ✔ *X-shell의 경우 Distribution을 고려하여 입구와 출구 각각 2개 노즐을 설치한다.*
- ✔ *열교환기와 연결되는 배관 구성을 고려하여 Tube 길이를 정한다.*
- ✔ *적절하지 않은 Distributor를 설치하면 오히려 Distribution 성능이 떨어질 경우도 있다.*
- ✔ *X-shell의 실제 Shell side pressure drop은 Maldistribution 영향으로 Xist 결과값보다 더 커진다.*
- ✔ *Xist 결과 Acoustic vibration frequency ratio가 0.8을 넘고 Chen number가 1300을 넘으면 2개의 Deresonating baffle을 설치한다.*
- ✔ *Xist는 Higher mode acoustic vibration을 평가하지 않지만 1st mode acoustic vibration 결과를 이용하여 Higher mode를 평가할 수 있다.*
- ✔ *Deresonating baffle을 유체 흐름을 방해하지 않도록 주의하여 배치한다.*

2.7. 기타 Special Case

특별한 구조를 갖는 열교환기를 자주 경험하지 못하지만, 이런 열교환기를 검토하거나 설계하여야 할 때가 있다. HTRI는 여러 종류의 열교환기를 설계할 수 있는 모듈로 구성되어 있지만, 모든 열교환기기를 설계하는 것은 아니다. 예를 들어 전문 제작사가 설계한 Electric heater를 검토하려면 어떻게 해야 할까? 또 Drum에 채워져 있는 유체온도를 유지하거나 온도를 올리기 위하여 Drum에 Tube bundle을 삽입할 경우 Tube bundle을 어떻게 설계해야 할까? HTRI에서 지원하지 않는 구조의 열교환기를 검토하거나 설계하기 위하여 열전달 지식, Hydraulic 지식, HTRI 모델 이해를 바탕으로 여러 문헌, 전문 잡지, HTRI Report 등을 참고하여 설계 대상에서 열전달 현상을 이미지화하고 HTRI를 응용하는 것이 필요하다.

마지막 예제는 HTRI를 이용한 설계 예제가 아니다. 필자는 회사에서 "Heat transfer engineer"라는 직무로 근무하며 HTRI를 이용하여 열교환기를 설계는 여러 업무 중 하나이다. 따라서 유관부서로부터 열전달 해석 요청받을 때가 종종 있다. 실제로 Project를 수행하다 보면 다양한 열전달 해석이 필요한 경우가 많다. 해석 대상이 매우 복잡한 형상을 하고 있다면 수계산으로 수행할 수 없고 CFD(Computerized fluid dynamic)을 이용해야 한다. 그러나 정형화된 대상물의 열전달 현상을 수계산으로 충분히 해석할 수 있다.

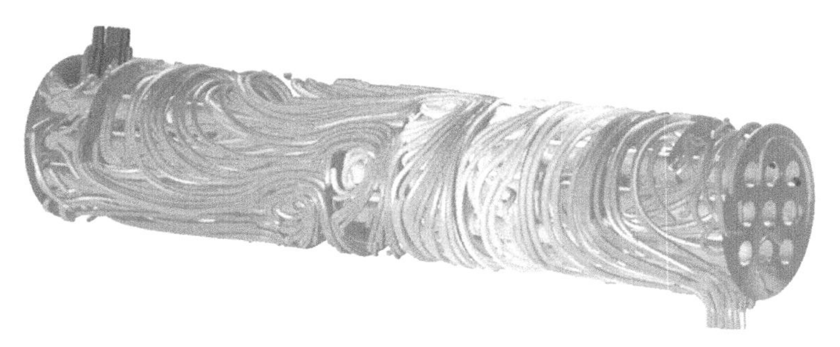

그림 2-304 열교환기 CFD simulation

2.7.1. Stripper overhead trim cooler (Annular distributor)

Distillation column overhead condenser로 Air cooler 혹은 Cooling water cooler를 사용한다. 이들은 모두 Cold utility를 사용하는 열교환기이다. 만약 Overhead stream 열을 이용한다면 Cold utility를 사용하지 않을 뿐 아니라 에너지를 필요로 하는 다른 장치에 에너지를 공급할 수 있으므로 공장 운전비 측면에서 매우 효과적이라고 할 수 있다. 그러나 많은 경우 Distillation column overhead stream 온도가 낮으므로 열 회수에 쉽지 않다. 이를 해결하기 위해 도입될 수 있는 것이 Heat pump다. Heat pump는 Compressor를 추가 설치하므로 초기 투자비가 상당히 들어가며, Compressor 운전을 위하여 전기나 Steam이 사용되어 추가 운전비 소요된다. Heat pump system을 구성하는데 필요한 설비와 Heat pump system을 운전하는데 소요되는 비용을 계산할 수 있다. 또 Heat pump system을 설치함으로써 절약되는 Utility 소요비용을 계산할 수 있다. 이 둘 차이를 비교하여 Payback을 계산할 수 있는데, 계산된 Payback이 사업성 평가 기준 이내에 들어온다면 Heat pump system을 설치할 것이다.

PDH 공정에 최종 Propylene을 분리하는 Product stripper column이 있다. Overhead stream 열을 회수하기 위해 Heat pump system을 설치하였다. Overhead stream은 Compressor를 통과하면서 Reboiler 열원으로 사용할 수 있을 만큼 포화온도가 올라간다. Reboiler에 필요한 상응한 Duty가 제거된 Overhead stream은 이번 예제 열교환기를 지나 Product stripper column으로 되돌아간다. 그림 2-305에서 보듯이 Overhead stream 온도는 26°C로 Air cooler나 Cooling water로 응축시킬 수 없고 Chilled water나 Refrigerant를 사용해야 한다. Overhead condensing duty와 Reboiling duty는 100 MMkcal/hr 이상 매우 커, 상당한 에너지가 필요하다. 이를 해결하기 위하여 Heat pump system을 도입하였고 에너지 사용을 최소화할 수 있다.

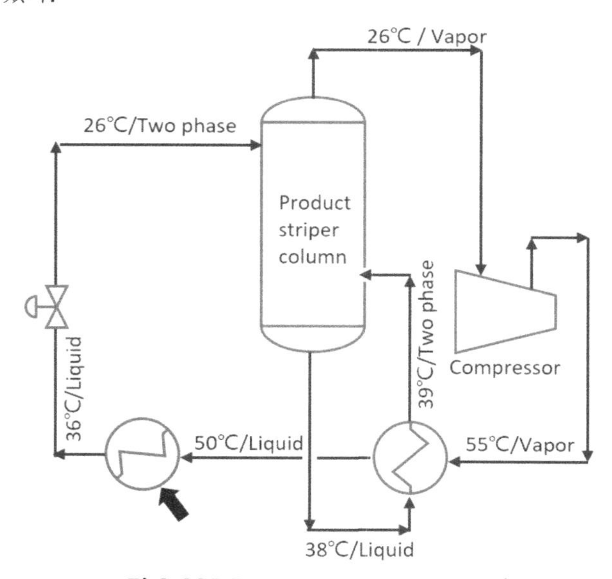

그림 2-305 Product stripper (PDH 공정)

이번 예제 Product stripper overhead trim cooler 설계 운전조건은 표 2-95와 같다.

표 2-95 Product stripper overhead trim cooler 설계 운전조건

	Unit	Hot side		Cold side	
Fluid name		C3 Reflux		Cooling water	
Fluid quantity	kg/hr	1.2 × 1733813		1.2 × 1470718	
Mass vapor fraction		0	0	0	0
Temperature	℃	49.3	36	25	36
Density, L/V	kg/m^3	459.8	486.2	Properties of water	
Viscosity, L/V	cP	0.065	0.076		
Specific heat, L/V	kcal/kg ℃	0.7304	0.6721		
Thermal cond., L/V	kcal/hr m ℃	0.0793	0.0839		
Inlet pressure	kg/cm^2g	19.833		5.1	
Press. drop allow.	kg/cm^2	0.35		0.714	
Fouling resistance	hr m^2 ℃/kcal	0.000209		0.000302	
Duty	MMkcal/hr	1.2 × 16.16			
Material		KCS		KCS	
Design pressure	kg/cm^2g	23.96 / F.V		23.96	
Design temperature	℃	75 / 75		70	
Connecting Line size	In/Out	42"	36"	20"	20"
Tube 치수: 1" OD, min. 2.77mm thickness tube. TEMA Type AEL Impingement plate is required. Minimum ambient design temperature is -5 ℃					

1) 사전 검토

이번 예제 열교환기는 2.1장에서 다루었던 Cooling water cooler와 유사한 서비스의 열교환기이다. 차이점은 유량이 상당히 많다는 것이다. 그리고 Compressor load를 최적화하기 위하여 배관과 장치 Pressure drop을 가능하면 작게 유지하도록 요구하고 있어 Shell side 입구/출구 배관 치수가 상당히 크다. 공정 요구사항으로 입구/출구 배관에 Reducer와 같은 Fitting을 두지 말고 열교환기 노즐 크기를 배관에 맞추라는 것이다.

2) 1차 설계 결과 검토

그림 2-306은 1차 설계 결과다. Cooling water 유속을 1.0m/sec를 유지하였다. Shell side pressure drop을 Allowable pressure drop보다 작도록 Double segmental baffle을 적용하였다. Tube vibration 관련 Warning message가 나오기 때문에 첫 번째 Baffle과 마지막 Baffle을 Ear baffle type으로 사용하고 노즐 아래 Partial support plate를 설치하였다. Unsupported tube span과 Shell side pressure drop을 만족시키기 위하여 Tube 치수를 OD 38.1mm를 사용하였다. 그러나 Tube OD 38.1mm를 사용하였음에도 불구하고 Unsupported tube span은 입출 구에서 TEMA Maximum의 99%이다.

Shell ID는 2520mm에 Tube 길이는 13500mm로 매우 큰 열교환기이다. 그런데도 Over-design은 3.3% 밖에 되지 않는다.

Process Conditions		Hot Shellside		Cold Tubeside	
Fluid name			C3 REFLUX		COOLING WATER
Flow rate	(kg/hr)		2080574 *		1764861
Inlet/Outlet Y	(Wt. frac vap.)	0.0000	0.0000	0.0000	0.0000
Inlet/Outlet T	(Deg C)	49.30	36.00	25.00	36.00
Inlet P/Avg	(kgf/cm2G)	19.833	19.669	5.099	4.879
dP/Allow.	(kgf/cm2)	0.328	0.350	0.439	0.714
Fouling	(m2-hr-C/kcal)		0.000209		0.000302

Exchanger Performance					
Shell h	(kcal/m2-hr-C)	1605.6	Actual U	(kcal/m2-hr-C)	651.36
Tube h	(kcal/m2-hr-C)	4274.2	Required U	(kcal/m2-hr-C)	630.52
Hot regime	(--)	Sens. Liquid	Duty	(MM kcal/hr)	19.399
Cold regime	(--)	Sens. Liquid	Eff. area	(m2)	3178.5
EMTD	(Deg C)	9.7	Overdesign	(%)	3.31

Shell Geometry			Baffle Geometry		
TEMA type	(--)	AEL	Baffle type		Double-Seg.
Shell ID	(mm)	2520.0	Baffle cut	(Pct Dia.)	25.45
Series	(--)	1	Baffle orientation	(--)	Parallel
Parallel	(--)	1	Central spacing	(mm)	800.00
Orientation	(deg)	0.00	Crosspasses	(--)	14

Tube Geometry			Nozzles		
Tube type	(--)	Plain	Shell inlet	(mm)	1027.0
Tube OD	(mm)	38.100	Shell outlet	(mm)	889.00
Length	(mm)	13500.	Inlet height	(mm)	311.90
Pitch ratio	(--)	1.2500	Outlet height	(mm)	253.16
Layout	(deg)	30	Tube inlet	(mm)	482.60
Tubecount	(--)	2038	Tube outlet	(mm)	482.60
Tube Pass	(--)	4			

Thermal Resistance, %		Velocities, m/s	Min	Max	Flow Fractions	
Shell	40.57				A	0.069
Tube	18.14	Tubeside	1.18	1.22	B	0.471
Fouling	37.08	Crossflow	0.52	1.02	C	0.256
Metal	4.21	Longitudinal	0.99	1.52	E	0.174
					F	0.030

그림 2-306 1차 설계 결과 (Output summary)

1차 설계 결과와 함께 나온 Warning message는 Tube vibration 관련으로 아래와 같다. Annular distributor를 설치함으로써 Tube vibration 관련 Warning message는 사라질 것이므로 일단 무시한다.

① *WARNING-Bundle entrance velocity exceeds critical velocity, indicating a probability of fluidelastic instability and flow-induced vibration damage. If present, fluidelastic instability can lead to large amplitude vibration and tube damage.*

② *Bundle exit velocity exceeds 80% of critical velocity, indicating that fluidelastic instability and flow-induced vibration damage are possible. Fluidelastic instability can lead to large amplitude vibration and tube damage.*

그림 2-307은 1차 설계 결과의 Tube layout이다. TEMA 기준에 따르면 입구 노즐에서 $RhoV^2$가 1058.6kg/m-sec^2으로 Impingement device가 필요 없지만, Project requirement에 따라 설치해야 한다. API 660 7.5.4.3장에 Impingement device가 설치된 경우, Shell entrance area와 Bundle entrance area가 Shell 입구 노즐 단면적보다 작지 말아야 한다는 요구사항이 있다. 해당 부위에서 $RhoV^2$가 노즐에서 $RhoV^2$보다 크다면 해당 부위의 Area가 Nozzle area보다 작은 것이다. API 660 요구사항을 지키기 위하여, 또 Vibration 가능성을 낮추기 위하여 Shell 공간 Top과 Bottom에 Tube를 채워 넣지 못하는 빈 공간이 많이 생겼다. 이런 빈 공간에 Tube를 추가할 수 있다면 Shell ID는 줄어들 수 있을 것이다.

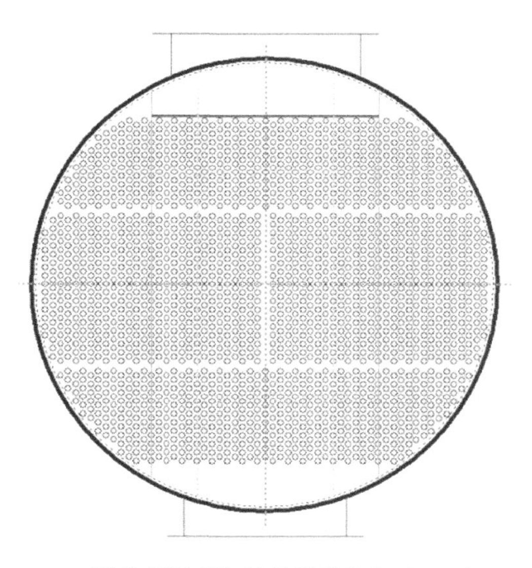

그림 2-307 1차 설계 결과 Tube layout

그림 2-308은 Annular distributor의 전형적인 형상을 보여주고 있다. Annular distributor 설치로 인하여 Shell 내부 전체를 Tube로 채울 수 있어 Shell ID를 줄일 수 있다. 그 외 Annular distributor 장점은 Shell side pressure drop을 줄일 수 있으며, 열교환기 Shell side 입출 구에서 Tube vibration 가능성을 줄이고,

첫 번째와 마지막 Baffle spacing에서 유체 흐름을 열전달에 효율적인 흐름으로 만들어준다. Annular distributor는 보통 Vapor나 Two phase 서비스에 적용되지만, Liquid 서비스에서도 Shell side 노즐이 Shell ID에 비하여 큰 경우 사용되기도 한다. Shell side 노즐 지름이 Shell ID의 50%를 넘으며 반듯이 Annular distributor를 적용할 것을 추천한다. 이번 예제 열교환기도 Annular distributor를 적용함으로써 경제적으로 설계할 수 있다.

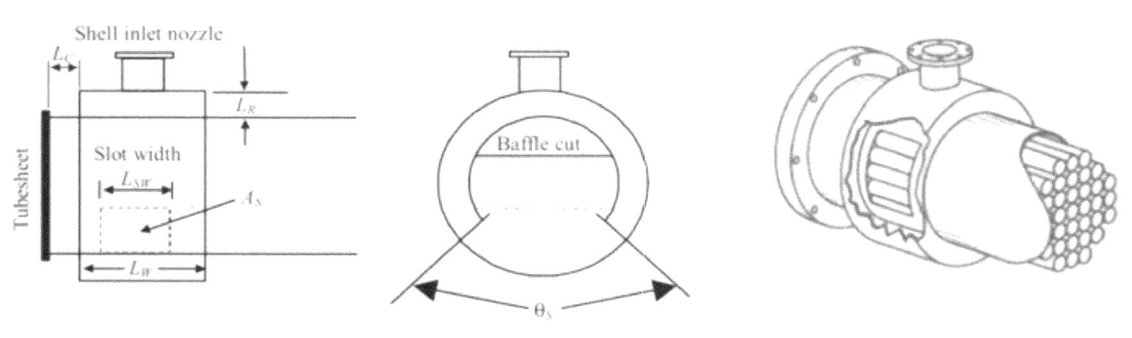

그림 2-308 Annular distributor

Annular distributor는 아래 설계 기준에 따라 설계한다.

- ✔ *Shell OD와 Annular distributor ID 사이 간격(L_R)은 노즐 ID의 0.3배보다 넓게 한다.*
- ✔ *Annular distributor 길이(L_W)를 Annular distributor 단면적($L_W \times L_R$)이 노즐 ID 단면적의 0.75배보다 넓게 계산되도록 정한다.*
- ✔ *Slot area에서 RhoV²가 표 2-96에 값보다 작게 되도록 한다. Unsupported tube span / TEMA max. unsupported tube span은 Shell entrance와 Bundle entrance에서 Tube vibration 가능성 평가할 때 사용되는 값임에 유의한다. 이 비율이 중간값이면 표 2-96에 RhoV²를 내삽하여 적용한다.*

표 2-96 Slot area에서 RhoV² 기준

Unsupported tube span / TEMA max. unsupported tube span (Under inlet/outlet nozzle)	*ρV^2 (kg/m-sec²)*
>80%	*7.44*
>60% and <80%	*14.88 ~ 44.64*
>40% and <60%	*44.64 ~ 111.6*
>20% and <40%	*111.6 ~ 223.2*

- ✔ *Slot area 폭(L_{SW})은 Inlet 또는 Outlet baffle spacing보다 100mm 이상 좁게한다.*
- ✔ *Slot area 호(A_{RC})는 계산된 Slot area와 Slot area 폭을 이용하여 계산한다.*

- *그림 2-309와 같이 Slot area 호(A_{RC})를 Baffle cut과 Shell 입구 노즐로부터 적절한 Clearance가 유지하도록 정한다. 만약 그렇게 안 된다면, Inlet 또는 Outlet baffle spacing을 다시 정한다.*
- *Slot area는 여러 개 Slot으로 구성될 수 있고 한 개 Slot도 가능하다.*
- *최종 Slot area에서 Tube vibration을 평가한다.*

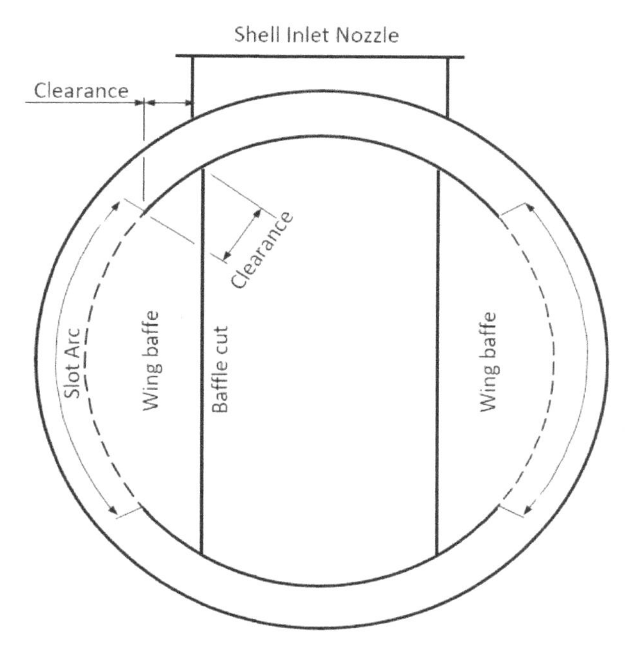

그림 2-309 Annular distributor 단면

Slot area 위치는 매우 중요하다. Annular distributor로부터 유입된 유체가 첫 번째 Baffle window area로 바로 빠져나가지 못하도록 Slot area를 위치시켜야 한다. Double segmental baffle의 Slot area는 그림 2-309와 같이 입구 노즐 기준 양쪽으로 90°에 위치시키고 첫 번째와 마지막 Baffle을 Wing baffle로 설치한다. Horizontal single segmental baffle의 Slot area는 입구 노즐 반대 방향에, Vertical single segmental baffle의 Slot area는 첫 번째 Baffle window area 반대 방향에 위치시켜야 한다.

Annular distributor를 입력하려면 그림 2-310과 같이 "Nozzles" 입력 창 "Shell entrance construction" 또는 "Shell exit construction"에서 "Use annular distributor" 옵션을 선택한다. 그러면 Annular distributor 치수 입력란이 활성화된다. 앞서 설명한 Annular distributor 설계 기준에 따라 Annular distributor 치수를 계산하고 입력한다. Entrance와 Exit 모두 동일한 치수의 Annular distributor를 설치하였다. Xist는 Annular pressure drop을 계산하고 Shell side calculated pressure drop에 이를 포함한다.

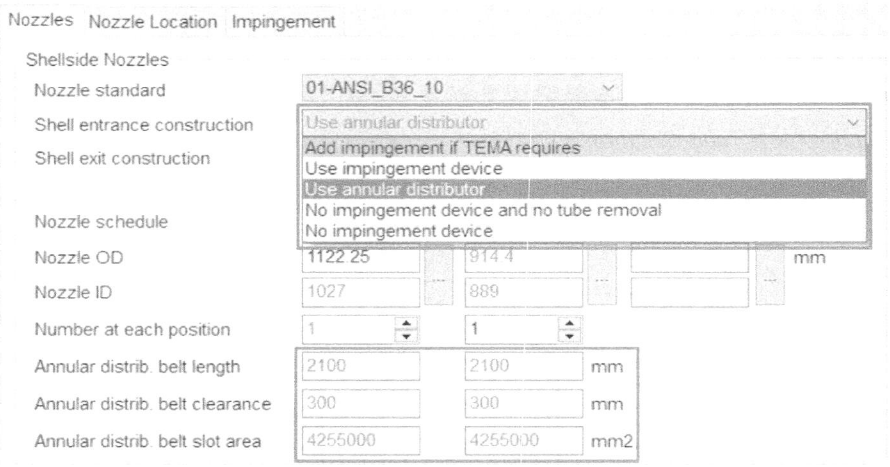

Nozzles | Nozzle Location | Impingement

Shellside Nozzles

Nozzle standard: 01-ANSI_B36_10

Shell entrance construction: Use annular distributor

Add impingement if TEMA requires
Use impingement device
Use annular distributor
No impingement device and no tube removal
No impingement device

Shell exit construction

Nozzle schedule

Nozzle OD: 1122.25 | 914.4 | mm

Nozzle ID: 1027 | 889

Number at each position: 1 | 1

Annular distrib. belt length: 2100 | 2100 | mm

Annular distrib. belt clearance: 300 | 300 | mm

Annular distrib. belt slot area: 4255000 | 4255000 | mm2

그림 2-310 Annular distributor 입력 (Nozzles 입력 창)

1차 설계 결과에 다른 입력 데이터 변경 없이 Annular distributor 치수만 추가 입력한 후, 실행하면 Over-design이 상당히 증가하였음을 확인할 수 있을 것이다. 그림 2-311은 Annular distributor를 적용하였을 때 Tube layout이다. Tube가 Shell 내부에 가득 채워져 Tube 수량이 증가하였기 때문이다.

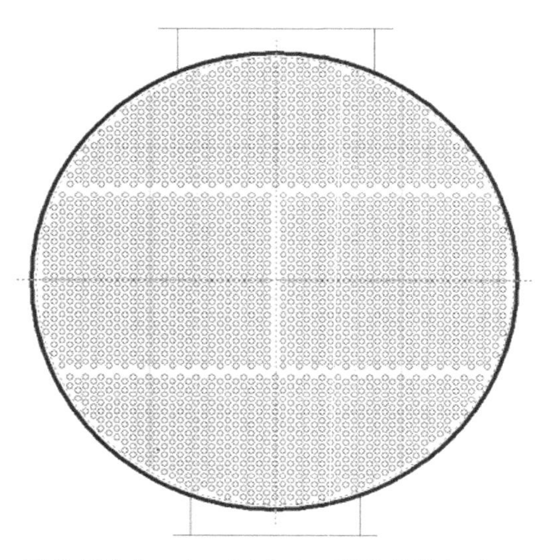

그림 2-311 Annular distributor 입력 후 Tube layout

3) 2차 설계 결과 검토

그림 2-312는 Annular distributor 추가 후 Over-design과 Pressure drop을 확인하면서 Shell ID와 Tube 길이를 조절하여 설계한 결과이다. 1차 설계 결과와 비교하여 전열 면적은 큰 차이가 없지만, Shell ID(2460mm)와 Tube 길이(12000mm)를 줄일 수 있었고 Shell side pressure drop도 줄어들었다.

Process Conditions		Hot Shellside		Cold Tubeside	
Fluid name			C3 REFLUX		COOLING WATER
Flow rate	(1000-kg/hr)		2080.6 *		1764.9
Inlet/Outlet Y	(Wt. frac vap.)	0.0000	0.0000	0.0000	0.0000
Inlet/Outlet T	(Deg C)	49.30	36.00	25.00	36.00
Inlet P/Avg	(kgf/cm2G)	19.833	19.678	5.099	4.918
dP/Allow.	(kgf/cm2)	0.312	0.357	0.361	0.714
Fouling	(m2-hr-C/kcal)		0.000209		0.000302

Exchanger Performance					
Shell h	(kcal/m2-hr-C)	1848.7	Actual U	(kcal/m2-hr-C)	680.22
Tube h	(kcal/m2-hr-C)	4031.4	Required U	(kcal/m2-hr-C)	661.29
Hot regime	(--)	Sens. Liquid	Duty	(MM kcal/hr)	19.399
Cold regime	(--)	Sens. Liquid	Eff. area	(m2)	3030.7
EMTD	(Deg C)	9.7	Overdesign	(%)	2.86

Shell Geometry			Baffle Geometry		
TEMA type	(--)	AEL	Baffle type		Double-Seg.
Shell ID	(mm)	2460.0	Baffle cut	(Pct Dia.)	23.17
Series	(--)	1	Baffle orientation	(--)	Parallel
Parallel	(--)	1	Central spacing	(mm)	900.00
Orientation	(deg)	0.00	Crosspasses	(--)	12

Tube Geometry			Nozzles		
Tube type	(--)	Plain	Shell inlet	(mm)	1027.0
Tube OD	(mm)	38.100	Shell outlet	(mm)	889.00
Length	(mm)	12000.	Inlet height	(mm)	8.850
Pitch ratio	(--)	1.2500	Outlet height	(mm)	8.850
Layout	(deg)	30	Tube inlet	(mm)	482.60
Tubecount	(--)	2196	Tube outlet	(mm)	482.60
Tube Pass	(--)	4			

Thermal Resistance, %		Velocities, m/s			Flow Fractions	
			Min	Max		
Shell	36.79				A	0.075
Tube	20.09	Tubeside	1.10	1.13	B	0.687
Fouling	38.72	Crossflow	0.86	1.20	C	0.037
Metal	4.40	Longitudinal	1.23	1.54	E	0.166
					F	0.035

그림 2-312 2차 설계 결과 (Output summary 창)

아래 Warning message와 같이 Annular distributor에서 Slot area를 통하여 Tube bundle로 유체가 유입될 때, Xist는 Tube vibration 가능성을 평가하지 않는다. 직접 Vibration 가능성을 평가해야 한다.

① *The bundle/shell entrance and exit vibration analysis is not available for shells with annular distributors. Accurate information about the size and location of slots in the distributor is required to model bundle and shell entrance and exit effects.*

4) Bundle/shell entrance와 exit에서 Tube vibration 평가

Vertical double segmental baffle이 설치된 일반 열교환기에서 Shell entrance의 Unsupported tube span은 Inlet baffle spacing과 Central baffle spacing 합이다. 반면 Annular distributor가 설치된 열교환기에서 Slot area를 통과한 유체는 Wing baffle을 처음 만나기 때문에 Unsupported tube span은 Inlet baffle spacing이 된다. Vertical double segmental baffle의 경우, Xist는 항상 Unsupported tube span을 Inlet baffle spacing과 Central baffle spacing 합으로 Tube vibration을 평가한다. Annular distributor의 Bundle entrance에서 Tube vibration 가능성을 Segmental baffle 열교환기를 이용해야 한다. Slot area의 현(Chord)과 폭을 이용하여 계산된 면적과 동일한 면적을 갖는 지름의 노즐을 입력한다. 표 2-97은 Slot 호(Arc)과 Slot 현(chord)의 차이를 포함하여 같은 면적의 노즐 ID 계산 결과를 보여주고 있다. Vibration 검토할 때 Annular distributor 입력은 제거해 주어야 한다.

표 2-97 Equivalent nozzle inside diameter

	Slot entrance	*Slot exit*
Slot 폭(Width) (mm)	*1150*	*1150*
Slot 호(Arc) (mm)	*1850*	*1850*
Slot 현(Chord) (mm)	*1684*	*1684*
No. of slots	*2*	*2*
Slot area (mm^2)	*3,873,200*	*3,873,200*
Equivalent nozzle inside diameter (mm)	*2220*	*2220*

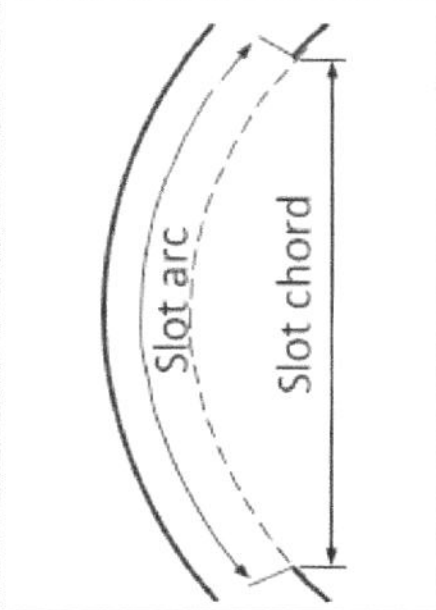

Slot arc
Slot chord

계산된 노즐 ID를 그림 2-313과 같이 "Nozzles" 입력 창에 입력한다. 이때 "Shell entrance construction"과 "Shell exit construction" 옵션을 "No tube removal"로 변경하여 Shell 전체 내부에 Tube가 채워지도록 한다.

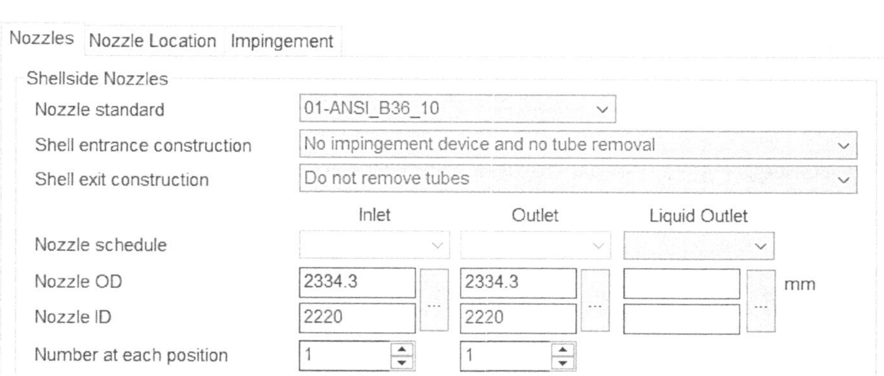

Nozzles | Nozzle Location | Impingement

Shellside Nozzles

Nozzle standard: 01-ANSI_B36_10
Shell entrance construction: No impingement device and no tube removal
Shell exit construction: Do not remove tubes

	Inlet	Outlet	Liquid Outlet	
Nozzle schedule				
Nozzle OD	2334.3	2334.3		mm
Nozzle ID	2220	2220		
Number at each position	1	1		

그림 2-313 Tube vibration 평가를 위한 가상 노즐 입력 (Nozzles 입력 창)

다음 그림 2-314와 같이 "Nozzle location" 창에서 Shell inlet의 "Radial position" 옵션을 "Side"로 변경한다.

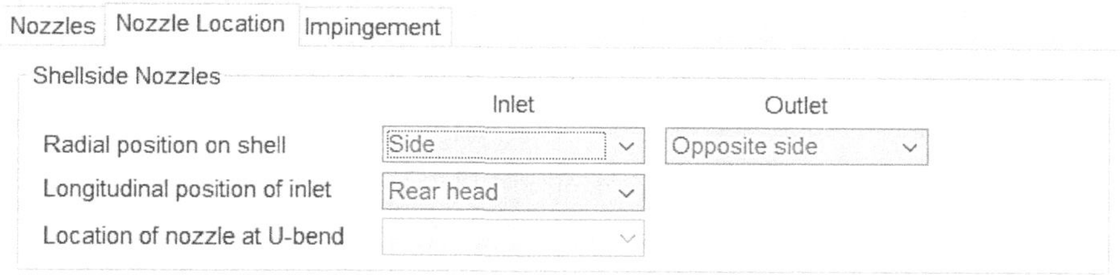

Nozzles | Nozzle Location | Impingement

Shellside Nozzles

	Inlet	Outlet
Radial position on shell	Side	Opposite side
Longitudinal position of inlet	Rear head	
Location of nozzle at U-bend		

그림 2-314 노즐 위치 변경 (Nozzle location 입력 창)

마지막으로 그림 2-315와 같이 "Baffles" 입력 창에서 Baffle type을 "Single segmental"로, Cut orientation을 "Perpendicular"로 변경한다.

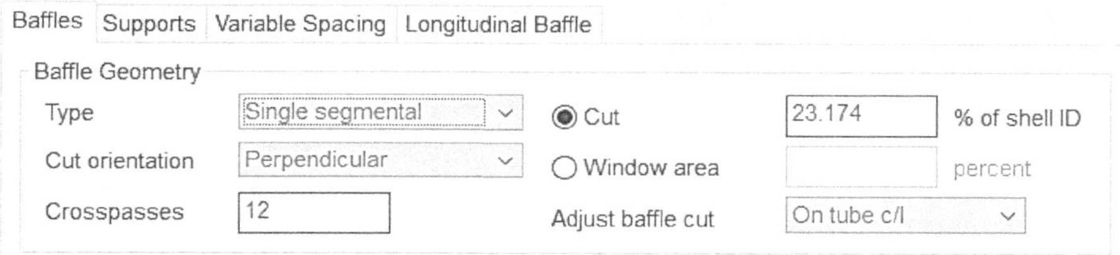

Baffles | Supports | Variable Spacing | Longitudinal Baffle

Baffle Geometry

Type	Single segmental	◉ Cut	23.174	% of shell ID
Cut orientation	Perpendicular	○ Window area		percent
Crosspasses	12	Adjust baffle cut	On tube c/l	

그림 2-315 Baffle type 변경 (Baffles 입력 창)

실행 결과 중 먼저 Tube layout을 확인해야 한다. Tube 수량, Slot area를 통한 유체 유입 방향, 노즐 방향이 같은지 확인한다. 그림 2-316은 Bundle과 Shell entrance/exit의 Tube vibration 결과이고 Tube vibration 가능성은 낮은 것으로 나왔다. 앞서 Annular distributor 설계 기준에서 표 2-96에 $RhoV^2$ 기준에 따라 Slot area를 계산하였다. 이 $RhoV^2$ 기준값은 Distribution과 Tube vibration을 고려한 기준으로 Slot area를 이 기준에 따라 계산하였다면 Tube vibration 가능성은 작다.

Bundle Entrance/Exit (analysis at first tube row)		Entrance	Exit
Fluidelastic instability ratio	(--)	0.248	0.234
Vortex shedding ratio	(--)	0.406	0.384
Crossflow amplitude	(mm)	0.15481	0.14340
Crossflow velocity	(m/s)	2.15	2.04
Tubesheet to inlet/outlet support	(mm)	None	None
Shell Entrance/Exit Parameters		**Entrance**	**Exit**
Impingement device		None	--
Flow area	(m2)	0.857	0.857
Velocity	(m/s)	1.47	1.39
RHO-V-SQ	(kg/m-s2)	989.46	935.73

그림 2-316 Bundle/shell entrance와 exit에서 Tube vibration 결과

5) Mean metal temperature

이 예제 열교환기는 Fixed tubesheet type이다. Fixed tubesheet type 열교환기는 Thermal expansion에 의한 Stress를 완화하기 위하여 Expansion joint가 필요할 수 있다. 열교환기 설계 엔지니어는 Expansion joint 설계를 위한 Shell side와 Tube side 각 Mean metal temperature를 계산하여 제공해야 한다. Mean metal temperature를 계산하는 방법은 4.5장에서 자세히 다루고 있다. 여러 운전조건에 대하여 공정 엔지니어와 협의한바, Startup이나 Shutdown 운전에서 Shell side는 비워지고 Tube side는 Cooling water만 서비스되는 것으로 확인되었다. 또 이 열교환기에는 보온재를 설치하지 않는다. Shell side와 Tube side MMT(Mean metal temperature)는 표 2-98과 같이 계산된다.

표 2-98 Mean metal temperatures

Condition		*Shell side MMT*	*Tube side MMT*
Normal operation	*Both sides flow*	*41.5 ℃*	*36.1 ℃*
Startup and Shutdown	*Shell side empty / Shell side empty*	*-5 ℃*	*25 ℃*

4.5장에서 언급된 내용과 같이 보수적인 접근을 위하여 대기와 Shell 표면과 열전달을 무시하고 계산하였다. Startup과 Shutdown 운전에서 MMT 계산할 때 겨울철 대기온도, 겨울철 Cooling water 온도를 적용하였기 때문에 Shell metal과 Tube metal 실제 온도 차는 30℃보다 더 작을 것으로 예상된다.

6) 결론 및 Lesson learned

설계 결과를 정리하면 표 2-99와 같다. 첫 번째 설계는 Annular distributor를 설치하지 않는 설계이며, 두 번째 설계는 Annular distributor를 설치하는 설계이다. 열전달계수가 Annular distributor를 설치할 경우 약간 좋아졌다. 이는 Shell 내부에 Tube가 채워져 있어 유속이 증가하기 때문이다. 특히 Baffle window에서 Shell side 유체의 열전달계수가 증가하기 때문이다. 그러나 그 차이는 미미하다. 첫 번째 설계는 Tube vibration 가능성을 줄이기 위하여 Ear-type baffle과 Partial support를 추가하였지만, 두 번째 설계는 별도 Support plate가 필요하지 않다. 가장 큰 차이는 Shell ID이다. Shell ID를 줄이므로 Shell, Tubesheet, Girth flange, Channel cover 부품의 두께를 얇게 사용할 수 있어 열교환기 구매 Cost를 줄일 수 있다.

표 2-99 Stripper overhead trim cooler 설계 결과 Summary

Duty [MMKcal/hr]	*MTD [℃]*	*HTC (Calculated) [kcal/m²-hr-C]*	*Over-design*	*Shell DP [kg/cm²]*	*Tube DP [kg/cm²]*	*Shell ID [mm]*	*Tube length [m]*	*Area [m²]*
1.2 × 16.16	*9.7*	*651*	*3.3%*	*0.328*	*0.439*	*2520*	*13500*	*3179*
	9.7	*680*	*2.9%*	*0.312*	*0.361*	*2460*	*12000*	*3031*

아래는 Annular distributor가 설치된 Fixed tubesheet type 열교환기를 설계할 때 고려하여야 할 사항들이다.

- ✔ *노즐 치수가 Shell ID에 비해 클 때, Shell 내에 Tube가 많이 제거되기 때문에 Annular distributor를 고려한다.*
- ✔ *Annular distributor의 Slot area 위치는 Baffle window와 노즐 위치를 고려해야 한다.*
- ✔ *Xist는 Annular distributor에서 유입되는 유체에 의한 Tube vibration 평가하지 않으므로 Single segmental baffle 열교환기 모델을 이용하여 Tube vibration을 평가할 수 있다.*
- ✔ *Fixed tubesheet type 열교환기는 Thermal expansion에 의한 Stress를 받으므로 Expansion joint를 설치하는 경우가 많다. Expansion joint를 설계하기 위한 Shell과 Tube의 Mean metal temperature를 계산해야 한다.*

2.7.2. Small lube oil cooler (Weep hole에 의한 성능 영향)

Tube side가 2 pass 이상이면 Pass partition plate를 설치한다. Weep hole은 유지보수를 위하여 Pass partition plate에 뚫어 놓은 약 6mm 지름의 구멍이다. 각 Pass에서 가장 낮은 Tube row에 Tube들과 Pass partition plate 바닥에 약간 턱이 생기는데, 이로 인하여 열교환기 내 유체를 완전히 배출시키지 못한다. Weep hole을 통하여 남아있는 유체를 완전히 배출시킬 수 있다. 운전 중 Tube side 유체 일부가 Weep hole을 통하여 Bypass 되므로 열전달 성능이 떨어진다. 드문 경우지만 그 정도가 심해 운전문제가 될 수 있다. 이번 예제 Lube oil cooler의 설계 운전조건과 설계 데이터는 표 2-100과 같다.

표 2-100 Lube oil cooler 설계 운전조건 및 설계 데이터

	Unit	Hot side (Shell side)		Cold side (Tube side)	
Fluid name		Lube oil		Cooling water	
Fluid quantity	kg/hr	3,600		2,447.7	
Temperature	℃	50	40	32	39
Mass vapor fraction		0	0	0	0
Density, L/V	kg/m^3	848.3	855.3	Properties of water	
Viscosity, L/V	cP	17	27.3		
Specific heat, L/V	kcal/kg ℃	0.4807	0.4699		
Thermal cond., L/V	kcal/hr m ℃	0.1171	0.1177		
Inlet pressure	kg/cm^2g	2.472		3.0	
Pass		1		4	
Press. drop allow.	kg/cm^2	0.3		0.7	
Fouling resistance	hr m^2 ℃/kcal	0.0002		0.0002	
Duty	MMkcal/hr	0.0171			
Material		Carbon steel		Admiralty	
Design pressure	kg/cm^2g	11		8.5	
Design temperature	℃	90		80	

TEMA type	AEU	Shell ID	154.5mm
Tube length	3600mm	No. of tubes	33 U's
Tube OD / Thickness	9.52mm / 1.24mm	Pitch / Pattern	12.693mm / 30°
Baffle cut	35.8%	No of cross passes	36
Baffle center space	92mm	Impingement device	None
Shell nozzle (in/out)	33.99mm/ 33.99mm	Tube nozzle (in/out)	33.99mm/ 33.99mm
Tube sheet thickness	60mm	No of shells	1 series, 1 parallel
Baffle thickness	6mm	Pairs of seals	1 Pairs, 4 × 20mm seal rods

* *제작사가 제공한 제작도면에 Pass partition plate 마다 6mm weep hole이 뚫려 있다.*

1) 사전 검토

Cooling water system이 Closed loop system으로 적용되었고 Cooling water fouling factor가 0.0002m^2-hr-℃/kcal이다. Cooling water는 일반적으로 Tube side로 흐르게 하며 Mechanical cleaning이 가능하도록 Straight tube를 적용한다. 그러나 Closed loop system에 Cooling water는 Solvent를 이용한 Chemical cleaning으로 청소 가능하므로 U-tube를 적용하여도 문제없다.

2) 제작사 설계 1차 검토

제작사가 제공한 설계 데이터를 입력한 후 실행 결과는 그림 2-317과 같다. Shell ID가 154.5mm 매우 작은 열교환기이다. 이 열교환기 성능상 특징으로 Shell side와 Tube side 유량이 매우 작고, LMTD가 7.6℃밖에 되지 않는다. Over-design이 거의 없으며 Fouling resistance 또한 15%밖에 되지 않는다. 이러한 특징으로 인하여 약간의 운전조건 변화에도 열교환기 성능이 변할 것이다.

Process Conditions		Hot Shellside		Cold Tubeside	
Fluid name			Lube oil		CW
Flow rate	(1000-kg/hr)		3.6000		2.4477
Inlet/Outlet Y	(Wt. frac vap.)	0.0000	0.0000	0.0000	0.0000
Inlet/Outlet T	(Deg C)	50.00	40.00	32.00	39.00
Inlet P/Avg	(kgf/cm2G)	2.472	2.382	3.000	2.786
dP/Allow.	(kgf/cm2)	0.179	0.300	0.428	0.700
Fouling	(m2-hr-C/kcal)		0.000200		0.000200

Exchanger Performance					
Shell h	(kcal/m2-hr-C)	426.32	Actual U	(kcal/m2-hr-C)	324.46
Tube h	(kcal/m2-hr-C)	5383.3	Required U	(kcal/m2-hr-C)	315.40
Hot regime	(--)	Sens. Liquid	Duty	(MM kcal/hr)	0.0171
Cold regime	(--)	Sens. Liquid	Eff. area	(m2)	6.938
EMTD	(Deg C)	7.8	Overdesign	(%)	2.87

Shell Geometry			Baffle Geometry		
TEMA type	(--)	AEU	Baffle type		Single-Seg.
Shell ID	(mm)	154.50	Baffle cut	(Pct Dia.)	35.77
Series	(--)	1	Baffle orientation	(--)	Perpend.
Parallel	(--)	1	Central spacing	(mm)	92.000
Orientation	(deg)	0.00	Crosspasses	(--)	36

Tube Geometry			Nozzles		
Tube type	(--)	Plain	Shell inlet	(mm)	33.985
Tube OD	(mm)	9.520	Shell outlet	(mm)	33.985
Length	(mm)	3600.	Inlet height	(mm)	17.520
Pitch ratio	(--)	1.3333	Outlet height	(mm)	17.520
Layout	(deg)	30	Tube inlet	(mm)	33.985
Tubecount	(--)	66	Tube outlet	(mm)	33.985
Tube Pass	(--)	4			

Thermal Resistance, %		Velocities, m/s	Min	Max	Flow Fractions	
Shell	76.11				A	0.012
Tube	8.15	Tubeside	1.03	1.04	B	0.612
Fouling	15.26	Crossflow	0.12	0.33	C	0.093
Metal	0.48	Longitudinal	0.15	0.24	E	0.225
					F	0.057

그림 2-317 제작사 설계 1차 검토 (Output summary)

결과와 함께 고려하여야 할 Warning message는 아래와 같다.

① *The physical properties of the hot fluid have been extrapolated beyond the valid temperature range. Check the calculated values. The thermal analysis requires properties at bulk and skin/wall temperatures.*

Cooling water 온도가 32℃에서 39℃이므로 32℃에서 윤활유 Viscosity를 추가 입력해야 하지만, 윤활유에 대한 정보가 없다. Package 제작사에 데이터를 요청하였으나, 데이터가 없다고 한다. 따라서 Viscosity curve를 추정하여 낮은 온도에서 Viscosity 영향을 검토할 수밖에 없다. Excel을 이용하여 Viscosity curve를 추정할 수 있다. 이미 알고 있는 2개 온도(50℃와 40℃)와 그에 해당하는 Viscosity를 Log 값으로 변환한 후 Excel을 이용하여 그래프 2-12와 같이 분산형 그래프로 작도한다. 그래프에 추세선을 추가하고 "수식을 차트에 표기" 옵션을 선택하면 추세선 수식이 표기된다.

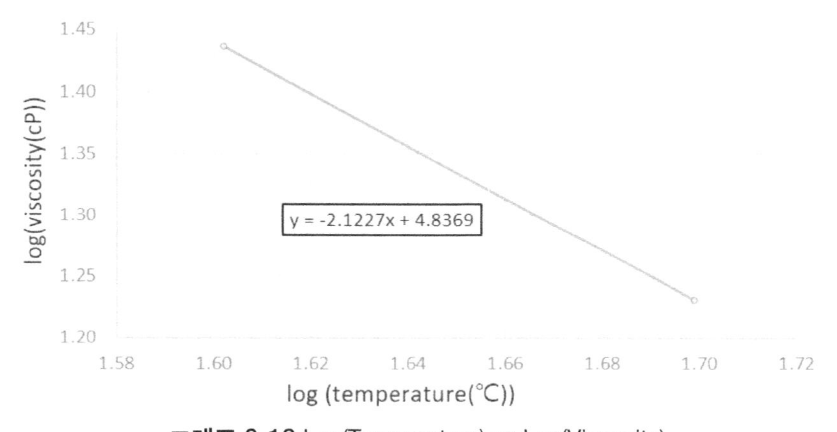

그래프 2-12 Log(Temperature) vs Log(Viscosity)

추세선 수식을 이용하여 36℃와 32℃에서 Viscosity를 계산하여 표 2-101과 같이 Viscosity curve를 만들었다. 이렇게 Viscosity curve를 Log-Log 그래프로 추정하는 방식은 2.1.2장 Bitumen product cooler에서 설명하였듯이 낮은 온도에서 Viscosity가 높은 유체에 적용된다는 것에 유의하자.

표 2-101 Viscosity curve

Temp.(℃)	*50*	*40*	*36*	*32*
Viscosity(cP)	*17.00*	*27.30*	*34.15*	*43.84*

"Hot fluid properties" 창에 Property를 "Grid property" 옵션을 선택하여 Viscosity curve를 Xist에 입력하여 실행한 결과 Over-design 2%로 제작사 설계 1차 검토 결과와 차이가 없다.

예제의 경우 그림 2-318과 같이 1st Pass와 4th Pass를 구분하는 Pass partition에 6mm weep hole이 뚫려 있다. 또 1st Pass와 2nd Pass를 구분하는, 3rd Pass와 4th Pass를 구분하는 Pass partition에 6mm 반원 Vent hole이 있다. 운전 중 Cooling water가 Weep hole을 통하여 새어 나갈 수 있음을 짐작할 수 있다.

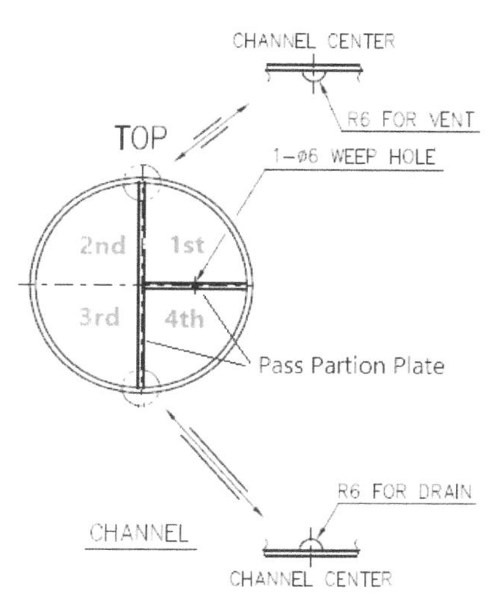

그림 2-318 Pass partition plate에 Weep holes

3) Weep hole을 통과하는 유량 계산

Weep hole을 통과하는 유량을 계산하려면 어떻게 해야 할까? Weep hole로 새어 나가는 유량은 Orifice 유량 계산을 응용하여 계산할 수 있다. Total cooling water 유량에서 Weep hole로 새어 나간 유량을 빼면 Tube를 통과하는 열전달에 유효한 Cooling water 유량이 될 것이다.

1000kg/hr Cooling water가 열교환기로 들어온다고 가정하자. 또 Xist 실행한 결과 Tube를 통과하는 Pressure drop이 0.5kg/cm^{2}이라고 가정하자. Pressure drop 0.5kg/cm^{2}에 해당하는 Weep hole를 통과하는 유량이 100kg/hr라면 Tube를 통과하는 유량은 900kg/hr가 될 것이다. 다시 900kg/hr Cooling water를 입력하여 Xist 결과의 Pressure drop을 확인하고, 그 Pressure drop에 해당하는 Orifice 유량을 반복 계산한다. Xist 실행 결과 열교환기 성능이 수렴될 때까지 반복 계산하여 최종 Weep hole 통과 유량을 계산할 수 있다.

Orifice flow rate는 식 2-54식을 이용하거나, Orifice 계산 프로그램을 사용하여도 된다.

$$Q = C_d A_o Y \sqrt{\frac{2\,g\,\Delta P}{\rho(1-\beta^4)}} \text{ - - - - - } (2-54)$$

$$Y = 1 - \left(0.41 + 0.35\,\beta^4 + 0.98\,\beta^8\right)\left(1 - \left(\frac{P_2}{P_1}\right)^{1/k}\right) \text{ - - - - - } (2-55)$$

Where,

Q: Orifice flow rate(m^3 /sec), *A_o: Weep hole area (m^2)*

ΔP: Pressure drop (kg/m^2), *k: Ratio of specific heat (C_p/C_v)*

g: Gravitational acceleration (9.8 m/sec^2) *C_d : Discharge coefficient (일반적으로 0.61 적용)*

ρ: Density (kg/m^3), *β: Weep hole diameter / Channel diameter*

P_1: Pressure at 1st tube pass (kgf/m^2A), *P_2: Pressure at next tube pass (kgf/m^2A)*

Y: Expansion coefficient (Liquid는 1을 적용하고 Vapor와 Two phase는 식 2-55에 따라 계산한다.)

Two phase density 계산에 사용되는 Liquid fraction은 Liquid density와 Vapor density의 비율에 따라 계산식을 달리 적용하며, 그 비율이 90과 150 사이라면 식 2-57과 2-58에 따라 계산된 값을 내삽하여 계산한다. Two phase density는 식 2-56에 따라 계산한다.

$$\rho(tp) = \rho(l) \times R(l) + \rho(v) \times (1 - R(l)) - - - - - (2-56)$$

$$X_{tt} = \left(\frac{1-y}{y}\right)^{0.9} \left(\frac{\rho(v)}{\rho(l)}\right)^{0.5} \left(\frac{\mu(l)}{\mu(v)}\right)^{0.1} - - - - - (2-57)$$

$$R(l) = \frac{X_{tt}^{1.11}}{1 + 2.7\left(1 - \frac{\rho(v)}{\rho(l)}\right)^{2.6} \times X_{tt}^{0.75} + X_{tt}^{1.11}} \quad for\ \frac{\rho(l)}{\rho(v)} \leq 90 \ - - - - - (2-58)$$

$$R(l) = 1 - \frac{1}{1 + \left(\frac{2 \times \rho(v)}{\rho(l)}\right)^{0.5} \left(\frac{1-y}{y}\right)\left(\frac{\rho(v)}{\rho(l)}\right)} \quad for\ \frac{\rho(l)}{\rho(v)} \geq 150 \ - - - - - (2-59)$$

Where,

ρ (tp): Two phase density, *ρ (v): Vapor phase density*

ρ (l): Liquid phase density, *R (l): Liquid fraction*

X_{tt}: Martinelli parameter, *y: Mass vapor fraction*

μ (v): Vapor viscosity, *μ (l): Liquid viscosity*

Tube side pressure drop에서 입구/출구 노즐 Pressure drop을 빼주면 Tube bundle pressure drop이 된다. 제작사 설계 1차 설계 결과 검토(그림 2-317)에 Tube side pressure drop은 0.428kg/cm^{2}이며, 입구와 출구 노즐 Pressure drop은 각각 0.00217kg/cm^{2}와 0.00202kg/cm^{2}이다. 따라서 Tube bundle pressure drop은 0.424kg/cm^2(4240 kg/m^2)이 된다. Orifice flow rate 계산식을 이용하여 유량 계산 결과 전체 유량의 23%인 563kg/hr가 Weep hole을 통과한다. 따라서 Total cooling water 유량 2447.7 kg/hr 중 1884.7kg/hr만 Tube bundle을 통과하며 이 유량을 Xist에 입력하여 성능 평가해야 한다.

4) 제작사 설계 2차 검토

그림 2-319와 같이 Cooling water 유량을 1884.7 kg/hr로 수정하고 출구온도를 비워 둔다.

PERFORMANCE OF ONE UNIT					
Fluid allocation		Shell Side		Tube Side	
Fluid name		Lube oil		CW	
Fluid quantity, Total	1000-kg/hr	3.6		1.8847	
Temperature (In/Out)	C	50	40	32	
Vapor weight fraction (In/Out)		0	0	0	0
Inlet pressure	kgf/cm2G	2.472		3	
Pressure drop, allow.	kgf/cm2	0.3		1	
Fouling resistance (min)	m2-hr-C/kcal	2e-4		2e-4	

그림 2-319 유효 Cooling water 유량 입력 (Input summary 창)

Xist 입력수정 후 실행 결과 Tube side pressure drop이 0.269kg/cm²으로 줄었다. 다시 Weep hole과 Tube bundle 통과 유량을 각각 계산하고 Xist 실행을 반복한다. 표 2-102에 수렴할 때까지 5번 반복하여 계산된 결과를 보여준다.

표 2-102 유효 Cooling water 유량 수렴과정

	1st	*2nd*	*3rd*	*4th*	*5th*
Flow rate through weep hole [kg/hr]	*0*	*563*	*446*	*471*	*466*
Flow rate through tubes [kg/hr]	*2,447.7*	*1,884.7*	*2,001.7*	*1,976.7*	*1,981.7*
Total pressure drop [kg/cm²]	*0.428*	*0.269*	*0.299*	*0.293*	*0.294*
MTD [℃]	*7.8*	*5.8*	*6.4*	*6.3*	*6.3*
Over-design	*2.87%*	*-25.9%*	*-16.9%*	*-18.4%*	*-18.6%*

그림 2-320은 제작사 설계 2차 검토 결과이다.

Process Conditions		Hot Shellside		Cold Tubeside	
Fluid name			Lube oil		CW
Flow rate	(1000-kg/hr)		3.6000		1.9817
Inlet/Outlet Y	(Wt. frac vap.)	0.0000	0.0000	0.0000	0.0000
Inlet/Outlet T	(Deg C)	50.00	40.00	32.00	40.65
Inlet P/Avg	(kgf/cm2G)	2.472	2.384	3.000	2.853
dP/Allow	(kgf/cm2)	0.176	0.300	0.294	1.000
Fouling	(m2-hr-C/kcal)		0.000200		0.000200

Exchanger Performance					
Shell h	(kcal/m2-hr-C)	428.34	Actual U	(kcal/m2-hr-C)	319.15
Tube h	(kcal/m2-hr-C)	4313.6	Required U	(kcal/m2-hr-C)	391.88
Hot regime	(--)	Sens. Liquid	Duty	(MM kcal/hr)	0.0171
Cold regime	(--)	Sens. Liquid	Eff. area	(m2)	6.938
EMTD	(Deg C)	6.3	Overdesign	(%)	-18.56

Shell Geometry			Baffle Geometry		
TEMA type	(--)	AEU	Baffle type		Single-Seg.
Shell ID	(mm)	154.50	Baffle cut	(Pct Dia.)	35.77
Series	(--)	1	Baffle orientation	(--)	Perpend.
Parallel	(--)	1	Central spacing	(mm)	92.000
Orientation	(deg)	0.00	Crosspasses	(--)	36

Tube Geometry			Nozzles		
Tube type	(--)	Plain	Shell inlet	(mm)	33.985
Tube OD	(mm)	9.520	Shell outlet	(mm)	33.985
Length	(mm)	3600.	Inlet height	(mm)	17.520
Pitch ratio	(--)	1.3333	Outlet height	(mm)	17.520
Layout	(deg)	30	Tube inlet	(mm)	33.985
Tubecount	(--)	66	Tube outlet	(mm)	33.985
Tube Pass	(--)	4			

Thermal Resistance, %		Velocities, m/s			Flow Fractions	
			Min	Max		
Shell	74.51	Tubeside	0.84	0.84	A	0.012
Tube	10.01	Crossflow	0.12	0.33	B	0.607
Fouling	15.01	Longitudinal	0.14	0.24	C	0.091
Metal	0.47				E	0.221
					F	0.068

그림 2-320 제작사 설계 2차 검토 (Output summary)

결과와 함께 아래와 같이 Warning message가 나왔다.

① *The physical properties of the hot fluid have been extrapolated beyond the valid temperature range. Check the calculated values. The thermal analysis requires properties at bulk and skin/wall temperatures.*

② *An internal temperature cross was calculated in the exchanger. The program may not properly handle the reverse heat flow calculations and the results should be used with caution. You should consider changing the terminal process conditions to avoid the internal temperature cross and to allow for an accurate thermal rating.*

첫 번째는 이미 Viscosity 영향을 확인하였다.

두 번째는 열교환기 내부에서 Cold side fluid 온도가 Hot side fluid 온도보다 낮은 부분이 국부적으로 존재한다는 내용이다. 이 이유로 Over-design이 -18.6%까지 떨어졌다. 이 부분은 해결해야 한다.

5) 열교환기 설계개선

제작사가 설계한 열교환기는 MTD 7.8℃로 상당히 낮은 편이다. 또한, 전열 면적 여유도 없었다. 이미 제작되어 공장에 설치될 경우 여름철 성능문제가 발생할 가능성이 크다. 열교환기는 이미 제작되었기 때문에 Cooling water 유량을 증가시켜 MTD를 크게 할 필요가 있다. Cooling water 출구온도를 38℃로 입력하여 Cooling water 소모량을 증가시켰고 그림 2-321은 Xist 결과이다.

Process Conditions		Hot Shellside		Cold Tubeside	
Fluid name			Lube oil		CW
Flow rate	(1000-kg/hr)		3.6000		2.8566
Inlet/Outlet Y	(Wt. frac vap.)	0.0000	0.0000	0.0000	0.0000
Inlet/Outlet T	(Deg C)	50.00	40.00	32.00	38.00
Inlet P/Avg	(kgf/cm2G)	2.472	2.384	3.000	2.718
dP/Allow.	(kgf/cm2)	0.176	0.300	0.564	1.000
Fouling	(m2-hr-C/kcal)		0.000200		0.000200
Exchanger Performance					
Shell h	(kcal/m2-hr-C)	423.49	Actual U	(kcal/m2-hr-C)	325.80
Tube h	(kcal/m2-hr-C)	6068.5	Required U	(kcal/m2-hr-C)	287.75
Hot regime	(--)	Sens. Liquid	Duty	(MM kcal/hr)	0.0171
Cold regime	(--)	Sens. Liquid	Eff. area	(m2)	6.938
EMTD	(Deg C)	8.6	Overdesign	(%)	13.22

그림 2-321 Weep hole을 고려하지 않은 설계개선 결과 (Output summary)

Weep hole에 의한 성능 영향도 확인해야 한다. 열교환기 개조를 최소화하기 위하여 Weep hole 지름 4mm를 적용하였다. 지름 6mm Hole 면적은 28.4mm^{2}이고 지름 4mm Hole 면적은 12.6mm^{2}이다. 6mm Hole 면적의 44%밖에 되지 않는다. 열교환기 설계개선을 표 2-103과 같은 과정을 통하여 Weep hole 성능 영향을 검토하였다.

표 2-103 열교환기 설계개선에 대한 유효 Cooling water 유량 수렴과정

	1st	*2nd*	*3rd*
Flow rate through weep hole [kg/hr]	*0*	*287*	*262*
Flow rate through tubes [kg/hr]	*2,856.6*	*2568.6*	*2594.6*
Total pressure drop [kg/cm²]	*0.564*	*0.467*	*0.475*
MTD [℃]	*8.6*	*8.1*	*8.1*
Over-design	*13.2%*	*6.2%*	*7.0%*

그림 2-322는 Weep hole 성능 영향을 고려한 설계개선 결과이다.

Process Conditions		Hot Shellside		Cold Tubeside	
Fluid name			Lube oil		CW
Flow rate	(1000-kg/hr)		3.6000		2.5946
Inlet/Outlet Y	(Wt. frac vap.)	0.0000	0.0000	0.0000	0.0000
Inlet/Outlet T	(Deg C)	50.00	40.00	32.00	38.60
Inlet P/Avg	(kgf/cm2G)	2.472	2.384	3.000	2.762
dP/Allow.	(kgf/cm2)	0.176	0.300	0.475	1.000
Fouling	(m2-hr-C/kcal)		0.000200		0.000200

Exchanger Performance					
Shell h	(kcal/m2-hr-C)	424.55	Actual U	(kcal/m2-hr-C)	324.65
Tube h	(kcal/m2-hr-C)	5643.7	Required U	(kcal/m2-hr-C)	303.56
Hot regime	(--)	Sens. Liquid	Duty	(MM kcal/hr)	0.0171
Cold regime	(--)	Sens. Liquid	Eff. area	(m2)	6.938
EMTD	(Deg C)	8.1	Overdesign	(%)	6.95

Shell Geometry			Baffle Geometry		
TEMA type	(--)	AEU	Baffle type		Single-Seg.
Shell ID	(mm)	154.50	Baffle cut	(Pct Dia.)	35.77
Series	(--)	1	Baffle orientation	(--)	Perpend.
Parallel	(--)	1	Central spacing	(mm)	92.000
Orientation	(deg)	0.00	Crosspasses	(--)	36

Tube Geometry			Nozzles		
Tube type	(--)	Plain	Shell inlet	(mm)	33.985
Tube OD	(mm)	9.520	Shell outlet	(mm)	33.985
Length	(mm)	3600	Inlet height	(mm)	17.520
Pitch ratio	(--)	1.3333	Outlet height	(mm)	17.520
Layout	(deg)	30	Tube inlet	(mm)	33.985
Tubecount	(--)	66	Tube outlet	(mm)	33.985
Tube Pass	(--)	4			

Thermal Resistance, %		Velocities, m/s			Flow Fractions	
			Min	Max		
Shell	76.47	Tubeside	1.09	1.10	A	0.012
Tube	7.78	Crossflow	0.12	0.33	B	0.605
Fouling	15.27	Longitudinal	0.14	0.24	C	0.092
Metal	0.48				E	0.223
					F	0.068

그림 2-322 Weep hole을 고려한 설계개선 결과 (Output summary)

6) 결과 및 Lessons learned

설계개선 전후 열교환기 성능을 비교하면 표 2-104와 같다.

표 2-104 설계개선 전후 열교환기 성능 비교

	ID × Length [mm]	*Eff. Surface [m²]*	*Cooling water flow rate [kg/hr]*	*Weep hole flow rate [kg/h]*	*Over-design*
개선 전	*154.5 × 3600*	*6.94*	*2447.7*	*466*	*-18.6%*
개선 후	*154.5 × 3600*	*6.94*	*2856.6*	*262*	*7%*

Lube oil cooler와 같은 작은 열교환기를 설계할 때 아래 사항을 고려해야 한다.

✔ *아래 3가지 중 2개에 해당하면 Weep hole에 의한 성능 영향을 평가할 것을 추천한다.*

- *Tube side 유량이 작은 경우*
- *MDT가 낮은 경우*
- *Tube side 열전달계수가 낮은 경우*

✔ *Tube 1~3본만 추가해도 전열 면적이 여유가 많아지므로 전열 면적을 여유 있게 설계한다.*

✔ *Weep hole 지름 4mm를 적용을 추천한다.*

2.7.3. Debutanizer bottom/RFCC feed heat exchanger (Design margin)

열교환기 Datasheet를 검토하다 보면 Design margin에 대한 요구사항을 발견한다. 이러한 Margin은 Process margin이며, 운전 Flexibility를 위하여 혹은 전체 공정의 성능보증(Performance guarantee)을 위하여 요구한다. 운전 중 Up-stream 또는 Down-stream 열교환기를 세척할 수 있다. 이때 Cleaning 되는 열교환기 Duty 전부 또는 일부를 처리할 수 있도록 해당 열교환기에 Design margin을 요구하기도 한다. 대부분 열교환기 Datasheet에 아래와 같이 3가지 유형의 Design margin으로 표기되어 있다.

① 110% on duty and flow rates

Duty와 Hot/Cold fluid rate 모두 10% 증가하여 열교환기를 설계해야 한다. 이때 Over-design이 0% 이상 되도록 열교환기를 설계한다. 이 경우 10% 증가한 유량으로 열전달계수를 계산하기 때문에 100% 유량일 때보다 열전달계수가 크다. 따라서 100% Duty와 100% 유량을 입력하면 Over-design 10%보다 작을 수 있다. 110% 유량으로 설계하기 때문에 설계된 열교환기는 Hydraulic margin을 갖는다.

② 110% duty (110% on heat transfer surface)

Duty와 유량 증가 없이 설계된 전열 면적이 필요한 전열 면적보다 10% 더 넓게 열교환기를 설계해야 한다. 즉 Over-design이 10% 이상 되도록 열교환기를 설계한다. 유량 증가 없이 설계하기 때문에 설계된 열교환기는 Hydraulic margin이 없다.

③ 110% on duty, 115% on shell side flow rate and 120% on tube side flow rate

Duty와 유량 증가 없이 설계된 전열 면적이 필요한 전열 면적보다 10% 더 넓게 열교환기를 설계해야 한다. 즉 Over-design이 10% 이상 되도록 열교환기를 설계한다. 설계된 열교환기에서 15% 증가한 Shell side 유량과 20% 증가한 Tube side 유량으로 각각 Allowable pressure drop을 초과하지 않도록 한다.

참고로 Xist 결과의 Over-design는 식 2-60 또는 2-61에 따라 계산된다. 즉 필요한 전열 면적에 대한 잉여 전열 면적을 퍼센트로 나타낸 것이 Over-design이다.

$$\boldsymbol{Overdesign\%} = \left(\frac{A_{Effective}}{A_{Required}} - 1\right) \times 100 \text{ ----- } (2-60)$$

$$\boldsymbol{Overdesign\%} = \left(\frac{U_{Calculated}}{U_{Required}} - 1\right) \times 100 \text{ ----- } (2-61)$$

이번 예제는 NGL(Natural gas liquid)공정에 설치된 열교환기이다. NGL은 Natural gas condensate라고도 하며 천연가스전에서 천연가스와 같이 생산된다. 이 공정은 NGL를 Ethane, Propane, Butane으로 분리하는 공정이다. 분리된 성분들은 Ethane cracker와 PDH에 원료로 사용된다. 그림 2-323은 NGL fractionation unit의 전형적인 공정도이다. 여기서 Methane을 분리하는 Demethanizer와 Butane을 분리하는 C4-Splitter를 추가하기도 한다.

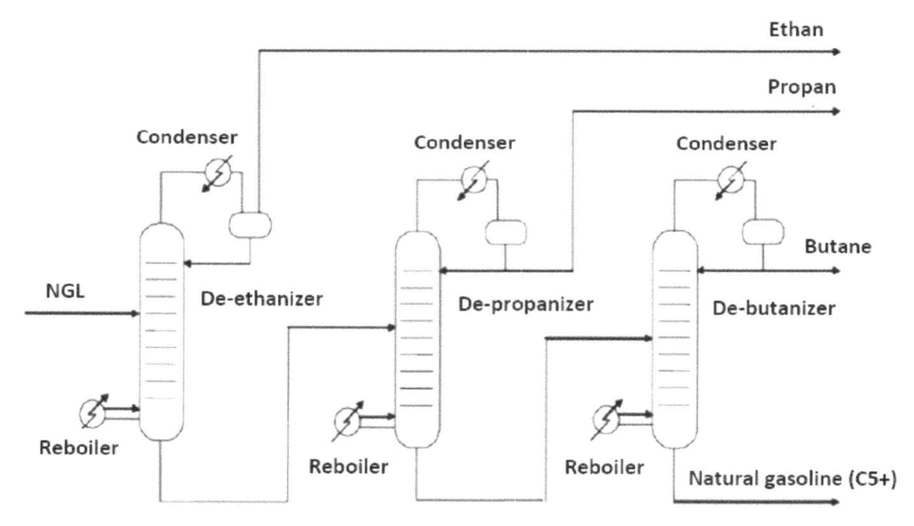

그림 2-323 NGL fractionation unit 공정도

예제의 열교환기는 Debutanizer bottom인 Natural gasoline을 열원으로 RFCC feed 온도를 올려주는 열교환기이다. 열교환기의 설계 운전조건은 표 2-105와 같다.

표 2-105 Debutanizer bottom/RFCC feed heat exchanger 설계 운전조건

	Unit	Hot side		Cold side	
Fluid name		Debutanizer bottom		RFCC feed	
Fluid quantity	kg/hr	1.1 × 419,887		1.1 × 561,741	
Temperature	℃	193	173	152	170
Mass vapor fraction		0	0	0	0
Density, L/V	kg/m³	561.6	590	874.7	865.4
Viscosity, L/V	cP	0.097	0.12	9.0	6.3
Specific heat, L/V	kcal/kg ℃	0.676	0.639	0.555	0.571
Thermal cond., L/V	kcal/hr m ℃	0.071	0.075	0.068	0.066
Inlet pressure	kg/cm²g	21.9		25.7	
Press. drop allow.	kg/cm²	0.5		1.0	
Fouling resistance	hrm² ℃/kcal	0.0004		0.001	
Duty	MMkcal/hr	1.1 × 5.61			
Material		Carbon steel		Carbon steel	
Design pressure	kg/cm²g	30.0		35.9	
Design temperature	℃	209		249	
TEMA type	AES				
Shell Line (in/out)	14"/ 14"	Tube line (in/out)		14"/ 14"	
Design margin: 110% on the specified duty and flow rates. Tube 두께: Average 2.77mm Max. tube 길이 7315mm Max. shell ID 1500mm for removable tube bundle					

1) 사전 검토

Viscosity가 높은 유체는 Shell side로 통과시키는 것이 유리하다. Viscosity가 높은 유체를 Tube side로 통과시키면 Tube side 열전달계수가 낮아져 과도한 전열 면적이 필요하게 된다. 또한, Viscosity가 높은 유체의 Allowable pressure drop을 가능한 한 크게 할당해야 경제적인 설계를 할 수 있고 유속이 높아져 Fouling 경향도 낮아진다.

2) Xist 입력

열교환기 Margin 요구사항이 "110% on the specified duty and flow rates"이므로 그림 2-324와 같이 "Process conditions" 창에 "Duty/flow multiplier"을 1.1로 입력한다.

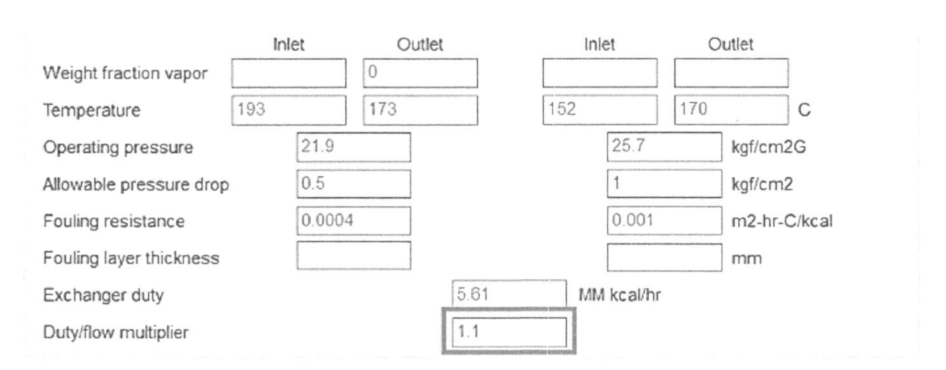

그림 2-324 Duty/flow multiplier 입력 (Process conditions 입력 창)

Impingement device type은 Circular plate로 입력하였다. Impingement device type은 Circular plate, Rectangular plate, Rods 3가지 종류가 있다. 과거 Rectangular plate를 많이 사용하였지만, 요즘 Circular plate를 많이 사용한다. Circular plate를 적용하면 Bundle entrance에서 RhoV^2를 줄일 수 있다. Circular plate와 Rods는 Bundle entrance area 관련 API 660 요구사항을 만족시키는 데 유리하다.

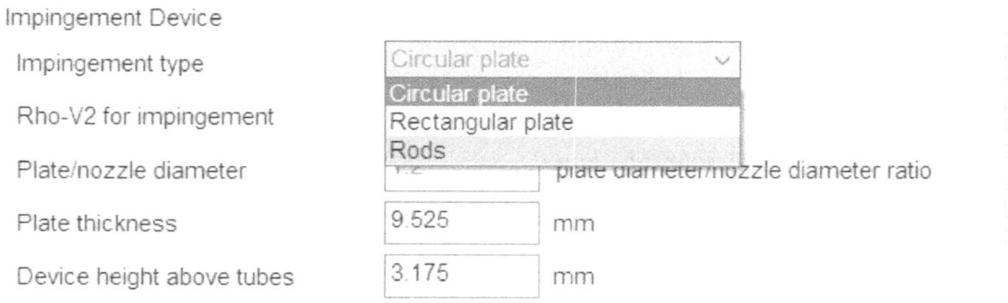

Impingement Device
Impingement type — Circular plate (Circular plate / Rectangular plate / Rods)
Rho-V2 for impingement
Plate/nozzle diameter — plate diameter/nozzle diameter ratio
Plate thickness — 9.525 mm
Device height above tubes — 3.175 mm

그림 2-325 Impingement device type 입력 (Impingement 입력 창)

배관에 설치되는 Reducer 적용을 최소화하기 위하여 노즐을 연결되는 배관과 같은 치수로 먼저 검토하고 문제가 있을 경우만 노즐 치수를 키우거나 줄인다. Shell과 Tube side 모두 연결되는 배관과 같은 치수를 적용하였다.

3) 설계 결과 검토

그림 2-326은 설계 결과로 특별한 Warning message는 없다. Hot side와 Cold side 유체 Property가 외삽되었다는 Message가 있다. Tube skin temperature에서 Property가 외삽된 것으로 Viscosity가 높은 유체를 Heating 하므로 Property 외삽은 성능 결과에 미미한 영향을 준다. Viscosity가 높은 유체를 Cooling 할 경우만 Property 외삽이 성능 결과에 영향을 준다.

Maximum tube 길이와 Maximum shell ID 제한으로 인하여 2 Series 열교환기로 설계하였다. Viscosity가 높은 서비스 열교환기는 Parallel보다 Series로 설계해야 더 경제적이다.

Process Conditions		Cold Shellside		Hot Tubeside	
Fluid name			RFCC FEED		DEBUTANIZER BTM
Flow rate	(1000-kg/hr)		617.92 *		461.88 *
Inlet/Outlet Y	(Wt. frac vap.)	0.0000	0.0000	0.0000	0.0000
Inlet/Outlet T	(Deg C)	152.00	170.00	193.00	173.00
Inlet P/Avg	(kgf/cm2G)	25.700		21.900	21.763
dP/Allow.	(kgf/cm2)	0.968	1.000	0.275	0.500
Fouling	(m2-hr-C/kcal)		0.001000		0.000400

Exchanger Performance					
Shell h	(kcal/m2-hr-C)	588.30	Actual U	(kcal/m2-hr-C)	250.66
Tube h	(kcal/m2-hr-C)	1798.9	Required U	(kcal/m2-hr-C)	246.83
Hot regime	(--)	Sens. Liquid	Duty	(MM kcal/hr)	6.1686
Cold regime	(--)	Sens. Liquid	Eff. area	(m2)	1172.4
EMTD	(Deg C)	21.3	Overdesign	(%)	1.55

Shell Geometry			Baffle Geometry		
TEMA type	(--)	AES	Baffle type		
Shell ID	(mm)	1300.0	Baffle cut	(Pct Dia.)	26.23
Series	(--)	2	Baffle orientation	(--)	Perpend.
Parallel	(--)	1	Central spacing	(mm)	720.00
Orientation	(deg)	0.00	Crosspasses	(--)	9

Tube Geometry			Nozzles		
Tube type	(--)	Plain	Shell inlet	(mm)	330.20
Tube OD	(mm)	25.400	Shell outlet	(mm)	330.20
Length	(mm)	7315.	Inlet height	(mm)	93.400
Pitch ratio	(--)	1.2500	Outlet height	(mm)	106.10
Layout	(deg)	90	Tube inlet	(mm)	330.20
Tubecount	(--)	1082	Tube outlet	(mm)	330.20
Tube Pass	(--)	2			

Thermal Resistance, %		Velocities, m/s	Min	Max	Flow Fractions	
Shell	42.62				A	0.009
Tube	17.82	Tubeside	1.30	1.36	B	0.745
Fouling	37.88	Crossflow	0.73	0.91	C	0.113
Metal	1.68	Longitudinal	0.84	0.92	E	0.133
					F	0.000

그림 2-326 "110% on duty and flow rate" margin 적용한 설계 결과 (Output summary)

설계된 열교환기에 100% 운전조건을 적용하면 그 결과가 어떻게 될까? "Duty/flow multiplier"를 1.1 대신 1.0으로 적용하면 그림 2-327과 같이 Over-design이 6.97%가 된다. Duty와 유량에 동시에 110% 적용은 Surface 110% 적용과 차이가 발생한다. 그 이유는 유량 10%를 동시에 증가시켜 설계하면 유속이 빨라지고 열전달계수가 증가하여 필요한 전열 면적이 작아지기 때문이다.

Process Conditions		Cold Shellside		Hot Tubeside	
Fluid name			RFCC FEED		DEBUTANIZER BTM
Flow rate	(1000-kg/hr)		561.74		419.89
Inlet/Outlet Y	(Wt. frac vap.)	0.0000	0.0000	0.0000	0.0000
Inlet/Outlet T	(Deg C)	152.00	170.00	193.00	173.00
Inlet P/Avg	(kgf/cm2G)	25.700		21.900	21.786
dP/Allow	(kgf/cm2)	0.801	1.000	0.229	0.500
Fouling	(m2-hr-C/kcal)		0.001000		0.000400

Exchanger Performance					
Shell h	(kcal/m2-hr-C)	549.40	Actual U	(kcal/m2-hr-C)	240.06
Tube h	(kcal/m2-hr-C)	1668.1	Required U	(kcal/m2-hr-C)	224.41
Hot regime	(--)	Sens. Liquid	Duty	(MM kcal/hr)	5.6078
Cold regime	(--)	Sens. Liquid	Eff. area	(m2)	1172.4
EMTD	(Deg C)	21.3	Overdesign	(%)	6.97

Shell Geometry			Baffle Geometry		
TEMA type	(--)	AES	Baffle type		
Shell ID	(mm)	1300.0	Baffle cut	(Pct Dia.)	26.23
Series	(--)	2	Baffle orientation	(--)	Perpend.
Parallel	(--)	1	Central spacing	(mm)	720.00
Orientation	(deg)	0.00	Crosspasses	(--)	9

Tube Geometry			Nozzles		
Tube type	(--)	Plain	Shell inlet	(mm)	330.20
Tube OD	(mm)	25.400	Shell outlet	(mm)	330.20
Length	(mm)	7315	Inlet height	(mm)	93.400
Pitch ratio	(--)	1.2500	Outlet height	(mm)	106.10
Layout	(deg)	90	Tube inlet	(mm)	330.20
Tubecount	(--)	1082	Tube outlet	(mm)	330.20
Tube Pass	(--)	2			

Thermal Resistance, %		Velocities, m/s			Flow Fractions	
			Min	Max		
Shell	43.71				A	0.008
Tube	18.41	Tubeside	1.18	1.24	B	0.745
Fouling	36.28	Crossflow	0.67	0.82	C	0.114
Metal	1.61	Longitudinal	0.76	0.84	E	0.133
					F	0.000

그림 2-327 100% on duty and flow rate에 대한 Simulation (Output summary)

4) 다른 Margin을 적용한 설계 결과

Margin 적용에 따라 설계가 어떻게 달라지는 비교하기 위하여 "110% on duty, 110% on shell side & tube side flow rates"을 적용하여 설계해보자. 이 경우 100% Normal operating condition ("Duty/flow multiplier"를 1.0으로 입력)에서 설계 결과 Over-design이 10%이상 나와야 한다. 또 최종설계 결과에 110% Normal operating condition ("Duty/flow multiplier"를 1.1로 입력)을 적용할 때 양쪽 Pressure drop이 Allowable pressure drop을 초과하지 말아야 한다. 그림 2-328은 설계 결과이며, Shell ID가 1360mm로 커졌으며 그만큼 Tube 수량도 늘었다.

Process Conditions		Cold Shellside		Hot Tubeside	
Fluid name			RFCC FEED		DEBUTANIZER BTM
Flow rate	(1000-kg/hr)		561.74		419.89
Inlet/Outlet Y	(Wt. frac vap.)	0.0000	0.0000	0.0000	0.0000
Inlet/Outlet T	(Deg C)	152.00	170.00	193.00	173.00
Inlet P/Avg	(kgf/cm2G)	25.700		21.900	21.798
dP/Allow.	(kgf/cm2)	0.679	1.000	0.204	0.500
Fouling	(m2-hr-C/kcal)		0.001000		0.000400

Exchanger Performance					
Shell h	(kcal/m2-hr-C)	516.55	Actual U	(kcal/m2-hr-C)	230.75
Tube h	(kcal/m2-hr-C)	1561.5	Required U	(kcal/m2-hr-C)	206.49
Hot regime	(--)	Sens. Liquid	Duty	(MM kcal/hr)	5.6079
Cold regime	(--)	Sens. Liquid	Eff. area	(m2)	1274.2
EMTD	(Deg C)	21.3	Overdesign	(%)	11.75

Shell Geometry			Baffle Geometry		
TEMA type	(--)	AES	Baffle type		
Shell ID	(mm)	1360.0	Baffle cut	(Pct Dia.)	27.28
Series	(--)	2	Baffle orientation	(--)	Perpend.
Parallel	(--)	1	Central spacing	(mm)	720.00
Orientation	(deg)	0.00	Crosspasses	(--)	9

Tube Geometry			Nozzles		
Tube type	(--)	Plain	Shell inlet	(mm)	330.20
Tube OD	(mm)	25.400	Shell outlet	(mm)	330.20
Length	(mm)	7315.	Inlet height	(mm)	123.40
Pitch ratio	(--)	1.2500	Outlet height	(mm)	136.10
Layout	(deg)	90	Tube inlet	(mm)	330.20
Tubecount	(--)	1176	Tube outlet	(mm)	330.20
Tube Pass	(--)	2			

Thermal Resistance, %		Velocities, m/s			Flow Fractions	
			Min	Max		
Shell	44.68				A	0.007
Tube	18.90	Tubeside	1.09	1.14	B	0.757
Fouling	34.87	Crossflow	0.64	0.79	C	0.106
Metal	1.55	Longitudinal	0.69	0.76	E	0.129
					F	0.000

그림 2-328 "110% on duty, 110% on shell side & tube side flow rates" Margin 적용한 설계 결과 (Output summary)

5) 결과 비교 및 Lessons learned

두 가지 종류의 Design margin을 적용한 열교환기를 정리하면 표 2-106과 같다. 110% surface margin을 적용한 경우 Calculated heat transfer coefficient가 작은 것을 확인할 수 있다.

표 2-106 Margin 적용에 따른 열교환기 설계 결과 비교

Margin 기준	*ID × Length [mm]*	*Surface [m²]*	*Tubes*	*Calculated HTC [Kcal/m²-hr-°C]*	*MTD [°C]*
110% on duty and Flow rates	*1300 × 7315*	*1172.4*	*1082*	*250.66*	*21.3*
110% surface, 110% on flow rates	*1360 × 7315*	*1274.2*	*1176*	*230.75*	*21.3*

만약 100% Normal operation에서 두 가지 설계의 각 출구온도는 어떻게 될까? 공정 유체 간 열교환하는 열교환기들은 열 회수를 목적으로 적용된 열교환기이다. 따라서 열교환기를 제어하지 않고 최대한 열교환하여 고온 유체로부터 에너지를 회수한다.

실제 운전을 Simulation 하려면 "Input summary" 입력 창의 "Case mode"를 Simulation mode로 설정하고 Duty, Hot side와 Cold side 출구온도를 공란으로 실행하면 출구온도가 계산된다. 그 결과를 표 2-107에 정리하였다. 전열 면적 차이와 비교하면 출구온도의 차이는 거의 없다. 운전조건에 따라 결과가 달라질 수 있지만, 이 예제의 경우 "110% on duty and flow rates" 적용만으로 충분하다.

표 2-107 Margin 적용에 따른 출구온도 비교

Margin 기준	*ID × Length [mm]*	*Surface [m²]*	*Duty [MMkcal/hr]*	*Outlet Temperature Hot / Cold [°C]*
110% on duty and Flow rates	*1,300 × 7,315*	*1,172.4*	*5.75*	*172.2 / 170.2*
110% surface, 110% on flow rate	*1,360 × 7,315*	*1,274.2*	*5.87*	*171.7 / 170.6*

2.7.4. 배관 Heat gain

이번 예제는 원유저장용 Cavern에 설치된 펌프 모터를 냉각시키기 위한 냉매 배관 Heat gain을 해석하는 것이다. 그림 2-329와 같이 원유저장용 Cavern 내부에 설치된 펌프 모터를 냉각하기 위하여 냉매 34% Propylene glycol 수용액 5m³/hr를 공급한다. 냉매는 3" 배관을 통하여 펌프 모터에 30℃로 공급되고 56℃ Hot oil을 지나면서 열을 받는다. 펌프 모터로부터 온도 2.5℃ 상승에 해당하는 열을 받아 Chiller package로 돌아가면서 다시 Hot oil로부터 열을 받는다. Chiller package 용량에 Margin을 부여하기 위하여 냉매는 Hot oil 대신 Hot water를 통과하는 것으로 열전달 해석이 요구되었다. Hot water는 Hot oil보다 열전달이 잘되므로 냉매는 실제보다 더 많은 열을 받는 것으로 계산된다. 냉매가 통과하는 3" 배관 중앙으로 모터 전원용 45.1mm 지름의 Cable이 지나간다. Chiller package는 냉매가 받은 총 열을 처리할 수 있도록 구매될 것이다.

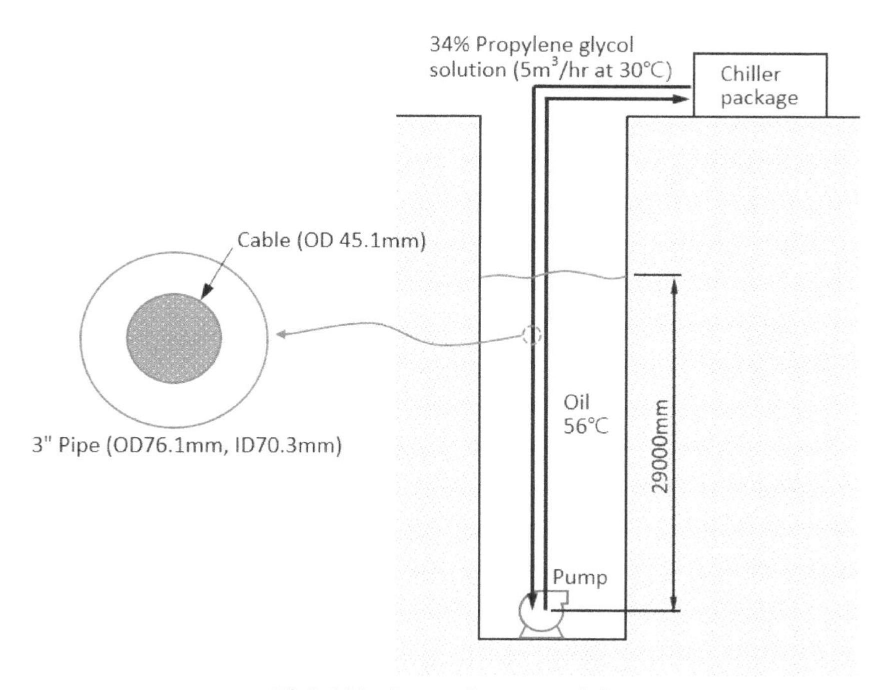

그림 2-329 펌프 모터 cooling 개략도

34% Propylene glycol 수용액의 Property는 표 2-108을 적용한다.

표 2-108 냉매 Property

Temp. [℃]	*Density [kg/m³]*	*Viscosity [cP]*	*Capacity [kJ/kg ℃]*	*Conductivity [W/m- ℃]*
30	1005.3	1.664	3.602	0.3094
35	1002.8	1.428	3.615	0.3096
40	1000.2	1.239	3.623	0.3098
45	997.6	1.085	3.632	0.3099
50	994.8	0.959	3.644	0.31
55	992	0.854	3.653	0.3101
Avg.	998.8	1.205	3.628	0.310

1) 사전 검토

열전달 해석을 하려면 먼저 냉매와 Hot oil 사이 열전달 Mechanism을 따져봐야 한다. 3" 배관 내부 강제대류 열전달과 외부 자연대류 열전달이 발생한다. 3" 배관 내부에 Cable이 지나가므로 냉매가 흐르는 단면적은 그림 2-330과 같이 Annular 형상이 된다. Annular에서 강제대류 Reynolds number와 Nusselt number는 4.10장 각각 식 4-16와 4-17에 따라 계산한다. 이 식들은 배관 내경을 포함하는데 Annular hydraulic diameter를 적용하여 계산해야 한다. Hydraulic diameter는 식 2-62에 따라 계산한다.

$$D_h = \frac{4\,A_c}{p} = \frac{(D_o^2 - D_i^2)}{(D_o + D_i)} \quad - - - - - (2-62)$$

Where,

D_h: Hydraulic diameter

A_c: Cross-sectional area

P: Wetted peripheral

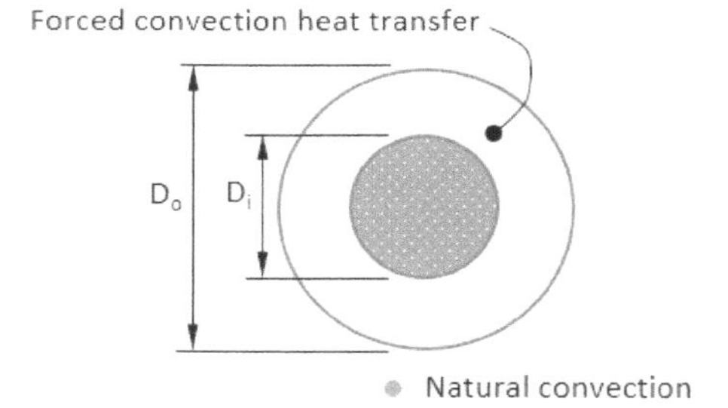

그림 2-330 Annular hydraulic diameter

Annular 내경은 D_o가 되고 Cable 외경이 D_i가 된다. 냉매는 Cable과 열교환하지 않으므로 Annular 내경을 단열(Adiabatic)로 고려할 수 있다. Annular에서 한쪽 면이 단열일 경우 계산된 Nusselt number에 식 2-63에 따라 계산된 보정 계수(F_i)를 곱해주어야 한다. 3" 긴 수직 배관에 외부 자연대류 열전달계수는 식 4-26을 이용하여 계산한다.

$$F_i = 0.86\left(\frac{D_o}{D_i}\right)^{0.16} \quad - - - - - (2-63)$$

2) 1차 열전달 해석

Step 1. 내부 강제대류 열전달계수 계산

내부 강제대류 열전달계수는 온도에 따라 큰 변화가 없다. 따라서 냉매 평균온도에서 열전달계수를 계산하여 전체 3" 배관에 적용한다. 3" 배관과 Cable에 의해 형성되는 Annular hydraulic diameter를 식 2-62에 따라 계산하고, 식 4-16과 4-18에 따라 각각 Reynold number와 Prandtl number를 계산하면 아래와 같다. 먼저 냉매 유속을 계산한다.

$$Cold\ utility\ velocity = \frac{Volumn\ flow\ rate}{Flow\ cross\ sectional\ area} = \frac{5/3600}{\pi \times (0.0703^2 - 0.0451^2)/4} = 0.6081 m/sec$$

$$Hydraulic\ diameter = \frac{(D_o^2 - D_i^2)}{(D_o + D_i)} = \frac{(0.0703^2 - 0.0451^2)}{(0.0703 + 0.0451)} = 0.0252 mm$$

$$Reynold\ number = \frac{\rho\ v\ D}{\mu} = \frac{998.8 \times 0.6081 \times 0.0252}{0.001205} = 12703$$

$$Prandtl\ number = \frac{C_p\ \mu}{k} = \frac{3628 \times 0.001205}{0.310} = 14.11$$

3" 배관 내부 강제대류에서 Nusselt number를 식 4-23, Nusselt number에 적용하는 보정계수를 식 2-63에 따라 각각 계산한 후 Corrected Nusselt number를 계산한다. 계산 결과는 아래와 같다. Nusselt number 계산에서 Viscosity correction은 영향이 미미하므로 1로 고려한다.

$$Nusselt\ number = 0.025 \times Re^{0.79} \times Pr^{0.42} \times \emptyset_h = 0.025 \times 12703^{0.79} \times 14.11^{0.42} \times 1 = 134.38$$

$$Correction\ factor\ for\ Nusselt\ number = 0.86\left(\frac{D_o}{D_i}\right)^{0.16} = 0.86 \times \left(\frac{0.0703}{0.0451}\right)^{0.16} = 0.9233$$

$$Corrected\ Nusselt\ number = 0.9233 \times 134.38 = 124.08$$

Corrected Nusselt number로부터 내부 강제 열전달계수를 식 4-17에 따라 계산하면 아래와 같다.

$$Internal\ heat\ transfer\ coefficient = \frac{k \times Nu}{D} = \frac{0.310 \times 124.98}{0.0252} = 1525\ W/m^2{}^\circ C$$

Step 2. 외부 자연대류 열전달계수 계산

Hot oil 대신 Hot water를 적용하여 자연대류 열전달계수를 계산한다. Water property는 열전달 격막 온도에서 Property를 사용해야 한다. Hot water 온도는 56℃, 냉매 입구온도는 30℃이고 냉매 출구온도를 55℃로 가정한다. 열전달 격막 온도는 평균온도 47℃로 가정한다. HTRI VMGThermo(Steam 97)를 이용하여 Water property를 도출하면 표 2-109와 같다.

표 2-109 Water property

Temp. [℃]	*Density* [kg/m³]	*Viscosity* [cP)	*Capacity* [kJ/kg℃]	*Conductivity* [W/m-℃]
30	995.5	0.797	4.177	0.615
47	989.6	0.672	4.179	0.627
56	985.8	0.504	4.18	0.646

Grashof number를 계산하기 위해서 식 4-25에 따라 Coefficient of volume expansion을 계산한다.

$$Coefficient\ of\ volume\ expansion = \frac{-2}{\rho_1+\rho_2}\left(\frac{\rho_1-\rho_2}{T_1-T_2}\right) = \frac{-2}{995.5+985.8}\left(\frac{995.5-985.8}{30-56}\right) = 0.000377$$

Kinematic viscosity와 배관 표면 온도 또한 필요하다. Kinematic viscosity는 Dynamic viscosity를 Density로 나누어 계산되고, 배관 표면 온도는 평균온도 47℃로 가정한다. Kinematic viscosity 계산 시 단위에 주의한다.

$$Kinematic\ viscosity = \frac{Dynamic\ viscosity}{Density} = \frac{0.672\ \times 0.001}{989.6} = 6.79\times10^{-7}\ m^2/sec$$

Grashof number를 식 4-19에 따라, Prandtl number를 식 4-18에 따라 각각 계산하고 두 값을 곱하여 Rayleigh number를 계산한다.

$$Grashof\ number = \frac{g\ \beta\ (T_b-T_w)L^3}{\gamma^2} = \frac{9.81\times0.000377\times(56-47)\times29^3}{0.000000679^2} = 1.7586\times10^{15}$$

$$Prandtl\ number = \frac{C_p\ \mu}{k} = \frac{4177\times0.000672}{0.627} = 4.477$$

$$Rayleigh\ number = Gr\ Pr = 1.7586\times10^{15}\times4.477 = 7.8728\times10^{15}$$

식 4-26을 수직 배관 자연대류에 적용하려면 "$D/H \geq 35/Gr^{1/4}$"를 만족해야 한다. 아쉽게 이를 만족하지 못하여 수직 배관 외부 자연대류식을 인터넷을 통하여 찾으려고 했지만 그렇지 못했다. Project schedule을 고려하여 더는 시간을 들이지 않고 식 4-26을 적용하기로 했다. 과거 긴 수직 배관에 대한 외부 자연대류를 CFD로 Simulation 수행한 경험이 있는데 식 4-26을 적용했을 때보다 열전달이 더 발생되었다. 이번 열전달 해석 목적상 열전달이 더 발생하면 보수적인 접근이 된다.

$$Nusselt\ number = \left\{0.825 + \frac{0.387Ra_L^{1/6}}{[1+(0.492/Pr)^{9/16}]^{8/27}}\right\}^2 = \left\{0.825 + \frac{0.387 \times (7.8728 \times 10^{15})^{1/6}}{[1+(0.492/4.477)^{9/16}]^{8/27}}\right\}^2 = 25900$$

계산된 Nusselt number로부터 외부 자연대류 열전달계수를 식 4-17에 따라 계산하면 아래와 같다.

$$External\ heat\ transfer\ coefficient = \frac{k \times Nu}{L} = \frac{0.627 \times 25900}{29} = 560.0\ W/m^2{}^\circ C$$

Step 3. 총괄 열전달계수 계산

Clean condition이 Governing case이므로 총괄 열전달계수를 계산할 때 Fouling factor를 고려하지 않는다. 배관 두께를 통한 전도 열전달 저항은 배관 내부와 외부 대류 열전달 저항과 비교하면 매우 낮으므로 이 또한 고려하지 않았다. 따라서 총괄 열전달 식 4-15를 아래와 같이 간단히 표현할 수 있다.

$$\frac{1}{U_o} = \frac{1}{h_o} + \frac{1}{h_i}\left(\frac{D_o}{D_i}\right) = \frac{1}{560.0} + \frac{1}{1525}\left(\frac{0.0761}{0.0703}\right) = 0.002495\ m^2{}^\circ C/W = \frac{1}{400.7\ W/m^2{}^\circ C}$$

Step 4. LMTD 계산

앞서 냉매 출구온도는 55℃로 가정하였다. Hot water와 냉매 Temperature profile은 그림 2-332와 같이 작도된다.

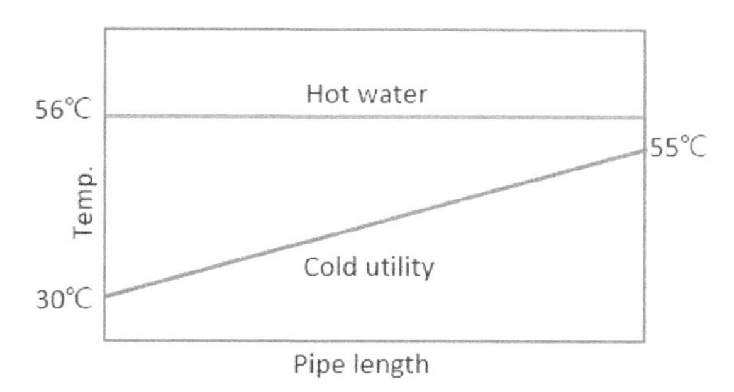

그림 2-331 Temperature profile

그림 2-331을 참고하여 식 4-31에 따라 LMTD를 계산한다.

$$LMTD = \frac{\Delta T1 - \Delta T2}{ln\left(\frac{\Delta T1}{\Delta T2}\right)} = \frac{(56-30)-(56-55)}{ln\left(\frac{(56-30)}{(56-55)}\right)} = 7.673^\circ C$$

Step 5. 전열 면적 및 Heat gain 계산

3" 배관이 펌프까지 내려왔다 다시 올라가므로 총 배관 길이 58m에 대한 외부표면 면적을 계산 후 Heat gain을 계산한다.

$$Area = \pi \times Pipe\ OD \times Pipe\ length = \pi \times 0.0761 \times 58 = 13.8664\ m^2$$

$$Heat\ gain = U_o \times LMTD \times Area = 401 \times 7.673 \times 13.8664 = 42638\ W$$

총 Heat gain은 계산된 값에 펌프에서 얻은 2.5℃ 온도 상승에 해당하는 Heat gain 12,665W를 포함하여 55,303W가 된다.

Step 6. 냉매 출구온도 및 배관 외부표면 온도 계산

냉매 출구온도를 계산하려면 Mass flow rate가 필요하다. 펌프에서 Volume flow rate는 $5m^3/hr$이고 Density는 $1005.3kg/m^3$이므로 Mass flow rate는 5025.5kg/hr(1.396kg/sec)이다. 냉매 온도 상승을 "ΔT"로 Heat gain을 식으로 표현하면 아래와 같다.

$$Heat\ gain = Mass\ flow\ rate \times Heat\ capacity \times \Delta T$$

$$55303W = 1.396\ kg/sec \times 3628\ J/kg℃ \times \Delta T$$

$$\Delta T = 10.92℃$$

냉매 출구온도는 40.92℃가 계산되고 냉매 평균온도는 35.46℃이다. 배관 외벽 표면 온도는 열전달계수 비율과 냉매와 Hot water 평균온도 차에 의해 계산될 수 있다. 냉매와 Hot water 평균온도 차는 20.54℃이고 내부와 외부 열전달계수는 각각 $1525W/m^2℃$와 $560.0W/m^2℃$이다. 배관 표면 온도는 열전달이 잘 되는 쪽 온도에 가까울 것이다.

$$Pipe\ \ temp. = Hot\ water\ temp. - \Delta T \times \frac{In\ HTC}{In\ HTC + Out\ HTC} = 56 - 20.54 \times \frac{1525}{1525 + 560.0} = 40.97\ ℃$$

Step 7. 반복계산

지금까지 계산한 Heat loss는 냉매 출구온도 55℃, 배관 표면 온도 47℃를 가정하여 계산된 결과다. 가정한 냉매 출구온도와 배관 표면 온도가 Step 6에서 계산된 값과 불일치하므로 Step 2 Grashof number 계산부터 Step 6 계산과정을 냉매 출구온도와 배관 표면 온도가 수렴할 때까지 반복 계산한다. Property에 의한 열전달계수 차이는 미미하므로 반복계산에 포함하지 않아도 된다. 표 2-110은 초기 계산과 최종 계산을 비교하여 보여주고 있다.

표 2-110 초기 계산과 최종 계산 비교

	Heat gain[W]	*LMTD [℃]*	*Overall HTC [W/m² ℃]*	*Outside HTC [W/m² ℃]*	*Cold outlet temp. [℃]*	*Pipe temp. [℃]*
가정치	-	-	-	-	55	47
초기 계산	55,302	7.67	400.7	560	40.92	40.97
최종 계산	97,275	14.32	426.2	611.1	49.2	44.3

3) 2차 열전달 해석

1차 열전달 해석에서 자연대류 열전달을 계산할 때 전체 3" 배관 평균온도로 계산했다. 그러나 냉매 온도와 배관 표면 온도는 배관 길이에 따라 점차 올라간다. 즉 냉매 온도가 30℃일 때 Grashof number는 크지만, 냉매 온도가 올라갈수록 Grashof number는 줄어들어 자연대류 열전달계수는 점차 낮아진다. 이런 자연대류 열전달계수의 변화로 인하여 1차 열전달 해석결과가 정확하지 않을 수 있다. 이를 확인하려면 배관 58m를 일정 간격으로 나누어 계산한다. 첫 번째 배관 구간에 대하여 1차 열전달 해석 방법으로 냉매 출구온도를 구하고 계산된 출구온도가 두 번째 배관 구간의 냉매 입구온도가 된다. 다시 두 번째 배관 출구온도를 계산하고 이 온도가 세 번째 배관 구간의 냉매 입구온도가 된다. 이런 식으로 마지막 배관 구간까지 온도를 연결해서 열전달 해석을 하면 된다. 그러나 이를 수 계산으로 수행하려면 많은 시간이 소요될 것이다.

그림 2-332는 Excel을 이용하여 배관 길이를 나누어 계산한 결과다. 이번에 배관 표면 온도를 계산하기 위해 Heat flux를 이용하였다. 열전달이 평형상태일 때 내부와 외부 Heat flux는 같다. 두 Heat flux가 같아질 때까지 배관 표면 온도를 Excel 목표값 찾기 기능을 이용하여 계산하였다. 그림에서 2개 "Cold outlet temp."를 볼 수 있을 것이다. 1차 열전달 해석에서 설명했듯이 Heat gain과 냉매 출구온도를 계산하려면 입력 데이터로써 냉매 출구온도를 가정해야 한다. 첫 번째 "Cold outlet temp."의 Cell 값으로 두 번째 "Cold outlet temp."의 Cell 값이 참조되어 있다. 즉 계산된 결과를 입력값으로 사용하는 것이다. 이를 Excel에서 구현하려면 Excel 파일 메뉴에서 옵션을 선택한 후 수식 탭에서 "반복 계산 옵션"을 체크하면 된다. 두 번째 배관 "Cold inlet temp."의 Cell 값으로 첫 번째 배관 구간 "Cold outlet temp."의 Cell 값을 참조함으로 구간별 냉매 온도를 연결하였다.

		Heat gain from hot water (Supply pipeline)							Heat gain from hot water (Return pipeline)					
Elevation from liquid level		-5m	-10m	-15m	-20m	-25m	-29m		-25m	-20m	-15m	-10m	-5m	0m
Cold inlet temp	C	30.00	32.72	35.10	37.19	39.04	40.67	41.83	44.30	45.14	46.10	46.95	47.71	48.40
Pipe temp.	C	38.3	40.0	41.5	42.8	44.0	45.0		47.4	48.0	48.6	49.2	49.7	50.2
Hot water temp.	C	56.0	56.0	56.0	56.0	56.0	56.0		56.0	56.0	56.0	56.0	56.0	56.0
Pipe OD	m	0.0761	0.0760	0.0760	0.0760	0.0760	0.0760	Pump motor heat gain	0.1	0.1	0.1	0.1	0.1	0.1
Pipe length	m	5.0	5.0	5.0	5.0	5.0	4.0		4.0	5.0	5.0	5.0	5.0	5.0
Cable OD	m	0.0451	0.0451	0.0451	0.0451	0.0451	0.0451		0.0	0.0	0.0	0.0	0.0	0.0
Inside HTC	W/m2-C	1525.4	1525.4	1525.4	1525.4	1525.4	1525.4		1525.4	1525.4	1525.4	1525.4	1525.4	1525.4
Outside HTC	W/m2-C	700.6	677.9	656.3	635.9	616.4	598.0		550.9	538.6	523.8	509.7	496.1	483.2
Overall HTC	W/m2-C	467.9	457.7	447.8	438.2	428.8	419.8		396.1	389.6	381.8	374.3	366.9	359.8
Heat flux of inside		-12658.9	-11066.4	-9703.6	-8530.3	-7516.6	-6639.5		-4760.7	-4342.4	-3873.4	-3462.6	-3102.3	-2785.7
Heat flux of outside		12401.4	10864.5	9543.1	8403.7	7419.2	6565.6		4725.7	4314.0	3857.7	3456.5	3102.9	2790.6
Area	m2	1.195	1.194	1.194	1.194	1.194	0.955		1.0	1.2	1.2	1.2	1.2	1.2
Cold outlet temp	C	32.72	35.10	37.19	39.04	40.67	41.83		45.14	46.10	46.95	47.71	48.40	49.02
LMTD	C	24.62	22.07	19.84	17.87	16.13	14.74		11.27	10.37	9.47	8.66	7.94	7.29
Heat gain	W	13769	12059	10604	9347	8260	5910	12500	4264	4825	4318	3871	3478	3131
Temp. rise	C	2.72	2.38	2.09	1.85	1.63	1.17	2.47	0.84	0.95	0.85	0.76	0.69	0.62
Cold outlet temp	C	32.72	35.10	37.19	39.04	40.67	41.83	44.30	45.14	46.10	46.95	47.71	48.40	49.02
total duty	W	59950						12665	23887					
Total temp difference	C	11.83						2.47	4.72					

그림 2-332 Excel을 이용한 Heat gain 열전달 해석결과

4) 결과 및 Lessons learned

1차와 2차 열전달 해석결과를 비교하면 표 2-111과 같다. 이번 예제에 두 방법의 결과는 유사하다.

표 2-111 1차, 2차 열전달 해석결과 비교

	Heat gain[W]	*LMTD [℃]*	*Overall HTC [W/m² ℃]*	*Outside HTC [W/m² ℃]*	*Cold outlet temp. [℃]*	*Pipe temp. [℃]*
1차 해석	*97,275*	*14.32*	*426.2*	*611.1*	*49.2*	*44.3*
2차 해석	*96,502*	*24.62~7.29*	*467.9~359.8*	*700.6~483.2*	*48.4*	*38.3~50.2*

이번 예제를 통하여 열전달 해석 업무를 수행하려면 아래 사항을 고려해야 한다.

- ✔ *원형 단면을 갖고 있지 않은 형상의 관에서 열전달 해석할 때 Hydraulic diameter를 사용한다.*
- ✔ *표면 온도 변화에 따라 자연대류 열전달계수는 변하므로 배관의 Heat gain 또는 Heat loss를 계산할 때 구간을 나누어 열전달 해석이 필요할 경우도 있다.*
- ✔ *열전달 해석 목적에 따라 진보 혹은 보수적인 계산방법으로 접근해야 한다. 적용하려는 계산방법이 진보적인지 보수적인지 인지하려면 열전달 이론에 대한 이해가 필요하다.*
- ✔ *복잡한 형상의 열전달 해석은 CFD를 이용한다.*

3

HTRI 유용한 팁

HTRI data transfer

HTRI 프로그램에 잘 알려지지 않은 기능들이 있다. 이 기능들을 사용하면 반복적인 업무를 줄이고 시간을 절약하며 알아보기 쉽게 결과를 얻을 수 있다. HTRI는 Excel과 매우 호환성이 좋다. 사용자가 Excel visual basic application을 다룰 줄 안다면, 자신만의 HTRI와 연관된 Tool을 만들 수 있다. HTRI를 사용하면서 경험한 유용한 4가지 팁을 소개하고자 한다.

3.1. Parametric study

HTRI는 HTRIParametricStudy.xlsm이라는 무료 Excel 매크로 파일을 제공한다. HTRI website, Support 메뉴 Knowledge base(https://www.htri.net/knowledge-base)에서 이 파일을 내려받을 수 있다. 이 파일은 Excel에서 HTRI calculation engine을 사용하여 HTRI 열교환기 파일을 실행하고 결과를 볼 수 있다. 예를 들어 이 파일을 이용하여 Cooling water 온도 변화에 따라 Process 출구온도 변화를 한 번에 계산할 수 있고, 운전시간에 따라 열교환기 Fouling 경향성을 볼 수 있으며, 열교환망 모사를 수행할 수 있다. 즉 사용자가 이 파일을 응용하여 복잡한 업무를 쉽고 간결하게 사용할 수 있다. 이번 예제는 이 파일을 이용하여 CDU Preheating train 열교환망 모사를 수행해 볼 것이다.

그림 3-1은 CDU 공정도이다. CDU는 원유를 LPG, Naphtha, Kerosene, Gas oil, Reside(Fuel oil)로 분리하는 정유공장에서 가장 기본이 되는 공정이다. 원유저장 탱크로부터 원유를 Run-down stream과 Pump around stream 열을 이용하여 100~155℃까지 온도를 올려 Desalter로 보낸다. Desalter에서 원유로부터 NaCl, $CaCl_2$, $MgCl_2$ 등 염화물을 제거한다. 원유를 다시 Run-down stream과 Pump around stream으로 열교환시켜 260~300℃까지 온도를 올려 Fired heater (Charge heater)로 보낸다. Reflash drum 또는 Column을 설치하여 Fired heater로 들어가기 전 원유로부터 일부 Light hydrocarbon을 미리 분리할 수도 있다. Fired heater로 들어간 원유 온도를 약 350~390℃까지 올린 후 Crude distillation column으로 보낸다. 원유는 Distillation column 상부로부터 하부까지 LPG, Naphtha, Kerosene, Gas oil, Residue로 분리된다. Distillation column 성능을 만족시키고 제품 Specification을 맞추기 위하여, Distillation column 상부에 Overhead condenser, Reflux drum을 설치하며, Column side에 각종 Pump around pump, cooler, stripper와 Bottom에 Steam stripping 설비가 구비되어 있다. 각종 Run-down stream은 다음 공정의 원료나 저장을 위하여 일정 온도 이하로 낮춰져야 한다. Distillation column에서 나온 Run-down stream과 Pump around stream들은 원유 온도를 올리는데 좋은 열원이 된다. 이렇게 원유를 Run-down stream과 Pump around stream으로 열교환하기 위하여 많은 열교환기가 배열되어 있다. 이런 열교환기 배열을 Preheating train(열교환망)이라고 한다. Preheating train을 통하여 최대한 원유 온도를 올리고 나머지 Distillation column의 필요한 온도까지 Fired heater를 이용한다. Residue는 Fuel oil로 사용되는 경우도 있지만, 대부분 VDU(Vacuum distillation unit)를 거쳐 분리되지 못한 Gas oil 성분들을 회수한다. VDU에서 분리된 Run-down stream도 CDU의 Product와 같이 일정 온도 이하로 낮춰야 하므로 CDU Preheating train의 열원으로 이용된다.

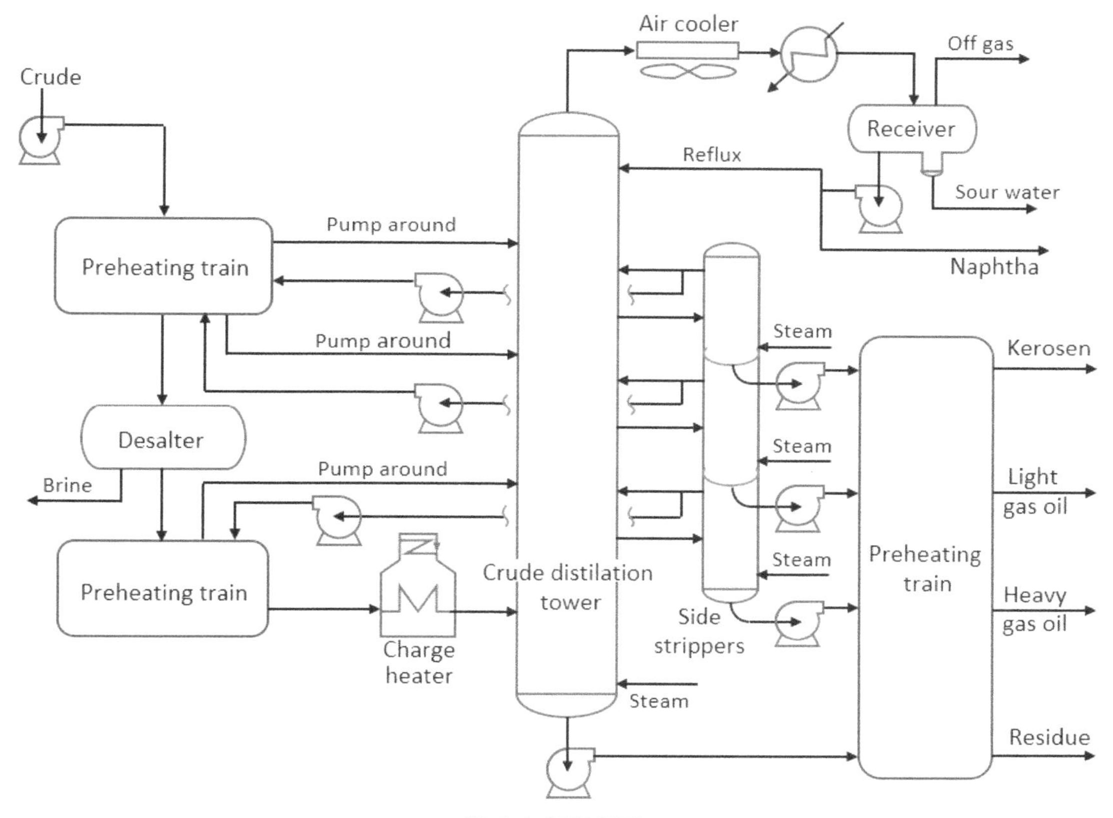

그림 3-1 CDU 공정도

CDU 공정을 시운전할 때 운전온도까지 도달하기 위하여 원유를 낮은 온도로부터 천천히 순환시켜 온도를 높여준다. 원유는 원유저장 Tank로부터 출발하여 몇 개 열교환기를 거쳐 Fired heater를 통과하면서 온도가 올라가고 Distillation column으로 유입된다. 유입된 원유 중 일부 가벼운 성분이 분리되고 나머지는 다시 원유가 지나갔던 몇 개의 열교환기 반대 Side를 지나가면서 차가운 원유와 열교환하고 원유저장 Tank로 되돌아간다.

이번 예제는 시운전 과정을 모사하는 것이다. 40℃ 원유를 3개 열교환기를 통과시켜 온도를 올린 후 Fired heater에서 원유를 170℃까지 올린다. 170℃ 원유는 Distillation column에서 일부 Light hydrocarbon과 Heavy hydrocarbon으로 기액 분리되면서 160℃ 온도로 떨어진다. 160℃ Heavy hydrocarbon 액체는 Residue 배관에 설치된 3개 열교환기를 거치면서 온도가 떨어지고, 원유저장 Tank로 되돌아가기 전 Tempered water cooler에서 한 번 더 온도가 떨어진다. 이때 원유는 Fired heater로 들어가기 전에 몇 도까지 올라가며, 원유저장 탱크로 되돌아가기 전 몇 도까지 떨어지는지 검토 요청받았다. 원유저장 Tank 설계온도가 55℃이므로 되돌아가는 원유 온도는 55℃보다 낮아야 한다. 그렇지 않으면 다른 저장 Tank를 이용해야 한다.

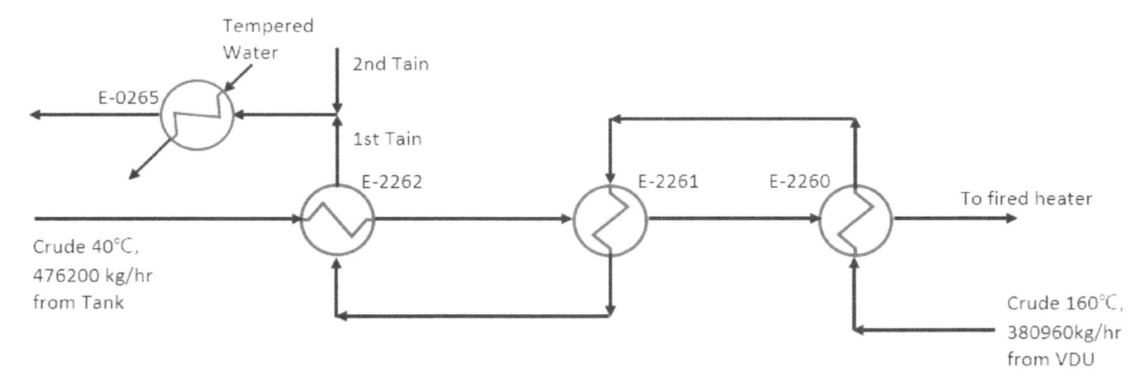

그림 3-2 원유 온도를 올리기 위한 시운전 Scheme

그림 3-2는 시운전 동안 원유 온도를 올리기 위한 열교환기 구성을 보여준다. CDU Preheating train은 2개의 Train으로 구성되어 있으며 Hot side의 Train 당 유량은 380,960kg/hr이고 Cold side 유량은 476200kg/hr이다. 따라서 E-0265 열교환기의 Hot side 유량은 2 × 380,960kg/hr가 된다. 여기에 4개 열교환기가 이용되며 열교환기 설계 데이터는 표 3-1에서 표 3-4와 같이 제공되었다. E-0265 열교환기가 사용하는 Tempered water 유량과 입구온도는 표 3-4에 나와 있다. 표에서 입구압력은 정상 운전조건에서 운전압력으로 계산에 영향을 주지 않으므로 표에 표기된 운전압력 그대로 적용한다.

표 3-1 E-2260 열교환기 데이터

	Unit	Hot side / Tube side	Cold side / Shell side
Inlet pressure	*Barg*	*27.1*	*31.3*
Material		*316SS*	*Low alloy (12 Cr)*
Design pressure	*Barg*	*35*	*45*
Design temperature	*℃*	*405*	*375*
Passes		*6*	*1*
TEMA type	*AET*	*Shell ID*	*1430mm*
Tube length	*7315mm*	*No. of tubes*	*1436*
Tube OD / Thickness	*19.05mm / 1.651mm*	*Pitch / Pattern*	*25.4mm / 90°*
Baffle cut	*H-17.7%(NTIW)*	*No. of cross passes*	*11*
Baffle center space	*515mm*	*Impingement device*	*Circular plate*
Shell nozzle (in/out)	*14"/14"*	*Tube nozzle (in/out)*	*12"/ 12"*
Tube sheet thickness	*540mm for both*	*No of shells*	*2 series, 2 parallel*
Baffle thickness	*6.5mm*	*Pairs of seals*	*5 Pairs of seal strips*

표 3-2 E-2261 열교환기 데이터

	Unit	Hot side / Tube side		Cold side / Shell side
Inlet pressure	Barg	27.1		31.3
Material		Low alloy (12Cr)		Low alloy (5Cr)
Design pressure	Barg	35		45
Design temperature	℃	375		332
Passes		10		1
TEMA type	AET		Shell ID	1305mm
Tube length	6706mm		No. of tubes	706
Tube OD / Thickness	25.4mm / 2.77mm		Pitch / Pattern	31.75mm / 90°
Baffle cut	H-18%(NTIW)		No. of cross passes	9
Baffle center space	620mm		Impingement device	Circular plate
Shell nozzle (in/out)	14"/14"		Tube nozzle (in/out)	10"/ 10"
Tube sheet thickness	406mm for both		No of shells	1 series, 2 parallel
Baffle thickness	9.5mm		Pairs of seals	5 Pairs of seal strips, 8 × 25.4mm seal rods

표 3-3 E-2262 열교환기 데이터

	Unit	Hot side / Shell side		Cold side / Tube side
Inlet pressure	Barg	23.1		39
Material		Low alloy (5Cr)		Low alloy (5Cr)
Design pressure	Barg	35		45
Design temperature	℃	355		300
Passes		1		2
TEMA type	AET		Shell ID	1445mm
Tube length	6096mm		No. of tubes	1090
Tube OD / Thickness	25.4mm / 2.77mm		Pitch / Pattern	31.75mm / 45°
Baffle cut	H-18%(* Single Seg.)		No of cross passes	13
Baffle center space	330mm		Impingement device	Circular plate
Shell nozzle (in/out)	14"/14"		Tube nozzle (in/out)	18"/ 18"
Tube sheet thickness	512mm for both		No of shells	3 series, 1 parallel
Baffle thickness	9.5mm		Pairs of seals	4 Pairs of seal strips,

* Window cut from baffles = "Yes"

표 3-4 E-0265 열교환기 데이터

<table>
<tr><th></th><th>Unit</th><th colspan="2">Hot side / Shell side</th><th colspan="2">Cold side / Tube side</th></tr>
<tr><td>Fluid name</td><td></td><td colspan="2"></td><td colspan="2">Tempered water</td></tr>
<tr><td>Fluid quantity</td><td>kg/hr</td><td colspan="2"></td><td colspan="2">945,881</td></tr>
<tr><td>Temperature</td><td>℃</td><td></td><td></td><td>50</td><td></td></tr>
<tr><td>Inlet pressure</td><td>Barg</td><td colspan="2">9</td><td colspan="2">12</td></tr>
<tr><td>Material</td><td></td><td colspan="2">Carbon steel</td><td colspan="2">Carbon steel</td></tr>
<tr><td>Design pressure</td><td>Barg</td><td colspan="2">35</td><td colspan="2">27</td></tr>
<tr><td>Design temperature</td><td>℃</td><td colspan="2">230</td><td colspan="2">175</td></tr>
<tr><td>Passes</td><td></td><td colspan="2">1</td><td colspan="2">2</td></tr>
</table>

<table>
<tr><td>TEMA type</td><td>AET</td><td>Shell ID</td><td>1380mm</td></tr>
<tr><td>Tube length</td><td>7315mm</td><td>No. of tubes</td><td>1622</td></tr>
<tr><td>Tube OD / Thickness</td><td>19.05mm / 2.11mm</td><td>Pitch / Pattern</td><td>25.4mm / 90°</td></tr>
<tr><td>Baffle cut</td><td>H-30.2%(*Single Seg.)</td><td>No of cross passes</td><td>13</td></tr>
<tr><td>Baffle center space</td><td>314mm</td><td>Impingement device</td><td>Circular plate</td></tr>
<tr><td>Shell nozzle (in/out)</td><td>16"/16"</td><td>Tube nozzle (in/out)</td><td>18"/ 18"</td></tr>
<tr><td>Tube sheet thickness</td><td>406mm for both</td><td>No of shells</td><td>2 series, 1 parallel</td></tr>
<tr><td>Baffle thickness</td><td>12.7mm</td><td>Pairs of seals</td><td>4 Pairs of seal strips,</td></tr>
</table>

* Window cut from baffles = "Yes"

Crude property는 표 3-5에 나와 있으며 Hot과 Cold side stream에 같은 Property를 적용한다. Property 입력 옵션 중 "Property table"을 이용하여 Property를 입력한다.

표 3-5 Crude properties

Temperature (°C)	*Density (kg/m³)*	*Viscosity (cP)*	*Heat capacity (kJ/kg-°C)*	*Conductivity (W/m-°C)*
38	*857.4*	*7.247*	*1.925*	*0.117*
48	*849.9*	*6.150*	*1.976*	*0.115*
58	*842.3*	*5.293*	*2.025*	*0.113*
68	*834.7*	*4.268*	*2.073*	*0.112*
78	*827.1*	*3.478*	*2.119*	*0.110*
88	*819.4*	*2.878*	*2.163*	*0.108*
98	*811.6*	*2.393*	*2.206*	*0.106*
108	*803.8*	*2.043*	*2.248*	*0.105*
118	*795.9*	*1.766*	*2.288*	*0.103*
128	*788.0*	*1.543*	*2.328*	*0.101*
138	*779.9*	*1.347*	*2.366*	*0.099*
148	*771.7*	*1.185*	*2.404*	*0.097*
158	*763.4*	*1.047*	*2.441*	*0.093*
168	*755.0*	*0.934*	*2.477*	*0.091*

1) 사전 검토

모든 열교환기는 이미 제작 완료되어 설치된 상태이다. 열교환기는 온도제어가 없으므로 Xist 개별 파일에서 "Case mode"를 Simulation mode로 실행해야 한다. 이 열교환망을 모사하려면 E-2260 열교환기 Hot side 입구온도를 160℃로 입력하고 Cold side 출구온도를 가정하여 실행해야 한다. E-2260 결과에 Hot side 출구와 Cold side 입구온도는 각각 E-2261 Xist 파일에 Hot side 입구와 Cold side 출구온도 입력 데이터가 된다. 같은 방법으로 E-2261 결과는 E-2262 Xist 파일에 입력 데이터가 된다. E-2262 결과에 Cold side 입구온도가 40℃가 나올 때까지 E-2260에서 E-2262 Xist 파일의 온도 입력값을 수정하여 반복 실행해야 한다. 최종 E-2262 Cold side 온도가 40℃에 수렴되면, 이때 E-2262 결과의 Hot side 출구온도를 E-0265 Xist 파일 Hot side 입구온도로 입력하여 실행하면 된다. 이렇게 온도가 수렴할 때까지 열교환기 하나하나 Xist 파일에 온도를 바꿔가면서 업무를 수행하는 것은 성가시고 시간이 꽤 걸리는 일이다. 이번 예제처럼 4개 열교환기는 몇 차례 반복하는 것은 그나마 하루 정도에 가능할 수 있다. 그러나 더 복잡한 열교환망을 모사하려면 많은 시간이 걸릴 것이고 반복계산으로 인한 실수도 발생할 것이다. HTRIParametricStudy.xlsm 파일을 이용하면 이런 반복적인 HTRI 실행업무를 효과적으로 수행할 수 있다.

2) 데이터 입력

HTRIParametricStudy.xlsm 파일을 사용하기 전에 먼저 HTRI 파일들을 수정해야 한다. 그림 3-3은 E-2260 Xist 파일 “Input summary” 입력 창이다. “Case mode”를 Simulation mode로 선택하였다. Hot side와 Cold side 모든 온도를 빈칸으로 두었고, Duty 또한 비워두었다. 이번 예제는 시공 완료 후 시운전 상태이므로 Clean 상태로 운전될 것으로 예상하여 Fouling factor를 모두 0으로 입력하였다. E-0265 Xist 파일을 제외하고 다른 열교환기 Xist 파일도 동일하게 그림 3-3과 같이 준비한다. 여기서 E-2262 열교환기는 Hot side가 E-2260과 E-2261과 다르게 반대로 Shell side임에 주의한다.

Case mode	Simulation		Service type	Generic shell and tube
Customer			Job No.	
Address			Reference No.	
Location			Proposal No.	
Service of unit			Date	Rev
Type	A E T	Orientation Horizontal	Item No.	E-1260 2260 A/B
Hot fluid	Tubeside	Unit angle	Connected in	2 parallel 2 series

PERFORMANCE OF ONE UNIT					
Fluid allocation		Shell Side		Tube Side	
Fluid name		Crude		Crude	
Fluid quantity, Total	kg/hr	476200		380960	
Temperature (In/Out)	C				
Vapor weight fraction (In/Out)		0	0	0	0
Inlet pressure	barG	31.3		27.1	
Pressure drop, allow.	bar	1.4		2	
Fouling resistance (min)	m2-K/W	0		0	
Estimated exchanger duty	MegaWatts				

그림 3-3 Xist 파일 준비

E-0265는 Cold side로 Tempered water를 사용하는 열교환기이다. Xist 파일에 Tempered water 입구온도와 유량을 입력하고 나머지 온도와 Duty는 모두 빈칸으로 둔다.

Xist 파일이 모두 준비가 되면 HTRIParametricStudy.xlsm 입력 준비를 한다. HTRIParametricStudy.xlsm는 4개의 시트로 구성되어 있다. “Documentation” 시트는 사용법에 관한 내용이므로 한 번 읽어보길 바란다. 먼저 “Options” 시트에서 수행하려는 업무에 맞게 설정해야 한다. Hot side와 Cold side의 각각 입구/출구온도를 입력해야 하므로 그림 3-4와 같이 “Number of input”을 4개로 설정한다. “Number of output”은 10개로 설정하였다. “Default Units of Measure”를 원하는 단위계로 설정한다. 설정이 완료되면 “Update Parametric Study Worksheet” 버튼을 클릭한다.

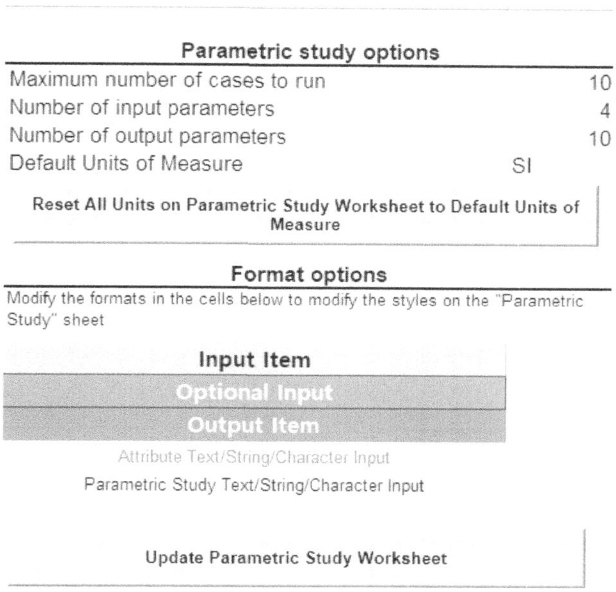

Parametric study options	
Maximum number of cases to run	10
Number of input parameters	4
Number of output parameters	10
Default Units of Measure	SI

Reset All Units on Parametric Study Worksheet to Default Units of Measure

Format options

Modify the formats in the cells below to modify the styles on the "Parametric Study" sheet

Input Item
Optional Input
Output Item
Attribute Text/String/Character Input
Parametric Study Text/String/Character Input

Update Parametric Study Worksheet

그림 3-4 HTRIParametricStudy.xlsm 옵션 설정 1

그림 3-5와 같이 "Save Options"에서 Parametric study 과정 동안 생성되는 HTRI 파일 저장 여부를 설정할 수 있고 저장 Folder 위치를 지정할 수 있다. "Other Options"에서 "Specify an input base case for every row"를 선택하면 Row마다 HTRI 파일을 지정할 수 있다. HTRI Version 7로 Simulation 수행하기 위하여 "Specify calculation engine version to run" 옵션도 선택하였다. 설정이 완료되면 "Update Parametric Study Worksheet" 버튼을 클릭한다.

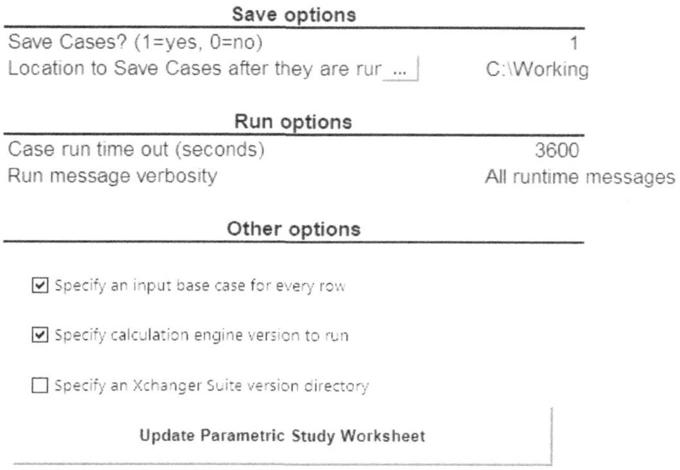

Save options	
Save Cases? (1=yes, 0=no)	1
Location to Save Cases after they are rur ...	C:\Working

Run options	
Case run time out (seconds)	3600
Run message verbosity	All runtime messages

Other options

- [x] Specify an input base case for every row
- [x] Specify calculation engine version to run
- [ ] Specify an Xchanger Suite version directory

Update Parametric Study Worksheet

그림 3-5 HTRIParametricStudy.xlsm 옵션 설정 2

"Parametric study" 시트로 이동하면 그림 3-6과 같은 창이 나온다. "Input parameter"가 4개 Column으로 되어있는 것을 확인할 수 있을 것이다.

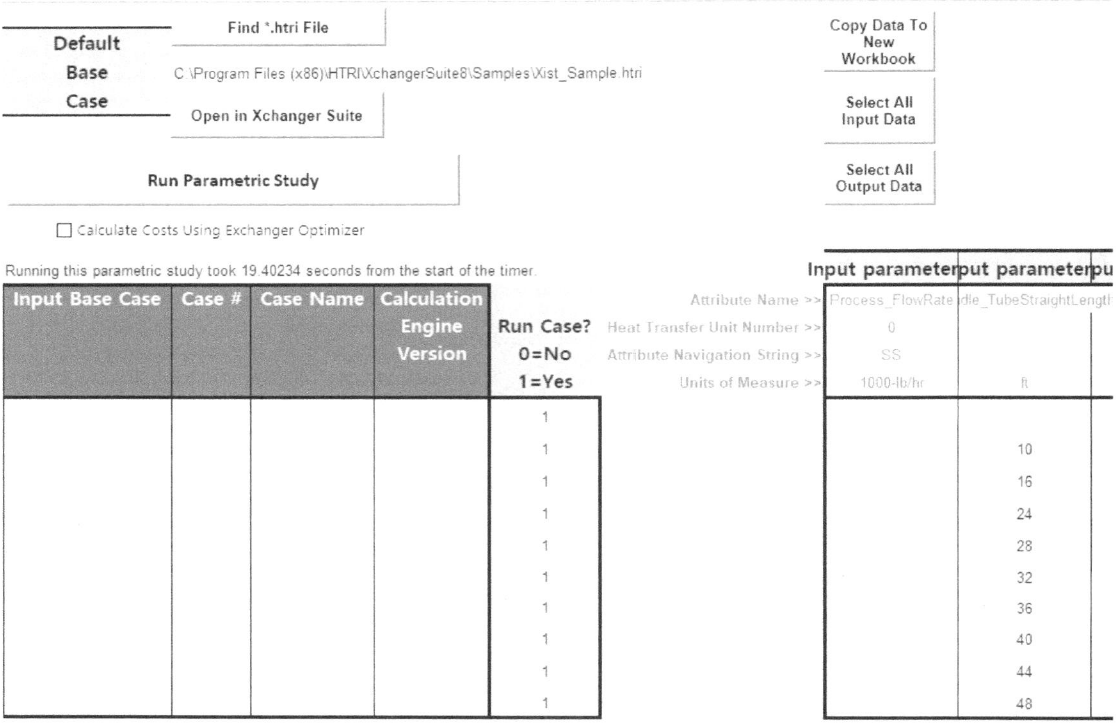

Default Base Case

Find *.htri File

C:\Program Files (x86)\HTRI\XchangerSuite8\Samples\Xist_Sample.htri

Open in Xchanger Suite

Run Parametric Study

☐ Calculate Costs Using Exchanger Optimizer

Copy Data To New Workbook

Select All Input Data

Select All Output Data

Running this parametric study took 19.40234 seconds from the start of the timer.

Input Base Case	Case #	Case Name	Calculation Engine Version	Run Case? 0=No 1=Yes		Input parameter	put parameter	pu
					Attribute Name >>	Process_FlowRate	dle_TubeStraightLength	
					Heat Transfer Unit Number >>	0		
					Attribute Navigation String >>	SS		
					Units of Measure >>	1000-lb/hr	ft	
				1				
				1			10	
				1			16	
				1			24	
				1			28	
				1			32	
				1			36	
				1			40	
				1			44	
				1			48	

그림 3-6 HTRIParametricStudy.xlsm "Parametricstudy" 시트

먼저 4개 "Input parameter"에 Shell side 입구와 출구온도, Tube side 입구와 출구온도 4가지를 설정한다. "Input parameter"와 "Output parameter"를 설정하려면 4가지 "Attributor name", "Heat transfer unit number", "Navigation string", "Unit"를 설정해 주어야 한다. "Attributor name"과 "Navigation string"은 "Attributor information" 창에서 확인할 수 있다. "Input summary" 입력 창에서 Shell side 입구온도 입력란에 마우스를 클릭하고 "F9" 버튼을 누르면 그림 3-7과 같이 "Attribute information" 창이 뜬다.

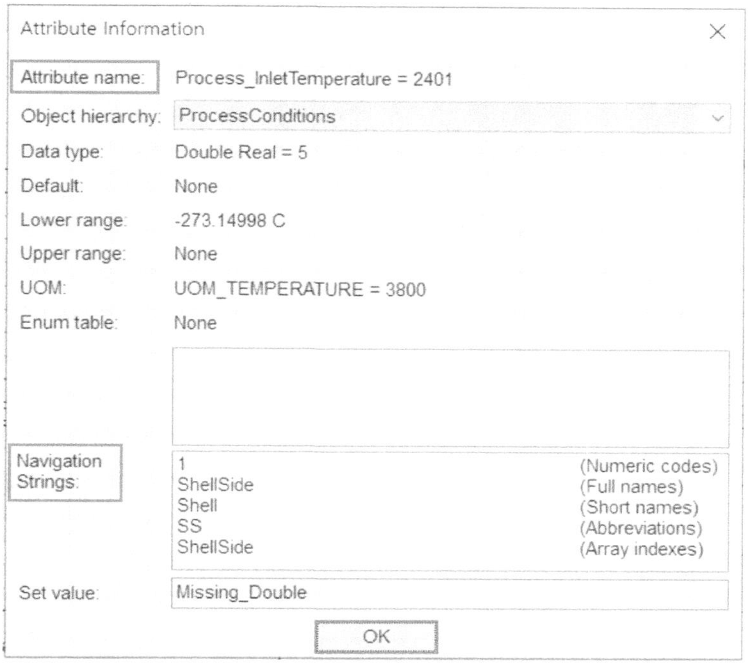

Attribute Information

Attribute name:	Process_InletTemperature = 2401
Object hierarchy:	ProcessConditions
Data type:	Double Real = 5
Default:	None
Lower range:	-273.14998 C
Upper range:	None
UOM:	UOM_TEMPERATURE = 3800
Enum table:	None
Navigation Strings:	1 (Numeric codes) ShellSide (Full names) Shell (Short names) SS (Abbreviations) ShellSide (Array indexes)
Set value:	Missing_Double

OK

그림 3-7 Attribute information 창

열교환기는 Series로 구성될 수 있다. 만약 2 series 열교환기라면, 전체 열교환기 Unit의 "Heat transfer unit number"는 0이 된다. Hot stream inlet 기준 첫 번째 Shell의 "Heat transfer unit number"는 1이고, 두 번째 Shell은 2이다. "Unit"은 Pull down menu로부터 사용하고자 하는 단위를 선택하면 된다. "Output parameter"에도 Shell side 입구와 출구온도, Tube side 입구와 출구온도, Duty, Over-design, Shell side pressure drop, Tube side pressure drop을 "Input parameter" 설정과 같은 방법으로 설정한다.

"Parametric study" 시트에 "Find *.htri file" 버튼을 클릭하여 E-2260 Xist 파일을 선택하면 버튼 아래에 폴더 주소와 파일명이 텍스트로 표시된다. 이를 복사하여 "Input base case" 첫 번째 열에 붙여 놓는다. E-2261, E-2262, E-0265 Xist 파일도 각각 두 번째에서 네 번째 열까지 폴더 주소와 파일명을 복사한다. "Calculation engine version"은 모두 "7"로 입력한다. HTRI Version 7을 이용하여 계산하기 위해서다. "Run case?"는 세 번째 열까지 "1"로 입력한다. 네 번째 열은 그림3-8과 같이 수식을 입력한다. "M16" Cell은 E-2262 Cold side 입구온도 결과이다. 이 온도가 40.5℃보다 낮고 39.5℃보다 높아야 "E9" Cell 값이 1이 되고 E-0265 계산이 수행된다.

Running this parametri				=40-M16
Input Base Case	Case #	ise Nan	alculatic Engine Version	Run Case? 0=No 1=Yes
ling start up\29 E-1260		E-2260	7	1
oling start up\30 E-126		E-2261	7	1
g start up\31 E-1262A		E-2262	7	1
cooling start up\E-026		E-0265	7	=IF(AND(E9<0.5, I4>-0.5),1,(

그림 3-8 Parametric study 입력

Xist에서 Simulation mode로 실행하려면 열교환기 운전온도 중 최소 2개를 입력해야 한다. E-2260 Cold side 출구온도를 가정하여 135℃로 입력하였다. 그림 3-9에서 보듯이 각 열교환기 온도(Input parameter) 중 2개를 Upstream 열교환기 온도(Output parameter)와 연결하여 준다. E-2260과 E-0265는 1개 온도만 입력되어 있는데, 나머지 한 개 온도는 Xist 파일에 각각 160℃, 50℃를 이미 입력되었기 때문이다.

t paramet	t paramet	t paramet	t parame	t param	ut param	ut param	ut parame
s_InletTemp	s_OutletTem	s_InletTemp	s_OutletTem	s_InletTemp	s_OutletTem	s_InletTemp	s_OutletTemp
0	0	0	0	0	0	0	0
SS	SS	TS	TS	SS	SS	TS	TS
C	C	C	C	C	C	C	C
	135						
	=K14	=N14					
=N15			=K15				
=L16							

그림 3-9 Input parameter와 Output parameter 연결

3) 실행 및 결과

그림 3-10은 E-2260 Cold side 출구온도를 135℃로 입력하였을 때 Parametric study 결과이다. Over-design이 0% 가까이 수렴한 것을 확인할 수 있다. E-2262 Cold side 입구온도가 40℃로 되어야 하지만, 64.2℃이므로 E-0265 열교환기 Simulation이 실행되지 않았다. 이 온도가 40℃가 되기 위해서 135℃를 더 낮춰야 할 필요가 있다.

ut paramet	ut paramet	ut paramet	ut paramet	ut parame	ut parame	ut parame	ut parame	ut parame	ut parame
ss_InletTempe	ss_OutletTemp	ss_InletTempe	ss_OutletTemp	ss_InletTempe	ss_OutletTemp	ss_InletTempe	ss_OutletTemp	Unit_Duty	n_PercentOver
0	0	0	0	0	0	0	0		0
SS	SS	TS	TS	SS	SS	TS	TS		Over-design
C	C	C	C	C	C	C	C	MegaWatts	
	135.00			93.8	135.0	160.0	110.3	12.39	0.24
	93.81	110.30		80.9	93.8	110.3	94.6	3.69	0.14
94.61			80.89	94.6	81.7	64.2	80.9	3.69	-0.39
81.73									

그림 3-10 Parametric study 첫 번째 시도

E-2260 Cold side 출구온도를 126.17℃로 입력하면 그림 3-11과 같이 E-2262 Cold side 입구온도는 40℃에 수렴하게 된다. Tank로 보내지는 Hot side 유체온도는 51.78℃까지 Cooling 시킬 수 있음을 알 수 있다. 따라서 원유 온도를 170℃까지 올리는데 원유저장 Tank를 사용하여도 문제없다.

ut paramet	ut paramet	ut paramet	ut paramet	ut parame	ut parame	ut parame	ut parame	ut parame	ut parame
ss_InletTempe	ss_OutletTemp	ss_InletTempe	ss_OutletTemp	ss_InletTempe	ss_OutletTemp	ss_InletTempe	ss_OutletTemp	Unit_Duty	n_PercentOver
0	0	0	0	0	0	0	0		0
SS	SS	TS	TS	SS	SS	TS	TS		
C	C	C	C	C	C	C	C	MegaWatts	
	126.17			70.3	126.2	160.0	93.6	16.32	0.60
	70.27	93.62		52.8	70.3	93.6	72.8	4.71	0.35
72.84			52.84	72.8	63.1	40.0	52.8	2.67	-0.66
63.10				63.10	51.78	50.00	54.41	4.85	1.65

그림 3-11 Parametric study 최종 결과

그림 3-12와 같이 Parametric study 결과를 Excel 시트에서 열교환기 Symbol과 함께 온도를 연결해 Schematic으로 표현하였다.

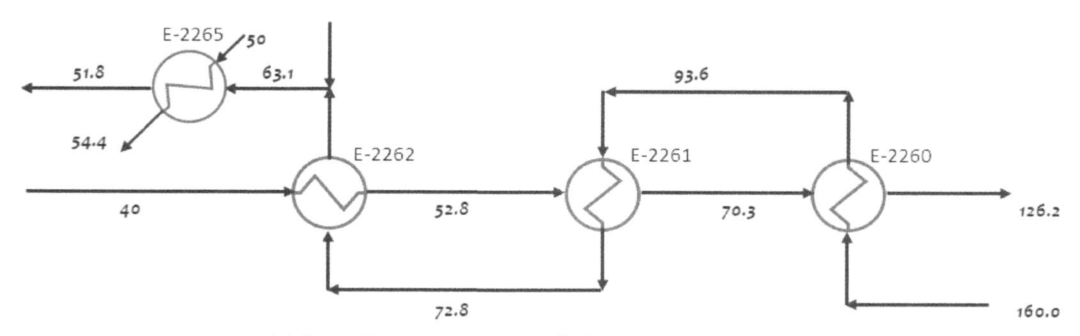

그림 3-12 Schematic으로 표현한 Parametric study 결과

3.2. Custom reports

HTRI Report에 원하는 데이터를 추가하거나 삭제하여 Report를 수정할 수 있고 Report 양식 또한 변경할 수 있다. HTRI 모듈마다 Excel template 파일을 포함한 "Reports" 폴더가 있다. 그림 3-13은 Xist 모듈의 Reports 폴더와 그 안에 있는 파일들이다. 파일명을 보면 어떤 Report template인지 알아차릴 수 있다.

HTRI
- cfiXML-Install
- DataFiles
- Shared
- XchangerSuite6
- XchangerSuite7
  - DataTables
  - Help
  - Languages
  - Samples
  - Tutorials
  - UniSim
  - VMG
  - Xace
  - Xfh
  - Xist
    - Reports

파일명	날짜	유형	크기
006_Tubeside_Monitor.xls	2017-03-15 오전...	Microsoft Excel 9...	40KE
007_Shellside_Subcooling_Profile.xls	2017-03-15 오전...	Microsoft Excel 9...	18KE
007_Vibration.xls	2017-03-15 오전...	Microsoft Excel 9...	37KE
008_Rating_Data_Sheet.xls	2017-03-15 오전...	Microsoft Excel 9...	44KE
008_TEMA_Spec_Sheet.xls	2017-03-15 오전...	Microsoft Excel 9...	53KE
009_CalGavin_hiTRAN.xls	2017-03-15 오전...	Microsoft Excel 9...	52KE
009_Reboiler_Piping.xls	2017-03-15 오전...	Microsoft Excel 9...	32KE
009_U-Bend_Schedule.xls	2017-03-15 오전...	Microsoft Excel 9...	28KE
010_Detailed_Piping.xls	2017-03-15 오전...	Microsoft Excel 9...	23KE
010_Property_Monitor.xls	2017-03-15 오전...	Microsoft Excel 9...	18KE
010n_Kettle_Entrainment.xls	2017-03-15 오전...	Microsoft Excel 9...	23KE
010w_Kettle_Entrainment.xls	2017-03-15 오전...	Microsoft Excel 9...	23KE
011_Stream_Properties.xls	2017-03-15 오전...	Microsoft Excel 9...	19KE
030_Drawings.xls	2017-03-15 오전...	Microsoft Excel 9...	28KE
101_Input_Reprint.xls	2017-03-15 오전...	Microsoft Excel 9...	17KE
500_Translation_Messages.xls	2017-03-15 오전...	Microsoft Excel 9...	16KE
DatFile.xls	2017-03-15 오전...	Microsoft Excel 9...	14KE
Input_Data_Check.xls	2017-03-15 오전...	Microsoft Excel 9...	14KE

그림 3-13 HTRI Xist reports 폴더

Report template 파일에 Attribute(데이터 변수)가 포함되어 있다. Attribute를 Report에 추가, 삭제, 변경하여 Report template 파일을 Customizing 하면 된다. 그림 3-14는 Xist final results template 파일에 "Shell nozzles" 결과 마지막 줄에 Bundle에서 RhoV^{2}를 추가한 예이다.

[17000]				[17006]
[17010]		{Lbl_Inlet}	bl_Outlet}	[17016]
[17020]		[17024]	[17025]	[17026]
{Lbl_Dia}	UOM_Fine_Length})	ShellInlet)}	hellOutlet)}	etLiquid)}
{Lbl_Vel}	({UOM_Velocity})	ShellInlet)}	hellOutlet)}	etLiquid)}
{Lbl_PressDrop}	M_Pressure_Drop})	ShellInlet)}	hellOutlet)}	etLiquid)}
[17060]	[17062]	[17064]	[17065]	[17066]
{Lbl_NozzRVSQ}	UOM_Momentum})	ShellInlet)}	hellOutlet)}	etLiquid)}
[17080]	({UOM_Momentum})	ShellInlet)}	hellOutlet)}	etLiquid)}
[17090]	[17092]	[17094]	[17095]	[17096]

Final result template

[17000]				[17006]
[17010]		{Lbl_Inlet}	bl_Outlet}	[17016]
[17020]		[17024]	[17025]	[17026]
{Lbl_Dia}	UOM_Fine_Length})	ShellInlet)}	hellOutlet)}	etLiquid)}
{Lbl_Vel}	({UOM_Velocity})	ShellInlet)}	hellOutlet)}	etLiquid)}
{Lbl_PressDrop}	M_Pressure_Drop})	ShellInlet)}	hellOutlet)}	etLiquid)}
[17060]	[17062]	[17064]	[17065]	[17066]
{Lbl_NozzRVSQ}	UOM_Momentum})	ShellInlet)}	hellOutlet)}	etLiquid)}
[17080]	({UOM_Momentum})	ShellInlet)}	hellOutlet)}	etLiquid)}
Bundle ent	({UOM_Momentum})	:hov2(0,0)}	:hov2(0,0)}	[17092]

수정된 Final result template

그림 3-14 Final results template 파일 수정

그림 3-15와 같이 Final results에 Bundle entrance와 Exit에서 RhoV^{2}가 추가된 것을 확인할 수 있다. Template 파일에 포함된 Attribute는 식 3-1과 같이 표현된다.

$$\{\boldsymbol{Attribute\ 명(Unit\ number, Navigation\ string)}\} ----(\mathbf{3-1})$$

Shell Nozzles				Liquid
Inlet at channel end-No		Inlet	Outlet	Outlet
Number at each position		1	1	0
Diameter	(inch)	5.7610	5.7610	
Velocity	(ft/sec)	3.70	3.61	
Pressure drop	(psi)	0.110	0.108	
Height under nozzle	(inch)	2.0829	2.0829	
Nozzle R-V-SQ	(lb/ft-sec2)	709.24	692.14	
Shell ent.	(lb/ft-sec2)	312.95	305.40	

Final result 결과

Shell Nozzles				Liquid
Inlet at channel end-No		Inlet	Outlet	Outlet
Number at each position		1	1	0
Diameter	(inch)	5.7610	5.7610	
Velocity	(ft/sec)	3.70	3.61	
Pressure drop	(psi)	0.110	0.108	
Height under nozzle	(inch)	2.0829	2.0829	
Nozzle R-V-SQ	(lb/ft-sec2)	709.24	692.14	
Shell ent.	(lb/ft-sec2)	312.95	305.40	
Bundle ent.	(lb/ft-sec2)	76.21	120.47	

수정된 Final result 결과

그림 3-15 Final results template 수정 후 결과

3.3. Predefined data

열교환기를 설계할 때마다 동일한 데이터를 반복적으로 입력할 수 있다. 예를 들어 Tube OD의 경우 25.4mm와 19.05mm를 주로 사용하며, Tube 두께는 2.77mm, 2.11mm를 주로 사용한다. 여러 데이터를 "Data set"으로 만들어 한꺼번에 입력할 수 있는 기능이 있다.

그림 3-16 Predefined data 예제 찾기

HTRI help 메뉴에 "Xchanger suite topics"를 선택하고 Search 기능을 이용하여 "Predefined"를 검색한다. 검색한 결과에서 "Example of predefined data file"을 클릭하고, 그 내용을 복사한 후 메모장에 붙여넣는다. 원하는 내용을 수정 추가 삭제한 후 "C:₩ProgramData₩HTRI₩XchangerSuite₩ DataTables" 폴더 내 원하는 모듈의 폴더(예 "Xist_UserData")를 생성하고 그 폴더에 Predefined data 파일을 저장한다. 저장은 "txt" 확장자로 저장한다. "ProgramData" 폴더는 숨긴 파일로 설정되어 있으므로 윈도우 탐색기에서 "숨긴 항목"을 체크해 주어야 볼 수 있다.

Predefined data 파일을 해당 폴더에 저장 후 HTRI 메뉴 중 "Import" → "Predefined data"를 선택하면 그림 3-17과 같이 대화창이 뜨고 원하는 Predefined data를 선택하여 여러 입력 데이터를 한 번에 입력한다. Predefined data로 입력한 데이터는 이미 입력된 데이터를 덮어버리므로 주의하여 사용해야 한다.

Predefined data를 작성할 때 Attribute와 Navigation string이 필요하다. 원하는 입력 데이터의 Attribute와 Navigation string을 찾으려면 원하는 입력란에 마우스로 클릭한 후 F9을 누르면 Attribute information 창이 뜨고 이들을 확인할 수 있다.

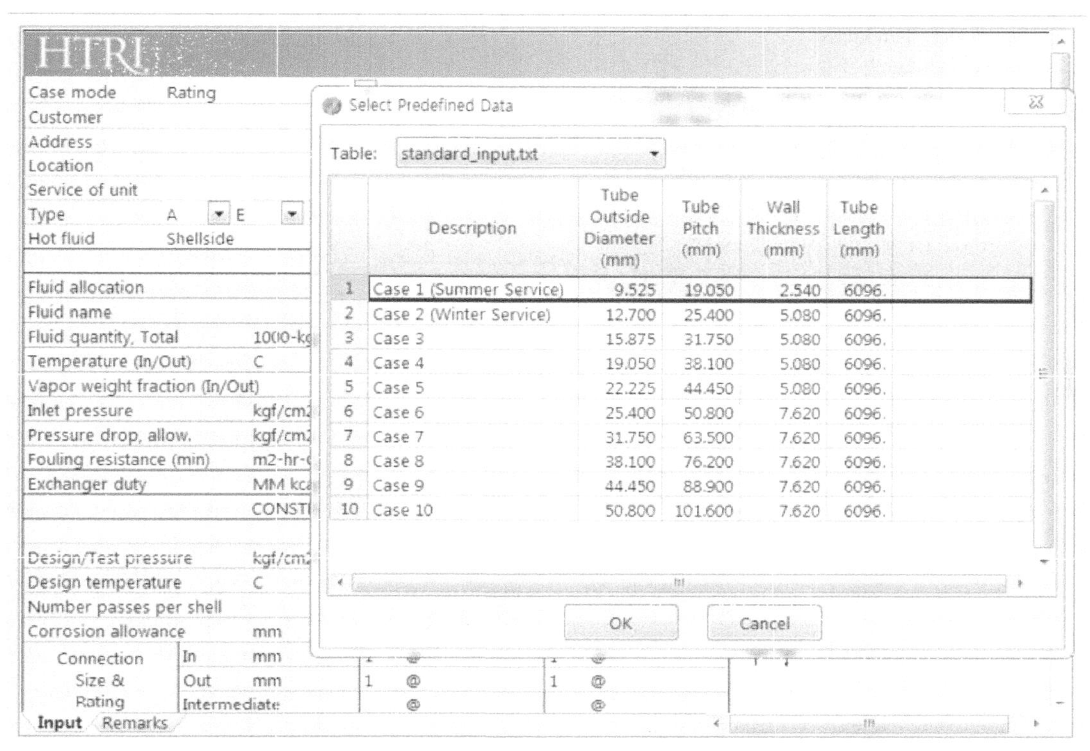

그림 3-17 Predefined data 입력 창

아래는 Predefined data 파일 예제이다.

Predefined data 작성 샘플

```
COLUMN
TITLE Description
ATTR S
COLUMN TType_OutsideDiameter
TITLE 'Tube'
TITLE 'Outside'
TITLE 'Diameter'
UNITS 'mm'
COLUMN TType_TransverseTubePitch
TITLE 'Tube'
TITLE 'Pitch'
UNITS 'mm'
COLUMN TType_WallThickness
TITLE 'Wall'
TITLE 'Thickness'
UNITS 'mm'
COLUMN Process_InletTemperature 0
TITLE 'Cooling water'
TITLE 'inlet temperature'
UNITS 'C'
TABLE
'Case 1(CS, 30)', 19.05, 23.813, 2.32, 32
'Case 2(CS, 90)', 19.05, 25.4, 2.32, 32
'Case 3(CS)', 25.4, 31.75, 3.047, 32
'Case 4(SS, 30)', 19.05, 23.813, 1.816, 32
'Case 5(SS, 90)', 19.05, 25.4, 1.816, 32
'Case 6(SS)', 25.4, 31.75, 1.816, 32
```

3.4. HTRI 파일에서 원하는 데이터 가져오기

Excel VBA을 이용하면 HTRI 결과 데이터를 원하는 대로 가져올 수 있다. 이 기능을 이용하여 Datasheet 자동화, 열교환기 Summary sheet 자동화 등 업무 효율을 높일 수 있다. 필자는 열교환기 Evaluation sheet에 이 기능을 이용하고 있다. 먼저 자동화하려는 양식을 Excel로 작성한다. Excel 포맷은 매크로가 사용 가능한 포맷인 "xlsm" 확장자로 저장해야 한다. 그림 3-18과 같이 완료된 Excel 포맷에 개발도구 → 삽입에서 명령 단추를 추가한다.

	A B C	D	E	F G	H	I J	K	N
1								
2								
3	[S&T HEAT EXCHANGERS]							0
4	Evaluated with							01-May-20
5			Item No.			NX-E1103		
6	Service		Shell Side			LP Steam		Remarks
7			Tube Side			Ethylene Feed		
8	Description		Case	Datasheet		Revamp		
9	A. Exchanger Configuration							
10	Type					HORZ BEU		Data Import
11	No. of shells (Parallel x Series)					1 X 1		
12	Dimension		mm d x mm T-T			530 X 1700		
13	B. Operating Condition							
14	Flow Rate	Shell Side	kg/hr	1,827 x	1.1			
15		Tube Side	kg/hr	27,489 x	1.1			
16	Pressure	Shell Side	kg/cm² G		3.5			
17		Tube Side	kg/cm² G					
18	Temperature	Shell Side	°C	148.0 /	148.0			
19		Tube Side	°C	30.0 /	100.0			
20	Fouling factor	Shell Side	m2-hr-°C/kcal		0.0001			
21		Tube Side	m2-hr-°C/kcal		0.0002			
22	Velocity	Shell Side	m/s					
23		Tube Side	m/s		7.6			

그림 3-18 HTRI로부터 데이터를 가져오기 위한 Excel 포맷

VBA 코딩을 작성하기 전에 HTRI library를 참조시켜 줘야 한다. 먼저 "Alt+F11"을 클릭하여 VBA 화면으로 들어간다. 메뉴에서 "도구" → "참조"를 선택하면 그림 3-19와 같이 참조할 Library를 선택할 수 있는 창이 뜬다. 여기서 HTRI VBA library를 선택해야 한다.

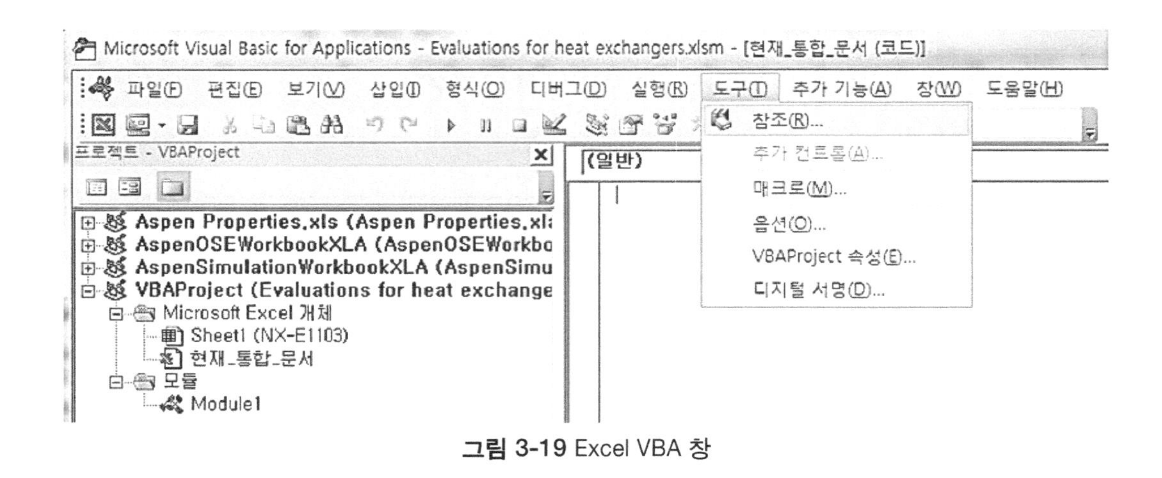

Microsoft Visual Basic for Applications - Evaluations for heat exchangers.xlsm - [현재_통합_문서 (코드)]
파일(F) 편집(E) 보기(V) 삽입(I) 형식(O) 디버그(D) 실행(R) 도구(T) 추가 기능(A) 창(W) 도움말(H)
참조(R)...
추가 컨트롤(A)...
매크로(M)...
옵션(O)...
VBAProject 속성(E)...
디지털 서명(D)...
프로젝트 - VBAProject
(일반)
Aspen Properties.xls (Aspen Properties.xl
AspenOSEWorkbookXLA (AspenOSEWorkbo
AspenSimulationWorkbookXLA (AspenSimu
VBAProject (Evaluations for heat exchange
Microsoft Excel 개체
Sheet1 (NX-E1103)
현재_통합_문서
모듈
Module1
그림 3-19 Excel VBA 창

Library 참조 창에서 "HTRI Server"와 "HTRIGUI"를 선택하고 확인 버튼을 클릭한다.

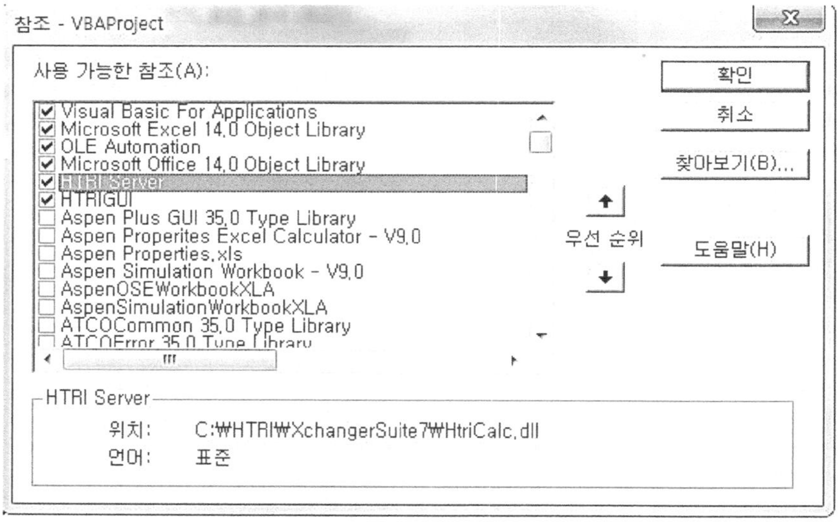

참조 - VBAProject
사용 가능한 참조(A):
Visual Basic For Applications
Microsoft Excel 14.0 Object Library
OLE Automation
Microsoft Office 14.0 Object Library
HTRI Server
HTRIGUI
Aspen Plus GUI 35.0 Type Library
Aspen Properites Excel Calculator - V9.0
Aspen Properties.xls
Aspen Simulation Workbook - V9.0
AspenOSEWorkbookXLA
AspenSimulationWorkbookXLA
ATCOCommon 35.0 Type Library
확인
취소
찾아보기(B)...
우선 순위
도움말(H)
HTRI Server
위치: C:₩HTRI₩XchangerSuite7₩HtriCalc.dll
언어: 표준
그림 3-20 Library 참조 선택 창

앞서 만들어 놓은 "Data import" 명령 단추에 매크로를 연결한다. 연결된 매크로 VBA 모듈에 아래와 같이 코딩을 작성한다. 이 코팅의 첫 번째 3줄은 HTRI library 변수 지정이다. 나머지는 HTRI 파일을 선택할 수 있도록 파일 선택 창이 열리는 명령들이다. 파일을 선택하면 "GetandReport" Subroutine이 실행된다.

```
Public iHxNet As New HeatExchangerNetwork
Public iMatStrm As MaterialStream
Public iHxUnit As HeatTransferUnit

Sub CommandButton1_Click()
    Dim FileNameAs Variant
  FileName = Application.GetOpenFilename("HTRI Files (*.htri), *.htri", , "Find HTRI Files", , False)
    If FileName = False Then Exit Sub
iHxNet.OpenFile (FileName)
    Call GetandReport
End Sub
```

"GetandReport" Subroutine에 "GetAndReportValue" Subroutine을 부르기 때문에 "GetAndReportValue" 또한 아래와 같이 작성한다.

```
Sub GetAndReportValue(HXUnit As HeatTransferUnit, nKey As Integer, sArgs As String, sRangeName As
String)
  Dim vValue As Variant
  Call HXUnit.GetValueEx(vValue, OutputData, nKey, sArgs, sUnits)
     If vValue = -1E+24 Then
vValue = ""
     End If
  ActiveSheet.Range(sRangeName) = vValue
End Sub
```

"GetandReport" Subroutine은 아래와 같이 필요한 데이터를 가져올 수 있도록 작성한다. 원하는 Data attribute와 Navigation string을 원하는 Excel cell에 지정하여 작성하면 된다.

```
Sub GetandReport()
      Set iHxUnit = iHxNet.GetHeatTransferUnit(0)
' ----------------------------------------------------------------------------
      Call GetAndReportValue(iHxUnit, Report_VersionLine, "", "D4")

' ----------------------------------------------------------------------------
     Call GetAndReportValue(iHxUnit, Process_Flow rate, "SS", "K14")
     Call GetAndReportValue(iHxUnit, Process_Flow rate, "TS", "K15")
     Call GetAndReportValue(iHxUnit, Process_InletTemperature, "SS", "I18")
     Call GetAndReportValue(iHxUnit, Process_OutletTemperature, "SS", "K18")
     Call GetAndReportValue(iHxUnit, Process_InletTemperature, "TS", "I19")
     Call GetAndReportValue(iHxUnit, Process_OutletTemperature, "TS", "K19")
     Call GetAndReportValue(iHxUnit, SPerf_AveragePressure, "", "K16")
     Call GetAndReportValue(iHxUnit, Report_AveragePressure, "TUBE", "K17")
     Call GetAndReportValue(iHxUnit, SPerf_DeltaP, "", "K35")
     Call GetAndReportValue(iHxUnit, SDesign_AllowableDeltaP, "", "I35")
     Call GetAndReportValue(iHxUnit, TPerf_DeltaP, "", "K36")
     Call GetAndReportValue(iHxUnit, TDesign_AllowableDeltaP, "", "I36")
     Call GetAndReportValue(iHxUnit, SPerf_FoulingResistance, "", "K20")
     Call GetAndReportValue(iHxUnit, TPerf_FoulingResistance, "", "K21")
     Call GetAndReportValue(iHxUnit, Unit_CleanCoefficient, "", "K31")
     Call GetAndReportValue(iHxUnit, Unit_Duty, "", "K30")
     Call GetAndReportValue(iHxUnit, Unit_EMTD, "", "K33")
     Call GetAndReportValue(iHxUnit, Perform_PercentOverdesign, "", "K34")
     Call GetAndReportValue(iHxUnit, NozzPerf_Rhov2, "0,ShellInlet", "I38")
     Call GetAndReportValue(iHxUnit, NozzPerf_Rhov2, "0,ShellOutlet", "K38")
     Call GetAndReportValue(iHxUnit, NozzPerf_ShellRhov2, "0,ShellInlet", "I39")
     Call GetAndReportValue(iHxUnit, SPerf_BundleEntranceRhov2, "0", "K39")
     Call GetAndReportValue(iHxUnit, NozzPerf_ShellRhov2, "0,ShellOutlet", "I40")
     Call GetAndReportValue(iHxUnit, SPerf_BundleExitRhov2, "", "K40")
     Call GetAndReportValue(iHxUnit, NozzPerf_Rhov2, "0,TubeInlet", "I41")
     Call GetAndReportValue(iHxUnit, NozzPerf_Rhov2, "0,TubeOutlet", "K41")

End Sub
```

Excel 시트에 만든 "Data input" 버튼을 클릭하여 원하는 HTRI 파일을 선택하면 그림 3-21 음영 부분과 같이 HTRI 결과로부터 자동으로 데이터를 가져온다.

	A B	C	D	E	F G H	I J K
1						
2						
3	**[S&T HEAT EXCHANGERS]**					
4	**Evaluated with** Xist 7.3.1 2018-10-18 15:06 SN: 00100-1136380392					
5				Item No.		NX-E1103
6	Service			Shell Side		LP Steam
7				Tube Side		Ethylene Feed
8	Description			Case	Datasheet	Revamp
9	**A. Exchanger Configuration**					
10		Type				HORZ BEU
11		No. of shells (Parallel x Series)				1 X 1
12		Dimension		mm d x mm T-T		530 X 1700
13	**B. Operating Condition**					
14		Flow Rate	Shell Side	kg/hr	1,827 x 1.1	2,470
15			Tube Side	kg/hr	27,489 x 1.1	43,122
16		Pressure	Shell Side	kg/cm^2 G	3.5	3.49
17			Tube Side	kg/cm^2 G		34.6
18		Temperature	Shell Side	°C	148.0 / 148.0	147.5 / 147.3
19			Tube Side	°C	30.0 / 100.0	30.0 / 90.0
20		Fouling factor	Shell Side	m2-hr-°C/kcal	0.0001	0.0001
21			Tube Side	m2-hr-°C/kcal	0.0002	0.0002
22		Velocity	Shell Side	m/s	-	
23			Tube Side	m/s	7.6	

그림 3-21 HTRI 데이터가 채워진 Excel 포맷

4

열교환기 설계와 열전달 문제해결을 위한 유용한 지식

IRIS test에 의한 Tube 두께 측정

High pressure water jet를 이용 열교환기 세정

4장에 열교환기와 열전달과 관련된 내용과 부식 등 다양한 정보를 포함하였다. HTRI는 모든 열교환기나 열전달 문제를 해석하고 개선안을 제시해주지 않는다. 서문에 언급했듯이 열교환기 설계를 수행하는 엔지니어는 공정, 기계장치뿐 아니라 금속, 부식, Fouling 등에 대한 기본 지식이 필요하다. 물론 이에 대한 전문지식을 다 갖출 필요까지 없다. 이런 분야의 전문가와 소통하고 같이 업무를 수행하기 위해 기본 지식이 필요할 뿐이다. 인터넷상에 이런 기본적인 지식을 손쉽게 찾을 수 있을 것이다. 인터넷을 활용하고 해당 분야 전문가로부터 자료와 의견을 얻기 바란다.

4.1. Refinery 공정도

그림 4-1은 전형적인 Refinery complex block diagram이다. 굵은 폰트는 최종 생산제품이다. Sour water는 Distillation column들의 Reflux drum으로부터 모여 Sour water stripper unit에서 처리된다. Gas processing unit feed인 Other gas는 여러 Unit에서 모인 Gas이다. 그림에 표시된 각 공정 Unit 이름은 Licensor, 공장 소유회사에 따라 다른 이름으로 불리기도 한다. 예를 들어 Sulfur recovery는 Claus sulfur plant로, Diesel oil hydrotreater는 DHDS(Diesel Hydrodesulfurization)로 또는 Diesel Unionfining(UOP Licenser)로, Naphtha catalytic reformer는 Platforming unit(UOP Licensor)로 불리기도 한다.

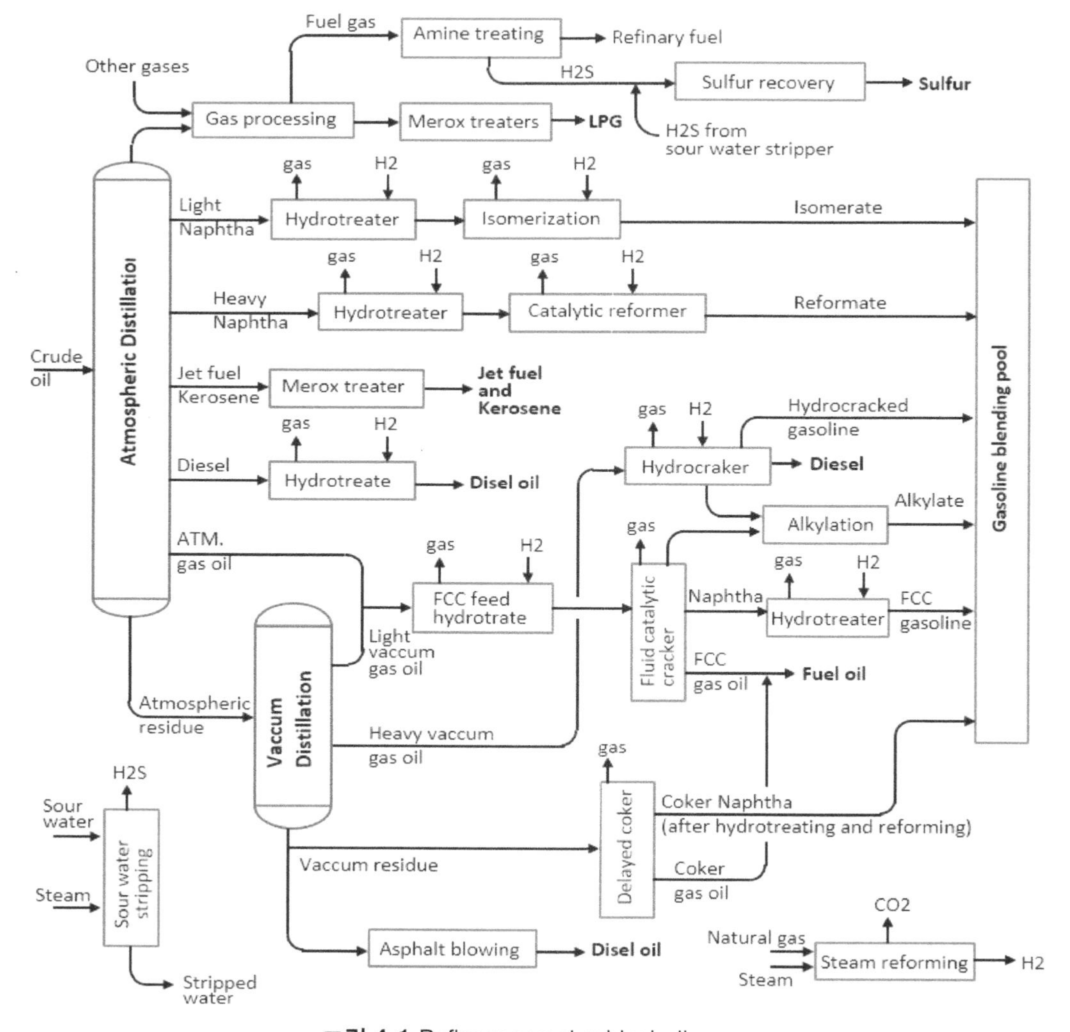

그림 4-1 Refinery complex block diagram

4.2. VMGTermo VLE models

VMGThermo는 HTRI에 내장된 Property package이다. 대부분 공정 유체 Property를 생성하는데 VMGThermo의 Default VLE model인 Advanced-peng robison을 선택하여 Property와 Heat curve를 생성하면 된다. VMGThermo로부터 생성된 Property와 Heat curve는 Aspen hysys와 ProII로부터 생성된 것과 큰 차이가 없다. 그러나 공정별 특화된 VLE Model이 있으므로 설계하려는 열교환기가 어떤 공정에 속해 있는지 확인하고 이에 맞는 VLE Model을 적용하여 Property와 Heat curve를 생성해야 한다. 그림 4-2와 4-3은 공정별 VLE Model을 보여주고 있는데, 이중 Box로 표시된 VLE Model은 HTRI가 지원하지 않고 있다.

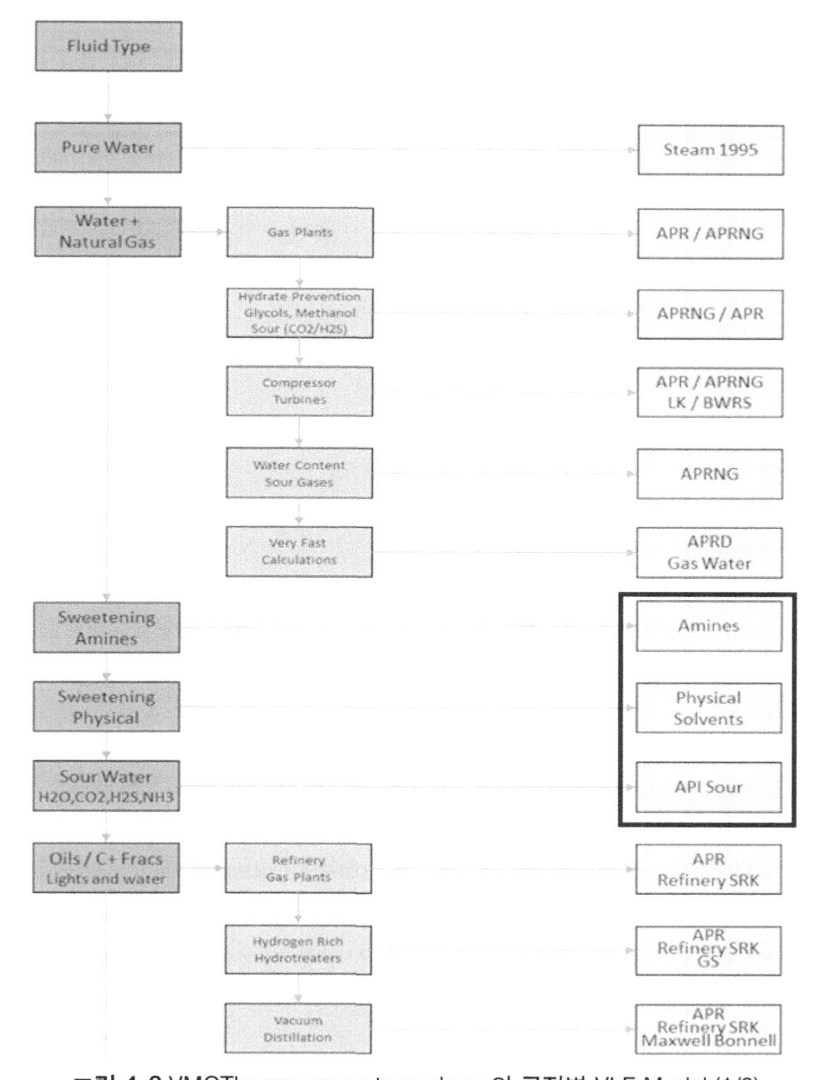

그림 4-2 VMGThermo property package의 공정별 VLE Model (1/2)

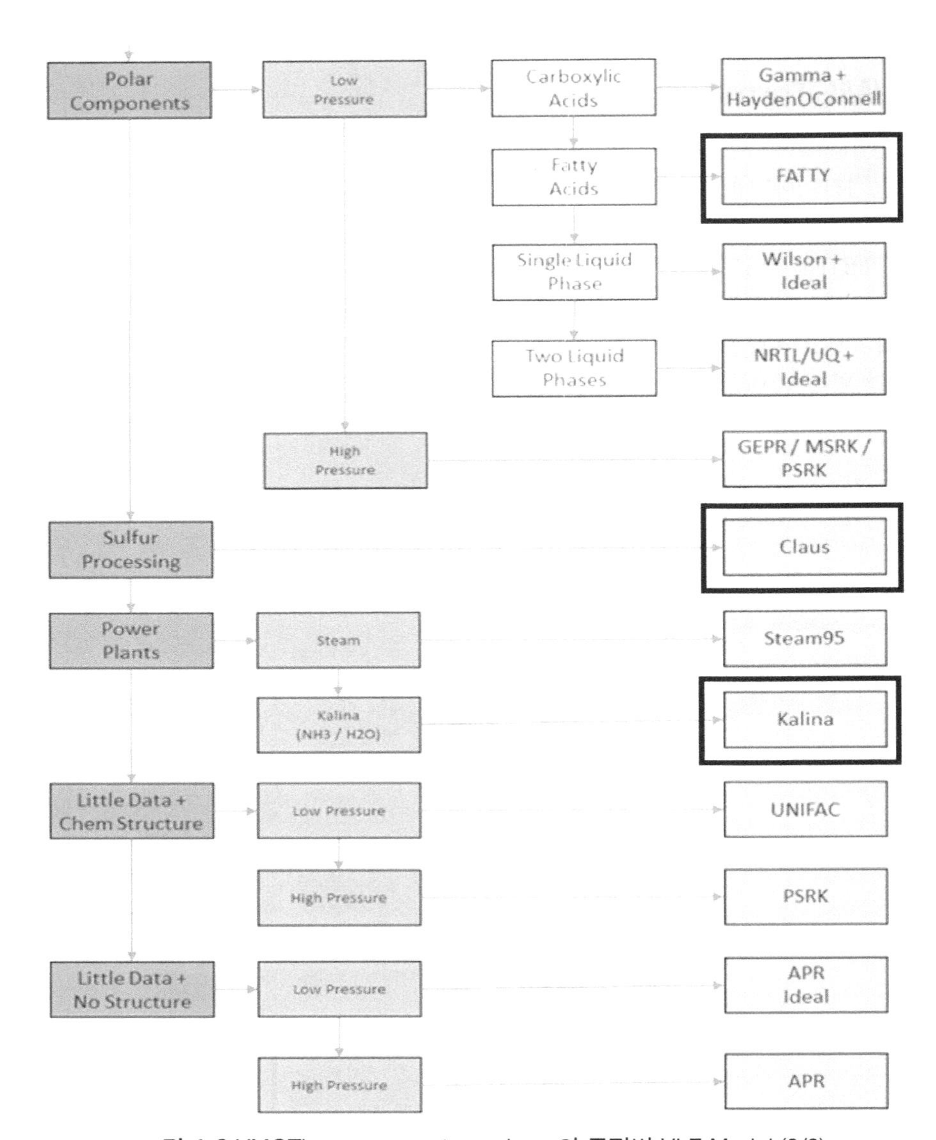

그림 4-3 VMGThermo property package의 공정별 VLE Model (2/2)

상변화(즉 Boiling 또는 Condensing)가 발생하는 열교환기 Datasheet는 Heat curve를 포함하고 있다. Process simulation 프로그램인 Hysys나 ProII는 상평형을 다루는 VLE Model을 포함하고 있다. 만약 이런 프로그램이 설치되어 있다면 HTRI에서 이들을 선택하여 Property와 Heat curve를 생성할 수 있다. 열교환기 설계에 사용되는 Heat curve란 온도와 압력에 따른 상평형 상태를 표 또는 그래프로 표현한 것이다. 열교환기를 설계하는 프로그램들은 자체적으로 상평형 방정식을 갖고 있지 않다. 이런 이유로 HTRI는 VMGThermo, Hysys, ProII 등과 같은 제3의 프로그램과 데이터 호환을 지원하고 있다.

4.3. 열교환기 열원으로서 Steam과 Refrigerant control

Steam은 잠열이 크고 열전달계수가 매우 우수하다. 물은 주위에서 쉽게 얻을 수 있는 유체이다. 이런 이유로 Steam은 석유화학 공장의 열원으로 많이 사용된다. 만약 Process가 저온으로 운전된다면, Refrigerant system을 갖추고 있을 것이다. Refrigerant로 Propane, Butane, Propylene 등이 사용된다. 이들은 잠열은 작지만, 열전달계수가 좋다. Refrigerant system에서 압축과정을 거친 후 응축과정에서 열을 방출하여야 하는데 저온 공정은 방출되는 열을 열원으로 이용할 수 있다. 이렇게 유체 잠열을 열원으로 이용하는 경우 Steam과 Refrigerant를 제어하여야 하는데 이에 대한 방식을 적절히 선정할 필요 있다. 이번 장은 잠열을 이용한 열원 제어방식에 대한 소개이며 Henry Z. Kister의 책인 "Distillation operation"을 참조하였고 필자의 경험을 추가하였다.

열원 Control은 직접적인 방법과 간접적인 방법이 있다. 직접적인 방법은 열원 유량을 제어하는 것이다. 그에 반해 간접적인 방법은 Tray 온도, Product analyzer, Liquid level 등과 같은 Process parameter 측정값으로 열원 Flow rate 설정값을 조절하는 Cascade 방식이다. 간접적인 방식이 더 부드럽게 작동되지만, 직접적인 방법도 꽤 만족하는 예도 많다. 간접 방식은 Process 유체의 상변화 양을 조절할 때 느린 제어 반응속도와 Oscillation 운전 가능성이 큰 단점이 있다.

1) 열원 Control

그림4-4는 Steam control의 가장 기본적인 개념을 보여주고 있다. 왼쪽 그림과 같이 Steam 입구 배관에 Control valve가 설치될 경우, 열교환기 내 Steam이 응축되는 압력에 의해 Duty가 조절된다. Reboiler duty를 높이고자 할 때, Control valve를 열어주므로 Steam 응축압력이 증가하여 Reboiler LMTD가 증가한다. 그러나 Steam 압력과 Reboiler duty 관계가 선형적이지 않고 열교환기 Fouling이 진행됨에 따라 Steam 압력과 Reboiler duty 관계가 변하기 때문에 주의하여 적용해야 한다. 운전 초기 Fouling이 없으므로 열교환기 Margin이 많다. 이는 Control valve의 동일한 Opening에서 더 많은 Steam이 열교환기로 들어가 Steam 응축압력을 낮춘다. 압력이 낮아진 Condensate는 Steam trap을 빠져나가지 못하고 열교환기에 축적된다. 축척 된 Condensate는 열교환기 전열 면적을 줄이고 열교환기 압력을 올린다. Steam trap을 이겨낼 정도로 Condensate 압력이 올라가면 Condensate는 한 번에 열교환기를 빠져나간다. 다시 열교환기 압력이 낮아져 Condensate가 축척 되는 반복적인 운전이 된다. 이렇게 열교환기 압력이 낮아지고 올라가는 현상을 Steam chest pressure라고 한다. 오른쪽 그림은 Condensate에 Control valve가 설치된 경우이다. Duty는 Tube bundle의 Partially flooding에 의해 조절된다. 그러나 제어 응답속도가 느리고 Steam이 Control valve를 빠져나갈 수 있어 Water hammering 가능성이 있다.

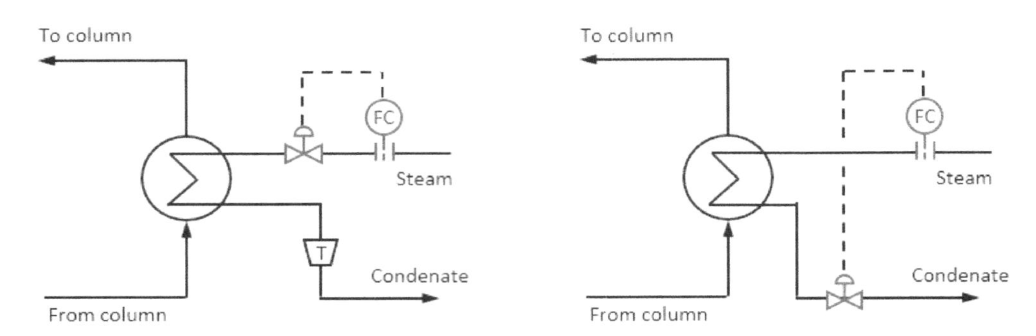

그림 4-4 Steam과 Condensate를 직접 Control

앞서 설명한 Steam trap과 Condensate control valve에 의한 열원 Control 방식을 보완한 것이 그림 4-5와 같이 Condensate pot를 추가한 방식이다. Condensate pot의 Liquid level에 의해 Steam은 Condensate header로 빠져나가지 못한다. 왼쪽 그림은 Condensate liquid level이 열교환기보다 낮게 유지되고 있다. 이 경우 Steam trap 설치와 마찬가지 열교환기 압력이 낮아져 Condensate가 안정적으로 빠져나가지 못하는 현상이 발생할 수 있다. 이를 보완하는 방법으로 Steam control valve 후단과 Condensate pot 사이에 Balancing line을 추가 설치한다. 운전 초기에 Balancing line(Option)을 사용하여 운전하고, 열교환기 Fouling이 진행되어 Margin이 줄어들면 Original balancing line을 사용하여 운전한다. Balancing line(Option) 대신 Pumping trap을 설치하기도 한다.

오른쪽 그림은 Condensate pot에 Liquid level이 열교환기 Liquid level과 연동하는 방법이다. Level control valve의 설정값에 따라 열교환기 유효 전열 면적이 달라지고 Margin을 줄일 수 있어 Condensate를 안정적으로 Condensate header로 보낼 수 있다. 그러나 열교환기 내부에 Liquid level이 형성되어 부식이 발생할 수 있는 단점이 있다. 운전이 진행됨에 따라 Fouling이 발달하여 Margin이 줄어들기 때문에 Steam port liquid level 설정값을 조정해 주어야 한다.

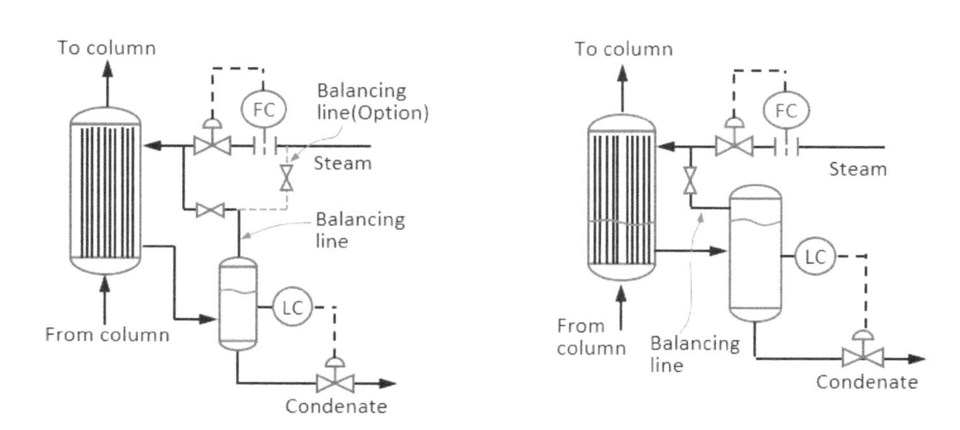

그림 4-5 Condensate pot를 이용한 직접적인 Control

2) Vapor inlet control vs. Condensate outlet control

Dynamic response 측면에서 Vapor inlet control은 Condensate outlet control보다 우수하다. 즉 Vapor inlet control이 Hot utility 유량을 빠르게 제어한다. Steam 입구압력이 충분하지 못할 경우, Condensate를 Condensate header로 보내는데 충분한 압력을 유지할 수 없으므로 Vapor inlet control은 적용하지 못하다.

Condensate outlet control을 적용할 경우 Steam이 Control valve를 통하여 Condensate header로 빠져나가는 현상이 발생할 수 있다. 이는 Water hammering과 Erosion 현상을 유발할 수 있다. Refrigerant vapor가 Condensate outlet valve를 통하여 빠져나간다면 Refrigerant system 용량과 효율이 떨어지므로 반드시 Condensate pot를 설치해야 한다. 또한, Condensate pot liquid level은 흔들리는 경향을 보이는데, 특히 Vacuum 서비스에 적용하면 운전에 문제가 될 수 있다. Condensate outlet control은 열원 압력이 떨어지지 않기 때문에 열교환기 크기를 줄일 수 있고 Control valve size 또한 작다. 특히 Refrigerant를 Hot source로 사용할 경우 Refrigerant compressor 압력을 Control valve pressure drop만큼 올릴 필요가 없어지므로 Energy saving 측면에서 유리하다.

Hot source로 Steam을 적용하고 Vapor inlet control할 경우 Tube wall temperature를 낮출 수 있다. Thermal stress 혹은 온도에 Fouling이 민감할 경우 Vapor inlet control은 이런 문제를 완화할 수 있다. 실제 열교환기 내부 Vapor와 Condensate 경계면에 Fouling과 부식이 많이 발생할 것이 관찰된다. 만약 Fouling과 부식이 민감한 사항이라면 Condensate pot을 열교환기보다 낮게 설치하여 Liquid level이 열교환기에 형성되지 않도록 한다.

그림 4-6은 열원을 간접적으로 제어하면서 Condensate outlet control을 보여주고 있다. 왼쪽은 열교환기와 Condensate pot 설치 높이 차이를 두어 열교환기에 Liquid level이 형성되지 않는다. 반면 오른쪽은 열교환기 Liquid level이 Condensate liquid level과 연동된다.

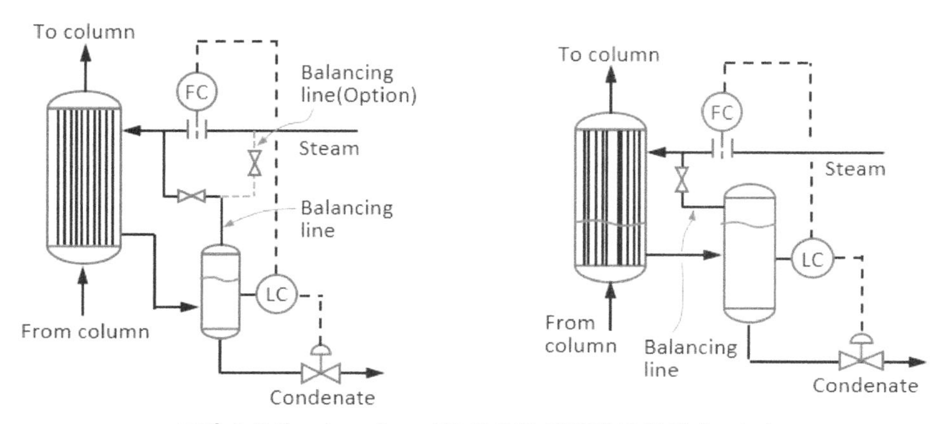

그림 4-6 Condensate pot을 이용한 간접적인 열원 Control

표 4-1에 Vapor inlet control과 Condensate outlet control의 장단점을 비교 정리하였다.

표 4-1 Vapor inlet control과 Condensate outlet control의 장단점

	Condensate outlet valve	*Vapor inlet valve*
장점	✔ *Refrigerant vapor를 열원으로 사용할 경우 Energy 소모량이 적다.* ✔ *낮은 압력 Steam이 적용될 때 Energy 절감 효과가 있다.* ✔ *Control valve가 작다.* ✔ *열교환기가 작다.* ✔ *열원 압력이 낮아도 적용할 수 있다.*	✔ *제어 응답속도가 빠르다.* ✔ *Process fluctuation에 안정하다.* ✔ *Steam condition 변화에 안정하다.* ✔ *Tube wall 온도가 낮다. (Degradation fluid, Fouling, Thermal stress service)*
단점	✔ *제어 응답속도가 느리다.* ✔ *Process fluctuation에 상대적으로 안정하지 않다.* ✔ *Steam condition 변화에 안정적이지 않다.* ✔ *Liquid level에서 부식이 발생한다.*	✔ *Control valve가 크다.* ✔ *열교환기가 크다.* ✔ *Clean, Turndown 운전 시 Condensate가 빠져 나가기 어려울 수 있다.* ✔ *열원 압력이 낮은 경우 적용하기 어렵다.*

4.4. Two phase flow instability

간혹 Reboiler Duty, 압력 등이 주기적으로 반복되는 현상을 볼 수 있다. 이런 현상을 Instability operation 또는 Oscillation operation이라고 한다. 보통 운전 초기에 이런 현상이 나타난다. 이런 현상이 일어나면 Reboiler 출구 배관에서 Hydraulic resistance 감소시키거나, Reboiler 입구 배관에서 Hydraulic resistance 증가시키거나, Hot side 온도를 낮추는 등 운전조건을 바꿔어 해결하기도 한다. Reboiler circuit 내에 Vapor가 발생하고 Two phase가 형성된다. 대부분, 이 Two phase flow 불안정이 Instability 원인이기 때문에 Two phase flow instability에 대해 이해가 필요하다.

Two phase flow instability는 아래와 같이 Static instability와 Dynamic instability로 나눠진다. Static instability는 정상상태로부터 비연속적인 변화와 관련 있다. 반면 Dynamic instability는 전이 관성(Transition inertia)과 동적 되먹임(Dynamic feedback)과 관련되어 있다.

Static instability

- ✔ *Flow excursions(Ledinegg instability, 유동 이탈)*
- ✔ *Flow pattern instability*
- ✔ *Chugging*

Dynamic instability

- ✔ *Density wave oscillations*
- ✔ *Pressure drop oscillations*
- ✔ *Acoustic oscillations*

1) Flow excursion (Ledinegg instability)

압력이 낮은 Two phase hydraulic system에서 그림 4-7과 같이 S자 형태의 특성을 보여주는 경우도 있다. 즉 일부 구간에서 유량이 증가하면 Pressure drop이 오히려 감소하는 특성을 보인다. 운전 점이 B 지점이라면 불안정하게 운전되고 Flow excursion이 야기된다. B 지점에서 운전하다가 어떤 동요에 의해 유량이 감소하면 Pressure drop이 증가한다. 이는 Pump head나 Static head를 초과하여 유량이 더 감소하여 운전 점이 A 지점으로 이동된다. 반대로 어떤 동요가 유량을 증가시켰다면 운전 점이 C 지점으로 이동한다. 만약 A 지점과 C 지점 사이 유량 차이가 작다면 A와 C 사이를 반복적으로 Oscillation 운전될 수 있다. 열교환기를 포함한 Flow excursion은 유량에 따라 열전달 성능이 달라지므로 매우 복잡하다.

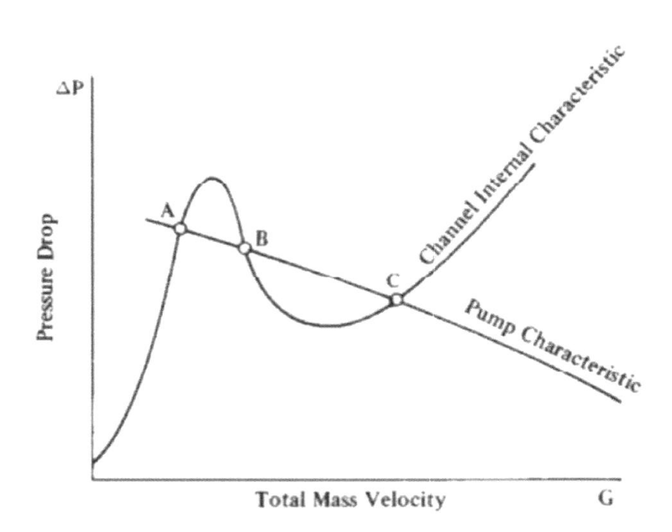

그림 4-7 Flow excursion에서 Mass velocity와 Pressure drop curve 관계

Flow excursion은 아래와 같은 경향성을 보인다.

✔ *Single phase friction pressure drop(Inlet throttling valve)을 증가시키면 안정화 되는 경향이 있다.*

✔ *Pump characteristic curve 기울기가 가파르면 안정화 되는 경향이 있다.*

2) Flow pattern instability

Flow regime이 Bubbly/slug flow와 Annular flow 사이 전이 상태에 있을 때 발생하는 Flow instability이다. 일시적인 동요는 Void fraction을 증가시킨다. 이는 Flow regime이 Bubbly/slug flow에서 Annular flow로 전이되면서 Pressure drop이 낮아진다. 이로 인하여 유량이 증가하지만, Annular flow regime을 유지할 만큼 Vapor가 발생하지 않아 다시 Bubbly/slug flow로 되돌아간다. 이처럼 유량 증가와 감소가 반복되면서 Flow regime을 변화시키는 현상을 Flow pattern instability라고 한다. 또 다른 원인으로 Sub-cooled boiling과 Two phase flow의 Dynamic 상호작용과 연관된 요인이 수반되어야 불안정 운전이 발생한다고 주장되기도 한다.

3) Periodic expulsion or Chugging

Chugging은 Fluid 방출, 재유입, 준비 기간, 재방출의 연속적이고 주기적인 현상이다. Chugging이 되려면 Vapor plugging 발생과 성장이 필수적으로 수반되어야 한다. 수직 배관 끝부분에서 발생하는 이런 현상을 Geysering이라고 한다. 이런 현상은 Liquid에 많은 에너지가 가해져서 갑작스럽게 많은 Boiling이 생기거나 압력 강하로 많은 Flashing이 생길때 발생한다.

Void plug의 빠른 성장은 Pressure drop을 증가시키고 유입되는 유량을 감소시킨다. 유입되는 유량 감소로 배관 하부에 Vapor 비율이 더 증가하고 Void fraction이 증가하여 배관 상부에 Liquid를 분출시킬 정도로 압력이 올라간다. 어느 순간에 Liquid는 갑자기 분출하게 된다.

Chugging은 그림 4-8과 같이 특정 Heat flux 범위에서 발생하는데 Inlet velocity가 빨라질수록 그 Heat flux 범위가 좁아지고 특정 속도를 초과하면 발생하지 않는 것으로 확인된다. Inlet velocity와 System pressure를 높이는 것은 안정적인 운전에 도움을 준다. 반면 긴 Reboiler 출구 수직 배관은 Instability를 증가시킬 수 있다.

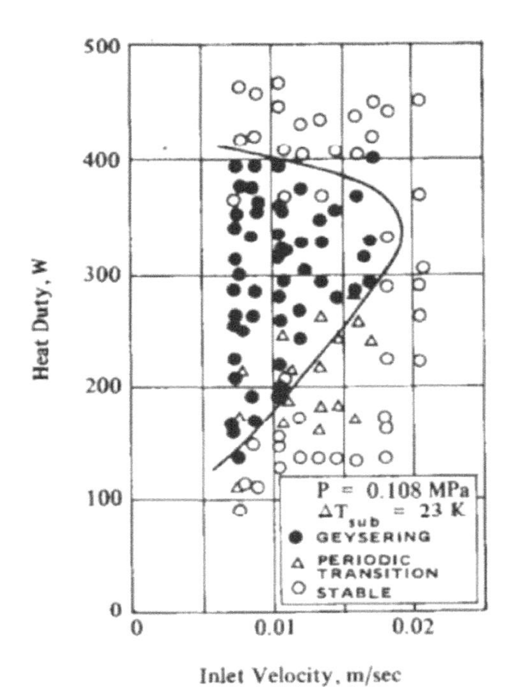

그림 4-8 Geyering 현상에서 Inlet velocity와 Heat duty 관계

4) Density (Two phase density) wave oscillations

현장에 가장 많이 발생하는 현상은 Density wave oscillation이다. 이것은 유량, Vapor volume과 Pressure drop 사이에 상호 영향을 주는 되먹임으로 발생한다. 또는 다양한 Pressure drop을 발생시키는 인자들 사이의 상호작용과 되먹임으로 발생하는 것으로 설명하기도 한다.

Thermosiphon reboiler를 예를 들어보자. 미세한 운전 변화가 유입되는 유량을 감소시킬 수 있다. 이로 인하여 Mass vapor fraction이 증가할 것이다. Reboiler riser 내 Two phase density는 감소하고 부력은 증가한다. System 내부 Hydraulic resistance가 감소하고 Driving force인 Static head가 Hydraulic resistance보다 높아지게 된다. 이는 유입되는 유량을 증가시킨다. 증가한 유입되는 유량은 Mass vapor fraction을 감소시키고 Reboiler riser 내부 Two phase density를 증가시킨다. 이로 인하여, System 내부 Hydraulic resistance가 증가하고 다시 유입되는 유량이 감소한다. 이런 Oscillation 운전을 Density wave oscillation이라고 한다.

또 다른 예로, 반복적으로 과냉각된(Sub-cooling) 유체가 Reboiler로 들어간다고 상상해 보자. 이런 유체 유입의 반복은 열교환기 내 Boiling 되는 Tube 위치가 반복적으로 변한다. 결국, 열교환기 내 Mass vapor fraction 변화가 발생하면서 Two phase 구간에서 Density wave oscillation이 발생한다. Density wave oscillation에 의한 Instability 경향성은 아래와 같다.

- ✔ *Duty 감소는 System 안정을 증가시킨다.*
- ✔ *운전압력 증가는 System 안정성을 증가시킨다.*
- ✔ *입구 배관에서 Friction pressure drop 증가는 System 안정성을 증가시킨다.*
- ✔ *Two-phase 구간에서 높은 Pressure drop은 System 안정성을 감소시킨다.*
- ✔ *입구에서 Sub-cooling 증가는 System 안정성을 감소시킨다. 그러나 특정 값 이상 추가적인 Sub-cooling 증가는 System을 안정시키는 영향이 있을 수 있다.*
- ✔ *강제 순환계에서 유량 증가는 System 안정성을 감소시킨다.*

5) Pressure drop oscillations

Pressure drop oscillation은 Static instability에 의해 야기된 이차적인 Dynamic instability이다. 압축부피 관성이 지연 되먹임 효과와 연결되어 Flow excursion에 의해 발생한 복합 Dynamic instability이다.

이것은 Heated section과 Heated section 바로 앞에 압축성 공간이 있어야 한다. 이런 현상은 낮은 운전 압력에서 운전되는 매우 긴 배관에서 발생할 수 있다. Oscillation 주기는 압축성 부피와 관련된 시간 상수에 의해 결정된다. 일반적으로 그 주기는 Density wave oscillation보다 매우 길다.

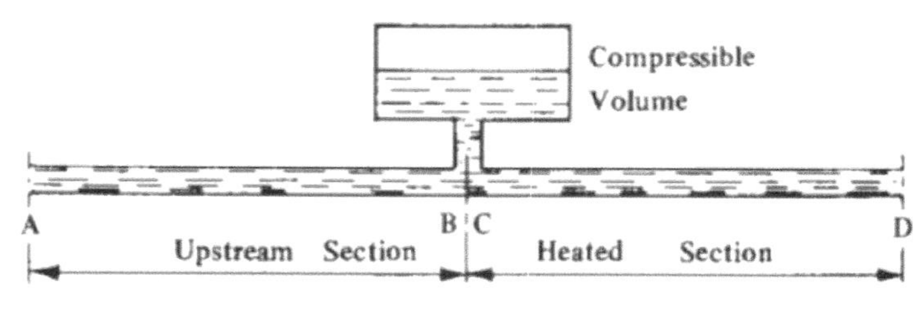

그림 4-9 Pressure drop oscillation

그림 4-9과 같이 Flow excursion이 발생하려는 구간에서 운전하고 있다고 가정해보자. 초기에 들어오는 유량은 Flow excursion에 영향을 받지 않기 때문에 일부 유량이 Compressible volume에 계속 유입된다. Compressible volume 압력은 계속 올라가고 Heated section을 통과하는 유량이 증가하게 된다. 다시 Compressible volume 압력이 낮아지고 Heated section을 통과하는 유량도 줄어든다. 이런 일련의 과정이 스스로 반복되어 운전되는 현상을 Pressure drop oscillation이라고 한다. Pressure drop oscillation이 발생하는 System에서 유량을 줄이면 어느 순간 Density wave oscillation이 동시에 발생하며, 유량을 더 줄이면 Density wave oscillation만 남게 된다. Pressure drop oscillation 경향성은 아래와 같다.

- ✔ *유입되는 유량이 증가하면 System 안전성이 낮아진다.*
- ✔ *유입되는 유체의 Sub-cooling 상태가 클수록 System 안정성이 높아지지만, 과도한 Sub-cooling은 심한 Oscillation 운전을 보여준다.*
- ✔ *유입되는 유체의 Sub-cooling 상태가 크면 Pressure drop curve 최저점에 해당하는 유량보다 약간 낮은 유량에서 Oscillation이 시작된다.*
- ✔ *Heated section 표면상태 또한 Oscillation 운전 시작점과 특성에 영향을 미치는 요인이다.*

6) Acoustic oscillations

Acoustic oscillation 진동수는 일반적으로 10~100 Circle per second이다. 대부분 Sub-cooled condition에서 발생하며 Saturated condition이 됨에 따라 사라지게 된다. Acoustic oscillation 원인은 Sub-cooled void 간 충돌이다. Sub-cooled condensate가 Condensate header에 유입되면 Water hammering이 발생하는데 이는 Acoustic oscillation 현상이다.

4.5. Mean metal temperature 계산

TEMA type BEM, AEL과 NNE 등은 Fixed tubesheet 열교환기이다. 이와 같은 열교환기 Type은 Floating head type이나 U-tube type 열교환기와 달리 Shell 양 끝과 Tube 양 끝이 Tubesheet에 고정되어 있다. 열교환기는 상온에서 제작된다. 제작 당시 Shell과 Tube metal 온도는 같다. 그러나 운전 중 Shell side와 Tube side 유체온도는 같지 않기 때문에 Tube와 Shell metal 온도는 서로 차이 나게 된다. 이로 인하여 열팽창이 서로 달라지므로 Shell, Tube, Tubesheet는 물론 Tube-to-tubesheet joint에 많은 Stress가 가해진다. 이렇게 열팽창에 의한 Stress를 완화하기 위한 부품을 Expansion joint이다. 그림 4-10은 Fixed tubesheet type 열교환기에 설치된 Expansion joint를 보여주는 그림이다.

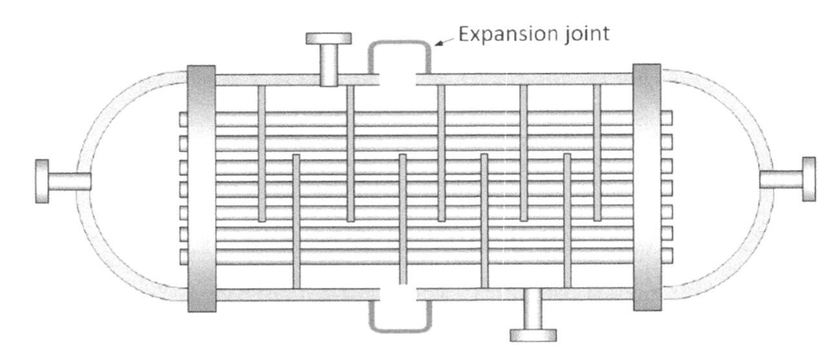

그림 4-10 Fixed tubesheet exchanger

Expansion joint에는 Flanged and flued type과 Bellows type이 있다. 일반적으로 발주처는 Flanged and flued type을 선호한다.

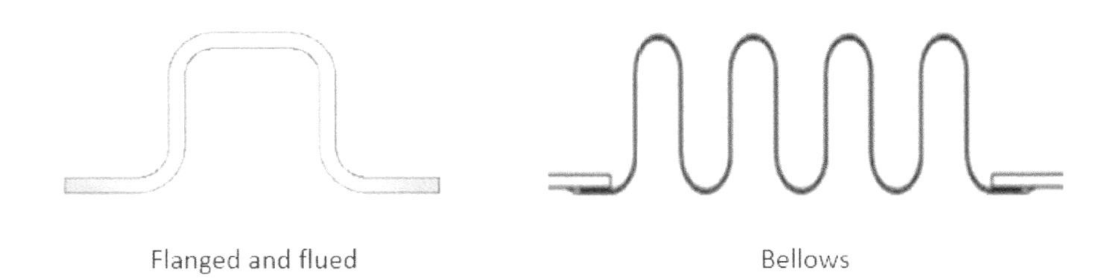

그림 4-11 Expansion joints

Expansion joint를 설계하는데 가장 중요한 데이터 중 하나는 Shell과 Tube mean metal temperature이다. Mean metal temperature는 운전조건에 따라 달라진다. 고려되어야 할 운전조건에 Normal operation을 포함하여 Startup, Shutdown, Upset(Emergency), Steam-out인 Abnormal operating condition을 포함한 모든 운전조건이 포함되어야 한다. 또 각각 운전조건에서 유체온도를 포함하여 외기 온도, 보온재 재질과 두께, 유체가 정체되어 있는지 또는 비어 있는지 정의되어야 한다. Normal operating condition에서 각각 Mean metal temperature는 그림 4-12와 같이 "Final results" 창에서 확인할 수 있다. Tube mean metal temperature는 각 Tube pass의 Radial 평균온도를 사용하면 된다. 그러나 Normal operation condition에서 Shell과 Tube mean metal temperature 차이는 그리 크지 않아 Expansion joint 설계에 Governing case가 아니다. 일반적으로 Governing case는 Shell side에 유체가 정체되어 있거나 비어 있는 Abnormal operating condition에서 결정된다.

Mean Metal Temperatures

Mean shell temperature 41.46 (C)

Mean tube metal temperature in each tubepass, (C)

Tube Pass	Inside	Outside	Radial
1	33.30	33.92	33.63
2	35.60	36.07	35.84
3	36.73	37.11	36.93
4	38.13	38.39	38.26

그림 4-12 Mean metal temperatures (Final results 창)

Abnormal operating condition은 공정 엔지니어 또는 Maintenance와 관련된 엔지니어로부터 정보를 얻어야 한다. 만약 어디서도 이와 같은 정보를 얻지 못한다면, 2가지 조건을 고려한다. 첫 번째 Datasheet의 Tube side 입구 조건을 Tube side operating condition으로, Shell side는 Empty 상태이다. 두 번째 만약 Tube side에 Steam-out condition을 요구하면 Tube side에 Steam-out으로 Shell side는 빈 상태이다. Abnormal operating condition에서 Shell과 Tube mean metal temperature를 구하는 절차는 아래와 같다.

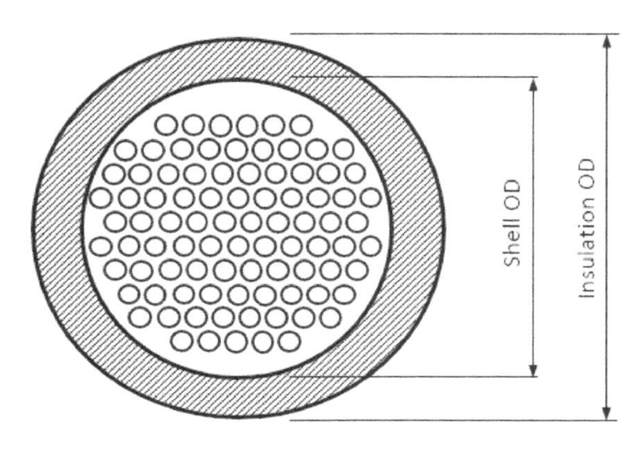

그림 4-13 열교환기 단면

그림 4-13은 열교환기 단면을 보여주고 있다. Tube side에 유체가 흐르고 있고 Shell side에 빈 상태라고 가정해보자. 먼저 식 4-1을 이용하여 보온재 열전달계수를 계산한다. 다음 Shell mean metal temperature를 적절히 가정한다. 첫 번째 가정 값은 Tube 온도와 외기 온도(보통 겨울철 외기 온도, 저온 서비스의 경우 여름철 외기 온도)의 평균온도로 시작한다. 가정된 Shell mean metal temperature를 이용하여 보온재를 통한 Heat flux(식 4-3)와 Shell 내부 빈 공간을 통한 Heat flux(식 4-2)를 계산한다. 이 두 가지 Heat flux가 서로 수렴할 때까지 Shell mean metal temperature를 찾는다. 여기서 Tube 온도는 Tube side 유체 온도나 Steam out 온도를 적용하고 보온재 표면 온도는 외기 온도를 적용하면 보수적인 접근방법이 된다. Shell heat transfer coefficient는 표 4-2를 적용한다. 이 표는 일반적 치수의 열교환기를 이용하여 CFD를 수행한 결과로부터 도출된 값으로 Fouling factor를 포함한 보수적인 값이다. 여기서 보수적인 값의 의미는 Shell과 Tube mean metal temperature 차이가 큰 값을 보이는 결과를 의미한다.

$$\boldsymbol{h_{ins}} = \frac{\boldsymbol{2\,k}}{\boldsymbol{D_o\,ln\left(\frac{D_o}{D_i}\right)}} \quad \text{------} \; \boldsymbol{(4-1)}$$

Where,

h_{ins} (W/m^2- ℃): Insulation heat transfer coefficient

k (W/m- ℃): Insulation thermal conductivity

D_o(m): Insulation OD

D_i(m): Insulation I.D

$$\boldsymbol{H_{flux\_in} = h_{in}(T_{tube} - T_{shell})} \quad \text{------} \quad \boldsymbol{(4-2)}$$

$$\boldsymbol{H_{flux\_ins} = h_{ins}(T_{shell} - T_{ins})} \quad \text{------} \quad \boldsymbol{(4-3)}$$

$$\boldsymbol{T_{shell} = T_{tube} - \frac{H_{flux}}{h_{in}}} \quad \text{------} \quad \boldsymbol{(4-4)}$$

Where,

H_{flux_ins} (W/m^2): Heat flux through insulation

H_{flux_in} (W/m^2): Heat flux through shell space

h_{in} (W/m^2- ℃): Shell heat transfer coefficient

h_{ins} (W/m^2- ℃): Insulation heat transfer coefficient

T_{tube} (℃):Tube temperature

T_{shell}(℃): Shell mean metal temperature

T_{ins} (℃): Insulation outside surface temperature

표 4-2 Mean metal temperature 계산을 위한 열전달계수

	Shell heat transfer coefficient [W/m²- ℃]	*Remarks*
Empty	*1.5*	*Shell에 Air가 채워진 것으로 고려하였음.*
	2.0	*Shell side에 보온재가 적용되지 않은 경우*
Hydrocarbon gas	*2.5*	*C1, C2, C3 Light hydrocarbon 채워진 것으로 고려*
	3.0	*Shell side에 보온재가 적용되지 않은 경우*
Hydrocarbon liquid	$= e^{-0.34 \times Ln(Viscosity)+5}$ *Viscosity 단위는 cP임.*	*Heavy hydrocarbon 채워진 것으로 고려*
Wind	*30*	*보온재가 적용되지 않으면 외부 열전달계수*

예제) *Shutdown condition 동안 Tube side 유체만 흐르고 Shell side는 빈 상태를 유지하고 있다. 이때 Shell과 Tube mean metal temperature를 계산해야 한다. 계산에 필요한 데이터는 아래와 같다.*

- ✔ *Shell OD: 1m*
- ✔ *Insulation thickness: 0.03m*
- ✔ *Insulation thermal conductivity: 0.045 W/m- ℃*
- ✔ *Ambient temperature (winter): -15 ℃*
- ✔ *Tube side inlet temperature: 90 ℃*

먼저 보온재의 열전달계수를 계산한다.

$$h_{ins} = \frac{2\,k}{D_o\, ln\left(\frac{D_o}{D_i}\right)} = \frac{2 \times 0.045}{1.06 \times ln\left(\frac{1.06}{1}\right)} = 1.457W/m^2 - K$$

-15℃와 90℃의 중간 온도인 37.5℃를 Shell mean metal temperature로 가정한다. 보온재와 Shell 내부 Heat flux를 각각 계산한다. Shell 내부가 빈 상태이므로 Shell 내부 열전달계수를 1.5W/m²-℃를 적용한다.

$$H_{flux\_in} = h_{in}(T_{tube} - T_{shell}) = 1.5 \times (90 - 37.5) = 78.8W/m^2 - K$$

$$H_{flux\_ins} = h_{ins}(T_{shell} - T_{ins}) = 1.457 \times \left(37.5 - (-15)\right) = 76.6W/m^2 - K$$

계산된 Heat flux가 서로 같은 값이 나올 때까지 Shell mean metal temperature 37.5℃를 변경해 준다. 최종 Shell mean metal temperature 38.3℃이며, 아래와 같이 계산된 Heat flux가 서로 같다.

$$H_{flux\_in} = h_{in}(T_{tube} - T_{shell}) = 1.5 \times (90 - 38.3) = 77.6W/m^2 - K$$

$$H_{flux\_ins} = h_{ins}(T_{shell} - T_{ins}) = 1.457 \times \left(38.3 - (-15)\right) = 77.6W/m^2 - K$$

Expansion joint 설계에 필요한 Mean metal temperature는 각각 Shell은 38.3℃, Tube는 90℃가 된다.

4.6. U-tube vibration 검토방법

그림 4-14와 같이 U-bend에 노즐은 4가지 위치로 설치될 수 있다. 설치된 위치에 따라 Tube 고유진동수와 유속이 달라져 Tube vibration 가능성이 달라진다. 노즐 위치 중 "Before U-bend"를 제외한 나머지 3가지 노즐 위치에 대하여 Baffle 위치를 최대한 Tube tangent line에 가까이 위치시켜야 한다.

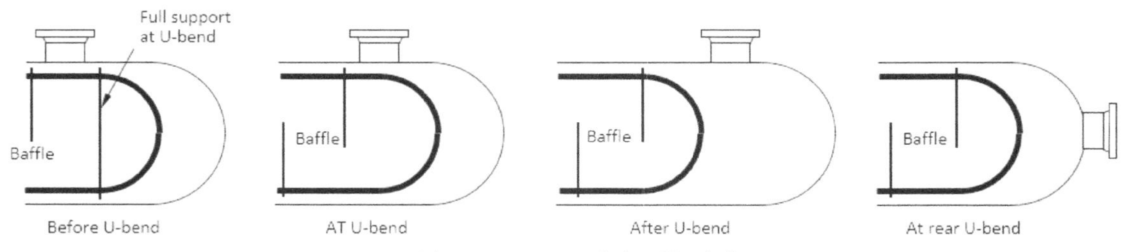

그림 4-14 U-bend에서 노즐 위치

그림 4-15는 U-tube 열교환기 Tube vibration을 평가할 때 Case 별 방법을 보여주고 있다. U-tube 열교환기에 대한 Xist tube vibration 결과는 노즐 위치에 따라 Tube vibration을 과소평가할 경우도 있다. 이 때문에 Case 별 해당하는 방법에 따라 Tube vibration을 평가해야 한다. Xist tube vibration 평가는 U-bend natural frequency가 가장 낮을 때, 특히 U-bend에서 Unsupported tube span이 가장 길 때, Tube vibration 가능성을 제대로 평가하지 못한다.

2.6.1장에 식 2-34에서 보듯이 Critical velocity는 Natural frequency에 비례한다. 또 Natural frequency는 Unsupported tube span의 제곱에 반비례하므로 Critical velocity는 Unsupported tube span의 제곱에 반비례한다. 이 관계를 고려하여 Xist tube vibration 결과를 U-bend에 적용되는 Critical velocity로 수정하여 Tube vibration을 평가해야 한다.

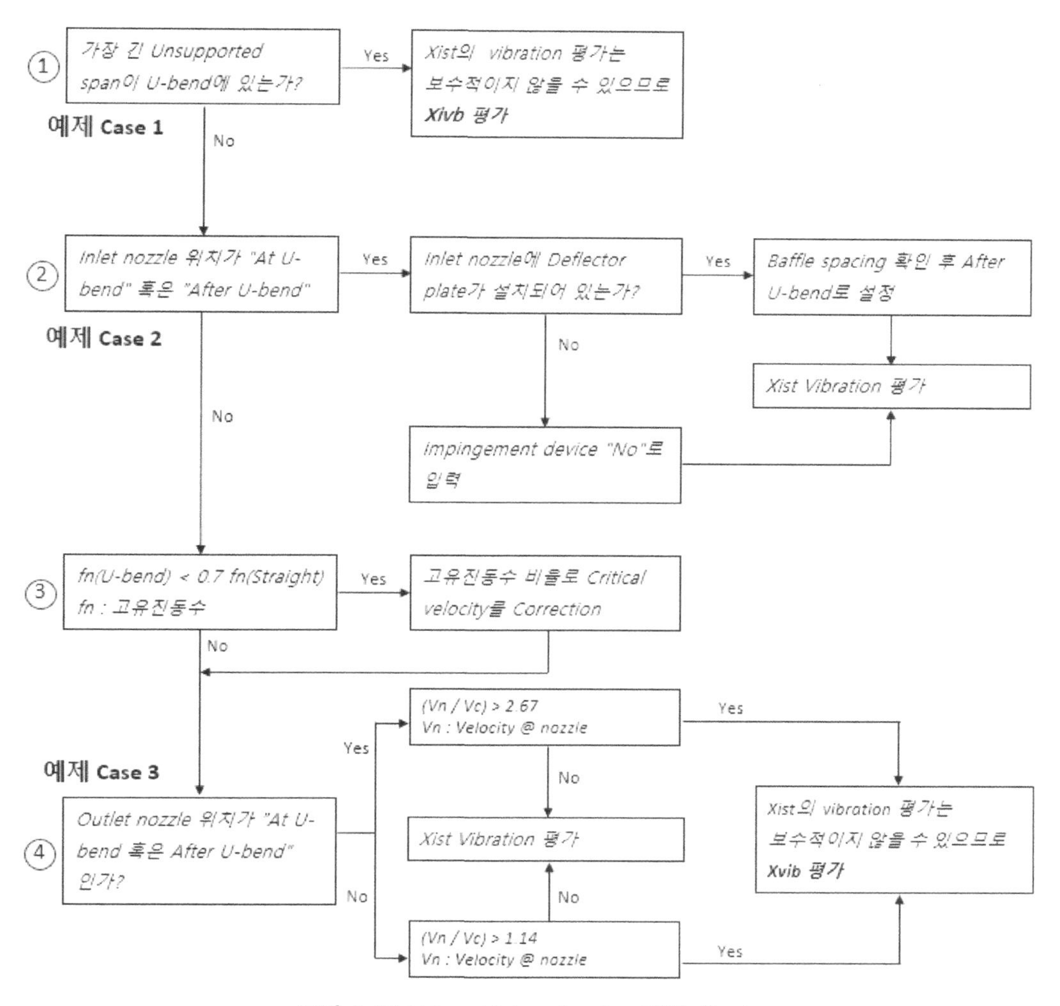

그림 4-15 U-bend tube vibration 평가 Chart

1) 가장 긴 Unsupported tube span이 U-bend에 있을 경우 (Case 1)

노즐 위치와 관계없이 U-bend에서 Unsupported tube span이 가장 길 때 Xvib로 Tube vibration을 평가해야 한다. 그림 4-16은 출구 노즐 위치가 At U-bend에 위치한 U-tube heat exchanger이다.

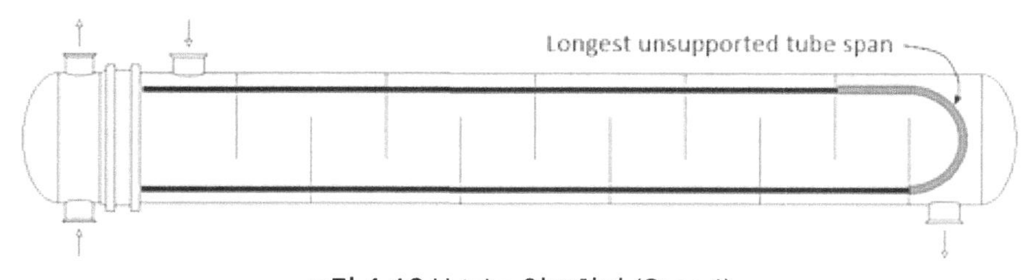

그림 4-16 U-tube 열교환기 (Case 1)

그림 4-17은 Xist "Vibration" 창이다. Straight tube에서 Natural frequency는 64.4Hz지만 U-bend에서 Natural frequency는 13.5Hz이다. Xist 결과에서 Critical velocity는 U-bend가 아닌 Straight tube의 가장 낮은 Natural frequency 기준으로 계산된다.

Position In The Bundle		Inlet	Center	U-Bend
Length for natural frequency	(mm)	925	810	1567
Length/TEMA maximum span	(--)	0.607	0.531	0.775
Number of spans	(--)	6	6	1
Tube natural frequency	(Hz)	64.4	63.4	13.5 +
Shell acoustic frequency	(Hz)			
Flow Velocities		**Inlet**	**Center**	**U-Bend**
Window parallel velocity	(m/s)	0.54	0.46	0.44
Bundle crossflow velocity	(m/s)	0.39	0.44	0.36
Bundle/shell velocity	(m/s)	0.36	0.31	0.25
Fluidelastic Instability Check		**Inlet**	**Center**	**U-Bend**
Log decrement	HTRI	0.038	0.043	0.038
Critical velocity	(m/s)	2.53	3.30	2.35
Baffle tip cross velocity ratio	(--)	0.1574	0.1358	0.1561
Average crossflow velocity ratio	(--)	0.1545	0.1333	0.1532

Bundle Entrance/Exit (analysis at first tube row)		Entrance	Exit
Fluidelastic instability ratio	(--)	0.170	0.532
Vortex shedding ratio	(--)	0.207	0.190
Crossflow amplitude	(mm)	0.01074	0.89996
Crossflow velocity	(m/s)	1.36	1.25
Tubesheet to inlet/outlet support	(mm)	None	None
Shell Entrance/Exit Parameters		**Entrance**	**Exit**
Impingement device		None	--
Flow area	(m2)	0.017	0.022
Velocity	(m/s)	2.87	1.80
RHO-V-SQ	(kg/m-s2)	4053.4	1941.2

그림 4-17 Case 1 Xist 결과 (Vibration 창)

Bundle entrance에서 Critical velocity가 표기되어 있지 않지만, 식 4-5에 따라 계산하면 Straight tube의 Natural frequency 기준으로 계산된 Critical velocity와 같은 값임을 알 수 있다.

$$\textit{Critical velocity} = \frac{\textit{Crossflow velocity}}{\textit{Fluidelastic instability ratio}} \quad ------(4-5)$$

$$= \frac{1.25m/sec}{0.532} = 2.35m/sec$$

그림 4-18은 Bundle entrance velocity 기준 Xvib 결과이다. Xist "Vibration" 창에 U-tube natural frequency와 Xvib 결과에 Natural frequency가 서로 유사한 값을 보여주고 있다. Xist 결과와 다르게 Xvib 결과에 Fluidelastic instability ratio와 Vortex shedding amplitude는 Tube vibration 가능성을 보여주고 있다. 이처럼 가장 긴 Unsupported tube span이 U-bend에 있으면서 출구 노즐이 "At U-bend" 또는 "After U-bend"에 위치할 경우, Xist vibration 결과는 Tube vibration을 과소평가하기 때문에 Xvib를 이용하여 Tube vibration을 평가해야 한다.

Mode	Frequency	Gap Velocity / Critical Gap Velocity	Max Vortex Shedding Amplitude	Span Number
(--)	(Hz)	(--)	(mm)	(--)
1	15.101	0.8733	1.232	12
2	40.196	9.97e-7	2.91e-8	12
3	46.859	0.2403	0.114	12
4	62.644	0.0175	5.81e-3	18
5	62.732	0.1060	0.036	18
6	65.018	0.0039	1.43e-3	4

그림 4-18 Case 1 Xvib 결과 (Output summary 창)

만약 "Full support at U-bend"가 설치되고 노즐 위치가 "Before U-bend"인 경우, Xist는 Tube를 Straight tube로 간주하여 Tube vibration을 평가한다. 또 Xist로부터 Xvib 생성할 때 U-bend에서 유속을 0m/sec로 가져온다. 실제 U-bend에서 Tube 부식방지를 위하여 유체가 정체되지 못하도록 "Full support at U-bend"을 아랫부분과 윗부분을 제거하기 때문에 유속이 0m/sec가 아니다. 이 경우 U-bend 호 길이 기준 Unsupported tube span이 TEMA Maximum allowable tube span보다 길지 않도록 U-bend에 추가 U-bend support를 설치할 것을 추천한다. 이와 관련하여 2.6.2장 Reactor feed/effluent heat exchanger 예제에서 Xvib로 Tube vibration을 평가하였으니 참조하기 바란다.

Kettle 열교환기에 설치된 U-tube 경우 U-bend에서도 Circulation 흐름이 발생한다. U-bend 호 길이 기준 Unsupported tube span이 Straight tube의 Unsupported tube span보다 길지 않도록 Support를 추가해야 한다. 필요하면 Circulation ratio로 유속을 계산하여 Xvib를 이용하여 Tube vibration을 평가해야 한다.

2) 입구 노즐이 "At U-bend" 또는 "After U-bend"에 위치할 경우 (Case 2)

그림 4-19와 같이 입구 노즐이 "At U-bend" 또는 "After U-bend"에 위치하면서 가장 긴 Unsupported tube span이 U-bend에 있지 않을 경우(U-bend에 Support 설치)이다. U-tube 열교환기에 Deflector plate 설치 여부에 따른 Tube vibration 평가 방법을 생각해 보자.

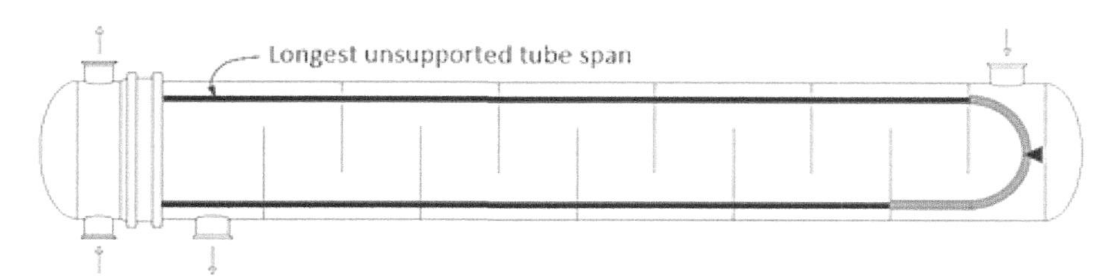

그림 4-19 U-tube 열교환기 (Case 2)

그림 4-20은 입구 노즐이 "At U-bend"에 위치하고 Deflector plate가 설치되지 않은 경우의 Xist vibration 결과이다. U-bend에서 Unsupported tube span은 Straight tube에서 Unsupported tube span보다 짧지만, Natural frequency는 U-bend에서 더 낮다. U-bend의 Critical velocity 2.52m/sec는 Straight tube의 Unsupported tube span의 Natural frequency 63.1Hz 기준으로 계산된 값이다.

Position In The Bundle		U-Bend	Center	Outlet
Length for natural frequency	(mm)	936	810	975
Length/TEMA maximum span	(--)	0.487	0.531	0.640
Number of spans	(--)	2	6	6
Tube natural frequency	(Hz)	40.3 +	63.4	63.1
Shell acoustic frequency	(Hz)			
Flow Velocities		**U-Bend**	**Center**	**Outlet**
Window parallel velocity	(m/s)	0.54	0.47	0.44
Bundle crossflow velocity	(m/s)	0.44	0.44	0.29
Bundle/shell velocity	(m/s)	0.36	0.31	0.20
Fluidelastic Instability Check		**U-Bend**	**Center**	**Outlet**
Log decrement	HTRI	0.038	0.042	0.042
Critical velocity	(m/s)	2.52	3.65	2.44
Baffle tip cross velocity ratio	(--)	0.1761	0.1241	0.1228
Average crossflow velocity ratio	(--)	0.1729	0.1218	0.1205

Bundle Entrance/Exit (analysis at first tube row)		Entrance	Exit
Fluidelastic instability ratio	(--)	1.413 *	0.143
Vortex shedding ratio	(--)	0.362	0.156
Crossflow amplitude	(mm)	0.14147	0.01045
Crossflow velocity	(m/s)	1.51 *	1.02
Tubesheet to inlet/outlet support	(mm)	None	None
Shell Entrance/Exit Parameters		**Entrance**	**Exit**
Impingement device		None	--
Flow area	(m2)	0.022	0.017
Velocity	(m/s)	2.18 *	2.36
RHO-V-SQ	(kg/m-s2)	2353.4	3343.4

그림 4-20 Case 2 (At U-bend) Xist 결과 (Vibration 창)

Critical velocity는 Natural frequency에 비례하므로 U-tube의 Critical velocity는 식 4-6에 따라 수정되어야 한다.

$$\boldsymbol{Corrected\ critical\ velocity = Critical\ velocity} \times \left(\frac{\boldsymbol{Natural\ freq.for\ U-bend}}{\boldsymbol{Natural\ freq.for\ straight\ tube}}\right) - \mathbf{(4-6)}$$

$$= 2.52 \times \left(\frac{40.3}{63.1}\right) = 1.61m/sec$$

Bundle entrance에서 Cross velocity는 U-bend에서 Corrected critical velocity와 Fluidelastic instability ratio로 식 4-7과 같이 다시 계산된다.

$$\boldsymbol{Corrected\ cross\ velocity = Corrected\ critical\ velocity \times FEI\ ratio} \ \ -----\mathbf{(4-7)}$$

$$= 1.61 \times 1.413 = 2.28m/sec$$

Corrected cross velocity를 Bundle entrance에서 Velocity로 고려한 Xvib 결과는 그림 4-21과 같다. Xist vibration 결과는 보수적인 결과를 보여주고 있으므로 Xist 결과를 이용하여 Vibration 평가를 할 수 있다.

Mode	Frequency	Gap Velocity / Critical Gap Velocity	Max Vortex Shedding Amplitude	Span Number
(--)	(Hz)	(--)	(mm)	(--)
1	42.667	0.7660	1.177	12
2	60.877	0.1404	0.078	3
3	61.448	7.06e-5	4.48e-5	3
4	64.459	1.37e-5	9.25e-6	16
5	65.280	0.1642	0.120	18
6	69.669	0.1479	0.095	1

그림 4-21 Case 2 (At U-bend) Xvib 결과 (Output summary 창)

그림 4-22는 동일한 열교환기에 입구 노즐 위치를 "After U-bend"로 변경하였을 때 Xist Vibration 결과이다. 노즐이 "At U-bend"에 위치될 때보다 Tube vibration 가능성이 적은 것으로 나온다.

Position In The Bundle		U-Bend	Center	Outlet
Length for natural frequency	(mm)	936.	810.	975
Length/TEMA maximum span	(--)	0.487	0.531	0.640
Number of spans	(--)	2	6	6
Tube natural frequency	(Hz)	40.3	63.4	63.1
Shell acoustic frequency	(Hz)			
Flow Velocities		**U-Bend**	**Center**	**Outlet**
Window parallel velocity	(m/s)	0.54	0.47	0.44
Bundle crossflow velocity	(m/s)	0.32	0.44	0.29
Bundle/shell velocity	(m/s)	0.36	0.31	0.20
Fluidelastic Instability Check		**U-Bend**	**Center**	**Outlet**
Log decrement	HTRI	0.038	0.042	0.042
Critical velocity	(m/s)	2.52	3.65	2.44
Baffle tip cross velocity ratio	(--)	0.1288	0.1241	0.1228
Average crossflow velocity ratio	(--)	0.1264	0.1218	0.1205

Bundle Entrance/Exit (analysis at first tube row)		Entrance	Exit
Fluidelastic instability ratio	(--)	0.260	0.143
Vortex shedding ratio	(--)	0.265	0.156
Crossflow amplitude	(mm)	0.07367	0.01045
Crossflow velocity	(m/s)	1.11	1.02
Tubesheet to inlet/outlet support	(mm)	None	None
Shell Entrance/Exit Parameters		**Entrance**	**Exit**
Impingement device		None	--
Flow area	(m2)	0.454	0.017
Velocity	(m/s)	0.11	2.36
RHO-V-SQ	(kg/m-s2)	9.09	3343.4

그림 4-22 Case 2 (After U-bend) Xist 결과 (Vibration 창)

3) 출구 노즐이 "At U-bend" 또는 "After U-bend"에 위치한 경우 (Case 3)

그림 4-23과 같이 가장 긴 Unsupported tube span이 U-bend에 있지 않으면서 출구 노즐이 "At U-bend" 또는 "After U-bend"에 위치할 경우(U-bend에 Support 설치)이다.

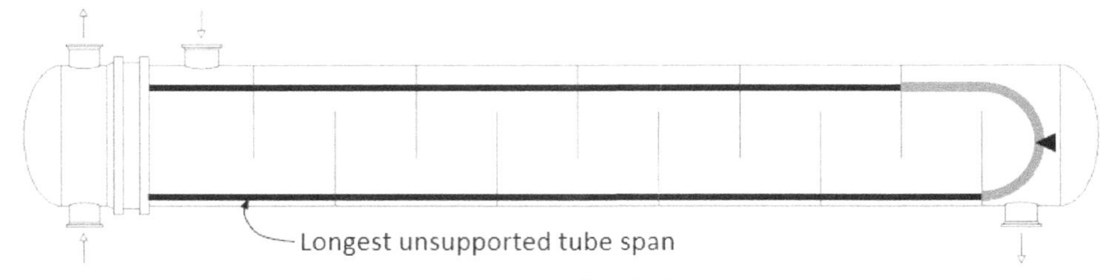

그림 4-23 U-tube 열교환기 (Case 3)

그림 4-24는 Xist vibration 결과이다. U-bend natural frequency 39.5Hz는 Straight tube natural frequency 63.4Hz의 70%보다 낮다. 따라서 식 4-6에 따라 아래와 같이 U-bend에서 Critical velocity는 Natural frequency 비율에 따라 수정되어야 한다.

$$Corrected\ critical\ velocity = Critical\ velocity \times \left(\frac{Natural\ freq.\ for\ U-bend}{Natural\ freq.\ for\ straight\ tube}\right) = 2.48 \times \left(\frac{39.5}{63.4}\right)$$
$$= 1.545 m/sec$$

Position In The Bundle		Inlet	Center	U-Bend
Length for natural frequency	(mm)	975.	810.	936.
Length/TEMA maximum span	(--)	0.640	0.531	0.487
Number of spans	(--)	6	6	2
Tube natural frequency	(Hz)	64.4	63.4	39.5
Shell acoustic frequency	(Hz)			
Flow Velocities		**Inlet**	**Center**	**U-Bend**
Window parallel velocity	(m/s)	0.54	0.46	0.44
Bundle crossflow velocity	(m/s)	0.36	0.44	0.36
Bundle/shell velocity	(m/s)	0.36	0.31	0.25
Fluidelastic Instability Check		**Inlet**	**Center**	**U-Bend**
Log decrement	HTRI	0.038	0.043	0.042
Critical velocity	(m/s)	2.53	3.67	2.48
Baffle tip cross velocity ratio	(--)	0.1436	0.1220	0.1477
Average crossflow velocity ratio	(--)	0.1410	0.1198	0.1450

Bundle Entrance/Exit (analysis at first tube row)		Entrance	Exit
Fluidelastic instability ratio	(--)	0.167	0.504
Vortex shedding ratio	(--)	0.189	0.190
Crossflow amplitude	(mm)	0.01281	0.11459
Crossflow velocity	(m/s)	1.24	1.25
Tubesheet to inlet/outlet support	(mm)	None	None
Shell Entrance/Exit Parameters		**Entrance**	**Exit**
Impingement device		None	--
Flow area	(m2)	0.017	0.023
Velocity	(m/s)	2.87	1.69
RHO-V-SQ	(kg/m-s2)	4053.4	1712.2

그림 4-24 Case 3 Xist 결과 (Output summary 창)

그림 4-25와 같이 "Final result"에 출구 노즐에서 velocity는 2.35m/sec이다.

Shell Nozzles				Liquid
Inlet at channel end-Yes		Inlet	Outlet	Outlet
Number at each position		1	1	0
Diameter	(mm)	146.33	146.33	
Velocity	(m/s)	2.85	2.35	
Pressure drop	(kgf/cm2)	0.038	8.41e-3	
Height under nozzle	(mm)	32.567	760.00	
Nozzle R-V-SQ	(kg/m-s2)	3997.3	3297.1	
Shell ent.	(kg/m-s2)	4053.4	7.49	

그림 4-25 노즐에서 유속 (Final results 창)

그림 4-15에 따라 노즐에서 Velocity와 Critical velocity 비율이 2.67보다 작으므로 Xist vibration 결과로 Tube vibration 가능성을 평가할 수 있다.

$$\frac{Velocity\ at\ outlet\ nozzle}{Corrected\ critical\ vlelocity} = \frac{2.35}{1.545} = 1.52 < 2.67$$

그림 4-26은 Xvib 결과로 Xist 결과와 비교할 때 Xist 결과가 Tube vibration 가능성을 보수적으로 평가함을 알 수 있다.

Mode	Frequency	Gap Velocity / Critical Gap Velocity	Max Vortex Shedding Amplitude	Span Number
(--)	(Hz)	(--)	(mm)	(--)
1	42.688	0.2422	0.158	11
2	60.876	0.1285	0.044	19
3	61.449	7.09e-6	3.17e-6	19
4	64.459	1.42e-5	5.61e-6	6
5	65.281	0.1239	0.051	4
6	69.668	0.1127	0.041	21

그림 4-26 Case 3 Xvib 결과 (Output summary 창)

마지막으로 U-bend 면적을 전열 면적으로 사용하기 위하여 노즐을 U-bend 근처에 위치시킬 때, 항상 노즐 위치를 "After U-bend"로 위치하고 Deflector plate 설치할 것을 추천한다. 실무에서 "At U-bend"는 적용하지 않는다.

4.7. Fouling factor

Fouling은 운전시간이 지나감에 따라 열전달 표면에 축적되는 열전달 저항이다. Fouling은 열전달 효율을 줄이고 Pressure drop을 증가시킨다. Fouling factor 단위는 열전달계수 역수 단위와 동일하다. 표 4-3에 열거된 유체들의 Fouling factor는 일반적으로 많이 사용되는 값들이다.

표 4-3 Typical fouling factor

Fluid	*Fouling factor [m^2hr ℃/kcal]*	*Fluid*	*Fouling factor [m^2hr ℃/kcal]*
Lube oil	*0.0002*	*Steam*	*0.0001*
Compressed air	*0.0002*	*Refrigerant*	*0.0002*
Ethylene glycol solution	*0.0004*	*Caustic solution*	*0.0004*
Amine solution	*0.0004*	*Sour water*	*0.0004*
Naphtha	*0.0002*	*Distillation OVHD*	*0.0002*
Raw crude	*0.0004~0.001*	*Kerosene*	*0.0004*
Gas oil	*0.0006*	*ATM Residue*	*0.0014*
Open loop water	*0.0004*	*Vacuum residue*	*0.002*
Closed loop water	*0.0002*	*Boiler feed water*	*0.0002*

1) Open loop cooling water fouling

그림 4-27은 열교환기 Tube side에 Cooling water fouling을 보여주고 있다. Cooling water를 사용하는 열교환기 Fouling을 최소화하기 위해서 Cooling water 유속은 1.0m/sec 이상, Wall temperature는 60℃ 이하, Calcium hardness는 300ppm 미만으로 유지하는 것이 좋다. Cooling water에 Scale inhibitor와 Dispersant를 투입하여 Calcium hardness 300ppm 이상으로 관리하는 경우도 있다.

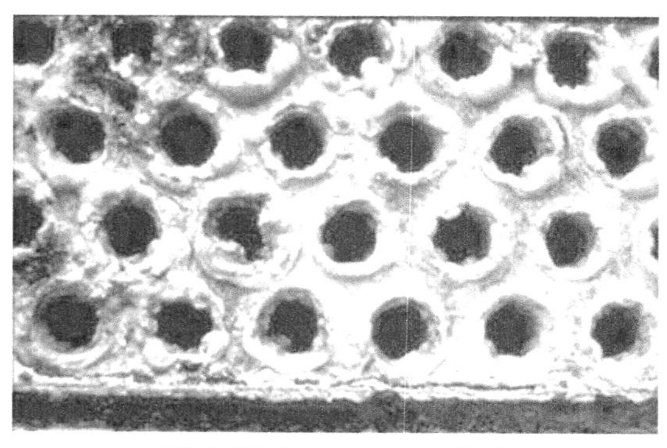

그림 4-27 Cooling water fouling

HTRI의 General cooling water fouling 모델은 Cooling water가 Tube side로 흐를 때 적용되는 Fouling resistance를 예측하는 모델이다. 이 모델은 Cooling water 유속, Wall temperature와 Water chemistry의 함수로 되어있다. 모든 식은 US 단위계를 사용해야 한다.

$$R_f = \frac{121.6}{\sqrt{V}} \times exp(-V^{1/3}) \times exp\left(\frac{-9000}{R \times T_{wa}} - 0.4 \times SI\right) \quad ------(4-8)$$

$$SI = 2(9.3 + C_{TDS} + C_{BT} - C_{CH} - C_{TA}) - pH \le 10 \quad ------(4-9)$$

$$C_{TDS} = 0.9259 \times T_{DS}^{0.03699} - 1 \quad ------(4-10)$$

$$C_{BT} = exp\left(-1.152213 + 1.319319 \times ln(T_b) - 0.206171 \times (ln(T_b))^2\right) \quad ------(4-11)$$

$$C_{CH} = exp\left(-2.116729 + 0.837034 \times ln(Ca_H) - 0.059552 \times (ln(Ca_H))^2\right) if Ca_H < 300ppm (4-12)$$

$$C_{CH} = exp\left(-0.984036 + 0.395443 \times ln(Ca_H) - 0.016565 \times (ln(Ca_H))^2\right) if Ca_H \ge 300ppm (4-13)$$

$$C_{TA} = exp\left(-0.966078 + 0.484531 \times ln(A_{lk}) - 0.027152 \times (ln(A_{lk}))^2\right) \quad ------(4-14)$$

Where,
R_f: Asymptotic fouling resistance (hr-ft^2 °F/BTU)
R: Gas constant (1.987 BTU/mol °R)
T_{wa}: Wall temperature (°R)
SI: Saturation index
V: Velocity (ft/hr)
C_{TDS}: Total dissolved solids correction — *T_{DS}: Total dissolved solids (ppm)*
C_{BT}: Bulk temperature correction, T_b — *Bulk temperature (°F)*
C_{CH}: Calcium hardness correction — *Ca_H: Calcium hardness (ppm $CaCo_3$)*
C_{TA}: Total alkalinity correction — *A_{lk}: Total alkalinity (ppm $CaCO_3$)*

2) Crude oil fouling

Crude oil fouling은 Shear stress, Heat exchanger design, Wall temperature, Bulk fluid temperature, Crude chemistry에 영향을 받는다.

Shear stress가 낮을수록, Wall temperature가 높을수록 Fouling 경향성은 높아진다. Crude oil에서 Fouling이 발생하려면 Activated energy를 넘어야 한다. 이 Activated energy까지 도달하는 시간을 Induction time이라고 한다. Activated energy는 Crude 종류에 따라 다르며 Shear stress가 낮을수록, Wall temperature가 높을수록 전달되는 Energy가 커져 Induction time이 줄어든다. 또한, Wall temperature가 높아지면 Crude oil에 녹아 있는 칼륨염, 실리카염, 칼슘염 등은 용해도가 줄어들어 전열면에 쌓이게 되어 Fouling으로 작용한다.

Crude chemistry는 100000~1000000종류의 성분으로 구성되고 칼륨염, 칼슘염, 나트륨염과 같은 다양한 종류의 염들이 존재한다. Crude oil에 성분을 용해성(Solubility)기준 4가지 성분으로 분리하는데 이를 SARA(Saturates, Aromatics, Resins, Asphaltenes)라고 한다.

SATURATES
AROMATIC OILS
RESINS

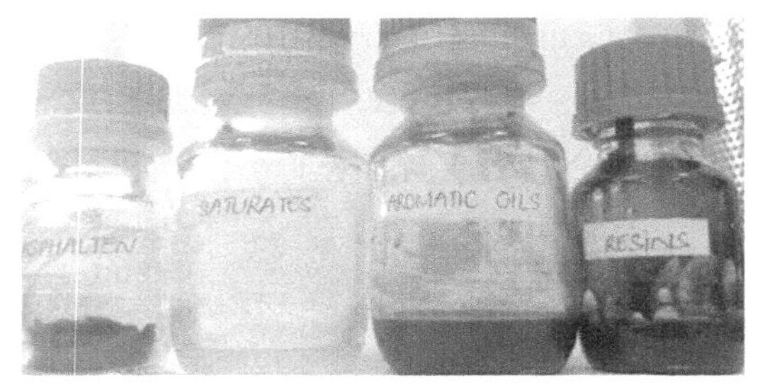

그림 4-28 SARA로 분리된 원유

Saturate는 비극성 물질로 선형, 가지형, 환형 형상의 포화 탄화수소로 구성된 물질이다. 소량의 이종원자(질소, 산소, 황)를 포함하고 금속 원자를 포함되지 않는다.

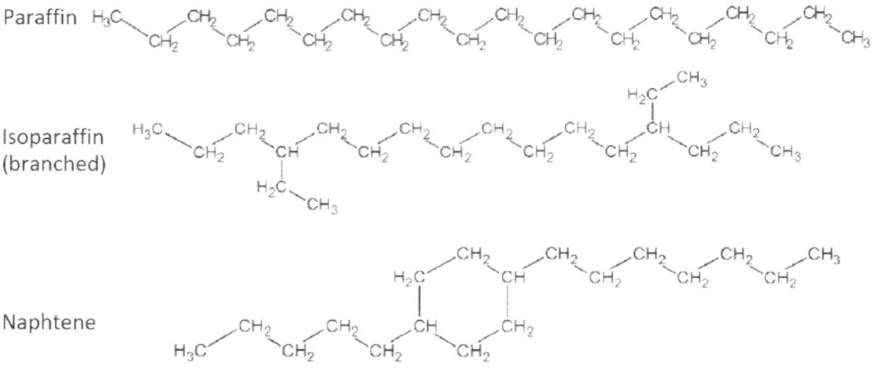
Paraffin
Isoparaffin (branched)
Naphtene

그림 4-29 Saturate 분자구조

Aromatic는 한 개 이상의 Aromatic ring으로 구성되어 있으며 편극성을 띠고 있다. Saturate에 비해 다량의 이종원자를 포함한다. 금속 원자를 포함되지 않는다.

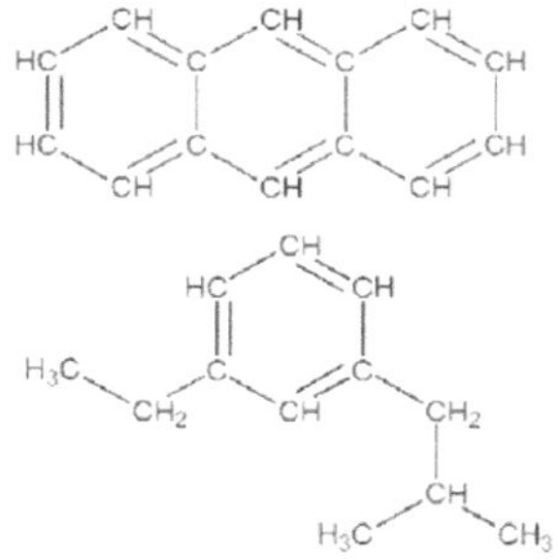

그림 4-30 Aromatic 분자구조

Resin는 극성물질이고 Aromatic ring에 탄화수소 가지를 가진 형상이다. Aromatic에 비해 다량의 이종 원자와 Ni, V, Fe와 같은 금속 원자를 포함한다. Resin은 Asphaltene 주위 보호막을 형성한다.

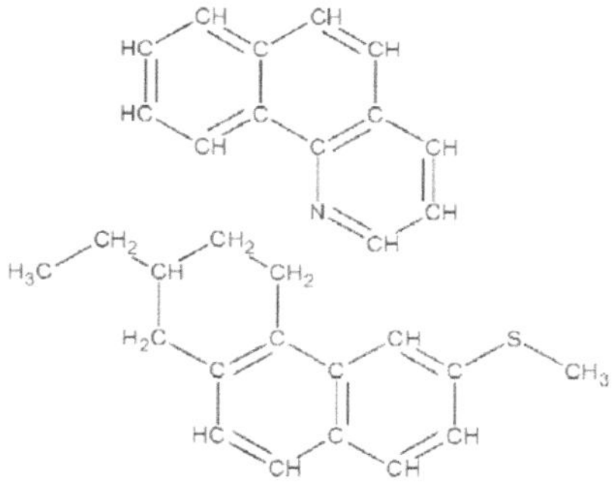

그림 4-31 Resin 분자구조

Asphaltene는 극성물질이다. 환형, Aromatic ring, 선형 탄화수소가 서로 연결되어 매우 복잡한 구조로 되어있다. 분자량이 매우 높으며, 다량의 이종원자와 금속 원자를 갖고 있다. Fouling에 가장 높은 역할을 하는 성분이다.

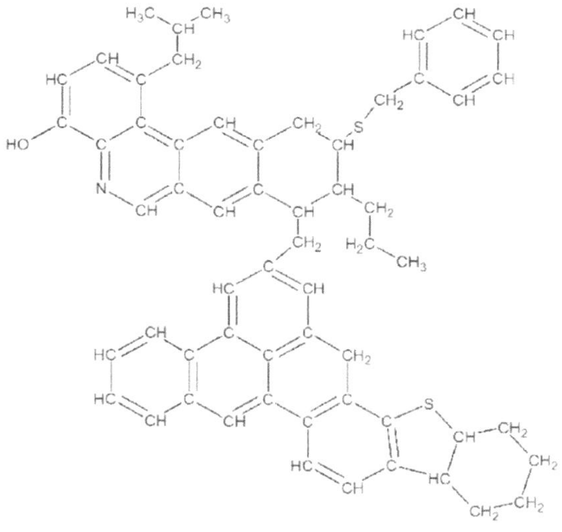

그림 4-32 Asphaltene 분자구조

콜로이드 안정성 지수(Colloidal Instability Index (CII))는 SARA 분석을 통하여 아래 식으로 계산되고 Asphaltene 안정성을 추정하기 위해 사용될 수 있다.

$$CII = \frac{Saturate + Asphatene}{Resine + Aromatic}$$

일반적으로 CII가 0.75 이하이면 Low fouling 경향성을 1.0 이상이면 Heavy fouling 경향성을 보여준다고 한다. 그림 4-33은 CII와 Fouling rate 관계와 Asphaltene에 의한 열교환기 Fouling을 보여주고 있다.

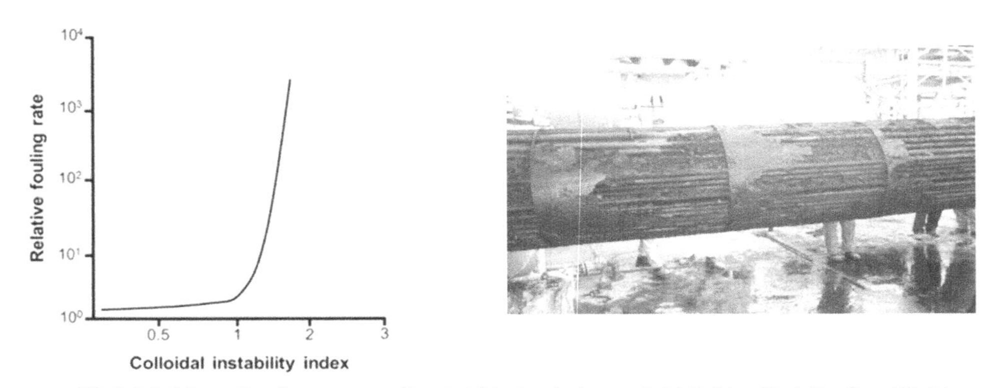

그림 4-33 CII vs. Fouling rate 그래프 (좌측), Asphaltene에 의한 열교환기 Fouling (우측)

4.8. Corrosion and cracking

석유화학 공정에 설치된 열교환기는 다양한 부식 환경에 노출되어있다. 필자가 현업에서 마주치는 가장 많은 열교환기 문제는 부식 문제였다. 부식은 Chemical, Mechanical, Thermal 등 다양한 원인으로 General corrosion, Crack 혹은 두 가지 모두 나타난다. 우리가 알고 있는 Corrosion allowance(부식 여유)는 General corrosion 즉 점진적인 두께감소를 장치의 Lift time 동안 보완하기 위한 목적으로 부여되는 여분 두께이다. Crack 가능성이 있는 환경에 노출된 장치는 Corrosion allowance로 보완되지 않기 때문에 부식 환경에 적합한 재질을 선택해야 한다.

TEMA나 API 660에 따르면 Shell, Tubesheet 등 부품들과 다르게 열교환기 Tube에 Corrosion allowance를 별도 부여하지 않는다. 그리고 대부분 열교환기 Tube bundle은 10년 정도 Life time을 요구하는 경우가 많다. 따라서 Tube bundle을 10년 동안 서비스하는 데 문제가 없도록 Tube에도 어느 정도 두께 여유를 부여해야 한다. 그러면 어느 정도 Corrosion allowance를 주어야 할까? 일반적으로 장치 부식을 관리할 때 Carbon steel의 경우 두께감소 2mil/year 이하를 목표로 관리한다. 이 의미는 연 2mil (약 0.05mm) 두께감소 이하로 관리한다는 의미이다. 이는 10년이면 0.5mm가 된다. 열교환기 Tube는 내부와 외부로부터 부식이 발생할 수 있으므로 1.0mm 두께 여유가 있어야 한다는 의미이다. Shell & tube heat exchanger 관련 Shell DEP에는 Carbon steel tube에 대하여 강도계산 두께에 추가로 0.8mm, Stainless steel tube에 0.4mm 두께 여유가 있어야 한다고 요구하기도 한다.

부식은 한 가지 Corrosion mechanism에 의해 발생하기보다 여러 Corrosion mechanism에 의해 복합적인 원인으로 발생한다. 열교환기 부식 문제가 발생할 경우, 석유화학 공정에 경험이 있는 Metallurgy 전문가와 같이 Trouble shooting을 수행한다면 보다 정확한 부식 원인과 해결책을 찾을 수 있다. 석유화학 공정에서 자주 접하게 되는 부식은 어떤 것이 있을까? API RP 571(Damage mechanisms affecting fixed equipment in the refining industry)을 참고하여 열교환기에서 발생하는 부식을 정리하였다.

1) Thermal fatigue

장기적으로 반복적인 온도 변화를 겪는 열교환기에서 발생한다. Super heating된 Steam이 저온 유체와 열교환할 때 그 온도 차가 큰 경우 발생할 수 있다. 부식 형태는 Crack으로 나타난다.

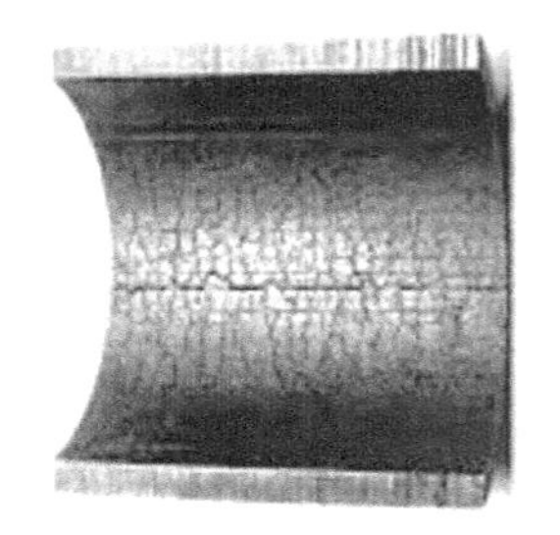
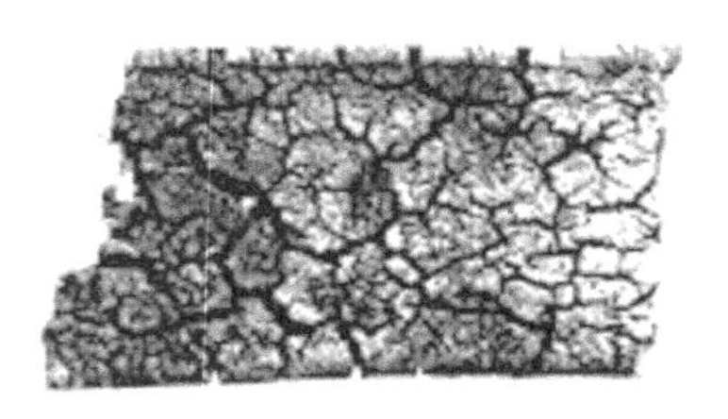

그림 4-34 Tube에서 Thermal fatigue

2) Thermal shock

Thermal fatigue의 한 형태로 짧은 시간 동안 급격한 열팽창 차이에 의한 Thermal stress로 인하여 발생하는 형태이다. 단위공정 Startup 혹은 Shutdown 시 급격한 Heating 또는 Cooling에 의해 발생할 수 있으며 Crack 형태로 나타난다.

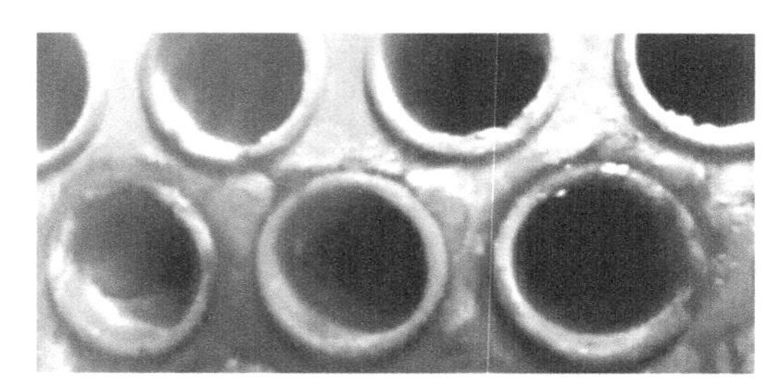

그림 4-35 Tubesheet에 Thermal shock

3) Erosion-corrosion

Erosion에 의하여 금속표면을 보호하고 있는 Corrosion film이 제거되고 금속표면에 다시 Corrosion film이 발생하는 과정이 반복되는 현상이다. Ammonium bisulfide corrosion이 발생하기 쉬운 Hydroprocessing unit의 Effluent에 설치된 열교환기에서 나타난다. Ammonium bisulfide 농도, 유속, 금속 부식 저항성에 따라 Metal loss 정도가 달라진다. Amine regeneration column overhead vapor를 응축시키는 Air cooler의 Carbon steel tube에서도 Erosion-corrosion 현상이 발생한다. Tube 표면에서 생성된 FeS film이 고온과 높은 유속에 의해 제거되고 다시 Tube 표면에 FeS film이 생성 제거되는 현상이 반복된다. 열교환기 Tube entrance 끝 부위에서 국부적으로 심하게 발생할 수 있다. 이런 현상을 완화하기 위하여 Ferrule을 설치하기도 한다. Erosion-corrosion은 General corrosion 형태로 나타난다.

그림 4-36 Erosion-corrosion을 방지하기 Tube end에 설치된 Ferrule

4) Cavitation

그림 4-37과 같이 수많은 작은 거품이 갑자기 생기거나 붕괴하면서 발생하는 부식으로 곰보 형태의 국부적인 Metal loss를 보여준다. Reboiler와 같이 Saturated liquid가 Tube로 들어가면서 압력이 갑자기 떨어져 Flash가 발생하는 열교환기에서 발생할 수 있다.

5) Galvanic corrosion

전해질 성질을 갖는 유체가 접촉하는 이종금속 연결 부위에서 발생한다. 그림 4-38과 같이 전해질 성질을 갖는 유체를 다루는 열교환기에 Tube와 Tubesheet 재질이 서로 다르거나, Tube와 Baffle 재질이 상의할 때 발생할 수 있다. 두 금속 사이에 이온화 경향 차이가 클 때 이온화 경향이 큰 금속에서 발생한다. Galvanic corrosion은 국부적인 Metal loss 형태로 발생한다.

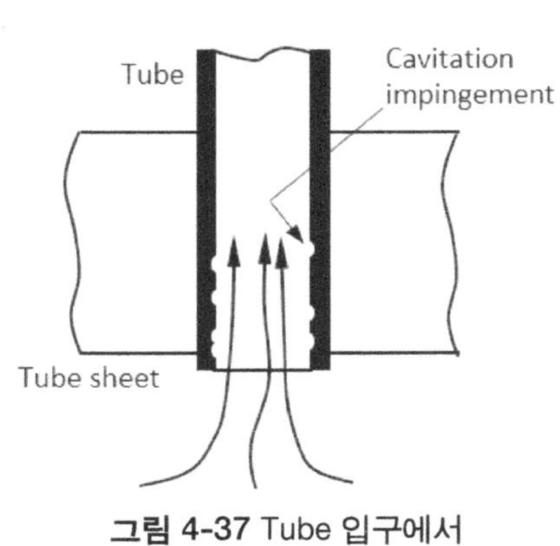

그림 4-37 Tube 입구에서 Cavitation corrosion

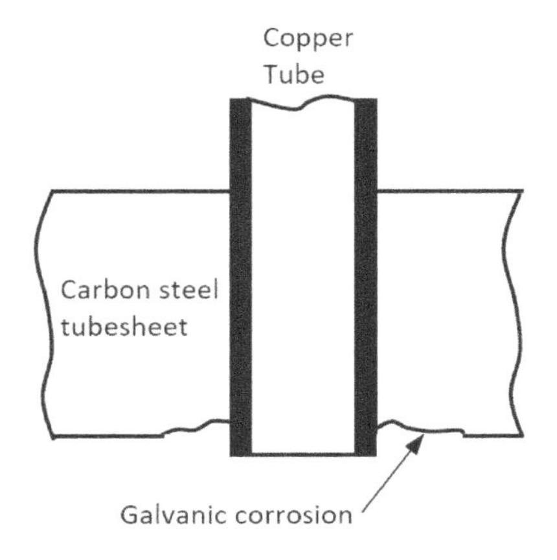

그림 4-38 Tube sheet에 발생한 Galvanic corrosion

6) Cooling water corrosion

Cooling water에 Salt, Gas, Organic 성분, 미생물 등에 의해 발생하는 General 또는 Localized corrosion 이다. 이는 Fouling과 관련되어 있으며 Cooling water 종류, Cooling system 종류, Cooling water 온도와 유속, 용존 산소와 밀접한 연관이 있다. Open loop system 열교환기에 과도한 cooling water fouling을 막기 위하여 Cooling water와 접촉하는 Tube wall temperature를 60℃보다 낮게, Tube 내 Cooling water 유속을 1.0m/sec 이상 유지해야 한다. Cooling water 열교환기에 Fouling이 증가하면 부식도 같이 증가한다.

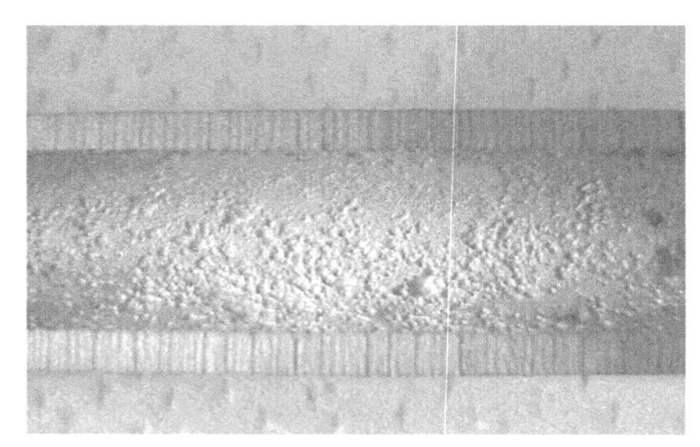

그림 4-39 Tube 내부에 발생한 Cooling water corrosion

7) Caustic corrosion

Caustic soda는 우리가 알고 있는 양잿물로 수산화나트륨(NaOH)이다. Caustic soda는 산성을 띤 공정 유체를 중화시키기 위하여, Sulfur 성분을 제거하기 위하여, Chloride 성분을 제거하기 위하여 공정 유체에 주입된다. CDU Preheating train 내 열교환기에서 Caustic soda가 공정 유체와 잘 섞기지 않는다면 Caustic corrosion이 발생 될 수 있다. Caustic soda를 포함하고 있는 유체가 증발하거나 분해된 후 Caustic soda가 농축되어 부식이 발생한다. 이는 주로 Localized corrosion 형태로 나타나지만, Caustic soda 농도에 따라 General corrosion 형태로 나타나기도 한다. Caustic soda를 다루는 열교환기는 용접 후 열처리(PWHT)하여 Caustic으로 인한 Stress corrosion cracking을 방지해야 한다.

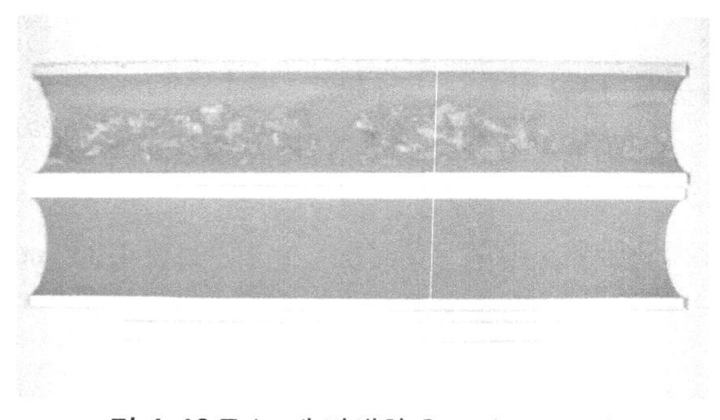

그림 4-40 Tube에 발생한 Caustic corrosion

8) Hydrogen embrittlement

수소 원자가 금속에 침투하여, 금속이 연성을 잃음으로써 Crack이 발생할 수 있다. 유체 내 일정 농도 이상 수소가 존재하며 금속의 강도와 구조가 연성을 잃기 쉬운 상태이고 일정 Stress 이상을 받았을 때 발생한다. FCC, Hydroprocessing, Amine regeneration, Sour water splitting unit에 Wet H_2S 서비스에서 주로 발생한다. 재질에 Hardness 제한을 두어 Embrittlement 가능성을 줄인다.

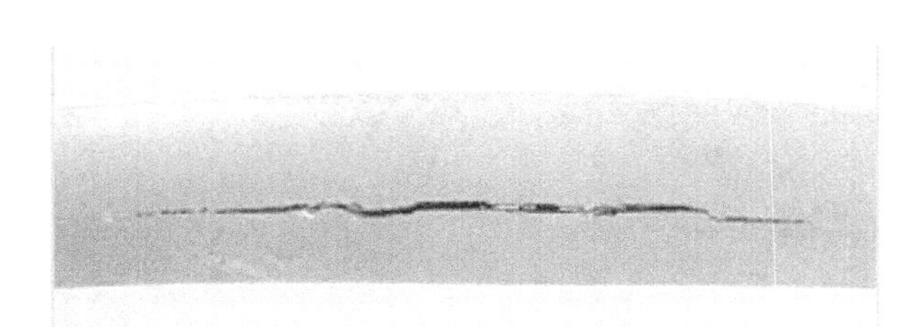

그림 4-41 Carbon steel 두께 내부에 발생한 Hydrogen embrittlement

9) Sulfidation

Carbon steel 또는 Low alloy steel이 고온에서 Sulfur 성분과 반응하여 발생하는 부식이다. 재질 성분 중 Chrome 성분이 낮을수록, 유체에 Sulfur 성분이 높을수록, 운전온도가 높을수록 Corrosion rate가 높아진다. Sulfidation은 260℃ 이상 운전온도에서 General corrosion으로 발생한다. CDU preheating train, FCC, Coker, VDU, Visbreaker, Hydroprocessing unit에 열교환기에서 발생 가능성이 있다.

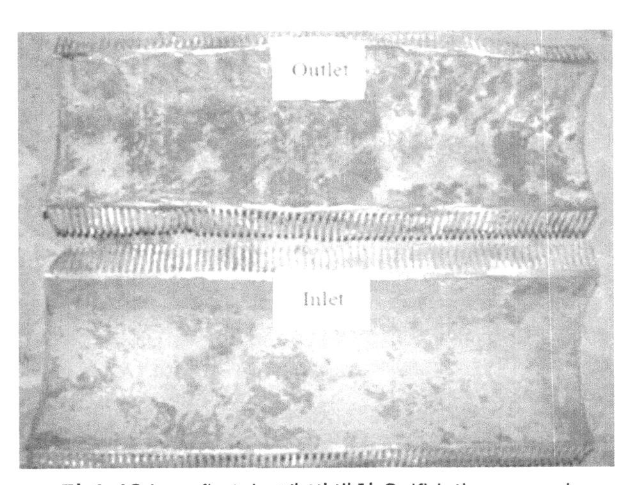

그림 4-42 Low fin tube에 발생한 Sulfidation corrosion

10) Amine corrosion

Amine regeneration unit에 Carbon steel 또는 Low alloy 재질 열교환기에서 General 또는 Localized corrosion 형태로 발생한다. Amine 자체가 부식 원인이 아니며 Amine에 녹아 있는 H_2S, CO_2, Heat stable amine salt 등이 부식 원인이다. Amine 종류에 따라 부식 발생 정도가 다른데 MEA, DGA, DIPA, DEA, MDEA 순서로 부식 발생 가능성이 작아진다. Lean amine solution에 적절한 H_2S가 포함되어 있으면, Carbon steel 표면에 FeS film을 형성하여 부식을 막아주는 Film 역할을 한다. Amine 유속이 빠르면 Localized corrosion 원인이 되는데, Rich amine의 경우 0.9~1.8 m/sec 속도를 유지하고 Lean amine의 경우 6.1m/sec를 넘지 않도록 해야 한다. 만약 용접 부위에 Stress가 남아있을 때 Amine stress corrosion cracking이 발생하기도 한다. 따라서 H_2S와 CO_2를 제거하기 위한 목적으로 Amine을 다루는 열교환기는 용접 후 열처리가 되어야 한다.

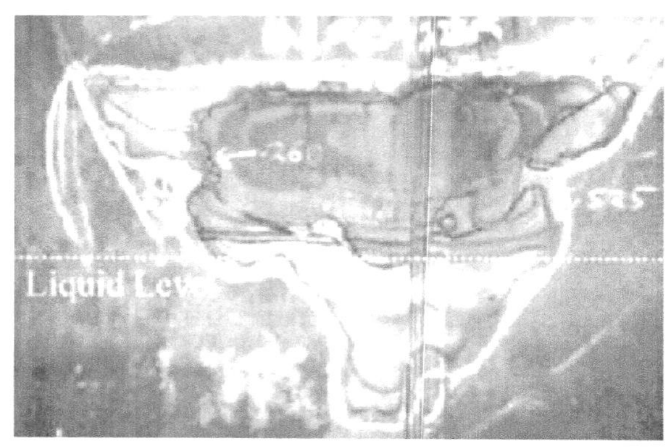

그림 4-43 Amine regeneration column reboiler 내부 Shell wall에서 Amine corrosion

11) Ammonia bisulfide corrosion

Hydroprocessing unit에 Reactor effluent stream을 다루는 Carbon steel 열교환기에서 Localized corrosion 형태로 발생한다. Ammonia bisulfide(NH_4HS) 농도증가와 높은 유속은 Corrosion rate를 증가시킨다. Hydroprocessing reactor, FCC reactor, Coker furnace에서 Feed에 포함된 질소는 Ammonia로 전환되고 H_2S와 반응하여 NH_4HS가 생성된다. NH_4HS는 150℃ 이하에서 Gas phase로부터 침전하기 때문에 Wash water를 주입하지 않는다면 Fouling으로 침전하여 Under-deposit corrosion이 발생할 수 있다. Tube 내에서 Effluent fluid 유속은 3~6m/sec가 유지되도록 설계해야 하는데 6m/sec보다 높으면 Erosion이 발생하고 3m/sec보다 낮으면 Deposit이 축적되어 Fouling과 Under-deposit corrosion이 발생한다.

12) Ammonium chloride corrosion

물이 포함된 유체에 Ammonium chloride(NH_4Cl) 혹은 Amine salt가 침전하여 생기는 General corrosion, Localized corrosion 혹은 Pitting corrosion 형태로 발생한다. 대부분 재질에서 부식이 발생하지만, 특히 Carbon steel과 Low alloy steel에서 Corrosion rate가 높다. CDU column overhead condenser, Hydroprocessing의 Reactor effluent, Catalytic reforming의 Reactor effluent, FCC와 Coker

의 Fractionator overhead stream 등에서 발생하는 부식이다. Ammonium chloride 침전에 의한 부식으로 Fouling도 동반된다.

13) Chloride stress corrosion cracking

Stress 잔존하고 높은 온도, Aqueous chloride 환경에서 300 계열 stainless steel 열교환기에서 발생하는 Crack 형태의 부식이다. 용존 산소가 높을수록 Crack 가능성이 커진다. 열전달을 수반하는 장치에서 Chloride 농축 가능성이 있으므로 열교환기 Tube에서 부식 가능성이 크다. CDU column overhead stream을 Cooling water로 응축시킬 경우, Sour water stripper의 reboiler, 고온 Process 유체 냉각시키는 Cooling water cooler 등에서 발생한다.

그림 4-44 Cooling water cooler tube의 Chloride stress corrosion cracking

14) Hydrochloric acid 부식

CDU, Hydroprocessing, Catalytic reforming에 Distillation column overhead vapor가 응축되면서 농축된 Hydrochloric acid(HCl)이 부식을 발생시킨다. 이는 General 또는 Localized corrosion 형태로 발생한다. Overhead vapor가 처음 응축될 때 Hydrochloric acid 농도가 가장 높으므로 이 지점에서 높은 Corrosion rate를 보인다. Carbon steel이나 Low alloy steel보다는 300 계열 Stainless steel이 부식에 저항성이 있지만, Hydrochloric acid 농도와 운전온도에 따라 300 계열 Stainless steel에서도 부식이 발생한다.

15) Hydrofluoric acid corrosion

Hydrofluoric(HF) acid corrosion은 General 또는 Localized Corrosion 형태로 발생한다. Hydrogen induced cracking(HIC), Stress oriented hydrogen induced cracking(SOHIC)과 같이 발생하여 높은 Corrosion rate를 보여준다. 300 계열 또는 400 계열 Stainless steel은 Hydrofluoric acid corrosion 환경에 적합하지 않다. HF alkylation unit에 적용되는 열교환기에서 Hydrofluoric acid corrosion을 발견할 수 있으며, Iron fluoride corrosion 부산물의 축적으로 심한 Fouling이 발생하기도 한다.

16) Sour water corrosion

H_2S와 CO_2가 포함된 pH가 4.5에서 7 사이에 Sour water를 다루는 Carbon steel 열교환기에서 발생한다. 이 부식은 FCC와 Coker gas fractionation column의 Overhead condenser, Sour water stripper에서 발생한다. Carbon steel 표면에 FeS film 형성은 Sour water corrosion 발생을 완화한다.

17) Wet H_2S Damage

Wet H_2S Damage는 Carbon steel 또는 Low alloy 열교환기에 Blistering 혹은 Cracking 형태의 부식으로 발생하며, 그림 4-45과 같이 4가지 유형으로 나타난다. Hydroprocessing unit의 Reactor effluent stream, FCC와 Coker의 Fractionator overhead stream, Sour water stripper, Amine regenerator overhead 등 다양한 서비스에서 발생한다.

- ✔ *Hydrogen blistering*

  Sulfide corrosion이 진행되는 동안 수소 원자가 Steel 내부로 침투하여 수소분자를 형성하여 급격히 부피가 커지면서 Blistering이 발생한다. Hydrogen blistering 원인은 유체에 포함된 수소보다 부식이 발생하는 동안 생성된 수소 때문이다.
- ✔ *Hydrogen induced cracking (HIC)*

  인접한 Hydrogen blistering이 서로 연결되어 계단 형상의 Crack을 보여주는데 이를 Hydrogen induced cracking이라고 한다.
- ✔ *Stress oriented hydrogen induced cracking (SOHIC)*

  높은 응력에 의해 표면에 수직으로 발생하는 균열이다. 용접 열 영향구역(HAZ) 에 인접한 모재에 나타난다.
- ✔ *Sulfide stress cracking (SSC)*

  물과 H_2S가 존재하는 유체에서 부식과 Stress 결합작용에 의한 균열 형상으로 발생한다. Sulfide corrosion 과정에서 생성된 수소 원자가 모재에 흡수됨으로 발생하는 Hydrogen induced cracking 일종이다. SSC는 용접 열영향부에서 시작한다.

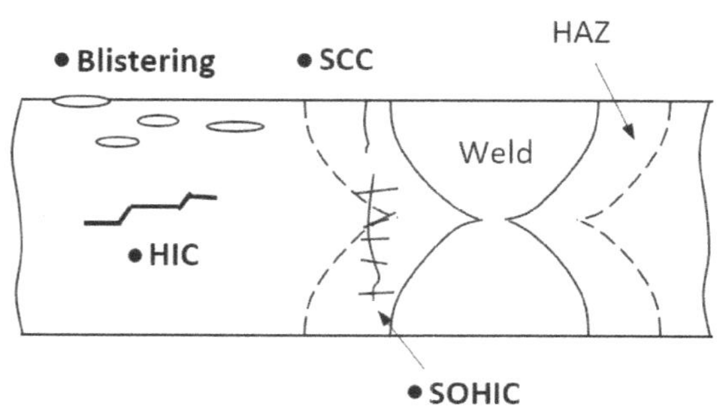

그림 4-45 Wet H_2S Damage 현상들

4.9. Sealing device와 Support plate

열교환기 내부에 Tube와 Baffle의 Seal strip, seal rod, Support plate가 설치된다. 이런 부품들은 열전달과 Tube vibration과 관련되어 있다. 이런 부품들의 설치방법에 대하여 설명하고자 한다.

1) F-stream seal rod & seal strips

그림 4-46은 F-stream seal rod 배치를 보여주고 있다. Seal rod "A"는 Tube와 Inline으로 설치하여 High pressure water jet와 같은 Mechanical cleaning이 가능하다. Seal rod "B"는 부분적으로 High pressure water jet을 방해하고 있다. Seal rod와 Tube 사이 간격은 Tube gab과 같게 유지해야 한다. Mechanical cleaning이 요구되는 열교환기는 Seal rod에 의해서 Cleaning이 방해받지 않은 경우를 제외하고 Seal rod "A"와 같은 방법으로 배치해야 한다.

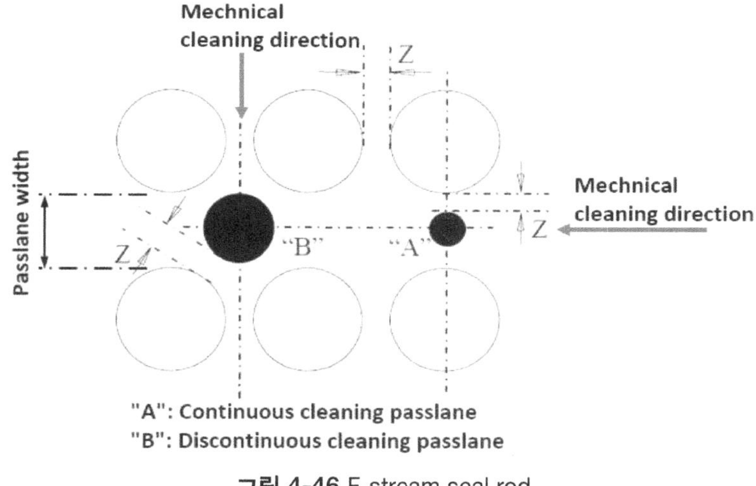

그림 4-46 F-stream seal rod

Seal rod와 Seal strip 개수는 API 660 7.5.5(Bypass sealing device 관련) 기준에 따라 적용한다. 만약 여전히 Bypass stream fraction이 높으면 Sealing device를 추가 설치한다. F-stream seal rod를 설치하지 않으려면 API 660 7.5.5.1에 따라 Passlane 폭이 16mm보다 좁아야 한다. Passlane 폭은 Pass partition plate gasket 폭과 Tube-to-tubesheet joint type에 따라 결정된다. Gasket 폭은 TEMA RCB-6.4에 따라 6.4mm와 9.5mm가 사용된다. Passlane 폭은 표 4-4에 치수를 Xist에 입력한다. 필자의 경험으로 이 수치는 대부분 열교환기 제작회사 열교환기 제작에 문제없었다. Shell side mechanical cleaning이 필요한 열교환기에 F-stream seal rod를 설치하여야 하면 Passlane 폭을 23mm로 적용한다. 그렇지 않으면 F-steam seal rod 지름이 너무 작아진다. 10mm 이상의 Seal rod를 사용할 것을 추천한다.

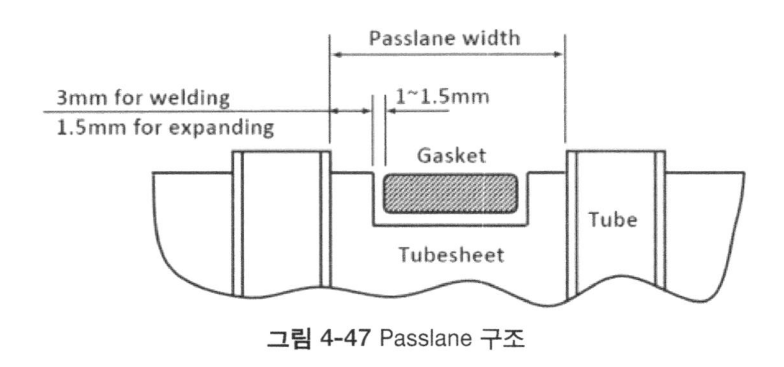

그림 4-47 Passlane 구조

표 4-4 Xist 입력 Passlane 폭

Shell ID	*최소 Gasket 폭*	*입력 데이터*
584mm 이하	*6.4mm*	*Strength welding: 16mm*
		Expanding: 14mm
584mm 초과	*10mm*	*Strength welding: 21mm*
		Expanding: 19mm

Seal rod와 Seal strip은 모든 Baffle spacing에 설치하는 것이 기본이다. Xist 결과 또한 이를 기준으로 계산된다. 그러나 API 660의 7.5.5.8항에 따라 Sealing device는 Tube bundle 입구와 출구 유체 흐름을 방해하지 않도록 설치되어야 한다. 또 열교환기 제작상 이유로 Sealing device 설치가 불가능한 때도 있다.

그림 4-48은 Horizontal cut baffle을 갖는 Removable bundle 열교환기이다. Seal rod와 Seal strip을 Inlet과 Outlet baffle spacing에도 연장될 수 있도록 Front tubesheet에서 Floating head support plate 또는 U-tube full support plate까지 설치한다. Seal strip과 Seal rod 모두 입구와 출구 유체 흐름을 방해하지 말아야 한다. 만약 Fixed tubesheet type이라면 Inlet 또는 Outlet baffle spacing 한쪽만 연장하여 설치한다. 제작상 한쪽만 설치할 수 있기 때문이다.

그림 4-49는 Vertical cut baffle을 갖는 Removable bundle 열교환기이다. 대부분 Seal rod와 Seal strip은 Front tubesheet에서 Floating head support plate 또는 U-tube full support plate까지 연장 설치할 수 있다. 그러나 일부 Seal strip이 입구와 출구 유체 흐름을 방해할 수 있으므로 일부 Seal strip은 Inlet과 Outlet baffle spacing까지 연장할 수 없다.

Seal rod와 Seal strip은 모두 Baffle cut 안쪽에 설치해야 한다. 두 부품 모두 Cross flow의 bypass stream을 줄이기 위한 목적이기 때문이다.

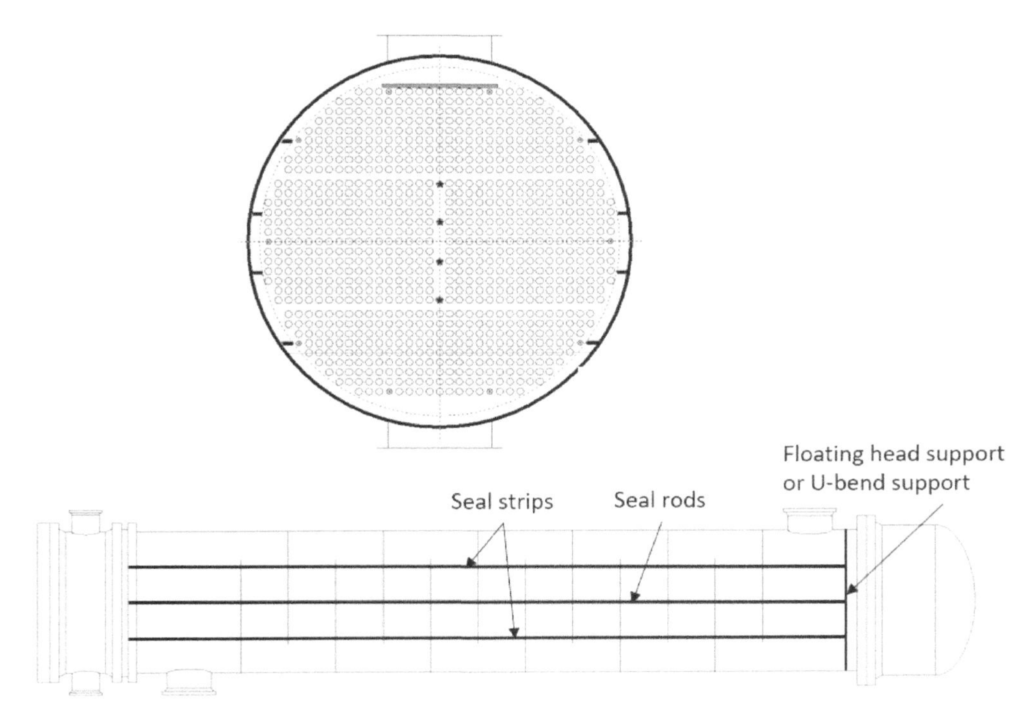

그림 4-48 Horizontal cut baffle을 갖는 Removable tube bundle 열교환기에서 Seal rod와 Seal strip

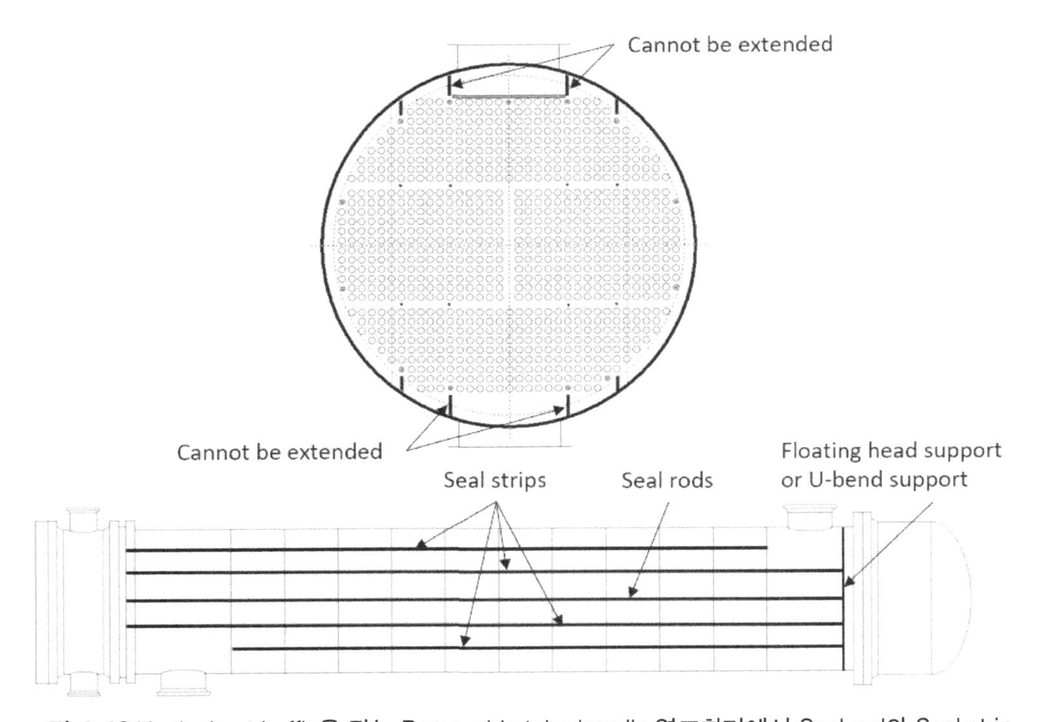

그림 4-49 Vertical cut baffle을 갖는 Removable tube bundle 열교환기에서 Seal rod와 Seal strip

2) Tube support plate

Tube support plate로 Floating head support plate, U-tube full support plate, Kettle support plate, NTIW baffle 사이 Intermittent tube support plate, Split flow support plate 등이 있다. 기본적으로 Tube support plate는 Tube를 지지하는 역할이다. 따라서 가능한 Flow 흐름을 방해하지 않으면서 유체 정체 구간을 만들면 안 된다. 정체 구간이 생기면 Fouling이 많이 생기고 부식이 발생하기 쉽다.

Floating head support plate와 U-tube full support plate는 가운데 부분을 Opening 한다. 단 Baffle cut을 넘지 않도록 주의해야 한다. 또한, 이들 Support plate의 Top과 Bottom 부분을 잘라내어 가능한 정체 구간을 최소화한다. Kettle support plate의 Bottom 부분을 잘라낸다. Recirculation 흐림이 길이 방향으로 방해받지 않고 진행하도록 하기 위해서이다. NTIW baffle 사이에 들어가는 Intermittent tube support plate는 Baffle cut line에 맞추어 Support plate를 잘라준다. "J"와 "H" Shell에 설치되는 Shell side split flow support plate는 정체 구간을 최소화하기 위하여, "X" Shell에 설치되는 Support plate는 Shell로 유입된 유체 Distribution 방해를 최소화하기 위하여 Top과 Bottom 부분을 잘라준다.

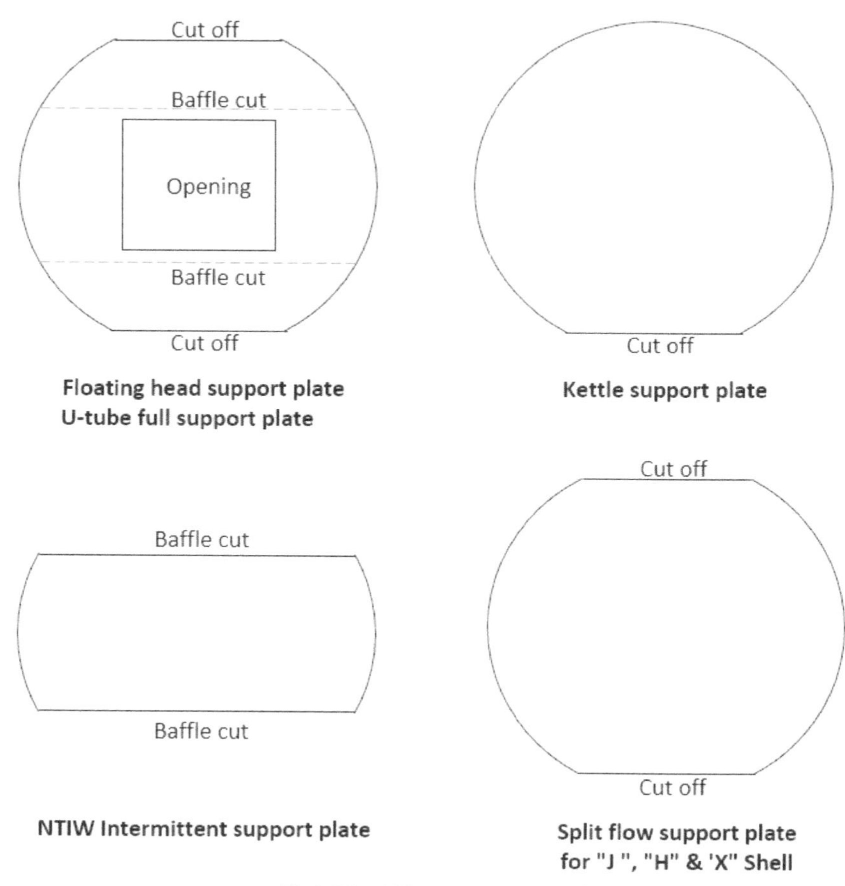

그림 4-50 각종 Tube support 형상

3) Longitudinal baffle

그림 4-51은 Longitudinal baffle 조립 형상을 보여준다. H-shell, G-shell, F-shell과 같이 Longitudinal baffle이 설치되는 열교환기의 경우 최소 25mm 폭의 Passlane을 추천한다. Insulated longitudinal baffle은 더 넓은 Passlane 폭이 필요하다. Flexible seal strip은 보통 Single phase와 Condensing 서비스에 설치하고 Boiling 서비스에는 설치하지 않으며 Shell side 입구 쪽 방향에 설치한다.

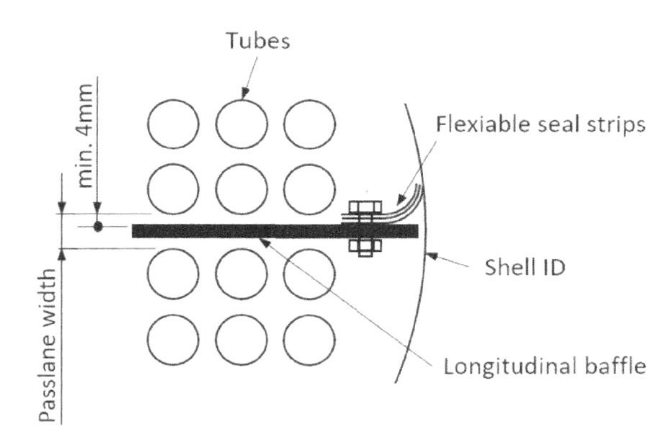

그림 4-51 Shell에 조립된 Longitudinal baffle

4.10. 열전달과 관련된 유용한 관계식들

열교환기 설계를 하다 보면 HTRI와 같은 프로그램만으로 설계하는데 제한이 있을 수 있다. 이때 수계산으로 열교환기나 Heat loss, Heat gain 등 열전달 문제를 해석해야 한다. 열전달 관련 서적으로 Donald Q. Kern 저서의 "Process heat transfer"와 Yunus A. Cengel "Heat transfer a practical approach"를 추천한다. 이 책들은 현실에서 부딪치는 다양한 예제를 포함하고 있다. 열전달 관계식들은 매우 많다. 특히 대부분이 실험식인 대류의 경우 그렇다. 이번 장에 수계산에 많이 사용하는 열전달 관계식들을 정리하였다.

1) Overall heat transfer coefficient

열교환기 Overall heat transfer coefficient는 Shell과 Tube side heat transfer coefficient, Shell과 Tube fouling factor와 Tube metal heat transfer coefficient의 조합이다. 열전달 조합식을 이용하여 제작사 설계를 검토하거나, 열전달 문제를 해석하는데 이용할 수 있다.

$$\frac{1}{U_o} = \frac{1}{h_o} + R_{fo} + \frac{D_o \ln\left(\frac{D_o}{D_i}\right)}{2k} + R_{fi}\left(\frac{D_o}{D_i}\right) + \frac{1}{h_i}\left(\frac{D_o}{D_i}\right) \quad ----- (4-15)$$

Where,

$U_o(W/m^2\text{-}K)$: Overall heat transfer coefficient

$h_o(W/m^2\text{-}K)$: Shell side (Outside) heat transfer coefficient

$h_i(W/m^2\text{-}K)$: Tube side (Inside) heat transfer coefficient

$R_{fo}(m^2\text{-}K/W)$: Shell side (Outside) fouling factor (Thermal resistance)

$R_{fi}(m^2\text{-}K/W)$: Tube side (Inside) fouling factor (Thermal resistance)

D_o (m): Tube outside diameter

D_i (m): Tube inside diameter

$k(W/m\text{-}K)$: Thermal conductivity of tube

2) 무차원수 (Dimensionless numbers)

열전달계수를 계산하기 위하여 다양한 무차원수가 이용된다. 특히 대류 열전달을 해석하는데 그렇다. 다양한 무차원수의 의미와 그 특성을 이해하는 것은 열전달을 이해하는 데 중요하다.

Reynolds number (Re)

Reynolds number는 관성에 의한 힘과 점성에 의한 힘 비율로써, 주어진 유동 조건에서 이 두 가지 힘의 상대적인 중요도를 정량적으로 나타낸다. 또한, 유동이 층류인지 난류인지를 예측하는 데에도 사용된다. 층류는 점성력이 지배적인 유동으로써 Reynolds number가 낮고, 평탄하면서도 일정한 유동이 특징이다. 반면 난류는 관성력이 지배적인 유동으로써 Reynolds number가 높고, Eddy와 Vortex 유동 등 변동 유동(Perturbation)이 특징이다.

$$\boldsymbol{Re} = \frac{\boldsymbol{\rho\, v\, D}}{\boldsymbol{\mu}} \quad ------(\mathbf{4-16})$$

Where,
ρ(kg/m³): Density.
v(m/sec): Velocity
D(m): Tube or pipe side diameter
μ(kg/m-sec): Viscosity (1 cP = 0.001kg/m-sec)

Nusselt number (Nu)

Nusselt number는 유체경계에서 대류와 전도 열전달비율이다. 즉 유체 유동에 의한 대류 열전달이 열전도보다 몇 배 큰지를 나타내는 수이다. Nusselt number 1은 순수한 전도에 의한 열전달을 나타낸다. Nusselt number가 클수록 더 활발한 대류에 해당한다. Nusselt number는 대류 열전달과 매우 관련이 깊다.

$$\boldsymbol{Nu} = \frac{\boldsymbol{h\, D}}{\boldsymbol{k}} \quad ------(\mathbf{4-17})$$

Where,
h(W/m²-K): Heat transfer coefficient of fluid
k(W/m-K): Thermal conductivity of fluid
D(m): Tube or pipe side diameter

Prandtl number (Pr)

Prandtl number는 열확산에 대한 운동량 확산 비율로 정의된다. Prandtl number는 다른 무차원수와 달리 유체 Property만으로 구성된다. 한 유체의 Prandtl number는 넓은 온도와 압력 범위에서 거의 일정하다. Prandtl number가 1보다 작다는 의미는 열확산이 운동량 확산보다 우세하다는 의미이고 1보다 크다는 의미는 그 반대이다. Gas의 Prandtl number는 약 1로 열확산과 운동량 확산이 서로 비슷한 경향을 보인다. Prandtl number가 1보다 매우 작은 수은의 경우 열확산은 잘되지만, 운동량 확산은 잘 안 된다.

$$Pr = \frac{C_p \, \mu}{k} \quad - - - - - (4-18)$$

Where,
C_p(J/kg-K): Heat capacity of fluid
k(W/m-K): Thermal conductivity of fluid
μ(kg/m-sec): Viscosity (1 cP = 0.001kg/m-sec)

Grashof number (Gr)

Grashof number는 유체에 작용하는 부력에 대한 점성력 비율이다. Reynolds number가 강제 흐름에서 층류와 난류 특성을 구분하는 지표라면, Grashof number는 자연대류에 의한 흐름에서 층류와 난류 특성을 구분하는 지표이다. 수직 평판에서 자연대류 전이 영역은 "$10^8 < Gr < 10^9$" 범위에 있다. 이보다 더 높은 Grashof number에서 난류 영역이 되고, 더 낮은 Grashof number에서 층류 영역이 된다.

$$Gr = \frac{g \, \beta \, (T_b - T_w) L^3}{\gamma^2} \quad - - - - - (4-19)$$

Where,
g(m/sec^2): Gravitational acceleration (9.81m/sec^2)
β(1/℃): Coefficient of volume expansion
T_b(℃): Fluid bulk temperature
T_w(℃): Surface temperature
L(m): Characteristic length
γ(m^2/sec): Kinematic viscosity

Rayleigh number (Ra)

강제대류에서 Nusselt number로 열전달을 해석한다면 자연대류에서 Rayleigh number로 열전달을 해석한다. Rayleigh number는 Grashof number와 Prandtl number를 곱한 값이다. 즉 Rayleigh number는 부력과 점도 비율에 운동량 확산과 열확산 비율을 곱한 값이다.

$$Ra = GrPr \quad - - - - - (4-20)$$

자연대류 열전달 일반식은 식 4-21과 같다. Grashof number 크기(층류, 난류)에 따라 상수 a와 지수 b 값이 달라진다. 상수 a는 일반적으로 1보다 작으며 지수 b는 층류에서 1/4이며, 난류에서 1/3을 적용한다. 다양한 자연대류 열전달에 대한 상수 a와 지수 b는 열전달 문헌을 참고하기 바란다.

$$Nu = a \times Ra^b \quad - - - - - - (4-21)$$

Richardson number (Ri)

Richardson number는 부력에 대한 유동에 의한 전단력 비율을 나타낸 무차원수다. Richardson number가 1보다 훨씬 작은 경우 부력은 흐름에서 중요하지 않다. 반대일 경우 부력이 지배적으로 된다. 즉 자연대류는 Ri 〈 0.1일 때 무시할 수 있고, 강제대류는 Ri 〉 10일 때 무시할 수 있다. 0.1 〈Ri 〈10일 때 자연대류와 강제대류 모두 고려해야 한다.

$$Ri = \frac{Gr}{Re^2} \quad ------(4-22)$$

3) Heat transfer coefficient in conduit (Forced & turbulent flow)

Turbulent flow가 흐르는 관내에서 Nusselt number는 식 4-23과 같다. 이 식을 적용하기 전에 Reynolds number가 10000이상, 500000이하인지 확인 후 이용하기 바란다.

$$Nu = 0.025 \times Re^{0.79} \times Pr^{0.42} \times \emptyset_h \quad ------(4-23)$$

For liquid

$$\emptyset_h = \left(\frac{\mu}{\mu_w}\right)^m$$

Where,

$\emptyset_h$: *minimum 0.2, Maximum 4.0*

μ *(Cp): Viscosity at bulk temperature*

μ_w *(Cp): Viscosity at wall temperature*

m: 0.11 for heating tube side, 0.167 for cooling tube side

For gas

$$\emptyset_h = \left(\frac{T_{ba}}{T_{wa}}\right)^n$$

T_{ba} *(K): Absolute bulk temperature*

T_{wa} *(K): Absolute wall temperature*

n: 0.5 for heating tube side, 0 for cooling tube side

4) Heat transfer coefficient for natural convection

Xist에서 Kettle type을 선정하여 설계할 경우 Shell side boiling 서비스만 가능하다. 앞서 자연대류는 Rayleigh number로부터 계산되는데 식 4-24는 Tube bundle에서 자연대류를 예측할 수 있도록 Rayleigh number를 풀어놓은 변형된 식이다. Tank에 Tube bundle을 Insert 하여 Tank 내 저장된 액체 온도를 유지하고자 할 때, 이 식을 이용하면 된다.

$$h_n = 0.53\,\frac{k_l}{D_o}\left[\frac{D_o^3\,\rho_l^2\,\beta_l\,g\,Pr_l(T_l - T_w)}{\mu_l^2}\right]^{1/4} \quad ------(4-24)$$

$$\beta_l = \frac{-2}{\rho_1 + \rho_2}\left(\frac{\rho_1 - \rho_2}{T_1 - T_2}\right) \quad ------(4-25)$$

Where,

h_n(W/m²-K): Natural convection heat transfer coefficient

D_o (m): Tube diameter

g (9.81 m/sec²): Gravity acceleration

μ_l(N sec/m²): Viscosity

k_l (W/m-K): Thermal conductivity

T_l(℃): Liquid temperature

T_w(℃): Tube wall temperature

β_l (1/℃): Volume expansion coefficient

Pr_l: Prandtl number

5) Natural convection for vertical plate & cylinder

식 4-26은 Vertical plate에 적용되는 자연대류식이다. 이 식은 모든 범위(Laminar flow와 Turbulent flow)의 Rayleigh number에 적용되는 식이다. 만약 Cylinder 높이(H)와 Cylinder 지름(D)에서 "D/H≥ 35/$Gr^{1/4}$"를 만족한다면 Vertical cylinder에서 자연대류에 적용할 수 있다. 여기서 특성길이는 Plate 또는 Cylinder 높이이다.

$$Nu = \left\{0.825 + \frac{0.387Ra_L^{1/6}}{[1 + (0.492/Pr)^{9/16}]^{8/27}}\right\}^2 \quad ------(4-26)$$

Where,

Nu: Nusselt number

Ra_L: Rayleigh number

Pr: Prandlt number

Gr: Grashof number

6) Radiant heat transfer

현장에서 다양한 열전달 해석을 요청한다. 예를 들어 보온재가 설치되지 않은 고온 배관 근처로 전선이 지나고 이때 전선에 문제가 없는지 검토 요청하기도 한다. 이 경우 고온 배관에서 전선으로 복사 열전달이 발생하고 이로 인하여 온도가 올라간 전선은 외기로 열을 방출한다. 전선표면이 어떤 온도에 도달하면 전선이 받는 열과 방출하는 열이 평형을 이룬다. 이때 온도가 전선표면이 올라갈 수 있는 최고 온도가 된다. 이처럼 복사 열전달 또한 실무에 사용되기도 한다. 식 4-27은 복사 열전달을 받는 입장에서 일반식이다. Absorptivity는 복사열을 받는 대상 표면의 재질, 색, 표면상태에 따라 다르다. 복사 열전달을 주는 측면에서 일반식은 Absorptivity 대신 Emissivity를 사용하며, View factor도 다르게 계산된다.

$$\boldsymbol{Q_{1\to2} = \alpha A_1 F_{1\to2}\sigma\left(T_1{}^4 - T_2{}^4\right) \quad ----- (4-27)}$$

Where,

$Q_{1\to2}$ (W): 1번 표면으로부터 2번 표면으로 전달되는 열량

σ (5.67x10^{-8} W/m^2-K^4): Stefan-Boltzmann 상수

α: Absorptivity(흡수율) *$F_{1\to2}$: View factor*

T_1(°K): 1표면에서 온도 *T_2(°K): 2표면에서 온도*

7) 태양복사

태양으로부터 지구 대기권에 도달하는 에너지를 태양조사라고 한다. 이는 Heat flux 형태의 값이며 1373W/m^{2}이다. 대기권에서 흡수 산란으로 많은 에너지를 잃고 직접적으로 지표면에 도달하는 태양복사는 맑은 날씨 기준 약 950W/m^{2}로 도달한다. 그리고 산란으로 간접적으로 지표면 도달하는 에너지를 산란복사라고 한다. 이는 맑은 날씨 기준 전체 태양복사의 10%에 해당한다.

$$\boldsymbol{G_{solar} = G_D \cos\theta + G_d \quad ----- (4-28)}$$

Where,

G_{solar} (W/m^2): 전체 태양복사

G_D (W/m^2): 직접 태양복사

G_d (W/m^2): 산란 태양복사

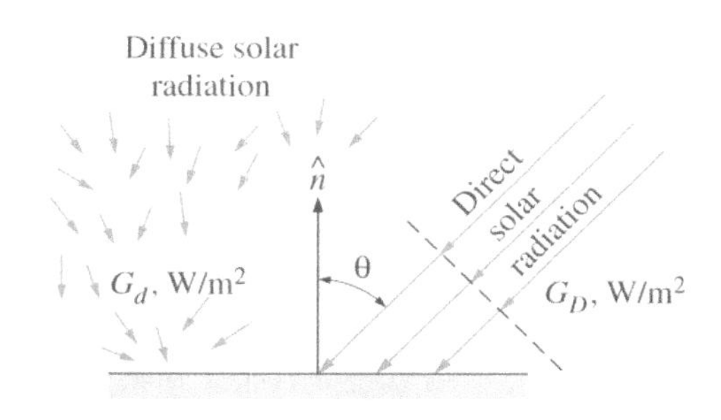

그림 4-52 지표에 도달하는 태양복사

태양으로부터 에너지를 받은 대상물은 우주 공간으로 복사에너지를 방출하기 때문에 대상물이 받는 순수 에너지는 식 4-29에 따라 계산된다. 하늘 온도는 230K (추운 맑은 날씨) ~ 285K(더운 흐린 날씨) 범위에 있다.

$$q_{net} = \alpha_s G_{solar} - \varepsilon\sigma\left(T_S{}^4 - T_{sky}{}^4\right) \quad - - - - - (4-29)$$

Where,

q_{net} *(W/m²): Net heat flux from solar*

α_s*: 대상물 Absorptivity*　　　ε*: 대상물 Emissivity*

T_s *(K): 대상물 표면 온도*　　　T_{sky} *(K): 하늘 온도*

8) Homogeneous density for liquid-vapor mixture

Two phase density는 2가지 종류로 나눌 수 있다. 첫 번째는 Homogeneous flow 모델에 의한 density이며 식 4-30에 따라 계산된다. 이는 열교환기 노즐, Shell과 Bundle entrance 또는 Exit에서 $RhoV^2$ 계산에 사용된다. 두 번째는 Separated flow 모델에 의한 density이다. 이는 Flow regime에 따라 계산방식이 다르다. 여기서 자세한 내용을 담지 않았으며 자세한 내용은 HTRI manual B6.1.2항을 참조하기 바란다.

$$\rho_{tp} = \frac{1}{\{(y \div \rho_v) + ((1-y) \div \rho_l)\}} \quad - - - - - (4-30)$$

Where,

ρ_{tp}*(kg/m³): Two phase density*　　　*y: Mass vapor fraction*

ρ_v *(kg/m3): Vapor density*　　　ρ_l *(kg/m3): Liquid density*

9) 중력 환산계수

MKH 단위계에서 압력 단위로 kg/cm²을 사용한다. 여기서 kg은 힘 또는 무게 단위인 kgf이다. 또 유량 단위로 kg/hr를 사용한다. 여기서 kg은 질량 단위인 kg이다. MKH 단위계에서 kg과 kgf를 혼용하여 사용하기 때문에 수 계산을 수행하는데 오류가 발생하기도 한다. 힘과 질량과의 관계는 식 4-31과 4-32와 같다.

$$1kg_f = 1kg \times 9.81 \ \ m/sec^2 - - - - - (4-31)$$

$$1N = 1kg \times 1 \ \ m/sec^2 - - - - - (4-32)$$

각 식의 우변을 좌변과 동일하게 만들기 위해 아래 같이 중력 환산계수 나누어 주어야 한다. 즉 중력 환산계수는 질량과 속도로 표현되는 단위를 힘 또는 무게 단위로 바꿔주기 위한 환산계수이다.

$$g_c = 9.81(kg)(m/sec^2) \ / \ kg_f - - - - - (4-33)$$

$$g_c = 1(kg) \ \ (m/sec^2)/N - - - - - (4-34)$$

4.11. LMTD,MTD,EMTD, Duty-weight LMTD

LMTD는 그림 4-53과 같이 Count-current와 Co-current 흐름에서 대수평균 온도 차를 의미한다. 이러한 온도 변화는 Double pipe heat exchanger, Plate heat exchanger, Hairpin type heat exchanger, One pass의 Shell & tube heat exchanger에서 나타난다. LMTD는 식 4-35에 따라 계산된다.

$$LMTD = \frac{\Delta T1 - \Delta T2}{ln\left(\frac{\Delta T1}{\Delta T2}\right)} \quad ------(4-35)$$

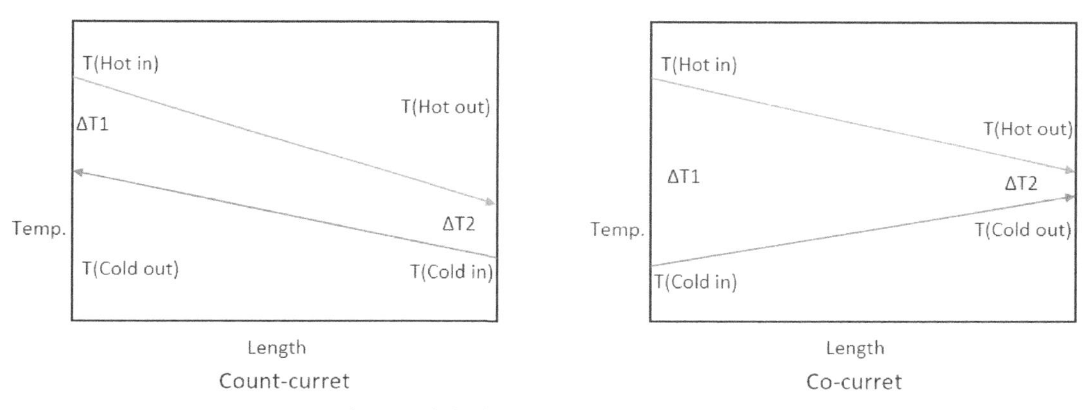

그림 4-53 순수한 Count-current와 Co-current

Tube side에 고온 유체가 흐르고 Tube side two pass인 Shell& tube heat exchanger에서 온도 변화는 그림 4-54와 같이 Count-current와 Co-current가 공존하는 온도 변화를 보인다. 이러한 온도 변화를 LMTD만으로 Hot/Cold side 온도 차를 표현하기 부족하다. 이를 보완하기 위해 도입된 개념이 MTD와 F-factor이다. MTD는 LMTD에 F-factor를 곱한 값이다. 직관적으로 F-factor는 1보다 작음을 알 수 있다. F-factor는 Tube pass, Shell pass, 열교환기 Type에 따라 다르게 계산된다. F-factor에 대한 자세한 내용은 TEMA T-4.4항을 참조하기 바란다.

Xist는 MTD에 온도 변화에 영향을 주는 두 가지 Factor를 더 고려하는데 그 첫 번째가 Delta factor이다. 이는 Shell side의 Bypass stream에 의한 온도 영향을 고려한 Factor이다. 두 번째는 TEMA F, G와 H shell과 같이 Longitudinal baffle을 가진 열교환기 Type에 대하여 Longitudinal baffle을 통한 Heat leak를 고려한 Factor이다. 이 두 Factor를 MTD에 곱한 온도 차를 EMTD라고 한다.

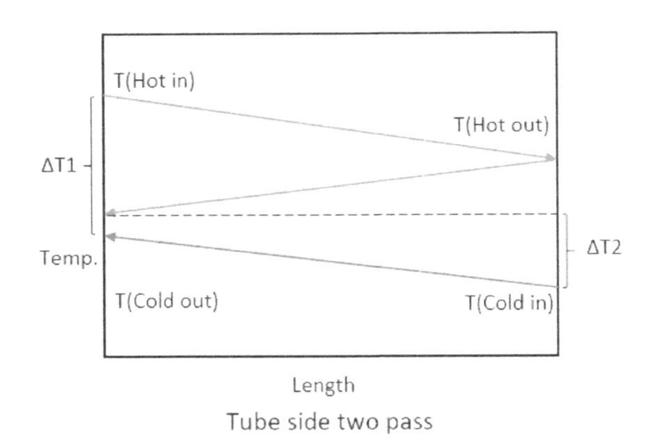

그림 4-54 Tube side two pass 열교환기

Steam과 같은 순수한 성분의 유체가 응축되고 Sub-cooling 된다고 가정해보자. 물은 Boiling과 Condensing 온도가 동일하다. 즉 기체가 액체로 변화하는 동안 온도는 변하지 않는다. 단, 순수성분의 유체가 Boiling되거나 Condensing되는 동안 압력이 변하면 온도도 변한다는 점에 주의하자.

Hot fluid와 Cold fluid 곡선 사이 면적은 LMTD 크기를 짐작할 수 있는 지표이다. 그림 4-55 왼쪽 그래프 두 선 사이 면적은 오른쪽 그래프 면적보다 큰 것을 확인할 수 있을 것이다. 다 성분으로 구성된 유체는 Boiling과 Condensing 온도가 상이하다. 다 성분 유체의 Condensing 곡선은 오른쪽 그래프처럼 곡선을 보인다. 이에 대한 LMTD를 Single phase 유체와 동일하게 계산할 수 없다. 가로축을 잘게 쪼개서 각 구간의 LMTD를 계산한 후 각각 LMTD에 Duty 가중치(전체 Duty에 대한 각 구간 Duty 비율)를 곱한 후 각 구간의 LMTD를 합쳐 계산한다. 이를 Duty weighted MTD라고 한다. HTRI는 모든 서비스에 대하여 Duty weight MTD를 사용한다.

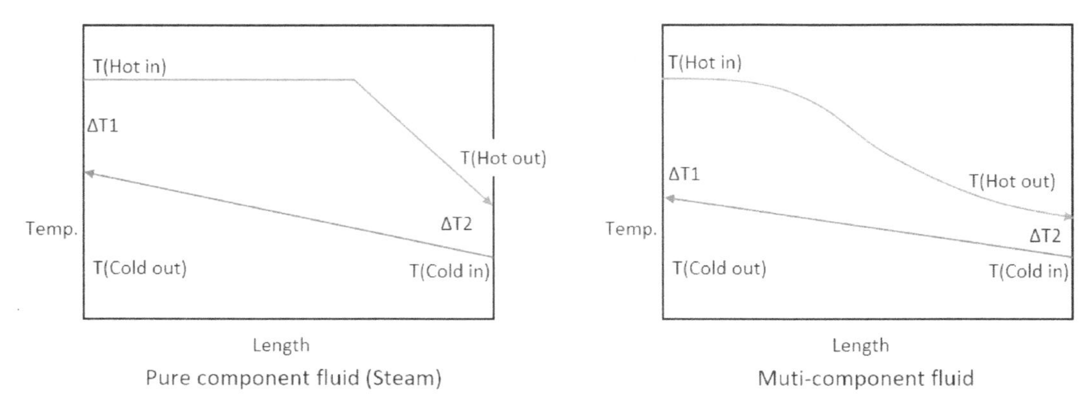

그림 4-55 상변화가 있는 열교환기에서 MTD

4.12. Thermal rating 관점에서 제작도면 검토사항

일반적으로 열교환기 제작도면을 작성한 엔지니어는 열교환기 Thermal rating을 수행한 경험이 있지 않을 가능성이 있다. 열교환기 제작사로부터 제작도면이 접수되면 담당 엔지니어는 열교환기 제작도면을 검토해야 한다. 제작도면에 자주 발생하는 Thermal rating 관점에서 Comment 예시를 모아 보았다. 제작도면 검토 시 Check list로 활용하기 바란다.

Floating head support와 Tubesheet 사이 간격 최소화 1

Floating head support와 Flange edge 간격이 124.3mm로 인하여 Floating head support와 Tubesheet 사이 간격이 228.8mm가 되었다. 운전 중 Shell과 Tube의 Thermal expansion 길이를 고려하여 Floating head support와 Flange edge 사이 간격을 결정하면 된다. 이 간격은 일반적으로 50mm이다. Thermal expansion 길이를 확인하고 이 간격을 최소화해야 한다.

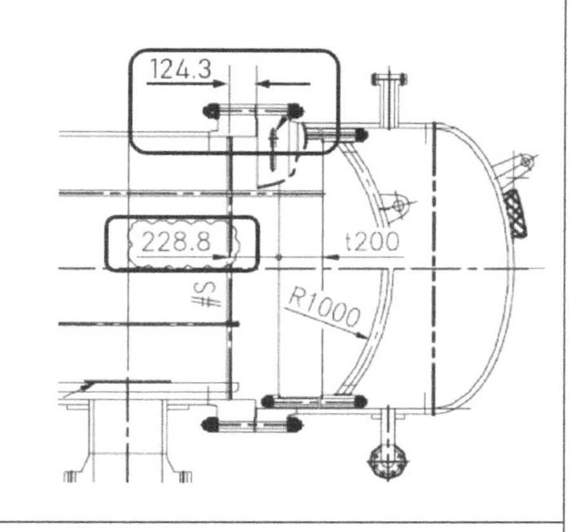

Floating head support와 Tubesheet 사이 간격 최소화 2

Floating head support와 Tubesheet 사이 간격이 261.4mm 이다. 이는 Floating head split ring에서 Flange까지 간격을 너무 넓게 잡았기 때문이다. 이 간격은 Floating head를 분리하기 위한 간격으로 Floating head와 Tubesheet 체결용 Nut 높이의 3배가 적당하다.

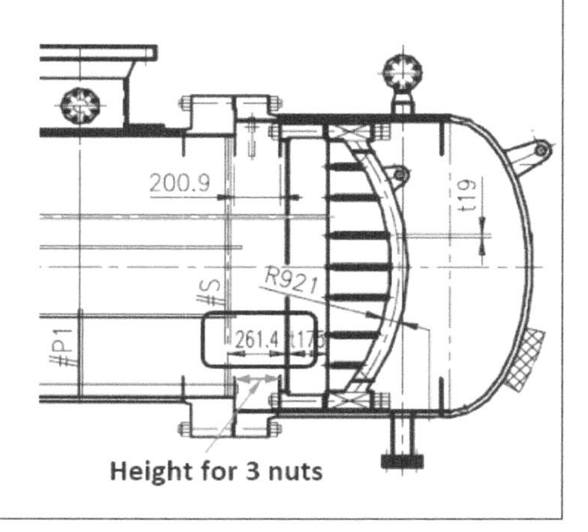

Kettle type 열교환기 Support plate 위치

Kettle 열교환기에서 #S Support는 Floating head를 지지하기 위한 부품이다. 따라서 #S Support는 Floating head에 가까이 설치되어야 한다. 그리고 Unsupported tube span이 같도록 나머지 두 개 Support 위치를 배열해야 한다.

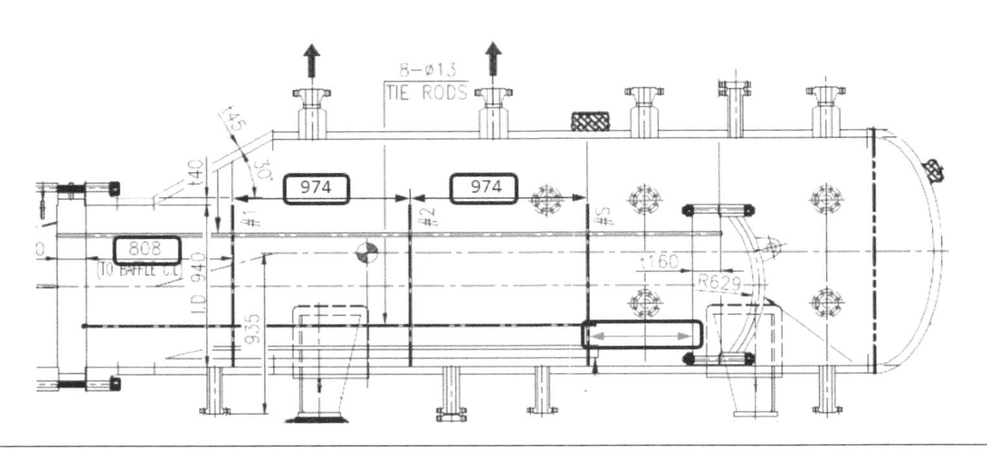

Kettle type 열교환기 Shell 출구 노즐 위치

Kettle type 열교환기 Shell vapor 출구 노즐은 Tube 길이에 균일하게 배치되어야 한다. 노즐이 1개이면 Tube 길이 중앙에 노즐을 위치시킨다. 노즐이 2개의 경우 Tube 길이를 삼 등분 한 위치에 노즐을 위치시킨다. 아래 도면에서 출구 노즐 위치와 PSV 노즐 위치를 바꿔야 한다.

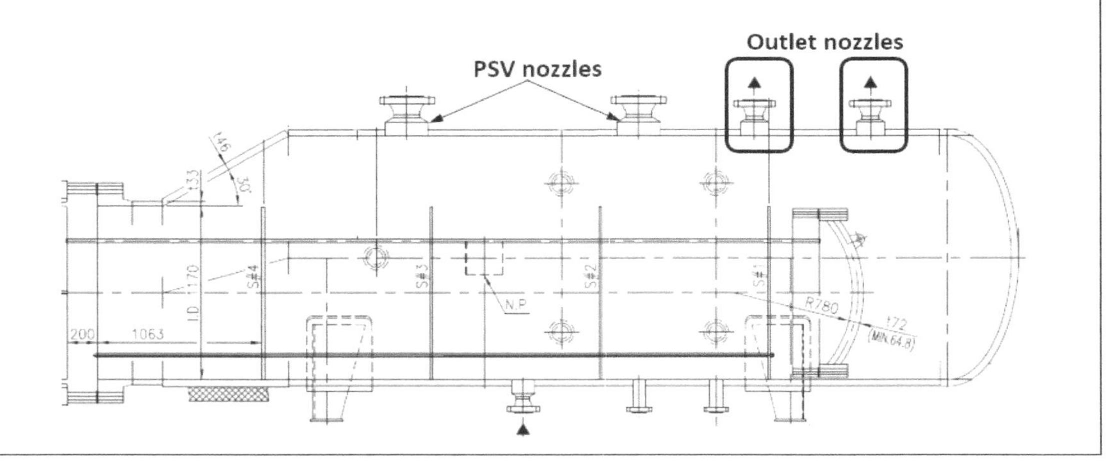

H-shell, J-shell, G-shell의 Turning baffle spacing

아래 도면은 H-shell reboiler다. H-shell은 Shell fluid가 Double split 되어 흐른다. 즉 Shell 내부에서 유체가 4개 흐름으로 동일하게 나눠져야 한다. 따라서 Baffle 간격이 서로 대칭되고 Turning spacing 간격이 같은 치수가 되도록 Baffle을 배열해야 한다.

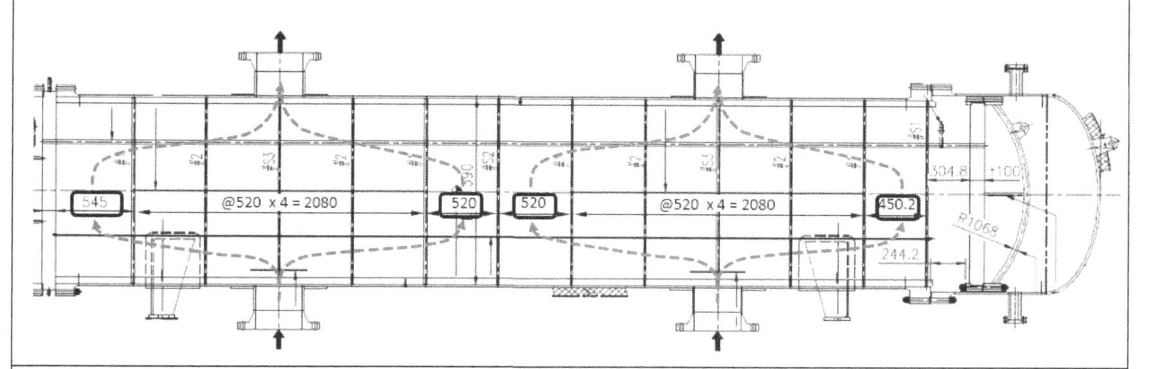

Shell side 노즐 위치

구조적으로 Shell side 노즐은 Baffle spacing 중앙에 위치할 수 없다. 그러나 Shell side 노즐 위치를 최대한 Baffle spacing의 중앙 가까이 위치시켜야 한다. 노즐 보강판과 Shell flange 사이 거리를 제작상 허용하는 최대한 가까이 조정함으로 노즐을 Baffle spacing 중앙 쪽으로 이동할 수 있다. 일반적으로 Welding edge 사이의 거리는 50mm 또는 Shell 두께의 2배이다.

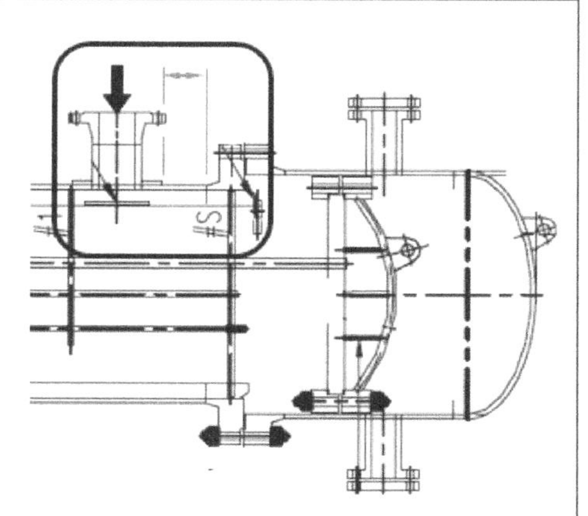

E-shell에서 Shell 입구/출구 노즐 위치

출구 노즐 내경 끝단과 #10 Baffle 사이 거리는 충분하지만, 입구 노즐 내경 끝단과 #1 Baffle은 너무 근접되어 있다. Outlet baffle spacing 815.6mm를 줄이고, Floating head support plate와 Tubesheet 사이 간격 222.4mm를 줄인다면 Inlet baffle spacing도 여유가 생겨 입구 노즐 내경 끝단과 #1 Baffle 사이 간격을 적절히 유지할 수 있다.

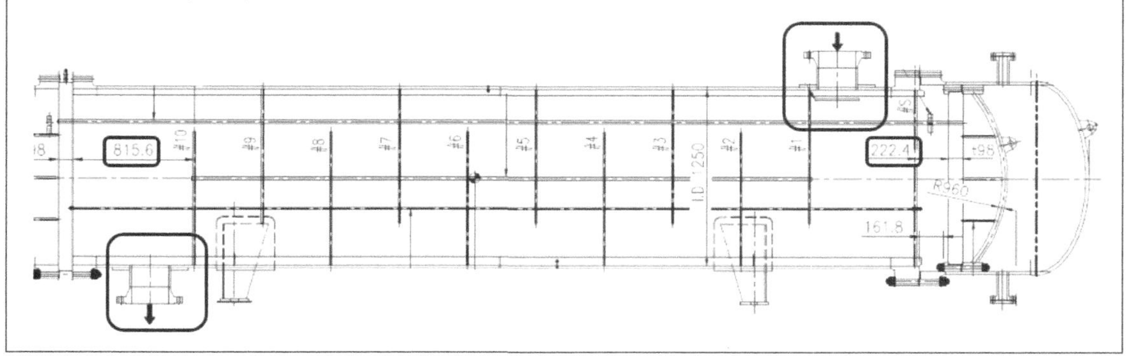

Impingement plate 위치와 크기

Impingement plate 면과 노즐 중심 사이 거리는 Shell entrance/exist $RhoV^2$에 영향을 준다. Tie-rod spacer와 Impingement plate 사이에 (8-2)번 부재가 삽입되어 있다. 이로 인하여 Impingement plate 면과 노즐 중심 사이 거리가 50mm로 좁아지고 $RhoV^2$ 문제가 발생하였다.(8-2)번 부재 폭이 너무 작아 더는 줄일 수 없다고 한다.(8-2)번 부재 없이 Tie-rod 위치를 노즐 방향 쪽으로 약간 이동하고 Impingement plate를 Tie-rod spacer 위에 바로 설치하고 Impingement plate 면과 노즐 중심 사이 거리를 확보하여 $RhoV^2$ 문제를 해결할 수 있었다.
또한 과도한 Impingement plate 치수도 Bundle entrance에서 $RhoV^2$를 증가시킬 수 있으므로 Impingement plate 치수가 적절히 되었는지 확인 필요하다.

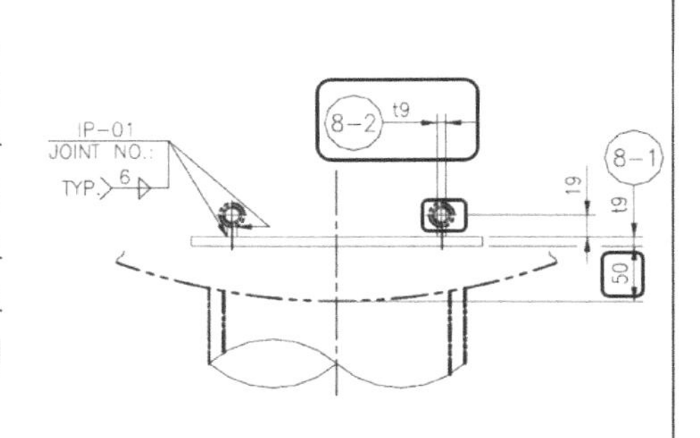

Seal strip 폭

API 660의 Figure 3에 따라, Seal strip과 Tube 사이 간격은 Tube 간 간격보다 넓지 말아야 한다. Horizontal clearance를 6.35mm로 적용한 예이다. Actual clearance가 6.35mm가 되도록 Seal strip 폭을 넓게 해야 한다.

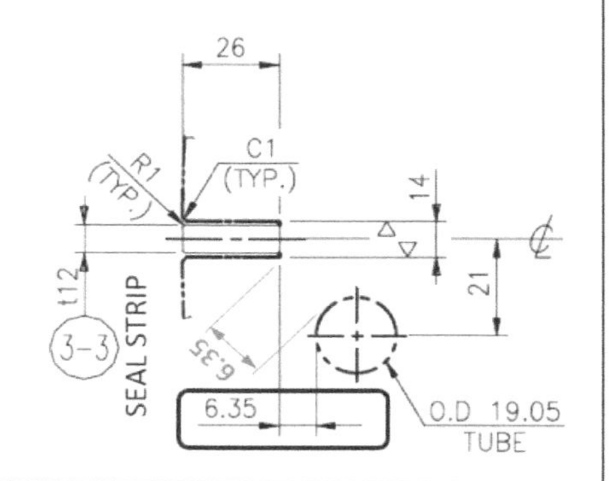

Floating head support plate 형상

Floating head support의 Top과 Bottom 부위를 제거하여야 한다. Floating head support plate와 Tubesheet 사이 공간에 유체가 정체될 가능성을 줄이기 위한 목적이다. 유체가 정체되면 부식 가능성이 커진다.

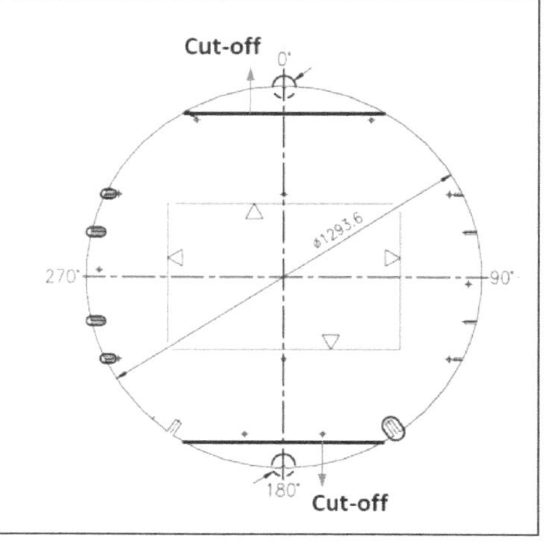

Seal strip과 Seal rod 연장

Horizontal baffle cut이 적용된 열교환기는 Seal strip과 Seal rod가 Inlet baffle spacing과 Outlet baffle spacing을 포함한 전체 Baffle spacing에 설치되어야 한다. Seal strip은 Outlet baffle spacing까지 연장되지 않았고, Seal rod는 Inlet과 Outlet baffle spacing까지 연장되지 않았다. 이 관련하여 4.9장을 참조하기 바란다.

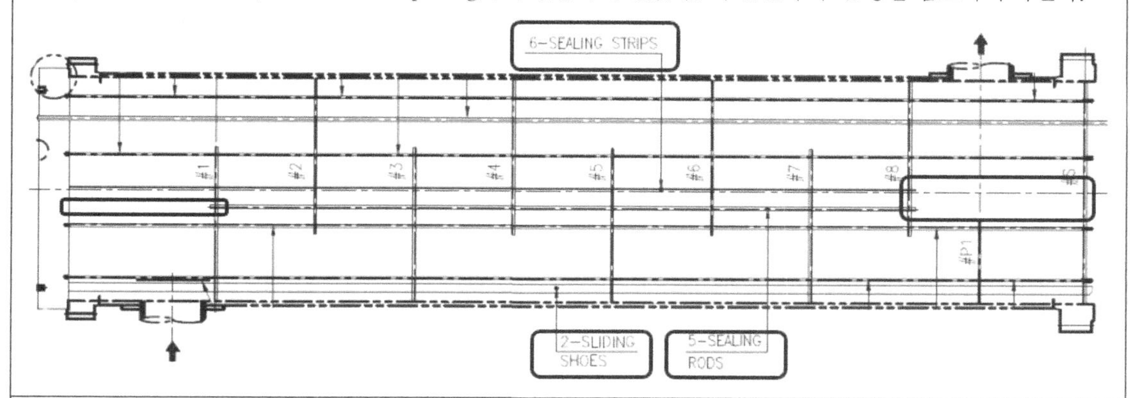

Tubesheet 두께를 줄이기 위한 Support plate

#P1 Support plate는 Tube vibration 가능성을 줄이기 위한 목적이 아니다. Tubesheet 두께를 줄이기 위하여 열교환기 제작사가 추가한 Support plate이다. #P1 Support plate 때문에 Shell fluid 흐름이 방해받아 열전달이 줄어들 뿐 아니라 Pressure drop이 증가할 수 있다. 따라서 #P1 Support plate 위치를 가능한 노즐 위치보다 뒤쪽으로 이동시키고, #P1 Support plate 가장자리를 최대한 잘라내어 Shell fluid 흐름이 방해받는 것을 최소화해야 한다.

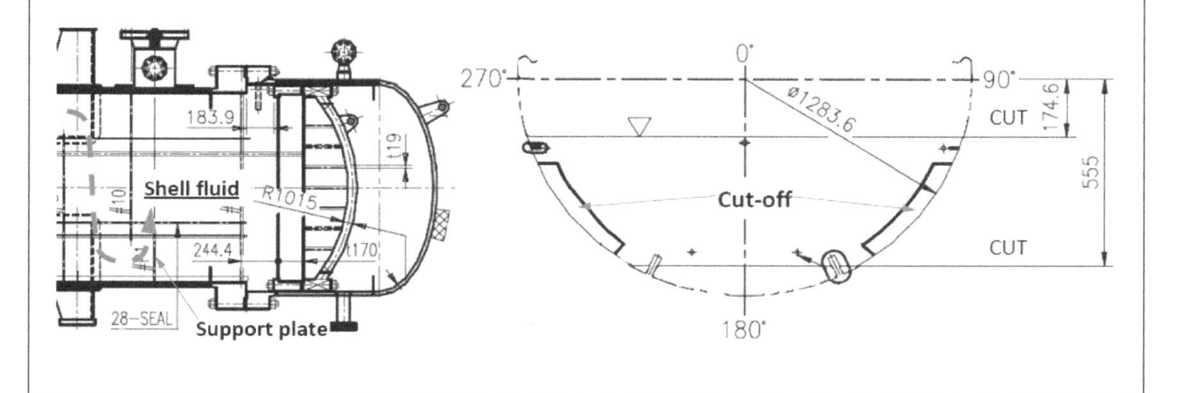

5

부 록

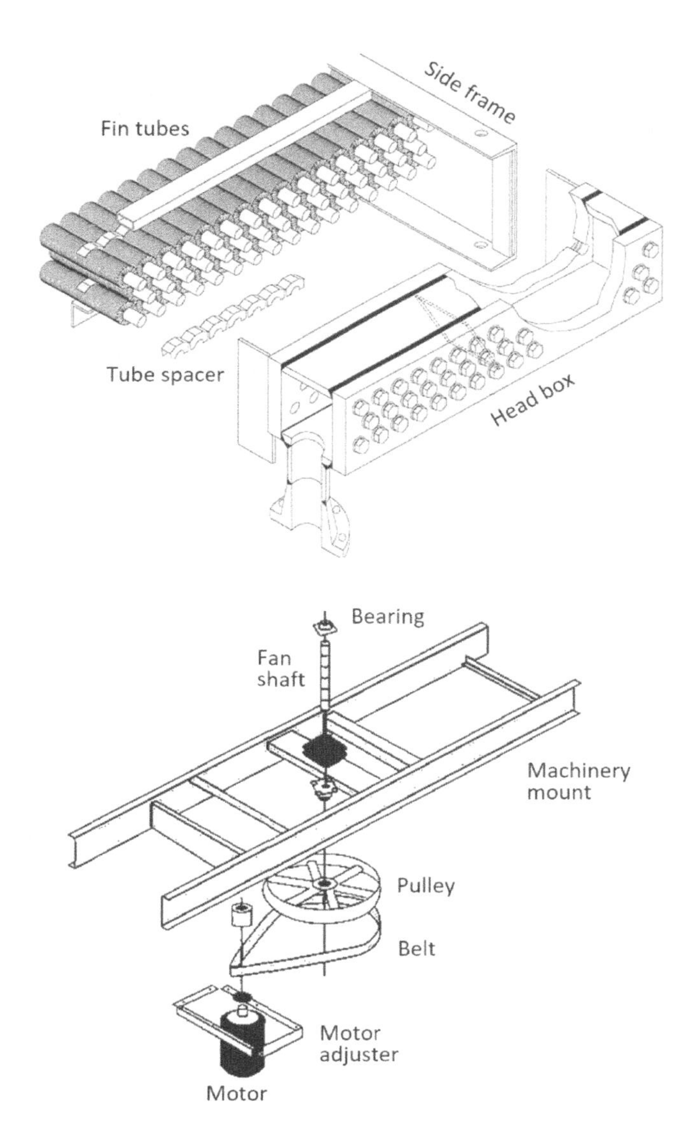

Side frame
Fin tubes
Tube spacer
Head box
Bearing
Fan shaft
Machinery mount
Pulley
Belt
Motor adjuster
Motor

5.1. TEMA type

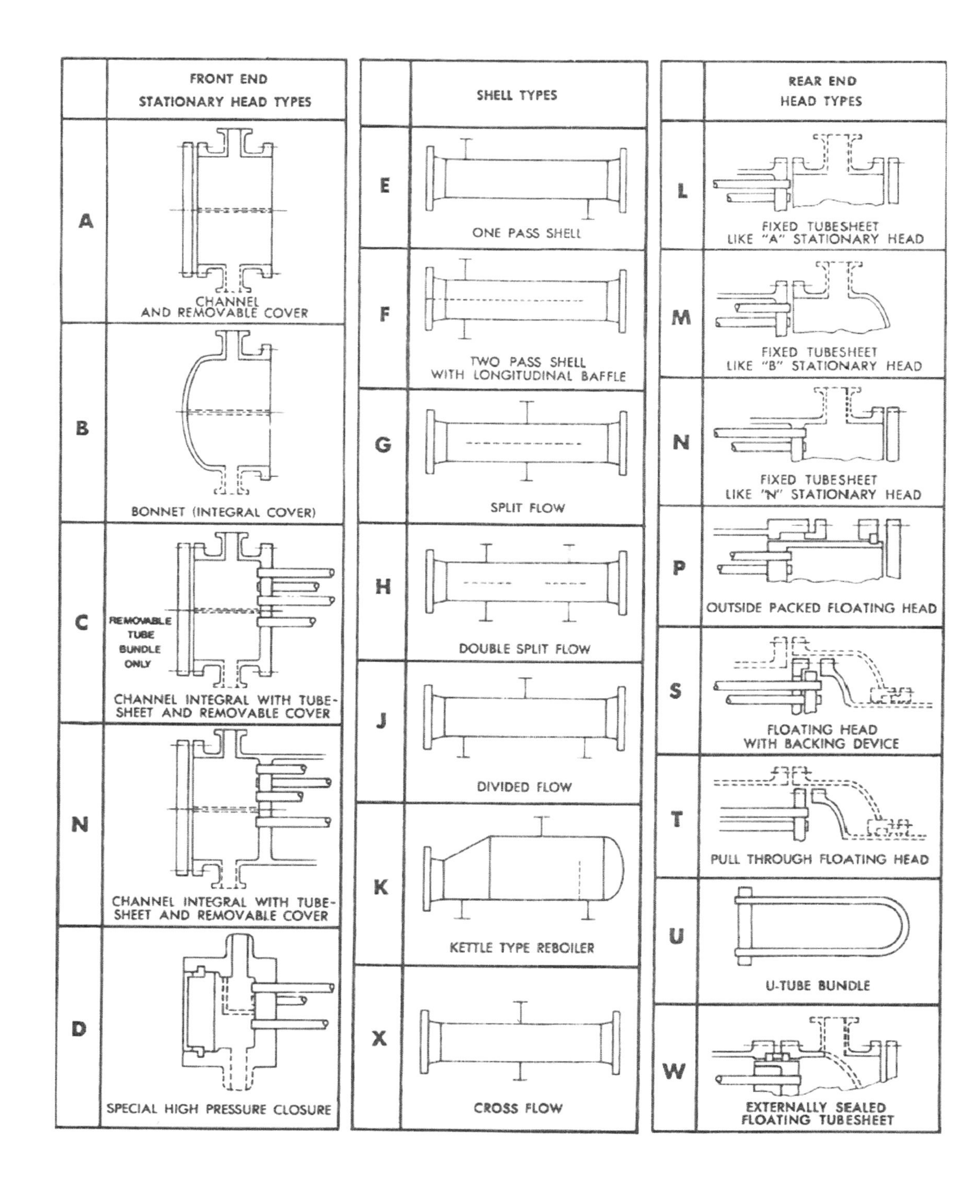
FRONT END
STATIONARY HEAD TYPES
A
CHANNEL
AND REMOVABLE COVER
B
BONNET (INTEGRAL COVER)
C
REMOVABLE
TUBE
BUNDLE
ONLY
CHANNEL INTEGRAL WITH TUBE-
SHEET AND REMOVABLE COVER
N
CHANNEL INTEGRAL WITH TUBE-
SHEET AND REMOVABLE COVER
D
SPECIAL HIGH PRESSURE CLOSURE
SHELL TYPES
E
ONE PASS SHELL
F
TWO PASS SHELL
WITH LONGITUDINAL BAFFLE
G
SPLIT FLOW
H
DOUBLE SPLIT FLOW
J
DIVIDED FLOW
K
KETTLE TYPE REBOILER
X
CROSS FLOW
REAR END
HEAD TYPES
L
FIXED TUBESHEET
LIKE "A" STATIONARY HEAD
M
FIXED TUBESHEET
LIKE "B" STATIONARY HEAD
N
FIXED TUBESHEET
LIKE "N" STATIONARY HEAD
P
OUTSIDE PACKED FLOATING HEAD
S
FLOATING HEAD
WITH BACKING DEVICE
T
PULL THROUGH FLOATING HEAD
U
U-TUBE BUNDLE
W
EXTERNALLY SEALED
FLOATING TUBESHEET

5.2. Tube 치수

Outside Diameter			Birmingham Wire Gauge (BWG)								
			20 (0.889mm)	18 (1.245mm)	16 (1.651mm)	15 (1.829mm)	14 (2.108mm)	13 (2.413mm)	12 (2.769mm)	11 (3.048mm)	10 (3.403mm)
in		mm	Weight, kg/m (average wall[1])								
1/4	0.250	6.350	0.12	0.16	0.19	-	-	-	-	-	-
5/16	0.313	7.950	0.15	0.21	0.25	0.28	-	-	-	-	-
3/8	0.375	9.525	0.19	0.25	0.31	0.34	0.39	-	-	-	-
1/2	0.500	12.700	0.25	0.34	0.45	0.49	0.55	0.61	0.66	0.72	-
5/8	0.625	15.875	0.33	0.45	0.56	0.64	0.71	0.80	0.89	0.97	-
3/4	0.750	19.050	0.40	0.55	0.72	0.77	0.88	0.98	1.12	1.20	1.31
7/8	0.875	22.225	0.46	0.64	0.83	0.92	1.04	1.18	1.32	1.44	1.58
1	1.000	25.400	0.54	0.74	0.97	1.06	1.21	1.37	1.55	1.68	1.92
1 1/8	1.125	28.575	0.61	0.83	1.10	1.21	1.37	1.56	1.76	1.92	2.11
1 1/4	1.250	31.750	0.68	0.94	1.23	1.35	1.53	1.76	1.96	2.16	2.40
1 3/8	1.375	34.925	0.74	1.03	1.35	1.49	1.70	1.93	2.19	2.40	2.65
1 1/2	1.500	38.100	0.82	1.13	1.49	1.64	1.87	2.17	2.40	2.63	2.92
1 3/4	1.750	44.450	0.97	1.32	1.74	1.92	2.20	2.50	2.84	3.10	3.44
2	2.000	50.800	-	1.52	1.99	2.20	2.53	2.89	3.27	3.59	3.97
2 1/4	2.250	57.150	-	1.73	2.26	2.48	2.87	3.26	3.70	4.06	4.51
2 3/8	2.375	60.325	-	1.81	2.38	2.63	3.02	3.44	3.93	4.30	4.76
2 1/2	2.500	63.500	-	1.91	2.52	2.78	3.18	3.66	4.14	4.54	5.04
2 7/8	2.875	73.025	-	2.20	2.90	3.20	3.68	4.20	4.79	5.25	5.83
3	3.000	76.200	-	2.31	3.04	3.35	3.85	4.39	5.00	5.49	6.10
3 1/2	3.500	88.900	-	2.69	3.56	3.93	4.51	5.15	5.86	6.44	7.17
4	4.000	101.60	-	-	4.11	4.54	5.21	5.95	6.80	7.47	8.30

5.3. High fin tube geometry

(Unit: mm)

Tube OD	Fin OD	Item	Extruded		L Footed		G fin(Embedded)	
			433 fins	394 fins	433 fins	394 fins	433 fins	394 fins
25.4	57.15	Tip thick.	0.25	0.25	0.25	0.25	0.25	0.25
		Base thick	0.55	0.55	0.4	0.4	0.4	0.4
		Fin root dia.	27		26.2		25.4	
	50.8	Tip thick.	-	-	-	-	-	-
		Base thick	-	-	-	-	-	-
		Fin root dia.	-		-		-	
31.75	63.5	Tip thick.	0.25	0.25	0.25	0.25	0.25	0.25
		Base thick	0.55	0.55	0.4	0.4	0.4	0.4
		Fin root dia.	33.35		32.55		31.75	
	57.15	Tip thick.	-	-	-	-	-	-
		Base thick	-	-	-	-	-	-
		Fin root dia.	-		-		-	
38.1	69.85	Tip thick.	0.25	0.25	0.25	0.25	0.25	0.25
		Base thick	0.55	0.55	0.4	0.4	0.4	0.4
		Fin root dia.	39.7		38.9		38.1	
	63.5	Tip thick.	-	-	-	-	-	-
		Base thick	-	-	-	-	-	-
		Fin root dia.	-		-		-	

5.4. Water velocity

아래 표는 Cooling utility 용으로 Water가 사용될 경우 Water 종류에 따른 일반적인 Minimum과 Maximum velocity를 보여주고 있다. 석유화학 회사와 Specification마다 다르므로 참고로 활용하기 바란다. Minimum velocity는 Closed loop cooling water에 적용되지 않는다. 만약 Cooling water가 Shell side로 흐른다면 Minimum velocity는 0.5m/sec를 적용한다. Sea water를 적용할 경우 Property에 유의해야 한다. Sea water property는 Cooling water property와 약간 차이가 있다. 특히 Sea water heat capacity는 Cooling water heat capacity와 차이가 있어 Duty에 따른 소모량이 달라진다.

Tube material	*Operating velocity [m/sec]*				
	Minimum	*Maximum*			
		Open loop	*Closed loop*	*Brackish water*	*Sea water*
Carbon steel & Low alloy	*1.0*	*3.0*	*4.9*	-	-
High alloy	*1.0*	*3.7*	*4.9*	-	-
Admoralty	*1.0*	*2.4*	-	-	-
Al-brass	*1.0*	*2.4*	-	*2.1*	*2.1*
Copper-Nickel (90/10)	*1.0*	*2.4*	-	*2.1*	*2.1*
Copper-Nickel (70/30)	*1.0*	*3.0*	-	*2.1*	*2.1*
Duplex stainless	*1.0*	*3.7*	*4.9*	-	-
Monel	*1.0*	*3.7*	*4.9*	*4.3*	*4.3*
Titanium	*1.0*	*4.9*	*4.9*	*4.9*	*4.9*

색인

S

T

U

V

W

김주영
- 현대건설 재직중
- SK건설 근무
- HTRI 강사
- 현대중공업 근무
- 서울시립대학교 화학공학과 졸업
- E-mail : heat_transfer@naver.com

HTRI 예제로 배우는 열교환기 설계 실무

1판 1쇄 발행 2020년 09월 05일
1판 3쇄 발행 2024년 07월 31일
저　　자 김주영
발 행 인 이범만
발 행 처 **21세기사** (제406-00015호)
경기도 파주시 산남로 72-16 (10882)
Tel. 031-942-7861　　Fax. 031-942-7864
E-mail : 21cbook@naver.com
Home-page : www.21cbook.co.kr
ISBN 978-89-8468-886-5

정가 70,000원